U0229366

大气成分观测业务技术手册

第一分册
温室气体及相关微量成分

中国气象局综合观测司

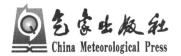

气象出版社
China Meteorological Press

内容简介

为了满足中国气象局大气成分观测站网业务化运行的需求,进一步规范业务人员对业务系统的日常操作和运行维护,并为相关人员了解测量原理、开展业务工作提供参考,中国气象局综合观测司组织有关专家及有经验的台站业务技术人员,共同编写了《大气成分观测业务技术手册》。本《手册》是《大气成分观测业务规范(试行)》的重要补充,由温室气体及相关微量成分、气溶胶观测、反应性气体观测和臭氧柱总量及廓线等四个分册组成,并将根据业务发展的需求补充完善其他大气成分观测内容。

本《手册》供中国气象局业务管理和科技业务人员学习与业务应用。

图书在版编目(CIP)数据

大气成分观测业务技术手册/中国气象局综合观测司编著.
—北京:气象出版社,2014.7(2020.5重印)
ISBN 978-7-5029-5969-2

Ⅰ.①大… Ⅱ.①中… Ⅲ.①大气成分-观测-技术
手册 Ⅳ.①P421.3-62

中国版本图书馆 CIP 数据核字(2014)第 151253 号

出版发行:气象出版社

地 址:北京市海淀区中关村南大街 46 号		邮政编码:100081	

电　　话:010-68407112(总编室)　010-68408042(发行部)
网　　址:http://www.qxcbs.com　　　　E-mail: qxcbs@cma.gov.cn
责任编辑:林雨晨　　　　　　　　　　　　终　审:周诗健
封面设计:詹　辉　　　　　　　　　　　　责任技编:吴庭芳
印　　刷:北京建宏印刷有限公司
开　　本:880 mm×1230 mm　1/16　　　　印　张:41.5
字　　数:1344 千字
版　　次:2014 年 7 月第 1 版　　　　　　印　次:2020 年 5 月第 2 次印刷
定　　价:180.00 元(全套)

编写说明

由国家发展和改革委员会、财政部、科学技术部、国家自然科学基金委员会、中国气象局、中国气象科学研究院等支持,通过 2005 年至 2012 年期间一系列科研、业务项目研发建设,已初步建成了温室气体及相关微量成分的台站采样及在线观测系统和实验室分析系统,并陆续投入了业务试运行。

为了满足中国气象局观测站网业务化运行的需求,进一步规范科研、业务人员对业务系统的日常操作和运行维护,并为相关人员了解测量原理、开展科研工作提供参考,中国气象局综合观测司组织有关专家及有经验的台站业务技术人员,共同编写了《大气成分观测业务技术手册(第一分册:温室气体及相关微量成分)》。中国气象科学研究院为主持编写单位,青海瓦里关站、北京上甸子站、浙江临安站、黑龙江龙凤山站、云南香格里拉站为参加编写单位。主要编写人员包括:周凌晞、陈永清、刘立新、方双喜、姚波、许林、夏玲君、李培昌;参加编写人员包括:张芳、王红阳、张振波、臧昆鹏、汪巍、宗晨曼、张冬来、王大伟、鲍诺威、姚杰、刘鹏、王剑琼、黄建青、董璠、石庆峰、周礼岩、马千里、于大江、李邹、张国庆、周怀刚、俞向明、宋庆利、和春荣等。

随着台站及实验室已建系统运行维护经验的不断总结积累,以及在建系统陆续投入运行,本分册相关内容也将随之补充完善,定期更新。

目 录

下篇　实验室分析系统

上篇　台站采样及在线观测系统

第1章　光腔衰荡光谱(CRDS)在线观测系统(CO$_2$、CH$_4$、CO)

　　Picarro G1301/G1302 分析仪主要用于分析大气中 CO$_2$、CH$_4$、CO、H$_2$O 浓度。该设备采用基于波长扫描的光腔衰荡光谱技术(WS-CRDS),仪器光腔的有效光程可达 20km,因而具有较高的精度和较好的稳定性,对大气中 CO$_2$、CH$_4$、CO 的分析精度可分别达到 0.1ppm[①]、1ppb[②]、2ppb。满足本底台站环境大气中 CO$_2$、CH$_4$、CO 的观测分析。本章详细介绍该系统的硬件配置以及相关工作原理、系统操作方法、数据传输及软件使用方法及日常维护等内容。

1.1　基本原理和系统结构

1.1.1　系统原理

　　Picarro G1301/G1302 分析仪是目前国际上较为先进的温室气体分析仪器,主要包括电源真空单元(PVU)和数据获取单元(DAS)。PVU 指电路及控制模块,包括内置计算机以及抽气泵;DAS 指分析和数据获取单元,在该单元中样气在光腔内多次反射。因样气对激光吸收导致光强衰减,利用衰荡时间差与样品气浓度呈线性相关关系即可定量目标组分的浓度。系统主机工作原理如图 1-1 所示。

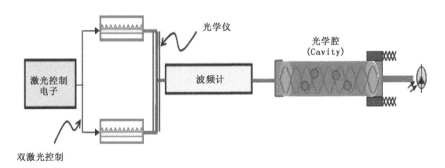

图 1-1　Picarro 主机工作原理

---

① 　1ppm=10^{-6}或 μL/L

② 　1ppb=10^{-9}或 nL/L

用于台站大气观测时,利用系统配备的8口样品选择阀,自动选择高浓度工作气(WH)、低浓度工作气(WL)、目标气(T)以及环境空气进入系统分析。整个过程由Picarro主机控制在不同的时间选择不同的空气样品,以全自动的方式运行。气体经8口选择阀选择后,经由质量流量计控制,再经由压力释放控制后,直接进入Picarro主机分析。

1.1.2　系统配置

1.1.2.1　系统组成

系统硬件主要包含3大模块:①Picarro分析主机:分别为G1301和G1302,②样品选择模块,③压力和流量控制模块。软件方面主要包含Picarro自带GUI数据采集及控制软件、数据传输软件以及中心服务器数据处理和质控软件等。系统流程及实物分别如图1-2和图1-3所示。

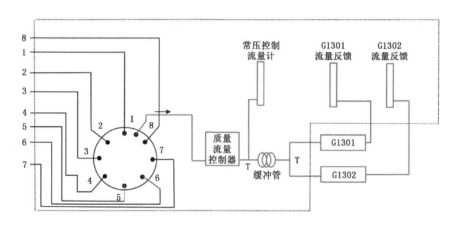

图1-2　Picarro系统工作原理

图1-3　Picarro系统实物图

1.1.3　硬件

1.1.3.1　Picarro浓度分析主机

该模块是Picarro分析系统的核心部件,主要由Picarro主机构成,包括G1301和G1302,用于高精度分析不同样品的CO_2、CH_4、CO、H_2O浓度,用于显示分析不同样品的浓度,并在PVU计算机中保存。

1.1.3.2　样品选择模块

样品选择模块主要由8口样品选择阀等控制,其主要功能为选择环境空气或标气,进入系统分析。

观测时由程序控制 8 口阀选择不同支路的气流进入仪器分析,包括样品气、工作气、标准气等;多口阀的控制界面如图 1-4 所示。

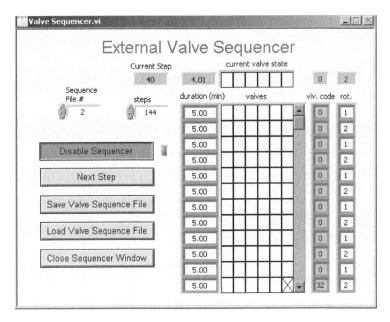

图 1-4　多口阀控制界面图

1.1.3.3　压力流量控制模块

该模块主要功能为控制进气流量,使不同支路进入仪器气体流量一致。因工作气之间以及环境空气气体压力不一致,必须经过质量流量计控制保证进入 Picarro 主机流量一致,才能保证获得较好的分析结果。此外,因 Picarro 主机进气口压力不能太高,将质量流量计设定于略高于 1 atm[①],再利用常压流量计泄压,一方面可以保证进入 Picarro 主机的气体压力在 1atm 左右,另一方面又可以防止室外气体进入污染。

1.1.4　软件

Picarro GUI 软件是 Picarro 分析系统的核心部件,控制 Picarro 主机的开启、光腔工作等过程。主要界面如图 1-5 所示,用于显示分析不同样品的浓度,并在 PVU 计算机中保存。

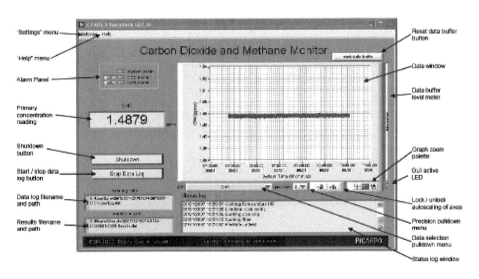

图 1-5　Picarro 主机 GUI 程序界面图

---

① atm:标准大气压,1 atm=1013.25hPa

1.2　安装调试

1.2.1　安装条件

Picarro 在线观测系统分为室内部分和室外部分,其中室内部分包括 Picarro 主机、阀箱、冷阱及采样泵等;室外部分包括采样管线以及塔底 M&C 初级除水系统。

(1)室内部分要求

电力:220V 交流电,不间断电源。

功率:峰值功率 2.5kW(正常功率<800W)。

环境温度:20～25℃。

网络:24 小时网络连接(internet)。

面积:至少 3m²,主机放置于标准实验台。

室内保持通风,尤其超低温冷阱以及采样泵。

(2)室外部分要求

采样口:至少高出陆地生态系统 10m。

管线:应采用卡箍固定,避免出现死弯以及凹陷,导致管线内积水。

M&C:处于干燥通风的小房间,地面设置专用排水槽,室内温度 5～35℃。

电力要求:峰值功率 0.8kW。

1.2.2　仪器调试

首先检查系统所有连接管线接头气密性,确保系统无泄漏!!

(1)进样系统调试:初步安装,完全卸松主泄压阀的旋钮,将玻璃冷阱接入 FTS,将出气口接入 Picarro 主机阀箱。逐步拧紧主泄压阀旋钮,直至压力表显示 15psi① 左右。此时调节排空流量计的旋钮,设置流量 100mL/min 左右,再检查主路压力(此时略低于 15psi),继续拧紧直至 15psi,再次调节排空流量计按钮,直至满足要求。最终系统进气压力在 15psi 左右,卸压旁路流量在 6～10L,排空流量在 100mL/min 左右。

(2)室外采样管线调试:主要考察 M&C 是否工作正常,开机后检查 M&C 前部指示灯,若红灯亮起表示压缩机在工作,系统正常,若不亮表明系统可能存在故障。

(3)主机调试:主机完全自动的方式进行。开机后检查系统有无报警信息和提示,若有报警信息需检查原因。

(4)性能调试 1:将已知浓度的标气(WH、WL 或 T)接入系统,正常情况下系统面板输出 CO_2 浓度比标称值低 2ppm 左右,CH_4 浓度比标称值低 10ppb 左右,CO 浓度比标称值低约 20ppb。

(5)性能调试 2:将 WH、WL、T 同时接入系统多口阀,设置程序让系统在 3 瓶标气切换分析,每瓶标气分析 10min,去掉前 2min 数据,将 WH、WL、T 后 8min 数据分别平均,利用 WH 和 WL 线性拟合计算 CO_2、CH_4、CO 浓度,若计算浓度与标称值差异分别在 0.2ppm、4ppb、8ppb 之内则表明系统正常,满足日常运行要求。

---

①　psi 是 pounds per square inch 的缩写,1 psi=1 磅/平方英寸=0.068 大气压力;15 psi 约为 1 atm

1.3　日常运行、维护和标校

1.3.1　操作

1.3.1.1　开机

(1)接入系统电源;

(2)打开抽气系统电源,让 KNF 采样泵工作;

(3)打开超低温干燥冷阱,冷机开机的时间大于 45min;

(4)打开进气阀箱主电源与辅电源;

(5)打开 Picarro。正常情况下,Picarro 系统接通电源后会自动启动,若没有自动启动,可以在连接好电源和气路后,按下仪器计算机前面板电源按钮,启动仪器计算机和分析仪。分析仪开始自检,自检通过后,分析仪显示屏出现测量项目的浓度,表明开机正常;

(6)打开 WH、T、WL 减压阀开关,分压调到 15psi。

1.3.1.2　关机

系统用于台站分析,正常情况下处于 24 小时开机状况,在某些特殊情况,如停电等原因,需要关机。关机分 2 种方案:短时间关机和长时间关机,长时间关机时,系统自动会升高光腔内的压力,以防腔外空气进入污染。系统关机之前,确保所有数据已经保存并备份。点击图 1-6 中的"shutdown"按钮,会出现普通关机(图 1-7 中 1)和长时间关机(图 1-7 中 2)的两种选择方案。点击后稍等几分钟,系统的 GUI 界面关闭。完毕后关闭 Windows 操作系统,如果是长时间关机也要把抽气系统、超低温冷阱、进气阀箱以及相关标气关掉,系统关机完成。

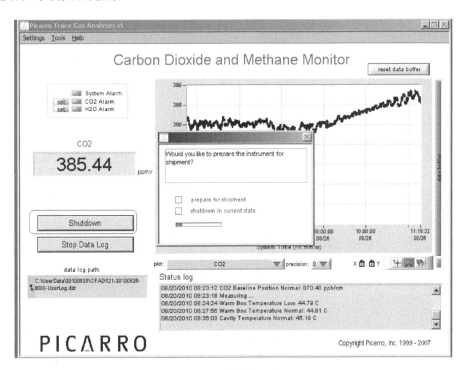

图 1-6　系统关机界面

1.3.1.3　检查

(1)日常巡视

每日分析样品前,应检查系统运行是否正常;

每日早中晚各一次,其余时间为不定时巡视;

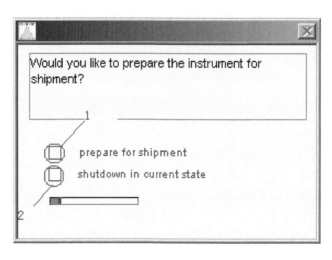

图 1-7　系统 2 种关机方案

仪器时间与标准时间(GMT 时间)相差不能超过±1min;

G1301 计算机运行序列编号为 7(每个站根据自己的序列编号检查)。

具体日常检查维护项目见表 1-1。

表 1-1　Picarro 日常检查维护表

日期:年月日时间(世界时):	值班员:		
Picarro 主机系统	G1301 显示屏数据正常 　/　 不正常		
	G1302 显示屏数据正常 　/　 不正常		
	G1301 计算机 GUI 窗口正常 　/　 报警		
	G1301 计算机运行序列编号:		
	G1302 计算机 GUI 窗口正常 　/　 报警		
	Picarro 小时数据正常 　/　 不正常		
系统阀箱	多口阀位置:		
	质量流量计(650～700sccm)		是　/　否
	G1301/2 排气(180～300mL/min)		正常　/　不正常
	主机泄压流量(0.03～100 L/min)		正常　/　不正常
工作气序列 (不低于 500psi)	高浓度工作气(WH)	总压 psi	分压: psi
	低浓度工作气(WL)	总压 psi	分压: psi
	目标气(T)	总压 psi	分压: psi
其他维护	泵过滤器维护(1 次/年)		是　/　否
	铁塔进样口过滤除水半透膜更换(1 次/年)		是　/　否
其他情况说明			

(2)日常巡视注意事项

Picarro 主机系统:检查主机运行状态是否正常,检查 System Alarm 指示灯是否变亮,若变亮,表明系统处在非正常状态;

检查阀箱:检查质量流量计流量是否在 600mL/min 左右(误差不超过 10mL/min),多口阀位置是否超过规定范围；

检查流量及压力控制模块：检查系统进气压力是否在 15psi 左右，bypass 旁路流量是否在 6～10L，检查排空流量是否在 100mL/min 左右；

G1301 与 G1302 CO_2 浓度相差在 2ppm 以内；

检查序列多口阀状态（是否为 512）。

1.3.2　维护

1.3.2.1　主机维护

Picarro 主机前、后部散热风扇应每 6 个月更换一次；

Picarro 内置泵膜寿命为 6000h，超过寿命应更换内置抽气泵泵膜；

每年更换一次泵过滤器，更换一次铁塔进样口过滤除水半透膜。

1.3.2.2　系统校准

工作气正常，根据系统控制软件设定好校准序列，自动进行标校。

1.4　数据采集、传输和处理

1.4.1　采集

该模块主要包括两方面，一是仪器观测数据的实时采集，由仪器内部信号记录仪记录光电检测器输出信号，经调谐计算后保存在仪器内部的计算机中；二是通过台站数据处理计算机上的数据拆分及打包程序，对 Picarro 数据进行拆分、打包压缩成中国气象局要求的格式，以利于数据上传。

1.4.1.1　Picarro 主机采集程序(GUI)

G1301 和 G1302 主机对观测数据采用的是分批处理的方法，每批处理 2 个观测数据，处理时间大约为 10s，处理完毕后的数据在 GUI 上显示，同时以大约 3s 的间隔在主机硬盘中保存，该软件界面如图1-8所示。

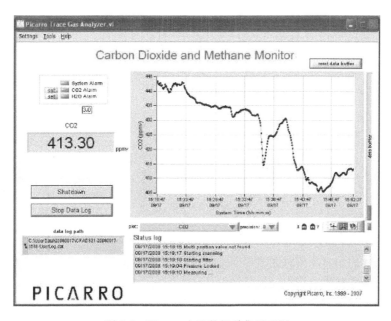

图 1-8　Picarro 主机数据采集界面图

1.4.1.2　数据处理计算机采集程序

安装于 HP 计算机上的数据采集与打包程序，主要用于采集 Picarro 主机硬盘内的数据，并将其拆分成小时单位文件，打包压缩成 Bzip2 格式，该格式是中国气象局要求格式。该软件界面如图 1-9 所示。

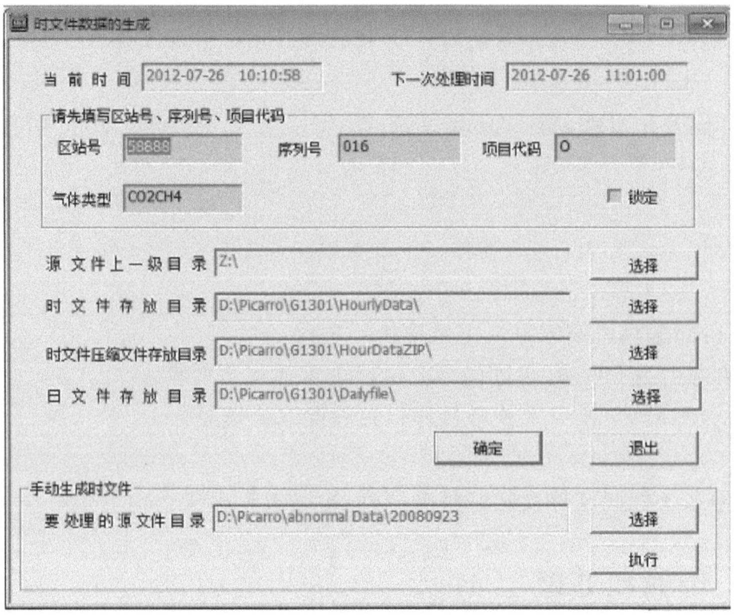

图 1-9　台站 Picarro 数据采集界面

1.4.2　存储

1.4.2.1　Picarro 主机数据存储

系统会同时产生 2 个数据记录文件,每批数据测定完毕后对该 2 个数据记录文件进行更新。系统记录文件的名称如下:CFADS♯♯-yyyy-hhmm-UserLog. dat。

在运行时,仪器会自动创建目录来保存数据,文件保存缺省位置在 C 盘下的 UserData 文件夹目录下,系统每天数据会自动产生一个文件夹。为了保持数据文件更加易于管理,系统在每次开机时自动新产生一个数据保存文件,在每天凌晨 0 点时,系统会自动产生一个新的数据文件,该数据文件的日期为新的一天。例如系统在 2007 年 2 月 5 日 10:29 分开机,开机时系统自动产生一个文件 C:\UserData\20070205\CFADS01-20070205-1029-UserLog. dat,在次日凌晨,系统又会自动产生一个文件并不断更新。

1.4.2.2　数据处理计算机数据存储

设置台站区站号、仪器序列号和项目代码等后点"锁定"。再设置源文件上一级目录(映射的盘符如 y:\);时文件存放目录(如:C:\picarro\G1301\HoulyData);时文件压缩文件存放目录(如:C:\picarro\G1301\HoulyDataZIP);文件存放目录(如:C:\picarro\G1301\Dailfile);然后点击"确定"。完毕后,Picrro 原始数据文件便可按照小时文件、小时文件压缩以及日文件的方式保存在固定目录下。

1.4.3　传输

1.4.3.1　数据传输流程

本底站将观测数据的小时文件通过现有通信方式实时上传至省(区、市)级 ftp 服务器或国内气象通信系统省级服务器的指定文件夹内。

省级通信系统在本地通信机上建立相应的户头,将本省(区、市)大气本底站的实时观测数据文件,通过宽带网 ftp 发送至中国气象局国家气象信息中心通信节点机(172.17.1.3)"newopr"账户下的"～newopr/up/cawnghg"目录中。其 newopr 账户即目前自动站资料上传所使用账户。

1.4.3.2　数据传输文件命名规则

大气本底站温室气体在线观测系统数据传输文件命名规则为:

Z_CAWN_I_IIiii_yyyymmddhhMMss_O_GHG-FLD-CO$_2$CO-CRDS-仪器序列号 . bz2

各段的具体说明如下：

Z：固定编码，表示国内交换资料；

CAWN：固定编码，表示大气成分及相关资料；

I：表示后面 Iiiii 字段为观测站站号；

Iiiii：表示 5 位观测站站号；

yyyymmddhhMMss：是一个固定长度的日期时间字段，为文件生成的时间(UTC，世界时)。其中：yyyy 为年，4 位；MM 为月，2 位；dd 为日，2 位；hh 为小时，2 位；mm 表示为分钟，2 位；ss 为秒，2 位。

O：固定编码(字母 O)，表示观测资料；

GHG：固定编码，表示观测资料种类为温室气体；

FLD：固定编码，表示野外观测数据；

CO₂、CO：固定编码，表示包含 CO₂ 和 CO 两个观测要素种类；

CRDS：固定编码，表示观测项目采用的仪器名称；

仪器序列号：表示各本底站观测仪器序列号，各本底站为固定编码；

bz2：固定编码(小写)，表示 bzip2 压缩文件。

1.4.3.3　大气本底站温室气体在线观测系统数据文件资料传输时限要求

大气本底站温室气体在线观测数据文件资料的传输时限要求如表 1-2 所示。

表 1-2　在线观测数据文件资料的传输时限要求

资料内容	及时报	逾限报	缺报	备注
温室气体在线观测项目	≤HH+60	<HH+120	≥HH+120	每小时 1 次

注 1：此表所列时限是指观测数据资料文件传至国家气象信息中心的时限要求。

注 2：表内所列时间均为世界时(UTC)，其中：

　　HH 为观测数据资料文件传输的正点时间，即从每小时正点时间开始传输上 1 小时的观测数据文件；

　　≤HH+60 表示小于等于传输正点后 60min；

　　≥HH+120 表示大于等于传输正点后 120min；

　　<HH+120 表示小于传输正点后 120min。

1.4.3.4　数据格式

温室气体在线观测小时文件命名见表 1-3。

表 1-3　温室气体在线观测小时文件命名列表

台站	上传小时文件名
瓦里关	Z_CAWN_I_52859_yyyymmddhh0000_O_GHG-FLD-CO₂CO-CRDS-S010.bz2
上甸子	Z_CAWN_I_54421_yyyymmddhh0000_O_GHG-FLD-CO₂CO-CRDS-S011.bz2
龙凤山	Z_CAWN_I_54084_yyyymmddhh0000_O_GHG-FLD-CO₂CO-CRDS-S012.bz2
临安	Z_CAWN_I_58448_yyyymmddhh0000_O_GHG-FLD-CO₂CO-CRDS-S013.bz2
香格里拉	Z_CAWN_I_56449_yyyymmddhh0000_O_GHG-FLD-CO₂CO-CRDS-S009.bz2

（1）数据处理

Picarro 数据处理和质量控制综合分析软件系统其重要功能是用于 Picarro 在线观测系统的数据监控、处理以及综合分析，在此平台上可实现对本底站开展的温室气体在线观测项目数据的不同等级质量控制处理。该软件系统总体要求设计开发界面友好，功能设置人性化，便于用户操作，运行稳定、正确，能够满足本底站点自动数据处理和质量控制以及综合分析的要求。

软件主要功能模块如图 1-10 所示。

（2）RDT 模块

RDT(RAW DATA)指由程序自动打包传输到数据使用者计算机的原始数据文件(其格式具体见 Picarro 数据文件)，不可随意改动。对原始数据进行处理和订正之前，需要对 RDT 备份。

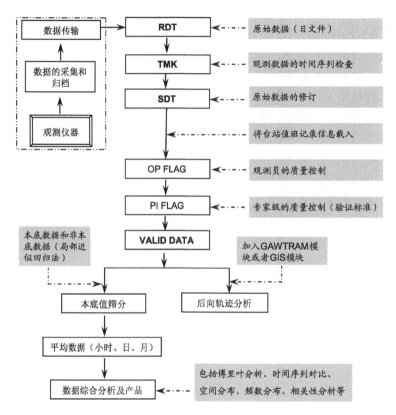

图 1-10　软件主要功能模块和流程图

（3）TMK 模块

该模块主要功能是时间序列检查，即对 Picarro 原始数据进行时序的去重、查缺和补漏，即删除时刻重复的数据，自动填补缺失时刻的数据（缺失的数据行中，站号、项目代码、年份、序日和时间要准确，缺失数据一般使用－9999 类似特殊数据来填充），调整时间序列错误的数据（比如 2：10 的数据在 2：05 的数据前面，就需要调整顺序），时间序列检查后的数据文件可保证数据采集时序的完整、顺序和正确。

（4）SDT 模块

SDT 模块主要功能是对经过时间序列检查的 Picarro 数据文件中的逐条输出参数进行检查和异常判断，包括输出压力，温度，流量，浓度等。每个参数将根据仪器正常运行状况规定一定的正常取值范围，若某个参数超出该范围，则将之视为异常，要在数据文件中有所显示，并记录和标记异常数据判断的结果，用户查询数据异常情况时，正常数据和异常数据可分色显示，直观提醒用户。

（5）CONC 模块

采用外标法计算空气样品浓度。计算原理：根据 Picarro 的响应信号与标气浓度呈线性相关，利用相邻的高浓度工作气和低浓度工作气，采用线性拟合（$y＝ax＋b$）计算未知样品浓度。计算前，应通过系统响应判别仪器是否工作正常。

（6）OP-flag 模块

OP-flag 模块主要功能是载入台站的质控信息，自动将 4 个台站上传的质量控制信息文件（一般为值班记录文件）与 Picarro 数据逐条对应合并（在此指与经过数据检查和异常值判断的 SDT 文件进行合并），并进行标记。

（7）PI-flag

PI 级用户通过查看数据、结合质量控制信息编码和备注信息对数据质量进行判断，如果发现自动 PI 标记不符合数据实际质量状况，则可手动修改 PI 标记。

（8）数据筛分

观测结果可分为本底数据和非本底数据，所谓本底数据指排除了局地条件和人为活动的直接影响、已混合均匀的大气组成特征,其能更好地代表区域混合均匀的大气状况,因此需对观测数据进行本底和非本底筛分。几种主要的筛分方法为:

①纯统计学方法,即采用局部逼近回归剔除与均值差异大于 3δ 数据,筛分时以 6h 为基本单位对数据进行筛选;

②后向轨迹法筛分:结合观测数据以及区域污染源的主要位置方向,剔除污染气团来时的观测数据;

③示踪物筛分:以示踪物与筛分物种的同源性等关系,通过判别示踪物的污染浓度时刻来对观测数据进行筛分;

④结合地面风的情况分析水平风、垂直气流以及风速和气流速度等对观测浓度的影响,结合各站的地理、环境因素对观测数据进行剔除筛选。

(9)各级数据产品

根据用户目的生成的数据产品,如统计平均:经过高级质量控制处理的数据,可进行小时平均值、日平均值甚至月平均值等。

1.5　故障处理和注意事项

(1)硬件系统故障处理和注意事项

系统无法开机时,检查供电电源是否正常;

质量流量计流量无法达到要求时,发生漏气或堵气,根据进气系统逐级检查;

按照经验和掌握的知识无法排除故障时,不能擅自拆开仪器,应及时通报相关技术人员。

(2)软件系统故障处理和注意事项

站点信息编辑结束后请单击"锁定"复选框,以防止误修改;

初次运行后,请检查相应目录数据变化情况,以确保程序配置无误。

附录　简易操作指南

F1.1　开机

(1)接入系统电源;

(2)打开抽气系统电源,让 KNF 泵工作;

(3)打开超低温干燥冷阱,冷机开机的时间大于 45min;

(4)打开进气阀箱主电源与辅电源;

(5)打开 Picarro。正常情况下,Picarro 系统接通电源后会自动启动,若没有自动启动,可以在连接好电源和气路后,按下仪器计算机前面板电源按钮,启动仪器计算机和分析仪。分析仪开始自检,自检通过后,分析仪显示屏出现测量项目的浓度,表明开机正常;

(6)打开 WH、T、WL 减压阀开关,分压调到 15psi。

F1.2　关机

系统用于台站分析正常情况下处于 24 小时开机状况,在某些特殊情况下,如停电等原因,需要关机。关机分 2 种方案:短时间关机和长时间关机,长时间关机时,系统自动会升高光腔内的压力,以防腔外空气进入污染。系统关机之前,确保所有数据已经保存并备份。点击"shutdown"按钮,系统提示选择长时间关机或者短时间关机。点击后稍等几分钟,系统的 GUI 界面关闭。完毕后关闭 Windows 操作系统,如果是长时间关机也要把抽气系统、超低温冷阱、进气阀箱以及相关标气关掉,系统关机完成。

F1.3　主机维护

（1）Picarro 主机前、后部散热风扇应每 6 个月更换一次；

（2）Picarro 内置泵膜寿命为 6000h，超过寿命应更换内置抽气泵泵膜；

（3）每年更换一次泵过滤器；更换一次铁塔进样口过滤除水半透膜。

第 2 章 双通道气相色谱(GC-FID/ECD)在线观测系统(CH₄、CO、N₂O、SF₆)

双通道气相色谱在线观测系统是在 Agilent6890N/7890A 网络气相色谱的基础上进行改装,使之可以高精度分析本底大气中 CH_4、CO、N_2O 和 SF_6。该系统的工作站中配置了大量的自动化控制及数据处理软件,整个过程完全通过控制软件自动运行,无需人工干预,自动化程度极高。

但该系统比较复杂,主要包含以下几个方面:(1)该系统分析气体种类较多,气路相对于一般的单通道色谱而言复杂,系统各种载气,辅助气种类繁多;(2)Agilent6890/7890A 是一种高灵敏度的网络化气相色谱,虽然系统主机利用电子压力控制器(EPC)对气流进行控制,灵敏度较高,但是系统对各种载气及辅助设施高度敏感;(3)系统配置了大量的传感器和控制器,系统的阀箱里安装有多个切换阀、电磁阀、继电器以及管路,各种连接切换非常复杂;(4)系统安装了多个的自动化控制及数据处理软件,各种软件在正常运行时实现各种不同的功能,但由于各种软件按预定时间自动运行,因此所有的分析操作必须严格按照正常的操作来进行。

本章内容主要包括:色谱主机原理及结构、系统安装调试方法、日常运行和管理方法以及软件操作等内容。

2.1 基本原理和系统结构

2.1.1 系统原理

双通道气相色谱(GC-FID/ECD)在线观测系统(CH_4、CO、N_2O、SF_6)的原理主要分为两部分:一是混合气体的分离,二是相应气体的检测。FID 路用来检测 CH_4、CO 信号响应,首先样气被带入 5A 分子筛预柱和 Unibeads 主分离柱进行分离,CH_4 分离后可以通过 FID 检测器直接测定,当 CH_4 气体出峰完毕,使 CO 经过转化炉,被镍催化剂转化成 CH_4,再进 FID 进行测定;ECD 用来检测 N_2O、SF_6 信号响应,样气在定量管内被 P5 载气(含 5%CH_4 的 Ar 气)带入 Haye SepQ 预分析柱与主分析柱进行分离,最后进入检测器进行检测。

2.1.2 系统配置

2.1.2.1 系统组成

双通道气相色谱(GC-FID/ECD)在线观测系统(CH_4、CO、N_2O、SF_6)硬件主要包含三大部分:气体进样系统,色谱主机分析系统及工作站数据处理系统。软件部分主要包括 Agilent 色谱工作站软件 Chemstation 以及相关的外围控制软件等,系统示意及实物分别如图 2-1 和图 2-2 所示。

2.1.2.2 硬件原理

(1)气体进样系统

气体进样系统原理如图 2-3 所示。顶端装有风向风速仪,距离安装 GC 的房间约 10m,Syflex1300 采样管进气口安装在采样塔不同高度处,采样管进气口一端装有除水半透膜,防止雨水及颗粒物进入。气路内样品空气由一台 KNF 泵抽动,流量大约 1L/min。空气在进入 KNF 空气泵之前要经过一个 $7\mu m$ 的净化器去除空气中的颗粒物,为了保持管路内气体的保留时间(从塔顶进气口到气相色谱行走的时

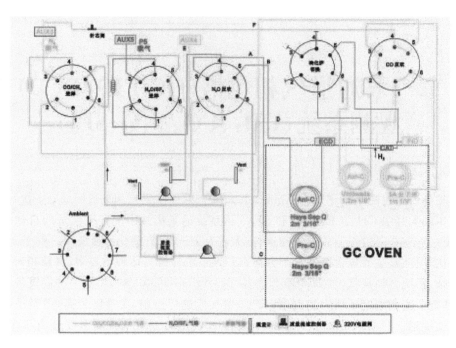

图 2-1　双通道气相色谱系统示意图

图 2-2　双通道气相色谱系统实物图

间)尽量短,在泵后段配置了一个小型压力释放控制器,正常情况下调节压力在 15psi 左右,在压力控制器后端安装一个压力指示表来监视气路压力情况。气体进入-70℃玻璃超低温冷阱中去除大部分水后,进入色谱阀箱,为了减少玻璃冷阱死体积对所测气体的影响,在冷阱后部配制了一流量可调流量计,正常流量设计在 200mL/min 左右,这样玻璃冷阱内气体一直是在流动的状态。在分析样品时,样品气流经色谱阀箱的流量为 250mL/min。

（2）色谱主机分析系统

色谱主机系统主要由一台 Agilent 双通道气相色谱和相应的阀系统工作站等组成(图 2-1),其中色谱主机主要负责样品的分离以及检测,6 口双位置切换阀主要控制进样选择以及反吹,切换等功能,工作站系统主要负责信号的处理以及数据整理等功能。

该色谱主机同时分离检测 CH_4、CO、N_2O 和 SF_6 等四种气体。色谱柱箱内有 4 根色谱柱,其中 2 根

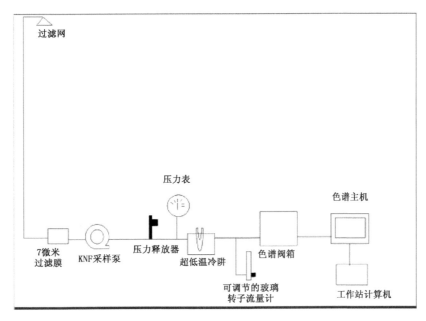

图 2-3　双通道气相色谱系统进样原理图

用于检测 CH₄ 和 CO,另外 2 根用于检测 N₂O 和 SF₆。

　　首先,气体样品(来自于采样塔或者钢瓶)经过质量流量计控制进入 2 个定量管,其中 FID 路定量管 10mL,ECD 路定量管 15mL,冲洗 30s,然后与环境大气平衡 15s,对于 FID 路,样气被带入 5A 分子筛预柱和 Unibeads 主分离柱进行分离,O₂,N₂,CH₄ 等气体先出来,直接进 FID 检测器进行分析,当 CH₄ 气体出峰完毕,转化炉切换阀切换(V3),使 CO 经过转化炉,被镍催化剂在 395℃转化成 CH₄,再进 FID 进行测定,由于分子筛对 CO₂ 有很强的吸附性,需要很长的时间才能出来,因此,CO 出峰完毕后,同时切换 CO 反吹阀(V4),利用相反的方向,将 CO₂ 从预柱中吹出。典型的 CH₄ 和 CO 响应信号如图 2-4 所示。

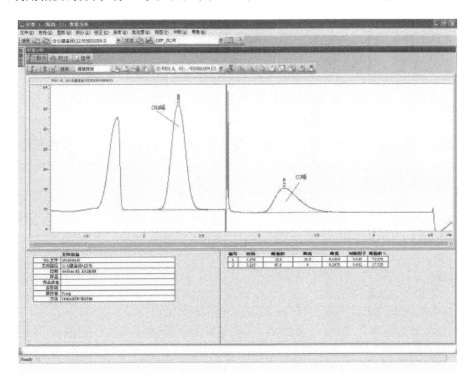

图 2-4　典型的 CH₄ 和 CO 响应信号

ECD 路与 FID 路类似,样品气在定量管内被 P5 载气(含 5%CH$_4$ 的 Ar 气)带入主预分析柱分离,再进入主分离柱作进一步分离,最后进入检测器进行检测。当 N$_2$O 及 SF$_6$ 均从主分析柱流出并经检测器分析后,由于 CO$_2$,H$_2$O 等组分保留时间较长,N$_2$O 反吹阀(V2)切换,利用 AUX4 路的高纯 N$_2$ 气将这些组分吹出。典型的 N$_2$O 和 SF$_6$ 响应信号如图 2-5 所示。

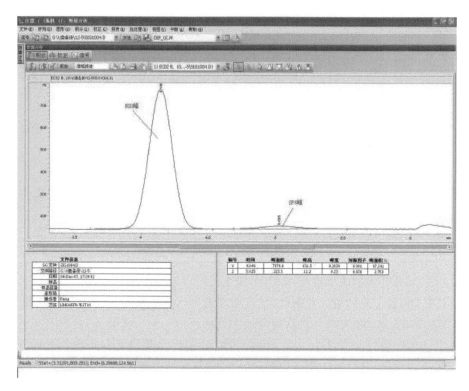

图 2-5　典型的 N$_2$O 和 SF$_6$ 响应信号

(3)工作站数据处理系统

该模块由一台工控机组成,主要运行 Agilent 色谱工作站软件 Chemstation 以及相关的外围控制软件。

2.1.2.3　软件

图 2-6 是色谱主机 Chemstation 程序界面图。Chemstation 主程序是整个软件系统的核心内容,其主要功能是负责计算机与色谱主机之间的通信,主要包括三大功能:①色谱信号的收集处理,通过辨别色谱输出信号并在工作站上做出色谱图;②控制色谱主机系统运行,6890N/7890A 色谱的特色之一就是能完全通过工作站电脑控制色谱主机的运行包括各种指令;③通过计算机控制色谱系统阀箱内各个切换阀的旋转,以及各个电磁阀的开关。

2.2　安装调试

2.2.1　安装条件

气相色谱在线观测系统也分为室内部分和室外部分,其中室内部分包括 7890A 主机、阀箱、冷阱及采样泵等,其中冷阱及采样泵与 Picarro 系统共用;室外部分包括采样管线以及塔底 M&C 初级除水系统,也与其他系统共用。

(1)室内部分要求

电力:220V 交流电,不间断电源。

功率:峰值功率 3.5kW(正常功率<1.5kW)。

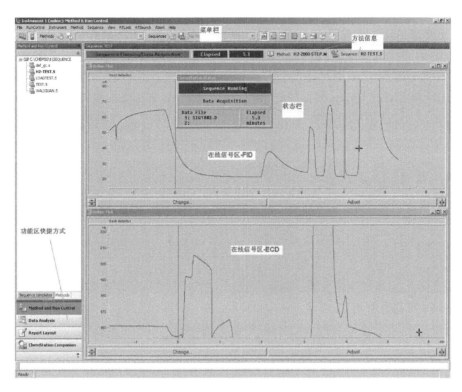

图 2-6　色谱主机 Chemstation 程序界面图

环境温度:20～25℃。

网络:24 小时网络连接(internet)。

面积:至少 5m²,主机放置于标准实验台。

室内保持通风,尤其超低温冷阱以及采样泵。

载气:需放置于阴凉干燥处,保持通风,避免阳光直射。

辅助气:高纯氢需放置于室外,保持通风干燥,否则危险。

工作气:需平躺,宜用保温材料包裹。

(2)室外部分要求

采样口:至少高出陆地生态系统 10m。

管线:应采用卡箍固定,避免出现死弯以及凹陷,导致管线内积水。

M&C:处于干燥通风的小房间,地面设置专用排水槽。室内温度 5～35 ℃。

电力要求:峰值功率 0.8kW。

2.2.2　仪器调试

首先检查系统所有连接管线接头气密性,确保系统无泄漏!!

进样系统调试:初步安装,完全卸松主泄压阀的旋钮,将玻璃冷阱接入 FTS,将出气口接入"气相色谱"主机阀箱。逐步拧紧主泄压阀旋钮,直至压力表显示 15psi 左右。此时调节排空流量计的旋钮,设置流量 100mL/min 左右,再检查主路压力(此时略低于 15psi),继续拧紧直至 15psi,再次调节排空流量计按钮,直至满足要求。最终系统进气压力在 15psi 左右,bypass 旁路流量在 6～10L,排空流量在 100mL/min 左右。

室外采样管线调试:主要考察 M&C 是否工作正常,开机后检查 M&C 前部指示灯,若红灯亮起表示压缩机在工作,系统正常,若不亮表明系统可能存在故障。

主机调试 1:完成主机所有管线连接并经过气密性检查后,需再次对色谱柱进行老化。老化时间宜 1～2h,具体视极限情况而定。完成后需进行色谱出峰调试,要求色谱峰型能够满足图 2-4、图 2-5 所示的形状。

主机调试 2：完成后接入目标气 T，连续进样 99 针以上，分析 99 次进样的标准偏差，对 CH_4、CO、N_2O、SF_6 标准偏差分别优于 2ppb、2ppb、0.2ppb、0.1ppt，表示主机性能满足分析要求。

性能调试 3：将 WH、WL、T 同时接入系统多口阀，设置程序让系统在 3 瓶标气切换分析，连续分析 10 次以上，将 WH、WL、T 后 8min 数据分别平均，利用 WH 和 WL 线性拟合计算 CH_4、CO、N_2O、SF_6 浓度，若计算浓度与标称值差异分别在 4ppb、4ppb、0.4ppb、0.1ppt 之内表明系统正常，满足日常运行要求。

2.3　日常运行、维护和标校

2.3.1　操作

2.3.1.1　开机

（1）打开系统 N_2、P5 和氢气发生器。确认无漏气。打开零气发生器泵及电源；

（2）打开色谱工作站计算机；

（3）启动色谱主机，等待系统自检大约 40s，色谱主机面板上"NOT READY"红色指示灯常亮，FID 手动点火；

（4）启动色谱工作站，双击色谱工作站电脑桌面上的"Instrument1 Online"图标；大概 20s 后色谱面板前"Remote"指示灯亮，此时系统"Not Ready"指示灯亮，但屏幕上需显示出"Power on Successful"字样；

（5）工作站软件启动后，色谱主机会自动设置各参数；

（6）运行 System Scheduler 程序，若时间在 12：00（北京时）之前，将日期往前调整一天，再运行"Agilent Chemstation System Schedule"，完毕后将日期调回当前日期，若时间在 12：00（北京时）之后，直接运行"Agilent Chemstation System Schedule"。并检查时间序列是否完整，每日该程序自动生成四个运行序列。

上述步骤完成之后，检查当前序列是否为"台站缩写"加"-H/L.S"序列，等待系统自动运行。

2.3.1.2　关机

系统用于台站分析，正常情况下处于 24 小时开机状况，在某些特殊情况，如停电等原因需要关机请按以下步骤操作。

（1）在色谱工作站选择 RUNCONTROL 菜单，点击 PauseSequence，等待 1 个小周期结束后，点击 Stop Run/Inject/Sequence 按钮，后关闭色谱工作站；

（2）关闭 OVEN TEMP、INJ A、INJ B、DET A、DET B、AUX Them1 的温度设置，即在 HP6890/7890 气相色谱仪前面板右侧的小键盘上按下相应的键，然后按下 OFF 键；

（3）等待 30min 左右关闭工作站电脑和色谱主机电源；

（4）关闭载气、辅助气和零气发生器电源。

2.3.2　检查

2.3.2.1　日常巡视

每日分析样品前，应检查系统运行是否正常；

每日早中晚各一次，其余时间为不定时巡视；

仪器时间与标准时间（GMT 时间）相差不能超过 ±1min；

每日检查系统是否漏气。

具体日常检查维护项目见表 2-1。

表 2-1　双通道气相色谱系统检查表

日期:年月　　　　　　　时间(当地时间)　　　　　值班员:

色谱工作站	Chemstation 工作站	谱图:正常　　　/　　　不正常		
		色谱工作站状态:　　　　Running　/　Stopped　/　Waiting		
	Agilent Chemstation Scheduler	17:59 序列:　　　　　Accepted　/　Not allowed　/　Rejected		
		23:59 序列:　　　　　Accepted　/　Not allowed　/　Rejected		
	Systme Scheduler Professional	运行状态:正常　　　/　　　不正常		
	色谱数据自动处理程序	A、B、D 区各项参数:正常　　/　　不正常		
		C 区图形显示:有　/　无	图形正常:是　/　否	
	工作站电脑数据情况	D:\根目录 2 个压缩文件:有　　无	上传:是　/　否	
		D:\WALIGUAN2\2 个压缩文件:有 / 无	上传:是　/　否	
	计算机系统日期(GMT)	计算机日期	标准日期	
		计算机时间	标准时间	
色谱主机	指示灯	RUN 指示灯:亮　/　不亮	Remote 指示灯:亮　/　不亮	
		Not Ready 指示灯:亮　/　不亮　/　闪烁		
	显示屏(按下 Status 键后)	显示 Run in Progress 是　/　否	显示 Shutdown:是　/　否	
		其他在屏幕上的内容:		
阀箱	第一层	8 口选择阀位置读数:　　　1　2　3		
		质量流量控制器流量:　　　　mL/min (进样开始 45s 内可见)		
	第二层	质量流量控制器上下开关向上是　/　否		
	第三层	5 个切换阀状态指示灯亮　/　灭		
		N₂O Backflush 流量计流量:220～240 mL/min:是　/　否		
		CO Backflush 流量计流量 170～180 mL/min:是　/　否		
		调整记录:		
进气系统	进气表压力 15psi:是　/　否		玻璃转子流量计流量 10:是　/　否	
	达不到要求时调整记录:			
	超低温冷阱:正常　/　不正常		更换冷阱:是　/　否(每日需更换)	
载气系统	N₂ 气	使用瓶　总压:　　psi	分压 75psi 是　/　否	
	亚甲烷气体	使用瓶　总压:　　psi	分压 60psi 是　/　否	
		备份瓶　总压:　　psi	分压 60psi 是　/　否	
工作气序列	WH 气瓶　总压:　psi　分压:　psi		Target 气瓶　总压:　psi　分压:　psi	
FID 辅助气体	H₂ 气	总压:　　　　psi	分压:40psi:是　/　否	
	零空气发生器	POWER 指示灯:亮　/　灭	PUMP 指示灯:亮　/　灭	
		输入压力 35～40psi:是　/　否	输出压力大约 37psi:是　/　否	
		输出流量 42～45:是　/　否		
其他检查维护记录	零空气发生器缓冲瓶(每周一检查)	电磁阀排水:是　　　否		
		10min 后重新排水(若有必要):是　/　否		
	采样泵与过滤器(一次/半年)	工作:是　/　否	散热风扇工作正常　/　不正常	
		维护过滤器:是　/　否		
	重启工作站电脑(每月 1 日):是　/　否			
其他情况				

2.3.2.2　日常巡视注意事项

查看 GC 主机显示器的状态提示；

系统在遇到突然停电或其他原因导致系统停机时要注意系统托盘时间是 12:00 前或 12:00 后,操作方法详见操作手册；

在更换氢气钢瓶后应多注意仪器是否有熄火现象。若熄火,及时点火；

长时间停机必须关闭氮气、标准气和氢气等钢瓶的总阀门；

更换载气、标气需严格检漏；

每日严格检查谱图与标准谱图吻合情况；

检查氢气发生器水量；

查看两层阀箱多口阀位置是否一致。

2.3.3　维护

2.3.3.1　主机维护

氢气发生器要定期加水；

系统阀箱的电磁阀时间久了,会出现偶尔不工作的情况要注意更换；

零气发生器要定期排水；

系统长时间运行要定期老化柱子；

采样泵的前端滤膜检查和维护,维护时停止采样泵,卸下采样泵前过滤器的滤膜,更换上新的滤膜。维护时需准确记录维护的起始时间和终止时间；

正常情况下,两路载气净化器的使用寿命可以达到 1～2 年,更换时间在当日 8:00—14:00；

检查工作站电脑硬盘使用状况,备份数据。

2.3.3.2　系统校准

工作气正常,根据系统控制软件设定好校准序列,自动进行标校。

2.4　数据采集、传输和处理

2.4.1　采集

该模块主要包括两方面,一是通过 ChemStation 软件对仪器观测的序列数据进行实时采集并存在计算上,然后再经过 MoveGCData 与 CreateBz2 软件把数据移动并打包为压缩数据；二是通过 FTP 软件 SCF 上传压缩好的数据。

2.4.1.1　ChemStation 程序及相关软件(GUI)

该系统每 6h 生成一个序列,每个序列采集 35 个信号,每个信号观测时间为 10min,MoveGCData 软件会将 35 个信号文件移动到 D 盘的一个临时目录,CreateBz2 软件会将临时目录的所有信号文件打包为 BZ2 压缩文件。

MoveGCData 与 CreateBz2 软件在本序列即将结束时对数据进行处理,处理时间大概为 15s。ChemStation 程序及相关软软件界面如图 2-7 所示。

2.4.1.2　数据上传程序

安装于 HP 计算机上小时数据生成软件,主要用于生成色谱工作站电脑硬盘 Bzip2 格式数据,该格式是中国气象局的要求格式。该软件界面如图 2-8 所示。

2.4.2　存储

色谱工作站计算机会存储三种数据,一是存储在 C:\Chem32\1\data\ 目录下以序列命名的目录下的原始信号文件,但是该目录下的信号文件只能保存一个序列的数据,下一个序列会覆盖掉上一个序列

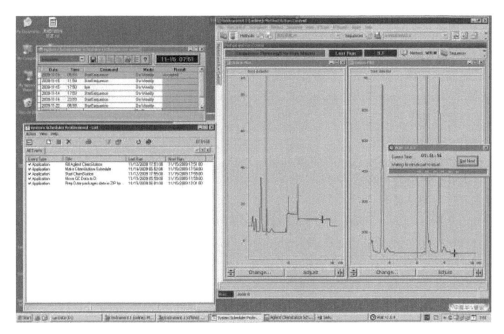

图 2-7　ChemStation 程序及相关软件

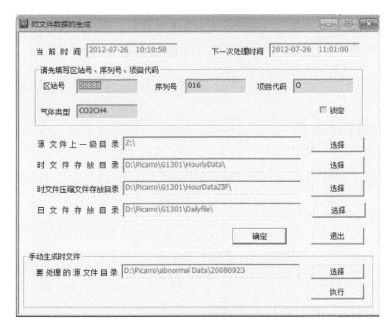

图 2-8　2h 压缩软件界面

的数据。二是存储在 D:\GcZip\目录下的 Bzip2 压缩文件。三是保存在 D:\GcDataBackUp\目录下的历年原始信号文件。

在系统运行时所有的文件都是自动生成的,不需要人为干预。

2.4.3　传输

2.4.3.1　数据传输流程

本底站将观测数据的小时文件通过现有通信方式实时上传至省(区、市)级 ftp 服务器或国内气象通信系统省级服务器的指定文件夹内。

省级通信系统在本地通信机上建立相应的户头,将本省(区、市)大气本底站的实时观测数据文件,通过宽带网 ftp 发送至中国气象局国家气象信息中心通信节点机(172.17.1.3)"newopr"账户下的"～newopr/up/cawnghg"目录中。其中 newopr 账户即目前自动站资料上传所使用账户。

2.4.3.2　数据传输文件命名规则

大气本底站温室气体在线观测系统数据传输文件命名规则为：

Z_CAWN_I_IIiii_yyyymmddhhMMss_O_GHG－FLD－观测层次－观测设备 . bz2

各段的具体说明如下：

Z：固定编码,表示国内交换资料；

CAWN：固定编码,表示大气成分及相关资料；

I：表示后面 IIiii 字段为观测站站号；

IIiii：表示 5 位观测站站号；

yyyymmddhhMMss：是一个固定长度的日期时间字段,为文件生成的时间(UTC,世界时)。其中：yyyy 为年,4 位；MM 为月,2 位；dd 为日,2 位；hh 为小时,2 位；mm 表示为分钟,2 位；ss 为秒,2 位。

O：固定编码(字母 O),表示观测资料；

GHG：固定编码,表示观测资料种类为温室气体；

FLD：固定编码,表示野外观测数据；

观测层次：表示仪器分析样品的高度,分为 GCH 和 GCL 两层；

观测设备：表示气相色谱型号,分为 6890 和 7890 两种；

bz2：固定编码(小写),表示 bzip2 压缩文件。

2.4.3.3　大气本底站温室气体在线观测系统数据文件资料传输时限要求

与 1.4.3.3 相同。

2.4.3.4　数据格式

与 1.4.3.4 相同。

2.5　故障处理和注意事项

2.5.1　硬件注意事项

系统无法开机时,检查供电电源是否正常；

质量流量计流量无法达到要求时,发生漏气或堵塞,根据进气系统顺序逐级检查；

按照经验和掌握的知识无法排除故障时,不能擅自拆开仪器,及时通报相关技术人员。

2.5.2　软件注意事项

首次运行 Aiglent 色谱工作站时,需要进行相关配置。下面将介绍该工作站在电脑上的安装配置方法。

(1)将安装光盘放入光驱中,由于此工作站没有设置自动安装,因此放入以后,进入"我的电脑"→"E盘"(光盘所在的盘符),点击进去以后,在根目录下寻找"Setup"的文件,双击进行安装；

(2)系统会提醒,在进行安装前关闭所有在运行的软件；

(3)在接下来的菜单中,选择"Add Instrument1",选择化学工作站种类,一般选择安装的是 2071BA ChemStation,在下面的对话框中输入"License Number"(注意此号码是原厂号码,注意保密),完毕以后,点击"OK"继续；

(4)在选择安装目录时,系统缺省的是"C:\CHEM32。这主要有两方面考虑,一是安捷伦工作站兼容性不是很好,安装在其他盘下可能导致不能运行；另一方面,由于相配套的软件都是以工作站安装在 C盘进行设计,因此不要随意改动。点击"OK"进行下一步的安装；

(5)接近安装完毕时,系统会要求配置化学工作站,也就是 Configuration Editor,突出显示

"Instrument1"，然后再选择"edit"；

（6）安捷伦(Agilent)化学工作站安装以后，有时不会自动在开始菜单栏里面创建程序(经常出现这种情况)，这时候就需要手动在桌面设置运行快捷方式链接了，否则程序无法进入运行；

（7）启动工作站，第一次运行在线时，系统会自动检测仪器的配置，并弹出对话框，提示找到色谱柱等等，按照本色谱的配置逐渐输入即可；

（8）设置完系统的各项硬件型号及参数后，即可进入色谱在线运行软件的主界面。系统就可以使用了。

附录　简易操作指南

F2.1　开机

（1）打开系统 N$_2$、P5 和氢气发生器。确认无漏气。打开零气发生器泵及电源。

（2）打开色谱工作站计算机；

（3）启动色谱主机，等待系统自检大约 40s，色谱主机面板上"NOT READY"红色指示灯常亮，FID 手动点火；

（4）启动色谱工作站，双击色谱工作站电脑桌面上的"Instrument1 Online"图标；大概 20s 后色谱面板前"Remote"指示灯亮，此时系统"Not Ready"指示灯亮，但屏幕上需显示出"Power on Successful"字样；

（5）工作站软件启动后，色谱主机会自动设置各参数；

（6）运行 System Scheduler 程序，若时间在 12:00(北京时)之前，将日期往前调整一天，再运行"Agilent Chemstation System Schedule"，完毕后将日期调回当前日期，若时间在 12:00(北京时)之后，直接运行"Agilent Chemstation System Schedule"。并检查时间序列是否完整，每日该程序自动生成四个运行序列。

上述步骤完成之后，检查当前序列是否为"台站缩写"加"－H/L.S"序列，等待系统自动运行。

F2.2　关机

系统用于台站分析正常情况下处于 24 小时开机状况，在某些特殊情况，如停电等原因需要关机请按以下步骤操作。

（1）在色谱工作站选择 RUNCONTROL 菜单，点击 PauseSequence，等待 1 个小周期结束后，点击 Stop Run/Inject/Sequence 按钮，后关闭色谱工作站；

（2）关闭 OVEN TEMP、INJ A、INJ B、DET A、DET B、AUX Them1 的温度设置，即在 HP6890/7890 气相色谱仪前面板右侧的小键盘上按下相应的键，然后按下 OFF 键；

（3）等待 30min 左右关闭工作站电脑和色谱主机电源；

（4）关闭载气、辅助气和零气发生器电源。

第3章　双通道气相色谱(GC-ECDs)在线观测系统(CFCs、HCFCs)

大气中的 CFCs(氯氟碳化物)被输送到平流层后,会光解产生氯原子,催化平流层臭氧分解反应,造成平流层臭氧损耗,因此被列入《蒙特利尔议定书》减排清单。CFCs 的过渡替代物 HCFCs(氢氯氟碳化物)尽管其臭氧层耗损潜势(ODP)相比 CFCs 低,但是仍旧具有破坏臭氧的能力,因此也被列入《蒙特利尔议定书》减排清单。

随着工业化加速和经济迅速发展,中国已经成为生产和使用 CFCs 和 HCFCs 的大国,其排放和淘汰 CFCs、HCFCs 的情况受到各国关注。因此对我国 CFCs 和 HCFCs 本底变化进行长期、系统、准确的观测非常重要。中国气象局通过国际合作,在上甸子区域大气本底站建立了双通道气相色谱(GC-ECDs)在线观测系统,可在线观测大气中的 CFCs 和 HCFCs。

3.1　基本原理和系统结构

3.1.1　基本原理

本观测系统包括 2 台检测器以及 3 根色谱柱(MS 5A 填充柱、silicone SP-2100 柱、poraplotQ 毛细管柱,其中 silicone 和 poraplotQ 毛细管柱均包含预柱和主柱)。具体来说,检测器 1(图 3-1 中 ECD1)检测物质为 SF_6、CFC-12、CFC-11、CFC-113、CH_3CCl_3、CCl_4。其中 SF_6、CFC-12 由 1 根 2mL loop 采集,进入 350cm MS 5A 填充柱,在 90℃下分离。其余物种由 10mL loop 捕集,经过 silicone SP-2100 柱(预柱30cm,主柱 300cm)分离。检测器 1 首先分析 350cm MS 5A 填充柱分离的气体,100s 后电磁阀切换,检

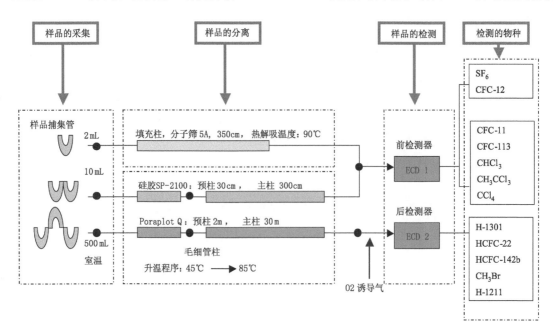

图 3-1　系统原理图

测器 1 再分析 silicone SP-2100 柱分离的气体。检测器 2(图 3-1 中 ECD2)分析气体为 H-1301、HCFC-22、HCFC-142b、CH_3Br、H-1211。这些物质在室温下(约 25℃)吸附在预浓缩捕集阱(trap)中,吸附体积 500mL。然后加热捕集阱至 165℃左右,解吸附出的物质经过 poraplotQ 毛细管柱(包括 2m 的预柱和 30m 的主柱)分离并由 ECD2 检测。为了提高检测器的灵敏度,采用含有 0.3%高纯氧的高纯氮气作为诱导气。

3.1.2　系统结构

3.1.2.1　系统组成

系统的核心设备为样品处理系统和 GC-ECDs,其中样品处理系统用于气体样品的前处理。GC-ECDs 用于样品的分离和检测。此外,进气系统用于样品的自动进样,计算机用于系统的控制和信息记录。不间断电源保证系统稳定运行,标气序列确保系统分析结果的国际可比性。

3.1.2.2　硬件

如图 3-2 所示,系统硬件主要包括:

安捷伦 6890N 型气相色谱仪,配有两个微电子捕获检测器(μECD);

计算机:安装 Linux 操作系统,用于控制 GC、电磁阀以及其他设备,接收来自 GC 输出的色谱数据;

电磁阀系统:配有控制气路开闭的 6 个电磁阀以及两个蛇形样品管(loop);

样品处理系统:配有流量控制装置,电磁阀控制装置,电源供应装置,Nafion 干燥管等;

进气系统:由进气口,空气采样器(air sample module,包括 KNF 抽气泵、aquarium 泵、过滤膜等)以及采样管路等构成;

气体系列:标准气(ESSEX)、高纯氮气载气、氧诱导气(含有 0.3%高纯氧的高纯氮气)、零空气发生器(带有室外 GAST 抽气泵)、碳氢化合物去除器、氧去除器等。系统采用高纯氮气(99.999%)作为载气,并去除了碳氢化合物和氧以避免其干扰。

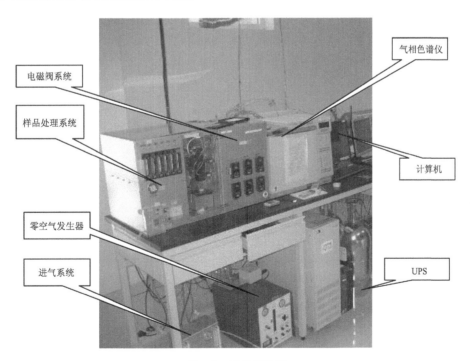

图 3-2　系统实物图

3.2　安装调试

为了保证系统良好稳定的运行,系统安装在清洁、温度稳定在 23～25℃的房间内。为了保证系统的安全和灵敏度,本系统采用独立 UPS 供电。UPS 带有温度探头,当实验室内温度超过 30℃ 时将自动关闭整套观测系统。

3.3 日常运行、维护和标校

3.3.1 操作

3.3.1.1 打开系统

（1）打开系统前的检查

确认高纯氮气已经打开,高纯氮气总压力大于 1MPa,二级压力为 0.40～0.45 MPa;

确认诱导气已经打开,诱导气总压力大于 1MPa,二级压力为 0.35 MPa。

（2）打开 UPS

打开西侧墙上的 UPS 空气开关;

将 UPS 后面板电源输入开关扳至"on";

等待 UPS 工作正常,"Inv 灯"绿灯亮,如图 3-3 所示。

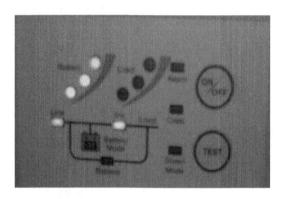

图 3-3　UPS 正常工作前面板状态

（3）打开零空气发生器

确认延时器绿灯（电源灯）亮;

打开室外泵电源,确认室外泵已开;

打开零空气发生器主开关;

将零空气发生器前面板阀门扳到"external sources"。

（4）打开空气采样器

插上空气采样器电源插头。

（5）打开 GC

插上 GC 电源线;

打开 GC 主开关;

GC 显示屏如图 3-4 左图显示时,按 GC 控制面板上的"info"键;

GC 显示屏出现图 3-4 右图时,开启色谱炉,按 GC 控制面板上的"oven"、"temp"、"on"、"40"、"enter"。

（6）打开样品处理系统

打开样品处理系统主开关,确认样品处理系统电风扇已开始工作;

确认:电磁阀 1 显示"12",电磁阀 2-6 显示"A"。负责将电磁阀调整至上述位置。

（7）打开计算机

打开计算机,输入用户名和密码;

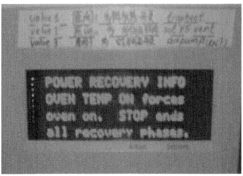

图 3-4　GC 开机显示屏及开启色谱炉前的显示屏

双击运行桌面程序"gcmanager. sogeA",检查各参数变化是否正常。

(8)确认空调正常运行

温度设置在 24℃,空调模式为自动。

(9)检查零空气发生器状态

完成步骤(8)后,等待约 3.5h,检查零气发生器;

前面板　　input pressure:50~70psi;

　　　　　 output pressure:45psi;

温度:260℃;

output flow:8.0L/min;

延时器红灯亮。

(10)检查 GC 状态

在"GCmanager"窗口左键单击"GCcontrol",弹出"GCcontrol"对话框,确认窗口所列的参数都达到预定的参数值,详见表 3-1。

表 3-1　GC 起始状态参数表

名称	设定值	名称	设定值
GC oven temp ℃	40	EPC4(aux4,psig)	30
MS 5A oven temp ℃	90	EPC5(aux5,psig)	50
Valve box temp ℃	40	Front det temp ℃	270
EPC3(aux3,psig)	40	Back det temp ℃	300

左键单击"GCcontrol"对话框左上方的"startup default timefile",开始样品分析。

3.3.1.2　关闭系统

下列情况需要进行关闭系统的操作:

①提前通告停电时间的电力设备检修;

②雷暴期间;

③其他可能危害监测系统的事件。

因故短时(12h 以内)停机,需使氮载气仍保持流通;当因故停机时间较长时,待系统所有部件降至室温后(约 1h),才可关闭高纯氮气载气、氧诱导气、标准气钢瓶手轮。

(1)正常关闭系统

①结束样品分析程序

选择计算机 GCcontrol 子窗口,左键单击"shut down",弹出下拉菜单,选择第三项"after run"。

②关闭 GC

当 GC 结束样品分析程序后,将 GC 炉温调整至 40℃。操作如下:按 GC"OVEN"键,GC 显示屏显示如图 3-5 所示,依次按"4""0"键,如果按错,按"clear"键清除。直至屏幕显示"temp 100 40"字样,按
"enter"键;

图 3-5　色谱炉调整温度显示屏

　　等待 GC 降温结束,屏幕显示"temp 40　40",降温过程约需 10min;

　　关闭 GC 主开关;

　　拔去 GC 电源插头。

　　③关闭样品处理系统

　　关闭样品处理系统主开关。

　　④关闭室外泵

　　关闭室外泵电源。

　　⑤关闭零空气发生器

　　关闭零空气发生器主开关;

　　等待零空气发生器"input pressure"降到"0",将零空气发生器前面板阀门扳到"shut down"。

　　⑥关闭空气采样器

　　拔去空气采样器电源插头。

　　⑦关闭气相色谱计算机

　　关闭计算机所有窗口;

　　左键单击"system",出现下拉菜单;

　　左键单击"shut down";

　　弹出对话框,左键单击"shut down";

　　关闭备份计算机电源开关。

　　⑧关闭 UPS

　　将 UPS 后面板电源输入开关扳至"off",仔细检查,千万不能关闭"电池开关"!

　　按 UPS 前面板"on/off"键,约 1min,直至 UPS 响声改变;

　　关闭墙上的 UPS 空气开关。

　　(2)停电及异常停机响应

　　如遇意外停电,系统非正常关闭后,按如下步骤操作:

　　将 UPS 后面板电源输入开关扳至"off";

　　关闭 GC 主开关;

　　关闭样品处理系统主开关;

　　关闭零空气发生器主开关;

　　将零气发生器前面板阀门扳至"shut down";

　　关闭接线板上所有电源开关。

3.3.2　检查

　　系统可稳定长时间自动运行,只需工作人员进行日常检查。每日需按日检查表要求,进行各要素的

检查,并认真填写日检查表。若有异常情况应在日检查表"备注"中注明并迅速向技术支撑人员汇报。

3.3.2.1　日常检查内容

填写检查日期、时间、室内温度;

检查仪器参数图;

检查色谱图(GCplot);

检查 GC 显示屏显示内容;

检查系统时间和日期;

检查高纯氮气载气、诱导气、第一标准气、第二标准气的总压和二级压力;

检查零空气发生器状态;

检查样品处理系统状态;

检查室外空气泵、室内空气泵、空调显示室温;

记录系统出现的故障和可能会污染观测点的事件。如距离观测点 100m 内燃烧秸秆,或者附近山上发生火灾等。

3.3.2.2　日常检查方法

(1)检查仪器参数图

每天检查仪器是否运行正常。方法是通过在 GCmanager 程序中的 strip-chart 窗口中可以检查可查看以前的样品运行过程对应的仪器主要参数变化图。每天检查的内容从最新产生的谱图开始,至上一次检查过的谱图结束。将每个谱图同标准 strip-chart 图进行比较,若不一致则仪器运行状态不正常。标准 strip-chart 图如图 3-6 所示。其中 MS 5A oven temp 和 Valve box temp 保持不变。

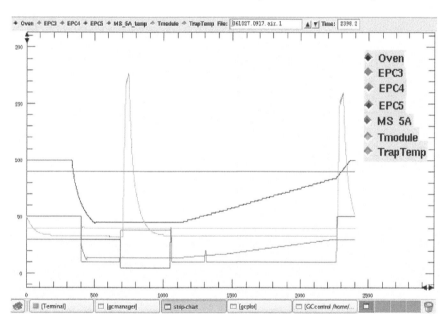

图 3-6　运行时各参数图

(2)检查色谱图

每天对色谱图进行检查,以观察仪器是否自动记录色谱。方法是在 GCmanager 中 GCplot 界面,即色谱图。首先检查 channel 1 和 channel 0 是否正常运行,可从 time 栏时间是否变化判断:正常情况每 2s 变化 1 次。若 time 栏时间不变化,则在 GCcontrol 子窗口选择 shut down after run。待此样品分析完后,关闭所有程序并且重启计算机。登录 linux 系统,user 项填入:instrument,password 项填入:so-geatemp。待仪器进入开机界面后,运行桌面"Gcmanager. sogeA"程序,点击 startup default timefile 项。

(3)气瓶压力检查

记录高纯氮气载气,氧诱导气平衡气,标准气和第二标准气(tank)、总压和二级压力。各气瓶总压如果变化过快则表明存在漏气。当氮气和诱导气总压小于 1MPa,标准气总压小于 500psi 时,需要更换气瓶。高纯氮气,氧诱导气的正常二级压力列于日检查表中。

(4)零空气发生器检查

零空气发生器输入气压正常情况下在 50~70psi 间波动;输出气压为 45psi,较稳定);输出流量为 8.0L/min,温度为 260℃。检查上述 4 个参数是否正常。检查延时器是否红色灯和绿色灯都亮。

(5)样品处理系统检查

检查样品处理系统 aux6 压力正常情况下为 1.8MPa,MFC vent 流量当样品分析时间为 100~650s 时为 48.0~49.0mL/min,Nafion 气流出口流量为 250~260mL/min,风扇转动(样品处理系统出口有风),检查上述 4 个参数是否正常。

(6)其他检查

室内泵和室外泵检查:室内泵和室外泵都应一直工作。室内泵在空气进样器内,可以通过触摸或根据泵是否发出声音来判断。室外泵可以通过触摸进样管路判断。

室温检查。空调上有室温显示,读取室温,正常温度范围为 23~25℃。

3.3.3 维护

系统的维护分为 6 个月的维护以及 1 年的维护,具体维护内容见表 3-2。

表 3-2 系统维护任务表

内容	周期	具体操作
更换氧诱导气	6 个月	氧诱导气压力低于 1MPa 时需更换
系统检漏	6 个月	从气体钢瓶开始,顺着管线,用检漏液对所有连接处逐个检漏。注意即使刚滴入检漏液无气泡产生,也不能马上擦干检漏液,应等待数分钟再观察
空气发生器维护	12 个月	每年维护空气发生器及室外泵 1 次
更换 UPS 电池	12 个月	更换 UPS 的电池
碳氧化合物和氧气净化器	12 个月	系统基线升高或不稳更换,约为 12 个月

3.4 数据采集、储存和传输

3.4.1 采集

系统的运行程序由 AGAGE 提供,主程序名:Gcmanager. sogeA。Gcmanager. sogeA 程序负责整套系统的参数设置、谱图记录、仪器状态监控、结果处理、自动运行和数据备份。

色谱工作站的操作如下:

打开计算机;

双击运行桌面程序"Gcmanager. sogeA",检查各参数变化是否正常,具体参数见表 3-1;

左键单击"GCcontrol"对话框左上方的"startup default timefile",开始样品分析。

3.4.2 存储

GC-ECDs 系统数据压缩包解压后为目录树结构,/home/instrument/sogeA-cawas 下包含的子目录及说明详见表 3-3。

表 3-3　GC-ECDs 系统数据子目录及说明

目录名称	目录说明	目录名称	目录说明
09	2009 年数据	instrument	仪器运行参数
10	2010 年数据	integrator	积分参数
……	……	logs	日志文件
12	2012 年数据	results	结果文件
config	系统设置文件	standards	标气文件
data	仪器默认参数		

3.4.3　传输

3.4.3.1　数据传输流程

上甸子本底站卤代温室气体在线观测系统日文件通过现有通信方式实时上传至北京市 ftp 服务器的指定文件夹内。

3.4.3.2　数据传输文件命名规则

上甸子站卤代温室气体在线观测系统数据传输文件命名规则为：

Z_CAWN_I_IIiii_yyyymmddhhMMss_O_GHG－FLD－HAL－仪器名称－仪器编号.bz2

各段的具体说明如下：

Z：固定编码，表示国内交换资料；

CAWN：固定编码，表示大气成分及相关资料；

I：表示后面 IIiii 字段为观测站站号；

IIiii：表示 5 位观测站站号；

yyyymmddhhMMss：是一个固定长度的日期时间字段，为文件中数据的时间(UTC，世界时)，即采样时间。其中：yyyy 为年，4 位；mm 为月，2 位；dd 为日，2 位；hh 为小时，2 位；MM 表示为分钟，2 位；ss 表示为秒，2 位。

O：固定编码(字母 O)，表示观测资料；

GHG：固定编码，表示观测资料种类为温室气体；

FLD：固定编码，表示野外数据；

HAL：固定编码，表示多种卤代温室气体数据；

仪器名称：分析仪器名称；

仪器编号：同一个型号的分析仪器，每站有唯一固定的编号，长度为 3 字节；

bz2：固定编码(小写)，表示 bzip2 格式数据文件。

3.4.3.3　数据文件资料传输时限要求

数据每天每台仪器上传一个压缩包，压缩包内包含当天更新的数据文件。数据文件资料的传输时限要求见表 3-4。

表 3-4　数据文件资料传输时限要求

资料内容	及时报	逾限报	缺报	备注
卤代温室气体 在线观测数据	≤次日 12:00	<第三日 12:00	≥第三日 12:00	每日一次

注 1：此表所列时限是指观测数据资料文件传至国家气象信息中心的时限要求。

注 2：表内所列时间均为协调世界时(UTC)，其中：

　　≤次日 12:00，表示小于、等于采样日期后次日的 12:00 时；

　　<第三日 12:00，表示大于采样日期后次日，小于采样日期后第三日的 12:00 时；

　　≥第三日 12:00，表示大于、等于采样日期后第三日的 12:00 时。

附录　简易操作指南

F3.1　打开系统

（1）打开系统前的检查,高纯氮气已经打开,诱导气已经打开；

（2）打开 UPS；

（3）打开零空气发生器；

（4）打开空气采样器；

（5）打开 GC;开启色谱炉,设置温度到 40℃；

（6）打开样品处理系统；

（7）打开计算机；

（8）确认空调正常运行；

（9）等待约 3.5h,检查零空气发生器状态和 GC 状态正常后,左键单击"GCWerks"对话框左上方的 "startup default timefile",开始样品分析。

F3.2　关闭系统

正常关闭系统操作步骤如下：

（1）结束样品分析程序；

（2）关闭 GC；

（3）关闭样品处理系统；

（4）关闭室外泵；

（5）关闭零空气发生器；

（6）关闭空气采样器；

（7）关闭气相色谱计算机；

（8）关闭 UPS。

如遇意外停电或异常停机,系统非正常关闭后,按如下步骤操作：

（1）将 UPS 后面板电源输入开关扳至"off"；

（2）关闭样品处理系统主开关；

（3）关闭零空气发生器主开关；

（4）将零气发生器前面板阀门扳至"shut down"；

（5）关闭接线板上所有电源开关。

第 4 章　气相色谱-质谱联用(GC/MS)在线观测系统(HFCs、PFCs)

HFCs(氢氟碳化物)和 PFCs(全氟碳化物)是两类重要的卤代温室气体,其中 HFCs 替代 CFCs、HCFCs、Halons 用于制冷剂、发泡剂、灭火剂等,而 PFCs 主要用于金属冶炼和绝缘介质。HFCs 和 PFCs 虽然目前浓度较低,为 ppt 量级,但增长速度快,全球变暖潜势(GWP)值极高,是列入《京都议定书》减排的温室气体。

4.1　基本原理及系统结构

4.1.1　基本原理

系统利用两级冷阱对样品进行冷凝—热解析,去除样品中的 O_2、N_2、CO_2 等组分,目标物种 HFCs 和 PFCs 经过聚焦后进入 GC/MS,在 GC 色谱柱分离后通过 MS 检测。

图 4-1 为系统流程图,分析过程各电磁阀的位置及捕集阱的温度变化如表 4-1 所示,阀 1 的奇数位为 6 个进样口,偶数位为阀的关闭状态。阀 2、3、4、6 可在 A 位和 B 位间切换,阀 5 可在 1 位和 12 位间切换。分析分为三个阶段。

表 4-1　观测过程电磁阀位置和捕集阱温度的变化

阶段	时间/s	阀1	阀2	阀3	阀4	阀5	阀6	捕集阱1温度/℃	捕集阱2温度/℃
第一阶段	0	偶数位	A	B	B	1	B	−165	−165
	70	奇数位	A	A	B	1	B	−165	−165
第二阶段	1270	偶数位	B	A	B	2	B	−60	−165
	1660	偶数位	A	B	B	2	B	−60	−115
	1735	偶数位	B	B	B	1	B	−60	100
	1870	偶数位	B	A	B	2	A	−60	100
第三阶段	1930	偶数位	B	A	B	1	B	−60	−165
	2400	偶数位	B	A	A	2	B	100	−165
	2520	偶数位	A	B	A	2	B	−165	−65
	2710	偶数位	A	B	A	1	B	−165	100
	2740	偶数位	A	B	A	2	B	−165	100
	2800	偶数位	A	B	A	1	B	−165	−165

(1)进样阶段:阀 1 至阀 6(V1-V6)起始状态如图 4-1 所示。70s 时,样品通过 V1 中任一奇数口进入系统,通过两级 Nafion 干燥管 N1 和 N2 干燥,进入捕集阱 T1(填有 200mg 100/120 目 HayeSep D)捕集。T1 和捕集阱 T2(填有 5.5mg 100/120 目 HayeSep D)利用低温制冷单元(Pold Cold,USA)降温至 −165℃。流量由质量流控制器(MFC)精确控制,设定为 100 mL/min,进样时间 20 min,捕集气体体积 2 L。

(2)CF₄分析阶段：1270s时，样品捕集结束。加热T1,EPC4控制He载气通过V4、V2和V5，将CF₄吹扫到T2，同时N₂、O₂、Ar、CH₄以及一定量的CO₂也被带入T2，而其他目标物种仍旧留在T1。1660s时，T1和T2断开，加热T2,EPC3控制载气He通过V5，将N₂、O₂、Ar等反吹出T2。1735s,T2孤立并被加热到100℃，同时切换V2和V3，继续吹去T1中的干扰物种。1870s,T2内的CF₄同CO₂、残留的N₂、O₂、Ar等被载气带入预柱(MS5A HiSiv)并分离，CF₄进入GC-MS分析，此时开始记录谱图。1930s,第二阶段结束，T2降温至起始温度。

(3)其他物种分析阶段。所有其他目标物种在第二阶段CF₄转移至T2时，继续留在T1中，并在-60℃持续用He吹去残留的N₂、O₂、Ar等。2400s，留在T1的组分转移到T2。2520s，转移过程结束，T1和T2断开，T1降温，同时T2升温。用He进一步吹去T2中的CO₂和Xe。2710s,T2再次被孤立加热到100℃。2740s,T2中的组分被带入GC-MS分析。2800s，进样结束，T2降温，系统开始准备下一轮分析。

通过以上的系统设计，对色谱升温程序、进样和分离参数的改进色谱图基线较稳定，目标物种峰形较好且基线分离。

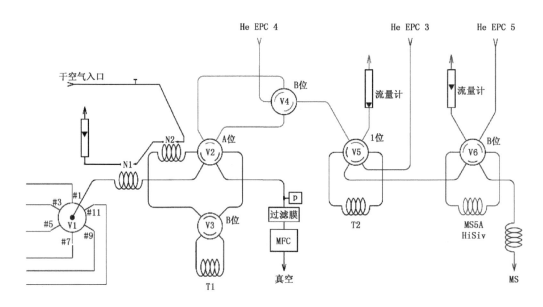

图 4-1　气相色谱-质谱联用(GC/MS)在线观测系统流程图

4.1.2　系统结构

4.1.2.1　系统组成

系统的核心设备为Medusa样品处理系统和GC/MS联用仪，其中Medusa用于气体样品的前处理。GC/MS用于样品的分离和检测。此外，空气进样器用于样品的自动进样，计算机用于系统的控制和信息记录。配套组件冷阱、捕集阱加热器、真空泵组、气体系列、不间断电源保证系统稳定运行，标气序列确保系统分析结果的国际可比性。

4.1.2.2　硬件

系统实物如图4-2所示。系统的硬件组成如下：

(1)安捷伦6890N型气相色谱仪(GC)，主要用于卤代温室气体的分离；

(2)安捷伦5975质谱检测器(MS)，主要用于对分离的物种进行定性和定量。

(3)Medusa样品处理系统：主要用于气体样品的前处理，核心部件是装有2个急速变温冷阱的制冷端，配有流量控制装置、电磁阀控制装置、Nafion干燥管等

(4)计算机：均安装Fedora Core 11操作系统和GCWerk软件，GC、MS、Medusa以及配套仪器，接

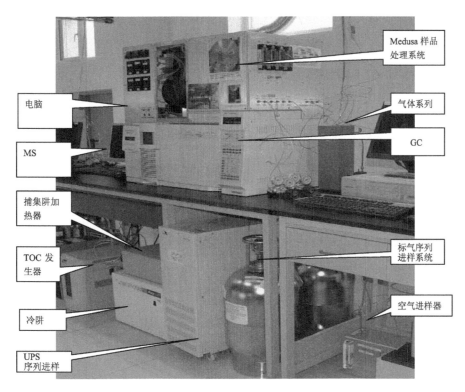

图 4-2 系统实物图

收来自 GC 输出的色谱数据并计算。

(5)PolyCold 冷阱:为制冷端提供低温。

(6)捕集阱加热器(Trap heating unit):在软件控制下,加热 2 个捕集阱。

(7)真空泵组:包括 MS 真空泵,为 MS 提供真空;二级扩散泵和一级真空泵:为 Medusa 内的制冷端提供真空;

(8)气体系列:高纯氦气载气(纯度大于 99.9997%)、氦气净化器;Parker 1250 TOC 干空气发生器(带有室外 GAST 进气泵)。

(9)标气序列:包括 AGAGE3 级标气 1 瓶、四级标气 1 瓶,均采用 Essex 公司 34L 特制不锈钢罐盛装,带 Veriflo 高精度二级减压阀。

(10)不间断电源(UPS):美国 FALCON 公司生产,SG6K-2TXC 型,最大功率 6kW。

4.2 安装调试

为了保证系统良好稳定的运行,系统安装在清洁、温度稳定在 23~25℃的房间内。为了保证系统的安全和灵敏度,本系统采用独立 UPS 供电。UPS 带有温度探头,当实验室内温度超过 30℃时将自动关闭整套观测系统。

4.3 日常运行和维护

4.3.1 操作

4.3.1.1 打开系统

请特别注意分情况进行打开系统操作。

若系统仪器显示正常,电脑程序不运行,在 GCWerks-MS 软件上执行下面的操作:

(1)点开 GCWerk 软件 devices 菜单,选择第二项 stop devices;

(2)点开 devices 菜单,选择 start devices;

(3)左键单击"startup"对话框左上方的"startup default timefile",开始样品分析;

(4)runtime 前的时间变化,则系统启动成功。

如系统手动关闭或者断电超过 40min,系统各仪器都已关闭,执行下面的打开系统操作:

(1)打开系统前的检查:确认高纯氦气已经打开,高纯氦气总压力大于 1MPa,二级压力为 70psi。

(2)将 UPS 后面板电源输入开关扳至"off",确认 GC 主开关关闭,确认 MS 主开关关闭,确认 Poly Cold 关闭,确认分子扩散泵的加热开关关闭。

(3)打开 UPS,操作如下:

打开西侧墙上的 UPS 空气开关;

将 UPS 后面板电源输入开关扳至"on";

等待 UPS 工作正常,"lnv 灯"绿灯亮,如图 4-3 所示。

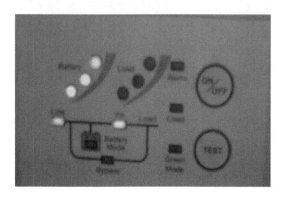

图 4-3　UPS 正常工作前面板状态

(4)打开接线板上所有的开关。

(5)检查 TOC 发生器已打开,操作如下:

确认室外泵已开;

确认 TOC 灯为黄色或绿色;

等待 20min,直到 Medusa 前面板电磁阀灯亮。

(6)打开 GC-MS,操作如下:

打开 GC 主开关;

打开 MS 主开关;

检查 Purge housing 的流量;

检查 Nafion 出口流量约 200mL/min。

(7)打开计算机,操作如下:

按下主计算机的开关,打开计算机;

点击 Gcwerk 程序(苹果图标);

点击上部的 Devices,选择"start devices";

程序回到 file 界面,检查下方出现"instrument status:ready";

点击 Medusa,如果 Hasting 大于 300mtor,需要等待 4h;如果 Hasting 小于 300mtor,打开扩散泵,直至 Hasting 小于 10mtor,再打开 Poly Cold。若小于 20mtor,可以直接打开 Polycold 和扩散泵。

(8)确认空调工作正常,温度设置在 20℃,注意空调模式设置在正确的位置(制冷)。

(9)检查软件 MS 界面,turbo pump speed 是 100%。

(10)点击 instrument 条,点击 MS startup,MS 界面的 source temp 和 quad temp 逐渐升温。

(11)等待 T1、T2、BASE 温度下降到−150℃、−150℃、−170℃以下,此过程较长。

(12)检查 GC 状态

检查 OMEGA 温度显示红灯是否亮,如果是,则点击 GCWerk 软件上的 device→switch off Medusa,然后 switch on Medusa;

检查下方是否 shutdown status:ready。

(13)打开程序,左键单击"startup"对话框左上方的"startup default timefile",开始样品分析。

4.3.1.2　关闭系统

下列情况需要进行关闭系统的操作:

提前通告停电时间的电力设备检修;

其他可能危害监测系统的事件。

关闭系统操作步骤如下,在停电发生前 1 天执行下列操作。

(1)结束样品分析程序,操作如下:

选择计算机 shutdown 菜单,弹出下拉菜单,选择第一项"after run"。等待程序走完,runfile 一栏无字母;

(2)devices 菜单,选择第二项 stop devices,关闭电脑和显示屏;

(3)关闭 Poly cold 主开关;

(4)关闭扩散泵的加热(heating)开关;

(5)关闭 MS,操作为:

按住 Menu 按钮直到 Maintenance 出现;

按住 item 按钮,屏幕出现"prepare to vent",按"yes"按钮;

MS 需要 1～2h 完成,直至出现"ready to vent";

(6)等待至少 3min,关闭 MS 主开关;

(7)关闭 MS 主开关;

(8)关闭 GC 主开关;

(9)等到 Base 温度上升超过 5℃;

(10)关闭插线板上所有的插头;

(11)关闭 UPS,操作为:

将 UPS 后面板电源输入开关扳至"off",仔细检查千万不能关闭"电池开关"!

按 UPS 前面板"on/off"键,约 1min,直至 UPS 响声改变;

关闭墙上的 UPS 空气开关;

4.3.1.3　紧急关机操作

如遇雷暴等必须短期内关闭系统的情况,按如下步骤操作:

(1)结束样品分析程序,操作如下:

选择计算机 shutdown 菜单,弹出下拉菜单,选择"now"。等到 runfile 一栏无字母;

(2)关闭 MS,选择 instrument 菜单,弹出下拉菜单,选择 shutdown MS;

(3)等待 3min,选择 devices 菜单,选择第二项 stop devices;

(4)关闭 Poly Cold 主开关;

(5)关闭扩散泵的加热(heater)开关;

(6)关闭 GC 主开关;

(7)关闭 MS;

(8)关闭电脑和显示屏;

(9)关闭插线板上所有的插头;

(10)关闭 UPS,操作为:

将 UPS 后面板电源输入开关扳至"off",仔细检查千万不能关闭"电池开关"!

按 UPS 前面板"on/off"键,约 1min,直至 UPS 响声改变;

关闭墙上的 UPS 空气开关。

4.3.1.4　停电及异常停机响应

如遇意外停电,进入实验室发现系统非正常关闭后,按如下步骤操作:

(1)将 UPS 后面板电源输入开关扳至"off";

(2)关闭 GC 主开关;

(3)关闭 MS 主开关;

(4)关闭 Poly Cold;

(5)关闭分子扩散泵的开关;

(6)关闭分子扩散泵的加热开关。

4.3.1.5　在线观测程序设置

标气样品和空气样品交替分析,设置观测程序为:

60 runfile. medusa std 3 SIM

60 runfile. medusa air 1 SIM

4.3.2　检查

系统需按照日检查表的要求,每日检查氦载气流量、标气压力、系统运行参数图(Strip-chart)、系统谱图、TOC 发生器、不间断电源等是否正常工作。

具体检查内容见表 4-2。

需特别注意的是:

(1)雷暴期间应关闭仪器,避免事故;

(2)接通仪器电源,确保高纯氦气载气已打开;

(3)实验室内设备除空调外都由 UPS 供电,断电—来电时注意空调状态;

(4)GC 应安放在通风处,其背部冷却风扇不应被阻挡;

(5)日常运行时不要随意调节各钢瓶的一级阀、减压阀;

(6)氦气载气的纯度可严重影响仪器各部件的寿命,高纯氦气的纯度为 99.9997%;

(7)样品分析状态下设备总功率约为 4kW,大部分转化为热量,注意散热。

表 4-2　气相色谱-质谱联用(GC/MS)在线观测系统日检查表

2012 年　　　月

日期	计算机				TOC	Medusa				气泵				北京时	值班员
	Instrument status 正常/否	Runtime 变化/否	色谱图 正常/否	仪器参数图正常/否	绿黄红	Purge housing 10mL/min	Nafion 150～300 mL/min	Solenoid 加热/否	室外空气泵 转/否	空气进样器流量 6.5L/min	MS 真空泵 转/否	Medusa 真空泵 转/否	扩散泵 转/否		

备注:

4.3.3　维护

系统的维护分为 6 个月的维护以及 1 年的维护,具体维护内容见表 4-3。

表 4-3　系统维护任务表

内容	周期	具体操作
更换 He 气	6 个月	He 压力低于 1MPa 时需更换
系统检漏	6 个月	从气体钢瓶开始,顺着管线,用检漏液对所有连接处逐个检漏。注意即使刚滴入检漏液无气泡产生,也不能马上擦干检漏液,应等待数分钟再观察
TOC 发生器滤芯	6 个月	更换 TOC 发生器内的滤芯 1 组
更换 UPS 电池	12 个月	更换 UPS 的电池
氦气净化器	12 个月	系统基线升高或不稳更换,约为 12 个月
泵油	12 个月	更换 MS 真空泵以及 Edward 真空泵泵油
清洗离子源	12 个月	打开 MS,清洗离子源
更换灯丝	不定期	灯丝损坏时需立即切换到备用灯丝,并更换已损坏的灯丝
更换 Poly Cold 滤芯	12 个月	更换 Poly Cold 滤芯 1 组

4.4　数据采集和传输

4.4.1　采集

系统控制软件 GCWerks 自动将系统运行的信息及数据记录到计算机硬盘中。采集的信息包括:

(1)样品色谱图,文件名为时间.类型.进样口,例如 110523.std.3 表示开始分析时间为 2011 年 5 月 23 日的标样,进样口为 3;

(2)仪器参数图(EPC3~5 压力、2 个捕集阱温度、色谱柱温、进样压力和流量等),以图形文件采集;

(3)不间断电源工作信息(包括频率、输入电压、输出电压、功率使用情况)。

4.4.2　存储

系统采集的信息储存地址如下:

色谱图:/agage/beijing—medusa/12/chromatography/channel0

仪器参数图:/agage/beijing—medusa/12/strip—chart

不间断电源工作信息:/agage/beijing—medusa/logs/ups.log

每日更新的数据文件自动打包成压缩文件,压缩文件命名规则为:

Z_CAWN_I_IIiii—yyyymmddhhMMss_O_GHG—FLD—HAL—仪器名称—仪器编号.bz2

各段的具体说明如下:

Z:固定编码,表示国内交换资料;

CAWN:固定编码,表示大气成分及相关资料;

I:表示后面 IIiii 字段为观测站站号;

IIiii:表示 5 位观测站站号;

yyyymmddhhMMss:是一个固定长度的日期时间字段,为文件中数据的时间(UTC,世界时),即采样时间。其中:yyyy 为年,4 位;mm 为月,2 位;dd 为日,2 位;hh 为小时,2 位;MM 表示为分钟,2 位;ss 表示为秒钟,2 位;

O:固定编码(字母 O),表示观测资料;

GHG:固定编码,表示观测资料种类为温室气体;

FLD:固定编码,表示野外数据;

HAL:固定编码,表示多种卤代温室气体数据;

仪器名称:分析仪器名称;

仪器编号:同一个型号的分析仪器,每站有唯一固定的编号,长度为 3 字节;

bz2:固定编码(小写),表示 bzip2 格式数据文件。

压缩内容包括见表 4-4。

表 4-4　系统数据子目录及说明

目录名称	目录说明	目录名称	目录说明
09	2009 年数据	instrument	仪器运行参数
10	2010 年数据	integrator	积分参数
……	……	logs	日志文件
12	2012 年数据	results	结果文件
config	系统设置文件	standards	标气文件
data	仪器默认参数		

压缩文件存储地址为:/agage/upload。

4.4.3　传输

上甸子站卤代温室气体在线观测系统日文件通过现有通信方式在实时上传至北京市 ftp 服务器的指定文件夹内。

北京市局通信系统在本地通信机上建立相应的户头,将上甸子站卤代温室气体在线观测数据文件,通过宽带网 ftp 发送至中国气象局国家气象信息中心通信节点机(172.17.1.3)"newopr"账户下的"up"目录中。其 newopr 账户即目前自动站资料上传所使用账户。

数据每天每台仪器上传一个压缩包,压缩包内包含当天更新的数据文件。数据文件资料的传输时限要求见表 4-5。

表 4-5　数据文件资料的传输时限要求

资料内容	及时报	逾报	缺报	备注
卤代温室气体在线观测项目	≤DD+1 日	>DD+1	≥DD+2 日	每日一次

注 1:此表所列时限是指观测数据资料文件传至国家气象信息中心的时限要求。

注 2:表内所列时间均为协调世界时(UTC),其中:

　　DD,为采样日期;

　　≤DD+1,表示小于、等于采样日期后 1 日;

　　>DD+1,表示采样日期后 1 日,小于采样日期后 2 日;

　　≥DD+2,表示大于、等于采样日期后 2 日。

附录　简易操作指南

F4.1　打开系统

请特别注意分情况进行打开系统操作。

若系统仪器显示正常,电脑程序不运行,在 GCWerks－MS 软件上执行下面的操作:

(1)点开 GCWerk 软件 devices 菜单,选择第二项 stop devices;

(2)点开 devices 菜单,选择 start devices;

(3)左键单击"startup"对话框左上方的"startup default timefile",开始样品分析;

(4)runtime 前的时间变化,则系统启动成功。

如系统手动关闭或者断电超过 40min,系统各仪器都已关闭,执行下面的打开系统操作:

(1)打开系统前的检查:确认高纯氦气已经打开,高纯氦气总压力大于 1MPa,二级压力为 70psi。

(2)将 UPS 后面板电源输入开关扳至"off",确认 GC 主开关关闭,确认 MS 主开关关闭,确认 Poly Cold 关闭,确认分子扩散泵的加热开关关闭;

(3)打开 UPS,操作如下:

打开墙上的 UPS 空气开关;

将 UPS 后面板电源输入开关扳至"on";

等待 UPS 工作正常,"Inv 灯"绿灯亮。

(4)打开接线板上所有的开关

(5)检查 TOC 发生器已打开,操作如下:

确认室外泵已开;

确认 TOC 灯为黄色或绿色;

等待 20min,直到 Medusa 前面板电磁阀灯亮。

(6)打开 GC—MS,操作如下:

打开 GC 主开关,打开 MS 主开关;

检查 Purge housing 的流量;

检查 Nafion 出口流量约 200mL/min。

(7)打开计算机,操作如下:

按下主计算机的开关,打开计算机(输入用户名:med17,密码 bern17);

点击 Gcwerk 程序(苹果图标);

点击上部的 Devices,选择"start devices";

程序回到 file 界面,检查下方出现"instrument status:ready";

点击 Medusa,如果 Hasting 大于 300mtor,需要等待 4h;如果 Hasting 小于 300mtor,打开扩散泵,直至 Hasting 小于 10mtor,再打开 PolyCold。若小于 20mtor,可以直接打开 Polycold 和扩散泵。

(8)确认空调工作正常,温度设置在 20℃,注意空调模式设置在正确的位置(制冷)。

(9)检查软件 MS 界面,turbo pump speed 是 100%。

(10)点击 instrument 条,点击 MS startup,MS 界面的 source temp 和 quad temp 逐渐升温。

(11)等待 T1、T2、BASE 温度下降到−150℃、−150℃、−170℃以下,此过程较长,

(12)检查 GC 状态

检查 OMEGA 温度显示红灯是否亮,如果是,则点击电 GCWerk 软件上的 device→switch off Medusa,然后 switch on Medusa;

检查下方是否 shutdown status:ready。

(13)打开程序

左键单击"startup"对话框左上方的"startup default timefile",开始样品分析。

F4. 2　关闭系统

(1)结束样品分析程序,操作如下:

选择计算机 shutdown 菜单,弹出下拉菜单,选择第一项"after run"。等待程序走完,runfile 一栏无字母。

(2)devices 菜单,选择第二项 stop devices。

(3)关闭电脑和显示屏。

(4)关闭 Poly cold 主开关。

(5)关闭扩散泵的加热(heating)开关。

(6)关闭 MS:

按住 Menu 按钮直到 Maintenance 出现;

按住 item 按钮,屏幕出现"prepare to vent",按"yes"按钮;

MS 需要 1～2h 完成,直至出现"ready to vent"。

(7)等待至少 3min,关闭 MS 主开关。

(8)等到 Base 温度上升超过 5℃。

(9)关闭插线板上所有的插头。

(10)关闭 UPS:

将 UPS 后面板电源输入开关扳至"off",仔细检查千万不能关闭"电池开关"!

按 UPS 前面板"on/off"键,约 1min,直至 UPS 响声改变。

关闭墙上的 UPS 空气开关。

F4.3　紧急停机操作

如遇必须短期内关闭系统的情况,按如下步骤操作:

(1)结束样品分析程序,操作如下:

选择计算机 shutdown 菜单,弹出下拉菜单,选择"now"。等到 runfile 一栏无字母。

(2)关闭 MS:选择 instrument 菜单,弹出下拉菜单,选择 shutdown MS。

(3)等待 3min,选择 devices 菜单,选择第二项 stop devices。

(4)关闭 Poly cold 主开关,关闭扩散泵的加热(heater)开关。

(5)关闭 GC 主开关,关闭 MS,关闭电脑和显示屏。

(6)关闭插线板上所有的插头,关闭 UPS。

第 5 章　非色散红外(NDIR-Horiba)在线观测系统(CO)

CO 是非常重要的一种大气成分,由于其高度的化学活性,它在大气化学成分的监测与研究中占有越来越重要的地位。对流层的清洁大气中,CO 是 OH 自由基主要的汇,它是参与还原含碳、含氮和含硫痕量气体光化学氧化过程的常见成分。尽管 CO 本身并非温室气体,但它影响 OH 自由基的浓度,间接地控制着其他温室气体的大气寿命、浓度分布与变化。

5.1　基本原理和系统结构

5.1.1　系统原理

系统通过 CO 对某段红外波长的吸收特性原理,来测量 CO 的浓度。系统有三种测量模式:空气分析(air)、零气分析(zero)、标准气分析(span)。图 5-1 为系统原理图。处于空气分析模式时,CO 观测仪测量大气 CO 浓度,气体从"air"口进入;处于零气分析模式时,CO 观测仪进行零点标定,测量从"zero"口进入的零空气;处于标准气分析模式时,CO 观测仪进行标准气标定,测量从"cal"口进入的 CO 标准气。气体前处理组件控制气体的流量,并利用 KNF 泵提供空气采样的动力。

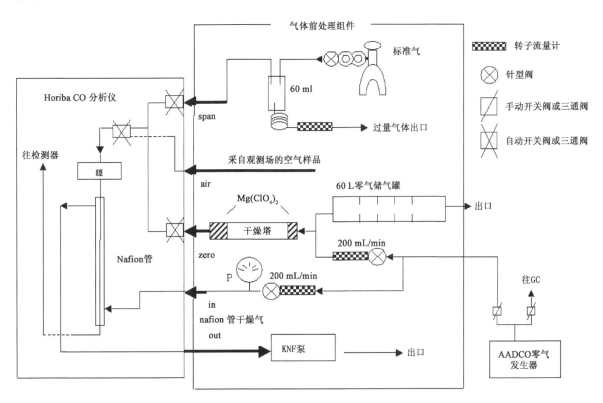

图 5-1　CO 观测系统原理图

5.1.2　系统结构

系统的核心设备为 Horiba AMPA－360CE CO 观测仪。系统实物图如图 5-2 所示，主要包括：

Horiba AMPA－360CE CO 观测仪：日本 Horiba 公司制造，230V/170VA，50/60Hz；

计算机：安装 Window XP 操作系统，用于控制 CO 观测仪，采集 CO 数据；

气体前处理组件：流量计、KNF 泵、干燥塔等组成；

气体系列：标准气(CO)、零空气发生器(带有室外 GAST 抽气泵，和 GC 系统共用)、零气储气罐。

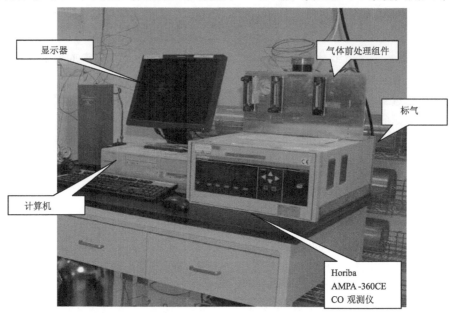

图 5-2　CO 观测系统实物图

5.2　日常运行、维护和标校

5.2.1　操作

5.2.1.1　打开系统

(1)打开 CO 观测系统，操作如下：

打开 CO 观测仪开关；

确认 KNF 泵工作正常；

确认 3 个流量计读数为 0；

等待约 10min，确认 CO 观测仪面板上"alarm"消失。

(2)打开 CO 采集软件

确认零气发生器预热 4h，延时器红灯亮，气体前处理组件零气流量计读数达到 200mL/min；

打开 CO 观测系统电脑，出现对话框(图 5-3)，将 workstation 和 advanced 选项选上，username 一项填写 instrument，password 项填写 sogeatemp。from 项改成 DDM01416；

双击打开桌面上的 CO 采集软件 gawdaq. exe；

弹出对话框如图 5-4，点击红圈中的"OK"；

弹出对话框如图 5-5，等待图 5-5 中红圈中绿灯亮，表明计算机同 CO 观测仪通信正常；

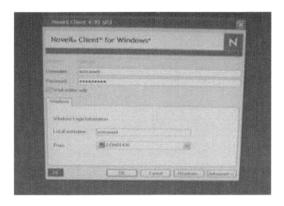

图 5-3　打开 CO 观测系统电脑,出现对话框

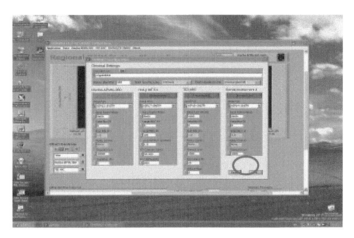

图 5-4　打开 CO 采集软件,弹出对话框

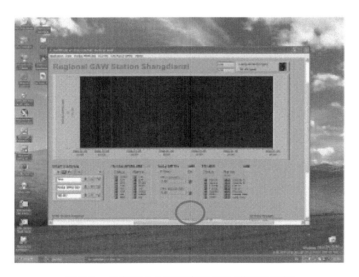

图 5-5　点击图 5-4 红圈中的 OK,弹出对话框

确认采集软件 last CO reading 项读数和 CO 观测仪读数一致。

5.2.1.2　关闭系统

下列情况需要进行关闭系统的操作:

提前通告停电时间的电力设备检修;

雷暴期间;

其他可能危害监测系统的事件。

关闭 CO 观测系统,操作如下:

关闭采样程序,点击 application/stop,弹出对话框,填入密码 SDZ2007;

选择 file/close,关闭数据采集系统;

关闭 CO 观测系统电脑;

关闭 CO 观测仪开关。

5.2.1.3　停电及异常停机操作

如遇意外停电,系统非正常关闭后,关闭 CO 观测仪开关。

5.2.2　日常检查

系统需每日进行检查。日检查的内容包括:

检查 CO 观测系统零气流量计读数是否是 200mL/min;

Nafion 干燥管流量计读数是否为 200mL/min;

span 流量计读数是否为 0mL/min;

CO 观测系统 KNF 泵是否工作正常;

确认 CO 采集软件绿灯亮;

确认采集软件 last CO reading 项读数和 CO 观测仪读数一致。

5.2.3　维护

维护内容包括如下两项内容。

5.2.3.1　更换过滤膜

每月进行 1 次。具体步骤如下:

停止采样程序;

关闭 CO 观测仪;

打开 CO 观测仪前面板;

将旧的过滤膜替换成新的过滤膜;

打开 CO 观测仪;

打开电脑和数据采集程序。

5.2.3.2　比较 CO 观测仪时间

比较 CO 观测仪时间和计算机时间,以及同 GMT 时间一致,若不一致则修改为 GMT 时间。

5.2.4　注意事项

雷暴期间应关闭仪器,避免事故;

CO 观测仪、计算机、数据文件使用的时间均为 GMT 时间;

系统运行前需先检漏;

Span 标定后务必要关闭 CO 标准气总阀门;

KNF 开关一直保持开;

仪器参数变化、运行程序变换、维护、维修以及其他异常事件都需要进行记录;

在 Span 标定过程中,保持 span overflow 始终大于 0;

不要打开和操作当日的文件,否则会造成软件死机。如果要检查当日文件,将其复制后再打开复制的文件。软件死机后,立即重启以减少丢失数据;

本系统和双通道气相色谱(GC－ECDs)在线观测系统共用零气发生器,因此关闭本系统时注意不要干扰 GC－ECDs 系统工作。

5.2.5　标校

系统有三种标定:零点标定(通过零气标定模式)、标气标定(通过标准气标定模式)和外标曲线标定。

可以通过 GAWDAQ 软件设置 CO 观测仪标定程序,进行自动标定,设定方法如下:

选择 Horiba AMPA－360/Congfigure/AIC sequence;

修改"zero wait"、"zero hold"、"span wait"、"span hold"的时间,确定零气分析模式和标气分析模式的时间。Wait 时间至少为 1,hold 时间可以为 0;

选择 Horiba AMPA－360/Congfigure/Set AIC;

修改 Interval,确定自动标定的时间间隔。

目前的分析程序为"zero wait"为 1h,"zero hold"为 28,"span wait"为 1h,"span hold"为 0h。时间间隔为 1 天零 23 小时,即 47h。

还可以通过手动方式进行标定。手动方式每 4 周进行一次,分别进行 30min 零点标定和标准气标定。

5.2.5.1　Span 标定

每 4 周进行 1 次。具体步骤如下:

打开标准气钢瓶总阀门;

调整针型阀位置,使得 span overflow 的读数在 0.2～1.2L/min 之间;

点开 GAWDAQ 软件 Horiba AMPA－360,选择 manual check/span;

30min 后,选择 manual span check/done;

关闭标准气总阀门和针型阀。

5.2.5.2　zero 标定

每四周进行 1 次,与 span 标定一同进行。具体步骤如下:

点开 GAWDAQ 软件 Horiba AMPA－360,选择 manual zero/check;

30min 后,选择 manual check /done。

5.3　数据采集和传输

5.3.1　采集

系统观测的 CO 浓度信息通过数据线传输到计算机,计算机装有 GAWDAQ 软件,可采集、存储信号。

系统将采集的信息每日自动生成一个 excel 文件,如图 5-6 所示。每列含义如表 5-1 所示。

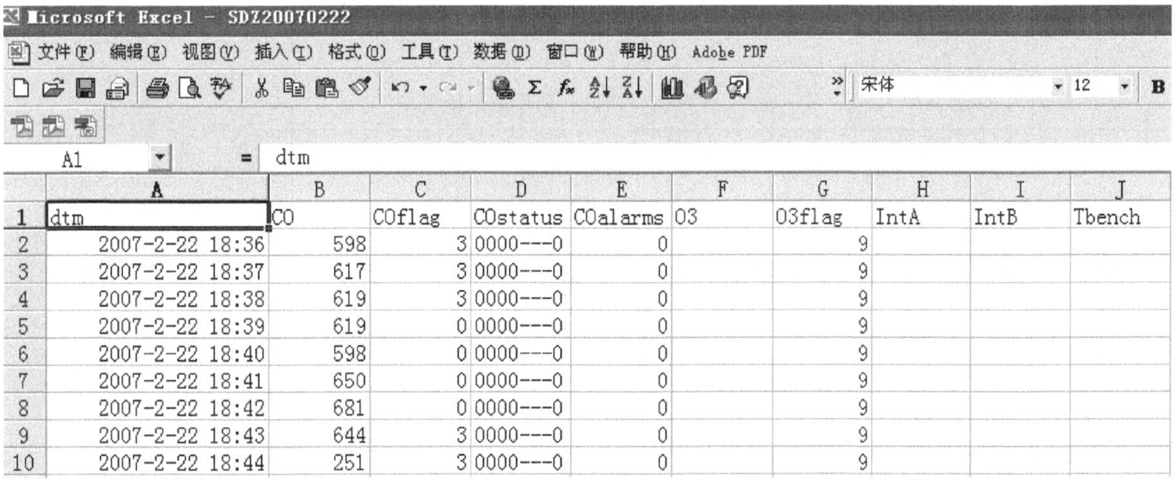

	A	B	C	D	E	F	G	H	I	J
1	dtm	CO	COflag	COstatus	COalarms	O3	O3flag	IntA	IntB	Tbench
2	2007-2-22 18:36	598	3	0000---0	0		9			
3	2007-2-22 18:37	617	3	0000---0	0		9			
4	2007-2-22 18:38	619	3	0000---0	0		9			
5	2007-2-22 18:39	619	0	0000---0	0		9			
6	2007-2-22 18:40	598	0	0000---0	0		9			
7	2007-2-22 18:41	650	0	0000---0	0		9			
8	2007-2-22 18:42	681	0	0000---0	0		9			
9	2007-2-22 18:43	644	3	0000---0	0		9			
10	2007-2-22 18:44	251	3	0000---0	0		9			

图 5-6　GAWDAQ 软件采集的数据文件

表 5-1　GAWDAQ 软件数据文件各列含义

列名	含义
dtm	日期和时间,为 GMT 时间
CO	CO 浓度,单位 ppb,分钟平均值
COflag	仪器模式: 0 空气分析模式 1 自动零气分析模式　　　　　1.1 手动零气分析模式 2 自动标准气分析模式　　　　2.1 手动分析模式 3 等待时段　　　　　　　　　4 无效的数据
COstatus	仪器给出的 8 位信息: 0 内部零气电磁阀开启　　　　　　1 内部标准气电磁阀开启 2 N/A　　　　　　　　　　　　　3 如果标定,开启 10s 4 标定　　　　　　　　　　　　　5 如果标定信息修改,开启 10s 6 N/A　　　　　　　　　　　　　7 维护中
COalarms	8 位警报信息: 0 标定错误　　　　　1 电池故障　　　　　2 流量错误 3 压力错误　　　　　4 故障不明(DO)　　5 故障不明(SGGU) 6 指示灯故障　　　　7 N/A

5.3.2　存储

系统采集的日数据文件储存地址如下:

C:\GAWDATA

5.3.3　传输

上甸子站非色散红外在线观测系统 CO 日文件通过现有通信方式实时上传至北京市 ftp 服务器的指定文件夹内。

北京市局通信系统在本地通信机上建立相应的户头,将上甸子站卤代温室气体在线观测数据文件,通过宽带网 ftp 发送至国家气象信息中心通信节点机(172.17.1.3)"newopr"账户下的"up"目录中。其 newopr 账户即目前自动站资料上传所使用账户。

数据每天每台仪器上传一个压缩包,压缩包内包含当天更新的数据文件。数据文件资料的传输时限要求见表 5-2。

表 5-2　数据文件资料的传输时限要求

资料内容	及时报	逾报	缺报	备注
非色散红外 在线观测项目	≤DD+1	>DD+1	≥DD+2	每日一次

注 1:此表所列时限是指观测数据资料文件传至国家气象信息中心的时限要求。

注 2:表内所列时间均为协调世界时(UTC),其中:

　　DD,为采样日期;

　　≤DD+1,表示小于、等于采样日期后 1 日;

　　>DD+1,表示大于采样日期后 1 日;

　　≥DD+2,表示大于、等于采样日期后 2 日。

附录　简易操作指南

F5.1　打开系统

(1)打开 CO 观测系统

打开 CO 观测仪开关；

确认 KNF 泵工作正常；

确认 3 个流量计读数为 0；

等待约 10min，确认 CO 观测仪面板上"alarm"消失。

(2)打开 CO 采集软件

确认零气发生器预热 4h，延时器红灯亮，气体前处理组件零气流量计读数达到 200mL/min；

打开 CO 观测系统电脑，出现对话框，将 workstation 和 advanced 选项选上，username 一项填写 instrument，password 项填写 sogeatemp。from 项改成 DDM01416；

双击打开桌面上的 CO 采集软件 gawdaq.exe；

弹出对话框如下，点击红圈中的"OK"；

弹出对话框如下，等待绿灯亮，表明计算机同 CO 观测仪通信正常；

确认采集软件 last CO reading 项读数和 CO 观测仪读数一致。

F5.2　关闭系统

关闭 CO 观测系统，操作如下：

关闭采样程序，点击 application/stop，弹出对话框，填入密码 SDZ2007；

选择 file/close，关闭数据采集系统；

关闭 CO 观测系统电脑；

关闭 CO 观测仪开关。

第 6 章　近地面采样(M60-flask)系统

M60 采样器以其体积小、易于携带、操作简便和受时间因素约束小等特点而被广泛使用。但是,为获得准确、可靠、国际可比的数据结果,对采样条件、操作流程、运输存储、系统检查与维护等方面,均有较为严格的要求。本章系统地对相关内容进行介绍。需要说明的是,M60-flask 系统适用于气象、环境等科研和业务部门采集本底地区大气样品,以进行二氧化碳、甲烷、氧化亚氮、六氟化硫等温室气体的高精度浓度分析,不适合臭氧、氢氟碳化物、全氟化碳等温室气体的采样分析。

6.1　基本原理和系统结构

6.1.1　系统原理

采用无油惰性隔膜泵利用正压将本底大气压入用样品气体充分清洗过的玻璃采样瓶并采集至预定压力。

6.1.2　系统结构

M60 采样系统包括硬质玻璃采样瓶、采样器和数据采集传输软件。

6.1.2.1　采样瓶

采样瓶材质为耐热玻璃,经超声清洗和高温灼烧等预处理的玻璃瓶,耐压>2.5 个大气压,容积为2L。采样时通常为 2 个采样瓶串联。为防止采样瓶超压后意外炸裂伤人,采样瓶体外侧包有防爆保护层。采样瓶含有进气口和出气口,其中进气口伸入采样瓶底以便冲洗完全。采样瓶阀的材料对分析组分惰性,采样瓶口安装有旋阀用于密封。采样瓶实物如图 6-1 所示。

图 6-1　flask 采样瓶实物图

6.1.2.2　采样器

M60 采样器包括进气管、采样瓶连接管、采样泵、压力表、流量计、控制阀和供电设备(包括蓄电池、外接电源)等。其中进气管壁厚 1~2mm,内径 5~10mm,材质为聚四氟乙烯,不易弯折;采样泵为化学性能稳定的直流电驱动无油隔膜泵;采样压力视实际需求可自行调节,通常设定为 6.5psi,达到此压力后控制阀自动打开,开始泄气。采样器实物图参见图 6-2 和图 6-3。

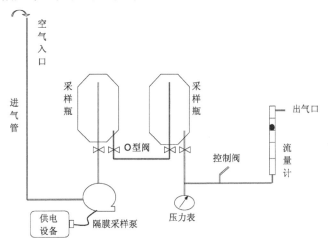

图 6-2　近地面采样(M60-flask)系统结构示意图

图 6-3　M60 采样器实物图

(1. 泵电源开关;2. 电压表;3. 时钟;4. 控制阀;5. 压力表;6. 流量计;7. 支撑杆和采样管线)

6.1.2.3　数据采集传输软件

M60-flask 采样系统无专门匹配的操作软件,采样信息由采样人员手工填写纸版采样记录单,并随样品一起寄送到样品分析单位。这种方式的弊端是获取采样信息延迟,受物流限制,分析单位不能及时获知某站是否已经按时采样,且手工填写的纸版采样记录单很容易出错,不利于后期数据处理、查询以及数据存储等。为解决以上问题,中国气象科学院特研发了采样记录信息录入—上传程序。

6.2　安装条件

(1)基本原则

根据采样点地形和气象条件,尽可能采集基本混合均匀,能够代表一定区域范围的大气样品。

(2)气象条件

采样点地面风速<2m/s,或有降水、沙尘、雾、霾、雷暴等不利天气时,应停止采样;同时,风向若为污染气流方向时,可结合当地实际情况另行安排采样时间。

(3)采样点

采样点应位于排放源(如生活、业务用房、车辆出入和其他建筑设施等)的上风向。附近地形应较为开阔、平坦,上风方向应避开污染或存在可能影响气流性质(如强烈扰流或下曳力)的地形和建筑物。通常,采样点与高于采样口的障碍物之间的距离应大于该障碍物高度的20倍。

(4)采样时间

总体原则是根据采样点地形和气象条件,尽可能采集混合均匀,能代表一定区域范围的大气样品。在平原站点,宜在午后对流最旺盛、混合层高度最高的时间采样;在孤立的高山站点,宜在下坡风时段采样;其他站点根据具体情况确定。

6.3　日常运行和维护

6.3.1　日常运行

6.3.1.1　现场准备

打开箱盖,竖起支撑杆和流量计并使其直立。

将进气管的自由端夹到支撑杆头上的螺丝孔里。抓住支撑杆头上的橡胶套,将最内部的一节拉出底部,然后依次逐节向上拉,每节之间略作转动,使其相对固定,直到升至完全高度。拉伸时,应注意避免进样管线缠绕。

6.3.1.2　安装

从样品箱中取出采样瓶,检查采样瓶是否完好,并核对瓶号无误。

将两个瓶子放在塑料托架上,所有的旋阀均在右侧(流量计一侧),将旋阀朝上以便于转动。

按图6-4所示,将内侧瓶子的inlet口通过连接管与pump连接,将外侧瓶子的outlet口通过连接管与return连接,然后将内侧瓶的outlet口与外侧瓶的inlet口端用连接管连接,最后用黄色卡子分别将4个接口处固定。

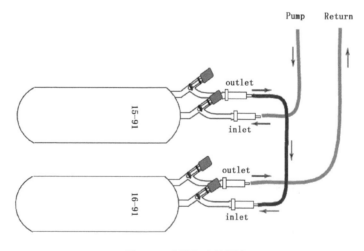

图6-4　采样瓶连接顺序

6.3.1.3　冲洗

带上护目镜,将两只采样瓶上的4个环型旋阀逆时针完全打开,直至能清楚看清O圈完全脱离采样瓶为止,无论先后次序。

搬起控制阀使之竖直,按下泵电源开关,记录流量计所示空气流量(6L/min)、电池电压(12V)和开始冲洗时间。

保持冲洗状态,扣上采样器外盖,并向下风向走出至少10m远,让空气连续冲洗采样瓶10min左右。

6.3.1.4　充气

做几次深呼吸,抖动衣服,深吸一口气后屏住呼吸,迅速返回到采样器旁,打开箱盖,查看流量计的流量是否正常(6L/min 左右),将控制阀拨至水平位置,再次扣上箱盖,走回下风方向距采样器 10m 以外,离采样器至少 5m 以后恢复呼吸。

待泄气阀开始泄气后,再等待 1min,然后做几次深呼吸,抖动衣服,深吸一口气后屏住呼吸,返回到采样器旁,打开箱盖,关掉采样泵电源,恢复正常呼吸,观察压力表变化情况。如果压力迅速下降或者为零,则说明接口处有泄漏,应重新连接各管路,重复冲洗、采样;如果压力稳定,则在记录纸上记下压力表读数。

按下列次序关上各阀(顺时针方向轻轻转动阀柄,直到 O 圈紧贴到玻璃壁面上,受压面厚度为 1mm左右时,即达到密封要求,不可用力过度或不足):

——先关闭连在"pump"接口上的阀;

——再关闭连在"return"接口上的阀;

——最后关闭剩下的两个瓶阀,无论先后。

6.3.1.5　结束采样

从采样器上卸下采样瓶,按要求将采样瓶放回运输箱,注意将采样瓶的进、出气管口旋阀朝内放置。

逐节收下支撑杆,从杆上取下采样管并卷进采样器里(注意防止异物进入管线)。折进支撑杆并压在管子上,最后将采样器箱盖扣紧,送回室内。

6.3.1.6　信息记录

认真记录站名、站号、采样瓶瓶号及采样日期、采样时间、电池电压、流量、压力等,并记录采样过程中的天气条件、污染活动和其他相关信息,具体操作详见 6.4 节。

6.3.1.7　贮藏和运输

及时将采样瓶和信息记录运回实验室,进行各种待测组分的浓度分析。

采样瓶放在专用运输箱内,在保存和运输过程中保证常温避光条件。

运输过程中避免挤压、碰撞等导致采样瓶破碎行为。

采样箱外粘贴明显"易碎物品"、"向上"、"怕雨"等标志。

6.3.2　维护

近地面采样(M60-flask)系统耗材包括:采样瓶(附真空阀门和特制密封垫圈)、采样过滤器、电源适配器、固定卡套等。

采样瓶和采样器在非工作期间,应放置于室内,同时采样瓶应置于特制运输箱内,采样器应处于外盖闭合状态。

每年定期更换采样过滤器。

每年定期对采样器各部件进行系统检查。

6.4　数据采集和传输

6.4.1　功能介绍

该软件用于采样人员录入并上传台站采样信息(图 6-5),采样人员每次采样之后,通过该软件录入本次采样相关样品的采样信息,然后通过网络上传至国家气象信息中心或其他数据接收单位,并通过此软件打印出纸版采样记录单一并随样品寄送,从而保证分析单位可以及时获取观测数据,并编写自动处理程序处理数据。

数据文件名称格式:

Z_CAWN_I_IIiii－yyyymmddhhMMss_O_GHG－FLD－MUL－采样器型号－采样器编号．xml

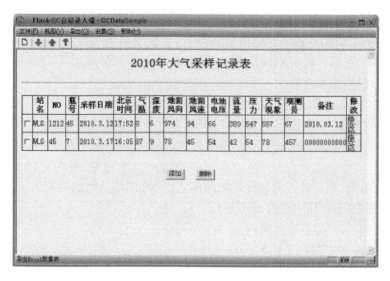

图 6-5　软件界面

6.4.2　运行环境

操作系统:WindowsXP 或 Windows7。

浏览器:IE6,IE7。

6.4.3　操作流程

6.4.3.1　软件设置

初次启动程序需要对程序进行必要设置,主要包括"站点设置"和"FTP 服务器设置"。

(1)站点设置

启动程序,进入系统主界面(图 6-6),通过菜单项"设置—站点设置"来对站点信息进行设置,包括修改已有站点信息,删除站点信息,添加新站点,设置默认站点等功能。进入页面之后,用户选定所在的站点为默认站点。

注意:默认站点的设置,勾选新的默认站点时,默认站点设置就已经更改,不需要再点击"修改按钮",修改其他信息,则需要点击"修改"按钮才能生效。

图 6-6　软件设置

(2)FTP 服务器设置

启动程序,进入系统主界面(图 6-7),通过菜单"设置—FTP 服务器"对 FTP 服务器设置。其中 FTP

默认端口号为 21,用户名和密码是对应的 FTP 用户名和密码,而不是本程序的用户名和密码。设置好之后,程序会记录设置信息,不必每次都重复设置。

图 6-7　FTP 服务器设置

(3)上传

上传文件本地保存路径设置:打开程序文件夹下的 setting.ini 文件,修改文件最后 xmlbak=d:\abc 中的路径,需要把本地备份保存在 E 盘 bak 文件夹中,则改为 xmlbak=e:\bak。

6.4.3.2　软件登录与退出

双击执行程序,输入用户名和密码,然后点击登录;否则,点击取消登录即可退出程序。

默认登录账户和密码为:admin。

登录成功后,进入大气采样记录表页面,如果之前已经录入过此站点信息,则会在列表中显示,否则界面为空。

退出登录:通过"文件—退出登录"菜单项,可以退出登录。

6.4.3.3　录入采样记录信息

单击工具栏 📄 图标,打开新建录入界面(图 6-8),其中"区站号"由默认站点设置中自动录入,采样瓶编号为本次采样玻璃瓶条码编号,其他各项会被默认填充上次录入结果,方便串联采样时节省录入时间。其中"采样器类型"需要根据实际采样器类型录入,如 M60。所有信息录入完毕,单击录入界面下方的"提交"按钮保存录入结果。如果录入数据格式错误程序会给出相应提示信息。录入成功,程序自动返回主界面。重复上述操作录入其他采样瓶采样信息。

6.4.3.4　记录修改

所有记录按照被添加到记录表中的顺序排序,从中找到需要修改的记录,点击该记录后面的"修改"链接(图 6-9),进入记录的修改页面(图 6-10)。进入修改页面之后,列出该项记录的所有信息,对要修改的部分重新输入,确认无误之后,点击"提交"即可。如果不需要修改,点击"返回"按钮即可。"恢复"按钮用于把记录中的数据恢复到修改之前的数据。

6.4.3.5　记录的删除

选择要删除的大气采样记录,支持多选和单选,然后点击"数据"菜单"删除记录"或工具栏 ✖ 按钮,即可删除指定采样记录。注意:删除后,该记录将从记录表中消失,请谨慎操作,以免数据丢失。

6.4.3.6　记录输出

选中要导出的数据,通过"数据"菜单中的"导出 Excel"可以导出 Excel 格式记录;"导出 XML"可以导出和上次文件格式相同的 xml 文件;

程序每次上传记录成功后会在本地计算机配置文件中 xmlbak 项指定路径下保存上传文件记录。

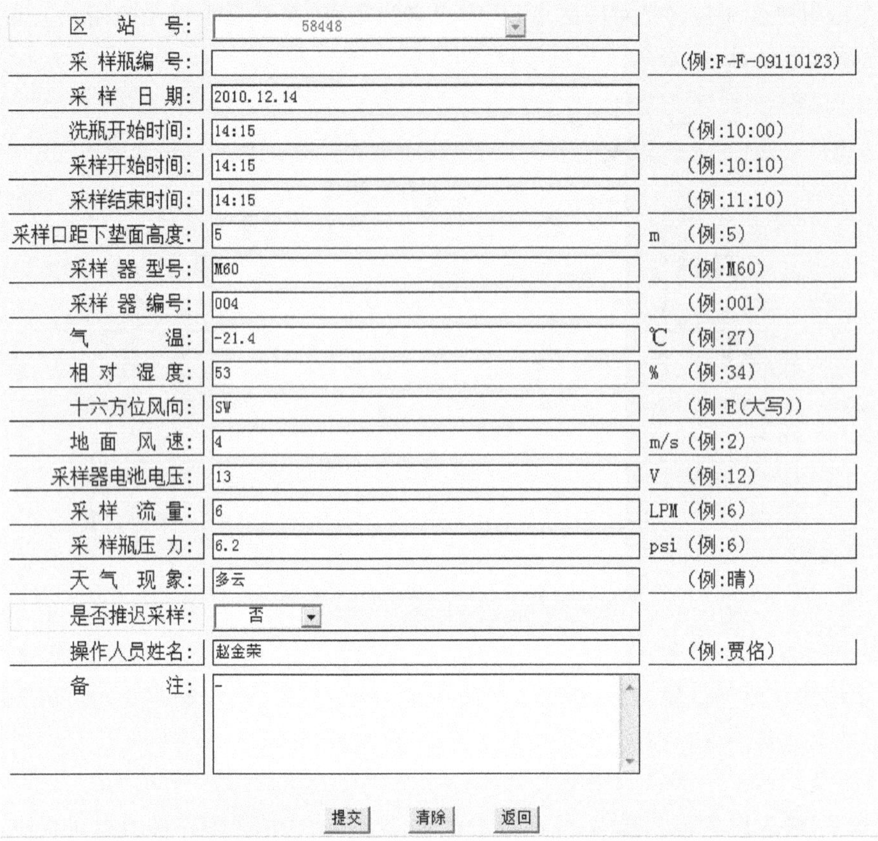

区　站　号:
58448
采 样瓶编 号:
(例:F-F-09110123)
采 样　日 期:
2010.12.14
洗瓶开始时间:
14:15
(例:10:00)
采样开始时间:
14:15
(例:10:10)
采样结束时间:
14:15
(例:11:10)
采样口距下垫面高度:
5
m　(例:5)
采样 器 型号:
M60
(例:M60)
采样 器 编号:
004
(例:001)
气　　温:
-21.4
℃　(例:27)
相 对　湿 度:
53
%　(例:34)
十六方位风向:
SW
(例:E(大写))
地 面　风 速:
4
m/s (例:2)
采样器电池电压:
13
V　(例:12)
采 样　流 量:
6
LPM (例:6)
采 样瓶压 力:
6.2
psi (例:6)
天 气　现 象:
多云
(例:晴)
是否推迟采样:
否
操作人员姓名:
赵金荣
(例:贾佫)
备　　注:
-
提交
清除
返回

图 6-8　录入信息

Flask-GC台站录入端 - GCDataSample
文件(F) 视图(V) 导出(O) 设置(S) 帮助(H)
2010年大气采样记录表
站名 NO 瓶号 采样日期 北京时间 气温 湿度 地面风向 地面风速 电池电压 流量 压力 天气现象 观测员 备注 修改
WLG 1212 45 2010.3.12 17:52 8 6 974 94 66 389 547 557 67 2010.03.12 修改
WLG 45 7 2010.3.17 16:05 87 9 78 45 54 42 54 78 457 0000000000 修改
WLG 45 4 2010.4.8 13:36 432 8 52 5 8 696 8 af ad afd 修改
添加
删除
记录修改

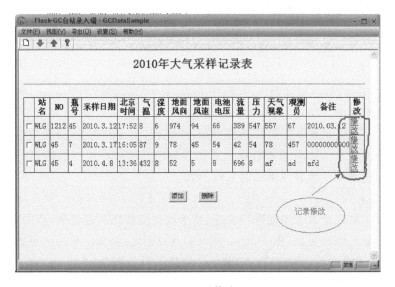

图 6-9　记录修改 1

6.5　故障处理和注意事项

(1)采样瓶的故障处理和注意事项

采样瓶为玻璃材质,应轻拿轻放,并避免硬物撞击。

如采样前检查发现采样瓶破损,应及时用备用采样瓶替换。

如采样过程中采样瓶破损,应将采样器清理干净后,用备用采样瓶重新采样,并在记录单中注明采

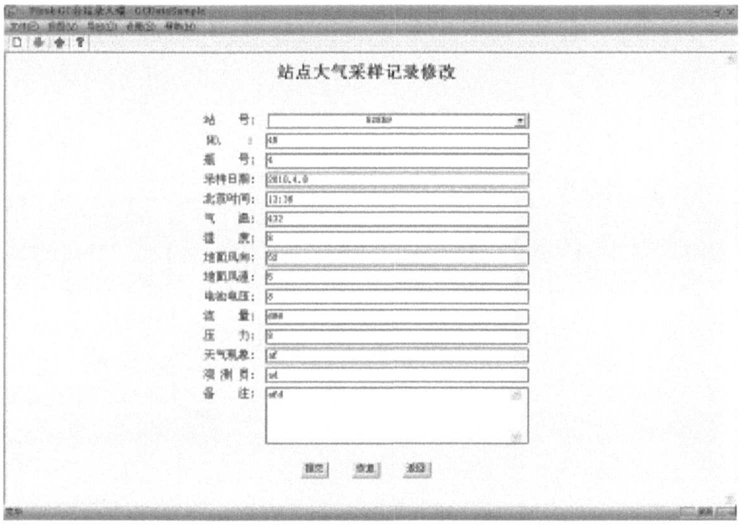

图 6-10　记录修改 2

样瓶破损的原因,以及重新采样时间。

(2)采样器的故障处理和注意事项

每次采样结束后,及时对采样器充电,并于每次采样前一天,检查电池电量是否充足;如按要求充电后电池电量仍显示不足,应检查充电器是否工作正常,或连接电源判断采样器是否正常工作,如采样器工作正常,则可判断为蓄电池故障,应及时更换。

每次采样冲洗时,检查流量计流量是否正常,如无流量显示,则表示采样气路不通,应检查采样瓶是否已经打开,或采样管路、连接管路是否通畅。

如采样过程中抽气泵持续工作不停,或泄气阀泄气后压力表显示值降低,说明采样管路漏气或泄气阀故障。

(3)数据采集传输的故障处理和注意事项

首次运行务必设置默认站点等必要信息。

采样瓶编号必须设置条码中完整编号,如 F—F—09110123。

采样器型号填写正确的型号,如 M60。

采样器编号填写指定编号。

每次上传前请检查历史上传记录是否有漏传。

附录　简易操作指南

(1)开箱:到达指定地点,打开采样箱,竖起支撑杆和流量计。

(2)连接管路:取出采样瓶,如图 6-11 连接管路,用黄色卡子将 4 个接口处固定。

(3)开瓶:带上护目镜,将两只采样瓶上的 4 个环型旋阀逆时针完全打开。

(4)冲洗:按下泵电源开关,记录流量(6L/min)、电压(12V)和时间(世界时),保持冲洗状态,向下风向走出至少 10m 远,连续冲洗采样瓶 10min 左右。

(5)充气:

屏住呼吸返回到采样器旁,查看流量是否正常,将控制阀拨至水平位置,走回下风方向 10m 以外。

待泄气阀开始泄气后,再等待 1min,然后屏住呼吸返回采样器旁,关掉压缩泵电源,恢复正常呼吸,在记录纸上记下压力表读数。

按下列次序关上各阀:先关闭连在"pump"接口上的阀,再关闭连在"return"接口上的阀;最后关闭剩下的两个阀,无论先后。

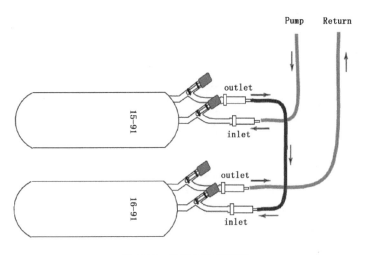

图 6-11　采样瓶连接顺序

（6）装箱：卸下采样瓶放回采样箱，注意应将采样瓶的进、出气管口处的旋阀朝内放置。逐节收下支撑杆，将采样器箱盖扣紧，送回室内。

（7）记录及存储：

将采样过程中记录的时间、电压、流量等信息，连同气象条件等相关信息录入电子采样单，并用扫描枪将采样瓶条码信息录入电子采样单；

上传、打印采样单，并将纸版放回运输箱中。

（8）充电：将采样器连接到室内电源，给蓄电池充电，待指示灯显示充电完成后，拔下电源插头。

第7章　近地面采样(M70-flask)系统

M70采样器除具备与M60采样器相同的体积小、易于携带、操作简便和受时间因素约束小等特点外,主要在两方面做了主要改进:一是增加了一个冷凝器,采样过程中可通过冷凝去除空气样品中的水汽,以提高大气CO_2的氧稳定同位素的分析精度;二是通过增加微型电子控制元件,使得采样过程更加自动化和可视化。采样员在采样时只需打开电源开关、按下采样按钮,采样器就会自动冷却并冲洗冷凝器,用干燥的空气冲洗采样瓶,然后加压采集样品,一系列的发光二极管(LEDS)将会显示采样过程中及采样后采样器的状态。此外,M70采样器的蓄电池也升级为镍氧电池,与M60采样器的铅酸蓄电池相比,其体积更小,质量更轻,体积比能量高,但价格也更高。需要说明的是,M70-flask系统同样适用于气象、环境等科研和业务部门采集本底地区大气样品,以进行二氧化碳、甲烷、氧化亚氮、六氟化硫等温室气体的高精度浓度分析,不适合臭氧、氢氟碳化物、全氟化碳等温室气体的采样分析。

7.1　基本原理和系统结构

7.1.1　系统原理

近地面采样(M70-flask)系统与M60-flask系统原理类似,均采用无油惰性隔膜泵,利用正压将经除湿后的本底大气压入用样品气体充分清洗过的玻璃采样瓶,并采集至预定压力。

7.1.2　系统结构

M70采样系统同样包括硬质采样瓶、采样器和数据传输软件。

7.1.2.1　采样瓶

(1)采样瓶

采样瓶材质为耐热玻璃,经超声清洗和高温灼烧等预处理,耐压>2.5个大气压,容积约2L,通常为2个采样瓶串联采样。为防止采样瓶超压意外炸裂伤人,采样瓶体外侧包有防爆保护层。采样瓶含有进气口和出气口,其中进气口伸入采样瓶底以便冲洗完全。阀的材料对分析组分惰性,采样瓶口安装有旋柄用于密封。见图7-1。

7.1.2.2　采样器

M70采样器除包括进气管、采样式瓶连接管、采样泵、压力表、流量计、控制阀和供电设备(包括蓄电池、外接电源线)等,还包括集成电路板,LED显示灯和冷阱。采样器实物图及信号灯见图7-1。

其中进气管壁厚1～2mm,内径5～10mm,材质为聚四氟乙烯,不易弯折;采样泵为化学性能稳定的直流电驱动无油隔膜泵;LED显示灯的说明见表7-1;冷阱可对被采集气体进行干燥除水,通常冷阱温度低于5℃。

7.1.2.3　软件

M70-flask采样系统无专门匹配的操作软件,采样信息由采样人员手工填写纸版采样记录单,并随样品一起寄送到样品分析单位。这种方式的弊端是获取采样信息延迟,受物流限制,分析单位不能及时获知某站是否已经按时采样,且手工填写的纸版采样记录单很容易出错,不利于后期数据处理、查询以及数据存储等。为解决以上问题,中国气象科学院特研发了采样记录信息录入—上传程序。

图 7-1　M70 采样器实物图(左)及 LED 信号灯(右)

(1. 电源开关;2. LED 显示灯;3. 电压表;4. 时钟;5. 压力表;6. 流量计;7. 支撑杆和采样管;

8. flask 瓶连接管;9. 电源线;10. 电源适配器)

表 7-1　LED 信号灯说明

标签	颜色	解释/说明
Sample Mode	黄	自动采样模式运行
Dry Mode	黄	干燥模式运行(干燥 30min)
Low Batt	红	电池电压小于 9V,回到实验室,采样器运行干燥模式,然后充电至少 24h。如果下次采样时压力仍然很低,及时向相关部门汇报
High Temp	黄	冷凝器温度大于 5℃,及时向相关部门汇报
Leak	红	采样瓶无法达到设定的压力或者采样模式停止后压力下降。检查 Teflon 连接管然后重新自动采样,如果还是泄漏,及时向相关部门汇报
Good	绿	自动采样成功,关上采样瓶的 4 个旋阀,合上 PSU
Error	红	阀 1 或阀 2 有问题,PSU 会关闭,及时向相关部门汇报
Charge	黄	电池正在充电,电充好后 LED 会熄灭

7.2　安装条件

与 6.2 节相同。

7.3　日常运行和维护

7.3.1　日常运行

7.3.1.1　现场准备

打开箱盖,竖起支撑杆和流量计并使其直立。

将进气管的自由端夹到支撑杆头上的螺丝孔里。抓住支撑杆头上的橡胶套,将最内部的一节拉出底部,然后依次逐节向上拉,每节之间略作转动,使其相对固定,直到升至完全高度。拉伸时,应注意避免进样管线缠绕。

7.3.1.2　安装

从样品箱中取出采样瓶,检查采样瓶是否完好,并核对瓶号无误。

将两个瓶子放在塑料托架上,所有的旋阀均在右侧(流量计一侧),将旋阀朝上以便于转动。

如图 7-2 所示,将内侧瓶子的 inlet 口通过连接管与 pump 连接,将外侧瓶子的 outlet 口通过连接管与 return 连接,然后将内侧瓶的 outlet 口与外侧瓶的 inlet 口端用连接管连接,最后用黄色卡子分别将 4 个接口处固定。

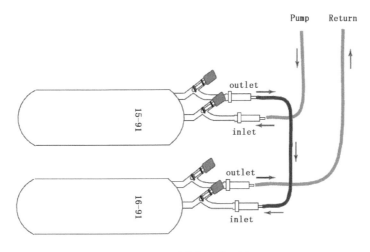

图 7-2　采样瓶连接顺序

7.3.1.3　冲洗和采样

打开电源开关,系统自动检测后,按下"Sample Mode"按钮,开始采样,关上采样器外盖,并向下风向走出至少 10m。

自动采样程序将会持续约 10min,其中冲洗时间约 8min,采样时间约 2min。采样结束时,泵会自动关闭。在记录单上记下采样结束时间、压力、流量。

10min 后回到采样处,打开采样器外盖,观察 LED 灯,如果"GOOD"灯亮(绿色),则表明采样已成功。

顺序关闭采样瓶进气口和出气口的密封旋阀。

7.3.1.4　结束采样

从采样器上卸下采样瓶,按要求将采样瓶放回运输箱,注意将采样瓶进出气管口旋阀朝内放置。

逐节收下支撑杆,从杆上取下采样管并卷进采样器里(注意防止异物进入管线)。折进支撑杆并压在管子上,最后将采样器箱盖扣紧,送回室内。

7.3.1.5　信息记录

认真记录站名、站号、采样瓶瓶号及采样日期、采样时间、电池电压、流量、压力等,并记录采样过程中的天气条件、污染活动和其他相关信息,具体操作详见 7.4 节。

7.3.1.6　贮藏和运输

及时将采样瓶和信息记录运回实验室,进行各种待测组分的浓度分析。

采样瓶放在专用运输箱内,在保存和运输过程中保证常温避光条件。

运输过程中避免挤压、碰撞等导致采样瓶破碎行为。

采样箱外粘贴明显"易碎物品"、"向上"、"怕雨"等标识。

7.3.1.7　干燥及充电

采样结束后,将采样器带回室内,开启干燥模式将冷凝器中的水分除去。

将采样器接上电源,打开电源开关,所有的灯都会亮一下,然后按下"Dry Mode"按钮,"Dry Mode"灯(黄色)亮,泵会运行 30min 以吹扫冷凝器。干燥模式结束时,泵关闭,"Dry Mode"灯灭。

干燥模式完成后,关闭开关。

"采样器仍需接着电源以充电",如未充满,"Charge"灯亮(黄色);电池充满后,"Charge"灯灭。

注:如果电池无法在采样结束后留在充电器上充电,那么每次采样前都应将电池至少充电 24h。

7.3.2 检查

采样过程中,如果"LEAK"灯亮,表示采样瓶连接有漏气情况,需仔细检查;如果"High Temp"表明冷凝器失灵,温度大于5℃,需停止采样,返厂维修;如果"Low Batt"灯亮,表示电池电量不足;如"Error"灯亮,表示阀1或阀2有问题,采样器会自动关闭,需返厂维修。

采样结束后,将采样器带回室内,开启干燥模式将冷凝器中的水分除去。

每次采样前一天,准备好需要数量的采样瓶,并确保采样瓶外观无破损。

每次采样前,检查采样点周围环境是否符合采样条件。

每次采样前一天,检查电池电量是否充足。

每次采样开机后,核实电池电压是否显示正常。

每次采样冲洗时,检查流量计流量是否正常。

7.3.3 维护

近地面采样(M70-flask)系统耗材包括:采样瓶(附真空阀门和特制密封垫圈)、采样过滤器、电源适配器、黄色卡套等。

采样瓶和采样器在非工作期间,应放置于室内,同时采样瓶应置于特制运输箱内,采样器应处于外盖闭合状态。

每年定期更换采样过滤器。

每年定期对采样器各部件进行系统检查。

7.4 数据采集和传输

7.4.1 功能介绍

该软件用于采样人员录入并上传台站采样信息(图7-3),采样人员每次采样之后,通过该软件录入本次采样相关样品的采样信息,然后通过网络上传至国家信息中心或其他数据接收单位,并通过此软件打印出纸版采样记录单一并随样品寄送,从而保证分析单位可以及时获取观测数据,并编写自动处理程序处理数据。

数据文件名称格式:

Z_CAWN_I_IIiii－yyyymmddhhMMss_O_GHG－FLD－MUL－采样器型号－采样器编号.xml

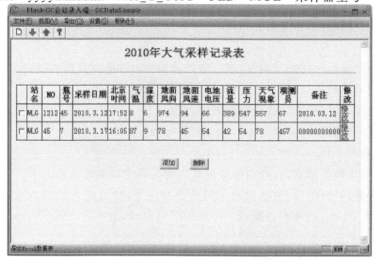

图7-3 软件界面

7.4.2　运行环境

操作系统:WindowsXP 或 Windows7。

浏览器:IE6,IE7。

7.4.3　操作流程

7.4.3.1　软件设置

初次启动程序需要对程序进行必要设置,主要包括"站点设置"和"FTP 服务器设置"。

(1)站点设置

启动程序,进入系统主界面(图 7-4),通过菜单项"设置—站点设置"来对站点信息进行设置,包括修改已有站点信息,删除站点信息,添加新站点,设置默认站点等功能。进入页面之后,用户选定所在的站点为默认站点。

注意:默认站点的设置,勾选新的默认站点时,默认站点设置就已经更改,不需要再点击"修改按钮",修改其他信息,则需要点击"修改"按钮才能生效。

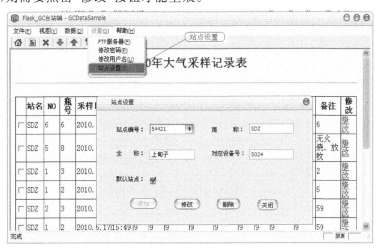

图 7-4　软件设置

(2)FTP 服务器设置

启动程序,进入系统主界面(图 7-5),通过菜单"设置—FTP 服务器"对 FTP 服务器设置。其中 FTP 默认端口号为 21,用户名和密码是对应的 FTP 用户名和密码,而不是本程序的用户名和密码。设置好之后,程序会记录设置信息,不必每次都重复设置。

图 7-5　FTP 服务器设置

（3）上传

打开程序文件夹下的 setting.ini 文件，修改文件最后 xmlbak＝d:\abc 中的路径，需要把本地备份保存在 E 盘 bak 文件夹中，则改为 xmlbak＝e:\bak。

7.4.3.2　软件登录与退出

双击执行程序，输入用户名和密码，然后点击登录；否则，点击取消登录即可退出程序。

默认登录账户和密码为：admin。

登录成功后，进入大气采样记录表页面，如果之前已经录入过此站点信息，则会在列表中显示，否则界面为空。

退出登录：通过"文件—退出登录"菜单项，可以退出登录。

7.4.3.3　录入采样记录信息

单击工具栏　📄　图标，打开新建录入界面（图 7-6），其中"区站号"由默认站点设置中自动录入，采样瓶编号为本次采样玻璃瓶条码编号，其他各项会被默认填充上次录入结果，方便串联采样时节省录入时间。其中"采样器类型"需要根据实际采样器类型录入，如 M70。所有信息录入完毕，单击录入界面下方的"提交"按钮保存录入结果，如果录入数据格式错误程序会给出相应提示信息。录入成功，程序自动返回主界面。重复上述操作录入其他采样瓶采样信息。

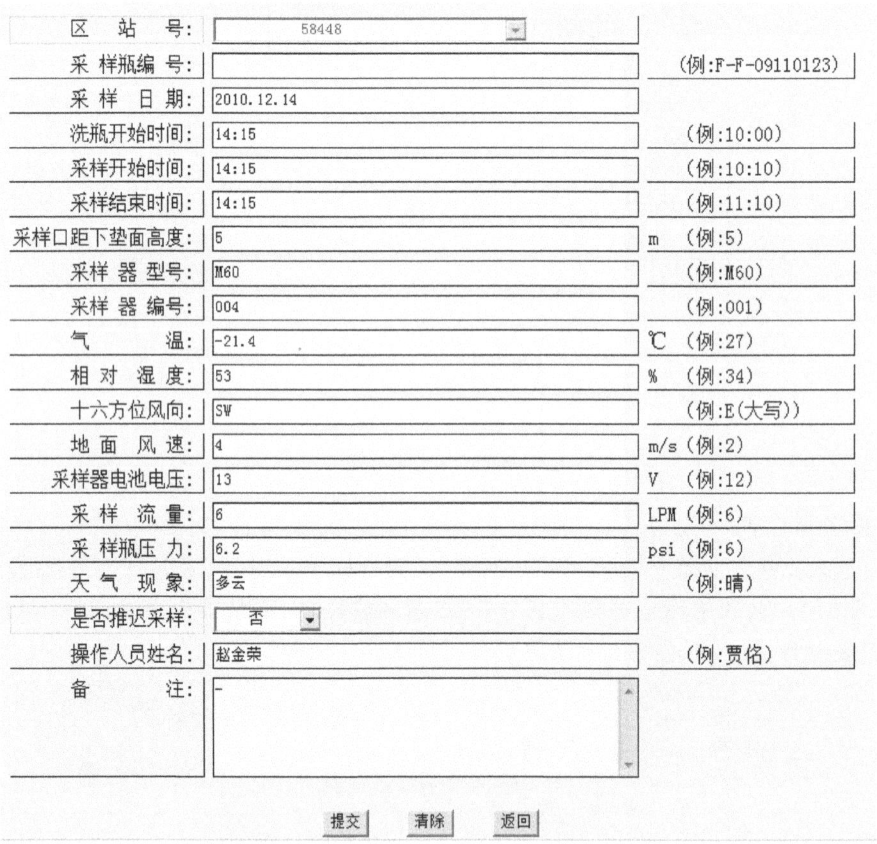

图 7-6　录入信息

7.4.3.4　记录修改

所有记录按照被添加到记录表中的顺序排序，从中找到需要修改的记录，点击该记录后面的"修改"链接（图 7-7），进入记录的修改页面（图 7-8）。进入修改页面之后，列出该项记录的所有信息，对要修改的部分重新输入，确认无误之后，点击"提交"即可。如果不需要修改，点击"返回"按钮即可。"恢复"按钮用于把记录中的数据恢复到修改之前的数据。

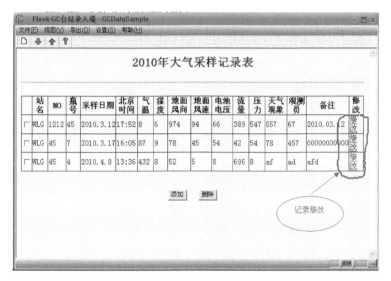

图 7-7　记录修改 1

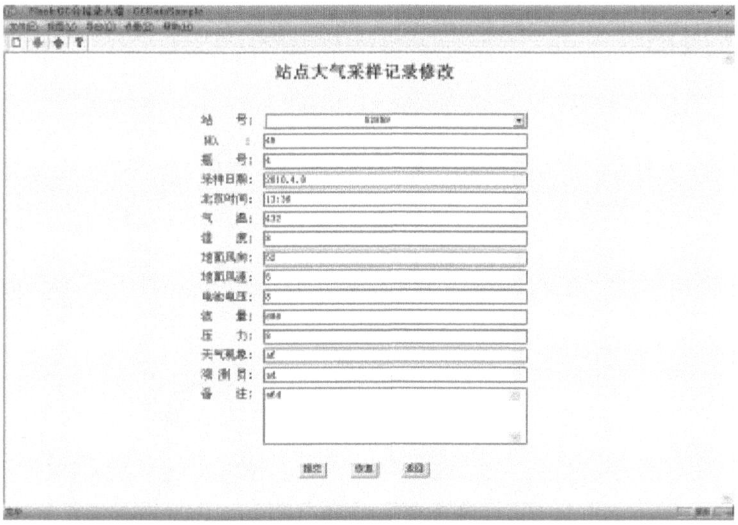

图 7-8　记录修改 2

7.4.3.5　记录的删除

选择要删除的大气采样记录,支持多选和单选,然后点击"数据"菜单"删除记录"或工具栏 ✖ 按钮,即可删除指定采样记录。注意:删除后,该记录将从记录表中消失,请谨慎操作,以免数据丢失。

7.4.3.6　记录输出

选中要导出的数据,通过"数据"菜单中的"导出 Excel"可以导出 Excel 格式记录;"导出 XML"可以导出和上次文件格式相同的 xml 文件;

程序每次上传记录成功后会在本地计算机配置文件中 xmlbak 项指定路径下保存上传文件记录。

7.5　故障处理和注意事项

(1)采样瓶的故障处理和注意事项

采样瓶为玻璃材质,应轻拿轻放,并避免硬物撞击。

如采样前检查发现采样瓶破损,应及时用备用采样瓶替换。

如采样过程中采样瓶破损,应将采样器清理干净后,用备用采样瓶重新采样,并在记录单中注明采样瓶破损的原因,以及重新采样时间。

（2）采样器的故障处理和注意事项

每次采样结束后，及时对采样器充电，并于每次采样前一天，检查电池电量是否充足；如按要求充电后电池电量仍显示不足，应检查充电器是否工作正常，或连接电源判断采样器是否正常工作，如工作正常，则可判断为蓄电池故障，应及时更换。

M70采样器通过增加微型电子控制元件，使得采样过程更加自动化和可视化，如按照规定操作后，控制面板上指示灯仍显示有故障，则可能为电子控件故障，应及时更换备用采样器采样或向相关部门汇报。

（3）数据采集传输的故障处理和注意事项

首次运行务必设置默认站点等必要信息。

采样瓶编号必须设置条码中完整编号，如F－F－09110123。

采样器型号填写正确的型号，如M70。

采样器编号填写指定编号。

每次上传前请检查历史上传记录是否有漏传。

附录　简易操作指南

（1）准备

到达指定地点，打开采样箱，竖起支撑杆和流量计，取出采样瓶，如图7-9连接管路。

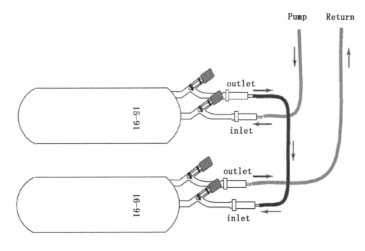

图7-9　采样瓶连接顺序

（2）采样

打开电源开关，系统自动检测后，按下"Sample Mode"按钮，开始采样，关上采样器外盖，并向下风向走出至少10m远。

自动采样程序持续约10min，采样结束时，泵自动关闭，在记录单上记下采样结束时间、压力、流量。

10min后回到采样处，打开采样器外盖，观察LED灯，如果"GOOD"灯亮（绿色），表明采样成功。

顺序关闭采样瓶进气口和出气口的密封旋柄。

从采样器上卸下采样瓶。将采样瓶放回运输箱。

（3）干燥及充电

采样结束后，将采样器带回室内，开启干燥模式将冷凝器中的水分除去。

将采样器接上电源，打开电源开关，所有的灯都会亮一下，然后按下"Dry Mode"按钮，"Dry Mode"灯（黄色）亮，泵运行30min。干燥模式结束时，泵关闭，"Dry Mode"灯灭，关闭开关。

注:如果电池无法在采样结束后留在充电器上充电,那么每次采样前都应将电池至少充电 24h。

(4)信息记录

在采样记录单中填写站名、站号、采样瓶瓶号及采样日期、采样时间、电池电压、流量、压力等,并记录采样过程中的天气条件、污染活动和其他相关信息。

第 8 章　可编程采样(M80-M90)系统

　　M80-M90 型可编程自动化采样系统能够高效、便捷、完全自动地采集并存储空气样品,适用于无人值守或者飞机上自动化采样。该系统具备自动除水、控温、控压、控流量等微处理集成控制单元,可编程定时开、关机,按需求分时段采集 6 组样品;还能避免人为干预,获取的数据能与在线观测系统的同期资料对比质控分析,具有较高的自动化水平。本章主要介绍该系统的原理及软、硬件配置。

8.1　基本原理和系统结构

8.1.1　系统原理

　　该系统包括可编程自动采样系统、自动除水、定时开机采样/关机、自动流量/压力感应控制等微处理集成自动控制单元,该单元集中在 1 个黑色箱子内。另一模块是 PFP 序列样品存储单元,内含 12 个 0.75L 硬质玻璃采样瓶。系统主要原理如图 8-1 所示。系统主要气路走势为通过采样管路进入的气体进入 PCP 进气口,经 $3\mu m$ 过滤膜过滤,然后经由压力释放模块释放掉多的气体(总气体流量大约 15L/min),剩余气体经干燥系统干燥后,再由压缩泵压入对应的玻璃瓶。

8.1.2　系统组成

　　图 8-1 为 PFP/PCP 系统的原理流程图。该系统包括 2 个主要组成部分:PCP(Programmable Compressor Package,可编程压缩泵模块)和 PFP(Precision Flask Package,高精度玻璃瓶采样箱)。图 8-2 为该系统的实体照片。2 套模块之间有专用通信电缆通信,并互相传送相关指令。

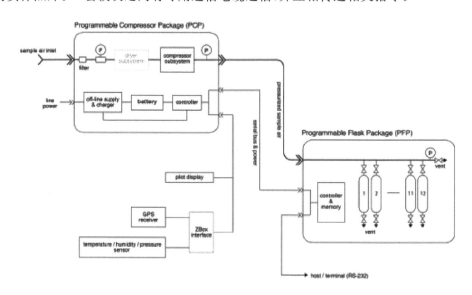

图 8-1　M80-M90 采样器原理图

8.1.2.1　硬件

该系统主要包含 2 个模块:M80 型可编程压缩泵模块(PCP)和 M90 型高精度玻璃瓶采样箱(PFP)。其中 PCP 模块一般固定在台站不动,而 PFP 采样瓶完成采样后需运送回北京中心实验室分析。

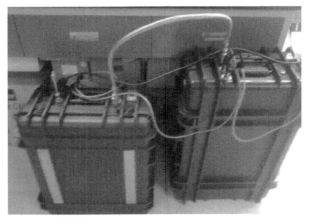

图 8-2　M80-M90 采样器实体图

（1）M80 型可编程压缩泵模块(PCP)

该模块由蓄电池、二级泵(2 台,抽气泵和增压泵)、进样口过滤器、流量计和除水装置组成。PCP 能够使样气充满采样瓶,达到 20L/min 的流量,40psi 的压力。系统主要气路流向为通过采样管路进入的气体进入 PCP 进气口,经 3μm 过滤膜过滤,然后再由压力释放模块释放掉过多的气体(总气体流量大约 15L/min),剩余气体经干燥系统干燥后,再由压缩泵压入对应的玻璃瓶。

（2）M90 型高精度玻璃瓶采样箱(PFP)

PFP 包含有 12 个容量为 700mL 的硼硅酸盐质地的玻璃采样瓶,采样瓶两端都有 PTFE 材质的开关阀。这些瓶阀开关均由内置的微处理器控制,通过程序可在预先设置的高度、位置或时间进行采样。采样可以通过手动控制或与其他样品采集、分析设备同步进行。PFP 设计为可携带到采样地点进行采样等操作,然后运回特定的地点进行高精度的分析。

8.1.2.2　软件

该系统利用串口命令控制。可利用"Windows 操作系统的超级终端"命令连入 PCP 控制计算机模块,设定采集样品的相关参数(压力、时间、高度等信息)。在分析时程序自动控制对应的泵开关、各采样瓶前后阀门开关以及冲洗时间,并自动采样。此外,在用于飞机或者航船观测时,系统配备的 GPS 系统会自动记录当前的位置信息,并以此来触发采样开关。连接 Windows 超级终端后,系统界面如图 8-3 所示。

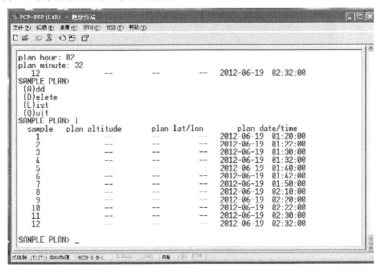

图 8-3　M80-M90 系统软件

8.2　日常运行和维护

PFP可编程碳循环温室气体自动化采样系统主要用于无人值守、偏远站点、飞机、高塔、航船等的连续采样。系统最初由美国国家海洋大气局(NOAA)科研人员研发,目前已经广泛应用于NOAA高塔、航船等样品的采集和观测。因此,该系统无须大量操作,基本可完全自动运行。本手册规定PFP/PCP系统在台站端的操作及维护注意事项。

8.2.1　操作

8.2.1.1　采样准备

在采样前一天,将PCP主机插入220V电源充电,至少8h以上。

8.2.1.2　连接PCP和PFP

PCP模块主要接口包括总电源开关、样气进气口(母口NPT)、采样出气口(公口NPT)、电源接口以及2个通信信号连接口。PFP模块接口包括样品进气口(公口NPT),2个通信信号接口。采样时主要连接方法如下(图8-4,图8-5):

(1)连接PFP与PCP主机之间的不锈钢软管;

(2)将进样口的公口NPT接头插入PCP采样箱样气进气口;

(3)连接PFP与PCP之间的通信电缆,注意:PCP和PFP箱外的2个接口是平行的,插入任意一个均可;

(4)接入计算机通信电缆一端至PFP箱体的信号接口,另一端接入计算机的COM口。

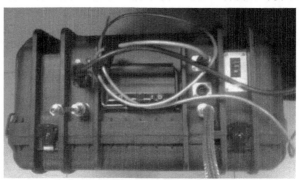

图8-4　PCP电缆连接图

图8-5　PFP电缆连接图

8.2.1.3　建立计算机超级终端连接

打开电脑,单击"开始"菜单→"程序"→"附件"→"通信"→"超级终端",打开一个超级终端。输入名称(可为:PCP-PFP),回车进入超级终端界面。

8.2.1.4 系统检测

输入"T"回车键→"S"回车键,开始系统检测。当窗口提示 OK 后,输入"Q"回车键,回到根目录。窗口显示为"AS/FULLAUTO_"字样,即进入自动采样。

8.2.1.5 采样

进入自动采样后,系统根据预设的采样计划,按照预定的采样时间开始采样。

8.2.1.6 关闭采样器

关闭 PCP 的电源(将开关按到 OFF),关闭电脑,断开电源,断开气路管及数据线。将 PFP 采样箱运回实验室待分析。

8.2.2 检查

主要分为采样前检查和采样后检查,采样前检查主要为查看采样计划,采样后检查主要检查采样历史记录。

8.2.2.1 查看采样计划

在 AS_根目录下,输入"S"回车键→"S"回车键→"L"回车键,即可查看设置的采样计划(图 8-6),请核对采样计划是否为将来时间。

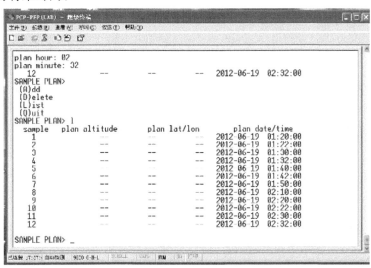

图 8-6 采样计划示例

8.2.2.2 查看采样记录

采样结束后必须尽快赴现场,在 AS_根目录下,输入"H"回车键进入 HISTORY 目录,该目录下输入"D"回车键,即可查看已采样品的计划采样时间、实际采样时间和采样结束时间。输入"F"回车键,即可查看已采样品的采样压力等参数。检查系统是否按照预定时间采样,压力、流量等是否满足要求(图 8-7)。

8.2.3 维护

该系统在台站以完全自动的方式运行,不需过多维护。但需注意以下几点:

PFP 采样前,需查看包装是否完好;

采样前查看预先设置的采样计划,确保采样计划已设置好;

采样完成后,需查看采样记录,及 History,确保采样正常完成。

采样完毕后必须断开 PCP 系统电源,采样前至少 8h 前将电源接上。

如有疑问或问题,尽快联系相关技术负责人员。

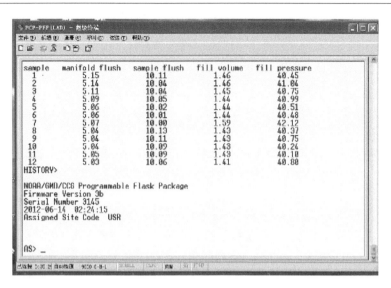

图 8-7 采样记录示例

8.3 数据采集和传输

PFP 可编程碳循环温室气体自动化采样系统主要用于无人值守、偏远站点、飞机、高塔、航船等的连续采样。系统最初由美国国家海洋大气局(NOAA)科研人员研发,目前已经广泛应用于 NOAA 高塔、航船等样品的采集和观测。因此,该系统无需大量操作,基本可完全自动运行。数据采集方面,系统会自动保存采样时间以及相关参数并保存在内部 ROM 中,随 Flask 箱一起运回中心实验室,分析时自动进入中央数据库。本手册规定 PFP/PCP 系统在台站数据采集程序设计及应用方法。

8.3.1 采集

8.3.1.1 建立计算机超级终端连接

(1)打开电脑,单击"开始"菜单→"程序"→"附件"→"通信"→"超级终端",打开一个超级终端。输入名称(可为:PCP－PFP),选择任意一个图标(建议选择第二个)。如图 8-8 所示。

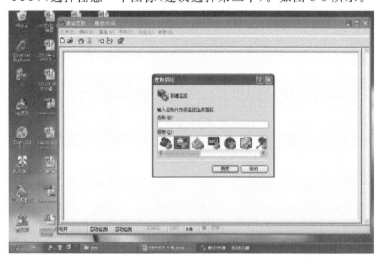

图 8-8 命名超级终端连接

(2)选择连接时使用的端口,按照实际使用的端口选择,如图 8-9 所示。

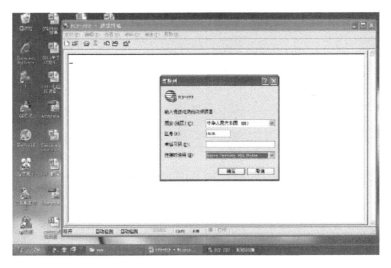

图 8-9　选择端口

(3)设置超级终端端口参数,如图 8-10 所示。

每秒位数:9600

数据位:8

奇偶校验:无

停止位:1

数据流控制:无

图 8-10　端口设置

(4)完成设置。仅初次运行需设置超级终端名称及相关参数。设置完毕后系统自动在桌面生成连接的快捷方式。后续运行时,直接点击超级终端名称→"文件"→"打开"→选择超级终端名称。

连接 PCP 电源线,PCP 模块上绿灯亮表明电源正常。并打开 PCP 上的电源开关,PFP 上绿灯亮,此时超级终端显示采样器的信息。如图 8-11。

8.3.2　存储

采样计划以及实际采样时间、压力等相关参数均通过内部单片机保存,与采样箱一起运回。采样计划如图 8-12 所示。

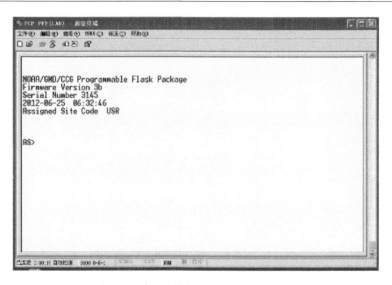

图 8-11　建立连接的 PFP/PCP 系统界面

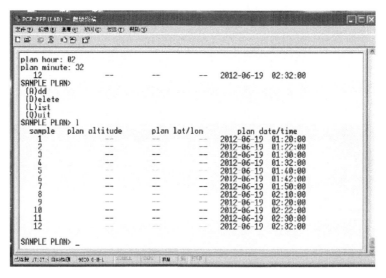

图 8-12　采样计划示例

8.3.3　传输

采样相关信息保存在内部单片机中,随样品运至气科院中心实验室分析。

附录　简易操作指南

(1)采样准备

在采样前一天,将 PCP 主机插入 220V 电源充电,至少 8h 以上。

(2)连接 PCP 和 PFP

PCP 模块主要接口包括总电源开关、样气进气口(母口 NPT)、采样出气口(公口 NPT)、电源接口以及 2 个通信信号连接口。PFP 模块接口包括样品进气口(公口 NPT),2 个通信信号接口。采样时主要连接方法如下:

连接 PFP 与 PCP 主机之间的不锈钢软管;

将进样口的公口 NPT 接头插入 PCP 采样箱样气进气口;

连接 PFP 与 PCP 之间的通信电缆,注意:PCP 和 PFP 箱外的 2 个接口是平行的,插入任意一个均可;

接入计算机通信电缆一端至 PFP 箱体的信号接口,另一端接入计算机的 COM 口。

(3)建立计算机超级终端连接

打开电脑,单击"开始"菜单→"程序"→"附件"→"通信"→"超级终端",打开一个超级终端。输入名称(可为:PCP-PFP),回车进入超级终端界面。

(4)系统检测

输入"T"回车键→"S"回车键,开始系统检测。当窗口提示 OK 后,输入"Q"回车键,回到根目录。窗口显示为"AS/FULLAUTO_"字样,即进入自动采样。

(4)采样

进入自动采样后,系统根据预设的采样计划,按照预定的采样时间开始采样。

(6)关闭采样器

关闭 PCP 的电源(将开关按到 OFF),关闭电脑,断开电源,断开气路管及数据线。将 PFP 采样箱运回实验室待分析。

第9章　梯度塔采样(TFS-flask)系统

长期定点的温室气体观测是研究温室气体时空分布、变化趋势的基础。玻璃瓶采样技术以采样时间和地点相对灵活、采样设备易于运输、采样方法简便易行、便于多点采样等特点而被广泛使用。本系统可从梯度塔顶采集样品,以有效地避免近距离局地源的影响,并可根据采样口安装位置调节采样高度,适用性较广。

9.1　基本原理和系统结构

9.1.1　基本原理

系统利用抽气泵将经过冷阱干燥的大气抽入采样瓶中冲洗并压至一定压力。如图 9-1 所示,系统工作时,抽气泵将环境大气压入系统,然后经过卸荷阀将系统内的压力控制在 14.5psi,多余的大气经过流量计 1 流出。采集的大气样品经过流量计 2、开关阀 1、开关阀 2 进入玻璃瓶内。冲洗状态时,开关阀 3开启,系统内压力为 0。充气状态时,开关阀 3 关闭,系统内压力逐渐上升到设定压力。安全阀在意外情况发生,系统内压力超过设定压力开启放气,确保玻璃瓶不发生超压爆炸。

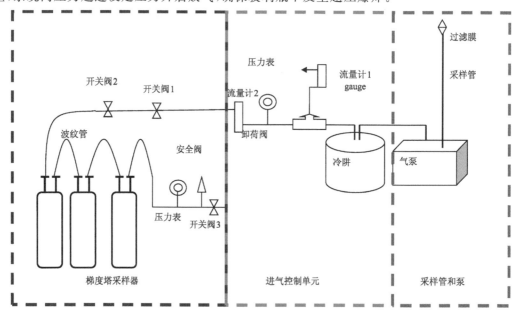

图 9-1 系统原理图

9.1.2　系统结构

温室气体梯度塔采样系统(TFS)包括三个部分:进样管路、进气控制单元、梯度塔采样器。系统实物图如图 9-2 所示。

进样管路为 Synflex 进气管,直径 1/2 英寸[①],长度由各站梯度塔高度决定,一般为 50～100m,带有 Waterman 过滤膜。

进气控制单元包括 KNF 抽气泵 1 台、FTS 冷阱 1 台、进气空气架 1 台。

梯度塔采样器包括压力控制、压力显示等组件,可同时为 4 个 Flask 瓶串联采样。

各系统之间通过不锈钢管连接,系统所有接头均为 Swagelok 零件。

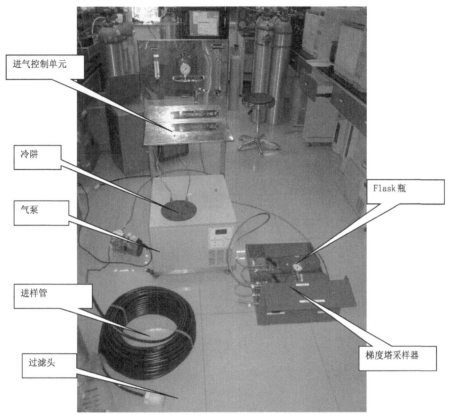

图 9-2 温室气体梯度塔采样系统实物图

9.2 安装调试

9.2.1 安装

9.2.1.1 采样管安装

从包装箱中取出采样管、采样泵、过滤头、卡箍及塑料绑带。

根据实验室空间安排,将采样泵放置于实验室合适位置。

将采样管连接铜管的一端(贴有标签)同采样泵相连,另一端沿梯度塔塔身拉升至采样位置(一般为塔顶或接近塔顶的平台)。如图 9-3,套入卡箍,将过滤头插入采样管内,用改锥将卡箍箍紧,可以用手拽过滤膜,若无松动则已固定紧。用塑料绑带将采样管固定在塔身,防止大风天气将采样管吹折。

9.2.1.2 进气控制单元安装

从包装箱中取出 FTS 冷阱、空气进样架、2 根 120cm 长波纹管。

将空气进样架放置于实验室合适的位置处,将 FTS 冷阱放在空气进样架的底层平台上,如图 9-2 所示。注意:冷阱带有读数的一面为正面。

---

① 1 英寸＝2.54 cm

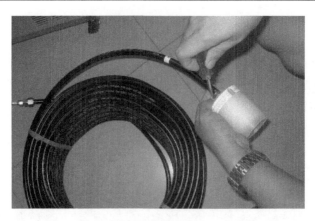

图 9-3　箍紧采样管端的过滤头

用一根波纹管连接泵出气口、进气控制单元入气口；另一根波纹管连接进气控制单元出气口和梯度塔采样器。注意：波纹管上贴有标签，注意标签上所写"接×××"应和仪器上标的"×××"一致。

将空气进样架高层平台下方的两根管同冷阱管连接，冷阱管放入冷阱的制冷腔内。

9.2.1.3　梯度塔采样器的安装

从包装箱内取出梯度塔采样器，采样器内有 4 根短波纹管和 1 根长波纹管。

将折叠的采样器打开如图 9-4 所示，放置于实验室合适位置。将图示插销插上，以固定住采样器前面板。并将压力表调整到朝上。

将连接进气控制单元出气口的波纹管另一端连接梯度塔采样器入气口。将"入气口开关阀"调至"开"。

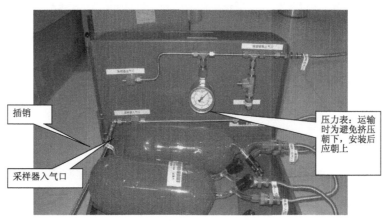

图 9-4　梯度塔采样器安装示意图

9.2.2　调试

（1）将冷阱内倒入酒精至漫过冷阱管。将冷阱电源插入插线板，开启冷阱。等待冷阱降温至 −50℃。

（2）将梯度塔采样器的"入气口开关阀"调至"关"。

（3）将 KNF 泵电源插入接线板，KNF 泵启动。进气控制单元压力表压力上升至 14.5psi，此时泄荷阀开启，"冷阱冲洗流量"大于 0，压力表保持在 14.5psi。

（4）将 Flask 瓶从包装箱中取出，放置于 1、2 位。用 2 根短波纹管顺序连接"接玻璃瓶入气口"和采样瓶 1 入气口；采样瓶 1 出气口和采样瓶 2 入气口。用 1 根长波纹管连接采样瓶 2 出气口和"接玻璃瓶出气口"。

（5）如图 9-5，确认"入气口开关阀 2"为开，打开采样器"出气口开关阀"，顺序打开 2 个玻璃瓶的入气口阀门和出气口阀门，将采样器入气口开关阀调至"开"，此时"进气控制单元"压力表读数下降，"卸荷流量"大于 0。用手触摸"梯度塔采样器出口",能感受到气流。

图 9-5　进气控制单元

（6）安装后的冲洗

首次安装后,将连接"采样器入气口"的波纹管断开,打开 KNF 泵,冲洗 30min。冲洗结束后,将波纹管和"采样器入气口"重新连接。

9.3　日常操作及维护

9.3.1　操作

9.3.1.1　采样

（1）采样前的准备

将冷阱内倒入酒精至漫过冷阱管。将冷阱电源插入插线板,开启冷阱。等待冷阱降温至−50℃。

确认梯度采样系统各处连接无未连接或松开的情况。

确认梯度塔采样器"入气口开关阀 2"为开。

（2）安装采样瓶

将 Flask 瓶从包装箱中取出,如图 9-6 和图 9-7 所示,用短波纹管顺序连接"接玻璃瓶入气口"和采样瓶 1 入气口;采样瓶 1 出气口和采样瓶 2 入气口。用 1 根长波纹管连接采样瓶 2 出气口和"接玻璃瓶出气口"。在采样记录单中记录采样瓶号。

（3）气密性测试

顺序打开 2 个玻璃瓶的入气口阀门和出气口阀门,打开采样器"出气口开关阀",将气瓶内气瓶放出。

采样器"入气口开关阀"调至"开","出气口开关阀"调至"关",开启 KNF 泵。此时采样器压力表压力逐渐上升至 10psi,将"入气口开关阀"调至"关"。观察压力表读数,若 1min 压力下降下于 1psi,则气密性测试通过;否则需重新连接玻璃瓶,并重复气密性测试直至通过。

（4）冲洗

完成气密性测试后,打开出气口开关阀,打开入气口开关阀,冲洗 10min,冲洗流量应大于 4L/min 记录"卸荷流量"即为冲洗流量,记录开始冲洗时间(GMT 时间)。

（5）充气

冲洗过程结束后,出气口开关阀,记录采样开始时间(GMT 时间)。

观察压力表读数。达到 14.5psi 应按下列顺序迅速关闭 Flask 瓶阀门:瓶 2 出气口阀门,瓶 1 入气口

图 9-6　Flask 采样瓶安装示意图

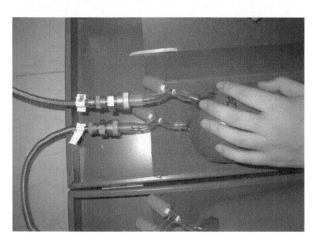

图 9-7　采样瓶同波纹管的连接

阀门、瓶 2 入气口阀门、瓶 1 出气口阀门。

关闭 KNF 泵。在记录表上记录采样结束时间(GMT 时间)。

卸开与玻璃瓶瓶连接的波纹管,将玻璃瓶装入纸箱中。

关闭冷阱。

9.3.1.2　记录

按照要求记录采样瓶号、顺序采样时间、压力、流量、采样人、气象参数等相关信息。

9.3.2　维护

维护内容包括:

采样泵每年应维护 1 次;

采样管口的过滤膜每年更换 1 次;

冷阱管内冻结的水应及时清除;

若冷阱内的酒精在 $-50℃$ 下结冰,则酒精含水过多,应立即更换。

此外,需注意:

采样结束关闭玻璃瓶阀门时必须按照顺序进行。

安装采样瓶时应一手小心固定住采样瓶的瓶颈部分,另一手拧松波纹管口的街头后插入瓶嘴,再拧紧波纹管口的接头。切不可蛮力插入,否则易折断瓶颈。

如果开启采样泵后进气控制单元压力表读数上升,压力表读数为 0 或者很小,则可能冷阱管发生堵塞。将管两头的接头打开,用电吹风加热后将其中的水倒出来即可。

9.4　数据采集和传输

采样人员每次采样之后,通过专用软件录入本次采样相关样品的采样信息,然后通过网络上传至国家信息中心或其他数据接收单位,并通过此软件打印出纸版采样记录单一并随样品寄送,从而保证分析单位可以及时获取观测数据,并编写自动处理程序处理数据。

数据文件名称格式:

Z_CAWN_I_IIiii－yyyymmddhhMMss_O_GHG－FLD－MUL－采样器型号－采样器编号.xml

9.4.1　运行环境

操作系统:WindowsXP 或 Windows7。

浏览器:IE6,IE7。

9.4.2　操作

9.4.2.1　软件设置

初次启动程序需要对程序进行必要设置,主要包括"站点设置"和"FTP 服务器设置"。

站点设置:启动程序,进入系统主界面,通过菜单项"设置—站点设置"来对站点信息进行设置,包括修改已有站点信息,删除站点信息,添加新站点,设置默认站点等功能。进入页面之后,用户选定所在的站点为默认站点;如图 9-8 所示。

注意:默认站点的设置,勾选新的默认站点时,默认站点设置就已经更改,不需要再点击"修改按钮",修改其他信息,则需要点击"修改"按钮才能生效。

图 9-8　站点设置

FTP 服务器设置:启动程序,进入系统主界面,通过菜单"设置—FTP 服务器"对 FTP 服务器设置,界面如图 9-9 所示。其中 FTP 默认端口号为 21,用户名和密码是对应的 FTP 用户名和密码,而不是本程序的用户名和密码。设置好之后,程序会记录设置信息,不必每次都重复设置。

上传成功文件本地保存路径设置:打开程序文件夹下的 setting.ini 文件,修改文件最后的 xmlbak＝d:\abc 中的路径,必须需要把本地备份保存在 E 盘 bak 文件夹中,则改为 xmlbak＝e:\bak 即可。

9.4.2.2　软件登录与退出

双击执行程序,输入用户名和密码,然后点击登录;否则,点击取消登录即可退出程序。

默认登录账户和密码为:admin。

登录成功后,进入大气采样记录表页面,如果之前已经录入过此站点信息,则会在列表中显示,否则

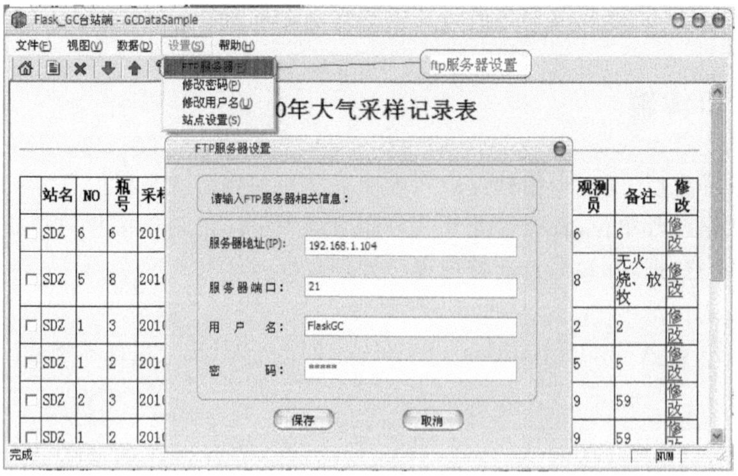

Flask_GC台站端 - GCDataSample
文件(F)　视图(V)　数据(D)　设置(S)　帮助(H)
FTP服务器(F)
修改密码(P)
修改用户名(U)
站点设置(S)
ftp服务器设置
0年大气采样记录表
FTP服务器设置
请输入FTP服务器相关信息：
服务器地址(IP):　192.168.1.104
服务器端口：　21
用户名：　FlaskGC
密码：
保存
取消
站名　NO　瓶号　采样
观测员　备注　修改
SDZ
无火烧、放牧
完成
NUM

图 9-9　FTP 服务器设置

界面为空。

退出登录：通过“文件—退出登录”菜单项，可以退出登录。

9.4.2.3　录入采样记录信息

单击工具栏图标，打开新建录入界面(图 9-10)，其中“区站号”由默认站点设置中自动录入，采样瓶编号为本次采样玻璃瓶条码编号，其他各项会被默认填充上次录入结果，方便串联采样时节省录入时间。其中“采样器类型”需要根据实际采样器类型录入“TFS”，“采样口距下垫面高度”填写本站梯度塔进样口的高度，采样器电池电压填写缺省值。所有信息录入完毕，单击录入界面下方的“提交”按钮保存录入结果，如果录入数据格式错误程序会给出相应提示信息。录入成功，程序自动返回主界面。重复上述操作录入其他采样瓶采样信息。

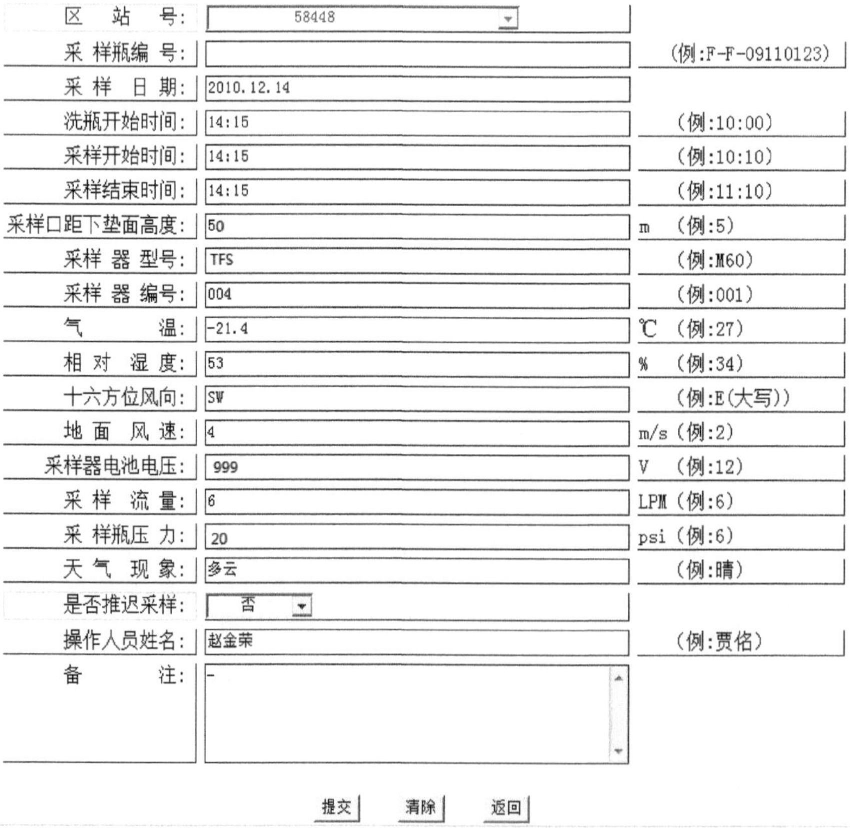

区站号:　58448
采样瓶编号:　(例:F-F-09110123)
采样日期:　2010.12.14
洗瓶开始时间:　14:15　(例:10:00)
采样开始时间:　14:15　(例:10:10)
采样结束时间:　14:15　(例:11:10)
采样口距下垫面高度:　50　m　(例:5)
采样器型号:　TFS　(例:M60)
采样器编号:　004　(例:001)
气温:　-21.4　℃　(例:27)
相对湿度:　53　%　(例:34)
十六方位风向:　SW　(例:E(大写))
地面风速:　4　m/s (例:2)
采样器电池电压:　999　V　(例:12)
采样流量:　6　LPM (例:6)
采样瓶压力:　20　psi (例:6)
天气现象:　多云　(例:晴)
是否推迟采样:　否
操作人员姓名:　赵金荣　(例:贾佫)
备注:　-
提交　清除　返回

图 9-10　新建录入界面

9.4.2.4　记录修改

所有记录按照被添加到记录表中的顺序排序,从中找到需要修改的记录,点击该记录后面的"修改"链接(图 9-11),进入记录的修改页面(图 9-12)。进入修改页面之后,列出该项记录的所有信息,对要修改的部分重新输入,确认无误之后,点击"提交"即可。如果不需要修改,点击"返回"按钮即可。"恢复"按钮用于把记录中的数据恢复到修改之前的数据。

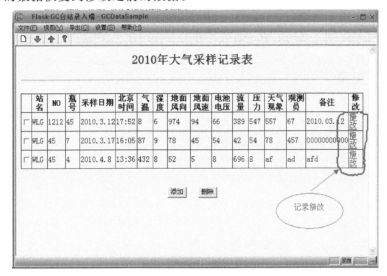

图 9-11　记录修改 1

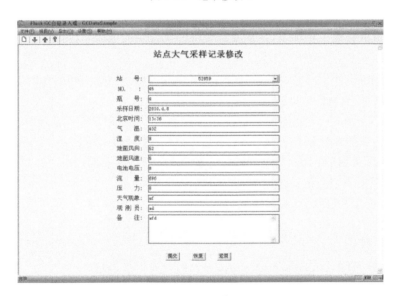

图 9-12　记录修改 2

9.4.2.5　记录的删除

选择要删除的大气采样记录,支持多选和单选,然后点击"数据"菜单"删除记录"或工具栏 ✖ 按钮,即可删除指定采样记录。

注意:删除后,该记录将从记录表中消失,请谨慎操作,以免数据丢失。

9.4.2.6　记录输出

选中要导出的数据,通过"数据"菜单中的"导出 Excel"可以导出 Excel 格式记录;"导出 XML"可以导出和上次文件格式相同的 xml 文件;

程序每次上传记录成功后会在本地计算机配置文件中 xmlbak 项指定路径下保存上传文件记录。

9.4.3　注意事项

(1)首次运行务必设置默认站点等必要信息；

(2)采样瓶编号必须设置条码中完整编号，如 F－F－09110123；

(3)采样器型号填写正确的型号，如 TFS；

(4)采样器编号填写指定编号；

(5)每次上传前请检查历史上传记录是否有漏传。

附录　简易操作指南

(1)采样前的准备

将冷阱内倒入酒精至漫过冷阱管。将冷阱电源插入插线板，开启冷阱。等待冷阱降温至－50℃。确认梯度采样系统各处连接无未连接或松开的情况。确认梯度塔采样器"入气口开关阀 2"为开。

(2)安装采样瓶

将 Flask 瓶从包装箱中取出，用短波纹管顺序连接。在采样记录单中记录采样瓶号。

(3)气密性测试

顺序打开 2 个玻璃瓶的入气口阀门和出气口阀门，打开采样器"出气口开关阀"，将气瓶内气瓶放出。

采样器"入气口开关阀"调至"开"，"出气口开关阀"调至"关"，开启 KNF 泵。此时采样器压力表压力逐渐上升至 10psi，将"入气口开关阀"调至"关"。观察压力表读数，若 1min 压力下降下于 1psi，则气密性测试通过；否则需重新连接玻璃瓶，并重复气密性测试直至通过。

(4)冲洗

完成气密性测试后，打开出气口开关阀，打开入气口开关阀，冲洗 10min，记录"卸荷流量"即为冲洗流量，记录开始冲洗时间(GMT 时间)。

(5)充气

冲洗过程结束后，关闭出气口开关阀，记录采样开始时间(GMT 时间)。

观察压力表读数。达到 14.5psi 应按下列顺序迅速关闭 Flask 瓶阀门。

关闭 KNF 泵。在记录表上记录采样结束时间(GMT 时间)。

卸开与玻璃瓶瓶连接的波纹管，将玻璃瓶装入纸箱中。

关闭冷阱。

(6)记录

按照要求记录采样时间、压力、流量、采样人、气象参数等相关信息。

第 10 章　近地面卤代温室气体采样(SCS-Canister)系统

卤代温室气体指分子中含有卤素的温室气体,其引起臭氧层损耗,具有极大的全球变暖潜势,是《蒙特利尔议定书》和《京都议定书》联合履约的焦点。近地面卤代温室气体采样系统可采集近地面大气样品,用于卤代温室气体分析。

10.1　基本原理及系统结构

10.1.1　基本原理

系统利用气泵将环境大气抽进冲洗采样罐并充至预订压力。

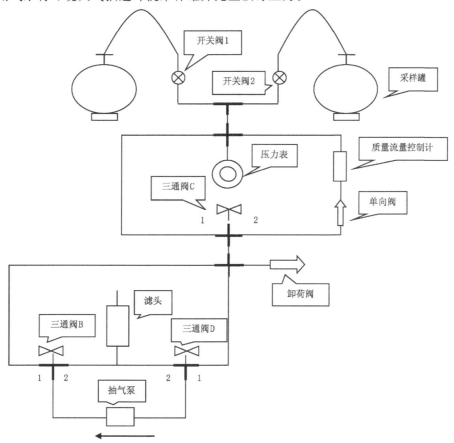

图 10-1　采样系统原理图

系统原理如图 10-1 所示。系统工作状态分为"抽气"和"充气"(如图 10-2)所示,充气时,"三通阀 D"和"三通阀 B"的位置分别为"2"和"1",大气分别经过"滤头"、"三通阀 D"、"抽气泵"、"三通阀 B"直接通过管路到达采样罐。抽气时,"三通阀 D"和"三通阀 B"的位置分别为"管路"和"大气",采样罐内的大气分别经过"三通阀 B"、"抽气泵"、"三通阀 D"、"卸荷阀",最后排入到大气中。

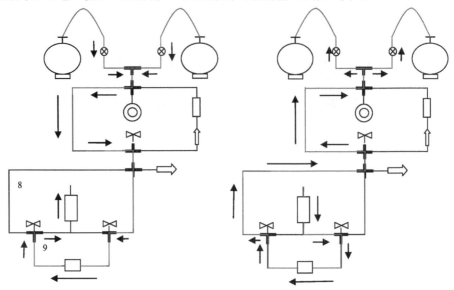

图 10-2　采样器抽气(左)和充气(右)状态工作原理图

10.1.2　系统结构

采样系统硬件包括:KNF 泵(N86KTE)1 台,质量流量控制计(AALBORG GFC17)1 台,颗粒物过滤膜(7μm)1 个,压力表(0~30psi)1 个,泄压阀(40psi)1 个,开关阀 2 个,三通阀 3 个。管路连接均采用不锈钢管路和接头。系统实物如图 10-3 所示。

图 10-3　近地面卤代温室气体采样系统实物图

10.2　日常操作和维护

10.2.1　操作

10.2.1.1　采样前的准备

将采样器电源插入插线板,给采样器通电。

"三通阀 B"、"三通阀 C"、"三通阀 D"分别放到"1"、"2"、"2"位置,"开关阀 1"打开,"开关阀 2"关闭。"1"路气口连接电子流量计,通过调节"质量流量控制计"到相应流量。

图 10-4　质量流量控制计控制面板图

如图 10-4,面板中上面红字部分显示"累计流量",下面绿字部分显示"实时流量"。

质量流量控制计调节方法:通过按图 10-4 中的" ◀ "键,移动光标到相应的位置,移动到的位置数字会闪烁,然后通过按" ▲ "或" ▼ "来设定到相应的流量,5s 之内面板会自动返回实时流量的显示状态。流量的单位是 mL/min。由于整个气路稳定性问题,显示流量会和实际流量有差异,需要通过在出气口连接电子流量计进行标校。

10.2.1.2　采样

(1)冲洗

选择采样管路"1"或"2",将采样罐连接到"1"或"2"连接口。打开相应的开关阀,关闭另外一个开关阀。

确认"三通阀 B"在"2"位置,"三通阀 C"在"1"位置,"三通阀 D"在"1"位置。

打开采样器电源开关,打开采样罐入气口,此时为抽气状态,待"压力表"读数为"0"时等待 2min;"三通阀 B"和"三通阀 D"同时分别转向"1"和"2"位置,此时为"充气"状态,待"压力表"读数为"30psi"时等待 2min;"三通阀 B"和"三通阀 D"重新同时分别转向"2"和"1"位置,采样器回到"抽气"状态,如此反复进行 3 个循环。

(2)充气

先把"三通阀 C"转向"2"位置,随即把"三通阀 B"和"三通阀 D"同时分别转向"1"和"2"位置,此时为正式采样状态,等待大约 3h,待压力表读数为"30psi"是,关闭采样罐入气口,关闭采样器电源,取下采样罐,记录相关参数,采样过程结束。

(3)记录

按照记录表要求记录采样罐编号、采样时间、压力、采样人、气象参数等相关信息。

10.2.2　维护

维护内容包括:

采样管口的过滤膜累计采样时间达到 12 个月或颗粒物过多导致采样流量下降时应更换;

采样系统的 KNF 泵膜累计工作时间达到 12 个月应更换;

采样系统工作及存放位置尽量避光通风。

附录　简易操作指南

（1）冲洗

选择采样管路"1"或"2"，将采样罐连接到"1"或"2"连接口。打开相应的开关阀，关闭另外一个开关阀。

确认"三通阀 B"在"2"位置，"三通阀 C"在"1"位置，"三通阀 D"在"1"位置。

打开采样器电源开关，打开采样罐入气口，此时为抽气状态，待"压力表"读数为"0"时等待 2min；"三通阀 B"和"三通阀 D"同时分别转向"1"和"2"位置，此时为"充气"状态，待"压力表"读数为"30psi"时等待 2min；"三通阀 B"和"三通阀 D"重新同时分别转向"2"和"1"位置，采样器回到"抽气"状态，如此反复进行 3 个循环。

（2）充气

先把"三通阀 C"转向"2"位置，随即把"三通阀 B"和"三通阀 D"同时分别转向"1"和"2"位置，此时为正式采样状态，等待大约 3h，待压力表读数为"30psi"时，关闭采样罐入气口，关闭采样器电源，取下采样罐，记录相关参数，采样过程结束。

（3）记录

按照记录表要求记录采样罐编号、采样时间、压力、采样人、气象参数等相关信息。

第 11 章　梯度塔卤代温室气体采样(TCS-Canister)系统

卤代温室气体几乎全部由人类活动排放产生。其广泛用于制冷剂、发泡剂、灭火剂、化工助剂、金属冶炼等。卤代温室气体在大气中寿命很长,能够长距离传输,催化平流层臭氧的光化学反应,导致臭氧层损耗;具有极强的温室效应,履约减排 CFCs 等臭氧层耗损物质(ODS)的同时也能减缓全球变暖,然而部分 ODS 替代物(如 HFCs)具有更高的全球增温潜势。卤代温室气体是《蒙特利尔议定书》和《京都议定书》联合履约的焦点。梯度塔卤代温室气体(TCS-Canister)系统可采集来自梯度塔顶的空气样品,用于卤代温室气体分析。

11.1　原理及软硬件配置手册

11.1.1　基本原理

如图 11-1 所示,KNF 泵将大气从塔顶通过采样管抽入室内,通过一个三通分成两路,一路进入在线观测系统(GC 等),另一路进入 TCS 采样器。气体经过过滤膜过滤颗粒物后灌入采样罐,关闭出气口开关阀后系统内压力上升,到达设定压力后,安全阀泄去超过设定压力的气体,即系统采集到一定压力的大气。

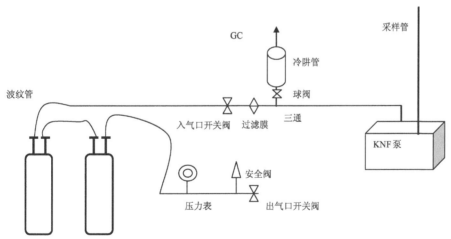

图 11-1　系统原理简图

11.1.2　系统结构

系统主要包括:TCS 采样器可分为控制阀、压力表、安全阀以及连接管路等几部分,装在一个易于携带的坚实的箱子里(图 11-2)。箱子通过气路同梯度进气系统连接,一般推荐同高层塔顶的进气气路连接,以避免近地层人为污染的影响。采样罐为美国 Lab Commerce Inc 公司 X23L-2N 采样罐,体积 3L,耐压 25psi,罐顶部有两个经过硅烷化处理的开关阀。TSC 采样器和采样罐用金属软管连接。

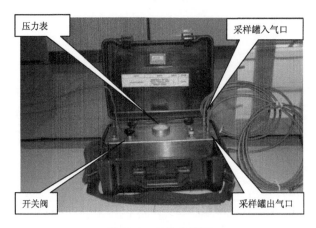

图 11-2 系统实物图

11.2 日常操作及维护

11.2.1 操作

首先要对采样管路及串接在一起的两个采样瓶进行至少 10min 的冲洗,然后再压缩空气至压力达 20psi 左右。为保证样品的可比性与代表性,每次需同时采集一对空气样品,然后送到北京中心实验室进行统一分析。在高山站点(如瓦里关山),白天为避免上升气流期间低层污染对采样点的影响,现场空气样品的采集均在当地清晨下沉气流期间进行。在其他站点,则可选择在对流混合最旺盛的正午—下午时段采样。具体操作步骤如下:

11.2.1.1 连接采样罐

将采样罐入气口、采样罐出气口同采样罐用不锈钢波纹管连接。采样罐绿色的为入气口、红色的为出气口。

11.2.1.2 系统压力测试

连接采样罐后,打开采样器入气口开关阀;

依次打开 2 个采样罐入口、出口的阀门;

关闭采样器出气口开关阀;

压力上升到 12psi 后关闭,观察压力表读数是否下降。若 1min 内读数下降小于 1psi,则压力测试通过,否则重新连接漏气点并重新进行压力测试。

11.2.1.3 冲洗

系统压力测试后,打开采样器出气口开关阀;

打开采样器入气口开关;

记录开始冲洗的时间,冲洗不少于 10min,冲洗流量大于 4L/min。

11.2.1.4 充气

冲洗结束后,关闭采样器出气口开关阀,记录时间(时间以 Picarro 系统显示时间为准,为世界时);

观察压力表读数,达到 20psi 后,按如下顺序迅速关闭阀门:第 2 个采样罐瓶出口阀门——第 1 个采样罐入口阀门——采样器入气口开关阀——第 1 个采样罐出口阀门——第 2 个采样罐入口阀门。在记录表上记录时间(时间以 Picarro 系统显示时间为准,为世界时);

卸开采样罐,装入纸箱中;

将连接采样罐和采样器的金属软管收入采样器中,合上采样器。

11.2.1.5 记录及上传

记录采样罐号、采样日期、采样时间、压力、采样人、天气条件等相关信息,采样结束时将记录信息录入 HggDataSample 软件,存储并上传至指定服务器。

11.2.1.6　注意事项

采样时风速应大于 2m/s。有降水、沙尘等不利天气时,应停止采样;

采样系统安装在室内,采样前务必严格检漏,否则样品中会引入高浓度的室内气体。

11.2.2　检查

定期检查设备气密性,防止系统有漏气;

进气口开关是否拧紧,以避免因漏气影响其他设备进气;

金属软管端口是否堵住,以防止昆虫或异物进入管内。

11.2.3　维护

如发现管路接口处有漏气,需进行更换,以防止样气被污染。

11.3　数据采集和传输

采样人员每次采样之后,通过专用软件录入本次采样相关样品的采样信息(图 11-3),然后通过网络上传至国家信息中心或其他数据接收单位,并通过此软件打印出纸版采样记录单一并随样品寄送,从而保证分析单位可以及时获取观测数据,并编写自动处理程序处理数据。

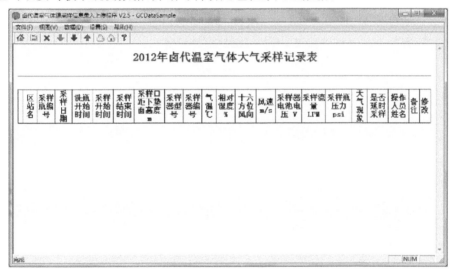

图 11-3　相关样品的采样信息

数据文件名称格式:

Z_CAWN_I_IIiii_yyyymmddhhMMss_O_GHG－FLD－HAL－采样器型号－采样器编号．xml

11.3.1　运行环境

操作系统:WindowsXP 或 Windows7。

浏览器:IE6,IE7。

11.3.2　操作流程

11.3.2.1　软件设置

初次启动程序需要对程序进行必要设置,主要包括"站点设置"和"FTP 服务器设置"。

(1)站点设置

启动程序,进入系统主界面,通过菜单项"设置—站点设置"来对站点信息进行设置,包括修改已有站点信息,删除站点信息,添加新站点,设置默认站点等功能。进入页面之后,用户选定所在的站点为默认站点;如图 11-4。

注意:默认站点的设置,勾选新的默认站点时,默认站点设置就已经更改,不需要再点击"修改按钮",修改其他信息,则需要点击"修改"按钮才能生效。

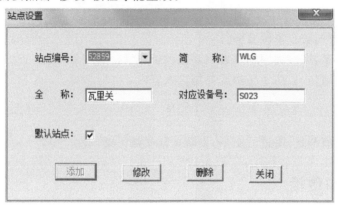

图 11-4　站点设置

（2）FTP 服务器设置

启动程序,进入系统主界面,通过菜单"设置—FTP 服务器"对 FTP 服务器设置,界面如图 11-5 所示。其中 FTP 默认端口号为 21,用户名和密码是对应的 FTP 用户名和密码,而不是本程序的用户名和密码。设置好之后,程序会记录设置信息,不必每次都重复设置。

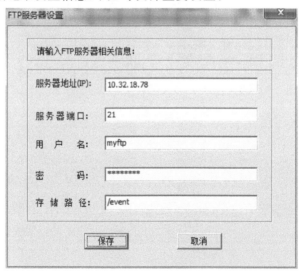

图 11-5　FTP 服务器设置

（3）上传成功文件本地保存路径设置

打开程序文件夹下的 setting.ini 文件,修改文件最后的 xmlbak＝d:\abc 中的路径,必须需要把本地备份保存在 E 盘 bak 文件夹中,则改为 xmlbak＝e:\bak 即可。

11.3.2.2　软件登录与退出

双击执行程序,输入用户名和密码,然后点击登录;否则,点击取消登录即可退出程序。

默认登录账户和密码为:admin。

登录成功后,进入大气采样记录表页面,如果之前已经录入过此站点信息,则会在列表中显示,否则界面为空。

退出登录:

通过"文件—退出登录"菜单项,可以退出登录。

11.3.2.3　录入采样记录信息

单击工具栏 ▤ 图标,打开新建录入界面(图 11-6),其中"区站号"由默认站点设置中自动录入,采样瓶编号为本次采样玻璃瓶条码编号,其他各项会被默认填充上次录入结果,方便串联采样时节省录入时间。其中"采样器类型"需要根据实际采样器类型录入,如 M70。所有信息录入完毕,单击录入界面下方的"提交"按钮保存录入结果,如果录入数据格式错误程序会给出相应提示信息。录入成功,程序自动返回主界面。重复上述操作录入其他采样瓶采样信息。

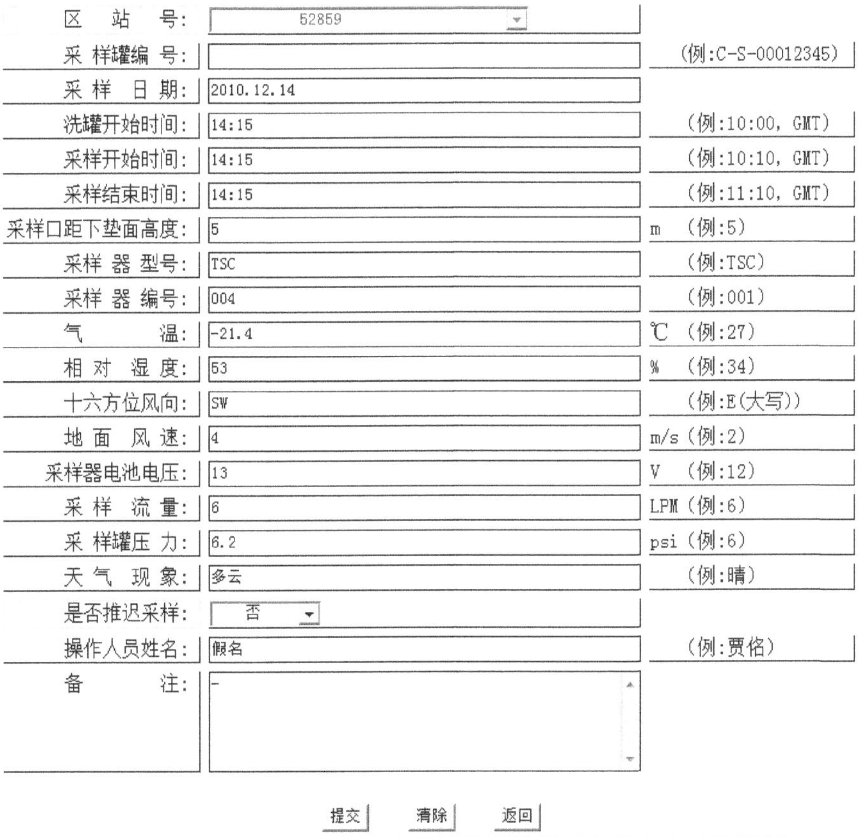

区　站　号:	52859
采样罐编号:	（例:C-S-00012345）
采样日期:	2010.12.14
洗罐开始时间:	14:15 （例:10:00, GMT）
采样开始时间:	14:15 （例:10:10, GMT）
采样结束时间:	14:15 （例:11:10, GMT）
采样口距下垫面高度:	5　m（例:5）
采样器型号:	TSC　（例:TSC）
采样器编号:	004　（例:001）
气　温:	-21.4　℃（例:27）
相对湿度:	53　%（例:34）
十六方位风向:	SW　（例:E(大写)）
地面风速:	4　m/s（例:2）
采样器电池电压:	13　V（例:12）
采样流量:	6　LPM（例:6）
采样罐压力:	6.2　psi（例:6）
天气现象:	多云　（例:晴）
是否推迟采样:	否
操作人员姓名:	假名　（例:贾佲）
备　注:	

提交　　清除　　返回

图 11-6　新建录入界面

11.3.2.4　记录修改

所有记录按照被添加到记录表中的顺序排序,从中找到需要修改的记录,点击该记录后面的"修改"链接(图 11-7),进入记录的修改页面。进入修改页面之后,列出该项记录的所有信息,对要修改的部分重新输入,确认无误之后,点击"提交"即可。如果不需要修改,点击"返回"按钮即可。"恢复"按钮用于把记录中的数据恢复到修改之前的数据。

2012年卤代温室气体大气采样记录表

	区站名	采样瓶编号	采样日期	洗瓶开始时间	采样开始时间	采样结束时间	采样口距下垫面高度 m	采样器型号	采样器编号	气温 ℃	相对湿度 %	十六方位风向	风速 m/s	采样器电池电压 V	采样流量 LPM	采样瓶压力 psi	天气现象	是否延时采样	操作人员姓名	备注	修改
☐	WLG	C-S-00012345	2010.12.14	14:15	14:15	14:15	5	TSC	004	-21.4	53	SW	4	13	6	6.2	多云	否	假名	-	修改

图 11-7　记录修改

11.3.2.5 记录删除

选择要删除的大气采样记录,支持多选和单选,然后点击"数据"菜单"删除记录"或工具栏 ✖ 按钮,即可删除指定采样记录。注意:删除后,该记录将从记录表中消失,请谨慎操作,以免数据丢失。

11.3.2.6 记录输出

选中要导出的数据,通过"数据"菜单中的"导出 Excel"可以导出 Excel 格式记录;"导出 XML"可以导出和上次文件格式相同的 xml 文件;

程序每次上传记录成功后会在本地计算机配置文件中 xmlbak 项指定路径下保存上传文件记录。

11.3.3 注意事项

首次运行务必设置默认站点等必要信息;

采样瓶编号必须设置条码中完整编号,如 C-F-00012345;

采样器型号填写正确的型号,如 TSC;

采样器编号填写指定编号;

每次上传前请检查历史上传记录是否有漏传。

附录 简易操作指南

(1)连接采样罐

将将采样器上的"接采样罐入气口"、"接采样罐出气口"同采样罐用不锈钢波纹管连接。采样罐绿色的为入气口、红色的为出气口。

(2)冲洗

打开 2 个采样罐入气口和出气口的阀门;

打开采样器出气口开关阀;

打开采样器入气口开关阀;

冲洗 10min,记录开始冲洗的时间,冲洗流量大于 4L/min。

(3)充气

冲洗过程结束后,关闭采样器出气口开关阀,记录时间(时间以 Picarro 系统显示时间为准,换算为北京时间);

观察压力表读数。达到 20psi 后关闭,迅速关闭第 2 个采样罐瓶出口阀门、第 1 个采样罐入口阀门、采样器入气口开关阀、第 1 个采样罐出口阀门、第 2 个采样罐入口阀门。在记录表上记录时间(时间以 Picarro 系统显示时间为准,换算为北京时间);

卸开采样罐,装入纸箱中;

将连接采样罐和采样器的金属软管收入采样器中,合上采样器。

(4)记录

按照提示填写采样记录软件。

(5)记录

采样时风速应大于 2m/s。有降水、沙尘等不利天气时,应停止采样;

采样在室内进行,务必严格检漏,否则会引入高浓度的室内污染。

第 12 章　碳循环温室气体高压配气系统

合格的标气序列对高精度大气温室气体观测至关重要,不仅要求对其中的碳循环温室气体的定值误差同世界气象组织/全球大气观测网(WMO/GAW)要求的不同实验室间可比性相当,还对其底气和水汽含量有严格的要求。WMO/GAW 指定的 CO_2、CH_4、CO 中心标校实验室(CCL,设在美国国家海洋与大气管理局/地球系统科学实验室(NOAA/CMDL))要求本底高精度观测使用的标气必须以自然大气为底气,水汽含量小于 5ppm。

中国气象局在 5 个本底站先后开展了碳循环温室气体在线观测,在 7 个本底站开展了采样观测。为了提供合格的标气序列,结合在瓦里关站十几年的工作经验,中国气象局在 5 个本底站安装了新一代碳循环温室气体高压配气系统,于 2011 年 1 月试运行。本章介绍系统的原理和软硬件配置。

12.1　基本原理及系统结构

12.1.1　基本原理

系统利用空气压缩机将自然大气压入标气瓶中,利用吸附管吸附或者添加高浓度气调节目标物种的浓度。

12.1.1.1　高于大气浓度的标准气的制备

当需要制备的标准气的浓度高于当时大气中该物质的实际浓度时,需要使用高浓度标气/零气充入系统加入一定量的高浓度标准气,然后使用大气压入系统压入大气至设定压力。

首先将高浓度标准气充入定量管,使其压力达到 P_x。然后用零气将定量管内的高浓度标准气充入目标的气瓶。卸下目标气瓶后,向气瓶内压入空气至设定的压力,使其压力到达 P_t,即得到高于大气浓度的标准气。

规定 P_t 为气瓶预定的压力(即终止压气时气瓶的压力),C_t 为预制备的标气的浓度,V_c 为气瓶的体积,V_p 为定量管体积,高浓度标气填入定量管压力为 P_x,高浓度气的浓度为 C_m,空气中该物质的浓度为 C_a。

当充气结束时,气瓶内的目标物质等于高浓度气和充入的实际大气中该物质之和,因此有:

$$P_t \times V_c \times C_t = C_m \times P_x \times V_p + (P_t - P_v) \times V_c \times C_a \tag{12-1}$$

式中 P_v 为充入高浓度气后气瓶内的压力。当充入的高浓度气较少,即 $P_x < 500psi$,可以近似认为 $P_v = 0$,当充入的高浓度气较多,$P_x > 500psi$ 则近似认为 $P_v = P_x \times V_p / V_c$。

$P_x < 500psi$ 时,(12-1)简化为:

$$P_t \times V_c \times C_t = C_m \times P_x \times V_p + P_t \times V_c \times C_a \tag{12-2}$$

$$P_x = \frac{P_t \times V_c \times (C_t - C_a)}{V_p \times C_m} \tag{12-3}$$

$P_x > 500psi$ 时,(12-1)简化为:

$$P_t \times V_c \times C_t = C_m \times P_x \times V_p + (P_t \times V_c - P_x \times V_p) \times C_a$$

$$P_x = \frac{P_t \times V_c \times (C_t - C_a)}{V_p \times (C_m - C_a)} \tag{12-4}$$

12.1.2　低于大气浓度的标准气的制备

制备低于大气浓度的标气,需要高浓度气/零气充入系统(用于配制 $CH_4/N_2O/SF_6$ 的低浓度标气)或使用大气压入系统(其他物种的低浓度标气)。

使用高浓度气/零气充入系统,将零气充入至目标气瓶至 P_x。

假设 P_t 为气瓶预定的压力(即终止压气时气瓶的压力),C_t 为预制备的标气的浓度,V_c 为气瓶的体积,零气填入目标气瓶压力为 P_x,空气中该物质的浓度为 C_a。

当充气结束时,气瓶内的目标物质等于高浓度标准气和充入的实际大气中该物质之和,因此有:

$$P_t \times V_c \times C_t = (P_t - P_x) \times V_c \times C_a \tag{12-5}$$

$$P_x = P_t \times (1 - \frac{C_t}{C_a}) \tag{12-6}$$

如果仅使用大气压入系统,根据目标浓度同实际大气浓度的关系,计算串联吸附剂达到的压力 P_x。

假设 P_t 为气瓶预定的压力,C_t 为预制备的标准气的浓度,V_c 为气瓶的体积,P_x 为串联吸附剂达到的压力,空气中该物质的浓度为 C_a。则有:

$$P_t \times V_c \times C_t = (P_t - P_x) \times V_c \times C_a \tag{12-7}$$

则有:
$$P_x = P_t \times (1 - \frac{C_t}{C_a}) \tag{12-8}$$

12.1.2　系统结构

本底站温室气体混合标准气高压配气系统(TXH002 型)包括三个部分:高浓度气/零气充入系统,大气压入系统和水汽探测系统。可以实现二氧化碳、甲烷、一氧化碳、氧化亚氮、六氟化硫等的混合标准气配制。

12.1.2.1　高浓度气/零气压入系统

用于配制浓度高于环境空气或 CH_4 浓度低于大气。方法是选择不同的高浓度目标气体标气或零气,向定量管内充入至预定压力,并进入目标气瓶(图 12-1)。

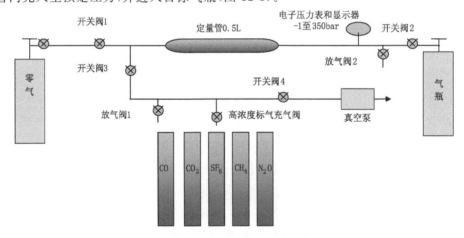

图 12-1　高浓度气/零气充入系统流程图

如图 12-2 高浓度气/零气充入系统包括 1 瓶零气(去除所有目标物质)、定量管(0.5L),5 瓶单组分高浓度标准气(CO_2、CH_4、CO、N_2O、SF_6)、真空泵以及若干开关阀和安全阀组成。

12.1.2.2　大气压入系统

大气压入系统设计流程如图 12-3 所示,用于向气瓶内充入环境大气或经过吸附的零空气。采用 RIX SA-6 作为动力,输出压力达到 3500psi。配制零空气时,根据需要吸附气体的种类选择不同的吸附剂。无水高氯酸镁用于吸附水汽,ASCARITTE 试剂用于吸附二氧化碳,Sofnocat 试剂用于吸附一氧化碳,最后一级的高氯酸镁用除去吸附剂产生的水汽。系统在多处安装安全阀和单向阀,确保运行的安全性。

图 12-2 高浓度气/零气充入系统实物图

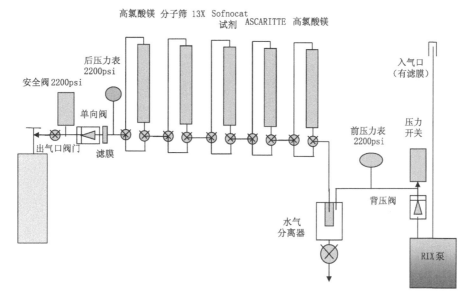

图 12-3 大气压入系统设计流程图

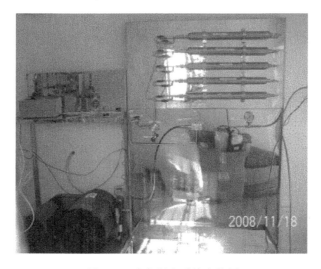

图 12-4 大气压入系统实物图

大气压入系统包括主机、吸附单元、安全组件(图 12-4)。

　　主机为美国 RIX 公司产 SA－6 空气压缩机,最大压力 3500psi,工作电压 380V。

　　吸附单元的作用是去处目标气体及水汽。不同的吸附剂选择性的吸附大气中的目标组分,其中 Sofnocat 试剂吸附 CO,ASCARITTE 试剂吸附 CO_2。填有无水高氯酸镁的吸附管用于吸附水汽,也称干燥管。由于系统的工作压力为 2200psi,因此系统的安全性至关重要。填装吸附剂的吸附管采用 Swagelok 公司特制高压吸附管,使用前经过高压检测,耐压超过 3500psi。吸附管内两段填有玻璃棉,防止高压下吸附剂冲出。吸附管出气口安装有 $7\mu m$ 过滤膜,防止细微颗粒冲出。

　　安全组件包括:RIX SA－6 空压机采用压力开关控制,达到设定压力后空压机自动关闭。在空压机出口处和气瓶入口处分别安装两块安全阀,确保系统超过压力通过安全阀放气减压。

12.1.2.3　水汽探测系统

　　许多痕量气体的稳定性对液态水敏感。因此,空气的干燥在制备任何标准气体的过程中都是很重要的一步。有文献报道水汽大于 5ppm 时,气瓶内的二氧化碳浓度会产生飘移。本系统采用离线式的水汽探测。采用 Waterboy 2TM 水汽分析仪对已经配制好的气瓶进行水汽含量的测试,一般情况下水汽含量应小于 1ppm,若水汽含量大于 5ppm,则应立即更换干燥剂并重新配制。

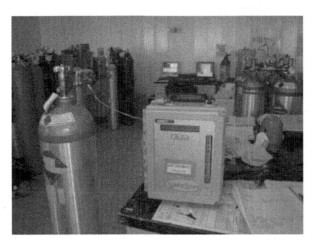

图 12-5　水汽探测系统实物图

　　水汽探测系统包括主机及连接管线(图 12-5)。主机为 MECCO 公司产 Waterboy 2TM 水汽探测仪,探测限 1ppm,探测精度 5% 或 0.4ppm,气体流量 100mL/min,工作电压 220V。

12.2　日常操作及维护

12.2.1　操作环境条件

　　宜选择在风向为拟制备物种的本底扇区且晴朗的气象条件下进行标气制备,应避免降水、沙尘、雾、霾、雷暴等不利天气过程。

　　标气制备地点应位于排放源(如生活和业务用房、车辆出入和其他建筑设施等)的上风向。附近地形应开阔、平坦,上风方向应避开污染或存在可能影响气流性质(如强烈扰流或下拽力)的地形和建筑物。应了解标气制备时段内拟制备物种的浓度。系统应在周围环境温度低于 20℃ 的条件下工作。

12.2.2　操作

12.2.2.1　高于大气浓度的标准气的制备步骤

　　(1)根据现场监测仪器获得目标物质当时的大气浓度值,比较拟制备的标气浓度同当时大气浓度值,确认高于环境大气浓度;

(2)将连接系统电源的空气开关打开;开空调,保证高压配气房内温度低于20℃;

(3)将 RIX 泵进气口的密封袋取下;

(4)选定待配气气瓶,移到配气位置,用铁链固定;

(5)将 RIX 泵电源插头插入插座;

(6)将干燥管连接入气路(无水高氯酸镁吸附管的开关阀指向干燥管);

(7)关闭 RIX 泵水汽分离阀放水口和水汽分离器的放气阀;

(8)连接配气系统出气口和气瓶口,不要拧紧,关闭气瓶总阀;

(9)测试大气压入系统的压力开关工作正常。关闭大气压入系统出气口阀门,打开空气压缩机。正常状态:前压力表和后压力表压力都迅速上升,到 2200psi 空气压缩机自动关闭。若前后压力表至 2500psi 仍不关闭,则空气开关出现故障,需要检查更换;若前后压力表压力不上升,可能因为 RIX 泵进气口密封袋未取下;若前压力表压力上升,而后压力表压力很低,则可能吸附管堵塞;

(10)步骤(9)正常的情况下,打开大气压入系统出气口阀门,打开气瓶总阀。按"start"开始压气,按 "stop"停止压气。冲洗系统 3min;

(11)拧紧配气系统出气口和气瓶接头,打开气瓶阀门,直到"后压力表"指针指到 200psi。过程中, 每隔 5min 打开 RIX 泵水汽分离器和系统的水汽分离阀放水。卸开配气系统出口和气瓶口,打开气瓶总阀放气。以上过程为气瓶的冲洗工作;

(12)待气瓶内气体放空。重复第(11)步,再次冲洗气瓶,并将气瓶内气体放空;

(13)根据实际情况,列出气瓶预定的压力(P_t),预制备的标准气的浓度(C_t),气瓶的体积(V_c),定量管体积(V_p),高浓度标准气浓度(C_m),根据实际情况,分别按照公式(12-3)、公式(12-4)或公式(12-6)计算定量管内高浓度标准气需要达到的压力值 P_x;

(14)将目标气瓶接入高浓度标气/零气充入系统,连接口不要拧紧;

(15)确认高浓度标气/零气充入系统放气阀1、放气阀2、高浓度标气充入阀、开关阀1—4 关闭;打开开关阀1、开关阀2、开关阀3,打开零气瓶阀门,随即迅速打开放气阀1、放气阀2,冲洗系统2min,注意清洗过程中压力不要超过 3MPa;

(16)冲洗完毕,关闭零气气瓶,压力下降接近约0时关闭放气阀1和2,拧紧目标气瓶接口;

(17)关闭开关阀1,打开充气阀,打开真空泵,打开开关阀4,抽气至−0.1MPa;

(18)关闭开关阀4,关闭真空泵,关闭开关阀2,打开高浓度标气总阀、打开高浓度标气充气阀,电子压力表读数逐渐上升,达到 P_x 值;关闭目标物质高浓度标气气瓶开关以及阀;

(19)等待 1min,直至压力表读数稳定(只有最后一位变化);若读数超过 P_x,则快速打开放气阀2并关闭,放出少量高浓度标气,直至压力下降达到 P_x;

(20)关闭开关阀3,打开开关阀2和目标气瓶总阀,打开开关阀1和零气瓶开关,利用零气将定量管内的高浓度标准气充入目标气瓶中;

(21)关闭目标气瓶阀门,打开放气阀1,打开开关阀3,放气阀2,将管路进行冲洗;

(22)若需充入其他目标物质高浓度标气,重复步骤(15)—步骤(21);

(23)填充完高浓度标气后,将目标气瓶从高浓度标气充入系统上卸下,装入大气压入系统,将干燥管连接入气路;

(24)关闭气瓶的阀门,打开系统出口阀门,打开空气压缩机,待系统压力超过气瓶压力后再打开气瓶阀门,记录气瓶编号和开始压气时间,每隔 5min 放水一次,并记录下"前压力表"和"后压力表"的值;

(25)开启空气压缩机,直至 RIX 泵自动停止,检查压力是否约为 2200psi。关闭气瓶总阀,稍拧松气瓶接口让气路内残余的高压气体释放,待前后压力表均为 0 后,再将气瓶从配气系统卸下,装上瓶帽并在气瓶室横躺平衡;

(26)配气工作结束后,将吸附管和干燥管短路(开关背离吸附管),关电源总开关,拔下 RIX 泵插头和真空泵插头,大气压入系统进气口和连接气瓶的接头都要套上密封袋。

12.2.2.2　低于大气浓度的标气的制备步骤

（1）根据现场监测仪器获得目标物质当时的大气浓度值,比较拟制备的标气浓度同当时大气浓度值,确认低于大气浓度;

（2）将 RIX 泵进气口的密封袋取下;

（3）选定待配气气瓶,移到配气位置,用铁链固定;

（4）将 RIX 泵电源插头插入插座;

（5）将干燥管连接入气路(无水高氯酸镁吸附管的开关阀指向干燥管);

（6）关闭 RIX 泵水汽分离阀放水口和水汽分离器的放气阀;

（7）连接配气系统出气口和气瓶口,不要拧紧,关闭气瓶总阀;

（8）测试大气压入系统的压力开关工作正常:关闭大气压入系统出气口阀门,打开空气压缩机。正常状态:前压力表和后压力表压力都迅速上升,到 2200psi 空气压缩机自动关闭。如出现异常,参照 12.2.2.1 步骤(9)处理;

（9）步骤(8)正常的情况下,打开大气压入系统出气口阀门,打开气瓶总阀。按"start"开始压气,按"stop"停止压气。冲洗系统 5min;

（10）拧紧配气系统出气口和气瓶接头,打开气瓶阀门,直到"空气机出口压力表"指针指到 200psi。过程中,每隔 5min 打开 RIX 泵水汽分离器和系统的水汽分离阀放水。卸开配气系统出口和气瓶口,打开气瓶总阀放气。以上过程为气瓶的冲洗工作;

（11）待气瓶内气体放空。重复步骤(10),再次冲洗气瓶,并将气瓶内气体放空;

（12）若配制低于大气浓度的 CH_4 标气,则进行步骤(13)—(16),否则,直接进入步骤(17);

（13）将目标气瓶接入高浓度标气/零气充入系统,不要拧紧;

（14）打开开关阀 1、2,关闭开关阀 3,打开零气阀门,打开放气阀 2,用零气冲洗气路;

（15）拧紧目标气瓶接口,关闭放气阀 1,打开目标气瓶阀门,电子压力表示数上升,达到 P_x 时关闭零气阀门。等待 1min,待压力表示数稳定。若压力表示数大于 P_x,则打开放气阀 1 稍微放气使示数下降至 P_x;

（16）关闭目标气瓶阀门,卸下目标气瓶并将目标气瓶同大气压入系统连接;

（17）将目标物种的吸附管连接入气路(贴有目标物种名称的开关指向吸附管),根据公式(12-6)计算目标物质需要吸附达到的压力 P_x;

（18）按电源 Start 开始高压配气。记录气瓶编号和开始压气时间。每隔 5min 放水一次,并记录下"前压力表"和"后压力表"的压力值;

（19）待压气至 P_x 后,将目标物种的吸附管从气路中短路(贴有目标物种名称的开关背向吸附管);

（20）开启空气压缩机,直至 RIX 泵自动停止,检查压力是否约为 2200psi。关闭气瓶总阀。将气瓶连接口稍松,将系统内的压力释放至前后压力表均为 0。将气瓶卸下,并在气瓶室横躺平衡;

（21）配气工作结束后,将干燥管短路(开关背离吸附管),关空调,关电源总开关,拔下 RIX 泵插头。系统进气口和目标气瓶的接头都要套上密封袋。

12.2.2.3　档案气的制备步骤

（1）电路总开关全部拨向上打开;

（2）RIX 泵进气口的密封袋取下;

（3）将目标气瓶,移到配气位置,用铁链固定;

（4）将 RIX 泵电源插头插入插座;

（5）将干燥管连接入气路(无水高氯酸镁吸附管的开关阀指向干燥管);

（6）关闭 RIX 泵水汽分离器的放气口和大气压入系统水汽分离阀的放气口;

（7）连接配气系统出气口和气瓶口,不要拧紧,关闭气瓶总阀;

（8）测试大气压入系统的压力开关工作正常:关闭大气压入系统出气口阀门,打开空气压缩机。正常状态:空压机出气口和大气压入系统出气口两块压力表压力都迅速上升,到 2200psi 空气压缩机自动关闭。否则 12.2.2.1 步骤(9)处理故障；

（9）步骤(8)正常的情况下，打开大气压入系统出气口阀门，打开气瓶总阀。按"start"开始压气，直到"后压力表"达到 200psi，按"stop"停止压气。关闭气瓶阀门，拧松目标气瓶接口释放系统内的压力至前后压力表均为 0，打开 RIX 泵水汽分离器放气口放水。卸开目标气瓶，打开气瓶总阀将气体全部放出，这是第一次气瓶冲洗工作；

（10）将气瓶重新接入大气压入系统，重复第(8)步，再次冲洗气瓶；

（11）将气瓶重新接入大气压入系统，按 Start 开始配气。记录气瓶编号和开始压气时间。每隔 5min 放水一次，并记录下"前压力表"和"后压力表"的压力值；待压气至 2200psi 后，RIX 泵自动停止，此时关闭气瓶总阀。拧松目标气瓶接口将压力释放至前后压力表为 0。将气瓶卸下，并在气瓶室横躺平衡；

（12）配气工作结束后，将干燥管短路(开关背离吸附管)，关电源总开关，拔下 RIX 泵插座。系统进气口和目标气瓶接头都要套上密封袋。

12.2.2.4　标气的水汽测量

配制好的标准气需要测量水汽浓度，水汽浓度小于 5ppm 合格。对于铝合金气瓶，水汽浓度大于 30ppm 会引起浓度漂移。此时需要将气瓶放空，干燥老化后重新压制。根据标准气的水汽浓度来判断干燥管内干燥剂是否失效。如果水汽浓度大于 5ppm，即使干燥剂只压制了数个气瓶，也需要更换干燥剂。

12.2.2.5　标气的水汽测量

应填写配气地点、标气瓶号、拟制备物种的目标浓度和环境浓度、设定压力、配气日期和时间、配气过程中的天气条件、污染活动和其他相关信息等。充入大气过程中隔一定时间应记录时间及对应的标气瓶内压力。

制备低于环境浓度的标气需记录经过吸附管冲入气瓶的压力。制备高于环境浓度的标气需记录向定量管内充入的高浓度气的压力。

12.2.2.6　标气的预标定

标气配制好后应在 1 周内进行预标定，拟制备物种的预标定浓度与目标浓度值相差应小于 5%，否则需要将标气瓶放空重新制备。

12.2.2.7　标气的平衡

配置合格的标准气平放，放置 2 周。放置过程中需要每周翻滚标准气气瓶若干次，以确保气瓶内气体混合均匀。

12.2.3　检查及注意事项

（1）不要在负压状态下开启空气压缩机；

（2）避免高压气体反吹吸附管和干燥管；

（3）系统不工作时水汽分离器阀门开启，系统开始工作前注意关闭水汽分离器阀门；

（4）泵工作结束后打开水汽分离器阀门并且保持开的状态；

（5）Rix SA6 泵在海平面的输出流量为 83 L/min，制备一瓶 29L 标准气，2100psi，费时约 40min，可以根据压气时间判断泵的运行状态。

12.2.4　维护

系统应至少每年维护 1 次。

主要的系统维护包括更换干燥管内干燥剂、更一级、二级、三级活塞环以及上油。

12.2.4.1　更换干燥管

每压制 15～20 瓶标准气时需要更换干燥管。某些情况需要不定期更换。如填料已经吸附饱和而粘连，会限制流量，需要更换。

更换干燥管时,需要拧开干燥管和过滤膜两段的螺丝(通三通阀连接),将二级干燥管移到一级根干燥管的位置。将一级干燥管内的填料倒出后重新制作一根作为二级干燥管。板结的高氯酸镁很难从吸附管内取出,需要专用设备。

干燥管内的高氯酸镁取出洗净干燥后,然后用一根铝棒塞入玻璃棉。利用一个漏斗向管筒内倒入高氯酸镁,在软物品上敲击管筒数次以压紧干燥剂。一直灌到距离出气口端还有 3cm 为止。再填入玻璃棉,清理干净螺纹上的玻璃棉并安装出气口端的连接头。

上述步骤需要迅速完成以减少干燥剂接触空气的时间。

12.2.4.2　上润滑油

每工作 20h 上润滑油一次,如果数月没有使用泵,则再次使用前也应上润滑油。加油部位见图12-6。

图 12-6　需要添加润滑油的位置示意图

附录　简易操作指南

F12.1　高于大气浓度的标准气的制备步骤

(1)根据现场大气浓度值,比较拟制备的标气浓度同大气浓度大小;

(2)选定待配气气瓶,移到配气位置,用铁链固定;

(3)将干燥管连接入气路(无水高氯酸镁吸附管的开关阀指向干燥管);

(4)关闭 RIX 泵水汽分离阀放水口和水汽分离器的放气阀;

(5)连接配气系统出气口和气瓶口,不要拧紧,关闭气瓶总阀;

(6)测试大气压入系统的压力开关工作正常;

(7)冲洗系统 3 次;

(8)放空瓶内气体;

(9)将目标气瓶接入高浓度标气/零气充入系统,向瓶内充入压力为 P_x 的高浓度气体(P_x 根据公式提前计算);

(10)将目标气瓶从高浓度标气充入系统上卸下,装入大气压入系统;

(11)打开空气压缩机,待系统压力超过气瓶压力后再打开气瓶阀门,记录气瓶编号和开始压气时间,每隔 5min 放水一次,并记录下"前压力表"和"后压力表"的值;直至 RIX 泵自动停止;

(12)关闭气瓶总阀,稍拧松气瓶接口让气路内的高压气体释放,待前后压力表均为 0 后,将气瓶卸

下,并在气瓶室横躺平衡;

　　(13)配气工作结束后,将吸附管和干燥管短路(开关背离吸附管),关电源总开关,拔下 RIX 泵插头和真空泵插头,大气压入系统进气口和连接气瓶的接头都要套上密封袋。

F12.2　低于大气浓度的标气的制备步骤

　　(1)根据现场大气浓度值,比较预制备的标气浓度同大气浓度大小;

　　(2)冲洗之前的步骤同第一部分;

　　(3)将目标物种的吸附管连接入气路,计算目标物质需要吸附达到的压力 P_x;

　　(4)按电源 Start 开始高压配气。记录气瓶编号和开始压气时间。每隔 5min 放水一次,并记录下"前压力表"和"后压力表"的压力值;

　　(5)待压气至 P_x 后,将目标物种的吸附管从气路中短路(贴有目标物种名称的开关背向吸附管);继续配气直至 RIX 泵自动停止;

　　(6)闭气瓶总阀,将气瓶卸下,并在气瓶室横躺平衡;

　　(7)配气工作结束后,将干燥管短路,关电源总开关,拔下 RIX 泵插头。

第 13 章　卤代温室气体高压配气系统

卤代温室气体指分子中含有卤素的温室气体,由于其引起臭氧层损耗,具有极大的全球变暖潜势,因此是《蒙特利尔议定书》和《京都议定书》联合履约的焦点。中国气象局已在 1 个本底站开展卤代温室气体在线观测,5 个本底站开展采样观测。符合要求的可溯源至国际标准的标气是保证观测数据国际可比性的前提。为此,中国气象局在上甸子站建立了卤代温室气体高压配气系统,可提供满足要求的卤代温室气体标气。

13.1　基本原理和系统结构

13.1.1　基本原理

卤代温室气体高压配气系统基本原理见图 13-1 和图 13-2。

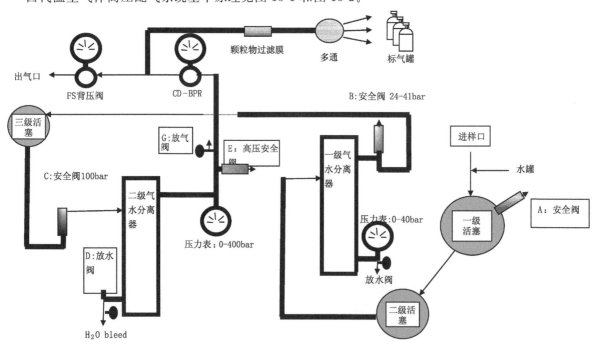

图 13-1　卤代温室气体高压配气系统

13.1.1.1　系统结构

系统如图 13-3 所示,配气系统硬件主要包括:

(1)RIX SA－6 空气压缩机:美国 RIX 公司制造,380V/3kW,50/60Hz,经过特殊改造;

(2)水汽增加组件:在入气管口和空气压缩机入气口之间需要安装,包括去离子水储存管,流量表,水汽发生器(或者定期向去离子水储存管添加纯水);

(3)压力空气组件:包括 RIX 泵出口处的背压阀,Essex 气瓶入口的压力表;

(4)除水组件:包括 RIX 空气压缩机的一级气水分离器、二级气水分离器;

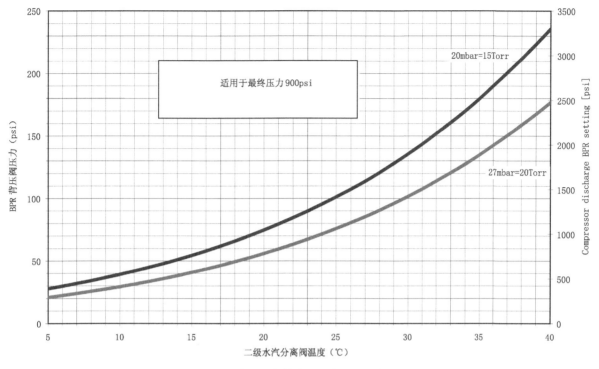

图 13-2　卤代温室气体高压配气系统工作参数图

（5）安全组件，包括空气压缩机出口处的安全阀、Essex 气瓶入口处的安全阀、单向阀等；

（6）技术难点：由于普通的空气压缩机的橡胶压缩环在工作高温环境下会反应产生卤代温室气体，因此该配气系统必须对商品化的空气压缩机进行如下改造：原有的橡胶压缩环改造为 Teflon 压缩环，RIX 增加大功率风扇，向压缩机内加入去离子水降温。由于系统内有很高浓度的水汽存在，因此各级压缩环等耗材使用寿命降低，在配制 15 瓶标气后必须更换。

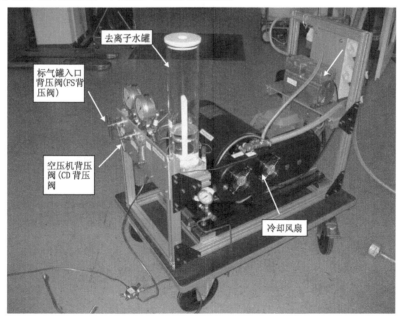

图 13-3　卤代温室气体配气系统实物图

13.2 日常操作和维护

13.2.1 操作

13.2.1.1 配气前的准备

(1)开启空压机前,确保气水分离器的放气阀关闭(图 13-4);

(2)将主电缆连接配气房内的三相电插座。如图 13-5,将红色的主电源打开(指向 ON)。先不打开空气压缩机(按下绿色按钮)当系统通电后,2 个自组装的冷却风扇开始工作。如果风扇不工作,请检查电路。这两个风扇支持空压机主风扇(在黑色的空压机盖下方),确保空气流过一至三级活塞。如果风扇不工作,应停止下一步操作并检查原因。空压机工作噪声很大,推荐使用防噪声耳套;

(3)如果水罐的针阀开,则关闭水罐的针阀。当空压机工作后再调整水流量。将水罐内充入去离子水至 1/3 高度。水将通过入口进入活塞部分起降温并从而减小污染。如果长期不配气,则将水罐取下倒空;

(4)在工作记录上记下:配气时间、天气、配气时刻、温度(从主控制盒前面板读取)。

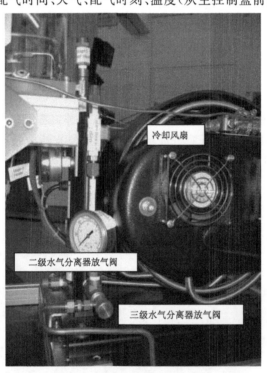

图 13-4 水气分离器放气阀

13.2.1.2 打开空气压缩机及检查

(1)打开空气压缩机电源后,立即检查二级压力表和 2 个背压阀。二级压力表应当迅速升高至 20～35bar。CD 背压阀迅速升高至设定值(图 13-6)。如果上述压力表显示不正常,确认气水分离器放水阀是否关闭。如果压力表显示仍不正常,仔细辨别系统是否有滋滋的漏气声,或者空气压缩机运转不正常。如果压力始终不上升,应断开空气压缩机电源并检查故障原因;

(2)将 CD 背压阀升高至设定的值。在预热阶段,设定值约为 70bar。将 CD 背压阀的扳手顺时针旋转,使得压力升高。将 CD 背压阀及二级压力表的读数记录;

(3)管路冲洗:将 FS 背压阀设定值调至大于 0 的值,如 10bar。压缩空气将冲洗过滤膜、1/4 不锈钢管线以及气瓶连接件。冲洗过程中,需要将系统出口气路的堵帽取下;

(4)调节 H_2O 流量:用 H_2O 流量计上的针型阀调节 H_2O 流量至大约 15mL/min。如果流量计中有

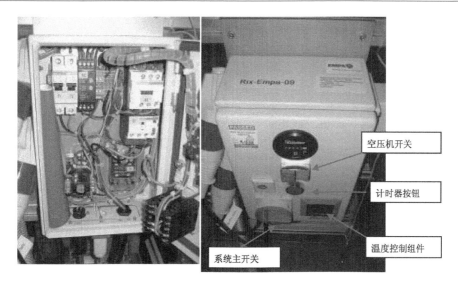

图 13-5　主电路和控制器

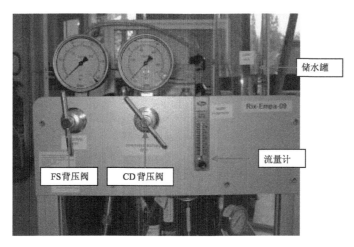

图 13-6　FS 背压阀和 CD 背压阀

气泡,则暂时增大流量将气泡赶出;

(5)将水罐内的去离子水用光,确保没有大量水累积;

(6)空气压缩机运行 5min. 将 FS 背压阀调节至 0;

(7)将气瓶与本系统连接。特殊要求外,气瓶应当为大气压。(如果之前在气瓶内添加了其他气体,则 FS 背压阀的压力应高于气瓶内原有压力。)用升高和降低 FS 背压阀压力(20bar),再次冲洗管路数次。检查系统是否漏气。

15.2.1.3　配气

(1)确定 CD 减压阀的压力。首先,需要获得二级气水分离器的温度以及最终的标气压力。使用压力设定图来确定 CD 背压阀的压力。例如,新型号的 Essex 罐需要配制 62bar 的标气,水汽含量则应配至 27mbar(hPa)(20torr)[①]。在这个例子中,如果气水分离器温度为 30℃,则设定 CD 背压阀压力为100bar。计算好设定压力后,将 CD 背压阀调节至设定压力。将 CD 背压阀压力值以及新的二级压力示数记录。如果二级气水分离器的过低,加热冷却块和加热圈。可以在前面板控制加热过程。使用右侧的 2 个按钮及左侧的 4 个按钮调节加热温度。如果需要加热较多,建议在冷却块和加热圈缠上热绝缘材料(图 13-7);

(2)调节 FS 减压阀避免标气瓶超亚:对于新型号的 Essex 罐,将 FS 背压阀调节至 62bar。不要将

①　几个气压单位关系:1bar=10^5Pa=1000hPa=1000≒1atm,1torr≒1.33mb,1MPa=10^6Pa≒10atm

图 13-7　二级气水分离器上的冷却块和加热圈

FS 背压阀的出口堵住；

（3）缓慢打开标气罐阀门开始充气；

（4）记录开始充气的时间，记录气水分离器的温度，CD 背压阀的压力；

（5）不要远离空气压缩机。可通过辨别系统运行的声音诊断可能出现的故障；

（6）每隔 5 min，打开气水分离器的放水阀；

（7）每次放水时记录标气罐内的压力。可以从 FS 背压阀压力表上读取。空气压缩机充气流量 90～120L/min。通过压力上升的时间判断流量是否在这个范围内。这是判断系统是否正常工作的重要指标，如果流量不正常，需要关机诊断；

（8）调节 CD 背压阀：二级气水分离器的温度在配气过程中会发生变化，需要根据温度变化调节 CD 背压阀压力，记录调节过程；

（9）每隔 5min，检查去离子水的高度并适时添加。

13.2.1.4　结束配气和关机

（1）当标气罐内的压力达到 FS 背压阀压力时，充入的气体将通过 FS 背压阀出口流出，则配气过程结束；

（2）记录配气结束的时间、压力以及水气分离阀的温度；

（3）关闭标气罐的阀门；

（4）在关闭空气压缩机前，需要将系统内的水减少至最少。关闭水罐的流量级阀门；

（5）减少 FS 背压阀压力至 0；

（6）打开气水分离器放水阀放水。注意最后应稍微打开放水阀，这样空气可以将水汽带出。保持活塞和气水分离器间仍有压力数分钟，将水压出；

（7）关闭空气压缩机，将放水阀完全打开，压力完全释放后，关闭放水阀；

（8）进行必要的记录。包括标气罐的瓶号以及配制标气的号码；

（9）关闭红色的空压机电源开关；

（10）将系统所有暴露的管路都堵上，防止灰尘及其他污染进入系统。如果长时间不使用系统，应倒尽水罐内的去离子水。否则会有微生物污染。

13.2.2　检查

RIX 空气压缩机开启后温度会不断上升，注意根据温度调节背压阀的压力；

去离子水在使用过程中不断消耗，注意观察去离子水的水量变化并及时补充；

每隔 5min 记录温度、背压阀压力以及 Essex 瓶入口处压力表的压力；

当温度上升过高（超过 35℃）时，用水冷却空气压缩机的一级和二级气水分离器给气体降温；

Essex 公司气瓶耐压 900psi，注意不要超过气瓶的耐压范围；

定期检查空气进样口；

定期检查 $7\mu m$ 颗粒物过滤膜。

13.2.3 维护

系统应至少每年维护 1 次。

主要的系统维护包括更换干燥管内干燥剂，更换一级、二级、三级活塞环以及上油。

13.2.3.1 更换三级活塞

活塞环是泵最需要更换的部件。每次进行一批标准气体的制备工作之前，都应该打开一至三级活塞，检查活塞的状态，如果活塞环或者膨胀环损坏，则应重新制作活塞。

以三级活塞环为例，三级活塞为两个分离的部分。维修或者维护时，可以通过往二级气水分离器加压或者短时间快速开启、关闭泵的方式将三级活塞顶出。

取消保护罩，取下三级活塞杆。注意在活塞杆和曲轴之间有一块垫片。还有两块黑色的塑料垫片在保护罩的凹处。取下它们擦净。将一个金属制成的隔板罩住活塞腔。这是用一块金属条弯曲制成的，安在活塞腔前约 1cm 处。接下来是短暂开启关闭泵。为了控制泵，开启仅 1s，活塞将被推出。可能需要尝试数次。如果开启泵时间长，则活塞将从活塞腔内射出，击中风扇，弹到房间中的其他地方。活塞在一个黄铜套管中。更换活塞杆顶部的压缩环。活塞安装好后，将黄铜套管一端顶住活塞腔，用一支笔或者活塞杆将活塞顶入活塞腔中，压紧。重新安上活塞杆、垫片、两个黑色的塑料垫片和螺栓。重新安装保护罩。

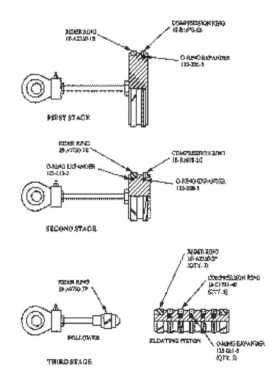

图 13-8 一级、二级和三级活塞环的细节构造

13.2.3.2 上润滑油

每工作 50h 上润滑油一次，如果数月没有使用泵，则再次使用前也应上润滑油。

需要上油的部位是三个活塞的杆处以及风扇下方的控制盘固定滑道，具体见图 13-9 中的红线。注意只能使用 RIX Teflon 润滑油。不能使用普通马达机油。

取下泵的保护罩，可以看到 3 根活塞杆的轴承在在风扇旁的活塞进程控制盘上，活塞杆和活塞进程控制盘连接部件需要上油。向活塞杆顶部打入润滑油直至从活塞杆一侧可以看到润滑油流出。将流出的润滑油擦净。将冷却管、风扇以及泵内其他部分上的润滑油擦净。

图 13-9　需要添加润滑油的位置示意图

附录　简易操作指南

F13.1　配气前的准备

(1)开启空压机前,确保气水分离器的放气阀关闭;

(2)将主电缆连接配气房内的三相电插座。将红色的主电源打开(指向 ON);

(3)将水罐内充入去离子水至 1/3 高度;

(4)在工作记录上记下:配气时间、天气、配气时刻、温度、瓶好、标气号。

F13.2　打开空气压缩机及检查

(1)打开空气压缩机电源后,立即检查二级压力表和 2 个背压阀;

(2)将 CD 背压阀升高至设定的值 70bar;

(3)管路冲洗;

(4)调节 H_2O 流量;

(5)空气压缩机运行 5min。将 FS 背压阀调节至 0;

(6)将气瓶与本系统连接。

F13.3　配气过程

(1)确定 CD 减压阀的压力;

(2)调节 FS 减压阀至 70bar;

(3)缓慢打开标气罐阀门开始充气;

(4)记录开始充气的时间,记录气水分离器的温度,CD 背压阀的压力;

(5)每隔 5min,打开气水分离器的放水阀,记录标气罐内的压力;

(6)根据二级气水分离器的温度调节 CD 背压阀。

F13.4　结束配气和关机

(1)当标气罐内的压力达到 FS 背压阀压力时,配气过程结束;

(2)记录配气结束的时间、压力以及气水分离阀的温度；

(3)关闭标气罐的阀门；

(4)关闭水罐的流计级阀门；

(5)减少 FS 背压阀压力至 0；

(6)打开气水分离器放水阀放水；

(7)关闭空气压缩机；

(8)关闭红色的空压机电源开关。

下　篇　实验室分析系统

第14章　光腔衰荡光谱(CRDS)
分析系统(CO_2、CH_4)

　　Picarro G1301/G1302 分析仪主要用于分析大气中 CO_2、CH_4、CO、H_2O 浓度。该设备采用基于波长扫描的光腔衰荡光谱技术(WS-CRDS),仪器光腔内有效光程可达 20km,因而具有较高的精度和较好的稳定性,对大气中 CO_2、CH_4、CO 分析精度可分别到 0.1ppm、1ppb、2ppb,满足本底大气浓度级别的 CO_2、CH_4、CO 的高精度观测分析。目前实验室已对 G1301 和 G1302 系统进行集成和整合后,已可用于高精度分析台站 Flask 样品中 CO_2、CH_4、CO 浓度的高精度分析。本文将详细介绍该系统在实验室气体样品分析中的硬件及系统配置、安装方法、日常运行操作方法以及故障处理等内容。

14.1　基本原理和系统结构

14.1.1　系统原理

　　与 1.1.1 相同。

14.1.2　系统配置

14.1.2.1　系统组成
　　与 1.1.2.1 相同。

14.1.2.2　模块内容
　　与 1.1.3 相同。

14.1.2.3　软件
　　(1)Picarro GUI 软件
　　该软件是 Picarro 分析系统的核心部件,控制 Picarro 主机的开启、光腔工作等过程。主要界面如图 14-1 所示,用于显示分析不同样品的浓度,并在 PVU 计算机中保存。
　　(2)Picarro 数据上传软件
　　将 Picarro 主机分析结果实时上传至中心服务器,进行备份、计算。软件工作界面如图 14-2 所示。
　　(3)中心服务器处理和质控软件
　　该软件主要负责对接收的 Pciarro 数据进行备份,并进行相关归档,计算,结合 Flask 采样信息,在数据库中保存,并通过客户端实时显示,图 14-2 是 Flask 瓶采样分析结果服务器客户端实时显示图。

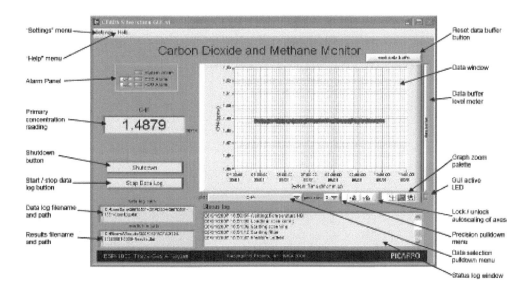

图 14-1　Picarro 主机 GUI 程序界面图

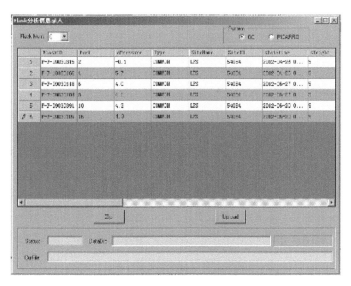

图 14-2　Flask 分析结果实时上传程序

14.2　安装调试

14.2.1　安装条件

电力要求:220V 交流电,不间断电源。

功率要求:峰值功率 2.5kW(正常功率<800W)。

环境温度:20~25℃。

网络要求:24 小时网络连接(internet)。

面积要求:至少 3m^2,主机放置于标准实验台。

室内保持通风,尤其超低温冷阱以及采样泵。

Flask 玻璃瓶架:有固定装置防止 Flask 瓶倾斜或倒塌。

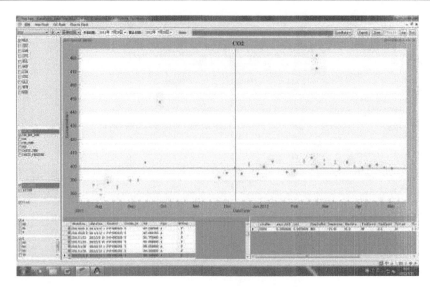

图 14-3　Flask 分析结果实时显示图

14.2.2　仪器调试

首先检查系统所有连接管线接头气密性,确保系统无泄漏!!

进样系统调试:确保系统流量计正常,利用 Agilent 的专用电子流量计对质量流量计进行校准,测试 Picarro 主机能够自动控制多口阀旋转。

主机调试:主机完全自动的方式进行。开机后检查系统有无报警信息和提示,若有报警信息需检查原因。

性能调试 1:将已知浓度的标气(WH、WL 或 T)接入系统,正常情况下系统面板输出 CO_2 浓度比标称值低 2ppm 左右,CH_4 浓度比标称值低 10ppb 左右,CO 浓度比标称值低约 20ppb。

性能调试 2:将 WH、WL、T 同时接入系统多口阀,设置程序让系统在 3 瓶标气阀切换分析,每瓶标气分析 10min,去掉前 2min 数据,将 WH、WL、T 后 8min 数据分别平均,利用 WH 和 WL 线性拟合计算 CO_2、CH_4、CO 浓度,若计算浓度与标称值差异分别在 0.2ppm、4ppb、8ppb 之内则表明系统正常,满足日常运行要求。

性能调试 3:将实验室标气 S1－S6 接入系统,每瓶标气分析 5min,去掉前 2min 数据,采用后 3min 数据平均,将 6 瓶标气的浓度和标称浓度线性拟合,对 CH_4、CO_2、CO 相关性系数应优于 0.999999,且对 CH_4 各瓶标气残差小于 1ppb,对 CO_2 小于 0.1ppm,对 CO 小于 2ppb。

14.3　日常运行、维护和标校

14.3.1　操作

14.3.1.1　开机

(1)接入系统电源;

(2)打开超低温干燥冷阱,冷机开机的时间大于 45min;

(3)打开 Picarro。正常情况下,Picarro 系统接通电源后会自动启动,若没有自动启动,可以在连接好电源和气路后,按下仪器计算机前面板电源按钮,启动仪器计算机和分析仪。分析仪开始自检,自检通过后,分析仪显示屏出现测量项目的浓度,表明开机正常。

14.3.1.2　关机

系统用于实验室分析一般处于 24 小时开机状况,在某些特殊情况下,如停电等原因,需要关机。关机分两种方案:短时间关机和长时间关机,长时间关机时,系统自动会升高光腔内的压力,以防腔外空气进入污染。系统关机之前,确保所有数据已经保存并备份。点击如图 14-4 所示的"Shutdown"按钮,会出现普通关机(图 14-5 中 1)和长时间关机(图 14-5 中 2)的两种选择方案。点击后稍等几分钟,系统的 GUI 界面关闭。完毕后关闭 Windows 操作系统,拔出电源,系统关机完成。

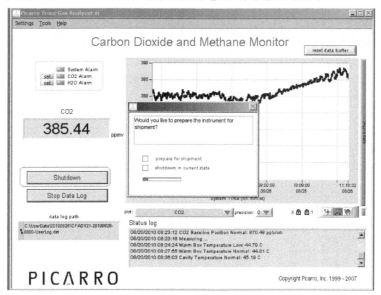

图 14-4　系统关机界面

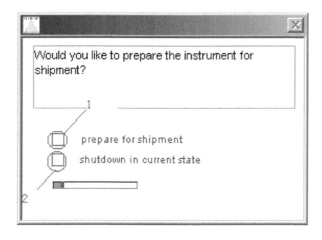

图 14-5　系统两种关机方案

14.3.2　检查

14.3.2.1　日常巡视

(1)每日分析样品前,应检查系统运行是否正常;

(2)其他常规巡查为每日早晚各一次,其余时间为不定时巡视;

(3)仪器时间与标准时间(GMT 时间)相差不能超过±1min;

(4)G1301 计算机运行序列编号为 1。

Picarro 日常检查维护详见表 14-1。

表 14-1　Picarro 日常检查维护表

日期:年月日时间(世界时):值班员:

Picarro 主机系统	G1301 显示屏数据正常 / 不正常			
	G1302 显示屏数据正常 / 不正常			
	G1301 计算机 GUI 窗口正常 / 报警			
	G1301 计算机运行序列编号:			
	G1302 计算机 GUI 窗口正常 / 报警			
	Picarro 小时数据正常 / 不正常			
系统阀箱	质量流量计(650~700mL/min)	是 / 否		
	G1301/2 排气(180~300mL/min)	正常 / 不正常		
	主机泄压流量(0.03~100L/min)	正常 / 不正常		
工作气序列(不低于 500psi)	高浓度工作气(WH)	总压　　　　psi	分压:　　　　psi	
	低浓度工作气(WL)	总压　　　　psi	分压:　　　　psi	
	目标气(T)	总压　　　　psi	分压:　　　　psi	
其他维护	泵过滤器维护(1 次/年)	是 / 否		
	铁塔进样口过滤除水半透膜更换(1 次/年)	是 / 否		

14.3.2.2　日常巡视注意事项

(1)Picarro 主机系统:检查主机运行状态是否正常,检查 System Alarm 指示灯是否变亮,若变亮,表明系统处在非正常状态;

(2)检查阀箱:检查质量流量计流量是否在 600mL/min 左右(误差不超过 10mL/min),多口阀位置是否超过规定范围;

(3)检查流量及压力控制模块:检查系统进气压力是否在 15psi 左右,bypass 旁路流量是否在 6~10L,检查排空流量是否在 100mL/min 左右。

14.3.3　维护

14.3.3.1　主机维护

(1)Picarro 主机前、后部散热风扇应每 6 个月更换一次;

(2)Picarro 内置泵膜寿命为 6000h,超过寿命应更换内置抽气泵泵膜。

14.3.3.2　系统校准

工作气正常,根据系统控制软件设定好校准序列,自动进行标校。

14.4　数据采集、传输和处理

14.4.1　采集

该模块主要包括两方面,一是仪器观测数据的实时采集,由仪器内部信号记录仪记录光电检测器输出信号,经调谐计算后保存在仪器内部的计算机中;二是通过台站数据处理计算机上的数据拆分及打包程序,对 Picarro 数据进行拆分、打包压缩成中国气象局要求的格式,以利于数据上传。

14.4.1.1　Picarro 主机采集程序(GUI)

G1301 和 G1302 主机对观测数据采用的是分批处理的方法,每批处理 2 个

观测数据,处理时间大约为 10s,处理完毕后的数据在 GUI 上显示,同时以大约 3s 的间隔在主机硬

盘中保存,该软件界面如图 14-6 所示。

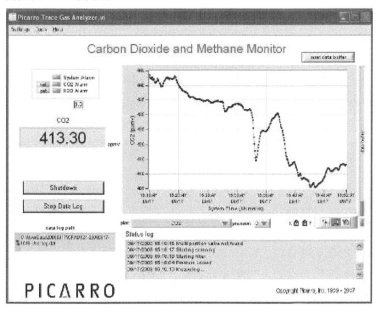

图 14-6　Picarro 主机数据采集界面图

14.4.1.2　数据处理计算机采集程序

安装于 HP 计算机上的数据采集与打包程序,主要用于采集 Picarro 主机硬盘内的数据,并将其拆分成小时单位文件,打包压缩成 Bzip2 格式,该格式是中国气象局要求格式。该软件界面如图 14-7 所示。

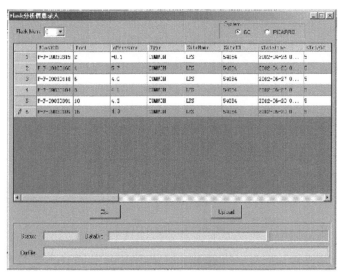

图 14-7　实验室 Picarro 数据采集界面

14.4.2　存储

14.4.2.1　Picarro 主机数据存储

系统会同时产生 2 个数据记录文件,每批数据测定完毕后对该 2 个数据记录文件进行更新。系统记录文件的名称如下:CFADS♯♯－yyyy－hhmm－UserLog. dat。

在运行时,仪器会自动创建目录来保存数据,文件保存缺省位置在 C 盘下的 UserData 的文件夹目录下,系统每天数据会自动产生一个文件夹。为了保持数据文件更加易于管理,系统在每次开机时自动新产生一个数据保存文件,在每天凌晨 0 点时,系统会自动产生一个新的数据文件,该数据文件的日期为新的一天。例如系统在 2007 年 2 月 5 日 10:29 开机,开机时系统自动产生一个文件 C:\UserData\20070205\CFADS01－20070205－1029－UserLog.dat,每次分析时系统也自动会产生 2 个新的文件。

14.4.2.2　数据处理计算机数据存储

设置台站区站号、仪器序列号和项目代码等后点"锁定"。再设置源文件上一级目录(映射的盘符如 y:\);时文件存放目录(如:C:\picarro\G1301\HoulyData);时文件压缩文件存放目录(如:C:\picarro\G1301\HoulyDataZIP);文件存放目录(如:C:\picarro\G1301\Dailfile);然后点击"确定"。完毕后,Picrro 原始数据文件便可按照小时文件、小时文件压缩以及日文件的方式保存在固定目录下。

14.4.3　传输

14.4.3.1　数据传输流程

实验室系统将 Picarro 主机分析的数据通过中心服务器直接传送到实验室中心服务器。并自动在服务器的数据库内生成报表。

14.4.3.2　数据传输文件命名规则

实验室温室气体命名规则与本底大气本底站相同。命名规则为:

Z_CAWN_I_IIiii_yyyymmddhhMMss_O_GHG－FLD－CO_2CO－CRDS－仪器序列号.bz2

各段的具体说明如下:

Z:固定编码,表示国内交换资料;

CAWN:固定编码,表示大气成分及相关资料;

I:表示后面 IIiii 字段为观测站站号,实验室利用 0000D 代替;

IIiii:表示 5 位观测站站号;

yyyymmddhhMMss:是一个固定长度的日期时间字段,为文件生成的时间(UTC,协调世界时)。其中:yyyy 为年,4 位;mm 为月,2 位;dd 为日,2 位;hh 为小时,2 位;MM 表示为分钟,2 位;ss 为秒,2 位;

O:固定编码(字母 O),表示观测资料;

GHG:固定编码,表示观测资料种类为温室气体;

FLD:固定编码,表示野外观测数据;

CO_2CO:固定编码,表示包含 CO_2 和 CO 两个观测要素种类;

CRDS:固定编码,表示观测项目采用的仪器名称;

仪器序列号:表示各本底站观测仪器序列号,各本底站为固定编码;

bz2:固定编码(小写),表示 bzip2 压缩文件。

14.4.4　数据处理

该软件用于实验室 Picarro 分析仪光腔衰荡法分析玻璃瓶样品时录入分析等信息。利用该软件录入并上传的数据,后台数据处理程序可以将玻璃瓶信息、采样信息和分析数据关联到一起,从而得到完整的样品分析结果。

14.4.4.1　功能介绍

该软件用于实验室 Picarro 分析仪光腔衰荡法分析玻璃瓶样品时录入分析等信息。利用该软件录入并上传的数据,后台数据处理程序可以将玻璃瓶信息、采样信息和分析数据关联到一起,从而得到完整的样品分析结果。

该程序输出一个与 Picarro 分析数据文件同名,但后缀为 csv 的文件来保存录入的信息。

14.4.4.2　运行环境

操作系统:WindowsXP 或 Windows7。

框架:.net framework 2.0 或以上版本。

数据库驱动:MySQLDrivercs。

14.4.4.3　操作流程

（1）程序启动

软件成功安装后，点击桌面快捷方式启动本软件，如图 14-8 所示。

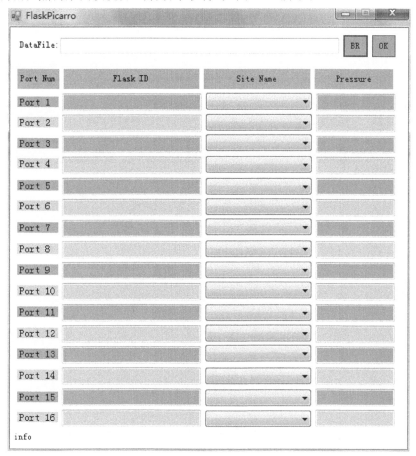

图 14-8　Picarro 软件启动后界面

（2）按照条码扫描枪

将条码扫描枪插入计算机 usb 口，按照扫描枪说明文档，设置扫描枪每次扫码后自动输出一个回车换行符。

（3）录入瓶号等信息

一旦程序开始分析样品，数据文件已经生成，则可进行此步操作。也可以在分析结束后任何时间进行此操作。由于本软件根据数据文件名来保存样品信息，所以建议每轮分析不要跨越此计算机零时，因为 G1301 系统零时会自动生成下一个文件来保存数据。

单击 BR 按钮，浏览此次样品分析生成的数据文件，默认路径为 C:\UserData。然后将鼠标光标定位到 Port1 后的文本框中，然后用扫描枪逐个扫描瓶号。如果数据库连接正常，每次扫码后，程序会自动检索出样品分析站点，并且光标会自动跳转到下一个 Port 口后面的文本框中等待下一个瓶号输入。如果数据库无法连接，程序会出现假死现象，等待一两分钟即可。

（4）保存录入结果

所有信息录入结束后，确认信息无误，单击"OK"按钮来保存数据。保存成功后可以到数据文件目录确认是否有与数据文件同名的 csv 后缀文件生成。

（5）数据上传

上传程序名为 transfer.pl，此程序运行需要安装 ActivePerl，请参考相应安装说明文档。双击 transfer.pl 即可运行数据上传程序，并且开始自动检索需要上传的数据。此程序每次只上传已经录入分析信息的数据，数据上传成功后即被转移到数据目录的 bak 文件夹下。上传结束程序会自动关闭。

请务必在样品分析结束后,并通过 Picarro 系统软件按钮停止数据记录后再上传数据,否则执行上传后数据文件会被转移,出现意想不到的错误。

(6)更换标气

每次更换分析样品试用的标气后,在分析并上传样品前需要通过 Flask 数据客户端程序菜单"Picarro Flask"—"标气管理"界面录入新标气信息(图 14-9),服务器端程序将使用这里设置的值校正空气样本数据。

此处设置一定要小心谨慎,不能出错,否则会造成数据错误,及时重新修改为正确的标气记录,也需要其他繁琐的程序来重新处理数据。

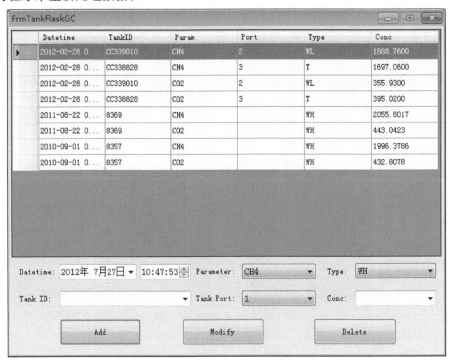

图 14-9 "标气管理"界面

14.4.5　注意事项

(1)运行此程序前请确保运行环境完整;

(2)更换标气后请及时更新数据库中标气记录;

(3)扫描或录入瓶号后如果程序出现假死状况,说明数据库连接存在问题,请检查数据库驱动和网络设置;

(4)分析结束后,请先通过 Picarro 系统软件停止数据写入,然后执行上传操作;

(5)录入新标气信息时一定确认无误后再单击"Add",一旦录入错误,数据已经处理,请通过此处修改为正确的标气信息,并不能使已经处理的数据恢复,需要联系相关软件技术人员来处理。处理过程繁琐,请尽量避免。

14.5　故障处理和注意事项

(1)系统无法开机时,检查供电电源是否正常;

(2)质量流量计流量无法达到要求时,发生漏气或堵塞,根据进气系统逐级检查;

(3)按照经验和掌握的知识无法排除故障时,不能擅自拆开仪器,应及时通报相关技术人员。

附录　简易操作指南

F14.1　系统开机

(1)接通泵箱电源,并按下阀箱前部前 2 个电源开关;

(2)接通 Picarro 主机电源,Picarro 主机会自动启动;注:Picarro 主机接电后即可启动,冷机启动时间大约需 45min。

F14.2　系统分析

(1)在 16 口 flask 架上安装 Flask 采样瓶,注意保护瓶体及旋塞安全,安装接口时要保证气密性;

(2)打开阀箱左侧标气,并设置分压约为 10psi;

(3)打开各瓶旋塞;

(4)点击 GUI 界面的"Stop DataLog",1s 之后再点击"Start New DataLog";

(5)调用 Flask 分析序列(序列 2)开始分析,每个 Flask 瓶分析 5min;

(6)待分析完毕后,关闭 Flask 瓶以及标气;

(7)将数据导入 EXCEL,选取 5min 中后 2min 数据平均,利用 WH、WL 线性拟合求出 Flask 浓度;

(8)目前数据自动处理程序能自动保存、记录并上传数据。

F14.3　系统关机

(1)点击"stop data log"按钮,选择"shutdown",若短时间关机,则为"shutdown in current state",若长时间关机,则为"Prepare for shipment";

(2)5min 后 GUI 程序自动关闭,选择"计算机程序"—"关闭计算机"—"关闭",完成分析仪关机操作。再依次关闭其他辅助设备。

注意:

仪器前后面板过滤膜应每半年更换;

每隔 1 个月检查一次系统硬盘空间使用情况;

目前已开发程序自动备份及处理数据,但用于 Flask 标定时需手动计算。

第15章　双通道气相色谱(GC-FID/ECD)
分析标校系统(CH₄、CO、N₂O、SF₆)

$$第15章\quad 双通道气相色谱(GC\text{-}FID/ECD)分析标校系统(CH_4、CO、N_2O、SF_6)$$

实验室双通道气相色谱(GC-FID/ECD)分析标校系统(CH_4、CO、N_2O、SF_6)系统 ppb、ppt 级的超高灵敏度测量大气样品中 CH_4、CO、N_2O、SF_6 的浓度。该系统主要由 3 部分组成,分别是色谱主机分析系统、气体进样系统以及工作站数据处理系统。其中色谱主机分析系统主要包括 Agilent 6890N 网络气相色谱以及各路切换阀,选择阀等,用来分离并分析 CH_4、CO、N_2O 及 SF_6 等气体。气体进样系统选择将 FLASK 或者工作气压入定量管;工作站软件系统主要包括 Agilent 色谱工作站软件 Chemstation 以及相关的外围控制软件等等。本文详细介绍该系统的硬件及原理、安装调试方法、日常运行操作、软件操作方法等内容。

15.1　基本原理和系统结构

15.1.1　系统原理

用于分析 Flask 样品时,利用系统配备的 16 口样品选择阀,自动选择高浓度工作气(WH)、低浓度工作气(WL)、目标气(T)以及不同样品进入系统分析。整个过程由气相色谱主机控制在不同的时间选择不同的空气样品,以全自动的方式运行。气体经 16 口样品选择阀选择后,经由质量流量计控制,再经由压力释放控制后,直接进入气相色谱主机分析。双通道气相色谱主机工作原理如图 15-1 所示。

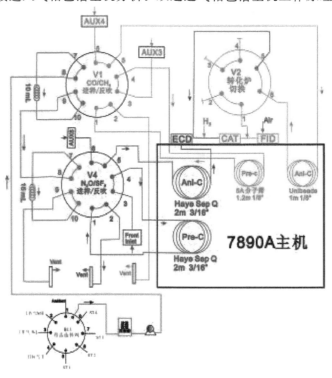

图 15-1　双通道气相色谱主机工作原理

15.1.2　系统配置

15.1.2.1　系统组成

该系统硬件主要包含 3 大模块:安捷伦 6890 气相色谱、样品选择模块、压力和流量控制模块。软件方面主要包含气相色谱自带的工作站、数据传输软件以及中心服务器数据处理和质控软件等。如图15-2所示。

图 15-2　实验室双通道气相色谱系统实物图

15.1.2.2　硬件原理

（1）安捷伦 6890 气相色谱

该模块是双通道气相色谱分析系统的核心部件,主要由色谱主机构成,包括 G1301 和 G1302,用于高精度分析不同样品的 CH_4、CO、N_2O、SF_6 浓度,该主机的操作界面如图 15-2 所示,用于显示分析不同样品的响应值,并在计算机中保存。

（2）样品选择模块

样品选择模块主要由 16 口样品选择阀等控制,其主要功能为选择不同采样瓶采集的样气或标气,进入系统分析。观测时由程序控制 16 口样品选择阀选择不同支路的气流进入仪器分析,包括样品气、工作气、标准气等。

（3）压力流量控制模块

该模块主要功能为控制进气流量,使不同支路进入仪器气体流量一致。因工作气之间以及 Flask 样品内气体压力不一致,必须经过质量流量计控制保证进入色谱主机流量一致,才能保证获得较好的分析结果。

15.1.2.3　软件

（1）色谱工作站

6890 气相色谱系统的化学工作站 Chemstation 是安捷伦公司开发的针对气相色谱的一款优秀软件,可以直接简单控制气相色谱的一切运行,因而方便快捷。主要界面如图 15-3 所示,用于显示分析不同样品的响应值,并在计算机中保存。

（2）气相色谱数据上传软件

将气相色谱主机分析结果实时上传至中心服务器,进行备份、计算。软件工作界面如图 15-4 所示。

（3）中心服务器处理和质控软件

该软件主要负责对接收的色谱数据进行备份,并进行相关归档,计算,结合 Flask 采样信息,在数据库中保存,并通过客户端实时显示,图 15-5 是 Flask 瓶采样分析结果服务器客户端实时显示图。

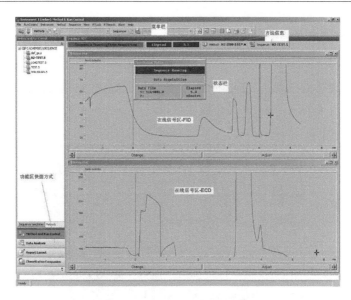

图 15-3　色谱主机程序界面图

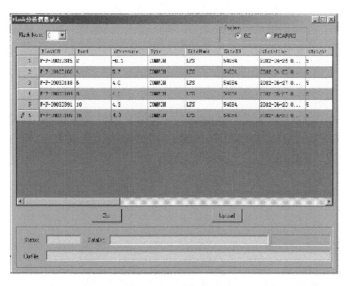

图 15-4　Flask 分析结果实时上传程序

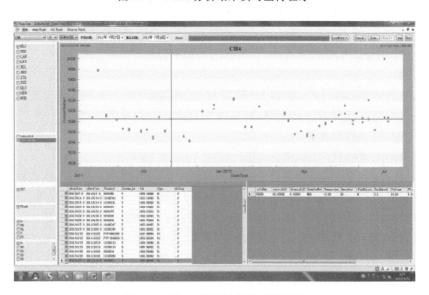

图 15-5　Flask 分析结果实时显示图

15.2 安装调试

15.2.1 安装条件

气相色谱室内部分包括 6890A 主机、Flask 支架、冷阱及标气辅助气等。具体要求如下：

电力:220V 交流电,不间断电源。

功率:峰值功率 3.5kW(正常功率<1.5kW)。

环境温度:20～25℃。

网络:24 小时网络连接(internet)。

面积:至少 $5m^2$,主机放置于标准实验台。

室内保持通风,尤其超低温冷阱以及采样泵。

载气:需放置阴凉干燥处,保持通风,避免阳光直射。

辅助气:高纯氢需放置于室外,保持通风干燥,否则危险。

工作气:需平躺,宜用保温材料包裹。

15.2.2 仪器调试

首先检查系统所有连接管线接头气密性,确保系统无泄漏!!

主机调试 1:完成主机所有管线连接并经过气密性检查后,需再次对色谱柱进行老化。老化时间宜 1～2h,具体视极限情况而定。完成后需进行色谱出峰调试,要求色谱峰型能够满足图 2-4、图 2-5 所示的形状。

主机调试 2:完成后接入目标气 T,连续进样 99 针以上,分析 99 次进样的标准偏差,对 CH₄、CO、N₂O、SF₆ 标准偏差分别优于 2ppb、2ppb、0.2ppb、0.1ppt,表示主机性能满足分析要求。

性能调试 3:将 WH、WL、T 同时接入系统多口阀,设置程序让系统在 3 瓶标气切换分析,连续分析 10 次以上,将 WH、WL、T 后 8min 数据分别平均,利用 WH 和 WL 线性拟合计算 CH₄、CO、N₂O、SF₆ 浓度,若计算浓度与标称值差异分别在 4ppb、4ppb、0.4ppb、0.1ppt 之内表明系统正常。

性能调试 4:将目标气(T)灌入 Flask 玻璃瓶,接入系统 Flask 支架,按照正常步骤分析,利用 WH 和 WL 定值 Flask 内气体 CH₄、CO、N₂O、SF₆ 浓度,若计算浓度与标称值差异分别在 4ppb、4ppb、0.4ppb、0.1ppt 之内表示系统正常。该实验至少进行 3 次以上,若 3 次结果均达到要求则表明系统能够用于正常业务分析,若不满足则需要进一步查找原因。

15.3 日常运行、维护和标校

15.3.1 操作

15.3.1.1 打开高纯 N₂ 载气

打开拟使用的钢瓶总阀,缓慢拧紧分压调节阀,使压力达到 30psi,注意确认分压阀后端的气体开关是开启状态(松的),此时会听到管路有轻微的气体流动"嘶嘶"声,稳定 1～2 min。待声音消失,再缓慢将压力调高到 75psi,再稳定 1～2min。

15.3.1.2 打开氢甲烷(5% 甲烷在氢气中)载气

打开拟使用的钢瓶总阀,缓慢拧紧分压调节阀,使压力达到 30psi,注意确认分压阀后端的气体开关是开启状态(松的),此时会听到管路有轻微的气体流动"嘶嘶"声,稳定 1～2 min。待声音消失,再缓慢将压力调高到 60psi,再稳定 1～2min。

15.3.1.3 打开零空气发生器,打开氢气发生器

15.3.1.4　设定色谱运行条件

（1）启动色谱工作站系统

双击色谱工作站电脑桌面上的"Instrument 1 Online"图标，启动"ChemStation"色谱软件工作站，刚开机时系统"Not Ready"指示灯亮，但屏幕上需显示出"Power on Successful"字样。

（2）设定色谱运行环境

在色谱工作站软件的命令行中找到"Method"功能按钮，点击，在弹出的下拉菜单中选择"Load Method…"，在弹出的对话框所列的方法中找到并选择"系统开机…"，点击"OK"确定；

此时，系统自动设定柱箱温度、前后检测器温度、转化炉温度，Aux3、Aux4、Aux5 气体压力，以及 FID 的 H_2 和 AIR 流量，并尝试自动点火；

由于 FID 气路设定载气流量较大，在系统尝试点火时经常会出现失败，此时色谱主机会蜂鸣报警，且前面板"Not Ready"状态显示灯会闪烁提示。同时，按下色谱主机面板上的"Status"按钮，色谱屏幕上提示"Front Detector Flame Out"。此时需手动点火。

系统开机后需稳定至少 2h 以上才可投入分析。在开机状态下，系统 FID 检测器路信号噪声需小于 0.02pA，ECD 路检测器信号噪声需小于 0.5Hz。

15.3.1.5　系统分析

（1）安装 Flask 采样瓶和目标气瓶

将 Flask 采样瓶按照顺序插入样品选择模块上的偶数口（2、4、6、……），对应的 Flask 接口号为 F1、F2、F3、……，记录各 Flask 对应的号码并手动输入温室气体中心数据库。

拧紧 Flask 进气口，确保钢瓶被固定。

将测定的目标气 T 的玻璃瓶接入 Flask 架后部的卡套接口，注意保证接拧紧。

（2）检漏

真空检测：调用"Chemstation"里面的方法"Port2－F－1"，待多口阀位置到 2 上，打开 Flask 架上的"Vacumn"按钮，系统开始抽气，直至压力传感器窗口显示低于－49kPa（相对常压），并能稳定 2min，若不能稳定或者升高，表明 Flask 接口气密性不好，需重新检查。

开启 Flask 架上的第 1 个玻璃瓶接口，待压力表的读数升高至一定读数，稳定 1min，检查读数是否降低，若降低则第 1 个玻璃瓶可能漏气，需重新连接采样瓶。若不降低，记录下瓶子内的压力。

调用"Chemstation"里面的方法"Port4－F－2"，按上面步骤重复操作，直到检查到"Port16－F－8"，检查完测定的 8 个玻璃瓶，系统可以分析。

（3）系统分析

调用"Chemstation"里面的序列：菜单栏选择"Sequence"命令，在下拉菜单中选择"Load Sequence"行，在弹出的对话框中选择"8 个瓶子 . seq"。

提示：若分析的瓶子数量少于 8 个，则调用分析瓶子数量的序列。

清除 C:\Chem32\1\DATA\beijing 文件夹内的所有文件和文件夹。

进入工作站程序界面，在菜单栏选择"RunControl"命令，在下拉菜单中选择"Stop Run/Inject/Sequence"行，选择 Run Sequence，系统开始分析。

为了保证系统的稳定性，序列的前 6 个样品为 WH，然后再分析 Flask 样品瓶，中间穿插分析 WL 和 T。每个瓶子分析 2 次。

提示：若分析的瓶子数量少于 8 个，则调用分析瓶子数量的序列。

15.3.1.6　数据处理

系统数据基本由工作站程序以及温室气体中心数据库自动保存并运算。无需过多人工干预。系统分析完毕后，色谱工作站内的原始数据自动传输至温室气体中心数据库，并根据分析日期及 Flask 瓶对应的口编号自动运算分析。

在某些特殊情况下，需要手动计算各浓度的数据，方法如下：

运行工作站桌面的"Sequ. exe"程序，选择"Browse"进入色谱工作站信号目录 C:\Chem32\1\DATA

\Beijing。

在"enter in the first file number"数量栏输入开始提取的信号个数。

在"Enter in the number of total runs"内输入文件夹夹内的信号文件夹个数。

Select the CSV file name 栏选择提取的信号名称,FID 为 report2. csv,ECD 信号为 report1. csv.

在"enter in output file"内输入提取信号的名称。

完毕后,在计算机的 D 盘会自动生成 Tempdata 的文件夹,并在内生成提取的文件。

打开生成的 CSV 文件,打开"Chemstation"界面内的序列表,根据表格内各方法分析的顺序确定样品类型,由此计算分析 Flask 瓶内气体浓度。

15. 3. 2　检查

与 2.3.2 相同。

15. 3. 3　维护

该系统的日常检查和维护包含三方面内容:对工作站软件运行的检查和维护;对色谱主机系统运行的检查和维护;对进气及各种辅助设施的检查和维护。

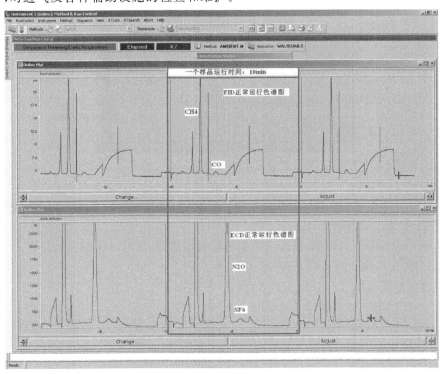

图 15-6　正常运行的色谱图

15.3.3.1　色谱图

正常的一个 CH₄、CO、N₂O 和 SF₆ 色谱图 15-6 所示:色谱每个分析周期为 10min,相邻两个样品色谱图之间用红色的竖线间隔。若系统的色谱图出现一条直线,说明系统已经终止运行,表示系统出现致命错误,这时可能的原因有:载气用尽;FID 灭火;FID 的辅助气用尽或者压力不够,进一步通过色谱主机显示屏的状态来确定;进样阀或者切换阀无动作。

15.3.3.2　检查色谱工作站的状态

分析工作站的状态栏,如图 15-7 所示。

在系统正常分析时,状态栏三个对话框为蓝色,里面的文字依次为:"Sequence Running/Data Acquisition"、"Elapsed"、"＊.＊"(时间),若以上 3 栏表现为黄色,内部显示为"Not Ready",并跳出对话框提示询问系统没有准备好,并有 2 个选项,依次为"Run"和"Abort"时表示系统中有一项要素没有达到要

图 15-7　正常情况下的状态栏

求,通过按仪器面板上的"Status"按钮来确认情况。

15.3.3.3　色谱主机的检查和维护

(1)观察色谱主机指示灯状态

检查以前面板上的指示灯,绿色的 RUN 指示灯是否常亮,如果该灯熄灭,表示系统终止运行;若 Not Ready 红色指示灯常亮,应该引起注意,如果同时绿色的 RUN 指示灯亮,表示系统正在运行,此时可以通过按下仪器的系统状态(Status)键来确认状况。该键在面板上的位置如图 15-8 所示。

图 15-8　状态键的位置

按下该键,仪器的显示屏第二行显示"Run in Progress"为表示仪器在正常状况。同时需要说明的是通过按"▼"键来确认主要问题。

若"Not Ready"指示等不断闪烁,结合工作站电脑显示谱图,同时工作站电脑谱图为一条直线(一般情况为 FID),表示系统出现致命错误,且停止运行。

(2)检查仪器主机显示屏

若出现 3.1 中状态指示灯不断闪烁的情况,且按下"Status"仪器显示"Shut down",下一行再列出原因如"AUX * Shut off","H2/AIR/fuel gas Shut off"等。一般情况下,系统载气、辅助气用完或者压力不足时才会出现这种情况。此时应该更换系统相应的气体。

注:正常情况下,两路载气净化器的使用寿命可以达到 1～2 年。

15.3.3.4　阀箱状态的检查和维护

(1)检查 16 口选择阀位置;

(2)检查质量流量控制器,进样流量是否 250mL/min(在每个样品测定前 45s 内才可看到);

(3)质量流量计的两个上下可扳动的开关向上;

(4)阀箱内部电线、管线众多,在实际使用时,尽量不要靠近和接触阀箱后步裸露管线。否则可能造成系统接触不良及触电。

15.3.3.5　氢气发生器的检查与维护

定期向氢气发生器中加入新制备的超纯水。

正常情况下,每年更换一次电解液。更换电解液须有厂家技术人员直接操作,或在技术人员的指导下进行更换。

注意:H$_2$ 是极易燃的气体,在实际使用中务必小心!

15.3.3.6　零空气发生器的检查和维护

定期更换零空气发生器出口的干燥剂。每日检查零空气前面板压力流量。

正常情况下为：

仪器前面板"PUMP"和"POWER"键上的红灯亮；

输入压力表 35～40psi；

输出表压力 37psi；

输出流量：流量计刻度大概 42～45。

若以上读数达不到要求，请调整。

15.3.3.7　标准气的检查及维护

当总压力小于 500psi 时，需更换工作气。更换时，拧下用完钢瓶的减压阀，直接装上新标定的标准气，并打开总压力阀，调整输出压力为 15psi 即可。

15.4　数据采集、传输和处理

15.4.1　采集

该模块主要包括两方面，一是仪器观测数据的实时采集，由仪器内部信号记录仪记录光电检测器输出信号，经调谐计算后保存在仪器内部的计算机中；二是通过台站数据处理计算机上的数据拆分及打包程序，对气象色谱数据进行拆分、打包压缩成中国气象局要求的格式，以利于数据上传。

15.4.1.1　气相色谱主机采集程序

气象色谱主机能够实时采集测试样品的响应值，FID 的采集频率为 20Hz，ECD 的采集频率为 5Hz。每个样品分析后，自动生成存储文件，在硬盘中保存。

气相色谱主机数据采集界面图如图 15-9 所示。

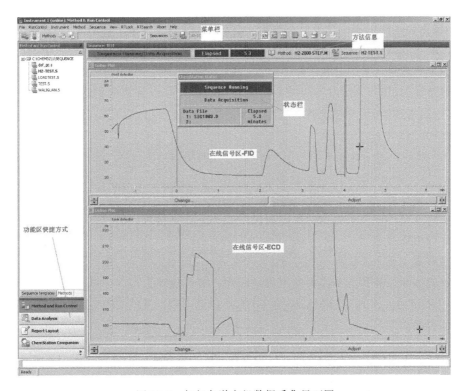

图 15-9　气相色谱主机数据采集界面图

15.4.1.2 数据处理计算机采集程序

安装于 HP 计算机上的数据采集与打包程序，主要用于采集气象色谱主机硬盘内的数据，并将其拆分成小时单位文件，打包压缩成 Bzip2 格式，该格式是中国气象局要求格式。该软件界面如图 15-10 所示。

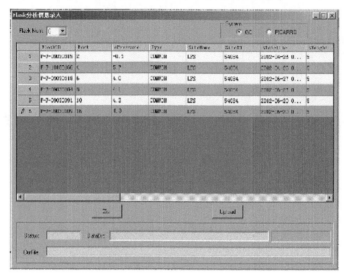

图 15-10　实验室气相色谱数据采集界面

15.4.2　存储

15.4.2.1　气相色谱主机数据存储

系统在样品开始分析时会同时产生记录文件夹，在分析结束后对记录文件进行更新。文件夹的格式为从"SIG100001"顺延。

在运行时，仪器会自动创建目录来保存数据，文件保存缺省位置在 C 盘下的 C:\chem32\data\Beijing 的文件夹目录下，系统每个样品分析时会自动产生一个文件夹。

15.4.2.2　数据处理计算机数据存储

设置台站区站号、仪器序列号和项目代码等后点"锁定"。在设置源文件上一级目录（映射的盘符如 y:\）;时文件存放目录;时文件压缩文件存放目录;文件存放目录;然后点击"确定"。完毕后，原始数据文件便可保存在固定目录下。

15.4.3　传输

15.4.3.1　数据传输流程

实验室系统将气相色谱主机分析的数据通过中心服务器直接传送到实验室中心服务器。并自动在服务器的数据库内生成报表。

15.4.3.2　数据传输文件命名规则

实验室温室气体命名规则与本底大气本底站相同。命名规则为：

Z_CAWN_I_IIiii_yyyymmddhhMMss_O_GHG－FLD－CO$_2$CO－CRDS－仪器序列号.bz2

各段的具体说明如下：

Z：固定编码，表示国内交换资料；

CAWN：固定编码，表示大气成分及相关资料；

I：表示后面 IIiii 字段为观测站站号，实验室利用 0000D 代替；

IIiii：表示 5 位观测站站号；

yyyymmddhhMMss：是一个固定长度的日期时间字段，为文件生成的时间（UTC，协调世界时）。其中:yyyy 为年,4 位;mm 为月,2 位;dd 为日,2 位;hh 为小时,2 位;MM 表示为分钟,2 位;ss 为秒,2 位;

    O:固定编码(字母 O),表示观测资料;

    GHG:固定编码,表示观测资料种类为温室气体;

    FLD:固定编码,表示野外观测数据;

    仪器序列号:表示各本底站观测仪器序列号,各本底站为固定编码;

    bz2:固定编码(小写),表示 bzip2 压缩文件。

15.4.4　数据处理

    双通道气相色谱分析系统数据处理和质量控制综合分析软件系统其重要功能是用于 Flask 分析数据监控、处理以及综合分析,在此平台上可实现对本底站开展的温室气体在线观测项目数据的不同等级质量控制处理。该软件系统安装于温室气体数据服务器中,能够自动与 Flask 编号以及采样记录对应,具有较高的自动化程度。软件主要功能模块如图 15-11 所示。

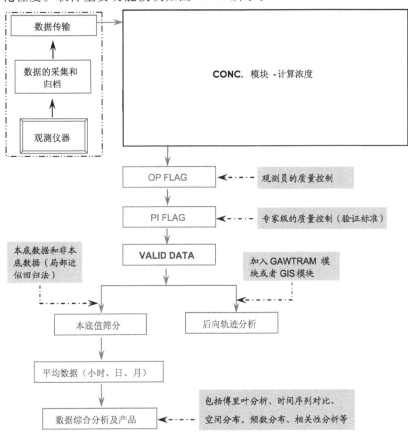

图 15-11　软件主要功能模块和流程图

    该系统数据处理模块主要如下。

    (1)CONC 模块

    计算浓度前,应通过系统响应判别仪器是否工作正常。

    在计算浓度之前,需选择保留时间,峰型,标气峰高(峰面积)的变化或波动来判断仪器的运行状态。

    保留时间:若相邻两次测量各组分的保留时间变化范围在±0.05min 内,为有效测量;否则为无效测量;

    峰型:若测定要素的积分峰型为 PB,BB 或 BP,为有效测量;若为 VV,PV,BV 等,则视为无效测量;

    标气峰高(峰面积):该相邻两次测量的标气的峰高(峰面积)小于±0.2% ,为有效测量;否则为无效测量。

    空气样品浓度定量计算方法为:

气相色谱法分析时,一般将空气样品和标气样品交替分析,采用外标法定量。计算原理:根据气相色谱检测器的响应信号(峰高或峰面积)与其浓度呈相关,采用线性拟合($y=ax+b$)计算未知样品浓度。

通常采用已知标称浓度的标气(通常包括高浓度标气和低浓度标气)的浓度与峰高或峰面积最小二乘法线性拟合,得到系数 a 和 b,代入测量的空气样品的峰高或峰面积值,得出空气样品的浓度。

(2)OP-flag 模块

为了解和追踪观测期间外界环境因素对数据的可能影响,通常根据观测员记录的采样期间(时刻)所发生的事件(如人为或天气事件),并规定出观测员级质量控制控制标记符号,对观测数据逐条标记。

(3)PI-flag

PI 级用户通过查看数据、结合质量控制信息编码和备注信息对数据质量进行判断,如果发现自动 PI 标记不符合数据实际质量状况,则可手动修改 PI 标记。

(4)数据筛分

观测结果可分为本底数据和非本底数据,所谓本底数据指排除了局地条件和人为活动的直接影响、已混合均匀的大气组成特征,其能更好地代表区域混合均匀的大气状况,因此需对观测数据进行本底和非本底筛分。几种主要的筛分方法为:

纯统计学方法:即采用局部逼近回归剔除与均值差异大于 3δ 数据,筛分时以 6h 为基本单位对数据进行筛选;

后向轨迹法筛分:结合观测数据以及区域污染源的主要位置方向,剔除污染气团来时的观测数据;

示踪物筛分:以示踪物与筛分物种的同源性等关系,通过判别示踪物的污染浓度时刻来对观测数据进行筛分;

结合地面风的情况分析水平风、垂直气流以及风速或气流速度等对观测浓度的影响,结合各站的地理、环境因素对观测数据进行剔除筛选。

(5)各级数据产品

根据用户目的生成的数据产品,如统计平均:经过高级质量控制处理的数据,可进行小时平均值、日平均值甚至月平均值等。

附录　简易操作指南

F15.1　开机步骤

(1)打开高纯 N_2 载气、氩甲烷、氢气发生器、零空气发生器稳定 2h 以上;

(2)接通色谱主机及工作站计算机电源,按下色谱正面左下角的电源按钮;

(3)双击色谱工作站电脑桌面上的"Instrument 1 Online"图标,启动"ChemStation"色谱软件工作站;

(4)点击"Method"功能按钮,选择"系统开机…",程序自动设定色谱各项参数;

(5)手动点火。在系统尝试点火时经常会出现失败。此时需手动点火,在仪器面板上按"Front Det"按钮,找到 Flame,按面板上"on"键。

F15.2　系统分析

(1)安装 Flask 采样瓶和目标气瓶:将 FLASK 采样平按照顺序插入 Flask 架上偶数口(2、4、6、……),对应的 Flask 接口号为 F1、F2、F3、……;

(2)真空检测:打开 Flask 架上的"Vacumn"按钮,系统开始抽气,直至压力传感器窗口显示低于 −49kPa,并能稳定 2min;

(3)调用"Chemstation"里面的方法"Port2−F−1",待多口阀位置到 2 上,开启 Flask 架上的第 1 个玻璃瓶旋塞,待压力表的读数升高至一定读数,稳定 1min。重复操作直到"Port16−F−8";

（4）清除 C:\Chem32\1\DATA\Beijing 文件夹内的所有文件和文件夹，调用"Chemstation"里里面的序列并开始分析。

F15.3　关闭系统

（1）停止方法：在下拉菜单中选择"Stop Run/Inject/Sequence"行，并鼠标左键点击该命令（也可以在色谱主界面直接按 F8 键停止）；

（2）在菜单栏选择"Method"，在下拉菜单中选择"Load Method…"，在弹出的对话框中选择"系统关机…"，点击"OK"确定。

（3）等待 10min 左右，即可关闭工作站电脑和色谱主机电源；

（4）关闭系统用 H_2 发生器和零空气发生器；

（5）关闭系统用 N_2 载气和氩甲烷载气。

第16章 气相色谱-质谱联用(GC/MS)分析系统(HFCs、PFCs)

HFCs 和 PFCs 是全部由人类活动排放产生的。其中 HFCs 主要用作 CFCs 和 HCFCs 的替代物种,广泛应用于制冷剂、发泡剂、灭火剂等。HFCs 主要用于金属冶炼工业。HFCs 和 PFCs 是具有极高全球变暖潜势(Global Warming Potential,GWP)的温室气体,其中 HFCs 的 GWP 值约为 140~11700,PFCs 的 GWP 值约为 6500~9200,HFCs 和 PFCs 均被列入《京都议定书》减排清单。

随着工业化加速和经济迅速发展,中国已经成为生产和使用 HFCs 和 PFCs 的大国,因此,了解我国不同地区 HFCs 和 PFCs 的本底浓度水平和变化趋势非常重要。中国气象局着眼于我国大气成分观测网络的业务需求,弥补我国在 HFCs 和 PFCs 观测领域的空白,缩短与发达国家之间的差距,在实验室建立了气相色谱-质谱联用(GC/MS)分析系统,可分析本底站采样罐样品中的 HFCs 和 PFCs。本章介绍气相色谱-质谱联用(GC/MS)分析系统分析 HFCs 和 PFCs 的原理及系统软硬件组成。

16.1 基本原理及系统结构

16.1.1 基本原理

与 4.1.1 相同。

16.1.2 系统结构

与 4.1.2 相同。

16.2 安装调试

为了保证系统良好稳定的运行,系统安装在清洁、温度稳定在 23~25℃的房间内。为了保证系统的安全和灵敏度,本系统采用独立 UPS 供电。UPS 带有温度探头,当实验室内温度超过 30℃时将自动关闭整套观测系统。

16.3 日常运行和维护

16.3.1 操作

16.3.1.1 打开系统
与 4.3.1.1 相同。

16.3.1.2 关闭系统
与 4.3.1.2 相同。

16.3.1.3 停电及紧急停机操作
与 4.3.1.3 相同。

16.3.1.4　异常停机响应

与 4.3.1.4 相同。

16.3.1.5　分析操作

将采样罐放置于进样架上,由于系统一共有 6 个进样口,其中 1 个为标气进样口,因此系统自动分析的样品数最大为 5 个。

将采样罐同减压阀连接,记录采样罐的编号、对应的减压阀的信息、对应的进样口的数字,开始分析时间。将以上信息在 port 文件中记录。

根据采样罐的数目修改 sequence.runfile 并保存。若采样罐为 5 个,则分析程序为:

60 runfile. medusa std 3 SIM

60 runfile. medusa tank 1 SIM

60 runfile. medusa std 3 SIM

60 runfile. medusa tank 1 SIM

60 runfile. medusa std 3 SIM

60 runfile. medusa tank 5 SIM

60 runfile. medusa std 3 SIM

60 runfile. medusa tank 5 SIM

60 runfile. medusa std 3 SIM

60 runfile. medusa tank 7 SIM

60 runfile. medusa std 3 SIM

60 runfile. medusa tank 7 SIM

60 runfile. medusa std 3 SIM

60 runfile. medusa tank 9 SIM

60 runfile. medusa std 3 SIM

60 runfile. medusa tank 9 SIM

60 runfile. medusa std 3 SIM

60 runfile. medusa tank 11 SIM

60 runfile. medusa std 3 SIM

60 runfile. medusa tank 11 SIM

60 runfile. medusa std 3 SIM

点击 start 下拉条中的 start dry run,检查分析程序是否修改正确。

点击 start 下拉条中的 start default time,开始分析。第一个样品开始分析后,选择 shutdown 下拉条中的 shut down after sequence。

16.3.2　日常检查

与 4.3.2 相同。

16.3.3　维护

与 4.3.3 相同。

16.4　数据采集和传输

16.4.1　采集

系统控制软件 GCWerks 自动将系统运行的信息及数据记录到计算机硬盘中。采集的信息包括:

样品色谱图,文件名为时间.类型.进样口,例如 110523.std.3 表示开始分析时间为 2011 年 5 月 23 日的标样,进样口为 3;

仪器参数图(EPC3－5 压力、2 个捕集阱温度、色谱柱温、进样压力和流量等),以图形文件采集;

不间断电源工作信息(包括频率、输入电压、输出电压、功率使用情况)。

16.4.2　存储

系统采集的信息储存地址如下:

色谱图:/agage/Beijing-medusa/12/chromatography/channel0

仪器参数图:/agage/Beijing-medusa/12/strip-chart

不间断电源工作信息:/agage/Beijing-medusa/logs/ups.log

16.4.3　传输

存储的信息利用 Linux 下的 Rsync 自动上传命令,将更新的信息上传至数据处理计算机。数据处理计算机每日备份到温室气体数据服务器中。

附录　简易操作指南

F16.1　打开系统

请特别注意分情况进行打开系统操作:

若系统仪器显示正常,电脑程序不运行,在 GCWerks-MS 软件上执行下面的操作:

(1)点开 GCWerk 软件 devices 菜单,选择第二项 stop devices;

(2)点开 devices 菜单,选择 start devices;

(3)左键单击"startup"对话框左上方的"startup default timefile",开始样品分析;

(4)runtime 前的时间变化,则系统启动成功。

如系统手动关闭或者断电超过 40min,系统各仪器都已关闭,执行下面的打开系统操作:

(1)打开系统前的检查:

(2)确认高纯氦气已经打开,高纯氦气总压力大于 1MPa,二级压力为 70psi。

(3)将 UPS 后面板电源输入开关扳至"off",确认 GC 主开关关闭,确认 MS 主开关关闭,确认 Poly Cold 关闭,确认分子扩散泵的加热开关关闭;

(4)打开 UPS,操作如下:

打开墙上的 UPS 空气开关;

将 UPS 后面板电源输入开关扳至"on";

等待 UPS 工作正常,"Inv 灯"绿灯亮。

(5)打开接线板上所有的开关

(6)检查 TOC 发生器已打开,操作如下:

确认室外泵已开;

确认 TOC 灯为黄色或绿色;

等待 20min,直到 Medusa 前面板电磁阀灯亮。

(7)打开 GC-MS,操作如下:

打开 GC 主开关,打开 MS 主开关;

检查 Purge houseing 的流量;

检查 Nafion 出口流量约 200mL/min。

(8)打开计算机,操作如下:

按下主计算机的开关,打开计算机(输入用户名:med17,密码 bern17);

点击 Gcwerk 程序(苹果图标);

点击上部的 Devices,选择"start devices";

程序回到 file 界面,检查下方出现"instrument status:ready";

点击 Medusa,如果 Hasting 大于 300mtor,需要等待 4h;如果 Hasting 小于 300mtor,打开扩散泵,直至 Hasting 小于 10mtor,再打开 Poly Cold。若小于 20mtor,可以直接打开 Poly Cold 和扩散泵。

(9)确认空调工作正常,温度设置在 20℃,注意空调模式设置在正确的位置(制冷)。

(10)检查软件 MS 界面,turbo pump speed 是 100。

(11)点击 instrument 条,点击 MS startup,MS 界面的 source temp 和 quad temp 逐渐升温。等待 T1、T2、BASE 温度下降到−150℃、−150℃、−170℃以下,此过程较长。

(12)检查 GC 状态

检查 OMEGA 温度显示红灯是否亮,如果是,则点击电 GCWerk 软件上的 device→switch off Medusa,然后 switch on Medusa。

检查下方是否 shutdown status:ready。

(13)打开程序

左键单击"startup"对话框左上方的"startup default timefile",开始样品分析。

F16.2　关闭系统

(1)结束样品分析程序,操作如下:

选择计算机 shutdown 菜单,弹出下拉菜单,选择第一项"after run"。等待程序走完,runfile 一栏无字母。

(2)devices 菜单,选择第二项 stop devices。

(3)关闭电脑和显示屏。

(4)关闭 Poly Cold 主开关。

(5)关闭扩散泵的加热(heating)开关。

(6)关闭 MS,进行如下操作:

按住 Menu 按钮直到 Maintenance 出现;

按住 item 按钮,屏幕出现"prepare to vent",按"yes"按钮;

MS 需要 1～2h 完成,直至出现"ready to vent"。

(7)等待至少 3min,关闭 MS 主开关。

(8)等到 Base 温度上升超过 5℃。

(9)关闭插线板上所有的插头。

(10)关闭 UPS,进行如下操作:

将 UPS 后面板电源输入开关扳至"off",仔细检查千万不能关闭"电池开关"!

按 UPS 前面板"on/off"键,约 1min,直至 UPS 响声改变;

关闭墙上的 UPS 空气开关。

F16.3　停电及紧急停机操作

如遇必须短期内关闭系统的情况,按如下步骤操作:

(1)结束样品分析程序,操作如下:

选择计算机 shutdown 菜单,弹出下拉菜单,选择"now"。等到 runfile 一栏无字母。

(2)关闭 MS:选择 instrument 菜单,弹出下拉菜单,选择 shutdown MS。

(3)等待 3min,选择 devices 菜单,选择第二项 stop devices。

(4)关闭 Poly cold 主开关,关闭扩散泵的加热(heater)开关。

（5）关闭 GC 主开关，关闭 MS，关闭电脑和显示屏。

（6）关闭插线板上所有的插头，关闭 UPS。

F16. 4　异常停机响应

如遇意外停电，进入实验室发现系统非正常关闭后，按如下步骤操作：

（1）将 UPS 后面板电源输入开关扳至"off"。

（2）关闭 GC 主开关，关闭 MS 主开关。

（3）关闭 Poly Cold，关闭分子扩散泵的加热开关。

第 17 章　气体稳定同位素比质谱(IRMS)分析系统(CO_2-$\delta^{13}C$、$\delta^{18}O$)

　　大气二氧化碳的碳氧稳定同位素是分析 CO_2 源汇的重要示踪物。研究 CO_2 的 $\delta^{13}C$ 值的变化情况，可用于区分大气 CO_2 与陆地和海洋交换的份额，而研究 CO_2 的 $\delta^{18}O$ 值的变化情况，可以从生态系统总呼吸中区分光合作用交换的 CO_2，从而更好地理解陆地生态系统的碳循环过程。目前，中国气象局 7 个大气成分本底站已开展玻璃瓶采样—实验室分析大气二氧化碳中的碳氧稳定同位素。气体稳定同位素比质谱分析系统结构复杂，包括自动进样系统、冷凝提取系统、双路进样系统、分析系统及配套设备等，同时样品分析过程中气量小但分析精度及准确度要求高，因此对系统日常操作及运行维护等均有严格规范的要求，建立统一规范的系统配置、操作和维护流程十分必要，本章将分别进行介绍。

17.1　基本原理和系统结构

17.1.1　系统原理

17.1.1.1　质谱原理

　　质谱法是通过将样品转化为运动的气态离子并按质荷比大小进行分离记录的分析方法。质谱仪就是利用电磁学原理，使带电的样品离子按质荷比进行分离的装置。主要包括离子源、分析器和接收检测器 3 个部分，待检测物质在离子源内电离，形成具有一定能量的离子束，为提高电离效率，沿离子束方向添加辅助磁场；由于离子荷质比的差异，离子的分离或表现为空间轨迹不同；分离后的离子束强度由法拉第杯接收检测器测定。

17.1.1.2　双路进样原理

　　样品和参考气体分别密闭在容积可调的"bellow"(风箱)内，通过直接与离子源衔接的切换腔体阀反复交互地进入离子源，实现样品气和参考气两路进样过程中的最小死体积、最快速的样品输送、最短的进样路径。示意图见图 17-1。

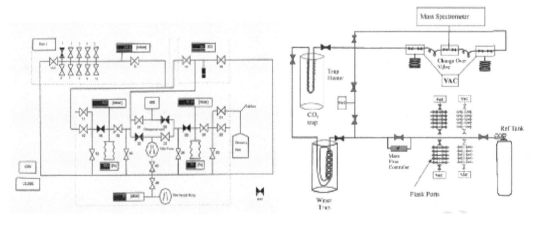

图 17-1　双路进样原理示意图

17.1.2　系统结构

本系统由进样系统、冷凝提取系统、分析系统、辅助设施等硬件以及配套软件组成。

17.1.2.1　进样系统

进样系统主要由16路选择阀、采样瓶进样连接阀、真空泵、流量计等组成，如图17-2所示。进样系统可通过程序设定，实现样品气、工作气、目标气、参比气的自动进样。

图 17-2　气体稳定同位素质谱系统实物图

17.1.2.2　冷凝提取系统

冷凝提取系统可对空气样品中的 CO_2 进行自动化提纯处理。如图17-3所示，在分析大气 CO_2 的碳氧稳定同位素比时，采样瓶中的空气样品经过16位自动进样器，进入冷凝提取系统经一级冷阱（trap1，双层不锈钢材质，通过干冰与无水乙醇的混合物降温至−70℃）将空气中水汽冷凝（冷凝后的水汽经外置隔膜泵抽空），其他气体进入二级冷阱（trap2，双层不锈钢镀金材质，用液氮降温至−196℃），将其中的 CO_2 冷凝（残余气体经 MAT253 内置泵抽空）。

17.1.2.3　分析系统

气体稳定同位素比质谱分析系统主要包括 MAT253 主机和双路进样系统。空气样品经进样系统进入冷凝提取系统，将冷凝后的 CO_2 气体与参比气分别释放入 bellow，通过直接与离子源衔接的切换腔体阀反复交互进入离子源，再经电离、离子的引出、聚焦、加速和分离、束流的接收检测等步骤，最后获取样品分析数据。

17.1.2.4　辅助设施

10kAV 的 UPS 稳压电源1台；

空气压缩机1台；

参比气（高纯 CO_2）1瓶；

杜瓦瓶1个；

液氧罐1个；

载气（高纯 He 气体）1瓶；

检漏气（高纯 Ar 气体）1瓶；

台式电脑1台。

17.1.2.5　软件

系统运行过程中，系统检测、样品采集、样品序列运行、样品分析、数据输出等均由 MAT253 配套软件（版本 Isodat2.5）及配套的数据采集和样品前处理自动处理方法软件进行控制。包括系统配置软件 Configurator，样品分析软件 Instrument Control、Acquisition，系统诊断软件 Diagnosis，数据处理软件 Workspace、ResultWorkshop，帮助软件 Isodat Help 等，具体参见第17.4节。

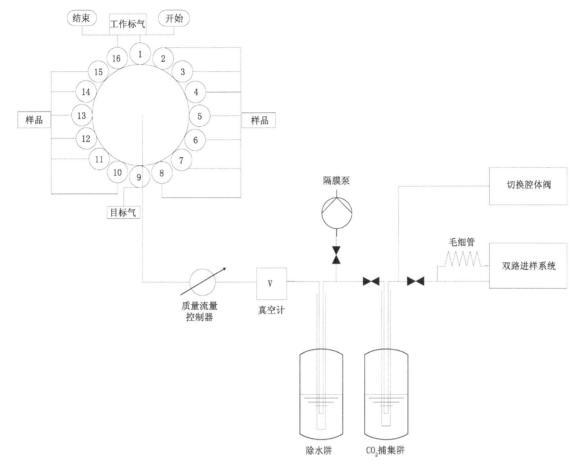

图 17-3　气体稳定同位素比质谱进样系统示意图

17.2　安装调试

17.2.1　安装条件

17.2.1.1　人员

应配备一至两位专职的实验室管理和操作人员,并具有一定同位素仪器基础和相关实验室工作经验。

17.2.1.2　房间

主机约占面积 1.2m×1.2m,房间应有足够的空间容纳仪器及其附件,同时周围应有一定的操作人员活动空间;

房间应保持温度稳定,温度变化不超过±0.5℃;

地面承重不小于 500kg/m^2。

17.2.1.3　电源

三相五线,230/400VAC,每相 16A;独立接地线,接地电阻<3Ω;断电保护(配交流接触器(60A));

墙上至少 5 个 220V/15AAC(三眼)插座,3 个 220V/15AAC(两眼)插座。并备相应插头若干个;

空调用电和仪器用电必须各自独立;

同位素质谱需要长期在良好真空状态下运行,因而需要有持续稳定的电源支持。如果频繁停电、无规律停电或电压不稳定,应配 UPS 电源(并配备相应延迟时间的蓄电池)。

17.2.1.4　压缩空气

主机及相关附件采用压缩空气驱动,须空气压缩机 24 小时工作,出口工作压力 0.5MPa,与外径

6mmPU 管接口;同时建议使用静音无油空气压缩机;

由于压缩空气是仪器工作的前提,为保证仪器高效运转,建议另外备用一台。

17.2.1.5　机械泵尾气出口

离仪器主机后面最近的外墙接近地面处应留有直径 20mm 的管孔,以利于机械泵尾气排向室外。

17.2.2　安装

MAT253 主机由厂家工程师拆箱,检查系统外观是否正常,按合同内容清点配件,确认配件齐全并且完好后开始安装;

对于专门开发的自动进样系统和冷凝提取系统,应检查外观是否正常,各接口尺寸是否满足要求,配件是否齐全;对于配套设施,应对照系统配置说明,逐一清点数量,检查功能是否满足要求。

最后,由实验室工作人员和工程师共同完成主机与配套设施的组装。

17.2.3　系统调试

17.2.3.1　主机调试

(1)真空度

开启机械泵和分子泵抽真空,开机后 24h 观察仪器真空度,仪器验收指标为真空度小于 $5 \times 10^{-8} hPa$。

(2)Faraday 接收杯

将纯 CO_2 气体(参此气)通入离子源,在软件中使用高压扫描方式进行峰型扫描,如结果显示 CO_2 的三个同位素 44,45,46 信号正常,在其相对应的 Faraday 接收杯中均可以得到平顶峰,并且三个平顶峰峰型一致,平顶区域的位置也重合在一起,则表示接收杯安装正常,功能正常。

(3)线性

将纯 CO_2 气体通入离子源内,按照进样 20s,断开 30s 的规律重复进样 8 次,每次通过流量控制阀调节 CO_2 的进气流量,得到一系列不同信号强度下的 C 同位素比值测量结果。如每次进样 CO_2 的峰型均为矩形峰,前后无拖尾现象,表明进样系统的流量稳定,各接头连接正常,无死体积存在。同时,综合多次(至少 8 次)进样的结果,如果 CO_2 的信号强度和其进样流量成正比关系,但得到的各次同位素比值和进样流量无明显关系,同位素比值与信号灵敏度之间的线性回归斜率<0.05,则满足验收要求。

17.2.3.2　双路系统调试

(1)灵敏度

将电参数调整为最大灵敏度模式,灯丝电流设为 1.5mA,在诊断(Diagnosis)模式下,离子源的电离效率值应<800 molecules/ion。

(2)线性

将电参数调整为线性模式,灯丝电流设为 1.5mA,在 Diagnosis 模式下,质量数 45/44 线性回归斜率为 0.007‰/V,质量数 46/44 的线性回归斜率为<0.05/V,则表明仪器线性条件的各个电子学参数设置下,得到的 CO_2 同位素比值与其信号强度无关,不存在由于不同信号强度引起的同位素比值测量偏差。

(3)内精度

在双路系统中通入纯 CO_2 气体,调整 Bellow 内压力,保持 CO_2 质量数 44 的信号强度在 6V 左右,进行样品气与参比气交替重复进样,如果多次重复测量结果显示 $\delta^{13}C<0.005$ ‰和 $\delta^{18}O<0.01$ ‰,则内精度满足要求。

17.2.3.3　增加冷凝提取系统及自动进样系统后的调试

(1)对 16 口阀和冷凝提取系统的测试

将测试气 W1(铝合金钢瓶盛装)直接连入 16 口阀的一个接口,重复 10 次进样。分析结果中,如 $\delta^{13}C$ 和 $\delta^{18}O$ 的均值与标称值的差值分别<0.03‰和 0.05‰,标准偏差分别<0.02‰和 0.05‰,则说明 16 口阀、提取系统及分析系统连通的气密性较好,未引入其他污染,对待测样品无明显影响,同时冷凝、提

取后的 CO_2 样品纯度较高,引入外设后系统总体稳定性、精密度和准确度满足要求。

(2)对采样流程及 16 路自动进样器的测试

模拟野外实际采样流程,将测试气 W2(铝合金钢瓶盛装)视为待测大气样品,首先将钢瓶通过采样器与采样瓶连接,然后用待测气体冲洗采样瓶 5min,再按照采样器操作流程,将待测气体充入 16 个采样瓶,最后将采样瓶连入 16 路自动进样器接口进行样品分析。分析结果中,如 δ^{13}C 和 δ^{18}O 的均值与标称值的差值分别<0.05‰和 0.08‰,标准偏差分别<0.02‰和 0.05‰,则说明采样过程和样品分析的进气过程气密性符合要求,未引入明显污染,对待测样品无明显影响,分析结果准确可靠。

(3)对样品进行自动序列分析的测试

同上文方法,通过采样器从 W3 测试气中将待测气体转入 10 个采样瓶,然后将采样瓶连入 16 路自动进样器的接口,同时将 1、2、6、7、11、12 位串联另一瓶测试气 W4 作为目标气 T。分析结果中,如 δ^{13}C 和 δ^{18}O 的均值与标称值的差值分别<0.05‰和 0.08‰,标准偏差分别<0.02‰和 0.05‰,则说明样品序列分析过程中,16 口阀保压及维持真空能力较强,不会造成明显气体污染,同时 16 位自动进样器切换过程中无明显样品交叉污染,可连续对不同样品进行序列分析,分析结果的精度和准确度基本满足要求。

17.3　日常运行、维护和标校

17.3.1　操作

17.3.1.1　开机

(1)主机开机

打开 UPS 电源,将质谱主机侧面底部"Main Swich"旋钮状总电源旋至 ON 状态。

(2)软件操作

安装并打开 ISODAT2.5 操作软件,如果操作系统与主机连同,则主机面板上"HOST CONNEC-TION"灯亮;

在质谱仪主仪器面板上按下"ANALYZER PUMPS"、"INLET PUMPS"(灯亮),打开真空泵,约 15min 后,若工作正常,右边面板上"TURBO PUMPS>80%"、"TURBO PUMP>80%"灯亮。若其中一个泵在一定时间(15min)内未达到最大转速的 80%,抽真空系统将自动关闭;

15min 内电脑软件操作系统面板上显示真空度<3×10^{-5} mbar(hPa),则仪器主机面板上的"SRC. PUMP ERROR"、"MAIN PUMP ERROR"、"INLET PUMP ERROR"灯亮;

仪器稳定后软件界面上的"PUMPS ON"、"SRC VACUUM 50%"、"SRC PUMP READY"、"SRC POINT"4 个绿灯亮,若仪器真空泵系统出现问题,则 4 个灯为红色。系统可开始正常工作的真空度为 10^{-8} mbar(hPa)。

17.3.1.2　样品分析

(1)空气样品 online 双路分析

此处 online 分析指空气中 CO_2 的提取和 CO_2 中碳氧同位素分析两个步骤连续进行,提取出的 CO_2 自动进入双路进样系统中进行分析;而 offline 分析指 CO_2 提取后离线存储于密封容器中,需要进行同位素分析时,再将容器内的 CO_2 转移至质谱进样系统中。

样品分析管路流程如图 17-4 所示。

冷阱准备:将 Trap1 中加满干冰—酒精混合物以除去样品中的水汽,Trap2 加液氮以提取样品中的纯 CO_2。

管路真空准备:关闭离子源和 V21、V22,打开机械泵,并自下而上逐级打开各阀,至真空达到 10^{-3} mbar,然后打开分子泵 V40,5min 后关闭。

充入参比气 ref:先打开 V22 和 V24,冲入少许 CO_2,关闭 V22,打开 V23 和 V39,反复 3 次。将 ref

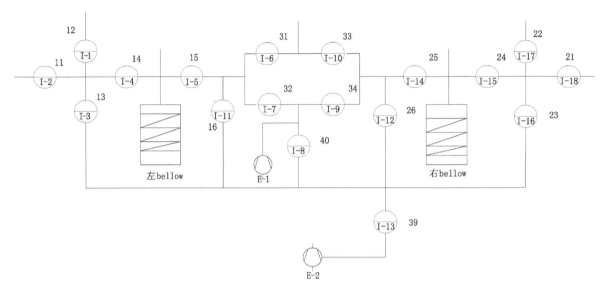

图 17-4　样品分析管路流程示意图

充入右 bellow,充入量视样品量而定。

样品分析:将采样瓶连至 16 路进样器的口进样口端,打开 16 口阀至 on 状态,将样气管路抽真空至 5×10^{-1} mbar(hPa)以下,然后打开所有待分析 Flask 样品瓶的真空阀;在 Acquisition 控制软件中选择 airtrap 模式,编辑样品分析序列,选择样品提取方法及分析方法,设置数据存储路径,点"开始"进行样品分析。

(2)空气样品提取后 offline 双路分析

纯 CO_2 离线提取操作及原理见第 22 章。

管路真空准备:关闭离子源和 V21、V22,打开机械泵,并从接近机械泵端开始逐级打开控制阀,至真空达到 10^{-3} mbar 以下,然后打开分子泵 V40,5min 后关闭。

提取玻璃管样品破碎释放:将安瓿管破碎器接入分析系统,然后将存储有纯 CO_2 的安瓿管置于破碎器中密封,开 V21、V23、V39 抽真空破碎到 8×10^{-3} mbar(hPa);关 V39,开 V13、V14,用力弯折破碎器波纹管部分,使内置的玻璃管破碎,CO_2 即释放到左 bellow。

充入 ref:用 ref 冲洗右 bellow 及管路、并抽真空,如此反复 3 次后,将 ref 冲入右 bellow。

样品分析:在 Acquisition 控制软件中选择 airtrap 模式,编辑样品分析序列,选择分析方法,设置数据存储路径,点开始进行样品分析。

17.3.2　关机

检查数据,存储;

关离子源、高压,待离子源降温 1h 后关泵(先关 Inlet pumps,稍等一会儿再关闭 Analyzer pumps);

在计算机上通过软件退出程序"Instrument Control",关闭电脑;

关 trap 隔膜泵、真空计、流量控制器;

关闭仪器侧面红色电源开关;

关空压机;

关稳压电源,断开电源总开关。

17.3.3　检查

17.3.3.1　硬件检查

每次开机前,检查 UPS 及空压机的连接(空压机输出压力为 5psi,系统输入压力设置为 4psi)。

17.3.3.2　系统真空检查

检查仪器面板"PUMPS ON"、"SRC VACUUM 50%"、"SRC PUMP READY"、"SRC POINT"4 个是否亮绿灯,若仪器真空泵系统出现问题,则 4 个灯为红色。

系统冷开机后至少稳定 3 天左右,检查系统真空达到 10^{-8}mbar(hPa)以上。

样品分析前打开高压和离子源,box+trap 约等于 1.5mA。

进入 airtrap－CO$_2$ 分析模式;检查 18、32、40 背景,18 信号强度应低于 500mV,否则加热除水;32 和 40 应低于 100mV,否则检漏。

17.3.3.3　系统精度检查－Zero 校正

在双路模式下,将 2 个 bellow 冲入纯 CO$_2$,反复压缩－平衡后,进行多次重复测试,δ^{13}C、δ^{18}O 标准偏差应小于 0.06‰。

17.3.3.4　灵敏度检查

将电参数调整为最大灵敏度模式,灯丝电流设为 1.5mA,Diagnosis 模式下,离子源的电离效率值应 <800molecules/ion。

17.3.4　维护

尽量保持系统开机状态,不要经常性开关机;

UPS 始终保持正常工作,每 3 个月蓄电池放电 1 次;

空压机始终保持正常工作,每周排水 1 次,夏季或湿度大情况下每 3 天排水 1 次,排水前调高输出压力,保证在排水过程中输出压力符合系统工作;

主机系统要与地线连接,释放静电;

室内温度波动不宜过大,尽量保持 ±0.5℃为宜;

每周订购干冰、液氮,并视工作量及时补充订购;

样品频繁分析阶段,每周加热除水,加热时间 12h 左右(最长时间不超过 24h),方法为打开 4 个加热器,绿灯亮;结束后需冷却 4～5h 以上方可正常工作;两个冷阱及毛细管加热频率同上,但加热时间为 2h 左右(应有人值守);

每天下班前仔细检查标气、参比气瓶关闭情况;

自动进样器不连接标气瓶和样品瓶时应用玻璃堵头密封;

每 3 月检查一次机械泵油情况,及时与厂家联系更换油杯。

17.4　数据采集、传输和处理

17.4.1　功能介绍

稳定同位素质谱系统 MAT253 配套软件 Isodat2.5 可实现序列运行、分析方法设置、数据采集、数据处理等多项功能,使样品分析操作流程及数据处理更加简捷方便。

(1)仪器控制软件 Instrument Control 可用于系统基本参数设置。

(2)序列运行软件 Acquisition 可编辑序列对样品进行分析。

(3)诊断软件 Diagnosis 可对系统性能进行诊断。

(4)数据处理软件 Workspace 可查看及处理样品分析结果。

(5)数据上传软件 LeapFTP 可将分析结果上传到服务器进行数据备份。

17.4.2　运行环境

WindowsXP。

17.4.3　操作流程

17.4.3.1　样品分析前 Instrument control 操作

（1）点击操作系统中的"Instrument Control"进入仪器控制界面（图 17-5），点击"SOURCE ON"、"HV ON"打开离子源及加速电压，box＋trap 约等于 1.5mA。

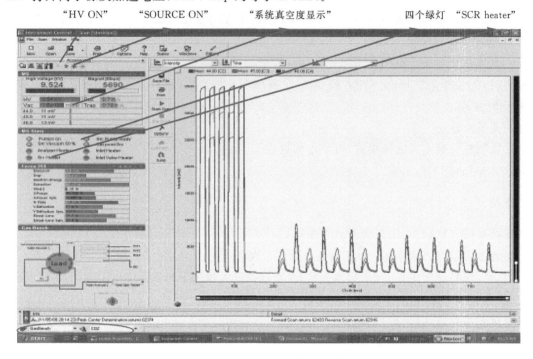

图 17-5　Instrument control 操作界面

（2）进入 airtrap－CO_2 分析模式；检查 18、32、40 背景，18 信号强度应低于 500mV，否则加热除水；32 和 40 应低于 100mV，否则检漏；正常后恢复到 45。

点击"center scan"，调节接收杯（接收 CO_2 的三个同位素 44，45，46）的位置，使其能最大限度地接收信号，如图 17-6 所示。

点击"Auto Focus"，系统自动调整各项参数至最佳状态，OK，等待工作进程达到 100％后，在 focus253 界面处右击，点击"pass to gasconfiguration"，系统将自动调整参数；如图 17-7 所示。

19.4.3.2　Diagnosis 线性诊断

打开 Diagnosis-new(linearity)-advanced-options(选需要测定的线性范围)-start

Diagnosis 界面（图 17-8）最下面一行，选择 change overright（指通过右 Bellow 调节电压值，右 Bellow 充足够的 CO_2），选择 Air trap－CO_2 模式。线性不好可通过调节 Focus253 里的 extraction/trap/energy 来改善线性。调大 extraction 后，自动聚焦（不选 extraction 选项），pass 一下。

19.4.3.3　Acquisition 样品序列分析

编辑序列，按进样顺序（1→16 口或 16→1 口）将采样瓶号填入 Identifier1 列，站点填入 Identifier2 列，选择提取方法及分析方法，如图 17-9 所示。

将 16 口阀所有样品管路抽至 5×10^{-1} mbar 以下，系统内连接阀的管路用机械泵抽真空到 10^{-3} mbar(hPa)，再开分子泵抽 5min。旋开要分析的样品瓶阀。

选择所有要分析的样品列，点开始按钮后，将出现数据存储路径设置界面如图 17-10 所示，文件夹名称按日期编写，方便查找数据。点 OK 开始样品分析。

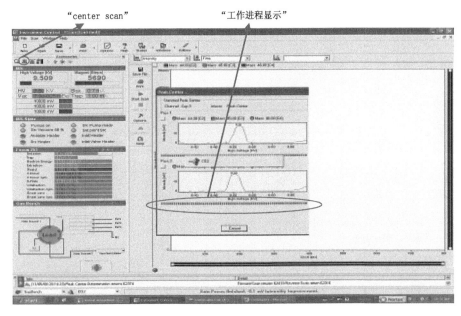

图 17-6 Center scan 界面

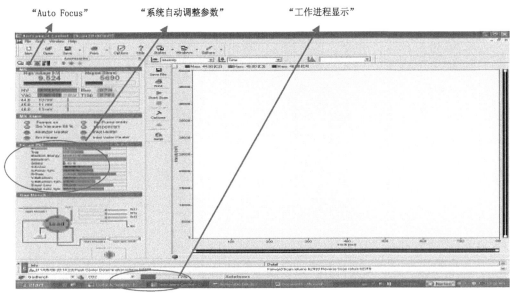

图 17-7 Auto focus 界面

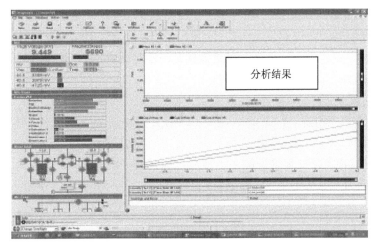

图 17-8 Diagnosis 界面

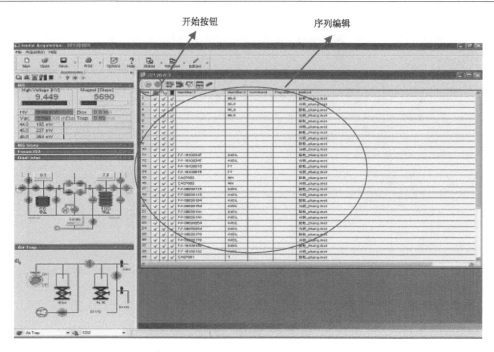

图 17-9　Acquisition 序列编辑界面

图 17-10　序列分析数据存储路径设置界面

17.4.3.4　Workspace 数据处理

（1）分析结果查看

打开"Workspace"—点击"Result"—找到需要查看的样品名称—双击，可查看分析结果，Workspace 结果查看界面见图 17-11。

（2）样品分析结果批量导出

样品分析结果包含多项内容，Workspace 可以 EXCEL 等格式批量导出多个样品的结果并可选择导出的内容，数据处理界面见图 17-12，操作流程如下：

用 Shift＋鼠标左键选择待处理结果的多个样品，点右键—Reprocess；

在 Reprocess 界面为导出的 EXCEL 命名（按分析日期），点 ADD—选择模版，点 OK，等待结果处理完成。

分析结果查看

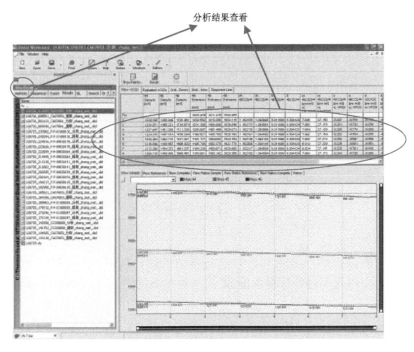

图 17-11　Workspace 分析结果查看界面

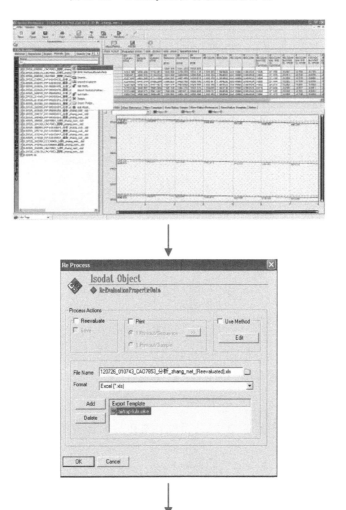

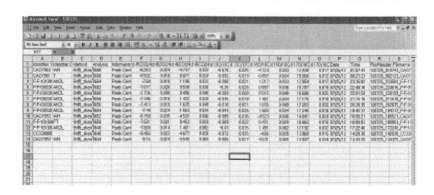

图 17-12 数据结果处理流程图

（3）LeapFTP 数据上传

为避免硬盘损坏导致数据丢失,应及时对样品分析结果进行备份。LeapFTP 可手动将分析结果上传至实验室服务器特定文件夹下进行数据备份,数据上传界面见图 17-13,操作流程如下:

打开 LeapFTP—点击 FTP 服务器—选中左边 Result 下需要上传的数据—拖至右边/raw/空白处—等待完成数据传输。

图 17-13 数据上传操作界面

17.5 故障处理和注意事项

17.5.1 硬件系统故障处理和注意事项

（1）系统背景真空度不达标

检查机械泵或分子泵是否工作正常,判断是否应补充机械泵油或清理油杯;

检查真空规是否工作正常;

检查系统 18、32、40 背景值是否正常,判断是否为系统内污染,如果确定为系统污染,应按相关要求对系统进行加热抽真空处理。

（2）进样口真空度不达标

检查管路是否有轻微漏气;

检查采样瓶是否安装正确;

检查采样瓶口是否有破损。

（3）二级冷阱推进不到位

检查管路是否有轻微漏气；

检查冷阱管是否错位。

（4）分析结果异常

首先检查目标气是否正常，如目标气正常，则可初步诊断为采样污染，或进样口污染，可将目标气置于问题进样口或随机进样口再分析；

如目标气同时异常，应仔细检查是否因系统漏气造成的污染，如确认，应重新紧固后加热烘烤；或对系统进行线性校正；或对参比气和工作气进行再标定。

17.5.2　软件系统故障处理和注意事项

应先打开 Instrument Control 软件再打开 Acquisition 软件；

准备阶段应先做峰对中再做自动聚焦；

样品分析前注意确保 MS State 中的 SCR Heater 灯亮；

Acquisition 运行序列时，应将所要分析的样品序列都选上，再点开始键；

序列运行分析时，不应再对 Instument Control 及 Acquisition 进行任何操作；

序列运行过程中，不要用 Workspace 软件进行数据处理操作；

Workspace 软件进行数据处理时速度较慢，请耐心等待，不要再对电脑进行其他操作。

附录　简易操作指南

F17.1　开机

（1）接通总电源，将"Main Swich"旋钮旋至 ON 状态，仪器面板上"POWER"灯亮；

（2）在质谱主仪器面板上按下"ANALYZER PUMPS"、"INLET PUMPS"（灯亮），打开真空泵，约 15min 后，若工作正常，面板上"TURBO PUMPS>80%"、"TURBO PUMP>80%"灯亮；

（3）15min 内系统面板上显示真空度<3×10^{-5} mtorr，则主机面板上的"SRC. PUMP ERROR"、"MAIN PUMP ERROR"、"INLET PUMP ERROR"灯亮；

（4）仪器稳定后界面上的"PUMPS ON"、"SRC VACUUM50%"、"SRC PUMP READY"、"SRC POINT"4 个绿灯亮。

F17.2　关机

（1）检查数据，存储；

（2）关离子源、高压，待离子源降温 60min 后关泵（先关 Inlet pumps，稍等一会儿再关闭 Analyzer pumps）；在计算机上通过软件退出程序，关闭计算机；

（3）关 trap 隔膜泵、真空计、流量控制器；

（4）关闭仪器侧面红色电源开关；关空压机；关稳压电源，断开电源总开关。

F17.3　样品分析

（1）冷阱准备：将 Trap1 中加满干冰—酒精混合物以除去样品中的水汽，Trap2 加液氮以提取样品中的纯 CO_2；

（2）管路真空准备：关闭离子源和 V21、V22，打开机械泵，并自下而上逐级打开各阀，至真空达到 10^{-3} mbar(hPa)，然后打开分子泵 V40，5min 后关闭；

（3）充入参比气 rf：先打开 V22 和 V24，冲入少许 CO_2，关闭 V22，打开 V23 和 V39，反复 3 次。将

ref 充入右 bellow；

（4）样品分析：将样品瓶放与 16 口进样阀连接，打开 16 口阀至 on，抽样气管路，至真空 5×10^{-1} mbar(hPa)，然后打开所有待分析 Flask 样品瓶阀；在 Acquisition 下调至 airtrap 模式，编辑样品分析序列，选择样品提取方法及分析方法，设置数据存储路径，点开始进行样品分析。

第18章 温室气体玻璃瓶采样预处理-后处理系统

全球大气观测的目的主要是提供全球或区域范围内大气环境参数的长期变化状况。由于大气成分测量的微小偏差，可能导致源汇通量及其分布推算、大气成分未来变化及其影响预测等结果的极大变化。玻璃瓶采样技术以其采样时间和地点相对灵活、采样设备易于运输、便于携带、采样方法简便易行、便于多点采样的全程质量监控等特点而在国内外的大气成分监测网络中广泛应用。但该方法也对玻璃瓶内壁的洁净程度和稳定性、玻璃瓶的存储能力和采样、分析人员操作的规范性提出了较为严格的要求。本章分别对温室气体玻璃采样瓶预处理-后处理系统的原理和结构、运行和维护、数据采集和传输、故障处理和注意事项等进行了详细介绍。

18.1 基本原理和系统结构

18.1.1 系统原理

18.1.1.1 预处理系统

玻璃采样瓶预处理是指在采样瓶首次使用前或受到明显高浓度温室气体及相关微量成分污染后，为使其达到备用要求所采取的处理过程。原理为通过恒温热脱附，使采样瓶内壁吸附的水汽及其他杂质去除。

18.1.1.2 后处理系统

玻璃采样瓶后处理是指在完成每次采样分析后为使玻璃采样瓶恢复到备用状态所采取的处理过程。原理为根据真空度维持状况检测气瓶的气密性，充入填充气使气瓶内壁与外界压力保持平衡，避免采样和存储过程中瓶壁吸附或解吸作用对分析的干扰。

18.1.2 系统配置

18.1.2.1 系统组成

（1）预处理系统的组成

包括加热器、真空管路、机械泵、真空计等（图18-1）。

（2）后处理系统的组成

包括真空管路、阀路、机械泵、分子泵、真空计、填充气等（图18-2）。

18.1.2.2 硬件

（1）预处理系统硬件

预处理系统硬件包括加热器、真空管路、机械泵、真空计等（图18-3）。其中加热器多选用烘箱，要求可保持60℃±0.5℃恒温加热，受热均匀，能够进行程序升温和降温；真空管路要求为不锈钢材质，经过内抛光、钝化处理，密闭管路用机械泵可抽真空至低于10 Pa；同时管路与玻璃采样瓶接口处宜配备过滤器防止杂质或玻璃碎屑进入真空管路或真空泵中；机械泵要求为无油隔膜泵，具备将密闭管路抽真空至低于0.5mbar(hPa)的能力；真空计可准确显示系统真空状况。

（2）后处理系统硬件

后处理系统硬件包括真空管路、阀路、机械泵、分子泵、真空计、填充气等（图18-4）。其中，真空管路

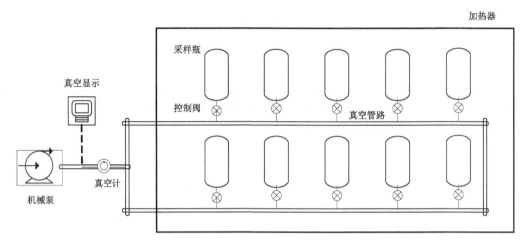

图 18-1　预处理系统示意图

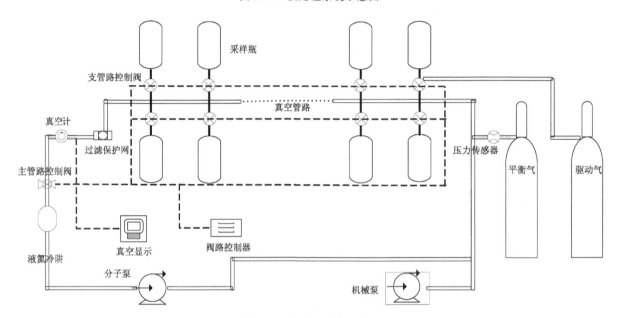

图 18-2　后处理系统示意图

图 18-3　预处理系统实物图

要求为不锈钢材质,经过内抛光、钝化处理,密闭管路用机械泵和分子泵可抽真空至低于 0.13 Pa;同时管路与玻璃采样瓶接口处宜配备过滤器;过滤器的过滤网孔径小于 7 μm 能够有效防止杂质或玻璃碎屑进入真空管路或分子泵中;机械泵极限真空度须低于 0.13 Pa,作为分子泵的前级泵,应该为无油泵或配有油雾过滤装置；分子泵极限真空度须低于 0.08 Pa；真空计要求监测和显示范围应低于 0.05Pa；填充气要求为干洁空气。

图 18-4　预处理系统实物图

18.1.2.3　软件

玻璃瓶采样预处理－后处理系统可实现对玻璃采样瓶的各项操作信息录入及修改，在线查询采样瓶信息。

18.2　日常运行和维护

18.2.1　操作

18.2.1.1　预处理系统操作流程

（1）安装采样瓶

将玻璃采样瓶接入真空管路接口。

（2）开启真空系统

打开真空泵，管路真空度低于 10Pa 后，打开采样瓶阀。

（3）设置温度及时间

将加热器温度设置为从室温条件直接升温至 60℃ 恒温，恒温维持时间 72h。

（4）结束操作

顺次关闭采样瓶阀门、机械泵电源开关和真空计电源开关，待采样瓶降温至室温时，卸下装入存储箱。

18.2.1.2　后处理系统操作流程

（1）安装采样瓶

将玻璃采样瓶接入真空管路接口。

（2）检测真空度

确认真空管路所有控制阀保持关闭状态，顺次打开机械泵和分子泵电源开关、真空计电源开关和采样瓶瓶阀，抽真空至低于 0.08Pa，关闭瓶阀、分子泵和机械泵电源开关后取下采样瓶；经 24h 静置后，采样瓶再次连入管路并抽真空至低于 0.08Pa，开启瓶阀，同时关闭与泵连接的控制阀，持续 60s，真空度若低于 0.50Pa，则通过检测，关闭瓶阀；真空度若高于 1.50Pa，则采样瓶气密性差，不能用于样品采集。

（3）充入平衡气

打开采样瓶阀，在低于 0.13Pa 真空度条件下，打开平衡气瓶瓶阀，缓慢充入平衡气至接近环境大气压力（平原压力为 $1.00×10^5 Pa \sim 1.04×10^5 Pa$），关闭瓶阀。

（4）结束

关闭阀路控制开关、真空计电源开关、分子泵和机械泵电源开关等。

18.2.1.3　信息记录

在记录单或信息记录软件中填写采样瓶号、检测日期、真空度检测结果、平衡气压力、故障处理情况等相关信息。

18.2.2　检查

每次操作前,检查后处理系统液氮、填充气储备是否满足要求;

每次操作前,检查预处理系统烘箱、真空计、机械泵是否工作正常;

每次操作前,检查后处理系统真空计、压力传感器、机械泵、分子泵是否工作正常;

每次操作前,检查预处理系统和后处理系统真空度是否达到要求;

每次操作过程中,定时检查预处理系统烘箱温度和时间显示是否正常。

18.2.3　维护

系统耗材包括:隔膜泵阀片和泵膜、1/4 不锈钢管连接头、1/16 管连接头、液氮、平衡气、机械泵油、机械泵油雾过滤器、电磁阀、二级减压阀等;

每天检查后处理系统进样口是否已用不锈钢堵头进行密封保护,避免异物进入系统;

每月检查平衡气压力状况,并根据消耗速度提前 6 个月提出配气需求;

每三个月添加机械泵油,或清理后重新添加;

每年检查隔膜泵阀片和泵膜状态。

18.3　数据采集和传输

18.3.1　功能介绍

温室气体玻璃瓶采样预处理－后处理系统软件,可实现对玻璃采样瓶的各项操作信息录入及修改,在线查询采样瓶信息。以此对采样瓶的预处理－后处理进行监控,以保证瓶采样分析的质量。

18.3.2　运行环境

Microsoft WindowsXP 或更高版本。

能够访问 CAMS 内网,或者架设在其他网络环境上的服务器端。

18.3.3　操作流程

18.3.3.1　启动软件

双击图标,打开程序,程序界面如图 18-5 所示。

18.3.3.2　采样瓶扫描

扫描待处理的采样瓶号(也可以手动录入瓶号),则瓶号在界面左侧的待处理列表中,如图 18-6 所示。

18.3.3.3　采样瓶信息管理

单击待处理的采样瓶号,右侧的功能栏中出现操作选项,选中"清瓶",则界面正中显示待录入的清瓶数据栏,如图 18-7 所示。

18.3.3.4　信息保存与查询

填好清瓶的各项数据及清瓶的时间,点击"保存"按钮,录入即完成。在近期操作历史可查询历次的操作。

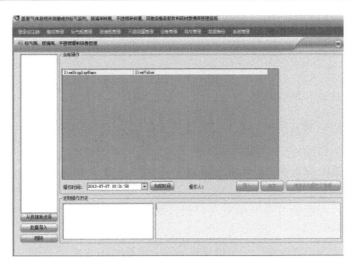

图 18-5　软件主界面

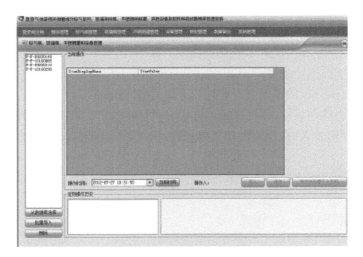

图 18-6　采样瓶数字信息

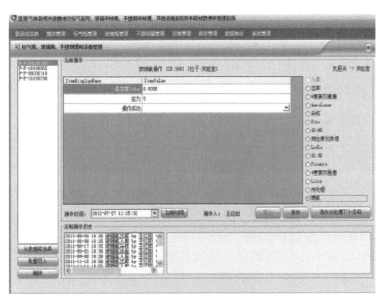

图 18-7　采样瓶信息管理

18.4　故障处理和注意事项

18.4.1　硬件系统故障处理和注意事项

　　每次操作预处理和后处理系统的过程中,须避免撞击采样瓶,如操作过程中玻璃瓶破损,应及时按要求终止系统操作至安全状态,认真清理干净瓶碎屑;

　　如采样瓶检测前系统真空度不达标,应检查管路连接处是否有漏气,或检查冷阱中液氮是否充足,或机械泵是否需要维护;

　　每次操作后处理系统的驱动气瓶及填充气瓶时,应缓慢开启减压阀至预设压力,并保证操作者不直接面对减压阀表头;

　　每次开启后处理系统的分子泵前,应先启动机械泵,使系统真空度降低至 1 Pa 以下,方可开启分子泵;每次关闭分子泵后需等待 20 min 以上才能重启。

18.4.2　软件系统故障处理和注意事项

　　部分版本需要安装 MicroSoft . net framework 4.0 以下(不含 4.0)版本才能运行本软件. 该软件可直接在微软官方网站搜索到下载链接;

　　如果需要连接条码打印机,需要保证计算机有未使用的并口;

　　如果需要连接无线条码扫描枪,需要保证计算机有未使用的串口,或 USB 转串口转换器;

　　需用扫描枪输入瓶号,输入时,不能大写字母锁定,否则格式不正确。输入后要检查,保证没有输错瓶号;

　　操作时间要按照实际进行清瓶的时间填写,以便日后核对。

附录　简易操作指南

F18.1　预处理系统操作流程

　　(1)将玻璃采样瓶接入真空管路接口;
　　(2)打开真空泵,管路真空度低于 10Pa 后,打开采样瓶阀;
　　(3)将加热器温度设置为 60℃恒温,维持时间 72h;
　　(4)顺次关闭采样瓶阀门、真空泵和真空计,卸下采样瓶,装入存储箱。

F18.2　后处理系统操作流程

　　(1)将玻璃采样瓶接入真空管路接口;
　　(2)确认真空管路所有控制阀保持关闭状态,顺次打开泵组、真空计和采样瓶,抽真空至低于 0.08Pa,关闭瓶阀、泵组后取下采样瓶;经 24h 静置后,采样瓶再次连入管路并抽真空至低于 0.08Pa,开启瓶阀同时关闭与泵组连接的控制阀,持续 60s,真空度若低于 0.50Pa,则通过检测,关闭瓶阀;真空度若高于 1.50Pa,则采样瓶气密性差,不能用于样品采集;
　　(3)打开采样瓶阀,在低于 0.13Pa 真空度条件下,缓慢充入平衡气至 $(1.00 \sim 1.04) \times 10^5 Pa$,关闭瓶阀;
　　(4)关闭阀路、真空计、分子泵、机械泵等。

F18.3　信息记录

　　在记录单或信息记录软件中填写采样瓶号、检测日期、真空度检测结果、平衡气压力、故障处理情况等相关信息。

F18.4 检查

(1)每次操作前,检查预处理系统真空度是否达到要求;

(2)每次操作前,检查后处理系统液氮储备、填充气压力、真空计状态、压力传感器状态、泵组状态;

(3)每次操作过程中,定时检查预处理系统烘箱温度和时间显示是否正常;

(4)每次操作后,检查后处理系统进样口是否已用不锈钢堵头进行密封保护。

第 19 章　卤代温室气体采样罐预处理-后处理系统

卤代温室气体几乎全部由人类活动排放产生。广泛用于制冷剂、发泡剂、灭火剂、化工助剂、金属冶炼等。卤代温室气体在大气中寿命很长,能够长距离传输,催化平流层臭氧的光化学反应,导致臭氧层损耗;具有极强的温室效应,履约减排 CFCs 等臭氧层耗损物质(ODS)的同时也能减缓全球变暖,然后部分 ODS 替代物(如 HFCs)具有更高的全球增温潜势。卤代温室气体是《蒙特利尔议定书》和《京都议定书》联合履约的焦点。

随着工业化加速和经济迅速发展,中国已经成为生产和使用卤代温室气体的大国,了解我国不同地区卤代温室气体的本底浓度水平和变化趋势非常重要。中国气象局着眼于我国大气成分观测网络的业务需求,弥补我国在该观测领域的空白,缩短与发达国家之间的差距,在 5 个本底站开展了卤代温室气体罐采样,并在实验室建立了罐采样前处理-后处理系统,作为采样质控的重要措施。本章介绍卤代温室气体罐采样预处理和后处理系统的原理及系统软硬件组成。

19.1　基本原理和系统结构

19.1.1　基本原理

系统在高温下抽真空及充入填充气,反复进行恒温热脱附处理,使得采样罐达到备用要求。

图 19-1 为系统的流程图。图中黄色、绿色、红色均为气体流路。其中绿色线条表示填充气的气路,黄色表示真空管,红色自真空阀至杜瓦瓶部分为真空管,其余为铜制或不锈钢气路。系统包括三个阀门,分别为真空阀、放气阀和压力阀。真空阀控制真空泵和清罐仪的连接、压力阀控制填充气和清罐仪的连接、放气阀控制采样罐的放气。通过电磁阀的组合操作,可以实现将采样罐抽真空、添加填充气以及放空等操作。

可以通过在系统控制面板进行编程来控制三个电磁阀的开启和关闭,也可以通过控制面板上电磁阀的"on""off"键控制电磁阀的状态。

19.1.2　系统结构

系统如图 19-2 所示,系统主要包括:

美国 Wasson ECE 公司 TO14/15 型清罐仪,进行了特殊改装适用于单口罐和双口罐;

杜瓦瓶,盛装液氮,用于干燥填充气;

爱德华 RV-8 真空泵:用于系统抽真空;

填充气:用于向清罐仪内提供干洁空气;

连接管路:包括用于将清罐仪和真空泵连接的真空管、清罐仪和填充气连接的气路。真空管和气路在杜瓦瓶内都有一个 U 形部分,用于除水。

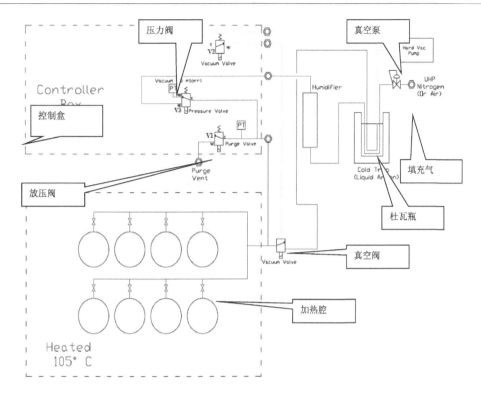

图 19-1 卤代温室气体采样罐前处理和后处理系统流程简图

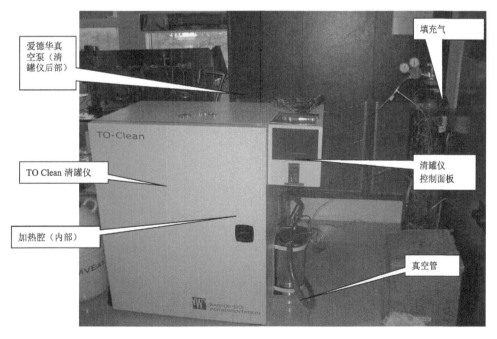

图 19-2 卤代温室气体采样罐前处理和后处理系统实物图

19.2 日常运行和维护

19.2.1 操作

19.2.1.1 单口罐的后处理

（1）检查填充气瓶压力是否足够。

（2）将单口罐与 TO－clean 清罐仪的接口连接好，打开 TO-clean 的电源开关。检查清罐仪的运行温度（屏上红色数字）是否低于室温（屏上黄色数字）。

（3）往杜瓦瓶中加入液氮至大约罐高的一半高度。

注意：为保证安全避免液氮溅出对人体造成伤害，刚开始加入的时候要缓慢地加入。

（4）打开填充气瓶的减压阀，调节分压至 2bar。

（5）打开真空泵的电源开关。

（6）检查整个气路的密封性：点击触摸屏上主菜单的"dignostics"键，继续选择"leak test"键，调节检漏高压最大不超过 25 psi，一般调节为 20 psi，检测时间一般设为 1min，然后点击"start"键开始。如果 TO-clean 显示屏显示结果为"passed"，则整个气路密封性良好，点击"done"退出界面，继续点击"cancel"，继续进行下一步操作；如果清罐仪显示屏显示结果为"failed"，则说明气路存在漏气，应检查气路并排除漏气点，重复上述步骤直到检漏通过。打开单口罐的阀门重新检查整个气路的密封性，操作如上。

（7）调节清罐仪的温度按钮，调整预设温度（红色数字）为 100℃。

（8）建立方法（configure method）。

（9）Cycle1，high pressure：20psi，保留 3mins，low pressure：100mtorr，保留 2mins。

（10）Cycle2，high pressure：20psi，保留 3mins，low pressure：100mtorr，保留 2mins。

（11）Cycle3，high pressure：20psi，保留 3mins，low pressure：60mtorr，保留 2mins。

（12）点击触摸屏主菜单上的"clean"按钮进入下一级菜单，继续点击"load method"按钮进入下一级菜单，通过上下选择箭头"▲▼"来选中步骤 8 建立的方法，然后点击"load"按钮，退回上一级菜单，继续点击"clean"按钮，开始后处理。

（13）冷却至室温，关闭单口罐阀门。点击触摸屏"valve control"键，继续点击"pressure valve"键为"on"状态。卸下单口罐，分别用堵头堵住单口罐和清罐仪的气路口，关闭清罐仪电源开关，关闭气瓶阀门，关闭真空泵电源开关，取下单口罐备用。

19.2.1.2 单口罐的前处理

最后一步需要将罐在 100℃下保持 12h；其他步骤同采样罐的后处理相同。

19.2.1.3 双口罐的后处理

（1）检查填充气瓶压力是否足够，是否需要更换气瓶。

（2）将双口罐与清罐仪的接口连接好，打开清罐仪电源开关，检查运行温度（显示屏上黄色数字）是否低于室温（屏上黄色数字）。

（3）往杜瓦罐中加入液氮至大约罐高的一半高度。

注意：刚开始加入的时候要缓慢地加入。

（4）打开标气瓶的减压阀，调节分压至 2bar。

（5）打开真空泵的电源开关。

（6）检查整个气路的密封性：点击触摸屏上主菜单的"dignostics"键，继续选择"leak test"键，调节检漏高压最大不超过 25psi，一般调节为 20psi，检测时间一般设为 1min，然后点击"start"键开始。如果 TO-clean 显示屏显示结果为"passed"，则整个气路密封性良好，点击"done"退出界面，继续点击"cancel"，继续进行；如果 TO-clean 显示屏显示结果为"failed"，则说明气路存在漏气的地方，检查整个气路之后，重复上述步骤。

（7）打开绿色阀门，重复第（5）步过程。

（8）调节 TO-clean 的温度按钮，调整预设温度（红色数字）为 100℃。

（9）点击触摸屏主菜单上的"clean"按钮，进入下一级菜单，继续点击"load method"按钮进入下一级菜单，通过上下选择箭头"▲▼"选择"new110914"方法，然后点击"load"按钮，退回上一级菜单，继续点击"clean"按钮,此方法的终了状态为"pressurized",罐内有 20psi 的压力,待触摸屏显示"finished"状态,点击"done"按钮。

(10)退回主菜单,点击"diagnosis"按钮进入下一级菜单,点击"valve control"按钮,在"pressure valve""vent valve""vacuum valve"三个阀分别为"off""off""off"状态下,关闭气瓶减压阀。

(11)冷却至室温,关闭绿色阀门。点击触摸屏"valve control"键,继续点击"pressure valve"键对应的键为"on"状态。卸下双口罐,分别用堵头堵住双口罐进出气口和 TO-clean 的气路口,关闭 TO-clean 电源开关,关闭气瓶阀门,关闭真空泵电源开关,取下双口罐备用。

(12)新罐的清洗:需先将罐的进出气口都打开,在 100℃下,通入填充气 12h,调节每个罐的出气口流量约 20mL/min;再重复日常清罐步骤。

19.2.1.4　采样罐处理程序的设定

在主菜单上点击"configure method"按钮进入下一级菜单,如图 19-3 所示。

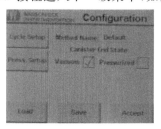

图 19-3　configure method 下一级菜单

图 19-3 中,"cycle setup"是用来设定循环个数以及每个循环的高低压保持的时间;"press. setup"是用来设定每个循环中的高压和低压数值;"vacuum"和"pressurized"则代表所建立的方法中罐的终了状态;"load"是用来进入一个已经建立好的方法;"save"则是用来保存新建立的方法;"accept"是用来保存对已经建立的方法所做的修改。

点击"cycle setup"按钮,进入下一级菜单,如图 19-4 所示。

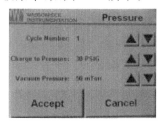

图 19-4　cycle setup 下一级菜单

图 19-4 中,"number of cycle"选项,通过箭头来设定所需要的循环个数;"cycle number"选项,通过箭头来选择需要的设置的循环;"low pressure cycle time"和"high pressure cycle time"分别是在相应的低压和高压保持的时间,同样通过箭头来调节。设定完毕,点击"accept"按钮,返回上一级菜单。

点击"press. setup"按钮,进入相应下一级菜单,如图 19-5 所示。

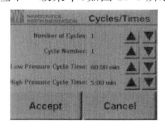

图 19-5　press. setup 下一级菜单

图 19-5 中,"cycle number"选项,通过箭头来选择需要的设置的循环;"charge to pressure"和

"vacuum pressure"分别通过箭头来调整到需要设定的高压和低压。设定完毕,点击"accept"按钮,返回上一级菜单。

点击"save"按钮,对新建立的方法进行命名。点击"save",一个新的方法建立完成。

19.2.2 检查

系统在运行前需检查下列内容:

真空泵是否工作正常;

系统升温是否正常。

19.2.3 维护

系统需每隔 12 个月更换真空泵泵油。

附录 简易操作指南

F19.1 单口罐前处理流程

(1)将单口罐与 TO-clean 清罐仪的接口连接好,打开罐口的阀门,打开清罐仪的电源开关。

(2)往杜瓦瓶中加入液氮至大约罐高的一半高度。

(3)打开填充气瓶的减压阀,调节分压至 2bar。

(4)打开真空泵的电源开关。

(5)检查整个气路的密封性:dignostics→leak test,调节检漏高压最大不超过 25psi,一般调节为 20psi。如果清罐仪显示屏显示结果为 passed,则整个气路密封性良好,继续进行;如果清罐仪显示屏显示结果为 failed,则说明气路存在漏气的地方,检查整个气路之后,重复上述步骤。

(6)建立方法(configure method)。

(7)Cycle1,high pressure:20psi,保留 3mins,low pressure:100mtorr,保留 2mins。

(8)Cycle2,high pressure:20psi,保留 3mins,low pressure:100mtorr,保留 2mins。

(9)Cycle3,high pressure:20psi,保留 3mins,low pressure:60mtorr,保留 2mins。

(10)终了状态应为真空。

(11)Load 刚建立的方法,开始后处理。

(12)冷却至室温,关闭真充气瓶减压阀,关闭清罐仪电源开关,关闭单口罐的阀门,取出备用。

F19.2 双口罐后处理流程

(1)将双口罐的绿色阀门对应的进气口与清罐仪的接口连接好,打开清罐仪电源开关。

(2)往杜瓦瓶中加入液氮至大约罐高的一半高度。

(3)打开填充气瓶的减压阀,调节分压至 2bar。

(4)打开真空泵的电源开关。

(5)检查整个气路的密封性,dignostics→leak test,调节检漏高压最大不超过 25psi,一般调节为 20psi。如果清罐仪显示屏显示结果为 passed,则整个气路密封性良好,继续进行;如果清罐仪显示屏显示结果为 failed,则说明气路存在漏气的地方,检查整个气路之后,重复上述步骤。

(6)打开绿色阀门,重复第(5)步过程。

(7)load 相应方法(vacuumandfilled)抽真空至 80mtorr。

(8)调节清罐仪控制阀,使得"pressure valve""vent valve""vacuum valve"三个阀分别为"on""off""off"状态。

(9)将填充气瓶和清罐仪之间的连接管路换成带有针型阀的管子,调节针型阀,使得各个罐的氮气流量均在 40mL/min 左右。调节清罐仪的温度为 100℃,100℃下,以 40mL/min 的流量往双口罐里连续通入高纯氮气 12h。

(10)12h 之后,用流量计测定每个罐的流量是否仍为 40mL/min。关闭双口罐的绿色和红色阀门。关闭高纯氮气瓶。

(11)冷却至室温,关闭双口罐的两个阀门,取出备用。

第 20 章　纯 CO_2 多级冷凝提取系统

　　研究 CO_2 浓度及其 $\delta^{13}C$ 观测数据的耦合关系,可用于区分大气 CO_2 与陆地和海洋交换的份额。而在进行 $\delta^{13}C$ 分析时,系统只能对纯 CO_2 进行同位素检测,因此,需要专门将大气中的 CO_2 提取出来。目前国际通用方式有两种,其一为在线提取,即 CO_2 提取和同位素分析在一套分析设备上完成,CO_2 被提取出来后直接进入质谱进行分析;其二为离线提取,将大气通过单独的一套系统将其中的 CO_2 提取出来,再联入质谱系统进行同位素分析。离线提取的优势就是提取出的纯 CO_2 可以长期保存,供不同系统、不同实验室之间比对测试。但该方法对操作人员的操作技能提出了较为严格的要求,比如任何一个管路部件的轻微污染或任何一个步骤中系统极微小的漏气,均可导致 CO_2 提取过程失败。本章分别对该系统的原理和结构、运行和维护、数据采集和传输、故障处理和注意事项等进行了详细介绍。

20.1　基本原理和系统结构

20.1.1　系统原理

　　利用大气中不同气体凝固点临界温度的不同,首先用干冰与液氮的混合物,将大气中的水汽冷凝去除,然后用液氮在更低温度条件下将大气中的 CO_2 冷凝固定,再将剩余气体抽真空去除,即获得纯 CO_2。为了提取高纯度的 CO_2,可以采取多级冷凝、提取。

20.1.2　系统

20.1.2.1　系统组成
　　如图 20-1,系统组成包括真空管路、控制阀、机械真空泵、涡轮分子泵、压力传感器、质量流量控制器、真空规、水汽捕集阱、CO_2 临时捕集阱、CO_2 最终捕集阱、油雾捕集阱、燃烧枪、燃烧气、氧气、监视软件组成。

20.1.2.2　硬件
　　如图 20-2,系统硬件包括真空管路、控制阀、机械真空泵、涡轮分子泵、压力传感器、质量流量控制器、真空规、水汽捕集阱、安瓿玻璃管、CO_2 临时捕集阱、CO_2 最终捕集阱、油雾捕集阱、燃烧枪、燃烧气、氧气、压力—真空—流量显示器等。

　　真空管路要求为不锈钢材质,经过内抛光、钝化处理,密闭管路用真空泵可抽真空至低于 10Pa。

　　管路与玻璃采样瓶接口处宜配备过滤器防止杂质或玻璃碎屑进入真空管路或真空泵中。

　　机械泵要求必须配备油雾过滤器,极限真空度须低于 0.13Pa,分子泵极限真空度须低于 0.08Pa 以上。

　　真空计要求监测和显示范围应低于 0.05Pa。

　　水汽捕集阱中干冰与液氮混合物的温度应为 $-80℃$ 左右。

20.1.2.3　软件
　　本系统监视软件用于在 W_2 提取过程中对系统压力、流量和真空度进行实时监控,并具有信息录入、存储和数据分析等功能,具体详见 20.3 节。

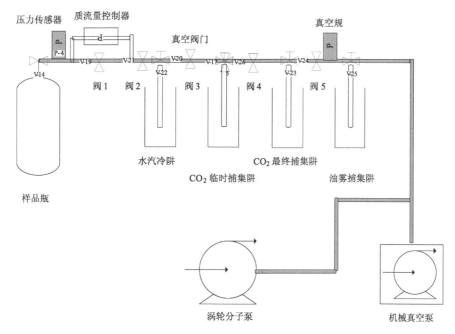

图 20-1　纯 CO_2 多级冷凝提取系统原理图

图 20-2　纯 CO_2 多级冷凝提取系统实物图

20.2　日常运行和维护

20.2.1　操作

20.2.1.1　安装采样瓶和安瓿玻璃管

将玻璃采样瓶和安瓿玻璃管分别接入系统真空管路接口。

20.2.1.2　检测真空度

确认真空管路所有控制阀保持开启状态,顺次打开真空计、机械泵和分子泵,抽真空至低于 0.08Pa。

20.2.1.3　软件设置

打开监视软件,按要求进行设置。

20.2.1.4　安放冷阱

在水汽捕集阱中添加干冰与液氮的混合物,在 CO_2 临时捕集阱和油雾捕集阱中添加液氮。

20.2.1.5　CO_2 提取

关闭阀 1,开启其余控制阀 2—5,质量流量控制器设置为 60mL/min;

点击软件开始监控,打开采样瓶阀;

待监控软件中压力和流量曲线开始下降时,关闭采样瓶阀,关闭阀3;

将 CO_2 临时捕集阱液氮杯转移至 CO_2 最终捕集阱,原处替换为干冰和液氮的混合物。

20.2.1.6　CO_2 捕获

待监控软件中真空曲线由高转低并最终低于 $0.08Pa$ 时,关闭阀4和阀5;

点燃燃烧枪,将安甄玻璃管液氮外端小心密封烧断,保存。

20.2.1.7　结束

关闭阀路、真空计、分子泵、机械泵等。

20.2.2　检查

每次操作前,检查系统真空度是否达到要求。

每次操作前,检查干冰、液氮储备是否满足要求。

每次操作前,检查系统真空计、压力传感器是否显示正常。

每次操作前,检查系统机械泵、分子泵是否工作正常。

每次操作后,检查系统进样口是否已用不锈钢堵头进行密封保护。

每次操作后,检查是否已将数据按规定上传、存储。

20.2.3　维护

系统耗材包括:干冰、液氮、1/4不锈钢连接头、燃烧气、氧气、真空阀、安甄集气管、油雾过滤器等。

每三个月添加机械泵油,或清理后重新添加。

每月检查燃烧气和氧气的压力状况,并根据消耗速度提前1个月提出采购计划。

每三个月添加机械泵油,或清理后重新添加。

20.3　数据采集和传输

20.3.1　功能介绍

该自动化监控软件主要用于在提取系统运作过程中对压力、流量及真空度进行实时监控,具有实验录入功能,实时监控功能,历史数据分析功能,采样数据FTP自动上传功能,历史数据删除功能,系统配置功能。

20.3.2　运行环境

软件开发环境:Windows操作系统,VB6开发前台系统,Access作为后台数据库。

软件运行环境:WindowsXP及以上操作系统。

20.3.3　操作流程

(1)在"实验名称"栏填入实验名称,如图20-3所示。

(2)在"瓶号"栏填入瓶号,如图20-4所示。

(3)在"站点"栏选择站点,如图20-5所示。

(4)在"采样周期"栏填写监控的时间间隔,如图20-6所示。

(5)在"预期持续时长"栏填写预计实验要进行的时间,如图20-7所示。

(6)在采样范围中勾选待分析的变量,为复选框,只有被选中的变量被监控,如图20-8所示。

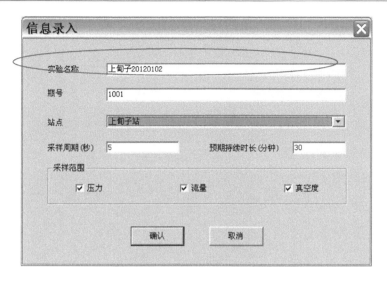

图 20-3　填入实验名称

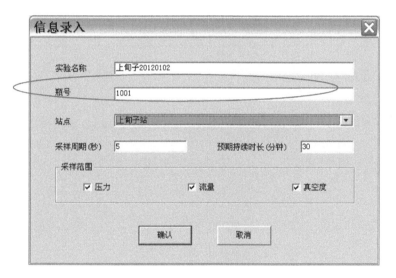

图 20-4　填入瓶号

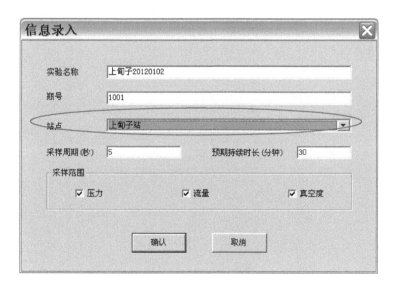

图 20-5　填入选择站点

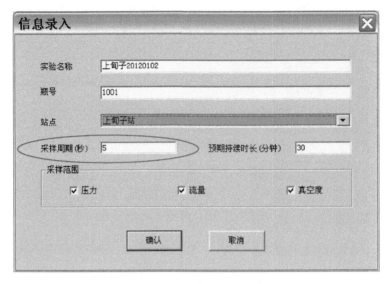

图 20-6　填入监控的时间间隔

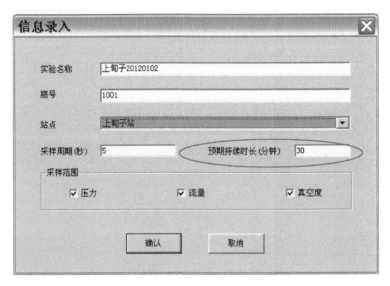

图 20-7　填入预计实验进行时长

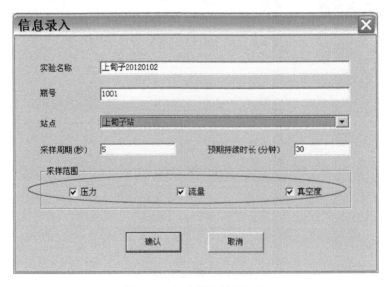

图 20-8　勾选待分析的变量

（7）填写完毕单击"确认"按钮，如图 20-9 所示。

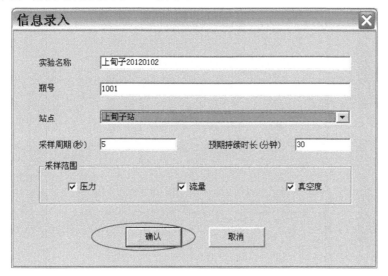

图 20-9　填写完毕后单击"确认"键

（8）在弹出提示框单击"确定"按钮，如图 20-10 所示。

图 20-10　弹出"确定"按钮

（9）监测图形开始显示，如图 20-11 所示。

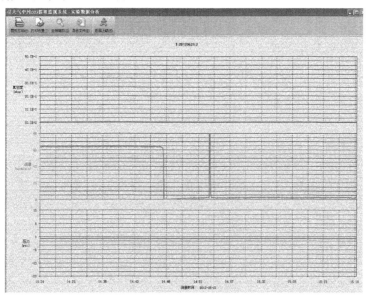

图 20-11　显示监测图形

（10）监测结束。

（11）点击"历史分析"菜单栏，进行数据调用，如图 20-12 所示。

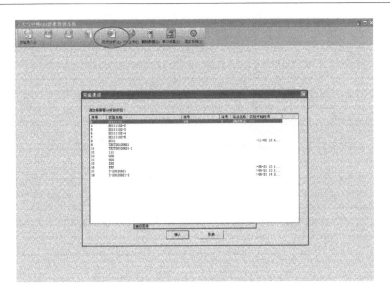

图 20-12　调用"历史分析"数据

20.4　故障处理和注意事项

20.4.1　硬件系统故障处理和注意事项

每次操作过程中,需避免撞击采样瓶,如操作过程中采样瓶破损,应及时按要求终止系统操作至安全状态,认真清理干净玻璃碎屑。

如 CO_2 提取前系统真空度不达标,应检查管路连接处是否有漏气,或检查防护冷阱中液氮是否充足,或机械泵是否需要维护。

提取过程中应戴防护手套以避免二级冷阱中液氮溢出而造成的冻伤。

提取工作完成后,应及时关闭燃烧气气瓶并存放于安全位置。

20.4.2　软件系统故障处理和注意事项

在新系统下运行此软件,需要对 3 套设备与该系统间的 com 连接口进行设置。

采样瓶编号必须设置条码中完整编号,如 F−F−09110123。

附录　简易操作指南

F20.1　安装采样瓶和安甄玻璃管

将采样瓶和安甄玻璃管分别接入系统真空管路接口。

F20.2　检测真空度

确认真空管路所有控制阀保持开启状态,顺次打开机械泵和分子泵、真空计,抽真空至低于 0.08Pa。

F20.3　软件设置

打开监视软件,按要求进行设置。

F20.4　安放冷阱

在水汽捕集阱中添加干冰与液氮的混合物,在 CO_2 临时捕集阱和油雾捕集阱中添加液氮。

F20. 5　CO_2 提取

关闭阀 1,开启其余控制阀 2—5,质量流量控制器设置为 60mL/min;

点击软件开始监控,打开 flask 瓶阀;

待监控软件中压力和流量曲线开始下降时,关闭采样瓶阀,关闭阀 3;

将 CO_2 临时捕集阱液氮杯转移至 CO_2 最终捕集阱,原处替换为干冰和液氮的混合物。

F20. 6　CO_2 捕获

待监控软件中真空曲线由高转低并最终低于 0.08Pa 时,关闭阀 4 和阀 5;

点燃燃烧枪,将安甄玻璃管液氮外端小心密封烧断,保存。

F20. 7　结束

关闭阀路、真空计、分子泵、机械泵等。

大气成分观测业务技术手册

第二分册
气溶胶观测

中国气象局综合观测司

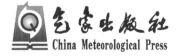

气象出版社
China Meteorological Press

内容简介

为了满足中国气象局大气成分观测站网业务化运行的需求，进一步规范业务人员对业务系统的日常操作和运行维护，并为相关人员了解测量原理、开展业务工作提供参考，中国气象局综合观测司组织有关专家及有经验的台站业务技术人员，共同编写了《大气成分观测业务技术手册》。本《手册》是《大气成分观测业务规范（试行）》的重要补充，由温室气体及相关微量成分、气溶胶观测、反应性气体观测和臭氧柱总量及廓线等四个分册组成，并将根据业务发展的需求补充完善其他大气成分观测内容。

本《手册》供中国气象局业务管理和科技业务人员学习与业务应用。

图书在版编目（CIP）数据

大气成分观测业务技术手册/中国气象局综合观测司编著.
—北京：气象出版社，2014.7（2020.5重印）
ISBN 978-7-5029-5969-2

Ⅰ.①大… Ⅱ.①中… Ⅲ.①大气成分-观测-技术
手册 Ⅳ.①P421.3-62

中国版本图书馆 CIP 数据核字（2014）第 151253 号

出版发行：气象出版社

地　　址：北京市海淀区中关村南大街 46 号　　　　邮政编码：100081
电　　话：010-68407112（总编室）　010-68408042（发行部）
网　　址：http://www.qxcbs.com　　　　E-mail：qxcbs@cma.gov.cn
责任编辑：林雨晨　　　　　　　　　　　　　　终　　审：周诗健
封面设计：詹　辉　　　　　　　　　　　　　　责任技编：吴庭芳
印　　刷：北京建宏印刷有限公司
开　　本：880 mm×1230 mm　1/16　　　　　　印　　张：41.5
字　　数：1344 千字
版　　次：2014 年 7 月第 1 版　　　　　　　　印　　次：2020 年 5 月第 2 次印刷
定　　价：180.00 元（全套）

本书如存在文字不清、漏印以及缺页、倒页、脱页等，请与本社发行部联系调换

编写说明

为了实施《大气成分观测业务规范(试行)》,进一步推进环境气象及大气成分观测业务化,满足观测站网运行的需求,使观测人员了解仪器设备的测量原理、掌握仪器的操作和维护技能,综合观测司组织有关单位和专家编写了《大气成分观测业务技术手册》。

《大气成分观测业务技术手册》是《大气成分观测业务规范(试行)》的重要补充,由温室气体及相关微量成分、气溶胶观测、反应性气体观测和臭氧柱总量及廓线等四个分册组成,并将根据业务发展的需求补充完善其他大气成分观测内容。

《气溶胶观测》分册由中国气象局气象探测中心、中国气象科学研究院编写。参加本手册编写的人员主要有:张晓春、颜鹏、林伟立、汤洁、赵飞、王垚、鲁赛、贾小芳、李菲、董番、孟燕军、王缅、李杨、荆俊山、靳军莉、于大江、马千里、宋庆利、周怀刚、刘鹏、王剑琼、俞向明、李邹、许正旭、温民、李楠、王亚强、孙俊英、车慧正、张养梅等。

随着台站及实验室已建系统运行维护经验的不断总结积累,以及在建系统陆续投入运行,本分册相关内容也将随之补充完善,定期更新。

目 录

第 1 章　Grimm180 颗粒物监测仪

　　大气颗粒物（particulate matter，PM）是指均匀分散在空气中的各种固体或液体微粒。这些微粒一般含有离子成分（以硫酸及硫酸盐气溶胶、硝酸及硝酸盐气溶胶为代表）、痕量元素成分（包括重金属和稀有金属等）和有机物成分（如不挥发或半挥发性有机物、多环芳烃等），其化学组成非常复杂。它们在空气中形成相对稳定的悬浮体系，即大气气溶胶（aerosol），在许多地球物理和地球化学的变化过程中扮演重要角色，影响到大气化学反应、云的形成、太阳对地球的辐射平衡以及气候变化和人体健康，而这些影响受颗粒物化学组成和粒径分布控制。因此，大气气溶胶的研究是大气科学和环境科学的重要课题，也是全球变化研究的重要内容。

　　大气颗粒物的许多重要特征，如化学成分、体积、质量和沉降速度等都和粒子大小有关，而气溶胶的辐射和成云作用也受化学组成和粒径（D_p）分布控制。大气颗粒物的空气动力学直径范围约为 $0.002\sim100\ \mu m$，其中总悬浮颗粒物（total suspended particles，TSP）则是包含了全部粒径的颗粒物总称。颗粒物的浓度一般呈三模态，即爱根模（或称核模，$D_p<0.1\mu m$）、积聚模（$0.1\sim1\mu m$）和粗模（$D_p>1\mu m$）三个区间出现峰值。实际粒径分布在空间和时间上有很大不同。

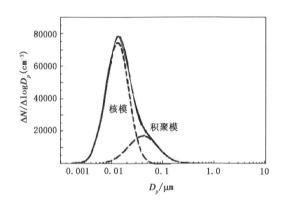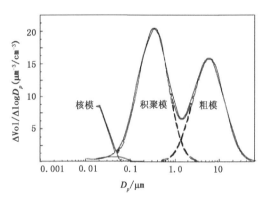

图 1-1　大气颗粒物粒径分布（Whitby，1978）

（左：数浓度；右：体积浓度）

　　不同粒径的颗粒物反映了粒子来源及形成机制。燃烧源排放和成核作用形成的颗粒物粒径一般小于 $0.2\mu m$；$0.2\sim0.5\mu m$ 之间的粒子主要是由大气中氧化剂和气态有机物反应的生成物以及 SO_4^{2-} 的二次气溶胶组成，对人体健康、大气能见度和酸沉降影响最大；在长距离的输送和成云过程中，$0.2\sim1\mu m$ 粒径段的颗粒物起主要作用。直接排入大气和机械产生的初级颗粒物是对粗粒子最大的贡献者，如土壤尘（主要成分是硅酸盐、Al、Fe 和 Ca 元素）、海洋飞沫（主要元素是 Na 和 Cl 元素）和植物颗粒物（主要成分是有机物），其中碱性物质起中和酸雨的作用。大气中的化学反应也是粗粒子的来源之一，如 HNO_3 与土壤或海盐颗粒物发生反应而生成粗粒子硝酸盐。TSP 中对人体健康影响最大的部分是 PM_{10}（$D_p<10\mu m$）；其中，$PM_{2.5}$（$D_p<2.5\mu m$）可以通过鼻腔进入肺泡。大量流行病学的研究报告表明，大气颗粒物浓度的上升与死亡率、发病率的增加有显著关系。由于颗粒物粒径大小是颗粒物的重要性质，并同人类健康密切联系，目前制定的颗粒物浓度级别标准建立在粒径基础上。

　　Grimm180 颗粒物监测仪是在线测量气溶胶浓度的一种仪器，可以实时测量 32 个粒径段的气溶胶数浓度，并计算出 PM_{10}、$PM_{2.5}$ 和 PM_1 的质量浓度，本技术手册包括了 Grimm180 仪器安装、基本原理、操作流程以及日常维护等。

1.1　基本原理和系统结构

　　Grimm 180 是在线环境颗粒物监测仪(图 1-2),可同时测量大气环境中的 PM_{10}、$PM_{2.5}$ 和 PM_1,具有易于安装、操作简单、运行寿命长以及维护量少的特点。同时,Grimm180 还具有自动数据备份和自动数据传输的功能。

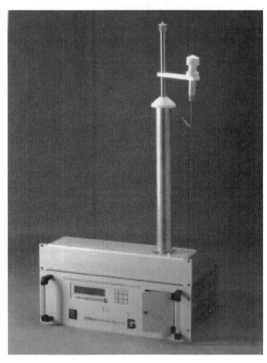

图 1-2　Grimm180 仪器配置图

1.1.1　基本原理

　　Grimm 180 颗粒物监测仪的测量原理如图 1-3 所示。抽气泵以恒定流量 1.20 L/min 将环境空气吸入样气室。半导体激光源以高频率产生激光照射样气室,其频率足够快,保证样气中的颗粒物浓度在一定范围($0.1\sim1500\mu g/m^3$)内不会错过穿过气室的任何颗粒物。如有颗粒物存在,激光照在上面会发生散射,在同一平面上与激光照射方向成 90° 角的检测器会收到被对面的反射镜聚焦的散射光,其强弱与颗粒物的直径大小有关系。如果在某一时刻,样气室中没有颗粒物,激光就会穿过样品室到达吸收井被

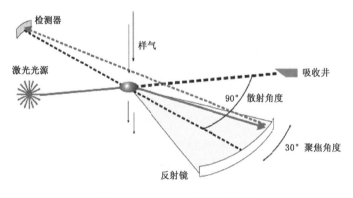

图 1-3　Grimm 180 测量原理图

吸收。检测器收到的脉冲信号是与产生散射的颗粒物直径大小有相关性,检测器就为所有经过样气室的颗粒物产生各自相应的脉冲信号,最后脉冲信号计数器记录颗粒物的个数同时脉冲信号分析器给出了每个颗粒物相应的脉冲强弱分级,可计算出每个颗粒物粒径的大小。所有数据均通过 RS232 数据线被传输到计算机,并同时存储到主机内部 80KB 的内存或更大存储量的数据卡中。

Grimm180 采用了 685nm 激光,相对于其他颜色的激光而言,受水汽的影响较小。采用了 90°激光散射,使颗粒物的颜色对散射没有影响。

Grimm180 内置采样泵自动控制流量恒定在 1.20 L/min,环境空气被抽进分析气室,穿过激光束,到达粉尘过滤器,所有粉尘颗粒都被收集。其中一部分过滤后的干净气体,通过特定的气路生成气幕,起到保护激光光源、检测器和激光井的作用,防止颗粒物污染这些光学元器件。

测量过程中,所有粉尘都根据直径大小被分别定义为 31 个不同的粒径分布,见表 1-1。仪器在每一次测量开始,都要进行 30s 自检。当仪器显示第一个测试数据时,真正测量开始。此后,仪器实际上每 6s 进行一次测量,但是每 1min 将测量数据传到数据存储卡,也可以通过 RS232 接口将数据实时传输到计算机,测量时间可以选择为 6s(快速模式)或 1min(标准模式)。

表 1-1　Grimm180 测量的 31 个粒径(单位:μm)

0	0.25	0.28	0.30	0.35	0.40	0.45	0.50
0.58	0.65	0.70	0.80	**1.0**	1.3	1.6	2.0
2.5	3.0	3.5	4.0	5.0	6.5	7.5	8.0
10.0	12.5	15.0	17.5	20.0	25.0	30.0	32.0

仪器每 6s 将测量到的 31 个粒经通道的颗粒物浓度记录并存储,同时仪器也记录了采样时间和采样流量(1.20 L/min),处理器再将颗粒物个数乘以颗粒物密度,获得 31 个粒径通道的质量分布。最后根据 PM 定义,得到 PM_{10}、$PM_{2.5}$ 和 PM_1 的质量浓度。

1.1.2　技术参数

1.1.2.1　主要技术参数

主要技术参数见表 1-2。

表 1-2　主要技术参数

名称	主要内容
测量粒径范围	0.25～32 μm
精度	量程的±2%
测量时间	1～60min
采样流量	1.20L/min±5%
光学保护气流流量	0.3L/min
操作	通过仪器的键盘或 RS－232
尺寸	483mm×177mm×400 mm (4 HU)19"标准工业机架式结构
重量	15kg
测量质量浓度范围	1～1500μg/m³
可安装气象传感器	温度、湿度、风向、风速和降雨量

1.1.2.2　数据显示及输出

数据显示及输出技术参数见表 1-3。

表 1-3　数据显示及输出技术参数

名称	主要内容
液晶显示器	2 行×16 字符
液晶显示器上数据	平均浓度;报警;日期;时间;可选组件的测量值
模拟输入	3 端口,分辨率 10 bits,0～10VDC
RS−232 数据识别格式	9600 bits,8bits,无校验,1 停止位,XON/XOFF 协议
RS−232 插槽	只用于仪器配置的数据线 1.143E。

1.1.2.3　存储卡及数据采集

存储卡及数据采集技术参数见表 1-4。

表 1-4　存储卡及数据采集技术参数

名称	主要内容
数据存储卡	512 KB～64 MB,可备份 1 个月以上的测试数据
数据采集	每分钟的测量值,日期,时间,位置,错误代码等

1.1.2.4　温度/湿度传感器

温度/湿度传感器技术参数见表 1-5。

表 1-5　温度/湿度传感器技术参数

名称	主要内容
尺寸	Ø=15 mm,长=200 mm,信号线长度 3m
接口	6 针
电源	10V ±5%,<5 mA
温度测量范围	0～+80℃
温度分辨率	0.1 K
温度准确度	0.3 K
湿度测量范围	0～100 % RH
湿度分辨率	0.1 %
准确度	1 %

1.1.2.5　环境条件要求

环境条件要求见表 1-6。

表 1-6　环境条件要求

名称	主要内容
操作温度和湿度	+4～+40℃,RH<95%
运输温度	−20～+50℃,RH<95%
压差	5～−50hPa(短期)(最大−100hPa)
过压	最大+100hPa,长期测量

1.1.2.6　记忆功能

最近一次待机模式的功能会再次启动,显示模式与以前相同,报警值、计算膜重和采样流速保持为存储值。

即使在测量过程中发生断电,所有平均值会保存,以便在通电时测量会自动继续。

1.1.2.7　激光电源

激光光源技术参数见表 1-7。

表 1-7　激光光源技术参数

名称	主要内容
激光类型	半导体激光二极管
波长及功率	685 nm,最大 60 mW,正常 0.5～32 mW

1.1.3　仪器结构

1.1.3.1　必备部件

必备部件列表及图示见表 1-8。

表 1-8　必备部件列表及图示

编号	名称	图示
180	分析仪主机	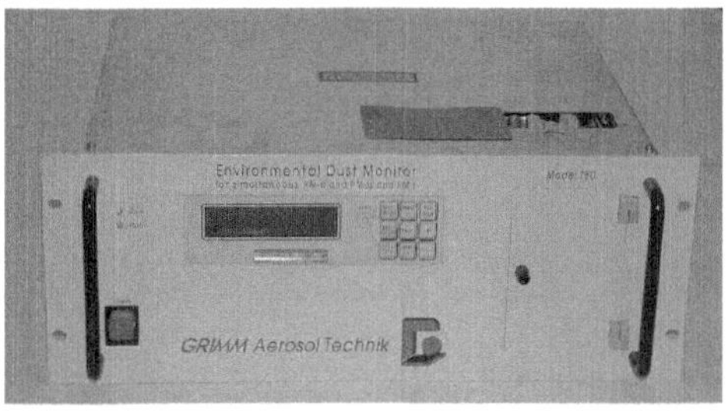
181	采样管固定架 或接口设备	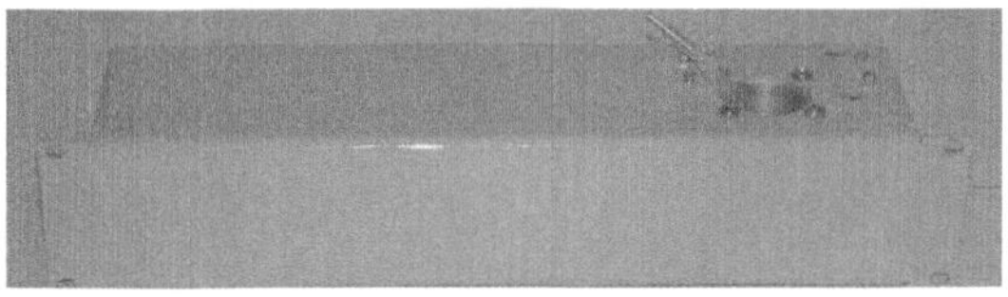
182 + 1.153 FH 180	采样管及温度/湿度 传感器	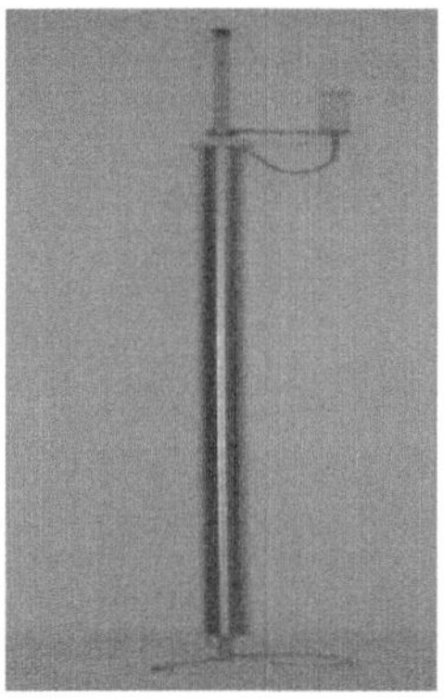
	防漏杯+排水管	 
177	操作手册+原厂软件	

1.1.3.2 选配部分

选配部件列表及图示见表 1-9。

表 1-9　选配部件列表及图示

编号	名称	图示
158/159	风速/风向传感器	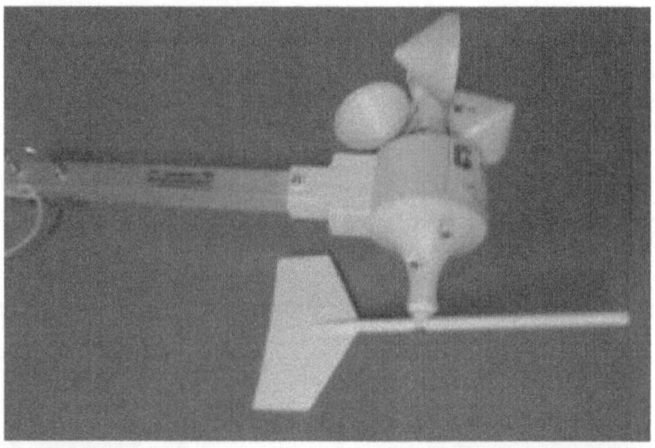
157	降雨量传感器	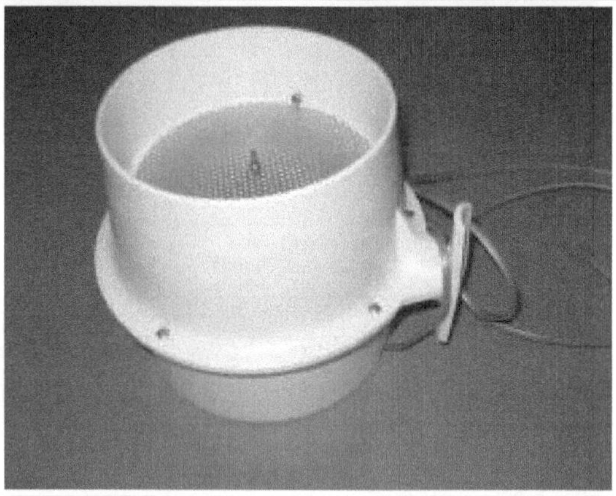
1.143C	RS232－数据传输线	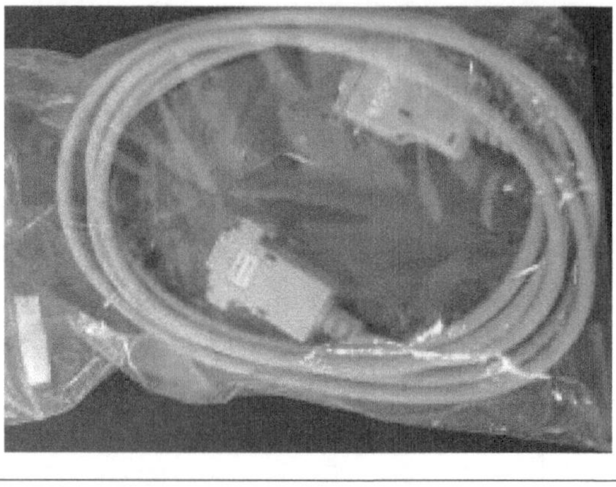
1.142.A1－A6	PCMCIA 数据卡	

数据卡可存数据时间:(min—分钟　　　h—小时　　d—天　　Y—年)					
存储量/ Mbyte	测量间隔				
	1min	5min	10min	15min	30min	60min
1	4d 12h	32d 16h	65d	98d	196d	1Y 27d
2	13d 1h	65d 8h	130d 16h	196d	1Y 27d	2Y 54d
4	26d 3h	130d 16h	261d	1Y 27d	2Y 54d	4Y 108d
6	39d 4h	196d	1Y 27d	1Y 223d	3Y 81d	6Y 162d
8	52d 6h	261d 8h	1Y 157d	2Y 54d	4Y 108d	8Y 216d

1.1.3.3　各部件详解

（1）气路系统

Grimm180 仪器的主要气路系统由三部分组成，如图 1-4 所示。

1）样品气路：采样泵将环境空气从进气口抽入测量室，样气中的颗粒物在室内被测量。

2）保护气路：样气经过尘过滤器过滤后，其中一部分被分流，在光学部件前形成保护气幕，避免激光光源和检测器被污染。

3）自检气路：开机时，仪器自动切断采样进口和出口，形成封闭回路，检查气路的密闭性以及测量光路的零点校准。

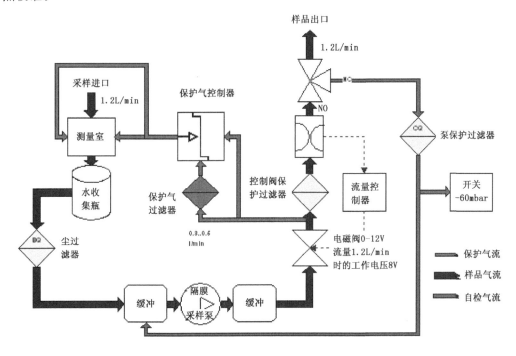

图 1-4　Grimm180 采样流程示意图

（2）主机

Grimm180 主机机箱是标准的 19 英寸*工业箱，可以安插进标准工业机柜内。系统主要功能部分即电源、抽气、光学分析、气幕保护、除湿气路、尘过滤、数据处理、通信和数据存储等都在主机内。主机用来连续测量大气颗粒物浓度和粒径分布，测量结果用质量浓度（μg/m³）表示。

前面板说明见表 1-10。

----

* 1 英寸＝2.54 厘米，下同。

表 1-10 前面板说明

项目	说明
电源开关	打开,仪器通电,开关灯亮
指示灯	Dryer 灯:表示除湿系统状态 Status 灯:表示仪器运行状态
液晶显示屏	2 行,每行 16 个字符带背光的液晶屏,显示测量结果、运行状态以及其他参数
数据卡插口	用于插入 PCMCIA 数据卡
键盘	9 个薄膜按键,用于改变仪器的显示内容和输入设置命令
	抬起手柄,断开主机和采样管的连接 除湿系统的真空表 收集瓶 RS232 接口

主机前面板如图 1-5 所示。

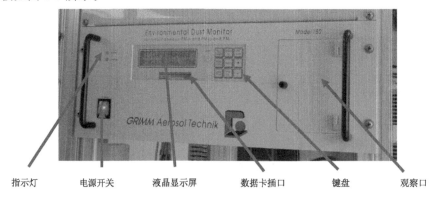

指示灯　　电源开关　　液晶显示屏　　数据卡插口　　键盘　　观察口

图 1-5　Grimm180 主机前面板

主机后面板如图 1-6 所示。

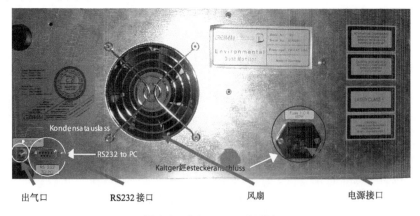

出气口　　RS232 接口　　风扇　　电源接口

图 1-6　Grimm180 后面板

（3）采样头

Grimm180 的采样头为抛光的不锈钢材质,垂直安装在仪器进气口,顶端是符合 EPA 标准的 TSP 采样头,并带有特殊设计的保护网,防止昆虫等进入(图 1-7)。

图 1-7　Grimm180 采样头

（4）采样管

如图 1-8，Grimm180 系统的标准采样管长度为 1.5 m，顶端有符合 EPA 标准的 TSP 采样头。GRIMM 公司也可根据需要，提供特制长度的采样管。采样管是由不锈钢抛光形成的，被垂直安装在采样管固定架上，与仪器采样气路连接，颗粒物穿过采样管进入分析仪主机。采样管内部有除湿管。

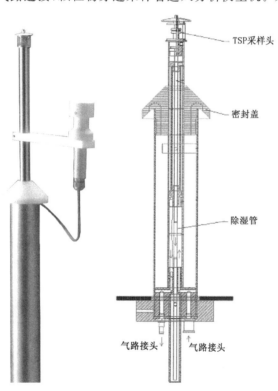

图 1-8　Grimm180 采样管外观和解剖图

（5）除湿系统

在环境空气湿度大的情况下，颗粒物表面可能会凝结水。一般来说，可以通过对采样管进行加热来进行除湿，但是这种方法会在分析颗粒物之前就失去了附着上面的半挥发有机物。Grimm180 采用的除湿系统（图 1-9）则避免了这种问题，采样管内安装了 NAFION 管，除湿系统在 NAFION 管壁外产生比采样流量大的气流，这样在 NAFION 管的内外壁产生压差，水分子将从高压的内管通过壁膜进入低压的外管。并且，根据传感器测量的环境相对湿度值，自动判断是否启动除湿功能。如果湿度低于 70%，仪器不启动除湿系统，进行正常采样。如果湿度高于 70%，仪器自动启动除湿功能。

（6）采样管固定架

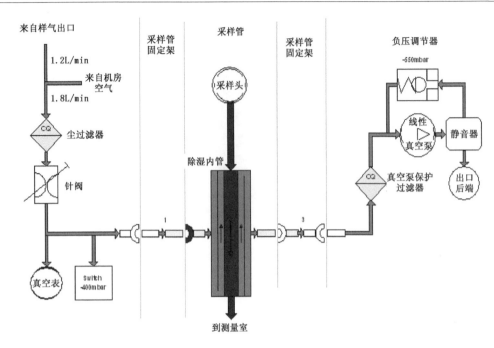

图 1-9 Grimm180 除湿系统示意图

如图 1-10 和图 1-11 所示,固定架被安装在主机上部,起到固定采样管,连接主机气路和采样管气路,连接气压传感器等模拟量输入以及风速/风向/降雨量等总线传感器接口。

图 1-10 Grimm180 固定架的外观

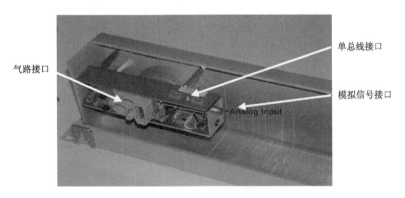

图 1-11 Grimm180 固定架的内部接口

(7)模拟信号接口

如图 1-12 所示,在采样管固定架内部的模拟信号接口可以同时接收来自不同的 3 个传感器的电信号,如温度、湿度、气压传感器等。Grimm180 将输入的模拟信号值存贮在数据卡中。

图 1-12 中,模拟信号输入端的针孔定义为:

1:输入信号 1

2:输入信号 2

3:输入信号 3

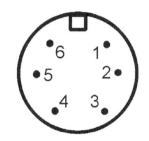

图 1-12　Grimm180 模拟信号输入端

4：地 GND

5：＋10V/40mA

6：空

（8）温湿度传感器

Grimm180 分析仪只有连接温湿度传感器后才能正常运行。GRIMM 公司提供的是温度和湿度的参数集成传感器 1.153H180。如果不连接温湿度传感器，仪器开机后，仪器显示"NO SENSOR! PLEASE CHECK"，等待连接传感器，不会继续运行。

温湿度传感器的校准参数存储于 1.153H180 内，开机后，Gimm180 自动读取这些参数用于计算以给出相应的测量数据。

温湿度传感器的技术参数见表 1-5。

（9）内置气压传感器

Grimm180 仪器内置了气压传感器，仪器测量、存储并显示大气压数值。

（10）气象传感器

如果需要，可以通过 One Bus 总线给 Grimm180 连接可选的最多 3 个参数的气象传感器，如风向、风速和降雨量。

连接气象传感器的步骤如下：

1）关闭仪器电源。

2）将气象传感器数据线插入 One Bus 总线接口（在采样杆固定架内，见 1.2 节）。

3）重新开机，仪器显示新版本 12.13，其中最后一位表示连接了 3 个可选气象传感器。

4）清空数据卡内存。

5）进入测量。

拆除气象传感器的步骤如下：

1）关闭仪器电源。

2）拔出气象传感器数据线。

3）重新开机，仪器显示新版本 12.10。

4）清空数据卡内存。

5）进入测量。

1.2　仪器安装

Grimm180 系统安装主要包括：主机固定、采样管固定架安装、温湿传感器和采样管的安装。

所需工具：十字、一字和内六角改锥。

1.2.1　安装主机和采样管固定架

安装主机和采样管固定架见表 1-11。

表 1-11　安装主机和采样管固定架

	主机
拆下泵的固定装置	
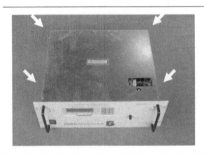	卸下仪器上机盖的四个螺丝,取下上机盖
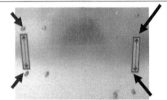	在主机机箱的底面,有四个固定螺栓,用于在运输过程中固定气泵。在安装前必须将其卸下
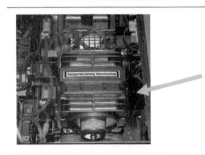	机箱内的大气泵上有个固定夹,是为了运输途中起到保护作用。安装前必须将其卸下 拆下泵固定夹,然后将上机盖安装回去
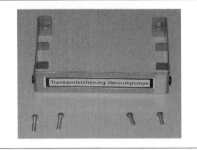	务必保存好拆下的螺丝和固定夹,以备后续运输仪器时使用 注意:长螺丝用于大泵,短螺丝用于小泵。
安装采样管固定架	
	取下仪器上面的盖片

	确定采样管升降杆在降的位置
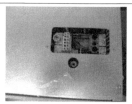	露出连接口
	使用随机提供的金属条和螺丝,将固定架安装在主机上
	安装完毕

1.2.2　安装采样管、防漏水杯和温湿传感器

安装采样管、防漏水杯和温湿传感器见表 1-12。

表 1-12　安装采样管、防漏水杯和温湿传感器

安装温湿度传感器	
	拧下采样头固定螺丝
	拆下采样头
	转动采样管上的保护盖; 调整传感器信号线的长短; 确定传感器在采样管上的位置

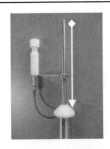	将温湿度传感器外壳支架套入采样管； 确定支架位置
	拧紧固定支架螺丝
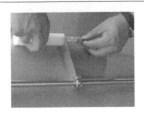	将传感器插入外壳
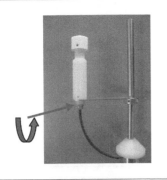	拧紧传感器固定螺丝
	将采样头安装回采样管

安装防漏杯

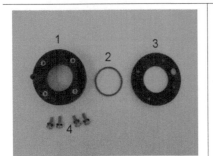	为了防止屋顶采样管开口密封不严,雨水顺着采样管流入仪器,需要在采样管上安装防漏杯。 防漏杯由（1）上盖（2）密封圈（3）下盖以及（4）四个固定螺丝组成

	从采样器底端套上装防漏杯上盖,确定合适的位置。 注意:防漏杯一定要安装在采样管室内
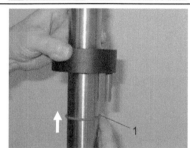	套上密封圈
	将密封圈紧顶住防漏杯上盖的底部
	套上下盖,并压紧密封圈和上盖
	拧紧固定螺丝
	将排水管接到防漏杯的排水接头上

安装采样管到主机上

	确保升降扳手在降的位置
	将采样管底端穿出的传感器信号线插入固定架上面的圆孔
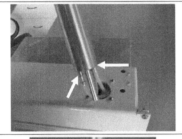	将采样管红点对准前面板,连接除湿气路接口
	将采样管插入,稳定到固定架上,管上红点朝向前面板
	从不同角度检查固定架内部的导气管是否有折弯。如果有,为了防止堵塞气路,必须将其整理顺畅
	将传感器信号线插到接口上
	使用1.5 mm的内六角改锥插入固定孔,拧紧螺丝

连接采样管和主机间气路

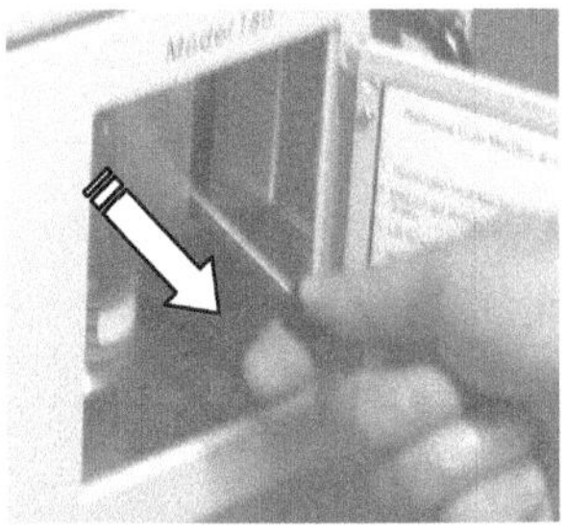	拔出升降扳手
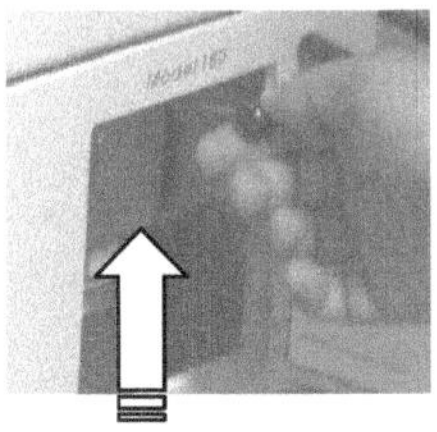	抬起扳手顶到最高位
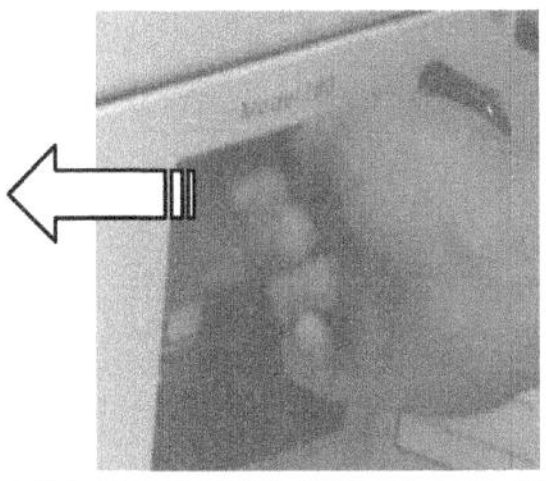	将扳手向机内推到底

1.3　日常运行和维护

1.3.1　开机

表 1-13　仪器开机操作

Model　　180 Version　12.10	仪器型号 硬件版本号
Date：　1.9.5 Time：　12:10:15	显示日期 显示时间
Card：　1024 KB Version：　1.20	显示数据卡存储量 显示数据卡版本
Interval：　　1 min Free：　1d 15h 43min	测量间隔 可存储测量数据的时间长度
filter　change　？ press　＋:yes　　－:no	是否更换过滤器？ "＋"，表示将更换过滤器，仪器内部计算的尘总重量和采样总流量归"0"，将重新开始进行计算。如果实际上不更换过滤器，仪器仍进行归"0"。 如果按"－"，表示不准备更换过滤器，仪器将继续计算从上一次更换过滤器开始的颗粒物累计总重量和抽气累计总流量
Self　　Test Temperature：　25℃	自检温度传感器
Self　　Test Humidity：　65％	自检湿度传感器

Self Test Pressure： 1015 hPa	自检压力传感器
Self Test OK	自检成功
	正常自检后,指示灯 Status 为绿色。指示灯 Dryer 灭表示除湿系统没有启动,Dryer 绿色表示除湿系统工作正常
	指示灯 Dry 为红色,表示除湿气路堵塞,检查除湿气路。重新开机进行自检; 指示灯 Status 为红色,表示采样管气路没有接通,重新插入采样管升降扳手,确保其在升的位置插到底; 重新开机进行自检
PM₁₀： 46.0μg/m³ PM₂.₅： 27.1μg/m³	显示测量结果

1.3.2 按键命令:

仪器操作员可以直接通过 Grimm180 主机前面板上的键盘(图 1-14)对系统进行显示、设定等操作。

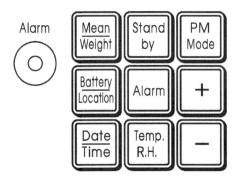

图 1-14 Grimm180 主机面板的操作键盘

Grimm180 的按键命令有两类。

(1)查看仪器状态命令:如时间、温度等,直接按相应键。

查看仪器状态按键及说明见表 1-14。

表 1-14 查看仪器状态按键及说明

查看功能	按键	显示	说明
日期和时间	Date Time	Date: 24.8.5 Time: 11:7:28	日期:2005 年 8 月 24 日 时间:11 时 07 时 28 分

续表

查看功能	按键	显示	说明
PM 平均值 总重量 总流量	Mean Weight	PM10:　57.1μg/m³ - - - - - PM2.5: 111.5μg/m³ PM10: 157.1μg/m³ - - - - - Volume: 0.0109m³	PM₁₀平均值:157.1μg/m³ PM₂.₅平均值:111.5μg/m³ PM₁₀平均值:157.1μg/m³ 总流量:0.0109 m³
报警线	Alarm	Alarm　　0 μg/m³	报警线:0 μg/m³
电池电量 测量编号	Battery Location	Battery:　130 % Location :　1	电池电量:130%交流电 测量编号:1
温度 湿度	Temp. RH	Temperature: 27 ℃ Humidity:55.6% RH	温度:27 ℃ 相对湿度:55.6%

（2）设置命令：如设置显示参数等，须先按 Standby 键进入待机状态，仪器显示 Standby Mode。再按如表 1-15 中的相应键。

表 1-15　设置按键及说明

设置功能	进入键	说明
日期和时间	Date Time	按住【Date/Time】键，直到日期上出现闪动光标。继续按【Date/Time】，光标会依次移动到日、月、年、时、分的位置; 按【+】或【-】键，调整光标未知上的数值
PM 显示	PM Mode	按【+】或【-】，可以选择同时显示 PM₁₀、PM₂.₅ 和 PM₁ 三个参数中的两个
报警线	Alarm	按【+】或【-】，设置报警线数值
测量编号	Battery Location	按【+】或【-】，选择从 1~99 的测量编号 测量编号:为了便于标记和管理存储在内存或数据卡的测量数据
清除内存数据	Mean Weight + Temp. R.H.	Clear Memory Card ? Are you sure? 按【+】删除所有内存和数据卡内的存储数据; 按【-】取消操作

1.3.3 关机

首先按 Standby 键仪器进入待机状态,然后再关闭电源开关。

Grimm180 是连续自动监测仪器。正确的操作、经常性的检查和定期的维护是仪器长期正常运行的保证。

1.3.4 每日巡视检查

(1)查看运行指示灯,其意义如表 1-16。

表 1-16　运行指示灯含义

	红	绿	灭
Status	仪器测量运行错误	运行正常	仪器没有运行
Dryer	除湿系统气路有问题	除湿系统已经启动,并且运行正常	湿度传感器测量值低于设定值 (一般为 70%)除湿系统没有启动

(2)查看仪器显示数据是否正常

PM 读数:根据经验和当时环境状态判断数据是否出现不合理的高值或低值。如果有不正常情况出现,检查室外采样杆和采样头以及屋顶平台是否有异常。

温度、湿度数值:如果和其他气象仪器测出的数值偏差过大,检查传感器连接。如果连接正常,检查传感器设置参数。

(3)检查玻璃收集瓶,如果瓶内有较多杂质和水,将仪器进入待机状态,取下收集瓶并进行清理。

观察计算机软件的运行情况。

1.3.5 维护工作

1.3.5.1 使用与维护基本要求

仪器使用和维护基本要求如表 1-17 所示。

表 1-17　仪器设备使用维护要求

工作任务	主要内容	相关要求
1.仪器运行状况检查	检查流量是否稳定	流量是否符合规定,偶然出现波动为正常
	采样管口采样头清洁程度检查	采样管口采样头处应清洁无杂物,如有堵塞及时清洁
	泵的声音是否异常	泵的声音较弱,无不正常噪声或声响
	浓度范围检查	屏幕示值应与近2～3天变化情况一致,如有波动,检查周边是否有污染影响
	异常信息显示	检查屏幕上是否有仪器运行异常信息,如有应及时根据提示进行相应处理
	仪器异常指示灯	正常情况下绿色灯亮,如黄色灯亮,应检查仪器相关部件,如为红色灯,表示出现严重故障,需要及时采取有效措施排除之
	除湿泵真空压力检查	仪器由待机状态转为运行状态时,可以检查除湿泵真空压力,正常压力范围为 40～60 psi
	采样瓶状况检查	是否有水或杂质,如有,及时清洁
	采样管垂直度检查	采样管应垂直,无较大倾斜
	防漏杯检查	防漏杯内应干洁无水,如有水或水渍,表明采样管与屋顶连接处密封不好,需要及时处理
	检查仪器及计算机时间	与标准时间的偏差范围为 30s,超出时,应及时调整,或重新启动数据采集程序

续表

工作任务	主要内容	相关要求
2.数据采集与传输	检查仪器数据采集情况	采集软件能够正常采集仪器的质量浓度和数浓度观测数据
	检查小时数据生成情况	能够生成质量浓度和数浓度小时数据文件
	检查数据传输情况	能够在指定时间传输数据文件
3.系统维护	采样管路清洁	每 6 个月,清洁一次采样管路,或视当地污染情况及时清洁
	除湿管路清洁	每 6 个月,清洁一次除湿管路,或视当地污染情况及时清洁,并检查除湿管两端连接情况,正常时应连接紧密
	光室清洁	每 6 个月,清洁一次光室,或视当地污染情况及时清洁
	光阱清洁	每 6 个月,清洁一次光阱,或视当地污染情况及时清洁
	凹面镜清洁	每 6 个月,清洁一次凹面镜,或视当地污染情况及时清洁
	更换过滤芯	每 6 个月,更换一次过滤芯,或视当地污染情况及时更换
	仪器机箱内部清洁	每 6 个月,清洁一次仪器机箱内部,或视当地污染情况及时清洁
	零过滤膜检查	每 3 个月,使用零过滤膜检查仪器测量状况,检查时仪器数浓度应小于 10,如超出,检查各部位连接情况
	系统检漏	每 3 个月,对系统气路漏气检查,正常情况应无漏气
4.仪器校准	仪器设备的定期校准	在仪器运行 12 个月时,应及时进行校准

1.3.5.2　清扫采样头滤网

清扫采样头滤网见表 1-18。

表 1-18　清扫采样头滤网

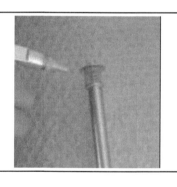

方法:

1)用镊子或清水清除粘在滤网上的杂物

2)卸下采样头顶部螺丝,取下过滤网,清除采样头内部杂物

3)晾干后使用

1.3.5.3　疏通仪器主机进气口

疏通仪器主机进气口见表 1-19。

表 1-19　疏通仪器主机进气口

方法:

1)关闭电源,取下电源线

2)抬升下采样管

3)打开前面观察窗;拧下玻璃瓶

4)用不大于 3 bar 气压的干燥、清洁的空气接入进气接口;(或使用手捏气球吹)

注意:清扫气体方向应与采样气路方向一致

1.3.5.4　清洁采样管

清洁采样管见表 1-20。

表1-20 清洁采样管

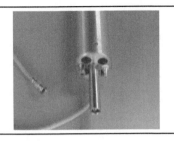	拆下采样管,用清洁、干燥的空气接入采样管下边的气路接口,吹扫采样管 注意:千万不要拆开或将任何物体深入采样管

1.3.5.5 更换采样气路尘过滤器

更换采样气路尘过滤器见表1-21。

表1-21 更换采样气路尘过滤器

	按照指示的方向安装新的过滤器

1.3.5.6 清洁光腔室

清洁光腔室见表1-22。

表1-22 清洁光腔室

	方法: 　1)关闭仪器,拔掉图中箭头所示管路,卸下观察窗处收集小瓶,从采样口处吹气清洁,直至无大量灰尘飞出
	2)先用记号笔标记好初始位置,旋下与采样管连接件连接处的四个螺丝,并将之移走,以方便清洁光室。用专用工具卸下铜凹面镜;同样先做好标记,用合适的内六角松动激光阱右侧的螺丝,然后卸下激光阱

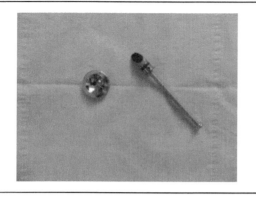

3)用柔软的布或专用纸轻轻擦拭铜凹面镜及激光阱,注意不要太过用力,以免磨损表面

注意:凹面镜底部有 O 圈,避免丢失

1.3.5.7　清洁仪器机箱

用干燥的棉布擦拭仪器主机机箱部分。

1.4　数据采集

Grimm177 软件是仪器随机配备的数据采集与显示与采集软件,可用于仪器异常和故障诊断等。

1.4.1　运行环境

建议软件运行在 Windows 95/98/ME/NT 4.0/2000/XP 操作系统上。

计算机硬件配置:64M 内存以上,8G 硬盘,光驱,显示器 1024×768。

1.4.2　软件安装和操作

1.4.2.1　安装步骤

(1)进入光盘的【原安装盘】文件夹,双击 SETUP 开始安装。程序将被安装到"C:\Program Files\Grimm\DustMonitor\"目录下。

(2)进入光盘的【汉化】文件夹,将该文件夹下的所有文件复制,然后粘贴到"D:\Program Files\Grimm\DustMonitor\"目录下。将已有同名文件覆盖、替换。

(3)运行软件,此时会提示安装仪器的驱动程序,如图 1-15 所示。

图 1-15　安装驱动提示信息

点击"OK",进入程序主界面。进入【Options】—【System】,如图 1-16 所示。

点击【System】,再现如图 1-17 所示界面。

点击【Load Driver】,找到并选中本机的驱动程序,打开,再点击 OK,完成加载驱动程序。此时,软件会自动关闭。驱动程序在光盘的"【原盘安装】文件夹下的【Driver】"文件夹内,安装前先将驱动程序从光盘拷贝到本地硬盘并将属性的只读选项去掉。

(4)再次运行软件,进入【Options】—【Language】,如图 1-18 所示。

(5)进入如图 1-19 所示界面,选择【Chinese】,软件菜单变为中文。软件安装完毕。

图 1-16　程序主界面

图 1-17　System 界面

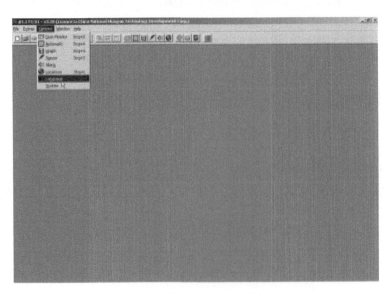

图 1-18　Options-Language 界面

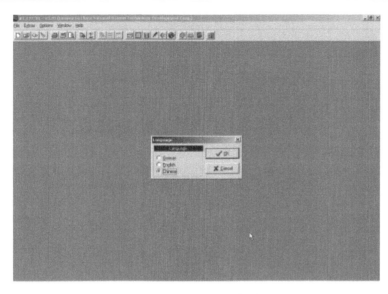

图 1-19　软件语言菜单选择

1.4.2.2　程序文件说明

执行文件：主要是："1177v3.exe"和"cfx32.ocx"。

测量数据文件：软件保存数据和下载记忆卡上的数据并生成 mass1.dm 和 mass1.di 两个文件。这两个文件在："C:\Program files\Grimm\DustMonitor"。测量过滤效率则生成"filter1.dmf"和"filter1.dmi"文件。系统保存标准数据文件为"*.dm"，附加信息数据保存为"*.di"文件。附加信息是测量时间，计算/质量，仪器模式等。"*.dm"和"*.di"文件必须保存在同一目录下。

1.4.2.3　分析仪参数

（1）测量模式（图 1-20）

图 1-20　分析仪参数——测量模式界面

环境模式：PM_{10}．$PM_{2.5}$．$PM_{1.0}$（TSP 可选择），单位：$\mu g/m^3$。

数量分布：可显示 31 个通道，单位：个/升。

采样周期：6s 为快速模式，也可选择 1min、5min、10min、15min 等其他时间。

（2）仪器/C-系数（图 1-21）

选择【测量完毕或下载数据完毕后进入待机状态】，仪器将在测量或数据下载后，自动进入待机状态。否则，仪器将自动进入测量状态。

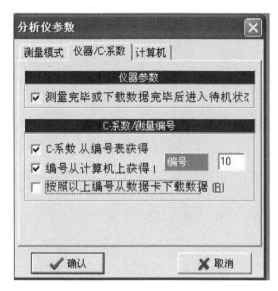

图 1-21　分析仪参数——仪器/C 系数界面

选择【编号从计算机上获得】,下载数据的编号从编号表上获得。

如果只下载【编号】指定的数据时,请选择【按照以上编号从数据卡下载数据】。否则,将下载所有的数据。

(3)计算机(图 1-22)

根据计算机 COM 口的位置,选择设置和传输速率。

图 1-22　分析仪参数——计算机界面

1.4.2.4　自动测量设置

软件将按照设置好的开始和结束时间进行自动测量。

通过计算机进行设置如图 1-23 所示。

在编程窗口逐条输入设计好的【开始日期和时间】和【结束日期和时间】,点击【插入】,将每一条测量时间设置加入到【开始和停止表】中。

选中表中的某条测量时间设置,点击【删除】可将其从表中删掉。点击【清除所有】,清除表中所有内容。

如果你想设定从内存或内存卡上读取开始时间,则选择【读取内存】。

选择【每天】,则每天自动按照设置好时间进行测量。

图 1-23　自动测量参数——通过计算机进行界面

初始设置不通过计算机,如图 1-24 所示。

设置好测量时间后,点击【传输数据到分析仪】,将仪器关机。仪器会自动按照设置好的时间启动,进入测量模式。

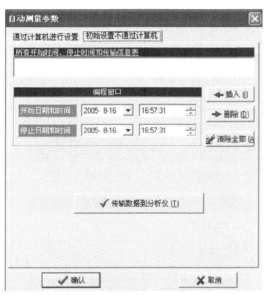

图 1-24　自动测量参数——初始设置不通过计算机界面

1.4.2.5　图形设置

(1)显示粒径通道

选择【测量模式】中的【环境】或【数量分布】。

如图 1-25,选择 PM—10、PM—2.5、PM—1.0,温度、湿度、压力、风速、风向、降雨量参数中的几个或全部显示。

(2)计算

计算界面如图 1-26 所示。

【实际数据/百分比】:选择【实际数据】或【百分比】显示。

【粒径通道】:选择【累积值】或【差值】。累积值表示的是颗粒物不大于指定粒径的所有数量的总和,用＞号表示。差值显示的是在指定粒径区间内的颗粒物,如:0.3～0.4μm,0.4～0.5μm。当在【环境模

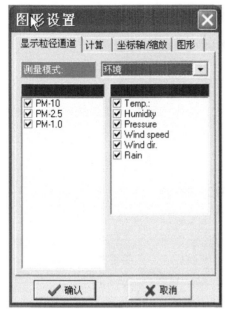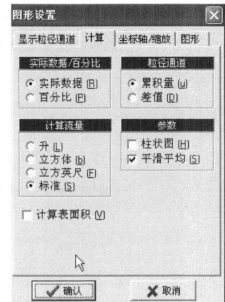

图 1-25　图形设置-显示粒径通道界面　　　图 1-26　图形设置——计算界面

式】中选择【差值】时,软件将显示"粗略数据"。【计算流量】:显示采样流量值的单位。选择【标准】就是选择【计数模式】单位是个/升,【质量模式】单位是 $\mu g/m^3$。

建议选择标准模式。

【参数】:选择图形显示模式。

【计算表面积】:计算颗粒物的表面积。软件假设颗粒物都是球体,计算球体的面积。这是个近似值,因为自然界中颗粒物是不规则形状。

(3)坐标轴/缩放

坐标轴/缩放如图 1-27 所示。

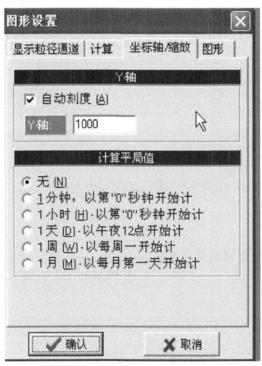

图 1-27　图形设置-坐标轴/缩放界面

【自动刻度】:如果选择此功能,软件将自动以最大数值为 Y 轴最大值。

【计算平均值】:计算 1 分钟、1 小时、1 天、1 周、1 月的平均值。

(4)图形

界面如图 1-28 所示,选中【保存图形设置参数】。

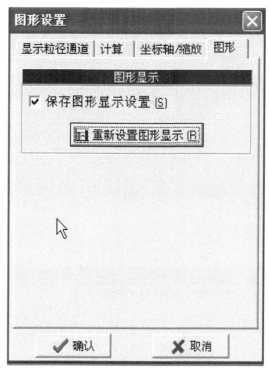

图 1-28　图形设置-图形界面

1.4.2.6　传感器设置

如图 1-29 所示,仪器具有测量环境温度、湿度、风速、风向和压力功能(这些是选件)。点击【扫描传感器数据】,软件能读到有关传感器信息。连接传感器、仪器设置为待机模式(Stand by),仪器只读取由 GRIMM 公司制造的传感器数据。

图 1-29　传感器数据界面

1.4.2.7　报警参数

在图 1-30 所示的界面上输入警报值和单位。

图 1-30　报警参数界面

1.4.2.8　测量编号表设置

仪器内存或数据卡能保存 99 条测量记录(图 1-31)。插入或改变某个测量编号的步骤如下:

(1)选择要编辑的测量编号;

(2)输入新的名字和重量法的系数;

(3)点击【插入】。

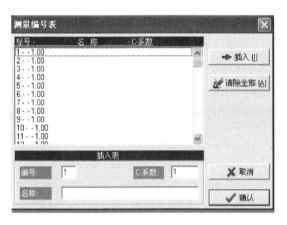

图 1-31　测量编号表界面

1.4.2.9　语言

语言界面如图 1-32 所示。

图 1-32　语言界面

1.4.2.10　系统参数

(1)驱动程序

加载和激活仪器的驱动程序,驱动程序和仪器是一一对应的,不能互换使用。

首先加载驱动程序:驱动程序在安装光盘上,文件名"*.drv"。

改变当前驱动程序:如果目录上有多个驱动程序,要改变当前活动的驱动程序和仪器对应的驱动程序,如图 1-33 所示。

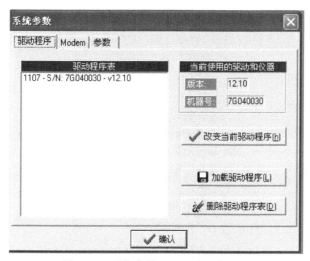

图 1-33　系统参数——驱动程序界面

（2）Modem

设定调制解调器参数，如图 1-34 所示。

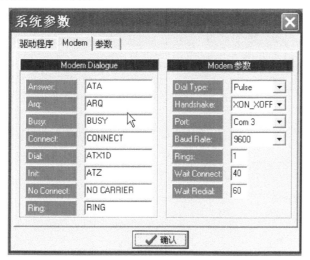

图 1-34　系统参数——Modem 界面

（3）参数

设置自动生成文件路径，如图 1-35 所示。

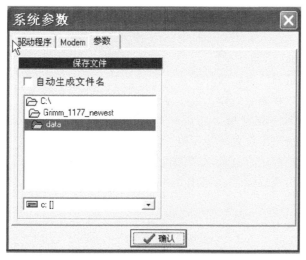

图 1-35　系统参数-参数界面

（4）文件

如图 1-36 所示，在此菜单下，进行测量、数据下载、文件管理、报表打印、生成过滤文件等功能。

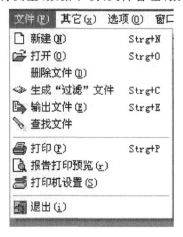

图 1-36 文件菜单界面

1.4.2.11 新建

如图 1-37 所示，"新建"菜单可以设定在线直接测量、读取存储卡数据、激活自动周期。

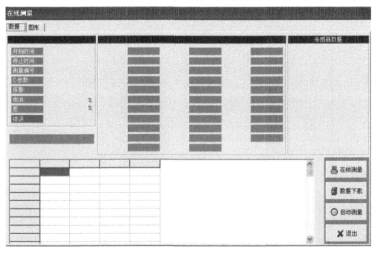

图 1-37 新建菜单界面

（1）在线测量

在线测量界面如图 1-38 所示。

参数说明：

【开始时间】：开始测量的时间。

【实际时间】：从开始测量到结束时的时间。

【测量编号】：显示编号数和编号名称。

【C—参数】：重量校准值，一般为 1。

【报警值】：显示实际数值超出设置的报警值。

【电池电量】：表示蓄电池的剩余电量，如果接通交流电显示 130%。

【泵】：抽气泵的负载。出现故障时，泵操作和泵流量是判断的重要信息。

（2）图形显示

图形显示如图 1-39 所示。

工具条界面如图 1-40 所示。

工具条上各快捷按钮说明见表 1-22。

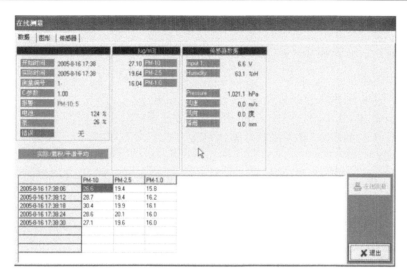

图 1-38　在线测量界面

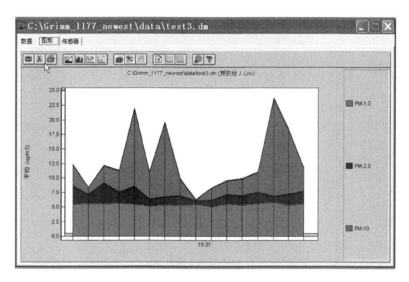

图 1-39　图形显示界面

图 1-40　工具条界面

表 1-22　工具条上各快捷按钮说明

符号	描述
照相机	在剪贴板上拷贝曲线图
剪切	在剪贴板上复制数据
打印	打印图形
面积图表	显示数据为面积图表
条状图表	显示数据为条状
线状图表	显示数据为线状
点状图表	显示数据为点状
3D 显示	显示图形为 3 维和 2 维
图例	在右边显示通道
水平格	关闭和取消水平格
垂直格	关闭和取消垂直格

1.4.2.12 打开

"打开"菜单用来打开已存储的数据。

1.4.2.13 删除测量文件

"删除测量文件"菜单用来删除测量文件。

1.4.2.14 创建过滤文件

创建过滤前和过滤后的文件,新文件显示过滤效率。

1.4.2.15 输出文件

输出文件界面如图 1-41 所示,可生产".txt"文件,可以用 Excel 软件打开。

图 1-41 输出文件界面

1.4.2.16 搜索文件

搜索文件界面如图 1-42 所示,可方便地【查找】已保存的测量数据文件。

图 1-42 文件管理界面

选择要查找的关键字(日期或测量模式),并选择期限,可以快速查找符合要求的文件。

1.4.2.17　统计

统计界面如图 1-43 所示。

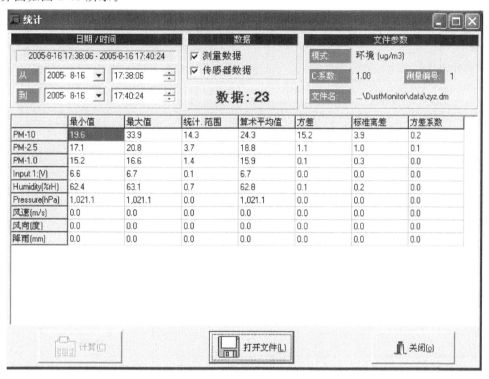

图 1-43　统计界面

1.4.3　数据及格式

1.4.3.1　数据获取方式

Grimm180 测量得到的数据可以用三种方法获取:
- 利用大气成分站业务软件的前端下载程序获取(推荐);
- 利用 Grimm177 软件获取;
- 利用 Windows 操作系统自带的超级终端命令获取。

1.4.3.2　数据格式

(1)质量浓度数据(PMMUL)文件格式

小时文件命名格式:

大气成分站:

Z_CAWN_I_xxxxx_yyyymmddhh0000_O_AER－FLD－PMMUL. TXT

沙尘暴站:

Z_SAND_PMM_C5_xxxxx_yyyymmddhh0000. TXT

其中 xxxxx 为台站站号,yyyymmddhh 表示年月日小时

数据格式为:参见表 1-23,共 38 行参数。

表 1-23　气溶胶观测-质量浓度多要素小时文件数据格式

列	字段说明	字段名称英文	数据类型	单位	数位
1	台站区站号		数字和字母组合		5 位
2	项目代码		I		4 位
3	年		I		4 位

续表

列	字段说明	字段名称英文	数据类型	单位	数位
4	年序日		I		3 位
5	时分(世界时)		I		4 位
6	存贮位置	location	I		
7	重量因数	weight Parameter	I		
8	错误代码	error code	I		
9	电池电压代码	battery voltagecode	I		
10	阀电流	valve current	I		
11	UeL	UeL	I		综合订正计数
12	Ue4	Ue4	I		气压计数
13	Ue3	Ue3	I		备用
14	Ue2	Ue2	I		湿度计数
15	Ue1	Ue1	I		温度计数
16	时间间隔	time interval	I		
17	S1	S1	F		风速计量因子
18	S2	S2	F		风向计量因子
19	S3	S3	F		降水计量因子
20	T_K	T_K	F		温度斜率订正
21	H_K	H_K	F		湿度斜率订正
22	P_K	P_K	F		气压斜率订正
23	T_b	T_b	F		温度偏移订正
24	H_b	H_b	F		湿度偏移订正
25	P_b	P_b	F		气压偏移订正
26	WS	WS	F		风速灵敏度
27	WD	WD	F		风向倾角
28	Rain	Rain	I		降水传感器订正因子
29	气压	air pressure	F	Pa	
30	备用		I		
31	湿度	humidity	F	RH%	
32	温度	temperature	F	℃	
33	风速	wind speed	F	m/s	
34	风向	wind direction	F		
35	降水	precipitation	F		
36	PM10	PM10	F	$\mu g/m^3$	PM_{10}质量浓度
37	PM2.5	PM2.5	F	$\mu g/m^3$	$PM_{2.5}$质量浓度
38	PM1	PM1	F	$\mu g/m^3$	PM_1质量浓度

(2)数浓度数据(NSD)文件格式

利用大气成分站业务软件的前端下载程序获取数浓度数据(NSD)文件的格式如表1-24所示。

表 1-24　数浓度原始数据(NSD)文件的格式

列	字段说明	字段名称英文	数据类型	单位	数位
1	台站区站号		数字和字母组合		5 位
2	项目代码		I		4 位
3	年		I		4 位
4	年序日	julianday	I		3 位
5	时分(世界时)		I		4 位
6	存贮位置	location	I		
7	重量因数	weight parameter	I		
8	错误代码	error code	I		
9	电池电压代码	battery voltagecode	I		
10	阀电流	valve current	I		
11	UeL	UeL	I		综合订正计数
12	Ue4	Ue4	I		气压计数
13	Ue3	Ue3	I		备用
14	Ue2	Ue2	I		湿度计数
15	Ue1	Ue1	I		温度计数
16	时间间隔	time interval	I		
17	S1	S1	F		风速计量因子
18	S2	S2	F		风向计量因子
19	S3	S3	F		降水计量因子
20	T_K	T_K	F		温度斜率订正
21	H_K	H_K	F		湿度斜率订正
22	P_K	P_K	F		气压斜率订正
23	T_b	T_b	F		温度偏移订正
24	H_b	H_b	F		湿度偏移订正
25	P_b	P_b	F		气压偏移订正
26	WS	WS	I		风速灵敏度
27	WD	WD	I		风向倾角
28	Rain	Rain	I		降水传感器订正因子
29	气压	air pressure	F	Pa	
30	备用		I		
31	湿度	humidity	F	RH%	
32	温度	temperature	F	℃	
33	风速	wind speed	F	m/s	
34	风向	wind direction	F		
35	降水	precipitation			
36	C1	C1	I	个/cm³	C1 通道数浓度
37	C2	C2	I	个/cm³	C2 通道数浓度
38	C3	C3	I	个/cm³	C3 通道数浓度
39	C4	C4	I	个/cm³	C4 通道数浓度
40	C5	C5	I	个/cm³	C5 通道数浓度
41	C6	C6	I	个/cm³	C6 通道数浓度

续表

列	字段说明	字段名称英文	数据类型	单位	数位
42	C7	C7	I	个/cm³	C7 通道数浓度
43	C8	C8	I	个/cm³	C8 通道数浓度
44	C9	C9	I	个/cm³	C9 通道数浓度
45	C10	C10	I	个/cm³	C10 通道数浓度
46	C11	C11	I	个/cm³	C11 通道数浓度
47	C12	C12	I	个/cm³	C12 通道数浓度
48	C13	C13	I	个/cm³	C13 通道数浓度
49	C14	C14	I	个/cm³	C14 通道数浓度
50	C15	C15	I	个/cm³	C15 通道数浓度
51	C16	C16	I	个/cm³	C16 通道数浓度
52	C17	C17	I	个/cm³	C17 通道数浓度
53	C18	C18	I	个/cm³	C18 通道数浓度
54	C19	C19	I	个/cm³	C19 通道数浓度
55	C20	C20	I	个/cm³	C20 通道数浓度
56	C21	C21	I	个/cm³	C21 通道数浓度
57	C22	C22	I	个/cm³	C22 通道数浓度
58	C23	C23	I	个/cm³	C23 通道数浓度
59	C24	C24	I	个/cm³	C24 通道数浓度
60	C25	C25	I	个/cm³	C25 通道数浓度
61	C26	C26	I	个/cm³	C26 通道数浓度
62	C27	C27	I	个/cm³	C27 通道数浓度
63	C28	C28	I	个/cm³	C28 通道数浓度
64	C29	C29	I	个/cm³	C29 通道数浓度
65	C30	C30	I	个/cm³	C30 通道数浓度
66	C31	C31	I	个/cm³	C31 通道数浓度
67	C32	C32	I	个/cm³	C32 通道数浓度

1.5 故障处理和注意事项

Grimm180 运行时会进行自检,一旦系统有异常情况出现,提示信息会显示在主机的显示屏上。仪器常见错误信息说明及解决方法见表 1-25。

表 1-25 常见错误信息说明表

显示信息	说明	解决方法
NO SENSOR! PLEASE CHECK	没有发现温度、湿度传感器	检查温度、湿度传感器是否连接正确 如果确认连接正确,仍然显示提示信息,请与技术保障部门联系
Self Test LIFT NOT OK!	采样管升降扳手没有到位	重新插入,确保到位
CARD ERROR! PLEASE CHECK	在仪器运行时插、拔数据卡,或数据卡被写保护	关机后,拔出卡,解除保护状态,再次插入。重新开机

续表

显示信息	说明	解决方法
New Self Test	在多次自检后仍不能通过。可能是多种情况造成	清洁采样头滤网,重新进行自检
Self Test not OK!	同时指示灯 Dryer 灯为红色,除湿气路不正常	检查除湿气路是否堵塞,重新自检
VACUUM NOT OK! PLEASE CHECK	除湿系统的负压不正常,测量停止	联系技术保障部门
FILTER SWITCH! PLEASE CHECK	气路异常	联系技术保障部门
PLEASE REPLACE MEMORYCARD-BATT.	数据卡内置电池电量过低	首先下载数据,然后更换数据卡电池
AIR FLOW NOT OK CHECK AIR INLET	采样流速不是 1.2L/min,气路有堵塞或流量控制系统控制错误	需要进行系统检查
PLEASE CHECK MEMORYCARD	数据卡写保护	解除卡上的写保护开关
WRONG SerialNo. Ser. No. xxxxxxx	数据卡内的数据不是在本机上得到的	首先下载数据,然后清除数据卡内存
WRONG VERSION! Clear Memorycard	数据卡内的数据不是在本机版本的软件上得到的	首先下载数据,然后清除数据卡内存
Fatal Error Please Check!	多次自检不成功,严重的系统错误	联系技术保障部门
Clear Mailbox & Intern Memory	发现仪器内存有错误	清除内存或数据卡
NO MEMOCARD	没有被插入数据卡	如果需要使用,插入数据卡
CHECK DUSTFILTER AND AIR PASSAGE	需要更换尘过滤器	更换尘过滤器

注:按照本表操作,仍无法解决问题,请联系技术保障部门

1.5.1　气路常见故障的处理流程

　　Grimm180 的流量自动恒定在 1.20 L/min。如果由于大气压的变化或者采样气路由于灰尘等产生阻力,仪器在一定范围内可以自动调剂抽气泵的功率,使流量仍然保持在 1.20 L/min。但是如果超出此范围,仪器将不能保证 1.20 L/min 的采样流量。

　　由于采样气路从采样头开始,一直到仪器的出气口,管路长,气路的检查要求按照如图 1-44 所示的步骤判断。

1.5.2　主机气路

　　故障描述:自检不通过、检查抽气泵。
　　处理办法:
　　(1)断开主机内部软管气路;
　　(2)用空气压缩机或洗耳球清洁管路;

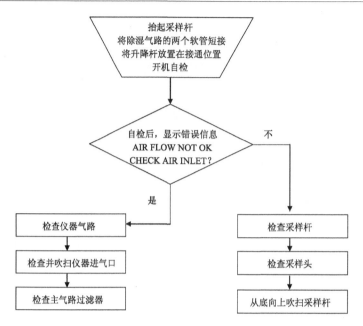

图 1-44 气路故障诊断流程图

(3)必要时更换滤芯。

1.5.3 光源和测量光室

故障描述:测量数值不稳定或是零、自检不通过、提示致命错误,检查激光。
处理办法:
(1)检查仪器是否装上小瓶或拧严;
(2)清洁光室;
(3)更换激光。

1.5.4 微开关

故障描述:自检不通过、提示抬升杆未安装到位、抬升杆末端微开关被撞弯或撞坏。
处理办法:
(1)运输时固定除湿泵(针对大型除湿泵);
(2)调整微开关位置;
(3)更换损坏的微开关。

1.5.5 采样泵

故障描述:自检不通过、提示致命性错误、提示检查采样泵、采样泵不工作或工作声音很大。
处理办法:
(1)检查采样泵连接管路;
(2)检查滤芯;
(3)更换采样泵。

1.5.6 除湿泵

故障描述:自检不通过、提示除湿泵流量不够、压力表为零或小于 40Pa。
处理方法:
(1)检查除湿气路连接;
(2)更换除湿泵。

1.5.7　温湿传感器

故障描述:自检不通过、提示 NO SENSOR。

处理方法:

(1)检查传感器连接;

(2)检查连接件与主机的连接;

(3)更换温湿度传感器。

1.5.8　存储卡

故障描述:自检不通过、提示检查存储卡。

处理方法:

(1)清空数据卡;

(2)检查存储卡是否插入卡槽;

(3)检查写保护是否选否;

(4)检查存储卡电池电压,必要时更换;

(5)更换数据卡。

1.5.9　供电部分

故障描述:仪器无法开机。

处理方法:

(1)检查电源线是否正常以及是否正确连接;

(2)检查开关是否开启以及开关是否损坏;

(3)检查仪器连接电源线部分的滤波器保险是否损坏;

(4)检查仪器供电部分电路板上的保险是否损坏;

(5)更换电源板。

第 2 章 TEOM－1400a/1405 型颗粒物质量浓度监测仪

颗粒物是大气污染物的重要组成部分,近年来,颗粒物已成为我国大部分城市大气污染的首要污染物。不同粒径的颗粒物可以分别进入人体呼吸系统的不同部位,特别是空气动力学等效直径小于 $10\mu m$ 的颗粒物(PM_{10})对于环境和气候有诸多直接和间接影响。

沙尘暴站选用美国 R&P 公司生产的 R&P 1400a 大气颗粒物质量浓度监测仪来测量 PM_{10} 的质量浓度。TEOM 1400a 系列仪器可用于室内外环境空气中颗粒物质量浓度的实时测量,通过选用不同进口采样头,可以测量不同粒径颗粒物的质量浓度,如 TSP、PM_{10}、$PM_{2.5}$ 以及 PM_1 等。TEOM－1405F 仪器在 TEOM－1400 型仪器的基础上增加 FDMS(滤膜动态测量系统)模块,TEOM－1405DF 仪器则在 TEOM－1405F 的基础上改造为双通道结构,可用于环境空气中颗粒物 PM_{10},PM_{coarse}($PM_{2.5-10}$),和 $PM_{2.5}$ 质量浓度的同时测量。

本技术手册包括仪器的安装、基本原理、操作流程、数据存储、初始化设置以及日常维护等。本章 2.1—2.5 节介绍 TEOM－1400a,2.6—2.10 节介绍 TEOM－1405。

2.1 TEOM－1400a 基本原理和系统结构

2.1.1 基本原理

TEOM－1400a 大气颗粒物质量浓度监测仪应用锥管振荡微天平(Tapered Element Oscillating Microbalance,TEOM)方法连续测量大气中颗粒物质量浓度,其工作原理如图 2-1 所示。

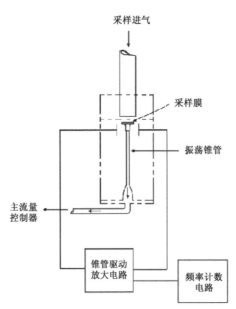

图 2-1 质量传感器工作原理示意图

锥管振荡微天平的核心部件为一上小下大的硬质玻璃空心锥管,下端固定,可换式滤膜置于按一定频率振荡的锥形管顶端,当空气样品流经滤膜时,颗粒物积累在该滤膜上。由空心锥管和采样滤膜所构成的弹性振荡体系,其振荡频率取决于锥形管的物理特性及滤膜质量。当微粒聚集于滤膜上时,锥形管的自然振荡频率相应减少。根据质量和频率间的相关变化,电子系统能连续监测此频率的变化,并经微处理器及时计算出滤膜上所积累的颗粒物总质量、质量流量和质量浓度。总质量与振荡频率的关系可用下式表示:

$$f = (K/M)^{1/2} \tag{2-1}$$

式中,f 为振荡频率,K 为荡频弹性系数,M 为质量。

随着颗粒物的沉积,滤膜质量的变化将引起振荡频率的改变,测量一段时间后,通过前后振荡频率变化可得到滤膜质量的变化量:

$$\Delta M = K\left(\frac{1}{f_1^2} - \frac{1}{f_0^2}\right) \tag{2-2}$$

式中,ΔM 为采样时间内滤膜上沉积的颗粒物质量,K 为采样时弹性系数,f_0 为初始频率,f_1 为当前频率。

根据采样流量、环境温度和气压,可计算出该时段内环境空气中所采集颗粒物的质量浓度。在 TEOM－1400a 所给出的测量结果中,通常已换算到标准状态(一个大气压,273.15K;下同)。

2.1.2　仪器结构

TEOM－1400a 大气颗粒物质量浓度监测仪主要由进气管路系统、平衡除湿系统、传感器单元、控制单元和气泵等部分构成,见图 2-2。

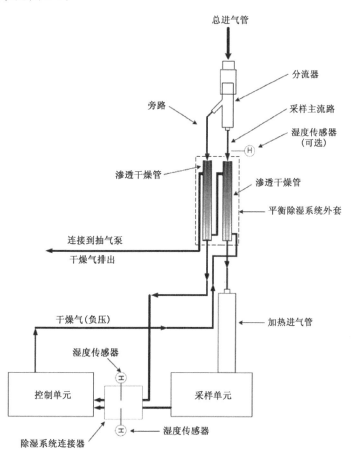

图 2-2　TEOM－1400a 大气颗粒物质量浓度监测仪结构示意图

2.1.2.1 进气管路系统

进气管路系统由粒径切割器、分流器等部分组成(图 2-2)。

采样进气管(也称为主流路管线或主路管线)经传感器单元到控制单元,而旁路管线直接连接到控制单元。空气在进入总进气管时,经过 PM_{10} 的颗粒物粒径切割器,只有空气动力学等效直径小于 $10\,\mu m$ 的颗粒物可进入测量系统。分流器则将系统总流量(16.67L/min)分流为两部分:通过主路管线进入传感器单元的流量为 1 L/min,经过旁路管线连接到控制单元的流量为 15.67 L/min。

2.1.2.2 平衡除湿系统

当环境空气中的相对湿度较高时,采样滤膜可能会吸收水分而增重,导致测得的颗粒物浓度偏高;当湿度降低时,滤膜吸收的水分挥发,使颗粒物浓度的测量结果出现负值。因此,在进气管路中加装平衡除湿系统,用于增加除湿效率,以保证测量结果的准确性。

平衡除湿系统(Sample Equilibration System,SES)的核心是由两个渗透干燥管组成的干燥管组合件,利用 Nafion 分子渗透膜制成。该干燥管为套管,样品气从内管通过,干燥气(经过干燥后的旁路样品气作为干燥气)从外管通过,利用内外管的湿度差对通过内管的气体进行渗透除湿,而对管路中的颗粒物没有损失。

2.1.2.3 传感器单元

传感器单元即采样单元,是 TEOM—1400a 大气颗粒物质量浓度监测仪的关键部件,该单元主要包括锥管振荡微天平(TEOM)质量传感器及其前置放大电路。为了保证 TEOM 部件工作稳定,质量传感器的腔体整体需要保持温度均匀恒定,因此,除质量传感器的腔体有恒温装置外,在进入质量传感器的进气管路上也装有恒温装置。传感器单元有一个"控制/信号"电缆与控制单元相连接。图 2-3 是传感器单元的内、外部结构图。

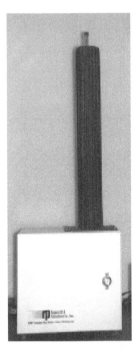

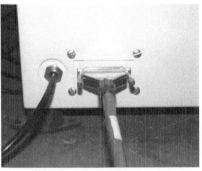

图 2-3 TEOM—1400a 大气颗粒物质量浓度监测仪传感器单元的结构示意图
(左图:外观;右上:内部视图,右侧为质量传感器;右下:控制/信号电缆和管线接口)

2.1.2.4 控制单元

控制单元是 TEOM—1400a 大气颗粒物质量浓度监测仪的核心部件,其作用是精确控制主、旁路管线的流量,控制传感器单元的工作状态,并获取传感器的测量信号。控制单元包括微处理器电子线路系统、流量控制器、压力传感器和电源等。通过控制单元的操作面板可以设置各进气管路的流量、采样参数(变量参数、采样记录时间间隔、数据记录下载)等。控制单元可以实时计算出颗粒物的质量浓度,还可以给出 5min、30min、1h、8h 和 24h 质量浓度平均值。图 2-4 是控制单元的前部面板。前部面板包括电源开关键,状态检查指示灯,显示屏以及输入键盘等。可通过键盘输入完成仪器内部参数设定以及仪器命令输入,键盘布局见图 2-5。

图 2-4　控制单元的前面板

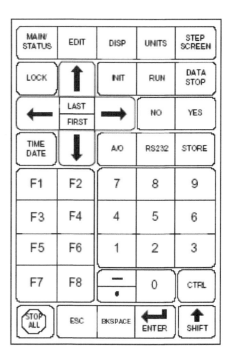

图 2-5　前面板输入键盘示意图

后部面板主要配置了与传感单元及采样系统的连接插孔,如图 2-6 所示。主、旁路管线组件中包括连接零件和 2 个在线过滤器,主、旁路管线的连接方式见图 2-7。

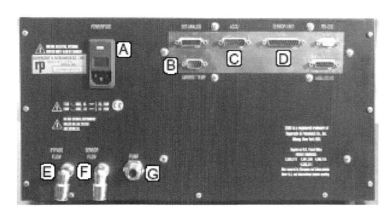

图 2-6　TEOM－1400a 大气颗粒物质量浓度监测仪控制单元后面板
(A:保险丝/电源板插座;B:温度传感器接口;C:ACCU 系统接口;D:25 针传感单元控制缆接口;
E:主路管线连接口;F:旁路管线连接口;G:空气压缩泵连接口)

2.1.2.5　真空泵

真空泵采用双活塞泵,具有独立电源,为系统提供采样动力,图 2-8 是真空泵的外观图。

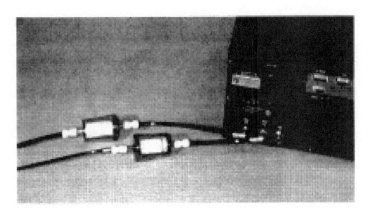

图 2-7　主路和旁路管线的连接　　　　　　　　图 2-8　真空泵外观图

2.2　TEOM－1400a 安装调试

2.2.1　仪器安装

2.2.1.1　传感器单元与控制单元的安装

传感器单元与控制单元的安装简图如图 2-9 所示。

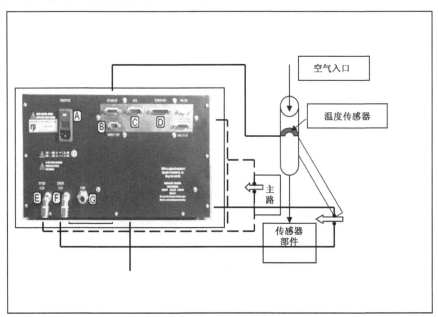

图 2-9　传感器单元与控制单元的安装简图

在安装过程中应注意：

（1）监测系统所有的气路管线均采用插入连接方式，气路管线必须完全插入，确保不会被拉出。如要拆离，应按住压环并同时将管线向外拉出。

（2）将环境温度传感器安装在室外的合适位置。温度传感器电缆的另一端连接到控制单元背部标有"Ambient Temp"的接口处。为避免元器件损坏，安装中不要将温度传感器与防水筒之间的螺母拧得过紧。

（3）在安装 1L/min 的分流头时，应将其牢固安装在分流器内管的顶端，通过调整分流器内管的高度，使分流头的顶端到外管开口的距离是 15.5cm。

2.2.1.2　平衡除湿系统安装

平衡除湿系统的主要部件如图 2-10 所示。

图 2-10　平衡除湿系统的主要部件(A:干燥管组合件;B:除湿系统连接器)

参照图 2-2 将图 2-10 所示的部件连接到测量系统中。要保证干燥管组合件与气路系统、除湿系统连接器与控制单元的正确连接。注意:连接气路系统的软管要尽量减少弯折。

在干燥管组合件(图 2-10 中 A 部件)的两端共有 6 个气路连接口(图 2-11,图 2-12)。注意:主路进气口和主路出气口的连接件口径为 1/2 英寸,旁路进气口、旁路出气口、干燥器进气口和干燥器出气口的连接件口径为 3/8 英寸。

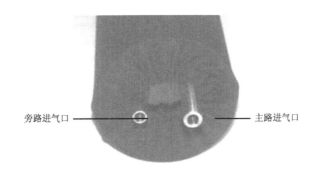

图 2-11　干燥管组件顶部

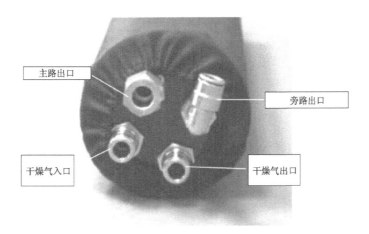

图 2-12　干燥管组件底部

2.2.2　仪器调试

2.2.2.1　开机程序

开机需按如下顺序操作：

(1)接通电源。

(2)按下控制器上的"POWER"键,此时屏幕上出现4行文字,显示仪器的名称,稍后屏幕显示主菜单。

(2)启动抽气泵。

仪器开机后,仪器前部面板上的"CHECK STATUS")指示灯亮,仪器对温度和流量进行自检和初始化,屏幕显示自检和初始化状态(如T、F、1、2、3、4等)。大约1.5h后,"CHECK STATUS"灯自动熄灭,屏幕显示如图2-13所示状态,此时屏幕显示"OK　4",表示仪器开始采集样品并进行计算。

图2-13　采集开始后显示器第1行显示

用面板上的↑和↓箭头可在屏幕上移动光标,连续按动向下的箭头可使屏幕的数据成行滚动。

2.2.2.2　关机程序

关机需按如下顺序操作：

(1)按"STOP ALL"键。

(2)关闭抽气泵。

(3)关闭控制器上的"POWER"开关。

(4)断开控制器的外接电源。

2.2.2.3　仪器状态提示内容

状态提示内容用1—4个字符码来显示仪器的工作状态及是否有报警出现。如果"CHECK STATUS"结束后,在仪器屏幕上所显示的状态符不是"OK",仪器控制器前面板上的指示灯"CHECK STATUS"将再度亮起。状态符包括：

OK　正常使用状态,无报警

M　控制器不能收到频率信号

T　温度报警

F　流量报警

X　滤膜负载将达到极限(当负载率达90％时)

2.2.2.4　参数设置及运行

(1)参数设置

必要时需对仪器参数进行设置。

(2)设置时间

1)按<Data/Stop>进入设置状态,在主屏幕第一行第二列上会出现"S"。

2)在主屏幕按<Step/Screen>键进入"Set Time"。

3)按<Edit>键,屏幕上的">"会变为"?",输入准确时间,按<Enter>键。

(3)设置通信传输协议

按<Data/Stop>进入设置状态,在主屏幕第一行第二列上会出现"S"。按<Step/Screen>,然后按键盘上↓找到<Set RS—232 Mode>,按<ENTER>,把光标">"移到<AK ProtCol>按<Enter>。

(4)设置时间间隔

按<Data/Stop>进入设置状态,在主屏幕第一行第二列上会出现"S"。按<Step/Screen>,然后按键盘上↓找到＜Setup Storage＞按，＜Enter＞，按＜Step/Screen＞移动光标">"到＜Interval＞,按＜Edit＞光标变为"?",输入 300,按＜Enter＞。

（5）测量参数存储设置

主机可以同时存储计算 8 个变量,设置过程如下:

1)按＜Data/Stop＞进入设置状态,在主屏幕第 1 行第 2 列上会出现"S"。

2)按＜Step/Screen＞键进入"View Storage"。

3)再按＜Step/Screen＞键,进入"Setup Storage"屏幕。

4)按＜Edit＞键,屏幕上的">"会变为"?",输入相应代码,按＜Enter＞键。

5)按＜F1＞或＜Run＞,重新进入采样状态。

注:常用代码

008　Mass Concentration(质量浓度)

009　Total　Mass(总重量)

038　Main Flow(主流路)

039　Auxiliary Flow(旁注路)

041　Status Code(状态码)

057　30－Min Average Mass Concentration(30 分钟平均重量浓度)

058　1－Hour Average Mass Concentration(1 小时平均重量浓度)

059　8－Hour Average Mass Concentration(8 小时平均重量浓度)

060　24－Hour Average Mass Concentration(24 小时平均平均重量浓度)

130　Current ambient temperature(现时环境湿度)

131　Current ambient pressure(现时环境气压)

其他如 Temps/Flow，Hardware，Analog Outputs 等,均已设置好,一般不需改动。

T－Case50.00　　T－Air 50.00　　T－Cap 50.00　　F－Main 1　　F－Aux 15.67

其中:F－Main 与 F－Aux 的总和为 16.67。

（6）系统运行

在完成所有参数设置后,按＜F1＞或＜Run＞,使仪器进入工作状态。

2.3　TEOM－1400a 日常运行维护和校准

2.3.1　日常运行检查

(1)需随时检查仪器面板上第 1 行显示的状态是否为"OK",如有报警提示,则参考技术手册查找原因;

(2)需随时注意观察系统流量变化,主流量允许范围应为(1±0.12)L/min;旁路流量允许范围应为(15.67 ±0.50)L/min;如变化超过范围,则检查是否需要更换气－水分离器滤芯或旁路大过滤器,或其他原因;

(3)需随时检查 TEOM 专用滤膜的负载率是否已经超过 30%,如超过则更换滤膜;

(4)要随时检查面板显示的颗粒物质量浓度值是否出现较大负值或较大波动,应查找原因并记录;

(5)仪器的所有操作和异常情况,均应在值班记录和日检查表中详细记录;

(6)无法现场解决的异常情况,应及时向上级部门汇报。

2.3.2　维护

2.3.2.1　使用与维护基本要求

仪器使用和维护基本要求如表 2-1 所示。

表 2-1　仪器设备使用维护要求

工作任务	主要内容	相关要求
1.检查仪器运行状况	采样头清洁程度检查	采样头处应清洁无杂物,如有堵塞及时清洁
	检查状态码	正常为 OK
	检查流量	主流量(Main flow)(1±0.12)L/min,辅流量(Aux flow)(15.67±0.50)L/min
	检查屏幕显示浓度范围	屏幕示值应与近 2～3 天变化情况一致,如有波动,检查周边是否有污染活动;是否出现负值
	检查滤膜负载率	负载率超过 30％需更换
	泵的声音是否异常	泵的声音较弱,无不正常噪声或声响
	检查仪器及计算机时间	与标准时间的偏差范围为 30s,超出时,应及时调整
2.数据采集与传输情况	检查仪器数据采集情况	采集软件能够正常采集仪器的观测数据
	检查小时数据生成情况	能够生成小时数据文件
	检查数据传输情况	能够在指定时间传输数据文件
3.系统维护	清洁切割头	每 3 个月,清洁一次切割头,或视当地污染情况及时清洁
	更换气—水分离器滤芯	每 3 个月,检查气—水分离器,堵塞需更换
	清洁进气管路	每 6 个月,清洁一次采样管路,或视当地污染情况及时清洁
	更换在线大过滤器	每 3 个月,更换一次过滤器,或视当地污染情况及时更换
	更换滤膜	每月更换,膜负载率达到 30％时必须更换
4.仪器校准	定期校准	每 3 个月,对仪器进行流量校准

2.3.2.2　维护用品及工具

(1)维护用品

酒精、棉布、小毛刷、纸巾、蒸馏水、硅油脂等。

(2)主要维护工具

小螺丝刀、活扳手、小刀。

2.3.2.3　清洁 $PM_{2.5}$ 采样头

(1)采样头的清洁工作应在完全停机的情况下进行。

(2)轻轻从进气管路上取下 $PM_{2.5}$ 采样头,图 2-14 为采样头的示意图。清洗时要求将各部件拆开,用柔软的纸巾和纯净水对各部件内外进行彻底仔细地清洗。

(3)清洗擦干后再行安装。

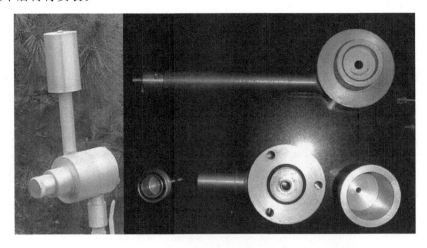

图 2-14　$PM_{2.5}$ 采样头的整体结构(左)和各部件分解图(右)

(切割头应每隔 3 个月清洗一次)

2.3.2.4　主、旁路过滤器的更换

在控制单元后部有两个在线大过滤器。最好在更换 TEOM 专用滤膜后立即更换在线大过滤器,此时仪器应处于停止数据采集状态,可以在等待恒温和流量稳定的 30min 内进行此项工作。安装在线大过滤器时应注意过滤器上的箭头朝外(箭头方向与气流方向相反),这样可以看到大过滤器内的污染程度。如果绿色塑料管拆卸困难,应切除塑料管外壁不光滑的部分。为了保证绿色塑料管的拆卸方便,可以在管的外径上涂一薄层硅油脂。

2.3.2.5　更换气一水分离器滤芯

根据当地使用情况,应定期(3～6 个月)对气一水分离器滤芯进行更换。

2.3.2.6　TEOM 专用滤膜安装与更换

TEOM 专用滤膜的更换取决于当地的大气颗粒物情况。为了保证数据质量,当仪器屏幕上显示滤膜的负载率达到 30％时,应及时更换滤膜。

当空气相对湿度较大并且测量结果出现较大负值或较大波动时,建议更换滤膜。

更换 TEOM 专用滤膜时,严禁用手直接接触滤膜。操作者应使用专用黑柄换膜工具进行更换。

更换滤膜的步骤如下:

(1)在控制单元上按<Data Stop>键,然后打开传感器单元门;

(2)在质量传感器前面上有一银色锁扣,其中间有一插销,将插销向上推至打开插销,将黑色球柄向下拉动质量传感器,直至质量传感器被完全打开,以便于更换过滤膜,如图 2-15 所示。

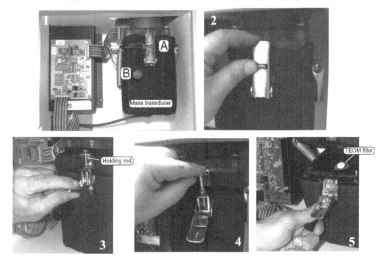

图 2- 15　打开质量传感器

注意:应将 TEOM 专用滤膜存放在传感器单元机壳中;并将两个新的 TEOM 专用滤膜安放到加热的质量传感器内相应的 TEOM 专用滤膜卡座上,以备下次使用,如图 2-16 所示。

(3)用专用工具取下用过的 TEOM 专用滤膜:将专用工具的下层叉架插入滤膜的下边,使滤膜盘处在工具的两层叉架之间,叉柄应位于过滤膜基座的中心线上,与滤膜垂直的方向轻轻提起滤膜,如图 2-17所示。不要扭曲滤膜或从锥形零件的旁边施加压力。

(4)用专用工具安装新滤膜:安装前用洁净的无尘纸模式专用工具,用专用工具取出一个新滤膜,使滤膜盘位于工具两个叉架之间。

(5)用专用工具将滤膜轻轻地垂直插到锥形零件的顶尖,确认滤膜完全放置好,然后垂直向下轻按到位。

(6)将工具从侧面平行缩回,脱离滤膜,安装滤膜过程如图 2-18 所示。

(7)将黑色球形钮抬起使质量传感器到关闭位置,将银色手柄放到适当位置,使它连接插销盘,然后向下推,直到插销插牢。

(8)将 TEOM 传感器单元门关上并扣好,注意开门时间尽量短,以使系统温度漂移最小。

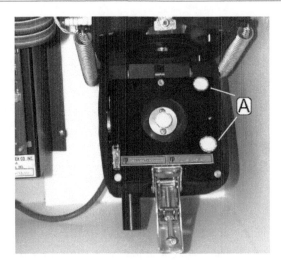

图 2-16 在同一环境条件下对滤膜的湿度等进行平衡处理

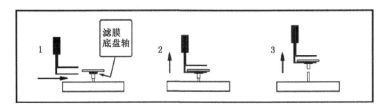

图 2-17 取下 TEOM 专用滤膜

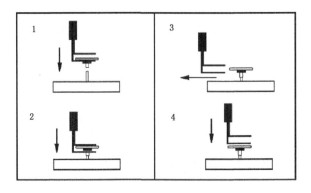

图 2-18 安装 TEOM 专用滤膜

(9)5min 后,再次打开传感器单元和质量传感器,用干净的专用工具底部向下轻按滤膜,这样可保证滤膜完全坐稳,然后关闭质量传感器和传感器单元。

(10)如要启动仪器,应再次按下 TEOM 控制单元前面板键盘上的<F1>或<Run>键。

2.3.2.7 其他部件的拆除与更换

(1)拆除/更换放大器电路板

注意:在处理系统电子部件时,要做好防静电措施。

从传感器单元拆除放大器电路板:

1)关闭控制单元。

2)打开传感器单元门。放大器电路板位于左侧。

3)拆下所有电缆接头的定位卡。定位卡是一条挠性金属,用于将电缆接头固定到电路板上。

4)拆开 P25 和 P21 位置的电缆接头。根据需要拆开 P35 位置的接头。

5)按压定位卡小心地从四个支脚(位于四个角)拆下放大器板。

将放大器电路板装入传感器单元:

1)将放大器电路板放到传感器单元内适当的位置,使"Rupprecht&Patashnick"字迹位于顶部。

2)将电缆接头连到位置 P25 和 P21。根据需要连接 P35 位置的接头。

3)P25——质量振荡元件的电缆。

4)P21——至机壳外互连电缆的电缆。

5)P35——可选。

6)装好 P25 和 P21 接头的定位卡。

7)仪器恢复供电,至少预热 30min。

8)按照有关内容进行放大器电路板的调谐。

(2)拆除/更换模拟电路板

注意:在处理系统电子部件时,一定要做好防静电措施。

从控制单元拆除模拟电路板:

1)关闭控制单元。

2)从控制单元拆下顶部面板。

3)找到模拟电路板,是一块装在 CPU 板顶部的 L 形板。

4)从模拟板拆下定位卡并断开电缆接头 P1、P2、P3、P4 和 P5。

5)通过拆除 5 个定位螺丝小心地从 CPU 板拆下模拟板。

将模拟板装入控制单元:

1)将模拟电路板装到 CPU 板上并固定好。

2)重新连接 P1、P2、P3、P4 和 P5 电缆接头并装好定位卡。

3)根据需要,将模拟板上的跳线调到适当的模拟输入与输出电压。

4)由于运输应力及系统间的差别,对从 R&P 公司寄来的电路板应进行核查、校对。

5)将顶部面板装到控制单元并使系统返回运行配置。

(3)拆除/更换计数器电路板

注意:在处理系统电子部件时,一定要做好防静电措施。

从控制单元拆除计数器板:

1)关闭控制单元。

2)从控制单元拆下顶部面板。

3)找到计数器板,是装在 CPU 板顶部 L 形模拟板附近的一块小板。

4)拆下在 CPU 板上固定计算器的两个螺丝。

5)小心地从 CPU 板取下计数器板。

将计数器板装入控制单元:

1)将计数器板装入 CPU 板的适当位置。

2)固定计数器板。

3)将顶部面板装到控制单元并回到正常运行配置。

(4)拆除/更换电路板

注意:在处理系统电子部件时,一定要做好防静电措施。

从控制单元拆除 CPU 板:

1)关闭控制单元。

2)从控制单元拆下顶部面板。

3)找到 CPU 板,是控制单元最大的一块板,上面装有两块"子"板(模拟板和计数器板)。

4)拆下在 CPU 板固定控制单元的四个螺丝。

5)从 CPU 板拆下定位卡并断开电缆接头 P9、P7、P6 和 P10。

6)从模拟(L 形)板拆下定位卡并断开电缆接头 P2、P4 和 P3。

7)拆除 CPU 板的方法:将板从接口板滑开,直到完全离开再提出来。

（5）将 CPU 板装入控制单元

1）CPU 板的准备工作：

注：如果正在安装的 CPU 板上带有模拟（L 形）板，则到步骤 3）。

从原 CPU 板拆下模拟板。

将模拟板及所需的任何电缆装到替换 CPU 板上。

从原 CPU 板上拆下替换板上所没有的电缆（例如连接 CPU 板 P1 和模拟板 P5 的电缆）。

从原 CPU 板拆下计数器板并装到替换板上。

确保开关的配置正确（参照原板）。（两组开关在 CPU 板上，是红色的）

确保 COM1 跳线（主要通信）已装好待用。

2）将板滑到接口板接头，将总成装入控制单元。

3）将板紧固到控制单元。

装好所需的电缆和定位卡（除了 CPU 板上的 P8 外，CPU 上的所有接头及模拟板都应该用到）。

将顶部面板装到控制单元并恢复系统送电。

将正确校准常数输入仪器。

回到正常操作配置。

（6）拆除/更换显示/键盘

注意：在处理系统电子部件时，一定要做好防静电措施。

从控制单元拆除显示/键盘：

关闭控制单元。

1）从控制单元拆下顶部面板。

2）从 CPU 板拆下定位卡并断开键盘接头（P9）。

3）拆下用于固定显示/键盘到控制单元前面板的两个压紧带。

4）小心地从控制单元拆下显示/键盘。

如果未收到新电缆，则从显示/键盘拆下电缆再用。

以下是将显示/键盘装入控制单元的步骤：

1）将显示/键盘电缆连到显示/键盘底座。

2）将键盘放到控制单元前面板上，使它恰好置入槽内。显示/键盘不应向任何方向移动。

3）将压紧带跨过显示/键盘的背部并压紧。

4）将显示/键盘电缆连到 CPU 板上的 P9 并装好定位卡。

5）将顶部面板装到控制单元并回到正常操作配置。

（7）拆除/更换接口电路板

注意：在处理系统电子部件时，一定要做好防静电措施。

从控制单元拆除接口板：

1）关闭控制单元。

2）从控制单元拆下顶部面板。

3）从控制单元拆下 CPU 板。

4）找到接口板，它装在控制单元的背部面板上。

5）从控制单元背部面板拆下所有外部电缆（互连电缆、ACCU 电缆等）。

6）从接口板拆下定位卡并断开电缆接头 P503、P202、P501、P402、P403、P404、P302 和 P301

7）从接口板的压力振荡元件断开软管，压力振荡元件位于右下角。

8）从控制单元背部的各个接头拆下阴性锁定螺丝，这些锁定螺丝用于将接口板固定到安装板。

9）从控制单元拆下接口板。

将接口板装入控制单元：

1）将接口板放到控制单元背部的正确位置。

2)为控制单元背部的各个接头安装阴性锁定螺丝。

3)将软管连到接口板上的压力振荡元件。压力振荡元件位于右下角。

4)连接接口板上的电缆接头：P503、P202、P501、P402、P403、P404、P302 和 P301。安装定位卡。

5)连接控制单元背部面板的所有外部电缆(互连电缆、ACCU 电缆等)。

6)安装 CPU 板。

7)进行压力振荡元件校准。

8)安装控制单元顶盖。

9)回到正常操作配置。

(8)拆除/更换质量流量控制器

注意：在处理系统电子部件时，一定要做好防静电措施。

从控制单元拆除流量控制器的步骤：

1)关闭控制单元。

2)从控制单元拆下顶部面板。

3)找到流量控制器，从质量流量控制器板拆下定位卡并断开电缆接头 P1。

4)从控制单元背部面板的主路和旁路接头上拆下管和弯头配件。

5)断开从质量流量控制器一侧延伸到背部面板内泵配件的管。

6)断开从接口板上的压力振荡元件(右下角)延伸到质量流量控制器的软管。

7)拆下将质量流量控制器总成和控制单元固定的两个螺丝。

8)从背部面板滑开总成并提出。

将流量控制器装入控制单元：

1)将质量流量控制器总成放至正确位置，向控制单元的背部面板滑动，使配件穿过相应的孔。

2)拧紧控制单元背部面板主管和旁路管的弯头配件。

注意：在拧紧弯头配件时要特别注意不要扭曲流量传感器的端部。如果流量传感器扭曲，则内部 O 形环的完全密封需要 24 小时。

3)将质量流量控制器总成固定到控制单元。

4)连接从质量流量控制器座块一侧延伸到背部面板内泵配件的管。

5);连接从接口板上的压力振荡元件(右下角)延伸到质量流量控制器的软管。

6)连接电缆接头到质量流量控制器板上的 P1 并装好定位卡。

7)校准质量流量控制器(如果刚从厂家收到)，但由于运输应力和系统间的差别，应对校准进行检查。

8)安装控制单元的顶盖。

9)回到正常操作配置。

(9)拆除/更换质量流量控制器节流口

注意：在处理系统电子部件时，一定要做好防静电措施。

当更换节流口时，也应更换质量流量控制器过滤器和清洁质量流量控制器。

从控制单元拆除流量控制器节流口的步骤：

1)关闭控制单元，并关闭真空泵。

2)从控制单元拆下顶部面板。

3)找到流量控制器。从质量流量控制器板拆下定位卡并断开电缆接头 P1。

4)从质量流量控制器总成的四个支脚拆下质量流量控制器板。

5)找到质量流量控制器座块的两个节流口。它们装有短硅管。

6)从拆除的节流口处小心地取下管。

7)使用 1/4 英寸开口或活动扳手拆下节流口。

将流量控制器节流口装到流量控制器总成的步骤：

1)将新节流口装入质量流量控制器底座,节流口需拧紧到与底座齐平。注意不要拧得过紧。

2)将短硅质软管接到新节流口。

3)将质量流量控制器板装到流量控制器总成的支脚上。

4)连接电缆接头到质量流量控制器板上的 P1 并装好定位卡。

5)仪器通电并开启真空泵,15s 内应有流量。

6)进行系统测漏。

7)校准质量流量控制器(如果刚从厂家收到)。但由于运输应力和系统间的差别,应对流量进行检查以验证校准。如需要流量校准,建议首先进行模拟校准。

8)安装控制单元顶盖。

9)回到正常操作配置。

(10)拆除/更换质量振荡元件

质量振荡元件的拆除/更换需要以下工具:Philips 螺丝刀、7/16 英寸扳手或活动扳手。

拆除质量振荡元件:

1)关闭控制单元。(注:如果仪器一直在运转,质量振荡元件可能温热(通常为 50℃),可以在继续运行之前先冷却下来。

2)断开连接控制单元和传感器单元电缆。

3)打开传感器门。

4)找到传感器壳内(左侧)的放大板。从放大器板断开 P21 接头。拆下连接放大器上 P25 和前置接口板上 P100 的带状电缆。

5)从质量振荡元件底部拆下气管。

6)通过按入锁闩并将相应的角向外拉,从尼龙支撑上取下放大器板,置于一旁。

7)取下将黑色法兰固定到传感器单元壳顶的四个螺丝。

8)找到空气探针热敏电阻总成。此总成装在质量振荡元件的左侧,包括两条连到质量振荡元件后部的前置接口板的黄色线。

9)拆下气针的热敏电阻总成。按下总成底座顶部的锁闩,直接将总成拉出。

10)从前置接口板解开热敏电阻,放到一边。

11)从质量振荡元件前面反时针旋转黑色按钮,将它取下。

12)从壳内提出质量振荡元件总成(包含质量振荡元件和位于壳顶的黑色气管部分)。注意不要碰到前置接口板。

13)在扶好质量振荡元件的同时,取下将固定质量振荡元件的四个六角螺栓。

14)下拉质量振荡元件,将其从黑色法兰下面的气管取下。

15)检查气管和质量振荡元件的顶部,找到 O 形环。如果 O 形环仍在气管上,将其取下并装入质量振荡元件。

16)放大器板和质量振荡元件必须返回厂家。

安装质量振荡元件:

1)关闭控制单元。

2)替换质量振荡元件。如果提供了气针热敏电阻(装在质量振荡元件一侧),则将其取下。

3)将替换质量振荡元件放到正确位置,使组装的时候锁闩向上、气管向左。

4)开始滑动质量振荡元件,使气管进入顶孔。确保安装孔和前置接口板后部对正,前置接口板面向后部。(注:质量振荡元件顶部有一 O 形环,需围绕于气管。为了方便组装,可以先从质量振荡元件拆下 O 形环并预装到气管上(向里较好)。可防止 O 形环损坏。)

5)上推质量振荡元件,直到其顶部和配对法兰齐平。

6)在扶好质量振荡元件底部的同时,拧紧将质量振荡元件固定到气管的四个六角螺栓。

7)小心地将总成品装到壳上。

8)将四个黑色按钮装到质量振荡元件前面。

9)拧紧将黑色法兰和传感器单元的壳顶固定的四个螺丝。

10)安装气管热敏电阻。确保热敏电阻在安装时握正。(使热敏电阻端部不会擦到壁部。热敏电阻底座在装好时会有一"喀呖"声。)将空气探针热敏电阻接头插入前置接口板。

11)在质量振荡元件软管处接好气管。

12)将放大器板放到传感器单元内的正确位置,"Rupprecht & Patashnic"字迹应在顶部。

13)将两条带状电缆连到其正确位置。

14)连接传感器单元和控制单元之间的电缆。

15)开启仪器。

16)打开质量振荡元件(如同更换 TEOM 过滤器一样)并看到锥形滤芯的校准常数(K0)。在打开质量振荡元件时,K0 位于可看到的银标签上。

17)在主屏按<Step Screen>可进入菜单屏。

18)在菜单屏时,将光标移至设置硬件屏旁,并按<Enter>。

19)按<Data Stop>键,使系统进入设置模式。

20)按<Edit>键,将 K0(标记为校准常数)改为正确值。

21)按<Run>键,返回正常操作配置。

2.3.2.8　清洁进气管路

(1)停泵关机,取下采样头。

(2)打开质量传感器单元,用塑料或硬质保护材料盖住质量传感器的暴露部分(即盖在 TEOM 专用滤膜上方),以防有异物落下,毁坏微振荡天平。

(3)拔下质量传感器侧面的温度传感器,注意保护其感应端。

(4)用一根软线,在顶端缠上脱脂棉(可蘸取少量酒精),从进气口伸入管路中,上下拉动几次(最好两人配合操作,一人负责保护质量传感器不被碰到)。

(5)确认进气管路已清洁完毕后,使其自然风干,然后将各部件安装回原位,注意:插回温度传感器时只要感觉卡上即可,不可用力向里插。

(6)从微天平的暴露部分取下塑料或硬质保护材料。

(7)关闭质量传感器单元门。

(8)开机。

注:每隔一年清洁一次。

2.3.2.9　检漏

(1)关泵;

(2)取下采样膜;

(3)打开电源开关;

(4)用面板的↑、↓来调整屏幕显示主流量和旁路流量值;

(5)此时显示的是主流量和旁路流量的零点偏移值 $F_m{}'$ 和 $F_b{}'$;

(6)取下采样头,装上检漏用适配器,注意适配器上的开关应处于开的位置;

(7)关闭适配器开关;

(8)打开控制单元的电源开关;

(9)开泵;

(10)等待几分钟,待流量趋于稳定后,读取主路和旁路的泄漏量 $F_m{}''$ 和 $F_b{}''$;

(11)真正的泄漏量主路为 $F_m = F_m{}'' - F_m{}'$,旁路为 $F_b = F_b{}'' - F_b{}'$。当 $F_m < 0.15$ L/min,$F_b < 0.6$ L/min 时认为气路没有泄漏;如发现有泄漏,则应检查从空气入口处到泵出口处的所有管接头的漏气情况,并重复检漏步骤;

(12)如果仍有泄漏,则首先应检查流量控制器,然后检查模拟板和泵是否正常。

2.3.3　流量校准

2.3.3.1　软件校准

(1)关闭控制单元电源,断开与传感单元的一切连接;

(2)开启控制单元和真空泵(冷启动要预热 30min,若已运行则可预热 5min);

(3)键入代码"19",将光标移至"T－A/S 99.000　P－A/S 9.000,通过"Edit"将其编辑成当时当地的温度和压力,然后将光标移到"FAdj Main" 1.000;

(4)将过滤器取下,把流量计接到控制单元背部的主流量入口处(或旁路入口处);

(5)如主路流量不符合要求时可调节"FAdj Main" 1.000,通过"Edit"改变数值 1.00,使流量计的实际读数与设定值差为(1±0.03)L/min,若调节幅度超过±1%,则应进行硬件校准;

(6)如旁路流量不符合要求时,需要改变"FAdj Aux" 1.000 数值 1.000,使流量计上的实际读数与设定值差为(15.67±0.2)L/min(若调节幅度超过±1%时,应进行硬件校准);

(7)必须将温度和压力恢复到"自动测量"时要求的数值;

(8)校准好流量后,关闭控制单元和泵,使仪器恢复到正常状态。

2.3.3.2　硬件校准

先进行模拟板校准。

(1)主流量校准

1)关闭控制单元,断开与传感单元的所有连接,拆下控制单元上盖;

2)开启控制单元和真空泵,冷启动需预热 30 min,若已运行则预热 5 min 即可;

3)用万用表测主流量线路板上红色"＋10VDC"测试点的电压,调节电位器 R116(旧型流量控制器需调节接口线路板上的电位器 R304),使读数为(10±0.001)VDC;

4)将温度和压力调节到当时和当地的实际值,并恢复"FAdj Main" 1.000;

5)将过滤器取下,把基准流量计接到主流量入口处;

6)键入代码"19",移光标">"至"F－Main 1.000"按"Edit"键,将主流量设为 0.5L/min,观察流量计读数约 10s 后,可调节电位器 R101(新型为 R119)使主流量精确到(0.5±0.03)L/min;

7)将主流量设定为 4.5 L/min,观察流量计读数约 10s 后,调节电位器 R105(R126),使主流量精确到(4.5±0.03) L/min;

8)将主流量设定为 1 L/min,观察流量计读数约 10s 后,调节电位器 R101(R119)使主流量精确到(1±0.03) L/min 。

(2)旁路流量校准

1)关闭控制单元,断开与传感单元的所有连接,拆下控制单元上盖;开启控制单元和真空泵,冷启动需预热 30min,若已运行则预热 5min;

2)用万用表测旁路流量线路板上红色"＋10VDC"测试点的电压,调节电位器 R116(旧型流量控制器需调节接口线路板上的电位器 R304),使读数为(10±0.001)VDC;

3)将温度和压力调节到当时和当地的实际值,并恢复"FAdj Aux 1.000 ;

4)将过滤器取下,把基准流量计接到旁路流量入口处;

5)键入代码"19",移动光标">"至"F－ Aux15.67L/min "按"Edit"键,将旁路流量设定为 2.0L/min 观察流量计上的实际读数约 10s 后,调节电位器 R201(R119),使旁路流量准确到(2.0±0.2)L/min;

6)将旁路流量设为 18.0L/min,观察流量计读数约 10s 后,调节电位器 R205(R126)使旁路流量精确到(18±0.2)L/min;

7)将旁路流量设定为 15.67L/min,观察流量计的实际读数约 10s 后,调节电位器 R201(R119)使旁路流量精确到(15.67±0.2)L/min;

8)将气压和温度恢复到"自动测量"时的要求值;

9）关闭电源；

10）将气路、电路连接好，恢复仪器正常运转。

注：流量软件（硬件）校准后必须将温度和压力值编辑成自动测量时的要求值。

2.3.3.3　K0 值的检查

（1）关闭真空泵；

（2）按"Data Stop"键进入设定模式；

（3）取下振荡天平上原有滤膜，键入代码"17"，在屏幕"Filter Weight"行上键入"标准膜"重量值；

（4）当观察屏幕右上角显示的频率到最高值稳定时，按"First/Last"键，可自动记录频率 f_0；

（5）在振荡天平上用 0.5kg 的力垂直向下压"标准膜"；

（6）当观察屏幕右上角显示的频率到最高值稳定时，按"First/Last"键，可自动记录频率 f；

（7）此时仪器可自动计算显示出"％Diff"数值（该数值不应超过 2.5％ 视为合格）。

2.3.3.4　流量校准的注意事项

（1）必须使用较高级别的标准流量计进行流量校准。

（2）校准工作须在有经验的专业人员指导下进行。

（3）在校准时应使用当时的温度和压力，校准完毕后再转到自动测量状态下的温度和压力值。

2.4　TEOM-1400a 数据采集

2.4.1　数据下载

TEOM-1400a 大气颗粒物质量浓度监测仪有一内部存储器，存储的信息可以通过多种方式输出，包括模拟输出、同步打印输出、用户自定义逻辑输出，以及通过 RS-232 接口下载到计算机等。系统自带了几种协议设置（如 AK 协议、German Ambient Network 协议等），不同的输出方式需要通过控制部件选择不同的协议设置，用户可以选择合适的通信协议，通过 RS-232 口使仪器和计算机建立通信来获取数据。

2.4.2　数据格式

2.4.2.1　本底站

小时文件命名格式：

Z_CAWN_I_xxxxx_yyyymmddhh0000_O_AER-FLD-PM10.TXT

其中 xxxxx 为台站站号，yyyymmddhh 表示年月日小时

数据格式参见表 2-2，共 21 列参数。

表 2-2　气溶胶观测——PM₁₀质量浓度（本底站观测）小时文件数据格式

列	字段说明	字段名称英文	数据类型	单位	备注	数位
1	台站区站号		数字和字母组合		5 位	5 位
2	项目代码		I		4 位	4 位
3	年		I		4 位	4 位
4	年序日	julianday	I		3 位	3 位
5	时分（世界时）		I		4 位	4 位
6	5min 平均	average_5min	F	$\mu g/m^3$	6 位	6 位
7	1h 平均	average_1h	F	$\mu g/m^3$	5 位	5 位
8	24h 平均	average_24h	F	$\mu g/m^3$	6 位	6 位
9	总质量	gross mass	F	μg	8 位	8 位

列	字段说明	字段名称英文	数据类型	单位	备注	数位
10	主路流量	main flow	F	L/min	2 位	2 位
11	旁路流量	side flow	F	L/min	5 位	5 位
12	负载率	Duty cycle	I	%	2 位	2 位
13	频率	frequency	F	Hz	9 位	9 位
14	噪声	noise	F	无量纲	6 位	6 位
15	气温	air temperature	F	℃	5 位	5 位
16	气压	air pressure	F	hPa	6 位	6 位
17	运行状态码	running state code	I		2 位	2 位
18	主路温度	main temperature	F	℃		
19	主路相对湿度	main relative humidity	F	%		
20	旁路相对湿度	side relative humidity	F	%		
21	空气相对湿度	air relative humidity	F	%		

2.4.2.2　沙尘暴站

小时文件命名格式：

Z_SAND_P10_C5_xxxxx_yyyymmddhh0000.TXT

其中 xxxxx 为台站站号，yyyymmddhh 表示年月日小时

第一行为文件头，以空格分开，依次为区站号，经度，纬度，海拔高度，文件创建时间，仪器采样时间间隔，PM_{10} 规定为 300s(5min)

其后为数据，数据格式见表 2-3，共 9 列参数。

表 2-3　气溶胶观测——PM_{10} 质量浓度(沙尘暴站观测)小时文件数据格式

序号	参数名称	字段说明	单位
1	时间	年月日时分秒	14 位，世界时
2	状态码	正常为 OK	
3	5min 平均	5min 质量浓度	$\mu g/m^3$
4	30min 平均	30min 平均质量浓度	$\mu g/m^3$
5	1h 平均	1h 平均质量浓度	$\mu g/m^3$
6	24h 平均	24h 平均质量浓度	$\mu g/m^3$
7	总质量	总质量	μg
8	环境温度	环境温度	℃
9	环境气压	环境气压	hPa

2.5　TEOM－1400a 故障处理和注意事项

2.5.1　故障处理

2.5.1.1　运行程序丢失

造成运行程序丢失的原因可能有：

(1)电压波动过大时，容易丢失仪器运行程序；

(2)仪器正常运行时，不当操作易丢失运行程序；

(3)电压过高时，引起仪器运行噪声过高、K0 值增高(当电压 257VAC 时，K0＝99999)或颗粒物浓

度值过高时,均可能发生运行程序丢失,此时应重新安装程序。

2.5.1.2　流量不正常(状态显示出现"F")

(1)首先检查气－水分离器滤芯、主路或旁路在线过滤器是否已堵。检查方法如下:如果将气－水分离器出气管拔开后,旁路流量上升,则应立即更换气－水分离器滤芯;如果将气－水分离器出气管拔开后,旁路流量不上升,而当取下大过滤器后,旁路流量上升,则应立刻更换成新的大过滤器;如果取下主路原有大过滤器后主流量上升,也应立即更换新的大过滤器;

(2)清洁 PM_{10} 采样头及全部采样管;

(3)检查确定真空泵是否运行正常,否则更换备件;

(4)气路系统内如有更换或拆装部件后需要及时检漏;

(5)雨季时应及时巡视,根据降水量做出判断,进行气路系统除水处理;

(6)更换限流孔,清洁电磁阀、阀座及 V 型密封圈;

(7)更换电磁阀上部的白色过滤器;

(8)更换流量传感器(主路、旁路)。

2.5.1.3　温度显示不正常(状态显示出现"T")

(1)检查温度传感器是否正确连接;

(2)清洁温度传感器的感应部分或者将其插头插牢;

(3)更换新的温度传感器;

(4)温度加热单元出现异常或其他原因。

2.5.1.4　通信问题

(1)检查 AK 协议设置是否正确;

(2)检查是否同时使用了两个 RS232 口;

(3)检查通信数据线有无不良连接;

(4)检查是否是雷击或其他原因造成的 CPU 板损坏。

2.5.1.5　质量传感器异常(状态显示出现"M")

(1)仔细检查"天平"上滤膜安装是否到位;

(2)仔细检查"天平"两侧小磁铁是否存在;

(3)仔细检查放大板上的 25 针扁平电缆连接处,插针是否被腐蚀;

(4)更换质量传感器时,必须换装新的放大板,否则仪器无法正常工作;

(5)用示波器详细检查分析线路,最后确定是否更换计数器板。

2.5.1.6　浓度出现负值

(1)检查工作电压是否稳定;

(2)检查空气(箱体、罩)加热器的温度是否稳定;

(3)检查主(旁)路流量是否稳定;

(4)检查采样系统是否畅通;

(5)检查室内温度是否控制在 26～28℃;

(6)室内采样管包装绝热层;

(7)避免多次启动仪器;

(8)加装平衡除湿系统;

(9)更换新滤膜。

2.5.2　注意事项

(1)遇有雷电天气时要停机,以防设备遭遇雷击;

(2)平时操作中注意防静电;禁止带电插拔通信线路;

(3)注意防止有水进入传感单元和控制单元;

（4）定期检查仪器运行是否正常，参数设置是否合理；

（5）当滤膜负载率达到 30％时，应及时更换；

（6）仪器噪声应不大于 0.1，频率变动幅度不应超过数据显示的最后两位；

（7）TEOM 专用滤膜在安装后应进行快速检查以保证滤膜完全装好，即在新滤膜安装后 5min 内，屏幕上显示的锥管振荡频率最后两位的波动范围应在 05～10 内；

（8）注意主流量及旁路流量是否稳定；

（9）检查数据下载是否正常；

（10）当控制器时间与标准时间相差 1min 以上时，应该重新设置时间。

2.6　TEOM－1405 基本原理和系统结构

2.6.1　基本原理

Thermo Fisher Scientific 生产的 TEOM－1405 系列（TEOM－1405F 和 TEOM－1405DF）大气颗粒物质量浓度监测仪是基于 TEOM 方法（参见"TEOM－1400 型颗粒物质量浓度监测仪操作技术手册——基本原理"说明），以及质量流量计控制仪器以正确的流量采样，质量流量控制原理如下：

TEOM 1405－DF 监测仪内的质量流量控制器（MFC）经过内部校准，适用于 25℃的标准气温和 1 个标准大气压（1013.25hPa）。对于手动的流量控制，用户必须输入测量点的季节平均气温和平均气压，使仪器以正确的流量取样。微处理器利用这些信息，根据以下公式计算出正确的质量流量设定点：

$$\text{FlowSP}_{\text{Passive}} = \text{FolwSP}_{\text{Vol}} \times \frac{P_{\text{AVG}}}{P_{\text{STD}}} \times \frac{Temp_{\text{STD}} + 273.15}{Temp_{\text{AVG}} + 273.15}$$

式中，$\text{FlowSP}_{\text{Passive}}$ 为质量流量控制器的设定点（相当于 25℃和 1 个大气压下的气流），$\text{FlowSP}_{\text{Vol}}$ 为流量设定点（L/min），$Temp_{\text{AVG}}$ 为用户输入的平均温度（℃），$Temp_{\text{STD}}$ 为标准温度（25℃），P_{AVG} 为用户输入的季节平均气压，P_{STD} 为标准气压（标准大气压，1atm＝1013.25hPa）。

除此之外，还可以利用所提供的硬件设置主动的流量控制来自动测量周围环境的温度和气压。

注意：如果利用当时的实际环境条件设定主动的流量控制，就应该将上面方程中的平均温度和气压变量替换为仪器测出的实际（当地）温度和气压。

$PM_{10}/PM_{2.5}/PM_1$ 质量浓度数据以标准的立方米空气为单位，其中的温度和气压分别基于标准的 25℃和 1 个标准大气压。为了让仪器可以此标准报告质量浓度，必须确保输入仪器的标准温度（Std. Temp）和标准气压（Std. Pres）分别等于 25℃和 1 个标准大气压。这些是仪器的默认值。

$$\text{Flow\_Rate}_{\text{EPA}} = \text{Flow\_Rate}_{\text{STP}} \times \frac{\text{Std. Temp} + 273.15}{273.15} \times \frac{1\text{atm}}{\text{Std. pres}}$$

仪器内部以 0℃为基准的流量被转换为标准环境。

注意：报告实际环境的浓度时，系统必须设为"主动"（Active）流量控制。确保监测仪可以在上述公式中的温度和气压中应用当前实际值。

2.6.2　仪器结构

TEOM－1405 系列大气颗粒物质量浓度监测仪主要由进气管路系统、分流管路系统、三脚架、FDMS 系统和 TEOM 系统、采样气泵以及控制系统等部分构成，以 TEOM－1405DF 为例（图 2-19）。

2.6.2.1　进气管路系统

进气管路系统由采样头、虚拟采样头（TEOM－1405DF 专有）等部分组成（图 2-20）。

采样头在通过撞击式空气动力学原理在入口选择粒径（$PM_{10}/PM_{2.5}/PM_1$）。虚拟采样头（TEOM－1405DF 专有，图 2-20）能不间断地监测粗颗粒 PM_{coarse}（$PM_{2.5-10}$）和细颗粒 $PM_{2.5}$。PM_{coarse} 和 $PM_{2.5}$ 颗粒被虚拟采样头分开后，将分别聚积在系统的可更换 TEOM 滤膜上。通过分流器（图 2-21）使得 $PM_{2.5}$ 通道内流量保持在 3L/min, PM$_{coarse}$ 通道内的流速保持在 1.67L/min。

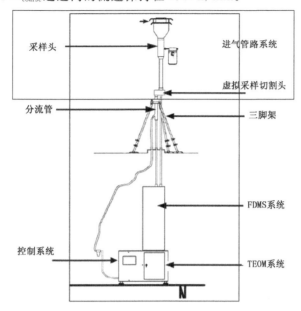

图 2-19　TEOM—1405 系列大气颗粒物质量浓度监测仪结构示意图(以 1405DF 为例)

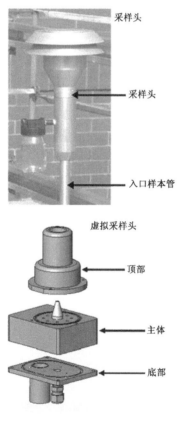

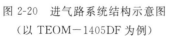

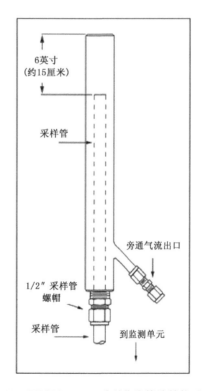

图 2-20　进气路系统结构示意图　　　　图 2-21　TEOM—1405 系列分流管路结构示意图
（以 TEOM—1405DF 为例)

2.6.2.2　分流管路系统

　　等速分流器(图 2-21)通过与流量控制器的相应作用,在空气流经粒径选择(PM$_{10}$/PM$_{2.5}$/PM$_1$)入口和虚拟采样头(TEOM—1405DF 专有,图 2-20)后,将选定粒径的主气流和旁通气流分开。这两支样本流分别为流向 TEOM 质量传感器的主气流(3L/min)和旁通气流(12L/min)。

2.6.2.3　FDMS 系统

FDMS 系统包括有下列组件:一个对颗粒大小有选择性的入口、样本流分离器、空气冷却/滤膜、干燥器和一个用于引导样本流通过系统的转换阀。FDMS 滤膜动态测量系统提供了代表周围空气中的颗粒物浓度的测定值。FDMS 单元自动测出质量浓度值(微克/立方米),其中既有非挥发性也有挥发性的 PM 成分。

2.6.2.4　TEOM 系统

TEOM 系统主要部件为锥管振荡微天平(TEOM)质量传感器。为了保证 TEOM 部件工作稳定,质量传感器的腔体整体需要保持温度均匀恒定,因此,除质量传感器的腔体有恒温装置外,在进入质量传感器的进气管路上也装有恒温装置(图2-22)。

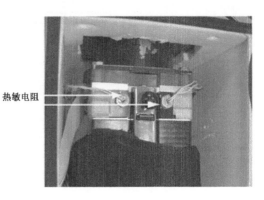

热敏电阻

图 2-22　TEOM－1405 系列传感器外观和恒温装置

2.6.2.5　控制系统

控制系统是 TEOM－1405 系列大气颗粒物质量浓度监测仪的重要部件,其作用是精确控制主、旁路管线的流量,控制传感器单元的工作状态,获取传感器的测量信号,并将控制操作集成在前面板的触摸显示屏。控制系统包括微处理器电子线路系统、流量控制器、压力传感器和电源等。通过控制系统的触摸屏操作面板(图 2-23)可以设置各进气管路的流量、采样参数(变量参数、采样记录时间间隔、数据记录下载)等。控制单元可以实时计算出颗粒物的质量浓度,还可以给出 5min、30min、1h、8h 和 24h 质量浓度平均值。图 2-23 是控制系统的触摸屏操作面板。包括状态检查,功能设置,屏幕锁定等。可通过触摸操作输入完成仪器内部参数设定以及仪器命令输入。

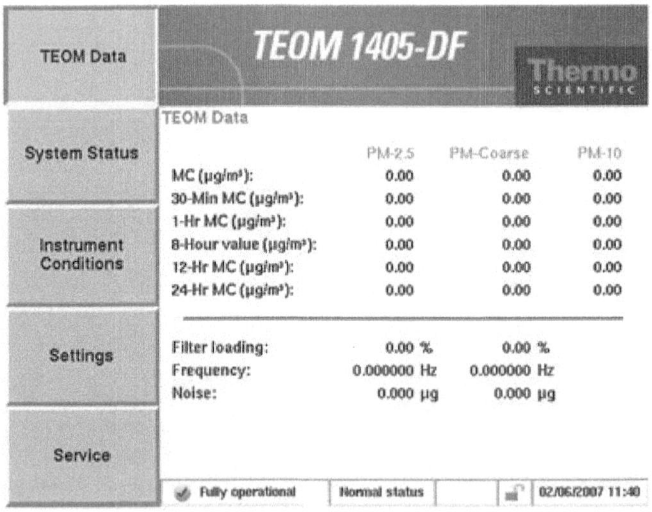

图 2-23　控制系统触摸屏操作面板

后部面板(以 TEOM－1405DF 为例,图 2-24)主要配置有泵入口、主(PM_{coarse},$PM_{2.5}$)、旁通路过滤器、温湿传感器接入口和以太网接口等。

2.6.2.6　真空泵

真空泵为双活塞泵,具有独立电源,为全部系统提供采样动力。图 2-25 是真空泵的外观图。

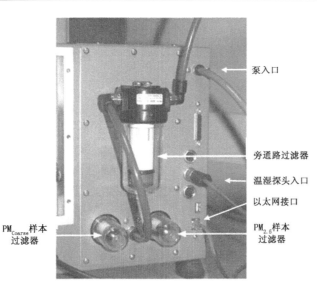

图 2-24　TEOM－1405 系列大气颗粒物质量浓度监测仪控制系统后面板（以 1405DF 为例）

图 2-25　真空泵外观图

2.7　TEOM－1405 安装调试

2.7.1　仪器安装

TEOM－1405 系列大气颗粒物监测仪包括如下部件：

(1)TEOM 系统；

(2)温/湿度传感器和 10m 电线；

(3)3/8 英寸绿多管线，用于把泵连接到旁通流量接口，15m；

(4)5 段采样延长管，1m(40 英寸)；

(5)1 段采样延长管，0.79m(31 英寸)；

(6)一盒 20 个装的 TEOM 滤膜盒(Pallfex TX40 滤膜)；

(7)3 个大号旁通在线滤膜元件；

(8)滤膜更换起子；

(9)分流器；

(10)采样头；

(11)采样管；

(12)虚拟采样头(TEOM－1405DF 专有)；

(13)雨水分离器过滤组件；

　　(14)气流检查接头/检漏工具包；

　　(15)冷却清洁包(2 个 Y－接头，出口)；

　　(16)真空泵；

　　(17)2 份操作手册(一份为印刷品，一份为 CD)；

　　(18)快速入门指南。

2.7.1.1　泵的安装

　　将 15m 的绿色管线截为两段，其中一段大约(但不短于)5m(典型的安装是泵用 5m，旁通管用 10m)。将 5m 的泵管一端插入真空泵的相应接口中，5m 泵管的另一端装入 TEOM 系统背后的泵接口。从 1405 单元的泵接口截下约 2 英尺[①]管，安装真空泵。在靠近 TEOM 系统的地方装上雨水分离器组件。从旁通的 10m 管上截下一段，长度要足够从集水器到 TEOM 系统背后的旁通过滤器(图 2-26)。将其装到雨水分离器和旁通过滤器的快速连接接口中。将旁通管剩余部分的一端插入与雨水分离器相连的弯曲管末端的快速接口中。旁通管另一端将连接在分流器上的旁通接口上。这一步骤在组装和安装样本入口和虚拟采样头时(图 2-27)。在泵管上选择一点安装真空计，这个点应该便于真空计做监测(建议该点可在距 TEOM 系统背后的泵管接口约 0.5m 的地方)。将管从这个点截断，两端分别装到真空计的快速接口中。

　　注意，必要时要给雨水分离器排水。

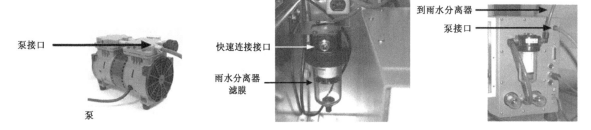

図 2-26　真空泵安装简图　　　　　　图 2-27　雨水分离器与旁通过滤器连接图

2.7.1.2　组装分流管路系统

　　如图 2-21 所示，将短的采样管(31 英寸)安装到分流器中。松开分流器上 1/2 英尺采样管螺帽，向下滑动采样管到分流器中，使安装好采样管的顶部距离分流器顶部 15.5cm(6 英寸)(与分流器顶部的距离必须在 5.75～6.25 英寸之间)。旋紧 1/2 英寸采样管螺帽。

2.7.1.3　组装三脚架

　　将三脚架的底座接到三脚架上。将一个金属托座放到三脚架的橡胶底座上，并装到底座上的两道槽中(图 2-28)。确保托座在三脚架的底部，置于橡胶底座上。在托座有螺纹的底部装上平垫圈、防松垫圈和螺帽，用可调节扳手旋紧。对三脚架的每一脚重复以上步骤。

　　注意：先用手旋紧托座上的螺帽，然后再用扳手旋紧，确保托座位置正确位于三脚架的底部和底座上。

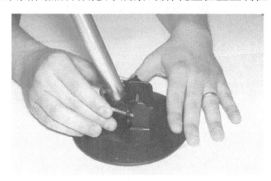

图 2-28　三脚架底座

---

　　①　1 英尺＝12 英寸＝30.48 厘米。

2.7.1.4　准备屋顶开口

将 TEOM－1405 系列放置于可支撑物上,正对取样装置顶部入口位置的下方。将组装好的分流器安装到三脚架上,稍微旋紧把手以确保分流器位置固定。将三脚架固定在屋顶,位于 TEOM－1405 系列的上方,调整各脚,直到三脚架顶距离屋顶约 1m。

如图 2-29 所示,在位于仪器顶部的两根 1/2 英寸采样管正上方的屋顶,在中线上量出并标明两个相距 $\frac{7}{4}$ 英寸的点。在屋顶钻孔,让两根 1/2 英寸的采样管通过,另外钻一个孔,使 3/8 英寸的旁通管通过旁通管道也可以从窗户或其他开口通过。

注意:用于 1/2 英寸采样管的孔必须在中线钻,相距 $\frac{7}{4}$ 英寸,并直接位于仪器顶部的采样管正上方。

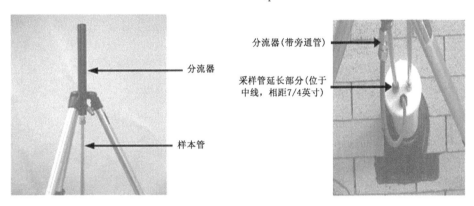

图 2-29　屋顶开孔和三脚架安装示意图

2.7.1.5　安装虚拟采样切割头(TEOM－1405DF 专有)

如图 2-30 所示,在分流器顶部安装虚拟采样头。安装其中一根 1/2 英寸采样管的延长管到虚拟采样头上的粗颗粒样气接口,安装必须紧密。在虚拟采样头顶安装样气入口管。

注意:面对仪器时,粗颗粒(PM_{coarse})流通道在右,1/2 英寸的 Swagelok 接头在虚拟采样头底部。1/2 英寸的采样管与三脚架旁边的分流器的 $PM_{2.5}$ 旁通管道相平行,连接后,它应该与分流器中的采样管底部持平。

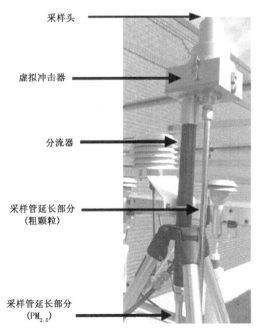

图 2-30　虚拟采样头和采样管连接图

2.7.1.6　安装采样头

将采样头(图 2-31)固定在样本入口管顶部,调整三脚架,直到采样头与屋顶距离 1.8～2.1m(70～82 英寸)。松开三脚架上的分流器,调整三脚架各脚,使得安装结束后,入口的顶部距离屋顶 1.8～2.1m。将三脚架各脚固定在屋顶上。

注意:根据具体采样高度,此高度可以变动。将三脚架放置于屋顶钻孔的正上方。测量并截断仪器顶部的样本延长管,确保样本延长管截口整洁光滑。将其穿过屋顶进行安装,左边的采样管(PM$_{2.5}$管道)接到分流器的采样管,右边的采样管(PM$_{coarse}$管道)接到安装于虚拟采样头的采样管。分流器的 PM$_{coarse}$采样管应该固定在采样头底部。用 3/8 英寸的 Swagelok 接口,将连接雨水分离器的弯曲管道的绿色旁通管,接到分流器上的旁通管接口。

图 2-31　采样头侧视图

2.7.1.7　安装温度和湿度感应器

用系统配套的 U 形螺栓将环境温/湿度传感器连接到分流器或三脚架。将传感器的线路接上感应器,并穿过屋顶的钻孔或窗户连接到仪器。将传感器接到 TEOM 系统背后的传感器接口(图 2-32)。

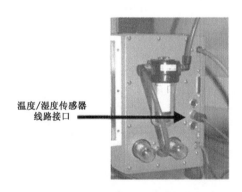

图 2-32　温/湿度传感器与 TEOM 系统连接图

2.7.2　仪器调试

2.7.2.1　开机程序

开机需按如下顺序操作:

(1)安装合适的电源线至仪器背后的通用电源接口(图 2-33)电压要适当。将电源线的另一端接到一个合适、容易插入、有接地且符合规范的插座。

(2)按下控制单元(图 2-34)前面板上的电源开关。仪器将开始常规启动。稍后,标题界面(图 2-35 左图)将出现在控制单元的显示屏上,然后出现 TEOM 数据屏。TEOM 数据界面将显示一条警告信息,由于流速和温度超出容许范围(图 2-35 右图)。启动后的最初 30 分钟内将一直持续,发出警告这期间仪器处于预热阶段。当流速和温度到达到容许范围后,状态警告图标自动消失。仪器将等到流速和温度稳定在一个很小的范围后才开始收集数据。这将确保系统计算的所有数据的有效性。

图 2-33　TEOM 系统背部电源接口　　　　图 2-34　TEOM 系统前面板电源开关

（白色箭头）

（3）启动抽气泵

注意：仪器刚启动时，质量浓度栏内的值是累计的动态平均值，这将持续一个小时。这些数值是为了让用户知道仪器启动或重启后正在工作。这些原始值只用于内部计算。

　　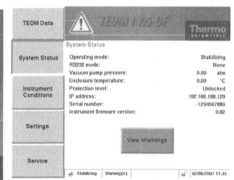

图 2-35　系统开机后界面

2.7.2.2　设置仪器并开始收集数据程序

做一次泄漏检查（参见下面 2.7.2.3 关于泄漏检查的内容）。

TEOM 上的质量传感器安装 TEOM 滤膜（参见 2.8.2.3"维护"中"TEOM 滤膜更换"部分）。

将 47mm 的滤膜安装到 FDMS 系统上（参见 2.8.2.5"维护"中"47mm 滤膜更换"部分）。

系统状态界面出现时，确保显示的仪器序列号与仪器背后的序列号一致。

在仪器条件界面，选择 Flows 显示流量界面。选择"流速"（Flows Rate），可以选择所希望的 $PM_{2.5}$、PM_{coarse} 和旁通气流通道的流速。选择"气流控制"（Flow Control），可以选择所希望的气流控制（"主动"或"被动"），以及所希望的标准和平均温度和气压（图 2-36）。

在设置界面，选择"系统"（System），然后选择"设置时间"（Set Time）来设置当前的日期和时间（图 2-37）。

在设置界面，选择"高级"（Advanced），然后选择"质量传感器 K0 常数"（Mass Transducer K0 Constants）来确认 $PM_{2.5}$、PM_{coarse} 当前的 K0 设置。对仪器设置的数字必须匹配质量传感器旁边标签上的 K0 常数（图 2-38）。

在设置界面，选择"数据存储"（Data Storage）显示数据存储界面。确认仪器将所希望的数据记录到日志中（参见第 2.9 节相关部分）

仪器要在状态栏上的操作模式信息显示为"完全可操作（Fully Operational）"（图 2-39）后，才开始收集数据。在采样之前，用户必须为仪器安装清洁的、调试过的滤膜。在等待仪器完全可操作之前，用户可以选择流速、数据和其他设置。

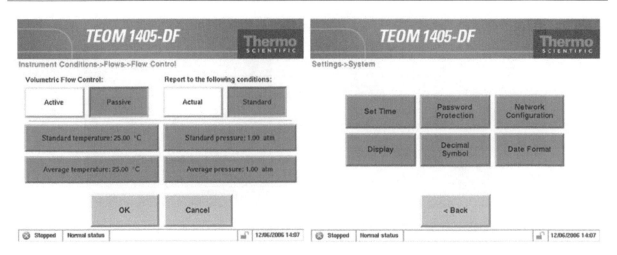

图 2-36　流量控制界面　　　　　　　　　图 2-37　系统设置界面

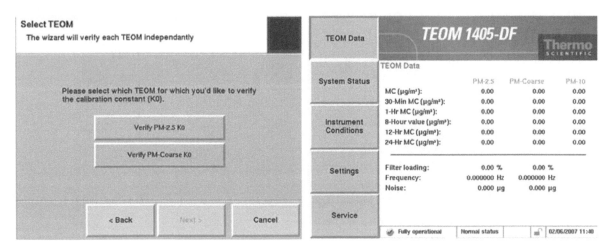

图 2-38　K0 设置界面　　　　　　　　图 2-39　系统开机稳定后数据界面

2.7.2.3　执行泄漏检查

TEOM－1405 系统应该在首次安装后定期进行泄漏检查。系统配有用于检查的分流器、1/2 英寸的大颗粒样本管和 3/8 英寸的旁通管气流泄漏检查接头。

泄漏检查向导会测量并比较仪器在真空泵断开时的"零"流速和入口被封住时通过仪器的流量（也应该是零）之间的不同。如果真空泵断开时的"零"值为 PM_{coarse} 和 $PM_{2.5}$ 的流量在 0.15L/min 以内，而旁通流量在 0.60L/min 以内，则泄漏检查通过。

注意：在泄漏检查过程中，泄漏检查向导自动关闭开关阀门。不使用向导执行泄漏检查会损坏开关阀门。

泄漏检查步骤：

在 1405－TEOM 数据界面上选择"服务（Service）"，显示出服务界面，然后选择"验证"（Verification）来显示验证界面。

选择"泄漏检查"（Leak Check）显示泄漏检查向导的界面（图 2-40）。

此时出现"移除 TEOM 滤膜"（Remove the TEOM filters）的界面。从传感器上移除两个 TEOM 滤膜，以确保它们不会在泄漏检查过程中损坏。选择"下一步"（Next ＞）。

此时出现"断开真空泵线路"（Disconnect Vacuum Line）。移除从 TEOM 系统背面与泵连接的主要线路（泵上的）（图 2-41）。选择"下一步"（Next ＞）。

此时出现"稳定"（Stabilizing）界面。暂停 1min 使气流稳定下来，然后选择"下一步"（Next ＞）。

此时会出现"重新连接真空泵线路"（Reconnect Vacuum Line）界面。重新将泵管安装到 1405 单元

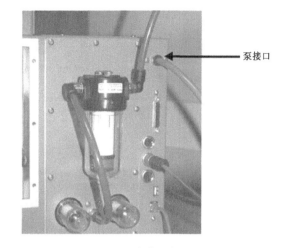

图 2-40　泄漏检查向导界面　　　　　图 2-41　TEOM 系统背面与泵连接主要线路

的背面。选择"下一步"(Next ＞)。

此时出现"移除入口"(Remove Inlet)界面。将入口移除(图 2-42),然后选择"下一步"(Next ＞)。

此时现"连接检查接头"(Attach Audit Adapter)界面。将泄漏检查/气流检查接头连接到样本管顶部。

缓慢关上泄漏检查接头的阀门,选择"下一步"(Next ＞)。

此时出现"稳定"(Stabilizing)界面。暂停 1min 使气流稳定下来,然后选择"下一步"(Next ＞)。

此时出现"装回入口"(Replace Inlet)界面。缓慢打开泄漏检查阀门,恢复系统的气流。移除气流检查/泄漏检查接头,将入口装到样本入口管的顶部(图 2-42),选择"下一步"(Next ＞)。

此时出现泄漏检查向导完成界面。如果检查通过,界面将显示"您已经成功完成泄漏检查"(You have successfully completed the Leak Check)的信息(图 2-43)。

注意:如果泄漏检查失败,界面将显示失败信息(图 2-43)。隔离泄漏点,接紧相关的管道和/或其他接口,再次尝试泄漏检查。

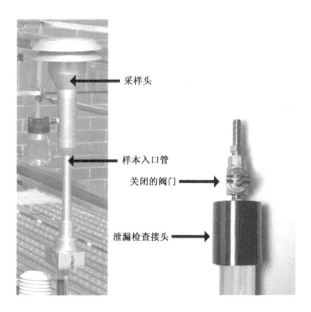

图 2-42　泄露检查样气入口和接头

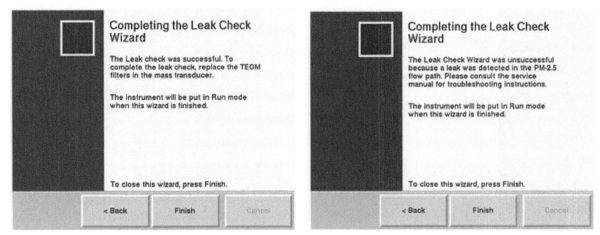

泄漏检查向导完成时显示的通过信息　　　　　　　泄漏检查向导完成时显示的失败信息

图 2-43　泄漏检查向导完成时显示信息

2.7.2.4　关机程序

关机需按如下顺序操作：

（1）关闭抽气泵；

（2）如果需要关闭仪器，将电源开关按到 off。注意：关闭仪器后，至少等 1min 才能向仪器重新供电；

（3）断开控制器的外接电源。

2.7.2.5　重启程序

仪器也可以不关闭而重启。

在操作面板的服务界面上，选择"Instrument control"来显示仪器控制界面（图 2-44）。

选择"Reboot"。

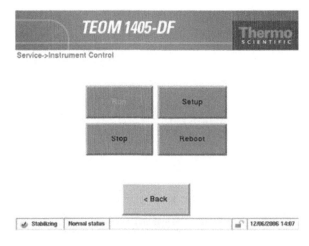

图 2-44　系统服务界面

2.8　TEOM－1405 日常运行维护和校准

2.8.1　日常运行检查

随时检查仪器面板上状态栏显示的状态是否为 Normal status（标准状态），如有报警提示，则参考技术手册查找原因；

随时注意观察系统流量变化,主流量允许范围应(3±0.12)L/min;旁路流量允许范围应为(12±0.50)L/min;如变化超过范围,则检查是否需要更换气—水分离器滤芯或旁路大过滤器或其他原因;

随时检查 TEOM 专用滤膜负载率,在达 100%之前进行更换滤膜操作;刚加载的滤膜需检查是否超过 30%,如超过则更换滤膜;

随时检查面板显示的颗粒物质量浓度值是否出现较大负值或较大波动,应查找原因并记录;

仪器的所有操作和异常情况,均应在值班记录和日检查表中详细记录;

无法现场解决的异常情况,应及时向技术支撑部门或厂家咨询。

2.8.2　维护

2.8.2.1　使用与维护基本要求

仪器使用和维护基本要求如表 2-4 所示。

表 2-4　仪器设备使用维护要求

工作任务	主要内容	相关要求
1. 检查仪器运行状况	采样管口,采样头,虚拟切割头清洁程度检查	采样管口采样头处应清洁无杂物,如有堵塞及时清洁
	检查状态	正常为 Normal Status,报警为 warnings
	检查流量	主流量(Main flow)(3±0.12)L/min,辅流量(Aux flow)(12±0.50)L/min
	检查屏幕显示浓度范围	屏幕示值应与近 2~3 天变化情况一致,如有波动,检查周边是否有污染活动;是否出现负值
	检查滤膜负载率	在负载率 100%之前更换;新加载膜如超过 30%需换
	泵的声音是否异常	泵的声音较弱,无不正常噪声或声响
	检查仪器及计算机时间	与标准时间的偏差范围为 30s,超出时应及时调整
2. 数据采集与传输情况	检查仪器数据采集情况	采集软件能够正常采集仪器的观测数据
	检查小时数据生成情况	能够生成小时数据文件
	检查数据传输情况	能够在指定时间传输数据文件
3. 系统维护	清洁采样头	每 2 个月,清洁一次采样头,或视当地污染情况及时清洁
	更换气—水分离器滤芯	每 3 个月,检查气—水分离器,堵塞需更换
	清洁进气管路	每 6 个月,清洁一次采样管路,或视当地污染情况及时清洁
	更换在线大过滤器	每 3 个月,更换一次过滤器,或视当地污染情况及时更换
	更换滤膜	每月更换,膜负载率 100%之前或新加载膜超过 30%必须更换
4. 仪器校准	仪器设备的定期校准	每年对仪器进行流量检测校准

2.8.2.2　维护用品及工具

(1)维护用品

需要基于氨的通用清洁器、棉签、软毛小刷、纸巾、蒸馏水,硅氧烷润滑油,肥皂水、酒精或氟利昂溶液。

(2)主要维护工具

小螺丝刀、活扳手、小刀、锥形毛刷(需订购)。

2.8.2.3　TEOM 专用滤膜的安装与更换

TEOM 专用滤膜的更换取决于当地的大气颗粒物情况。滤膜负载率说明了 TEOM 滤膜的总承载量中已经使用的比例。可以在 TEOM 数据界面中检查 TEOM 滤膜负载率。由于该值是由主样本流管道的压降决定的,所以仪器总是显示一个非零值,即使质量传感器上没有安装 TEOM 滤膜。新的 TEOM 滤膜通常显示在主流量为 3L/min 的情况下,滤膜量为 15%~30%,流量降低,负载率也降低。TEOM 滤膜必须在滤膜加载比例达到 100%之前更换,以确保仪器产生的数据的质量。

新 TEOM 滤膜安装到质量传感器上时,如果滤膜负载率高于 30%(主流速为 3L/min),或者 TEOM 滤膜的寿命连续显著变短,则可能需要更换在线滤膜。

所以为了保证数据质量,TEOM 滤膜必须在滤膜负载率达到 100% 之前或者新 TEOM 滤膜负加载率高于 30% 时,必须更换滤膜。当空气相对湿度较大并且测量结果出现较大负值或较大波动时,建议更换滤膜。

每次更换 TEOM 滤膜时,必须更换 47mm 滤膜。更换 TEOM 专用滤膜时,严禁用手直接接触滤膜。操作者应使用专用黑柄换膜工具进行更换。

更换滤膜的过程如下:

确保滤膜的更换工具洁净,并且不会使 TEOM 滤膜受到任何沾染。

在 TEOM-1405 数据界面中,选择"服务"(Service)按钮,进入服务界面,然后选择"维护"(Maintenance)按钮进入维护界面(图 2-45)。

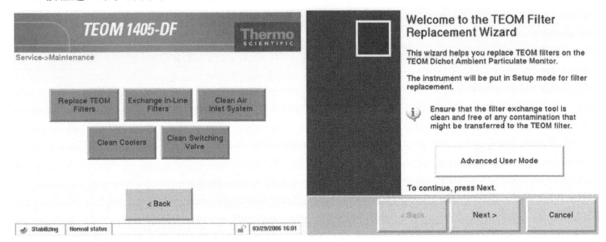

图 2-45　系统维护界面(左)和 TEOM 滤膜更换向导(右)

选择"更换 TEOM 滤膜"(Replace TEOM Filters)按钮,启动 TEOM 滤膜更换向导(图 2-45),选择"下一步"按钮,开始更换步骤。注意:如果是经验丰富的用户并能熟练更换 TEOM 滤膜,选择"高级用户模式"(Advanced User Mode)按钮来停止质量传感器的动作,并开始快速更换步骤。

此时将显示"打开质量传感器"(Open Mass Transducer)界面。打开取样器的门。

将仪器的门向外拉,打开传感器的闩。

打开质量传感器后,向下转动质量传感器底部,露出锥形元件(TE)(图 2-46)。选择"下一步"。

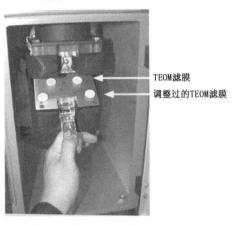

图 2-46　打开质量传感器

此时将出现"移除旧滤膜"(Remove Old Filters)界面。将更换工具的叉状下部小心地插入其中一个使用过的 TEOM 滤膜下,这样滤膜盘就位于更换器的叉状下部和它上面的调整片之间(图 2-47)。叉子的齿尖应该横跨滤膜托架中心。

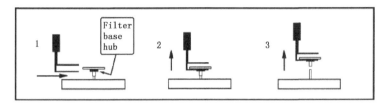

图 2-47　取下 TEOM 专用滤膜

轻轻地向上拉,从锥形元件上提起 TEOM 滤膜。在从锥形元件上移除滤膜的过程中,不要向两边扭曲或倾斜更换工具,否则将损坏锥形元件。

对第二个使用过的滤膜重复移除步骤。选择“下一步”。

此时将显示“更换滤膜”界面。用滤膜更换工具从滤膜容器中拿出一个新的、调试过的滤膜,要使滤膜盘平躺在工具的叉子和上面的调整片之间,且滤膜的中心位于叉子的齿尖中间(图 2-48)。

注意:滤膜必须事先调试,避免在用到系统中时积累了过多的湿气;在用滤膜更换工具拿起滤膜时,不要用手接触滤膜。

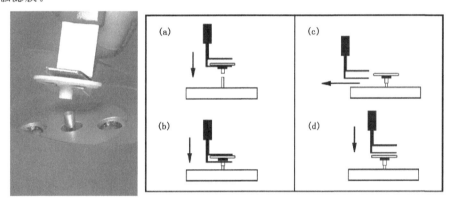

图 2-48　将滤膜放到锥形元件上

握住滤膜更换工具,对准锥形元件(图 2-48a),将滤膜的中心轻放在锥形元件的尖上。选择“下一步”。

此时将显示“定位滤膜”(Seat Filter)界面。轻轻压下滤膜,确定其正确定位(图 2-48b)。

缓慢抽移滤膜更换工具,直到其完全脱离滤膜(图 2-48c)。不要移动滤膜。

将滤膜更换工具的底部置于滤膜顶上(图 2-48d),施加向下的压力(约 0.5kg 或 1 磅[①]),将滤膜牢牢固定。

对另一个新滤膜重复安装步骤。选择“下一步”。

此时将显示“预调试滤膜”(Precondition Filter)界面。将新的滤膜放置于质量传感器的调试柱上(参见 2.9 节关于调试滤膜的更多内容)。选择“下一步”。

此时将显示“关闭仪器”的界面。将质量传感器提到关闭的位置,将固定条固定到闩盘上。

关闭并闩上感应器单元的门。门若打开,应该尽可能快地关闭,以降低温度对仪器的影响。选择“下一步”按钮。

系统将自动测试两个新装的滤膜,确保它们的安装牢固。系统将显示一个等待界面(图 2-49)。

如果系统无法获得其中一个或两个滤膜的稳定频率,将显示一个界面,告知哪一个(或一些)滤膜需要重新固定(图 2-50)。否则,滤膜安装即完成。

①　1 磅＝0.4536 千克。

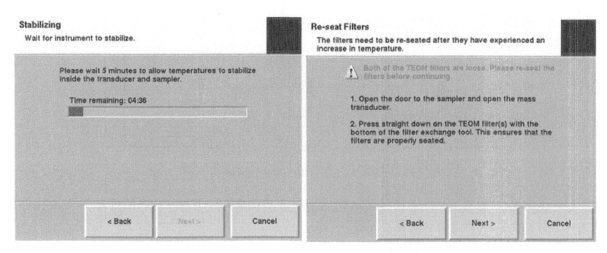

图 2-49 系统正在稳定的界面   图 2-50 系统提示重新固定滤膜的界面

如果滤膜需要重新固定,打开取样器和质量传感器的门,用滤膜更换工具的底部垂直向下压相应的滤膜(图 2-48d),确保滤膜正确固定。关闭质量传感器和感应器单元的门。选择"下一步"按钮。

在测试稳定频率的时候,系统将再一次显示等待界面。如果仍然无法获得一个或两个滤膜的稳定频率,系统将提示用户再次重新固定滤膜。如果仍然无法获得稳定频率,安装程序将提示更换滤膜或提示失败信息(图 2-52 和 2.53)。

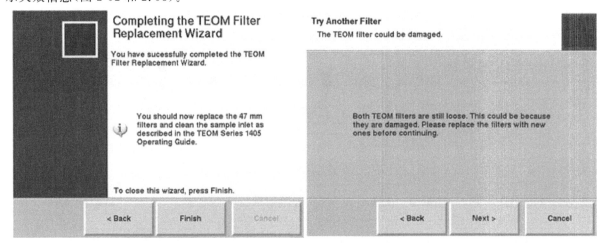

图 2-51 显示成功安装信息的结束界面   图 2-52 尝试另一个滤膜的信息

频率稳定后,系统将显示"完成 TEOM 滤膜更换向导"的界面(图 2-51)。选择"结束"按钮。注意:如果系统仍然无法探测到这两个或其中一个滤膜的稳定频率,将显示"滤膜可能损坏"(filter could be damaged)信息,并提示更换这两个或其中一个滤膜(图 2-52)。如果系统再次无法确定频率,滤膜更换程序将完全失败并建议适当的服务(图 2-53)。

2.8.2.4 调试滤膜

滤膜必须预调试,避免在系统中使用之前聚集过多的湿气。

将两个滤膜放置在质量传感器的滤膜托架上进行调试(图 2-46)。

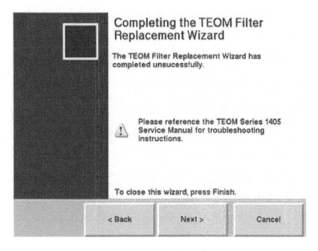

图 2-53 失败/服务信息

安装新的滤膜时,使用来自其中一个滤膜托架的调试过的滤膜。

用一个新滤膜取代滤膜托架上调试过的滤膜。

注意:剩余的滤膜应该存放在专用的盒子内,放置在仪器内部,靠近质量传感器,确保它们的存放处有或接近适当的取样温度和湿度水平。

2.8.2.5　更换 47mm 滤膜

在第一次样本分析之前,以及每次安装新滤膜时,都应该为 TEOM FDMS 系统安装或更换 47mm 滤膜。

(1)找到 FDMS 系统左侧的两扇门。打开其中一扇滤膜小门(图 2-54);

(2)逆时针转动滤膜托架,直到凹口与锁盘吻合(图 2-55),然后向外拉动,从仪器上拆下托架;

图 2-54　47mm 滤膜门打开

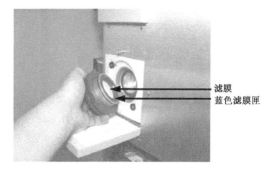

图 2-55　移除 47mm 滤膜

(3)找到蓝色滤膜匣,并移除用过的滤膜;

(4)将新滤膜插入匣中。安装滤膜时,滤膜的一面必须朝匣子"顶"。匣子的"顶"嵌入匣子的"底"(图 2-56);

(5)合上滤膜匣子(图 2-57);

(6)将滤膜安装到滤膜支架上,匣子的"顶"和滤膜表面朝外;

(7)将凹口与锁盘对齐,并将滤膜托架安装到仪器上。顺时针转动托架锁定。注意:不要将滤膜托架旋得过紧。密封效果来自 O 形环,而不是旋转力;

(8)关上小滤膜门。

滤膜安装过程重复(1)—(8)步骤。

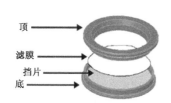

图 2-56　47mm 滤膜匣和滤膜及挡片

图 2-57　合上滤膜匣子

2.8.2.6　清洁采样头

采样头的清洁工作应在完全停机的情况下进行。

从采样头上移除雨罐,并将采样头从样本管上拆下。从较低收集器组件中拆下顶上加速组件(图 2-58)。

在顶盘偏导锥和低盘上用铅笔做上记号,以便重新组装时正确定位,然后,使用菲利普斯螺丝刀从顶盘的顶部拆下四个盘头(图 2-58)。提起顶盘,离开四个有螺纹的绝缘片,放至一旁。

清洁拆开的隔离片(用刷子或水),然后干燥。

用一个通用的清洁器和纸巾清洁顶盘内部的偏导锥。

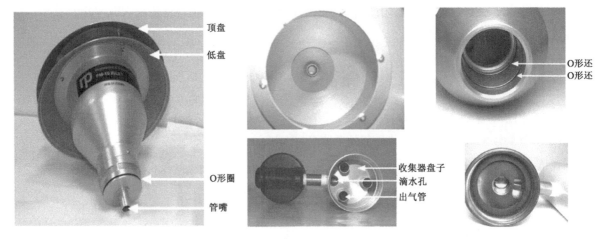

图 2-58　采样头的整体结构(左)和分解图(中、右)

清洁加速组件的内壁(图 2-58)。注意:确保加速组件的管嘴清洁。如果不清洁,则使用棉签和清洁器除去任何沾染物。

检查大直径冲击器嘴的 O 形环是否损坏或磨损(图 2-58)。必要的话,进行更换。O 形环涂上一层薄薄的硅氧烷润滑油。加速组件的铝线也要涂一层薄硅氧烷润滑油。

使用一个通用的清洁器和一片纸巾,清洁收集器的组件内壁和盘子(图 2-58)。注意:入口内的大部分沾染物一般都在收集器的盘上。

清洁 3 个出气管(图 2-58)。需要使用一根棉签清洁出气管。

清洁收集器组件的底面(图 2-58)。检查两个入口管道封闭 O 形环是否损坏或磨损。如有必要,更换 O 形环。

清洁收集器盘中的滴水孔,水气从这里到水气收集器。

清洁雨罐。检查雨罐盖子的黄铜突起,确保其牢固并通畅(图 2-58)。

对 O 形环应用一薄层硅氧烷润滑油(图 2-45),确保安装到分流器时形成封闭。

清洁较低的收集器组件螺纹,确保两个阀门重新组装时形成紧密的封闭。

重新组装入口顶部和底部的组件直到螺纹紧密。用手旋紧即可。

重新安装隔离片,对准顶盘和底盘上的记号。将顶盘安装到底盘上面,并旋紧 4 个盘形头螺丝。

给雨罐顶内的密封垫涂上一薄层硅氧烷润滑油,确保不泄漏。重新安装雨罐。

将入口放置于分流器上。小心不要损坏内部的 O 形环。

2.8.2.7　清洁虚拟采样头

(1)从系统顶部拆下入口,然后从分流器的粗样本管上拆下虚拟采样头(图 2-59);

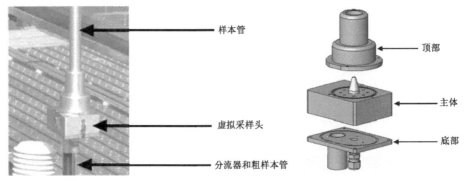

图 2-59　虚拟采样头的位置(左)和分解图(右)

（2）拆下连接入口和冲击器的 1 1/4 英寸样本管（图 2-58 和图 2-59）；

（3）拆下虚拟采样头底面 4 个角上的 4 颗螺丝，将其从底盘分开（图 2-59）；

（4）拆下将虚拟采样头的顶部固定到主体的 3 颗螺丝（图 2-59）；

（5）用水和温和的洗涤剂清洗冲击器主体的内面、顶部和底部。若有必要，可以用一个通用的清洁器；

（6）检查虚拟采样头中的每一个 O 形环，如有损坏，则应更换。如有必要，在 O 形环上涂一薄层润滑油；

（7）用在第（3）步中拆下的 4 个螺丝将底座安装到主体上；

（8）用在第（4）步中拆下的 3 个螺丝将顶部安装到主体上；

（9）将接头管安装到虚拟采样头的顶部，将采样头安装分流器，并将入口安装在接头管的顶部（图 2-58和图 2-59）。

2.8.2.8　清洁空气入口

每年需要清洁一次 TEOM－1405 系列大气颗粒物监测仪加热管空气入口，清除掉聚集在内壁的颗粒物。具体步骤如下：

关闭 TEOM－1405 系列仪器。

打开仪器的门（图 2-60），找到质量传感器组件顶上的热敏电阻。

用 1/2 英寸的扳手，拆下质量传感器组件顶部的热敏电阻。注意：热敏电阻的螺纹较浅。安装/拆卸应该转动到圈。

打开质量传感器（参见 2.8.2.3 的"更换 TEOM 滤膜"）。

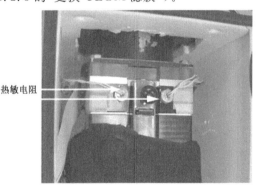

图 2-60　质量传感器顶部的热敏电阻

将一片塑料或另一种保护材料放在已经暴露出来的滤膜上。

用肥皂水、酒精或氟利昂溶液清洁整个空气入口（图 2-61）。用软刷来清除内壁上的颗粒物。

图 2-61　空气入口（以 TEOM－1405DF 为例）

将空气入口晾干。

从暴露在外的 TEOM 滤膜上移除保护材料。

关闭质量传感器并闩上。

将空气热敏电阻安装到质量传感器组件上,用扳手旋紧。

关上门并闩好。一旦打开门,应尽可能早地关上,以最小化系统内的温度变化。

启动 TEOM－1405 系列监测仪。

2.8.2.9　清洗冷却器

冷却器应该每年或必要时清洁一次。冷却器清洁向导给出了清洁冷却器的所有必要步骤,下列是额外的信息:

(1)在 TEOM－1405 数据界面,选择"服务"按钮,进入服务界面,然后选择"维护"按钮,进入维护界面(图 2-62);

图 2-62　冷却器清洁向导的欢迎界面

(2)选择"清洁冷却器"(Clean Coolers)按钮,启动冷却器清洁向导(图 2-62)。选择"下一步"开始程序;

(3)此时显示"移除滤膜盒"(Remove Filter Cassettes)。打开仪器一侧两个隔间的门,拆下两个 47mm 滤膜盒和过滤器(参见 2.8.2.5 节"47mm 滤膜更换"相关内容);

(4)此时出现"打开仪器"界面。拆下 FDMS 系统的前盖,找到两个冷却器组件、开关阀门和干燥器的真空接头(图 2-63);

(5)把每个冷却器组件上的快速连接接口的顶部和底部的管道拆下(图 2-63)。选择"下一步";

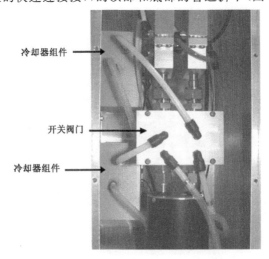

图 2-63　FDMS 系统内部(以 TEOM－1405DF 为例)

（6）此时显示"断开真空管道连接"（Disconnect Vacuum Line）界面。从干燥器真空管道的 T 形接口底部拆下主管道（图 2-64 和图 2-65）。选择"下一步"；

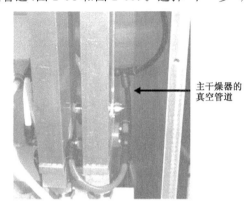

图 2-64　主干燥器真空管道的 T 形接口　　　　图 2-65　从 T 形接口拆下的主干燥器真空管道

（7）此时会显示"连接真空装置的管道"（Connect the Vacuum Line）界面。将仪器配套的 Y 形接头顶部插口的两根管道安装到每个冷却器组件的顶部快速接口中（图 2-66）；

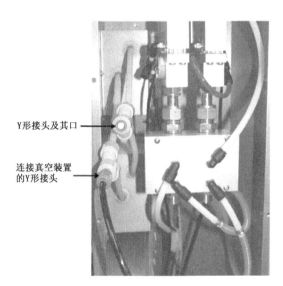

图 2-66　安装好的 Y 形接头（以 TEOM－1405DF 为例）

（8）将第（6）步中拆下的主要干燥器真空管道安装到另一个 Y 形接头的底部（图 2-54），并将两根管道安装到每个冷却器组件底部的快速接口。选择"下一步"；

（9）系统将自动开始加热冷却器到 50℃，清洁冷却器。向导将显示计时界面来显示完成清洁的剩余时间（图 2-67）。注意：务必使用与仪器配套的有接口的 Y 形适配器。它将通过冷却器的气流限制在允许的流速；

（10）程序完成后，选择"下一步"；

（11）这时将显示"关闭单元"（Close Unit）界面。断开 Y 形接头的连接，重新将管道安装到向导所描述的冷却器组件中；

（12）重新安装 47mm 滤膜盒（滤膜已装好）（参见 2.8.2.5"47mm 滤膜更换"相关内容）

（13）重新安装塔盖；

（14）选择"下一步"按钮。向导将显示一条程序完成的信息（图 2-68）。选择"完成"按钮来退出向导并返回维护界面，或选择"上一步"按钮，向后退一步。

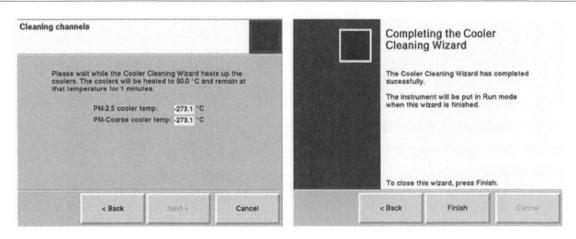

图 2-67　清洁管道界面　　　　　　　　　　　　　图 2-68　完成界面

2.8.2.10　清洁开关阀门

开关阀门应该每年或必要时清洁一次。

在 TEOM-1405 系列大气颗粒物质量浓度监测仪的数据界面中,选择"服务"按钮,进入服务界面,然后选择"维护"按钮,进入维护界面(图 2-69)。

选择"清洁开关阀门"(Clean the Switching Valve)按钮,启动清洁向导(图 2-69),选择"下一步"开始程序。

图 2-69　阀门清洁向导的欢迎界面

这时将显示"移除前盖"(Remove Front Cover)。从仪器移除前盖,找到开关阀门、接口和管道的连接(图 2-70)。

从开关阀门顶的两个快速接口移除管道。选择"下一步"。

此时会显示"移除阀门"(Remove Valve)界面。用一个 1 英寸的扳手(或可调节的扳手),完全松开开关阀门顶部的 Swagelok 接口和底部的两个 Swagelok 接口(图 2-70 和图 2-71)。

松开 1405-DF 塔顶的粗、细样本管装置,然后在轻轻提起开关阀门的同时向后推干燥器,将其从塔上部拆下。此时两个连接到冷却器的管道仍然连接着。选择"下一步"。

此时出现"清洁阀门"(Clean Valve)界面。用系统配套的清洁刷清洁开关阀的两个内室(不要使用洗涤溶液)(图 2-72)。选择"下一步"。

这时会显示"重新安装"的界面。将开关阀门固定回系统,确保两个空的快速连接接口位于开关阀门上方。

旋紧四个 Swagelok 接口,先用手旋紧,然后用扳手旋转圈。

重新将管道安装到开关阀门顶上的快速连接接口。连接到较低冷却器的短管长度刚好可以连接到相应的接口(左边的快速连接接口)。

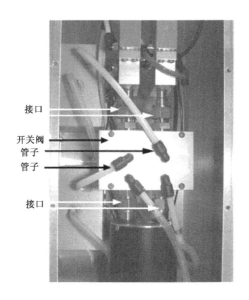

接口
开关阀
管子
管子

接口

图 2-70　FDMS 系统内部
（以 TEOM－1405DF 为例）

图 2-71　拆除一个阀门的 Swagelok 接口

图 2-72　用阀门刷清洁阀门

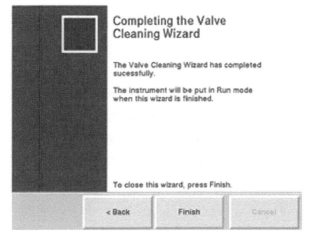

图 2-73　阀门清洁结束的界面

重新安装仪器盖。选择"下一步"。

向导将显示一则信息，说明已经完成（图 2-73）。选择"结束"按钮，退出向导，返回维护界面；或选择"后退"按钮，返回上一步骤。

2.8.2.11　更换主、旁路过滤器

在控制系统后部有两个 $PM_{2.5}$、PM_{coarse} 的在线小过滤器和一个旁通样气流的大过滤器。最好在更换 TEOM 专用滤膜后立即更换在线大过滤器，此时仪器应处于停止数据采集状态，可以利用等待恒温和流量稳定的 30 min 内进行此项工作。如果绿色塑料管拆卸发生困难，应切除塑料管外壁不光滑的部分。为了保证绿色塑料管的拆卸方便，可以在管的外径上涂一薄层硅油脂。

2.8.2.12　更换气－水分离器滤芯

根据当地使用情况，应定期（3－6 个月）对气－水分离器滤芯进行更换。

2.8.3　检查标校

检查标校清单见表 2-5。

表 2-5　检查标校清单

要素	检查校准内容
环境温度	每年一次检查/校准环境温度的测量。在校准气流之前必须先校准温度
环境压力	每年一次检查/校准环境压力的测量。在校准气流之前必须先校准压力
气流	每年一次检查/校准 $PM_{2.5}$、PM_{coarse} 和旁通气流
泄漏检查	每年或必要时应进行一次泄漏检查
模拟输出	每年一次或必要时(如任何时候电压范围设置发生变化的时候)校准模拟输出通道
质量传感器	每年一次检查质量传感器的校准

　　TEOM—1405 系列大气颗粒物质量浓度监测仪可以按步骤校准并检查程序。选择[服务]按钮,进入服务界面。在服务界面下,选择[验证](Verification)或[校准]按钮,进入验证和校准界面(图 2-74)。

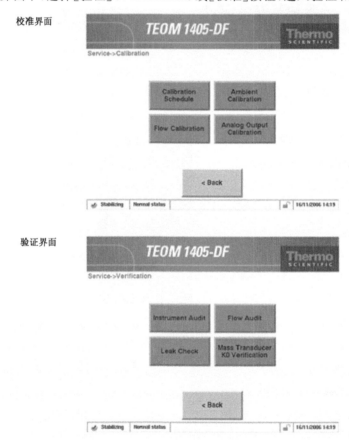

图 2-74　服务界面的校准/验证界面

　　用一个数字输入键盘在校准界面上输入数值(图 2-75)。任何时候,输入一个值的提示,如在外部测出的温度、压力或流速,校准向导都会自动显示键盘。根据向导指示,用键盘输入数值,然后选择[Enter]按钮设定值或按下[Cancel]退出键盘界面,返回向导。

　　在验证界面,选择[仪器检查](Instrument Audit)按钮,进入仪器检查界面(图 2-76)。

　　仪器检查界面显示了温度、流量和其他可以检查到的值。使用温度或气压计可以检查这些值并与外部的测量仪器比较。为了结果准确,流量可以用气流检查向导单独测量。为了更改或[校准]值,参见下面的内容。关于如何将外部测量仪器连接到 TEOM 1405 系列,参见流量、温度和压力校准等内容。

2.8.3.1　环境温度校准

　　在进行流量校准程序之前,执行环境空气温度校准。

　　在数据界面,选择[服务]按钮,进入服务界面,然后选择[校准]按钮,进入校准界面。

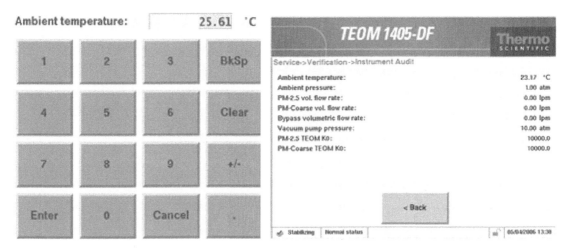

图 2-75　数字输入键盘　　　　　　　　　图 2-76 仪器检查界面

选择[温度校准]按钮,进入环境温度校准界面。

使用外部温度计测量环境温度感应器的当前温度(℃)[℃＝5/9×(℉－32)]。

如果在[环境温度]一栏显示的测量值在±2℃之间,则无需进一步操作。选择[后退]按钮,返回[校准 & 验证]界面。如果在[环境温度]一栏显示的测量值超出±2℃范围,选择[环境温度]按钮。此时出现一个键盘界面。输入外部温度计所测得的实际温度,按下[Enter]按钮。此时显示环境温度校准界面和新输入的值。选择[后退](< Back),返回[验证 & 校准]界面。

2.8.3.2　环境压力校准

在进行气流校准程序之前,执行环境空气压力校准。

在数据界面,选择[服务]按钮,进入[服务]界面,然后选择[验证 & 校准]按钮,进入[验证 & 校准]界面。

选择[压力校准]按钮,进入环境压力校准界面。

测定大气中当前的环境压力(绝对压力、不经过海平面校正)。

如果在[环境压力]一栏显示的压力值在±0.01atm 之间,则无需进一步操作。选择[后退]按钮,返回[校准 & 验证]界面。如果在[环境压力]一栏显示的压力值超过＋0.01atm 范围,选择[环境压力]按钮。此时出现一个键盘界面。输入外部仪器所测得的实际压力,按下[Enter]按钮。此时显示环境压力校准界面和新输入的值。选择[后退](< Back),返回[验证 & 校准]界面。

2.8.3.3　流量校准

(1)检查

检查粗、细粒子或旁通气流:

1)在数据界面,选择[服务]按钮,进入[服务]界面,然后选择[验证]按钮,进入[验证]界面。

2)选择[检查](Flow Audit)按钮,启动流量检查向导(图 5-73)。选择[下一步]。

3)这时将显示"选择一个流量检查装置"(Select a Flow Audit Device)界面。选择一个流量检查装置。选择"直接流量装置"(Direct Flow Device),则用直接流量检查装置(单位为:L/min,根据温度和压力调整)来检查流量,如 Streamline Pro。选择[FTS],则用 FTS 系统检查流量。FTS 的用户将要输入装置校准常数和来自 FTS 的压力的变化。选择"下一步"。

4)此时显示"选择要检查的流量"(Select Flow to Audit)界面。选择要检查的流量。按下[下一步]按钮。注意:如果在上一个界面中选择了 FTS,您将被提示在继续检查之前,输入正确的校准常数。

5)这时将显示"连接流量检查装置"(Connect Flow Audit Device)界面。将流量计接到相应的流量通道上:

①如果要检查 $PM_{2.5}$ 气流通道,则拆下采样头、入口管和虚拟采样头,并将 $\frac{5}{4}$ 英寸的气流接头/气流

计接到分流器顶上(图 2-77)。从分流器侧面断开旁通管的连接(不要掉到地上),用系统配套的 3/8 英寸的 Swagelok 帽封住旁通接口(图 2-77)。

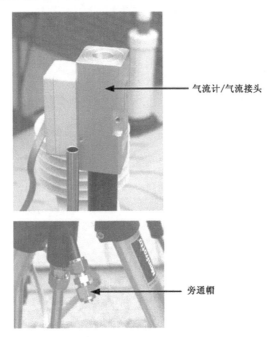

图 2-77　装在分流器上的气流接头(上)/气流计和封住的旁路管(下)

②如果要检查 PM_{coarse},则拆下采样头、入口管和虚拟采样头,并将 1/2 英寸的 Swagelok 气流检查接头连接到 1/2 英寸大颗粒流入口的顶部。将气流计/接头连接到气流检查接头(图 2-78)。

③如果要检查旁通气流通道,则从分流器上拆下旁通管道,将 3/8 英寸的气流接头连接到旁通线路的绿色的管上。将气流计/气流接头连接到气流检查接头。

6)连接好气流计后,选择[下一步]。

7)此时出现“测量流量”(Measure Flow)界面。等待气流稳定后,按流量按钮并输入读取的值。选择“下一步”。

8)“流量检查结果”(Flow Audit Results)界面将显示仪器流量和测量装置流量之间的差异。如果差异小于 10%,可以调整流量来反映检查装置上的值。选择[Yes]按钮根据流量检查结果调整流量。选择[No]按钮,则保持原始的流量设置不变。选择[下一步],则返回[选择流量]界面,检查另一气流通道。

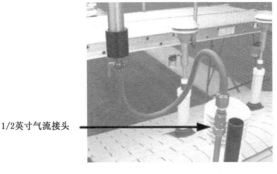

图 2-78　接在 1/2 英寸大颗粒流入口的气流接头

9)这时“选择要检查的流量”界面会再次出现。刚检查完的气流通道在界面上将呈现灰色不可选状态,表示它在这一环节已经被检查过。如果要检查另一个气流通道,选择另一个通道并执行第 3)—8)步骤(和向导)来完成更多的流量通道检查。否则,确定没有选中任一通道按钮的情况下,选择[下一步]按钮。

注意:如果差异大于 10%,则未通过检查,仪器需要一次泄漏检查/气流校准。

10)此时显示"完成流量检查向导"界面。拆下流量计和气流接头,安装虚拟采样头、入口管和入口。确保所有的管道,包括旁通管,重新连接。选择[结束]按钮,退出向导,返回[验证 & 校准]界面,或选择[上一步]返回。

(2)校准流量

要校准(或检查)$PM_{2.5}$、PM_{coarse} 和旁通气流,需要一个 $\frac{5}{4}$ 英寸的气流接头、一个 1/2 英寸的 Swagelok 气流接头、一个 3/8 英寸的 Swagelok 气流接头和一个流量测量装置。参考流量计,如气泡计、干气体计或质量流计,应该在近期校准到原有的标准,而且在流量为 3L/min 和 16.67L/min 情况下有＋1% 的准确度,以及压降小于 0.07bar(1 磅/平方英寸)。如果使用质量流计,则必须采取一切必要的修正将当前环境温度和气压下的读数转化为升/分钟。如果使用体积流计,则不需做出调整。

注意:要检查总流速,需要一个英寸的气流接头。拆下入口,将气流接头和气流计连接到入口管的顶部(图 2-79)。

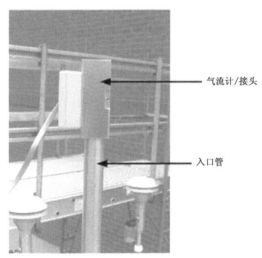

图 2-79　连接在入口管顶部用于气流总检查的气流计/接头

1)在数据界面,选择[服务]按钮,进入[服务]界面。然后选择[校准]按钮,进入[校准]界面。

2)选择[流量校准](Flow Calibration)按钮,启动流量校准向导。选择[下一步],开始程序。

3)这时将显示"选择一个流量校准装置"(Select a Flow Calibration Device)界面。选择一个流量检查装置。选择"直接流量装置"(Direct Flow Device),则用直接流量检查装置(单位为:L/min,根据温度和压力调整)来检查气流,如 Streamline Pro。选择[FTS],则用 FTS 系统检查流量。FTS 的用户将要输入装置校准常数和来自 FTS 的压力的变化。选择[下一步]。

4)这时将显示"选择要校准的流量"(Select Flow to Calibration)界面。选择[校准 $PM_{2.5}$ 流量]、[校准 PM_{coarse}]或[校准旁通流]按钮来校准选中的流量。选择[下一步]。

5)向导将提示您将一个流量计接到相应的气流通道[同 2.8.3.3[流量校准]中[(1)检查流量]的步骤 5)]。

6)向导将显示一个界面,说明当前低设定点流量(由仪器所测出)。等待流量稳定。选择[TEOM 速量](TEOM flow rate)按钮,输入流量计测出的当前的速量(精确到小数点后两位),按[Enter]。新输入的流量将显示在 TEOM 流量按钮中。选择[下一步]。

7)向导将显示一个界面,说明当前高设定点流量(由仪器所测出)。等待流量稳定。选择[TEOM 流量](TEOM flow rate)按钮,输入流量计测出的当前的流量(精确到小数点后两位),按[Enter]。新输入的流量将显示在 TEOM 流量按钮中。选择[下一步]。

8)向导将显示一个界面,说明 TEOM 流量按钮下的当前设定点流量(由仪器所测出)。等待流量稳定。选择"TEOM 流量"(TEOM flow rate)按钮,输入流量计测出的当前的流量(精确到小数点后两位),按[Enter]。新输入的流量将显示在 TEOM 流量按钮中。选择[下一步]。

9)输入第三个流量后,"选择要校准的流量"界面会再次出现。刚校准的气流通道在界面上将呈现灰色不可选状态,表示它在这一环节已经被校准过。如果您要校准另一个气流通道,选择另一个通道并执行第 4)—9)步骤(和向导)来完成更多的气流通道的校准。否则,确定没有选中任一气流通道按钮的情况下,选择"下一步"按钮。

10)这时将显示"完成流量校准向导"界面。拆下流量计和气流接头,安装虚拟采样头、入口管和入口。确保所有的管道,包括旁通管,重新连接。选择[结束]按钮,退出向导,返回校准界面,或选择[上一步],后退到上一步骤。

2.8.3.4　泄漏检查

参见 2.7.2.3"执行泄露检查"。

2.8.3.5　校准模拟输出

模拟输出校准向导可以校准 8 个模拟输出频道 0～1VDC 或 0～5VDC。注意:操作系统电子元件时必须具备相应的抗静电装置。

(1)戴上抗静电手腕带。将手腕带的另一端连到控制单元的底盘,这样,在工作时可以释放任何静电。

(2)打开仪器的门(图 2-80),找到装在仪器底部上接口板。

(3)找到位于接口板正面模拟输出跳线和测试点,确保要校准的频道跳线设置到正确的电压范围内(图 2-81 和图 2-82)。

注意:0～1VDC 是将跳线设置在右边和中间的接线柱上(图 2-82),0～5VDC 是中间和左边接线柱上。

(4)在 1405 数据界面,选择[服务]按钮,进入[服务]界面。然后选择[校准]按钮,进入[校准]界面。

(5)选择[模拟输出校准]按钮,启动模拟输出校准向导。选择下一步,开始运行程序。

(6)此时显示[选择要校准的频道](Select Channel to Calibrate)界面。选择要校准的模拟输出频道。选择[下一步]。

图 2-80　左边门打开的 1405-DF 单元

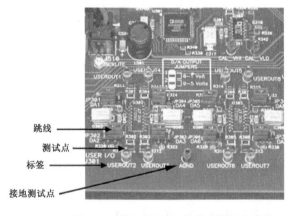

图 2-81　接口板正面,跳线和测试点高亮

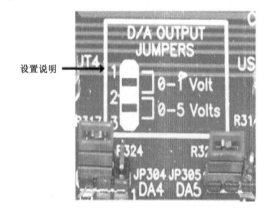

图 2-82　设置说明的特写

(7)此时显示"选择模拟输出范围"界面。设定模拟输出的电压范围。选择[下一步]。注意:确保模拟输出频道的电压范围符合跳线的电压设置(第(3)步)。

(8)此时显示"连接计量器"(Connect Meter)的界面。找到正在校准的模拟输出的测试点,将一个设定为 VDC 的电压表接到测试点和接口板上的接地测试点。选择[下一步]。

(9)此时显示"测量低设定点"(Measure Low Setting)界面。比较电压表的读数和屏幕读数。如果读数不一致,选择[当前读数](Current reading)按钮,调出数字键盘,输入当前读数,按[Enter]。选择[下一步]。

(10)此时显示"测量高设定点"(Measure High Setting)界面。比较电压表的读数和屏幕读数。如果读数不一致,选择[当前读数](Current reading)按钮,调出数字键盘,输入当前读数,按[Enter]。选择[下一步]。

(11)"选择要校准的频道"(Select Channel to Calibrate)界面再次出现。刚校准的频道在界面上将呈现灰色不可选状态,表示它在这一环节已经被校准过。如果要校准另一个模拟输出频道,选择另一个频道,然后点[下一步],执行第(1)—(9)步骤(和向导)来完成更多频道校准。否则,在确定没有选中任一模拟输出频道按钮的情况下,选择[下一步]按钮。

(12)此时显示"完成模拟输出校准向导"界面。选择[结束]按钮,退出向导,返回[验证 & 校准]界面,或选择[上一步],后退到上一步骤。

2.8.3.6　K0 值的检查

TEOM－1405－DF 监测仪质量传感器的校准,取决于质量传感器的物理机械特性。在正常情况下,校准不会对仪器的寿命有实质性影响。如果验证程序结果失败,联系技术支撑部门或厂家。可以在出厂配套的"仪器检查记录"或"最终测试记录"文档中找到原始校准常数。检查/验证 K0 常数需要一个质量校准验证工具包(59－002107),其中包括一个事先称量的滤膜、滤膜更换工具、干燥剂和湿度探测器,以及与系统配套的带管的预过滤器。

(1)确认输入仪器的 $PM_{2.5}$ 和 PM_{coarse} 的 K0 常数与质量传感器面板上的 $PM_{2.5}$ 和 PM_{coarse} 的 K0 常数一致。输入仪器的 K0 常数可以在检查(Audit)界面看到。

(2)确认仪器处于正常的操作温度和状态。

(3)确认工具包中事先称量的滤膜符合工具包卡片上的测试湿度条件。注意:如果滤膜不符合湿度指示器上的条件,就按照工具包的说明使滤膜干燥到可接受的程度。

(4)在数据界面,选择[服务]按钮,进入[服务]界面,然后选择[校准]按钮,进入[校准]界面。

(5)选择[质量传感器 K0 验证]按钮,启动 K0 验证向导。选择[下一步],开始运行程序。

(6)此时显示[选择 TEOM]界面。选择要验证 K0 常数的管道($PM_{2.5}$ 或 PM_{coarse})。选择[下一步]。

(7)此时显示"安装预过滤器"界面。拆下入口并将气流检查接头安装到样本入口管,然后按预过滤器组件(滤膜和硅氧烷短管)安装到气流检查接头上。选择[下一步]。

(8)此时显示"移除样本滤膜"(Remove Sample Filter)界面。打开质量传感器,从 $PM_{2.5}$ 的一边(左)移除标准滤膜(参见 2.3.2.6"TEOM 专用滤膜的安装更换"的内容)。关闭质量传感器(不安装另一个滤膜)。选择[下一步]。注意:不要使用校准滤膜更换工具来安装或移除非预先称量的校准滤膜之外的任何滤膜。

(9)此时出现"正在稳定"(Stabilizing)的界面。仪器在没有安装滤膜的情况下等待测量系统频率的同时,屏幕上的倒计时器将显示稳定进度。在稳定过程完成信息出现后,选择[下一步]。

(10)此时显示"输入滤膜重量"界面。该选择"滤膜重量"按钮。屏幕将显示键盘界面。向系统输入预先称量的滤膜重量,按[Enter]按钮保存值并退出键盘。选择[下一步]。

(11)此时出现"安装校准滤膜"(Install Calibration Filter)界面。用校准滤膜更换工具将预先称量的校准/验证滤膜正确安装并固定到质量传感器 $PM_{2.5}$ 的一边(左)(按照本章更换滤膜的要求)。选择"下一步"。注意:不要使用校准滤膜更换工具来安装或移除预先称量的校准滤膜之外的任何滤膜。

(12)仪器在等待校准滤膜频率时,将显示"正在稳定"(Stabilizing)的界面。屏幕上的倒计时器将显示稳定的进度。在稳定过程完成信息出现后,选择[下一步]。注意:如果频率没有稳定,向导将显示一个界面,指示重新固定滤膜。重新固定滤膜后,选择[下一步]。"正在稳定"界面再出现。如果仪器再次无法找到一个稳定频率,仪器未通过 K0 检查。

(13)此时出现"更换样本滤膜"(Replace Sample Filter)界面。用校准滤膜移除工具移除校准滤膜。用常规滤膜更换工具将一个新滤膜正确安装并固定到质量传感器 $PM_{2.5}$ 的一边(左)(参见 2.3.2.6

"TEOM 专用滤膜的安装更换"的内容)。选择[下一步]。注意:不要使用校准滤膜更换工具安装或移除预先称量的校准滤膜之外的任何滤膜。如果频率没有稳定下来,向导将显示一个界面,指示重新固定滤膜。重新固定滤膜后,选择[下一步]。"正在稳定"的界面会再出现。如果仪器再次无法找到一个稳定的频率,仪器未通过 K0 检查。

(14)"选择 TEOM"界面将再次出现。刚验证过的通道在屏幕上将呈现灰色不可用状态,说明它在这一验证环节已经得到验证。如果需验证另一个 TEOM K0 常数,选择另一个 K0 通道,然后选[下一步]。根据第(6)—(14)步骤(和向导)完成另一个 K0 常数的验证。否则,在确认没有 K0 按钮选中的情况下,选择[下一步]。

(15)最后的验证执行后,屏幕将显示 K0 验证向导完成界面。对于每一个 K0 常数,屏幕显示通过或失败的信息。选择[结束]按钮。注意:如果一个 K0 验证失败,或两个都失败,重复该常数的验证步骤。如果验证再次失败,联系技术支撑部门或厂家。

2.9　TEOM－1405 数据采集

2.9.1　数据存储

仪器只存储用户选择的变量。如果仪器变量被设定为不记录,就不会被保存。

在菜单上选择[设置](Settings),显示设置界面。

在设置界面内,选择"数据存储"(Data Storage),显示数据存储界面。

在数据存储界面内,选择[编辑清单](Edit List)按钮,显示出"编辑数据存储"(Edit Data Storage)界面。按下希望记录的变量名称。使用[下一页](Next Page ＞)和[上一页](＜ Previous Page)按钮滚动可存储变量所在的整个清单。所有要保存的变量都得到选择后,按[OK]按钮。

使用[∨]和[∧]按钮滚动浏览入选变量的全部清单,确保所有要选变量都已入选。

在数据存储界面内,选择"存储间隔"(Storage Interval)按钮来决定存储数据的时间间隔。利用键盘输入所希望的间隔时间,并按下[Enter]按钮。例如,如果存储间隔是 10s,每 10s 仪器将记录(保持)所选变量的数据。

所有要选的变量都已经选好且存储间隔也设定好后,选择＜ Back 回到设置界面。

TEOM－1405 系列大气颗粒物质量浓度监测仪有一个内部存储器,存储的信息可以通过几种方式输出,包括模拟输出、同步打印输出、用户自定义逻辑输出,以及通过 RS－232 接口下载到计算机等。系统自带了几种协议设置(如 AK 协议、German Ambient Network 协议等),不同的输出方式需要通过控制部件选择不同的协议设置,用户可以选择合适的通信协议,通过 RS－232 口使仪器和计算机建立通信来获取数据。

数据格式参考 TEOM－1400 型仪器数据下载。

2.10　TEOM－1405 故障处理和注意事项

2.10.1　故障处理

2.10.1.1　仪器状态代码说明

将仪器输出状态码非 0 的十进制(Dec)仪器代码转换为十六进制(Hex);再根据代码表,将 Hex 代码拆解为表中对应的故障信息集(参见 2.10.1.2"代码转换解释方法");对为 0 的数据进行逻辑性初步判断;最后对信息集统计出多发故障(参见"2.10.1.3"),做出故障说明及处理。

2.10.1.2　代码转换解释方法

(1)十六进制转换十进制

　　当前状态显示在 TEOM 数据界面底部的状态条中,以及仪器的大多数其他界面中。但是,在数据文件中,状态代码的报告形式为十进制或十六进制数字。十进制数字必须与状态代码表进行比较(表2-5)。如果与表中的代码不是完全一致,出现多种状态代码,则十进制必须转化成十六进制以确定仪器报告的是哪些代码。

表 2-5　状态代码表(十进制)(以 TEOM－1405DF 为例)

Code	Warning	Decimal	Reason for warning
0×40000000	%RH High Side A	1,073,741,824	≥98%
0×20000000	Dryer A	536,870,912	>2
0×10000000	Cooler A	268,435,456	>0.5 ℃ deviation
0×08000000	Exchange Filter A	134,217,728	>90
0×04000000	Flow A	67,108,864	>10% deviation
0×02000000	Heaters Side A	33,554,432	>2% deviation
0×01000000	Mass Transducer A	16,777,216	frequency<10 Hz
0×00400000	%RH High Side B	4,194,304	≥98%
0×00200000	Dryer B	2,097,152	>2
0×00100000	Cooler B	1,048,576	>0.5 ℃ deviation
0×00080000	Exchange Filter B	524,288	>90
0×00040000	Flow B	262,144	>10% deviation
0×00020000	Heaters Side B	131,072	>2% deviation
0×00010000	Mass Transducer B	65,536	frequency<10 Hz
0×00004000	User I/O Device	16,384	
0×00002000	FDMS Device	8,192	
0×00001000	Head 1	4,096	
0×00000800	Head 0	2,048	
0×00000400	MFC 1 Device	1,024	
0×00000200	MFC 0 Device	512	
0×00000100	System Bus	256	
0×00000080	Vacuum Pressure	128	(Ambient−Vac)<0.1 atm
0×00000040	Case or Cap Heater	64	>2% deviation
0×00000020	FDMS Valve	32	
0×00000010	Bypass Flow	16	>10% deviation
0×00000004	Database	4	Unable to log to the database
0×00000002	Enclosure Temp	2	temperature exceeds 60 ℃
0×00000001	Power Failure	1	

　　转化仪器所报告的十进制数字最简便的方法是用 Windows 系统的计算器程序。

1)打开 Windows 计算器(位置在开始→程序→附件→计算器)。

2)选择"查看"→"科学型"。

3)选择十进制,键入十进制的状态代码。

4)选择十六进制。此时显示在计算器中的数字就是要用来解码的十六进制数字。注意:要将十六进制转换为十进制,选择十六进制,输入十六进制数字,然后选择十进制。

5)要正确使用从下载的十进制数据转化的十六进制数字,将转化的数字和表中的状态代码分别对应到各个数位:个位、十位、百位、千位、万位和十万位以及百万位。被转化代码的每个数位都对应一个十六进制数字。每个数位上的每个十六进制数字(0—F)都对应一个独一无二的状态代码(或一套状态代码)。

（2）解释状态代码

当仪器显示多于一种状态代码,则会将它们相加并将所得的和用十进制表示出来。例如,如果仪器同时显示一个内存状态代码(在仪器的具体状态代码表中为十六进制的"(H)1")和一个 A 阀门状态代码(在仪器的具体状态代码表中为十六进制的"(H)4"),则两个状态代码(下载时)将显示为十进制的"5"。

十进制的"5"必须转化回十六进制(在这个例子中还是"5")来对应状态代码表。只有两个状态代码能相加得到 5 这个值(表 2-6)通过查看仪器的具体表格和分解下载的状态代码,可以解释仪器显示的状态代码。对十六进制代码的每一位都重复这一操作过程(十位、百位等等)。

例如,用下面给的状态代码表(表 2-7)解码十进制状态代码(8433666)。首先,用 Windows 计算器(或其他科学计算器)将从仪器下载的十进制状态代码转化为十六进制。8433666＝(H)80B002。

表 2-6　十六进制转换十进制表

十进制数字	十六进制数字	代码(代码之和)
0	0	0
1	1	H(1)
2	2	H(2)
3	3	H(1) H(2)
4	4	H(4)
5	5	H(1) H(4)
6	6	H(2) H(4)
7	7	H(1) H(2) H(4)
8	8	H(8)
9	9	H(1) H(8)
10	A	H(2) H(6)
11	B	H(1) H(2) H(8)
12	C	H(4) H(8)
13	D	H(1) H(4) H(8)
14	E	H(2) H(4) H(8)
15	F	H(1) H(2) H(4) H(8)

表 2-7　范例状态代码表

代码	警告	代码	警告
&H1	闪存	&H4000	A 环泄漏
&H2	电源开关(TPIC)	&H8000	B 环泄漏
&H4	阀门 A	&H10000	检查失败
&H8	阀门 B	&H20000	系统重启
&H10	A 滤膜温度	&H40000	断电
&H20	B 滤膜温度	&H80000	样本体积低
&H40	A 加热器温度	&H100000	超出计量器范围(>98%)
&H80	B 加热器温度	&H400000	交流电压过敏
&H800	外部样本管温度	&H80000	感应器普通问题
&H1000	串行端口问题	&H1000000	夹管阀
&H200	线路打印机问题		

1)状态代码的"个位",显示的代码是"2"。状态代码表的"个位",代码"2"对应(H)2"电源开关(TPIC)"。这是仪器显示的其中一个状态代码。

2)状态代码的"十位",没有显示状态代码(0)。

3)状态代码的"百位",没有显示状态代码(0)

4)状态代码的"千位",显示的代码是"B"。由于状态代码表中没有状态代码对应这一数字,需要进一步分解这个数字。用表 2-6 将"B"转化为十进制——得到 11。接着,查看状态代码表来解码。在表的"千位",有 3 个状态代码如果相加得到 11:(H)1000"串行端口问题",(H)2000"线路打印机问题",和(H)8000"B 环泄漏"。这些是仪器进一步显示的 3 个状态代码。

5)状态代码的"万位",没有显示状态代码(0)。

6)状态代码的"十万位"(800000),显示的状态代码是"800000",对应(H)800000:"感应器普通问题"。

7)状态代码的"百万位",没有显示状态代码(0)。

8)因此,根据范例状态代码表,下载的状态代码"8433666"((H)80B002)分解为下列状态代码:

(H)2"TPIC"

(H)1000"串行端口问题"

(H)2000"线路打印机问题"

(H)8000"B 环泄漏"

(H)800000"感应器普通问题"

2.10.2　多发故障说明及处理

2.10.2.1　干燥器相关故障

造成运行程序丢失的原因可能有:

干燥器相关气路接头不密闭;

干燥器内管材料老化或破损等工作不正常。

处理方法及建议:定期检查清理干燥器模块;及时更换干燥器模块或内部材料。

2.10.2.2　夹管阀相关故障

造成运行程序丢失的原因可能有:

夹管阀控制的胶管受长期挤压造成变形;

夹管阀控制的胶管受长期挤压磨损故障。

处理方法及建议:定期检查夹管阀处胶管,定期选择质量较好的胶管更换。

2.10.2.3　传感器相关故障

造成运行程序丢失的原因可能有:可能由于各传感器工作不正常。

处理方法及建议:及时更换载样滤膜;在发生故障后对传感器进行检修或购买配件更换。

2.10.2.4　TEOM 专用滤膜、采样体积不足、超出计量范围等相关故障

造成运行程序丢失的原因可能有:

滤膜负载率超过 90%需要更换;

进气口、气路堵塞导致采样体积不足;

测值超出最大值或下限等。

解决方法及建议:定期清理进气、主/旁路管道和虚拟采样头等模块,及时更换 TEOM 专用滤膜。

2.10.2.5　旁路流量、气流偏差相关故障

造成运行程序丢失的原因可能有:

可能流量计故障导致;

主/旁路管道、虚拟采样头等模块堵塞;

气水分离器、过滤器等过滤效率低等不正常。

解决方法及建议:定期清理旁路和主路管道;定期更换气水分离器和过滤器内滤芯。发生故障时也确认是否流量计问题。

2.10.2.6　加热器相关故障

造成运行程序丢失的原因可能有:

可能内部温度不正常;

可能顶盖温度不正常;

滤膜加热器工作不正常。

解决方法及建议:更换滤膜等日常围护时检查密闭性,如遇故障应检修是否加热器故障,购买配件更换。

2.10.2.7　浓度出现负值

浓度出现负值时,应该:

检查工作电压是否稳定;

检查空气(箱体、罩)加热器的温度是否稳定;

检查主(旁)路流量是否稳定;

检查采样系统是否畅通;

检查虚拟采样切割头是否畅通(TOEM-1405DF 专有);

检查室内温度是否控制在 26~28℃;

室内采样管包装绝热层;

避免多次启动仪器;

加装平衡除湿系统;

更换新滤膜。

2.10.2.8　数据通信问题

检查是否应关闭电源重启导致数据存储格式变化;

检查 AK 协议设置是否正确;

检查是否同时使用了两个 RS232 接口;

检查通信数据线有无不良连接;

检查是否是雷击或其他原因造成的 CPU 板损坏。

2.10.3　注意事项

遇有雷电天气时要尽量停机,以防设备遭遇雷击;

平时操作中要注意防静电;禁止带电插拔通信线路;

注意不要有水分进入传感单元和控制单元;

仪器关闭电源后重启,需确认数据存储格式是否变化;

定期检查仪器运行是否正常,参数设置是否合理;

仪器噪声应不大于 0.1,频率变动幅度不应超过数据显示的最后两位;

TEOM 专用滤膜在安装后应进行快速检查以保证滤膜完全装好,即在新滤膜安装后 5min,屏幕上显示的锥管振荡频率最后两位的波动应在 05~10 范围内;

注意主流量及旁路流量是否稳定;

检查数据下载是否正常;

当控制器的时间与标准时间相差 1min 以上时,应该重新设置时间。

第 3 章　AE－31 型黑碳气溶胶观测仪

碳气溶胶分为黑碳(Black Carbon，BC，或称元素碳，Elemental Carbon，EC)和有机碳(Organic Carbon，OC)两类。BC 和 EC 是通过不同方法定义，BC 是指光学法测得的吸光性含碳物质，而 EC 是指化学法获得的无机含碳物质。尽管它们的热、光、化学行为不完全一致，但人们通常将其通称为黑碳气溶胶。

黑碳气溶胶是悬浮在大气中的黑色碳质颗粒物，由含碳物质不完全燃烧产生。黑碳气溶胶的来源可分为自然源和人为源。火山爆发、森林大火等向大气中排放黑碳气溶胶，此类自然现象的发生具有一定的区域性和偶然性，而人类活动特别是工业革命以来，使用煤、石油等化石燃料向大气中排放了大量的黑碳气溶胶。生物质燃烧等也是大气中黑碳气溶胶的重要来源。

黑碳气溶胶具有复杂的物理化学形态：物理上，对光有强烈的吸收作用，是大气气溶胶中最主要的吸光物质；化学上，它一般不溶于极性和非极性溶剂，在空气或氧气中被加热到 350～400℃ 仍保持稳定；物质结构上，它呈现无序的局部石墨环状微晶体形态。

黑碳气溶胶具有较宽的吸收波段，对可见光和红外光都具有很强的吸收，因而，大气中黑碳气溶胶的存在影响地球系统的辐射平衡，进而直接影响气候；还可以作为云凝结核影响云的形成及其微物理结构，通过改变云的辐射特性来间接影响全球环境和气候的变化。

黑碳气溶胶在大气中主要以细颗粒形式存在，是大气中异相化学反应的主要载体，对大气中一些重要的化学反应如 SO_2 氧化等具有很强的催化作用，能够吸附大量的多环芳烃类等致癌有毒物质，可以深入人体的呼吸系统，严重影响和危(毒)害环境及人体健康，是影响大气环境质量的重要组分。另外，黑碳气溶胶还对大气能见度的降低有显著的贡献。

由于黑碳气溶胶对气候、空气质量、人体健康等的影响，其越来越受到科学界的关注，已成为当前国际大气化学研究的热点之一，也是环境外交谈判的焦点问题之一。但是我国缺乏长期的黑碳气溶胶观测结果。因此，在大气成分站开展黑碳气溶胶的连续观测，不仅可以提供背景地区黑碳气溶胶浓度的基础数据，而且可以为我国环境外交谈判等提供科学依据。

大气成分站使用美国玛基科学公司(Magee Scientific Co.)生产的 AE－31 型黑碳仪在线测量环境大气的黑碳气溶胶含量，该仪器经过了美国环境保护署的环境测量技术认证(Environment Technology Verification)。

3.1　基本原理和系统结构

3.1.1　基本原理

3.1.1.1　测量的基本原理

黑碳仪是一种基于滤膜测量气溶胶光吸收技术。其原理是通过实时测量石英滤纸带上收集的粒子对光的吸收造成的衰减，并假定透过滤膜的光衰减是由黑碳(BC)吸收造成的，由此根据连续测量透过滤膜的光衰减变化计算出黑碳浓度。

一束光透过收集了空气样品中颗粒物的石英滤膜时的光学衰减 ATN 为：

$$ATN = 100 \times \ln(I_0/I) \tag{3-1}$$

式中，I_0 为入射光透过空白滤膜的光强；I 为同一光源透过收集有气溶胶样品滤膜后的光强。

式(3-1)中的因子 100 是为了方便表示光学衰减的量值而引入。根据定义，光学衰减 ATN 为正的无量纲数值。

黑碳气溶胶的沉积量 M_{BC} 与光学衰减 ATN_λ 存在线性关系：

$$ATN_\lambda = \sigma_\lambda \times M_{BC} \tag{3-2}$$

式中，σ_λ 是黑碳气溶胶样品对波长 λ 入射光的当量衰减系数，与黑碳气溶胶在波长 λ 的质量吸收系数 k_λ 有关。

3.1.1.2　工作原理

黑碳仪的原理结构如图 3-1 所示。在抽气泵的驱动下，环境空气连续地通过滤膜带的采样区（称为采样点），气溶胶样品被收集在该采样区（点）。每隔一个时间周期，仪器开/关测量光源一次，并测量有光源照射和无光源照射两种条件下，透过石英滤膜的气溶胶采样区（点）和参照区（点）的光强。根据光强信号，计算每个测量周期的采样区（点）的光学衰减增量，得到该测量周期内收集的黑碳气溶胶质量，再除以这段时间的采样空气体积，即可以计算出采样空气流中的平均黑碳浓度。

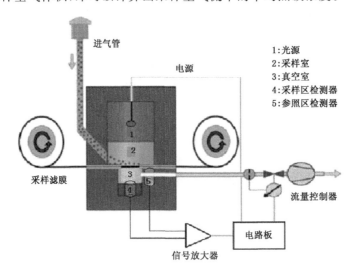

图 3-1　黑碳仪的原理结构示意图

黑碳仪的测量循环周期如下：

（1）光源关闭；

（2）测量无光源照射条件下采样点和参照点的光强信号（"暗"信号，SZ 和 RZ）；

（3）打开光源，让系统稳定；

（4）测量光源照射时采样点和参照点的光强信号（"亮"信号，SB 和 RB）；

（5）测量仪器的空气流量 F。

（6）关闭光源，再让系统稳定；

（7）再次测量"暗"信号；

（8）进行计算，显示数据，并写入磁盘，进行内部检查；

（9）等待下一个测量周期（回到步骤(3)）的开始。

测量周期的长短由用户设定，测量周期越长，仪器可以分配更长的时间来稳定仪器和进行每个变量的测量。

由于参照点的滤膜和其他光学器件的透过率在整个测量过程中不会发生变化，所以参照点的测量信号可以用来修正光源光强的微小变化，以提高仪器的准确性。此外，为了更加精确，仪器还需要测量光源关闭时的采样点和参照点检测器的"暗"信号。"暗"信号是没有光源照射时检测器电子线路的输出，一般是"亮"信号的百分之一。为了减少"暗"信号的影响，在计算光学衰减时要用"亮"信号减去对应的"暗"信号。即按照下式计算该测量周期结束时采样点气溶胶样品的光学衰减 ATN：

$$ATN = 100 \times \ln[(SB - SZ)/(RB - RZ)] \tag{3-3}$$

式中，SB 为采样点"亮"信号；SZ 为采样点"暗"信号；RB 为参照点"亮"信号；RZ 为参照点"暗"信号。

某一个测量周期与上一个测量周期间的采样点光学衰减 ATN 的增量与采样点的黑碳气溶胶质量 M_{BC} 的增加成正比，即：

$$\Delta ATN = ATN - ATN_0 = \sigma \times \Delta M_{BC} \tag{3-4}$$

式中，σ 为黑碳气溶胶的当量吸收系数，单位为 cm^2/g；ATN 为本测量周期的光学衰减；ATN_0 为上一个测量周期的光学衰减；ΔM_{BC} 为采样点的黑碳沉积量增量，单位为 g/cm^2。

设采样点的面积为 A，采样的体积流速为 F，相邻两个采样周期（经过时间为 T）内环境大气中的平均黑碳浓度[BC]可由下式计算：

$$[BC] = \frac{\Delta M_{BC} \times A}{F \times T} \times 10^9 = \frac{(ATN - ATN_0) \times A}{\sigma \times F \times T} \times 10^9 \tag{3-5}$$

式中，[BC]为黑碳气溶胶平均浓度，单位为 ng/m^3；A 为采样点的面积，单位为 cm^2；F 为采样的体积流量，单位为 m^3/min；T 为采样周期的时间，单位为 min。

3.1.2　系统结构

AE-31 型黑碳仪主要由主机和进气管等构成。

（1）仪器前面板——显示屏幕和操作键盘

图 3-2 是仪器主机的前面板。在前面板上有一个液晶显示屏，用以显示测量结果和各种操作信息；屏幕下方有 5 个指示灯，用不同颜色快捷、定性地显示仪器的运行状况；还有一个用来与内部计算机交互对话的键盘。

仪器主机的前面板可以打开。打开后，可以看见位于中央的光学测量腔室（位于保护罩内）、由一个进膜驱动器和两个滤膜带卷轴组成的滤膜带驱动装置，以及位于基板下部的软盘驱动器、流量调节螺丝、手动进膜按键、电源开关等（图 3-3）。

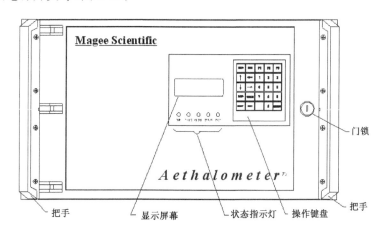

图 3-2　黑碳仪主机前面板

（2）仪器后面板——管路连接和电源、信号连接

图 3-4 是仪器的后面板示意图。后面板下部是总电源开关、流量调节阀和各种连接口，依次是电源线连接口、外置泵连接口、进气管连接口、打印机连接口、模拟输出电压（-5～+5V）信号连接口和 RS232 数据通信连接口等。

仪器前面板内和后面板各有一个电源开关，只有当 2 个开关都打开时，仪器才被加电，这样主要是为了防止安装过程中的误操作。一般情况下，可保持后面的开关灯常开状态，而一般只开/关前面板后的电源开关。

（3）仪器内部主要部件

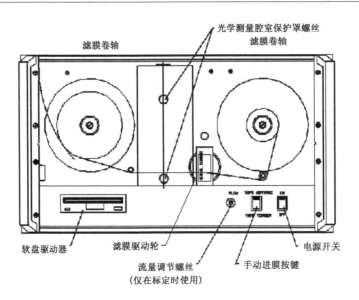

图 3-3　黑碳仪前面板内侧的部件

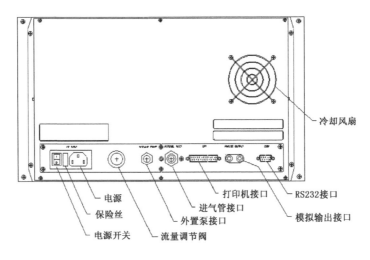

图 3-4　黑碳仪后面板示意图

　　黑碳仪的内部构造以一个安装基板为分界,分为上、下两部分,各器件在基板上下两侧分别排列。图 3-5 为基板以上部分的俯视图。该部分主要安装了光学测量腔室、滤膜带驱动装置、流量测量和控制系统。

　　图 3-6 为基板以下部分的底视图。该部分安装了仪器的电源模块、光学检测器的前置电路板,数据记录的软盘驱动器,在基板以下的后侧安装有电源接口模块、流量调节针阀、各种管路、模拟/数字通信接口等。

　　(4)光学测量系统

　　打开前面板后,取下保护罩,即可以看见光学测量腔室。光学测量腔室和其上部光源、下部光学检测器构成了仪器的光学测量系统。图 3-7 和图 3-8 分别显示了光学测量腔室(移去了保护罩)的正面和侧向剖面。光学测量腔室位于机箱前部的中央,由光源、光筒和基座构成。光筒后侧连接有进气管;基座正对光筒中央的部位安装有不锈钢丝网,其下部连接抽气管路;滤膜带在光筒和基座之间穿过,在不锈钢丝网上面的滤膜部分就是滤膜带的采样区(点)。光源位于光筒的上部,透过石英玻璃窗口自上而下照射滤膜带。光筒内的气体管路全部采用透明塑料树脂,光筒筒体采用金属制作,内外表面涂黑,光筒外还有保护罩,以防止外部光线干扰。基座内有两个光电检测器,一个位于滤膜带的采样区下方,一个位于参照区下方,用来测定采样区和参照区的透射光强。通常情况下,光筒被其上部的两根弹簧压紧

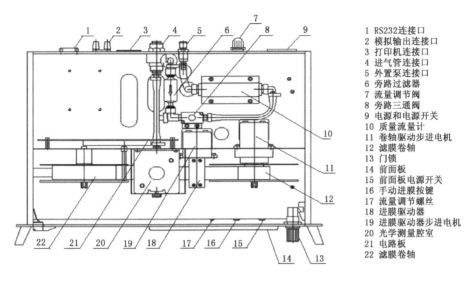

1 RS232连接口
2 模拟输出连接口
3 打印机连接口
4 进气管连接口
5 外置泵连接口
6 旁路过滤器
7 流量调节阀
8 旁路三通阀
9 电源和电源开关
10 质量流量计
11 卷轴驱动步进电机
12 滤膜卷轴
13 门锁
14 前面板
15 前面板电源开关
16 手动进膜按键
17 流量调节螺丝
18 进膜驱动器
19 进膜驱动器步进电机
20 光学测量腔室
21 电路板
22 滤膜卷轴

图 3-5　黑碳仪的内部基板以上部分的俯视图

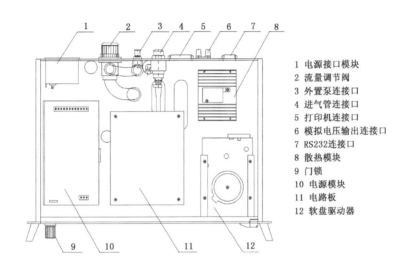

1 电源接口模块
2 流量调节阀
3 外置泵连接口
4 进气管连接口
5 打印机连接口
6 模拟电压输出连接口
7 RS232连接口
8 散热模块
9 门锁
10 电源模块
11 电路板
12 软盘驱动器

图 3-6　黑碳仪的内部基板以下部分的底视图

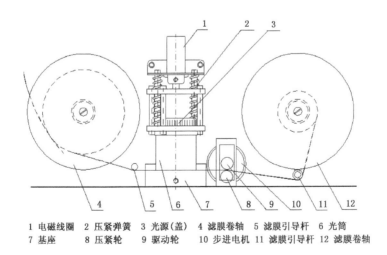

1 电磁线圈　2 压紧弹簧　3 光源(盖)　4 滤膜卷轴　5 滤膜引导杆　6 光筒
7 基座　　　8 压紧轮　　9 驱动轮　　10 步进电机　11 滤膜引导杆　12 滤膜卷轴

图 3-7　光学测量腔室和滤膜带驱动机构的局部示意图

在基座上,以保持采样区四周的气密性;更换滤膜带或滤膜带进位时,光筒上面的电磁线圈吸合,抬起光筒,以便让滤膜带通过。光学测量腔室的剖视结构可参见图 3-8。

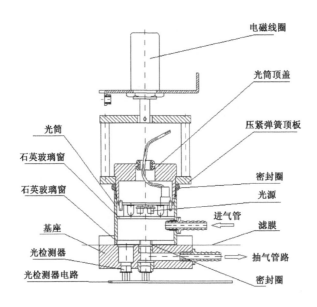

图 3-8 光学测量腔室详细局部示意图

(5)滤膜带驱动装置

黑碳仪采用加强的石英滤膜带,可按运行要求实现自动换膜。滤膜带驱动装置由两个滤膜带卷轴、进膜驱动器构成(图 3-3 和图 3-7)。左侧的滤膜带卷轴为新滤膜带的供应卷轴,是一个被动卷轴;右侧的为使用过的滤膜带卷轴,卷轴后部装有步进电机,是一个主动卷轴。在光学测量腔室与右侧的滤膜带卷轴之间是进膜驱动器,由一个步进电机带动的驱动滚轮和一个压紧滚轮构成。

滤膜带进位时,光学测量腔室的光筒抬起,驱动滚轮带动滤膜带进位 0.7cm(或者为 1.5cm),右侧卷轴也同时转动,拉紧滤膜带(可打滑,以防止拉断滤膜带)。在正常测量状态下,仪器根据设定的参数自动控制滤膜带进位,也可手动控制滤膜带进位(图 3-3)。

更换滤膜带时,在计算机指令下,仪器同时抬起光学测量腔室的光筒和松开进膜驱动器的压紧滚轮,以便滤膜带通过。更换滤膜带需要人工操作,操作步骤请见 3.2 节。

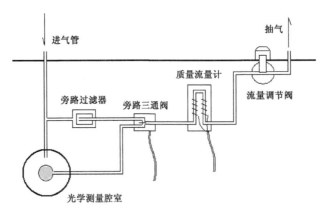

图 3-9 黑碳仪的流量测量和控制系统工作原理示意图

(6)流量测量和控制系统

流量测量和控制系统主要包括质量流量计、旁路过滤器、旁路三通阀、流量调节阀,该系统的工作原理如图 3-9 所示。旁路过滤器和旁路三通阀的作用为:在滤膜带进位时开启旁路,可以不必频繁关闭外置泵电源;当启用滤膜带节省功能时,如果环境样品中黑碳浓度过高,仪器则按照一定的时间比例开启旁路,以达到节省滤膜带,并提高仪器测量稳定性的目的。质量流量计的流量测量结果以标准升/分(SLPM)来表示,但是也可以根据当地的环境大气压和温度状况加以订正(vLPM)。

质量流量计的工作曲线是高度线性,一般只需要定期进行两点校准,校准操作请见 3.3 节。

(7)滤膜带

滤膜带是一种厚质地的网状石英纤维滤膜,在底层粘合一层加强纤维膜。滤膜带宽 25mm,每卷长约 15m,大概提供 1500 个气溶胶采样点。在清洁地区,一卷滤膜带可以使用半年以上,在城市地区也可以使用 1 个月以上。

(8)进气管

黑碳仪的进气管接口为 3/8 英寸的快插管路接头,为防止静电导致气溶胶颗粒的管壁损失,采用 3/8 英寸金属管材作为进气管。

3.1.3　技术指标

黑碳仪主要技术指标见表 3-1。

表 3-1　黑碳仪主要技术指标

名　　　称	技术指标
测量范围	$0 \sim 1\,000\,000\ ng/m^3$
测量灵敏度	$< 0.1\ \mu g/m^3$
测量精度	5%
光源波长	370nm,470nm,520nm,590nm,660nm,880nm,950nm
最小测量周期	1s
数据记录周期	1min~1h
模拟输出	−5~+5V,黑碳浓度,或报警信号
数字输出/输入	RS—232 接口
仪器显示	4 行液晶显示屏
采样流量	2~6L/min(内置泵或外置泵、可调)
数据存储介质、容量	3 寸软盘/或存储卡,7 天以上(5 min 平均,扩展格式)
操作环境	0~40℃,一般室内环境
电源	100~240 VAC, 50~400 Hz,约 60W
重量	约 18kg(包括内置泵时)
机箱尺寸	约 400mm×270mm×310 mm

3.2　安装调试

3.2.1　仪器安装

仪器安装参见图 3-10。

仪器安装前需检查仪器外观是否有由于运输造成的松动和损坏,特别要检查仪器的电源电压设置是否与当地的电源电压一致。电源电压的设置开关(115V/230V 选择开关)有两处,一处在主机后面板的电源插座(图 3-5 中的 9)旁,另一处在仪器内部的电源模块侧面(图 3-6 中的 10)。

黑碳仪包含了灵敏的电子元器件和光学检测器件,一般不宜安放在温度高于 40℃或温度波动剧烈的环境中,也不要放在可能产生水汽凝结的高湿度环境中。不要将仪器放在频繁开关的加热器或空调的风口方向。

其他安装要求如下:

(1)仪器主机水平置于工作台或仪器机架上,避免震动和强电磁环境。

(2)采样进气管采用 3/8 英寸铝管,以最短的距离和尽量平滑的弯折,连接到气溶胶采样总管或通

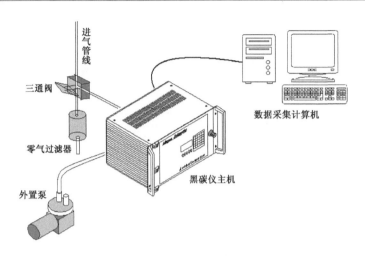

图 3-10　黑碳仪安装示意图

向室外。如果直接通向室外,进气口端的高度应超出屋顶 2m、超出地面 5m 以上。在进气口端应安装对颗粒物阻挡作用较小的防雨帽和防虫网。

(3)用专用的 RS232 连接线(一端的 2、3、5 针分别对应另一端的 3、2、5 针)连接数据接口和采集计算机。使用专用软件定时下载数据。连接电缆最好小于 10m。

(4)仪器主机连接到 UPS 供电线路,外置泵连接到经稳压的供电线路上。

3.2.2　调试

3.2.2.1　开机前检查

对使用软盘作为数据存储介质的仪器,需同时准备好一张格式化过、没有写保护、并有剩余容量的 3 寸软盘,将该软盘插入黑碳仪主机的软盘驱动器。对采用存储卡作为数据存储介质的仪器要保证存储卡有足够的可用容量。

打开前面板检查仪器是否已经安装好滤膜带,如果没有滤膜带,或者滤膜带需要更换,则准备好新的滤膜带。

初次安装仪器时,检查光筒下面是否有保护纸带。如有,则在仪器加电状态下,一边按下"滤膜带进位"按键,一边向右抽出保护纸带。

3.2.2.2　开机

打开仪器主机的电源开关(注意先开仪器后面板的开关)。在通电之后,仪器载入操作系统和程序,显示屏幕亮。仪器从 EPROM 中载入软件大约需要 30s 时间,之后仪器开始运行自检程序。

仪器运行自检程序,如果发生下列情况会中断开机,或者重新开机:

(1)如果泵有问题,或者气溶胶进气口有泄漏,表现为流量过低或无流量,则中断开机,直到操作者排除故障,恢复重新开机。

(2)如果光源故障,或者光学检测器出现问题,仪器终止运行。

(3)软件运行出现除零或者其他内部错误,自动重新开机。

(4)如果软件执行过程中出现死机情况,仪器将自动在 2s 后重新启动开机程序。

仪器完成自检程序后会发出正常的嘟嘟声,前面板的绿灯开始闪亮,屏幕上出现倒计数和提示[Press any key for main menu],持续约 60s。

如果在此 60s 内无人干预,仪器将自动进入预热/初始测量状态,经过大约 30 min 后,给出初始测量结果,仪器进入自动运行状态。

如果在此 60s 时间内,操作员按下操作键盘上"ESC"键,仪器的显示屏幕就会显示主菜单,进入菜单操作状态,操作员可以更改仪器的参数设置或执行某项操作。操作员完成菜单操作后,可选择自动运行"Automatic Operate"选项,使仪器返回到预热/初始测量—自动运行的过程。

仪器进入自动运行状态后,会在屏幕上显示采样流量,操作员应旋动仪器后面板上的流量调节阀,将流量调节到合适的范围。一般应将流量设为 4～5L/min 为宜(在较污染地区,可配合 3 倍的滤膜带节省功能)

如果仪器断电,在恢复通电之后,仪器也会按照上述自动程序开机测量。

3.2.2.3　中断自动运行

(1)在仪器自动运行的状态下,按下操作键盘上 STOP 键,屏幕上会显示"Press STOP again"('再次按下 STOP'键)的提示;

(2)再次按下 STOP 键,屏幕上会显示"Security code?"(密码?)的提示;

(3)输入密码(厂家默认密码为 111)后,仪器中断自动运行,停止测量。此时,操作员可以访问主菜单,更改仪器的参数设置或执行某项检查操作。操作员完成菜单操作后,可选择自动运行选项,使仪器返回到预热/初始测量——自动运行的过程。

操作员还可以执行关机操作。

3.2.2.4　关机

关机分为两种方式,正常关机和紧急关机。

(1)正常关机。先按"STOP"键中断自动运行,再关闭仪器主机的电源开关。关闭仪器的电源开关后,立即关闭外置泵电源。正常关机时,磁盘中除了保留数据文件外,还生成完整的运行信息文件。

(2)紧急关机。在遇到特殊紧急情况而来不及正常关机时,可直接关上仪器主机后部的电源开关。此时磁盘中的数据文件记录将停止在这个时间,不能生成完整的运行信息文件。

在一般情况下,应采用正常关机方式。

3.2.2.5　安装滤膜带

新仪器安装了新的石英滤膜带。仪器的显示屏幕以百分比显示滤膜带剩余量(但是这种显示只是仪器根据使用量的估算,有时可能与实际剩余量有差别)。当剩余量少于 10% 时, check 灯(橘黄色)会闪烁,提示操作员更换滤膜带。更换滤膜带的操作步骤如下:

(1)按照 3.2.2.3 中的操作步骤,中断仪器的自动运行(此时可以关闭外置泵电源,但是不必关闭主机电源);

(2)进入主菜单,选择"Install New Tape"(安装新滤膜带)的选项,屏幕上会显示"Security code?"(密码?)的提示;

(3)输入密码(厂家默认密码为 111)后,屏幕上会显示"List Instructions?（显示说明)的提示;

(4)用上下箭头选择是否需要仪器屏幕显示说明("YES"或"NO"),如果选择"YES",仪器会在屏幕上逐步显示操作提示,如果选择"NO",则屏幕不显示操作提示;因为英文提示可能费解,一般选择"NO";

(5)然后,仪器屏幕提示"Is the tape properly replaced?"("滤膜带是否换好?"),在操作员按"EN-TER"键前,仪器会等待操作人员完成更换滤膜带的操作。此时,按照如下步骤操作:

1)打开仪器前面板;

2)旋下位于中间的光学测量腔室保护罩的两个螺丝;

3)旋下两个滤膜带卷轴上的塑料挡板(图 3-7 中的 4 和 10)的两个螺丝;

4)取下光学测量腔室左边的滤膜带导杆(灰色塑料);

5)用剪刀从光学测量腔室的左边几厘米处剪断滤膜带;

6)打开左侧簧片,从左侧(供给)卷轴(图 3-7 中的 4)上取下旧的滤膜带;

7)取出新的滤膜带,将其安装到左侧(供给)卷轴上;

8)用一小段胶纸,把新滤膜带的前端平整、牢靠地连接在旧滤膜带的尾端;

9)用左手向上按住"滤膜带进位"("Tape Advance")按键不放,使光学测量腔室的光筒抬起(抬起高度大约为 2mm),同时向右慢慢地拉右侧的旧滤膜带,将粘在旧滤膜带上的新滤膜带拉过光筒,露出约

20cm，松开"滤膜带进位"（"Tape Advance"）按键；

　　10）剪去粘在新滤膜带上的旧滤膜带；

　　11）并从右侧（收纳）卷轴（图 3-7 中的 10）上取下旧滤膜带（连同硬纸板做的轴芯和固定簧片一起）；

　　12）在（右侧卷轴）取下的旧滤膜带中取出硬纸板轴芯和固定夹；

　　13）将硬纸板轴芯重新安放到右侧引导杆上，取 10cm 滤膜带缠绕在轴芯上，再用固定夹把新滤膜带的前端固定在硬纸板轴芯上；

　　14）将硬纸板轴芯重新安放到右侧卷轴上（注意不要遗失硬纸板轴芯后面的 O 形圈），逆时针转动硬纸板轴芯，让滤膜带缠绕在硬纸板轴芯上 10cm 左右；

　　15）将塑料挡板重新安回左侧卷轴上，旋上挡板螺丝，不要太紧。轻拉左边没有卷起的滤膜带，检查左侧卷轴是否能够轻松转动；

　　16）将塑料挡板重新安回右侧卷轴上，旋回挡板螺丝，同样不要太紧；

　　17）向下按住"滤膜带绷紧"（"Tape Tension"）同"滤膜带进位"键，卷起右边的松散滤膜带；

　　18）重新安回光学测量腔室的保护罩，拧好两个螺丝；

　　19）关闭仪器前面板。

　　（6）完成滤膜带更换操作后，按"ENTER"键，即完成换膜返回主菜单。仪器的控制软件也会重新设置滤纸剩余量为 100%。

3.2.2.6　仪器参数设定

　　每次重新安装仪器，需在主菜单中"更改设置"（"ChangeSettings"）子菜单下，检查和设定仪器的参数。菜单操作的步骤，见 3.2.3。仪器运行参数的标准设置值，见下面章节。

3.2.3　菜单系统

3.2.3.1　菜单系统的按键操作

　　图 3-11 为黑碳仪前面板上的操作键盘。

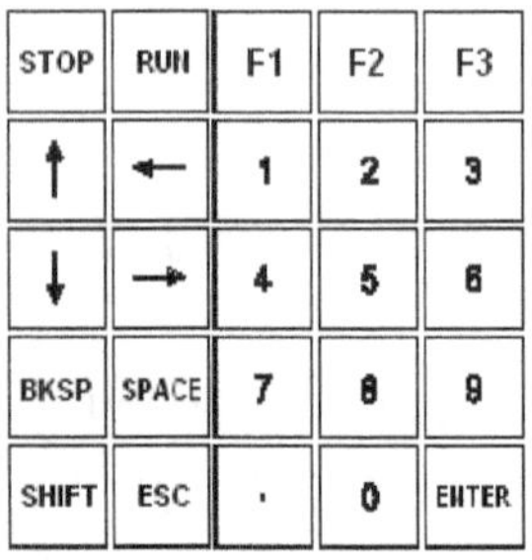

STOP	RUN	F1	F2	F3
↑	←	1	2	3
↓	→	4	5	6
BKSP	SPACE	7	8	9
SHIFT	ESC	·	0	ENTER

图 3-11　前面板上的操作键盘

　　前面板上的操作键盘的各按键功能说明如下：

STOP键：　　　　　用来中断仪器的自动运行；

RUN键：　　　　　暂不使用；

F1、F2、F3键：　　暂不使用；

↓、↑键：　　　　上、下箭头键，用来滚动选择菜单选项；

→、←键：　　　　左、右箭头键，用来在屏幕上移动光标位置；

0～9和·键：　　数字键和小数点键，用来在屏幕上输入参数数值；

BKSP键：　　　　退后键，修改上一个字符；

SPACE键：　　　　空格键，输入一个空格；

[ESC]键：　　　　　　退出键,从当前菜单选项中退回到上一级菜单选项,不保存在当前菜单选项中已完成的编辑、修改或选定的内容;

[ENTER]键：　　　　　回车键,进入选定的菜单选项,或者,保存在当前菜单选项中已经完成的编辑、修改或选定的内容,退回到上一级菜单选项。

3.2.3.2　超时退出功能

在操作菜单过程中,如果操作者离开或者因其他原因停止菜单操作 30s 时,仪器会发出提示音,超过 10 min,仪器重新热启动,转入自动运行状态(部分菜单选项除外,如更换滤膜带)。

3.2.3.3　菜单树及说明

图 3-12 是黑碳仪的菜单结构。

(1)Operate(进入运行)

进入该菜单选项后,屏幕提示"Go to Automatic Mode?",提供[YES]和[NO]两个选项,默认选项为[YES],以下[　]内均表示屏幕提示的选项内容。

[YES]:进入自动运行模式。

仪器控制滤膜带进位,并开始预热/初始测量,约 30 min 后给出初始测量结果,开始自动运行。

[NO]:进入人工启动运行模式

[Flow stabilization period](30 sec.)稳定流量(30s),无操作。

如果流量过低,屏幕显示错误信息"WARNING:FLOW<1LPM"

1)[Titles confirmation]检查/输入标题

(a)[Title 1]检查/输入第一行标题

[Retain Old Titles]保持原有标题。

[Read New Titles]读取新标题,将写有"Titles. txt"标题文件的软盘插入驱动器,第一行标题内容为:站名,区站号。

(b)[Title 2]检查/输入第二行标题

[Retain Old Titles]保持原有标题。

[Read New Titles]读取新标题,第二行标题内容为:纬度,经度,海拔高度。

2)[Verify timebase]确认测量周期

[OK]:确认。

[Change]:改变,用↓、↑键,改变测量周期,按"Enter"键保存改变,退出。

3)[Display flowrate for verification]显示(确认)流量

用户可以调节流量计以满足实验需要,流量值确认后,按下任意键。外置泵时,此功能无法使用。

4)[Check diskette data capacity]检查磁盘剩余空间

[Continue]:(= use existing disk)继续(使用原磁盘)。

[New disk entered]:插入新磁盘。

[Delete oldest files]:覆盖旧文件(在磁盘空间不够时继续使用)。

5)[Advance Tape, start measurement sequence]

滤膜带进位,随后开始预机/初始测量,再转入自动运行状态。

(2)Change Settings(更改设置)

[Time & Date]:时间和日期

用左/右键移动光标,用上/下键更改数值。

[Set Flowrate]:设定流量

用左/右键移动光标,用上/下键更改数值(合理范围为 1~6SLPM),外置泵时,此功能无法使用。

[Timebase]:测量周期

用上/下键选择合适的测量周期(合理范围为 1~60min)。

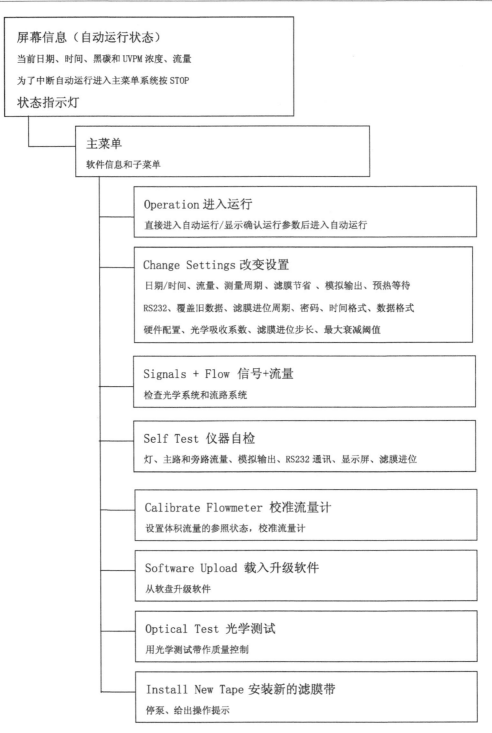

图 3-12　菜单树

[Tape Saver]:滤膜带节省模式,用上/下键选择合适的滤膜带节省方式。

[Off]:关闭此项功能。

[X3]:3 倍节省模式,实际的旁路流量分流比,即总流量与采样流量之比,在 2～3 之间变动。

[X10]:10 倍节省模式,实际的旁路流量分流比,即总流量与采样流量之比,在 2～10 之间变动

[Analog Output Port]:模拟电压输出口,用上/下键选择通过模拟电压信号输出的参数种类。

[Signal Output]:黑碳浓度的电压信号输出。

[Enter scaling factor]:输入换算系数,用左/右键移动光标,用上/下键更改数字。

黑碳的浓度表示单位为 ng/m³ 时,换算系数范围为:1～100 000(ng BC/m³)/ V;黑碳的浓度表示单

位为 $\mu g/m^3$ 时,换算系数范围为:$1\sim1\,000(\mu g\ BC/m^3)/V$。输出电压信号范围为 $-5\sim+5V$,当无有效测量数据时,如预热、滤膜带进位、更换滤膜带、或操作员在操作菜单等,输出电压信号为 $-5V$。

[Alarm]:报警。

[Alarm On/Off]:开启/关闭报警信号输出。

[ON]:开启报警信号输出。

[Off]:关闭报警信号输出。

[Alarm setpoint]:设定报警阈值,用左/右键移动光标,用上/下键更改数值。

报警阈值的合理范围为 $0.01\sim100\,000\mu g/m^3$,单位固定不可更改;当黑碳浓度超出阈值时,报警电压信号为 $+5V$,其余时间为 $0V$。

[Analog Out Channel]:输出黑碳浓度的测量通道。

用上/下键选择指定通过模拟电压信号输出的黑碳浓度的测量通道,只适用于 AE2x 和 AE3x 的黑碳仪。

[Warm Up Wait]:预热等待。

[YES]:开启预热等待功能,开启该功能,仪器在开机或者重新开机后,维持 30 min 的预热时间后,开始初始测量和进入自动运行状态。在预热的 30 min 内,仪器实时显示光学测量信号和流量(电压值);操作员可以通过按上下箭头开关光源,按左右箭头开关(切换)旁路三通阀;按"ESC"键转入人工启动运行模式。

[NO]:关闭预热等待功能,提示:正常使用时应设为"NO"

[Communications Parameters]:RS232 口的通信参数。

[Communication mode]:数据通信模式。

[Dataline]:每个测量周期,输出写在软盘的最后一条测量数据。

[Gesytec]:德国国家网络协议模式。

[GPS]:用于接收 GPS 位置数据,适用于 AE4x 型号的仪器。

[Off]:关闭 RS232 通信口。

[Baud rate]:波特率

　　　　　[9600]

　　　　　[4800]

　　　　　[2400]

　　　　　[1200]

[Data bits]:数据位

　　　　　[8]

　　　　　[7]

[Stop bits]:结束位

　　　　　[1]

　　　　　[2]

[Parity]:奇偶校验

　　　　　[None]

　　　　　[Even]

　　　　　[Odd]

缺省设置是 9600,8,1,N。

注意:如果 DATA BITS 为 8,PARITY 必须为 None。

[Overwrite Old Data]:覆盖旧的数据文件。

[YES]:开启。开启此功能后,仪器自动删除软盘中最早的数据文件,包括 BC 文件和 MF 文件,预留下 24 小时的剩余软盘空间。

[NO]:关闭。

[Filter Change at]:滤膜带进位时间周期。用数字键输入合适的滤膜带进位的时间周期(h),合理的时间周期范围为 0～30 h。设为"零"小时＝按照滤膜带采样点的黑度阈值自动进位。[Security Code]:密码 。出厂初始设置为"111"。在下列操作中,需要输入密码:

　　1)按 STOP 键,从自动运行状态退出到菜单操作状态;

　　2)软件升级;

　　3)改变某些被保护的设置参数;

　　4)更改密码需要先输入原有密码,然后用左/右键移动光标,用上/下键更改密码数字。

如果用户忘记了密码,请咨询厂家授权的技术维护单位提供"master"密码服务。

[Date Format]:时间格式:

[US (MMDDYY)]:美式(月/日/年)。

[Euro (DDMMYY)]:欧式(日/月/年)。

[BC display unit]:disp 浓度单位:

[Nanograms per m^3]:ng/m^3

[Micrograms per m^3]:cr/m^3

[Data Format]:数据格式:

[Expanded]:扩展格式。扩展格式的数据以逗号分隔的方式存储于".csv"后缀的数据文件,可以用各种编辑软件打开,数据格式说明文件为"DATACOLS.CSV"。

[Compressed]:压缩格式。压缩格式的数据,除日期、时间、黑碳浓度以外的数据,均被编码为一个长字符串。可以向厂家索取解码程序"COMDECOM",将压缩数据解码。

[Hardware Configuration]:硬件配置。[Instrument type(Optical)]:显示和确认仪器光学系统类别。

[AE1x － "Standard"]:AE1x 标准型单波段黑碳仪。

[AE2x － "UV ＋ LED"]:AE2x 双波段黑碳仪。

[AE3x － "7 x LED"]:AE3x 多波段黑碳仪。

[Instrument type(Chassis)]:显示和确认仪器机箱类别。

[Stationary]:固定——架式机壳。

[Portable]:便携——AE4X 系列。

[Spot Size]:显示和确认采样点大小。

[Extended Range]:扩展量程(大采样点,1.67 cm^2)。

[Standard Range]:标准量程(小采样点,0.5 cm^2)。

[Serial Number]:显示和确认仪器序号。三位数字,不要自行更改仪器序号。

[PCMCIA enablement]:启用记忆卡。适用于使用 PCMCIA 记忆卡替代软盘记录数据的机型。

[Gesytec ID]:Gesytec 识别码。

适用于使用 Gesytec 通信协议时。

[Sigma for lamps]:光源波长所对应的吸收系数值。

[Spots per Advance]:滤膜带进位步长。

[1] 步长为 1,采样点相互靠的较紧密。

[2] 步长为 2,采样点相互间距比步长 1 时增加一倍。

[Maximum Attenuation]:最大衰减。滤膜带自动进位的最大黑度阈值,在城市地区最大不宜超过150,在一般背景地区宜选择 75。

[Return]:返回主菜单。

[Save the changes?]:提示是否要保存修改的设置。

[YES]:保存已修改的设置,返回主菜单。

[NO]:不保存已修改的设置,返回主菜单。

（3）Signals ＋ Flow(信号＋流量)

该选项提供给用户一个检查光源信号以及流量计读数响应的方式。

按上/下箭头键可依次开/关所有灯。屏幕右上角第一行显示灯的状态。对于 AE2x 和 AE3x 型号的黑碳仪,灯状态的显示如下:

[Lamp＝0]:所有灯关闭

[Lamp＝1]:880nm 灯开

[Lamp＝2]:370nm 灯开

[Lamp＝3],…[Lamp＝7]:对应的其他灯亮(AE3x 型号的黑碳仪)。

按左/右箭头键开/关旁路三通阀。屏幕右上角第二行显示三通阀接通的流路,即:滤膜采样"Filter",或者旁路"Bypass"。可以通过后面板的流量调节阀,外置泵的调节阀或者内部质量流量控制器(如果安装的话)来改变流量。按 Esc 键可退出选项,返回到菜单。

（4）Self test(仪器自检)

该选项启动一系列自检,一旦启动,仪器将按照顺序完成对硬件的检查,并将有关故障和错误信息显示在屏幕上。自检顺序和内容如下:

[Lamp test]:灯检测。灯亮灭一次,测量采样点和参照点的光强信号,对比分析它们之间的比例关系。判断是否出现故障或错误,给出以下检测结果:

灯坏了(一直灭的);

电路板故障或错误(灯一直亮着);

滤纸断了或者没有了(光信号太强);

通过灯检测。

对于多波段型号的黑碳仪,则重复上述过程,逐个检测每个波长的灯,并给出检测结果。

[Pump and Bypass Valve test]:主流路和旁路流量检测。该选项提示用户接上泵(如果使用外置泵),然后根据质量流量计的零点校准值和斜率计算流量,如果流量小于 1LPM,将显示错误信息。切换旁路三通阀,对比测量主流路和旁路流量,以确定两个流路都无堵塞。

[Analog Output Port test] 模拟输出检测。该检测会从模拟输出端口顺序输出一系列电压:V＝－5VDC;0VDC;＋1VDC;＋2VDC;＋5VDC,由连接到后面板的模拟输出端口的数据采集器或者一个报警继电开关检测其输出电压知是否正确。

[COM Port test]:RS232 通信口检测。在该选项下,用户可以测试与数据采集器或其他数据接收设备的通信连接是否畅通。该选项执行之初,屏幕提示操作者可以改变通信速率(如降低速率),此后,屏幕提示操作者发送数据,操作者每按一次 Enter 键,仪器便发送一次数据,直到操作者按下 Esc 键,退出该检测选项。

[Display Screen test]:显示屏检测。该项检测,按照以下的顺序显示屏幕,由操作者观察是否有显示故障和错误:

点亮屏幕上所有的发光二极管;

闪烁屏幕上所有的发光二极管;

满屏显示符号;

关闭背景光;

点亮背景光。

[Tape Advance test]:滤膜带进位检测。滤膜带驱动器启动,并通过屏幕提示用户观察该装置动作是否正确。倒数计数器显示检测所需要的时间。

（5）Calibrate Flowmeter(校准流量计)。执行该选项,需要输入密码。

[Air volume units]:体积流量的参照状态。进入该选项后,操作员可以更改流量单位的体积参照状态。

[Standard]:标况(1013hPa,20℃)。如果选择标况体积流量,则仪器用 SLPM(标况升每分钟)表示

流量,黑碳浓度单位用 ng/m³ 或 μg/m³ 表示(此处的 m³ 表示标况立方米)。

[Volumetric]:环境状态。如果选择环境体积流量,则仪器用 vLPM(标况升每分钟)表示流量,黑碳浓度单位用 ng/vm³ 或 μg/vm³ 表示(此处的 vm³ 表示环境状态的立方米)。而且仪器要求操作者输入环境气压和温度。

[Barometric Pressure (millibars)]:大气压(hPa)。

[Ambient Air Temperature (℃)]:环境温度(℃)。不进行流量计的校准,也可以重新输入环境状态参数,即气压和温度,如黑碳仪被转移到一个新的地点进行观测时,就不进行流量计的校准,只需要输入新的环境温度和气压值。AE4x 型号的便携式黑碳仪使用其他类型的流量计,给出的不是质量流量,但是如果变换了测量地点仍然要进行气压订正。

[Flowmeter Calibration?]:是否要校准流量计? 只有当你有确凿理由认为流量计读数不正确时,才需要校准。在校准之前,让仪器在进气状态下预热至少 30 min,准备一个标准流量计,量程范围在 2～10SLPM,气阻较小。将该标准流量计串联到仪器的进气口管路中,并确保其没有漏气。

[NO]:不校准,返回主菜单。

[YES]:校准,返回主菜单。

流量计校准流程:1)测量无流量时的流量计零点电压;2)与标准流量计同步测量一个跨点流量,通过改变流量—电压工作曲线的斜率系数,使两者一致,来进行校准;3)应用新的零点电压值和斜率系数,由质量流量计的测量电压值计算实际空气流量。下面是校准操作步骤,首先仪器提示:

[Measure zero offset]:测量零点。如果是内置泵,等待 2 min,仪器自动停止内置泵的工作,并测量流量计的零点电压值;如果是外置泵,关闭泵电源,等待 2 min;仪器会测量流量计的零点电压值;之后,仪器提示测量跨点流量。

[Measure active flow]:测量动态流量。如果是内置泵,等待屏幕上流量读数逐渐稳定;如果是外置泵,开启泵电源,同样等待屏幕上流量读数逐渐稳定;此时屏幕上显示的流量读数是依据新的零点值和原来的斜率系数计算得到的;按动上/下箭头键,可以升高或降低斜率系数,使得屏幕上显示的流量读数与标准流量计读数一致,按下"Enter"键。按"ESC"退出此菜单,仪器提示要将新的零点值和斜率系数写入设置文件的确认信息。如对结果有任何疑义,可重复执行校准程序。

(6)Software Upload(载入升级软件)

可以通过直接向厂家索取软盘的方式,也可以通过电子邮件或从网上下载等方式从 Magee Scientific 获得升级软件。升级软件是一个 AExxxZIP.EXE 压缩文件,将该文件拷贝到一张软盘上并将其解压缩,生成一个 A\:的子目录。注意:只能使用厂家提供的升级盘或者复制盘或者根据网站的指导制作的软盘。不要将磁盘用做其它用途,不要加文件,也不要删除文件。

将准备好软件升级软盘插入黑碳仪的驱动器中,升级盘没必要写保护,因为有些文件临时要写到盘中。从主菜单上进入[Software Upload]选项,仪器会要求操作者输入仪器密码和仪器的前 3 位序列号。如果没有错误的话,更新程序自动运行。在升级结束要从软驱中拿出升级磁盘。

(7)Optical Test(光学测试)

[Security code?]:提示输入仪器密码。该选项也是受到保护的,进入该选项需要输入密码。

[Insert floppy disk]:提示操作者插入软盘。

光学测试的结果以及其他信息都将写入软盘,文件名"OTxxxxxx. txt","OT"代表光学测试,xxxxxx 代表日期,可以是美式,或者是欧式,取决于仪器设置,例如 MMDDYY 或者 DDMMYY。

[Series No]:提示操作者输入序列号。光学测试带的一端印有序列号,与仪器一致。当提示时,输入这个数字,仪器会检查软驱中是否有软盘。

[Remove filter tape]:提示操作者取出滤膜带。打开箱门,旋下仪器中间光学测量腔室保护罩的螺母。在光学测量腔室的左边用剪刀剪断滤膜带,在仪器提示的时候按下"Enter"键,剩余的滤膜带会被拉到右边。

[Insert Optical Test Strip]:提示操作者插入光学测试带

当仪器提示的状态下,从左边插入测试带,印有序列号的一面在右边朝上。从左边轻轻推测试带,直到箭头刚好到达基座的边缘,然后按下"Enter"键。仪器即开始分段执行测试程序。

测试的第一阶段:灯一亮一灭,测量测试带前半部分的光学透射信号。测量结束时,测试值会显示在屏幕上,并写入软盘。按下"Enter"键,仪器将花费大约 5 min 的时间,使滤膜带向前进三个位置。

测试的第二阶段与第一阶段类似,测量测试带后半部分的光学透射信号。完成测试后,程序会算出"S density","R density"和"Balance"等结果及其他信息并写入软盘,文件名"OTxxxxxx.txt",("OT"代表光学测试,xxxxxx 代表日期,格式为 MMDDYY 或者 DDMMYY)。

(8)Install New Tape(安装新的滤膜带)

[Security code?]:提示输入仪器密码。

[List Instructions?]:仪器提示是否要列出指示。

[YES]:将列出更换滤膜带的操作提示,操作者可按照提示操作。

[NO]:不提示操作。

[Is the tape properly replaced?]:等待操作者完成换滤膜带操作。

在操作员按"Enter"键前,仪器会等待操作者完成更换滤膜带的操作。操作者按照 3.2.3.3 所列各步骤,更换滤膜带。完成滤膜带更换操作后,按"Enter"键,即完成更换滤膜并返回主菜单。仪器的控制软件也会重新设置滤膜剩余量为 100%。

3.2.3.4　仪器参数的标准设置

仪器参数的标准设置见表 3-2。

表 3-2　仪器参数的标准设置

参 数	标准设置	备注
时间和日期(Time & date)	世界时(UTC)	预设
测量周期(Time base)	5min	预设
滤膜节省模式(Tape saver)	x 3(一般情况)	预设
模拟输出端口(Analog output port)	Signal Output	预设
预热等待(Warm up wait)	NO	预设
通信参数(Communication mode)	Data line	预设
覆盖旧数据(Overwrite Old Data)	NO	预设
定时换膜(Filter change at)	0	预设
密码(Security code)	111	需要密码,不可改
日期格式(Date Format)	US MMDDYY	预设
黑碳浓度单位(BC display unit)	nano gram BC/m^3	预设
数据格式(Data format)	Expanded	预设
序列号(Serial No)	仪器序列号	需要密码,不可改
通信协议号(Gesytec ID)	333	需要密码,不可改
仪器型号(Instrument Type)	AE3x－"7x LED"	不可改
光学当量值(Sigma for lamps)	Sigma1:39.5 Sigma2:31.1 Sigma3:28.1	需要密码,不可改
光学当量值(Sigma for lamps)	Sigma4:24.8 Sigma5:22.2 Sigma6:16.6 Sigma7:15.4	需要密码,不可改
进膜距离(Spot per Advance)	1(一般情况)	预设
最大光学衰减量(Maxim. Attenuation)	75(一般情况)	预设

3.3 日常运行维护和校准

3.3.1 每日巡查

3.3.1.1 仪器显示内容

仪器屏幕的显示内容如下：

第一行：左侧系统时间，右侧系统日期；

第二行：左侧为滤膜带的估计剩余百分比，右侧为滤膜带节省的特征；

第三行：左边为磁盘剩余空间，表达为小时（H），天数（D）或者星期（W）；右边为流量，单位为 LPM；'vLPM'表示体积单位。

第四行：左侧为上一次的黑碳浓度，单位 ng/m³，或 μg/m³；右侧为七个波段测量结果与平均值的偏离示意图。

巡视检查时应注意黑碳仪前面板上指示灯指示的仪器的不同状态：

绿灯（RUN）： 亮＝表示正常，收集有效数据；

闪动＝正常，在滤膜带进位后正在准备转入自动运行；

黄灯（PAUSE）亮：仪器被操作员按 STOP 键停止，或者手动运行模式；

黄灯（CHECK）亮：但需进行检查和维修，仪器仍在运行，数据仍然正常，如软盘空间不足，滤膜带快用完，或流量变化超过 10%。

红灯（ERROR）闪亮：有故障，仪器停止运行；

红灯（STOP）亮：仪器有故障，不能正常运行；或者操作员在进行仪器设置的菜单操作。

3.3.1.2 巡视检查内容

（1）检查仪器前面板的 RUN 指示灯是否是绿色。

（2）随时检查黑碳仪屏幕显示的流量是否稳定。如果流量波动超过平均值的±10%，应及时调整流量，或检查外置泵的工作状况是否正常。

（3）检查仪器显示时间与标准时间是否一致。

（4）经常对照检查黑碳仪屏幕显示的黑碳（和 UVPM）浓度值和计算机记录的黑碳（和 UVPM）浓度值是否一致，并在正常范围内。如有异常高值等情况，应注意查看是否有明显的局地源影响，并在（周）日检查记录表中做好记录。

（5）每周将磁盘中所有数据文件和信息文件备份到计算机中。文件备份情况记录在日（周）检查记录表中。

（6）每天注意检查软盘的剩余空间，及时更换。

（7）打开仪器舱门，检查是否正常走膜。如不正常应及时调整。

（8）打开仪器舱门，检查滤带剩余情况，注意及时更换。

（9）按要求完成日检查表中的各项检查并记录。

3.3.2 维护

为确保仪器正常工作，应定期对该设备进行维护，要求见表 3-3。

表 3-3　黑碳气溶胶仪器设备使用和维护要求

工作任务	主要内容	相关要求
1.仪器运行状况检查	检查流量是否稳定	流量处于规定范围内,偶然出现波动为正常
	采样管口清洁程度检查	采样管口应通畅(管口朝下),如有堵塞及时清洁
	泵的声音是否异常	泵的声音较弱,无不正常噪声或声响
	浓度范围检查	屏幕示值应与近 2～3 天变化情况一致,如有波动,检查周边是否有污染影响
	异常信息显示	检查屏幕上是否有仪器运行异常信息,如有应及时根据提示进行相应处理
	检查采样斑点状态	斑点色彩应均匀、斑点之间的间距一致,斑点间没有重叠
	检查滤膜带余量是否足够	滤膜带余量应能满足 24 小时测量需要(>50cm),不足时,应及时更换
	检查存贮介质容量	数据存储介质的容量应能满足 24 小时测量需要,不足时,应及时更换
	检查仪器及计算机时间	与标准时间的偏差范围为 30s,超出时,应及时调整
2.数据采集与传输	检查仪器数据采集情况	采集软件能够正常采集仪器的观测数据
	检查小时数据生成情况	能够生成小时数据文件
	检查数据传输情况	能够在指定时间传输数据文件
3.系统维护	采样管路清洁	每 3 个月,清洁一次采样管路,或视当地污染情况及时清洁
	更换过滤芯	每 3 个月,更换一次过滤芯,或视当地污染情况及时更换
	系统检漏	每 3 个月,对系统气路漏气检查,正常情况应无漏气
	仪器机箱内部清洁	每 6 个月,清洁一次仪器内部,或视当地污染情况及时清洁

3.3.2.1　日常维护内容和周期

日常维护内容和周期见表 3-4。

表 3-4　日常维护内容和周期

间　隔	项　目	程　序	参　见
每日	仪器时钟	检查,必要时调整	3.5 节
10 天	磁盘数据备份	备份	
2 个月（更换滤膜带的同时）	零气检测	检查	
	仪器参数	检查,并记录	
3～6 个月	旁路过滤器	检查,必要时更换	
6～12 个月	外置泵	检查,必要时维护	
	零气过滤器	检查,必要时更换	
	进气管路	检查,清洗	
必要时	光学测量腔室	检查,清洗	
	光学测试带检测	检测	
	更换主板电池	检查,更换	

（1）进气管路的检查、清洗

松开连接,观察进气管内部是否清洁。如果内表面有附着的灰尘,可以用高压气体吹扫,或者用少量清水冲洗管路内部,然后风干。干燥后,将进气管路重新安装。

（2）光学测量腔室的检查、清洗

在仪器连续正常工作时,每 12 个月需要对光学测量腔室进行清洁。在仪器出现下列情况之一时,可以随时进行清洁维护工作:

1）观测数值不在正常范围,如连续数天超过数万 ng/m³;或者天气晴好,能见度很高,但是观测数值却持续偏大,如超过数万 ng/m³;

2）观测数值大幅度波动,波动幅度超过数万 ng/m³,并持续数小时以上;

3)检查和清洁光学测量腔室的工作一般由经过专业培训的人员完成。检查和清洁光学测量腔室之前,需要用光学测试带进行光学检测。

具体操作步骤如下:

1)关闭仪器电源,拔下仪器电源线,断开进气管、外置泵以及通信线路的连接。

2)准备好小型吸尘器(吸尘器应有较强的吸力,吸管干净,无尘土)和干净的小毛刷、镜头纸和螺丝刀等。

3)打开机箱顶盖和后盖,参见图 3-13。

4)取下光学测量腔室的保护罩。轻轻拧开光学测量腔室的顶盖,取出其中光源部件,参见图 3-14。取出光源部件后放置在干净的地方,或者用镜头纸简单包裹,放在一边。

5)取下连接在光学测量腔室光筒后侧进气管的硅胶管。抬起压紧连杆,轻轻取出光筒。取出光筒时,注意保护光筒的"O"形密封圈,见图 3-14。

6)查看光筒的进气管和内部是否有灰尘、污迹或其他异物,如有,用吸尘器吸出灰尘和异物,如需要,可用小毛刷轻扫腔室的内表面,或者用镜头纸汲取少量清水或者酒精(以用手挤不出液滴为要)擦拭污迹或难以吸走的灰尘。

7)从光学测量腔室基座上移开滤膜带。查看基座上不锈钢丝网、参照区光学检测窗口的上面是否有灰尘、污迹或其他异物,如有,用吸尘器吸出灰尘和异物,如需要,可用小毛刷轻轻挑出挂在钢丝网上的纤维或毛屑,或者用镜头纸汲取少量清水或者酒精(以用手挤不出液滴为要)擦拭污迹或难以吸走的灰尘。参见图 3-15。

8)在所有部件都风干后,将光学测量腔室复原安装,盖上机箱盖子。

图 3-13　分解光学测量腔室操作之一

9)复原连接仪器的管线和电源连接,开启电源,观测。

注意:在检查和清洁光学测量腔室过程中,要格外注意保护"O"形密封圈和光学测量腔室内部不受到划伤,注意不要使用工具、螺丝等其他硬物触及光学窗口和光源。复原安装光学测量腔室时,要注意"O"形密封圈自然平顺地安放在密封槽内,并且没有拧、折,或受到其他拉伸。

(3)检查/更换过滤器

黑碳仪有两处安装了颗粒物过滤器,一个是零气过滤器,一个是旁路过滤器。旁路过滤器的更换周期一般为 3～6 个月。零气过滤器的实际使用时间较短,可以维持更长的使用寿命,如 3～5 年以上。

检查、更换旁路过滤器的操作步骤如下:

关闭仪器电源,打开机箱。参见图 3-13。

1)观察连接在旁路进气口的过滤器是否出现明显的污损(整体改变颜色,变为深灰、褐色,或者其他损坏),如果出现明显的污损,则更换。

2)盖好机箱盖子,复原仪器。开启电源,开始观测。

图 3-14　分解光学测量腔室操作之二

图 3-15　分解光学测量腔室操作之三

注意:更换新的过滤器时,要注意管路连接是否牢固。因为过滤器都是用快速连接头连接,在插入过滤器时,要用力插到底,之后再轻轻向外提拉,以保证快速连接头能锁紧过滤器,避免管路漏气。

3.3.3　校准

3.3.3.1　校准程序

执行 2 种校准程序:

(1)每年一次的光学测试(结合光学测量腔室的清洁);

(2)每年一次流量计校准。

3.3.3.2　光学测试

进行光学检测需要使用随机配置的光学测试带。光学测试带由多层压合的材料做成,一端的光学厚度大于另一端。妥善保存光学测试带! 保持干净平整和光滑!

光学测试的意义在于,检查仪器的光学检测灵敏度在长时间里是否有变化。测试带光学厚度的绝对值本身并没有更多的实际意义,在长时间内仪器对光学测试带光学厚度的多次独立测量值保持稳定,可以说明仪器光学测量系统的稳定性。

建议在每年一次的光学测量腔室的检查和清洗前后,各进行一次光学测试,使两者结合起来,更好地掌握其光学检测系统的稳定性。光学测试完全由计算机程序控制,每次操作时间只需约 15 min。

测试结果会自动写入软盘,文件名"OTxxxxxx.txt"。应该将测试结果文件打印出来,并填写测试结果记录表。

3.3.3.3　流量校准

准备好标准流量计,量程范围在 2~10SLPM,气阻较小。将该标准流量计串联到仪器的进气口管路中,并确保其没有漏气。在作校准之前,让仪器在进气状态下预热至少 30 min。

中断自动运行,进入菜单操作界面,执行流量计校准[Calibrate Flowmeter]选项,按照操作提示进行操作,记录校准结果。

3.4　数据采集

3.4.1　数据及格式

小时文件命名格式:

Z_CAWN_I_xxxxx_yyyymmddhh0000_O_AER−FLD−AAP. TXT

其中 xxxxx 为台站站号,yyyymmddhh 表示年月日小时。

数据格式参见表 3-4,共 55 列参数。

表 3-4　小时文件数据格式

列	字段说明	数据类型	单位	备注	数位
1	台站区站号	数字和字母组合		5 位	5 位
2	项目代码	I		4 位	4 位
3	年	I		4 位	4 位
4	年序日	I		3 位	3 位
5	时分(世界时)	I		4 位	4 位
6	流量	F	L/min	空气流量	
7	370nmBC	F	ng/m³	370nm 浓度	
8	470nmBC	F	ng/m³	470nm 浓度	
9	520nmBC	F	ng/m³	520nm 浓度	
10	590nmBC	F	ng/m³	590nm 浓度	
11	660nmBC	F	ng/m³	660nm 浓度	
12	880nmBC	F	ng/m³	880nm 浓度	
13	950nmBC	F	ng/m³	950nm 浓度	
14	SZ_370nm	F		370nm 采样区零点信号	
15	SB_370nm	F		370nm 采样区测量信号	
16	RZ_370nm	F		370nm 参照区零点信号	
17	RB_370nm	F		370nm 参照区测量信号	
18	Fri_370nm	F		370nm 分流比	
19	Attn_370nm	F		370nm 光衰减率	
20	SZ_470nm	F		470nm 采样区零点信号	
21	SB_470nm	F		470nm 采样区测量信号	
22	RZ_470nm	F		470nm 参照区零点信号	
23	RB_470nm	F		470nm 参照区测量信号	
24	Fri_470nm	F		470nm 分流比	
25	Attn_470nm	F		470nm 光衰减率	

续表

列	字段说明	数据类型	单位	备注	数位
26	SZ_520nm	F		520nm 采样区零点信号	
27	SB_520nm	F		520nm 采样区测量信号	
28	RZ_520nm	F		520nm 参照区零点信号	
29	RB_520nm	F		520nm 参照区测量信号	
30	Fri_520nm	F		520nm 分流比	
31	Attn_520nm	F		520nm 光衰减率	
32	SZ_590nm	F		590nm 采样区零点信号	
33	SB_590nm	F		590nm 采样区测量信号	
34	RZ_590nm	F		590nm 参照区零点信号	
35	RB_590nm	F		590nm 参照区测量信号	
36	Fri_590nm	F		590nm 分流比	
37	Attn_590nm	F		590nm 光衰减率	
38	SZ_660nm	F		660nm 采样区零点信号	
39	SB_660nm	F		660nm 采样区测量信号	
40	RZ_660nm	F		660nm 参照区零点信号	
41	RB_660nm	F		660nm 参照区测量信号	
42	Fri_660nm	F		660nm 分流比	
43	Attn_660nm	F		660nm 光衰减率	
44	SZ_880nm	F		880nm 采样区零点信号	
45	SB_880nm	F		880nm 采样区测量信号	
46	RZ_880nm	F		880nm 参照区零点信号	
47	RB_880nm	F		880nm 参照区测量信号	
48	Fri_880nm	F		880nm 分流比	
49	Attn_880nm	F		880nm 光衰减率	
50	SZ_950nm	F		950nm 采样区零点信号	
51	SB_950nm	F		950nm 采样区测量信号	
52	RZ_950nm	F		950nm 参照区零点信号	
53	RB_950nm	F		950nm 参照区测量信号	
54	Fri_950nm	F		950nm 分流比	
55	Attn_950nm	F		950nm 光衰减率	

3.4.2　数据获取方式

获取黑碳仪的测量数据有 3 种方式：

(1)从仪器前面板显示屏读取。

(2)用软盘记录/或存储卡记录。

(3)用数字数据采集/记录设备从 RS232 串口获得。

在业务运行中,用专用采集软件获取数据,形成 RDT 数据文件;同时备份软盘记录的数据文件(BC 文件)和运行信息文件(MF 文件),BC 文件形成 RAW 数据文件。

3.4.3　软盘原始数据格式

一旦仪器的各项运行参数设置完成,黑碳仪在自动运行中生成固定格式的数据文件,并存储在软盘驱动器中的软盘内。文件名为 BCmmddyy. DAT,其中 mm 为月,dd 为日,yy 为年。数据为每 5 min 的平均值。

原始 RAW 数据格式列于表 3-5。

表 3-5　黑碳仪原始数据格式

列	字段说明	备注
01	日期	
02	时分	4 位
03	370nmBC	370nm 浓度
04	470nmBC	470nm 浓度
05	520nmBC	520nm 浓度
06	590nmBC	590nm 浓度
07	660nmBC	660nm 浓度
08	880nmBC	880nm 浓度
09	950nmBC	950nm 浓度
10	Air Flow	空气流量
11	SZ_370nm	370nm 采样区零点信号
12	SB_370nm	370nm 采样区测量信号
13	RZ_370nm	370nm 参照区零点信号
14	RB_370nm	370nm 参照区测量信号
15	Fri_370nm	370 分流比
16	Attn_370nm	370nm 光衰减率
17	SZ_470nm	470nm 采样区零点信号
18	SB_470nm	470nm 采样区测量信号
19	RZ_470nm	470nm 参照区零点信号
20	RB_470nm	470nm 参照区测量信号
21	Fri_470nm	470nm 分流比
22	Attn_470nm	470nm 光衰减率
23	SZ_520nm	520nm 采样区零点信号
24	SB_520nm	520nm 采样区测量信号
25	RZ_520nm	520nm 参照区零点信号
26	RB_520nm	520nm 参照区测量信号
27	Fri_520nm	520nm 分流比
28	Attn_520nm	520nm 光衰减率
29	SZ_590nm	590nm 采样区零点信号
30	SB_590nm	590nm 采样区测量信号
31	RZ_590nm	590nm 参照区零点信号
32	RB_590nm	590nm 参照区测量信号
33	Fri_590nm	590nm 分流比
34	Attn_590nm	590nm 光衰减率
35	SZ_660nm	660nm 采样区零点信号

列	字段说明	备注
36	SB_660nm	660nm 采样区测量信号
37	RZ_660nm	660nm 参照区零点信号
38	RB_660nm	660nm 参照区测量信号
39	Fri_660nm	660nm 分流比
40	Attn_660nm	660nm 光衰减率
41	SZ_880nm	880nm 采样区零点信号
42	SB_880nm	880nm 采样区测量信号
43	RZ_880nm	880nm 参照区零点信号
44	RB_880nm	880nm 参照区测量信号
45	Fri_880nm	880nm 分流比
46	Attn_880nm	880nm 光衰减率
47	SZ_950nm	950nm 采样区零点信号
48	SB_950nm	950nm 采样区测量信号
49	RZ_950nm	950nm 参照区零点信号
50	RB_950nm	950nm 参照区测量信号
51	Fri_950nm	950nm 分流比
52	Attn_950nm	950nm 光衰减率

3.4.4　运行信息文件(MF 文件)格式

MF 文件包含仪器运行的各种信息,是评估仪器性能和数据质量的重要文件。下面为 MF 文件的格式范例:

```
===================================================
—
MAGEE SCIEN.
AETHALOMETER
—
Aethalometer No. 569
—
01—jan—06　00:34:54　Measurements started
Starting voltages:
.　　　　　sen(zero) =　　0.020 ref(zero) =　　0.020
.　Lamp 1 (370 nm): sen(beam) =　　1.346 ref(beam) =　　2.271
.　Lamp 2 (470 nm): sen(beam) =　　1.993 ref(beam) =　　2.742
.　Lamp 3 (520 nm): sen(beam) =　　2.051 ref(beam) =　　2.696
.　Lamp 4 (590 nm): sen(beam) =　　1.905 ref(beam) =　　3.111
.　Lamp 5 (660 nm): sen(beam) =　　2.084 ref(beam) =　　2.694
.　Lamp 6 (880 nm): sen(beam) =　　1.973 ref(beam) =　　2.597
.　Lamp 7 (950 nm): sen(beam) =　　2.576 ref(beam) =　　3.179

—
01—jan—06　00:55:00　Measurements ended
```

—
·　　　　　　　　　Number of lamps（L）= 7
·　　　　　　　　Filter running time = . 33 hours
·　　　　　Total airflow this filter = . 09 cubic meters
·　　Mean BC concentration of all lamps =53379 ng/m³
·

Report for lamp 1 （370 nm）：
. Ending voltages：sen(beam) =　　 . 218　 sen(zero) =　　0. 020
·　　　　　　　　ref(beam) =　　2. 270　 ref(zero) =　　0. 020
. Optical attenuation of filter deposit = 94
.　Total aerosol black carbon on filter = 3847 ng
Mean aerosol black carbon concentration = 52916 ng/m³
— — —

The reference beam showed lamp intensity fluctuations of 1126 ppm.

—
Report for lamp 2 （470 nm）：
. Ending voltages：sen(beam) =　　 . 501　 sen(zero) =　　0. 020
·　　　　　　　　ref(beam) =　　2. 726　 ref(zero) =　　0. 020
. Optical attenuation of filter deposit = 74
.　Total aerosol black carbon on filter = 3824 ng
Mean aerosol black carbon concentration = 52604 ng/m³

—
The reference beam showed lamp intensity fluctuations of 1767 ppm.

—
Report for lamp 3 （520 nm）：
. Ending voltages：sen(beam) =　　 . 619　 sen(zero) =　　0. 020
·　　　　　　　　ref(beam) =　　2. 684　 ref(zero) =　　0. 020
. Optical attenuation of filter deposit = 66
.　Total aerosol black carbon on filter = 3776 ng
Mean aerosol black carbon concentration = 51941 ng/m³

—
The reference beam showed lamp intensity fluctuations of 1402pm.

—
Report for lamp 4 （590 nm）：
. Ending voltages：sen(beam) =　　 . 676　 sen(zero) =　　0. 020
·　　　　　　　　ref(beam) =　　3. 177　 ref(zero) =　　0. 020
. Optical attenuation of filter deposit = 60
.　Total aerosol black carbon on filter = 3895 ng
Mean aerosol black carbon concentration = 53574 ng/m³

—
The reference beam showed lamp intensity fluctuations of 859 ppm.

—
Report for lamp 5 （660 nm）：
. Ending voltages：sen(beam) =　　 . 821　 sen(zero) =　　0. 020

.　　　　　　　　ref(beam) ＝　　2. 696　ref(zero) ＝　　0. 020
. Optical attenuation of filter deposit ＝ 54
.　Total aerosol black carbon on filter ＝ 3919 ng
Mean aerosol black carbon concentration ＝ 53909 ng/m³

—

The reference beam showed lamp intensity fluctuations of 876 ppm.

—

Report for lamp 6 (880 nm)：
. Ending voltages：sen(beam) ＝　　.986　sen(zero) ＝　　0. 020
.　　　　　　　　ref(beam) ＝　　2. 597　ref(zero) ＝　　0. 020
. Optical attenuation of filter deposit ＝ 41
.　Total aerosol black carbon on filter ＝ 4023 ng
Mean aerosol black carbon concentration ＝ 55341 ng/m³

—

The reference beam showed lamp intensity fluctuations of 1433 ppm.

—

Report for lamp 7 (950 nm)：
. Ending voltages：sen(beam) ＝　　1. 406　sen(zero) ＝　　0. 020
.　　　　　　　　ref(beam) ＝　　3. 197　ref(zero) ＝　　0. 020
. Optical attenuation of filter deposit ＝ 37
.　Total aerosol black carbon on filter ＝ 3880 ng
Mean aerosol black carbon concentration ＝ 53370 ng/m³

—

The reference beam showed lamp intensity fluctuations of 892 ppm.

—

Disk space ＝ 96256 bytes free：One entry at every 5 minutes.
There is space for 20 hours) more data

—

01—jan—06　00：55：03　Tape feeder mechanism advancing for 1 spot(s).

—

＝＝＝＝＝＝＝＝＝＝＝＝＝＝＝＝＝＝＝＝＝＝＝＝＝＝＝＝＝＝＝＝＝＝＝＝＝＝＝

中文对照如下：
＝＝＝＝＝＝＝＝＝＝＝＝＝＝＝＝＝＝＝＝＝＝＝＝＝＝＝＝＝＝＝＝＝＝＝＝＝＝＝

玛基科技公司
AE—31 型黑碳仪

—

569 号仪器

—

2006 年 1 月 1 日,00：34：54 开始测量
开始电压值
.　　　　　　采样点(暗)信号 ＝　　0. 020　参照点(暗)信号 ＝　　0. 020
.　灯 1 (370 nm)：采样点(亮)信号 ＝　　1. 346 参照点(亮)信号 ＝　　2. 271
.　灯 2 (470 nm)：采样点(亮)信号 ＝　　1. 993　参照点(亮)信号 ＝　　2. 742

．　灯 1（880 nm）：采样点（亮）信号 ＝　2.051　参照点（亮）信号 ＝　2.696
．　灯 2（370 nm）：采样点（亮）信号 ＝　1.905　　参照点（亮）信号 ＝　3.111
．　灯 1（880 nm）：采样点（亮）信号 ＝　2.084　参照点（亮）信号 ＝　2.694
．　灯 2（370 nm）：采样点（亮）信号 ＝　1.973　　参照点（亮）信号 ＝　2.597
．　灯 1（880 nm）：采样点（亮）信号 ＝　2.576　参照点（亮）信号 ＝　3.179
—

2006 年 1 月 1 日,00:55:00 测量结束
—

．　　　　　　　灯的数量（L）＝ 7
．　　　　　采样点运行时间 ＝ 0.33h
．　　　　该采样点的采集总流量 ＝ 0.09m³
所有灯测得的 BC 浓度平均值＝53379ng/m³

．

灯 1(370 nm)报告：

．结束电压值：采样点（亮）信号 ＝　　.218　采样点（暗）信号 ＝　0.020
．　　　　　　参照点（亮）信号 ＝　2.270　参照点（暗）信号 ＝　0.020
．采样点的光衰减 ＝ 94
．滤膜带上气溶胶黑碳总量 ＝ 3847 ng
．气溶胶黑碳平均浓度 ＝ 52916 ng/m³

参考光束显示的灯强度涨落 1126ppm

—

灯 2（470 nm)报告：
……
……
—

磁盘空间 ＝ 96256 字节,每 5 min 写入一次

剩余 20 小时数据空间

—

06 年 1 月 1 日 滤带新进样点
＝＝

3.5　故障处理和注意事项

3.5.1　常见故障处理

常见故障及排除方法见表 3-6。

表 3-6　常见故障及排除方法

故障或异常	可能造成故障的原因	排除故障的方法
仪器无法启动	没有供电	检查外部供电线路或接线板是否有供电
		检查仪器是否接上合适的交流电
		检查仪器保险丝
		检查仪器背部及前部电源开关是否开启
	仪器内部电源	用万用表诊断功能检查仪器内部供电状况
仪器后部风扇不转动	没有供电	检查仪器是否接上了合适的交流电
		检查仪器保险丝
		检查仪器背部及前部电源开关是否开启
	仪器内部电源	用万用表诊断功能检查仪器内部供电状况
	风扇没有供电	检查风扇供电电压,正常应为 12VDC
	仪器开启后风扇不工作,但风扇扇叶能自由转动	检查风扇供电电压,正常应为 12VDC
		用万用表检查风扇的电源线是否接通
	风扇扇叶不能自由转动	更换风扇轴承或同型号风扇
开机后,数据采集程序无法采集数据	通信线故障	检查仪器与计算机间的通信线是否可靠连接
		通信线内部连线不符合要求,可自行重新焊接,通常为一端接 2-3-5,另一端接 3-2-5,即 2-3 接线在一端进行对调
		通信线两端接头内部连线断路或短路,可自行重新焊接或重新制作通信线
	计算机通信端口设置不正确	在采集程序中重新确认并设置与仪器相连接的正确的通信端口号
	仪器通信端口接错	检查数据采集所用的通信线是否连接在仪器的 DATA OUTPUT 端口处
	通信协议不一致	检查计算机通信协议设置是否一致
		检查仪器通信参数设置是否正确,正确设置:Communication Mode =DataLine 　Baud Rate = 9600 　Data Bite = 8 　Stop bits = 1 　Parity = 0
	仪器通信口内部针断裂或弯曲	如断裂,则需要更换新的九针通信端口,或进行焊接
		如发生弯曲,则使用工具将其扳直就可
流量异常	无流量	内部管路断开
		检查仪器保险丝
		检查仪器背部及前部电源开关是否开启
	气管堵塞	检查所有气管,清洗或更换
	仪器内部漏气	检漏
	流量控制器故障	检查或更换流量控制器
	采样泵故障	更换采样泵
	气泵泵膜破裂	更换抽气泵泵膜
	泵膜污染	清洗和更换
数据无法存入磁盘	磁盘损坏 磁盘写保护	使用新磁盘进行测试
		重新调节磁盘写保护口开关至可写入位置
	磁盘驱动器故障	更换磁盘驱动器
滤膜带不前进	滤膜带驱动器卡住	检查并清理滤膜带驱动器
	滤膜带驱动器不工作	更换滤膜带驱动器

续表

故障或异常	可能造成故障的原因	排除故障的方法
无检测信号	供电电源	检查所有的电源开关、接线板及供电线路是否正常
	光源故障	更换光源
	检测器故障	更换检测器或电路板
	电路板故障	检查所有的线路板是否都接插到位,连接线是否连紧
		每次取下一块线路板换上一块好的,直到找到有故障的线路板
检测信号波动较大	管路被污染	清洗或更换进气管路
	光源老化	更换光源
	光筒发生偏离	重新安装光筒
	光筒内部被污染或有异物	清洁光筒
输出信号有瞬间起伏	仪器或信号线接地不好	确认仪器和信号线口可靠接地
数据时间基数变动	数据频率不是 5 min 一次	重新设定数据基数
滤膜带使用较快	未开启滤膜带节省功能	在仪器参数设置菜单中,开启滤带节省功能
	在严重污染地区使用	在仪器参数设置菜单中,开启滤带节省功能或重设数据频率
	数据频率太高	在仪器参数设置菜单中,重新设定较低的数据频率
仪器前舱门无法打开	舱门锁住	用舱门钥匙打开

3.5.2　注意事项

（1）不要在读写磁盘时进行关机操作。

（2）更换数据盘时,应提前准备好一张已经格式化处理后的软盘(对以存储卡作为数据存储介质的仪器,准备好足够容量的存储卡)。

（3）每次换膜后,必须确认光筒安装到位。

（4）要充分注意电源安全稳定和仪器的接地良好。在强雷电天气时,可停机并拔下电源插座。

（5）要随时巡视检查仪器,注意对设备屏幕显示结果和流量的检查;不要忽视仪器的报警信息,在有报警信息时候,应及时报告和处理。

（6）不得随意打开仪器机箱盖。在对仪器进行检修时,必须停机断电,并拔下仪器电源插头,禁止带电作业。

（7）要注意防止各种污物进入仪器内部和管路系统。

（8）保持整洁的操作环境,按照规范要求定期校准、维护仪器。

（9）一切与仪器设备相关的操作需详细记入值班记录。

（10）当仪器面板显示的流量波动较大或长时间不稳定时,应及时查明原因,必要时更换过滤器。

第 4 章　CE318 型太阳光度计

大气气溶胶光学厚度的测量可反映气溶胶粒子对太阳辐射的削弱作用。世界气象组织全球大气观测网（WMO－GAW）将大气气溶胶光学厚度作为对全球和局地气候变化的影响因素。同时气溶胶光学厚度的地基观测结果，也是对卫星光学遥感校准的一种重要手段。WMO－GAW 推荐了两种通过直接测量太阳分光辐射获取气溶胶光学厚度的方法，一种方法是采用一组短波截止滤光片和直接日射表相配合进行测量，另外一种是使用太阳光度计测量。

我国沙尘暴监测站所使用的 CE318 型太阳光度计，是法国 CIMEL 公司制造的一种自动跟踪扫描太阳辐射计。该仪器在可见近红外波段有 8 个光谱通道，它不仅能自动跟踪太阳测量太阳直接辐射，而且还可以进行太阳等高度角天空扫描、太阳主平面扫描和极化通道天空扫描。CE318 能自动存储测量数据，并在测量完成后传输到计算机保存，还可以通过卫星采集平台远程传输数据。CE318 测得的直射太阳辐射数据和天空扫描数据，主要用来计算大气通透率，反演气溶胶光学和其他特性，如粒子谱、相函数等。CE318 太阳光度计不仅是一种大气气溶胶环境监测仪器，也可在遥感卫星传感器辐射定标时进行大气光学参数的测量。

4.1　基本原理和系统结构

4.1.1　基本原理

4.1.1.1　大气光学厚度

地面测得的太阳直接辐射 $E(\mathrm{W/m^2})$ 在特定波长上根据布格（Bouguer）定律，有：

$$E = E_0 R^{-2} \cdot \exp(-m\tau) T_g \tag{4-1}$$

式中，E_0 是在一个天文单位（AU）距离上的大气外界的太阳辐照度，R 是测量时刻的日地距离（AU），m 是大气质量数，τ 是大气总的垂直光学厚度，T_g 是吸收气体透过率。若仪器输出电压 V 与 E 成正比，则公式（4-1）可写成：

$$V = V_0 R^{-2} \cdot \exp(-m\tau) T_g \tag{4-2}$$

式中，V_0 是定标常数，在大气相对稳定条件下，进行不同太阳天顶角情况下的太阳直接辐射测量，仪器输出电压 V 是 m 的函数，V_0 是从一系列观测值外插到 m 为 0 时的电压值 V。由 $\ln V + \ln R^2$ 与 m 画直线，直线的斜率为垂直光学厚度 $-\tau$，截距为太阳光度计在大气外界测得的电压信号 V_0，这就是常说的兰利（Langley）法。

大气总的消光光学厚度 τ 由分子散射（瑞利散射）、气体吸收消光（如臭氧，水汽）和气溶胶散射三部分组成，表达式为：

$$\tau = \tau_r + \tau_a + \tau_g \tag{4-3}$$

式中，瑞利光学厚度 τ_r 由地面气压测值计算，在可见近红外波段主要是臭氧和水汽的吸收。在没有气体吸收的通道，式（4-3）右边的第三项可以忽略，从总的光学厚度减去瑞利光学厚度，可计算气溶胶的光学厚度。

4.1.1.2　气溶胶参数

对于气溶胶光学厚度，假定气溶胶粒子谱分布遵循容格（Junge）分布，垂直大气柱气溶胶粒子尺度

谱分布为:

$$n(r) = \frac{\mathrm{d}N(r)}{\mathrm{d}r} = c(z) \cdot r^{-(v+1)} \tag{4-4}$$

式中,r 是球形粒子的半径,$N(r)$ 为单位面积上气溶胶粒子总数,v 是容格参数,因子 $c(z)$ 与高度 z 有关,正比于气溶胶浓度。在容格气溶胶谱类型和气溶胶复折射指数与波长无关条件下,气溶胶光学厚度与波长的关系满足公式(4-5):

$$\tau_a(\lambda) = k \cdot \lambda^{-v+2} \tag{4-5}$$

式中,k 为埃斯屈朗(Angstrom)大气浑浊度系数,是波长 $1\mu m$ 处大气气溶胶光学厚度。由式(4-5)可知,可以通过测量气溶胶光学厚度的谱分布计算出 v 和 k,利用 k 和 λ 可以计算其他波长上的气溶胶光学厚度。

4.1.1.3　改进兰利法

在地面测得的太阳直接辐射信号在 940nm 附近水汽吸收带不符合布格定律,布格指数消光定律只对单色辐射有效。依照布格和 Halthore 在 1992 年的研究成果,水汽透过率此时用两个参数表达式来模拟:

$$T_w = \exp(-aw^b) \tag{4-6}$$

式中,T_w 是通道上的水汽吸收透过率,w 是大气路径水汽总量,a 和 b 是常数,在给定的大气条件下,它们与太阳光度计 940nm 通道滤光片的波长位置、宽度和形状有关,还与大气中的温压递减率和水汽的垂直分布有关。a 和 b 由辐射传输方程模拟来确定。为了在各种大气条件下能有效利用太阳光度计反演水汽量,需研究 a 和 b 对这些条件的灵敏度。

在 940nm 水汽吸收带,太阳光度计对太阳直接辐射辐照度的响应可表示为:

$$V = V_0 R^{-2} \cdot \exp(-m\tau) \cdot T_w \tag{4-7}$$

式中,τ 是瑞利散射和气溶胶散射光学厚度,它们相互独立,气溶胶光学厚度通过其他通道(如 870nm 和 1020nm)内插得到;斜程水汽量 $w = m \cdot PW$,PW 为垂直水汽柱总量。将(4-6)式代入并两边取对数,得:

$$\ln V + m\tau = \ln(V_0 R^{-2}) - am^b \cdot PW^b \tag{4-8}$$

在稳定和无云大气条件下,以 m^b 值为 x 轴,以上式左边为 y 轴画直线,直线的斜率为 $-a \cdot PW^b$,y 轴截距为 $\ln(V_0 R^{-2})$,这就是通常所说的改进兰利法。

4.1.2　仪器结构

CE318 型太阳光度计主要由以下两部分组成:(1)仪器主体:传感器头部、扫描步进马达和机械臂;(2)控制箱:提供软件控制预定的扫描和采样指令,获取数据,内置电池;图 4-1 为已安装完成的 CE318。

如图 4-2 所示,仪器主体的主要部件包括:

(1)安装在机械臂顶部的方位步进马达,机械臂的一侧是天顶角步进马达,另一侧是传感器头部。

(2)对准器安装在传感器头部,在传感器内部有两个硅探测器,分别对应于两个对准器。两个对准器具有同样的视角(1.2°),但是具有不同的孔径。它们结构上为一整体,并用一个长螺钉向下紧固,以阻止光和水进入。较大的孔径对准器 10 倍于太阳对准器,提供必要的动态范围来观测天空。

(3)滤光片轮安装在传感器内,安装在对准器窗口和探测器之间。滤光片轮由 8 个窄波段干涉滤光片组成,其光谱通道参数见表 4-1。

(4)三根电缆(一根粗电缆连接传感器头部和控制箱,另两根电源电缆分别对应于两个马达)。仪器主体连接在一个基盘上以便仪器安装在一个水平面上。

(5)控制箱由一个控制模块组成。控制模块是一个四方形白色箱子,准确地控制扫描和 CE318 测量程序。内部有一电池,仅服务于仪器的软件部分。控制箱也储存数据并能够被查询。

(6)外部湿度传感器连接到控制箱上,控制传感器头在有降水时中止测量,并自动将光学头部置于 PARK(停止工作)状态,并使对准器向下指向基座。

图 4-1　CE318 太阳光度计

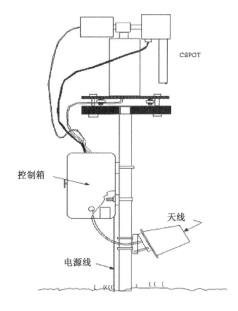

图 4-2　CE318 太阳光度计结构示意图

以上部件与所有电缆的连接采用防雨硅树脂密封在各自的箱子内。

表 4-1　CE318 自动跟踪扫描太阳光度计光谱通道

通道号	CE318 标准		AERONET 仪器通道	
	中心波长（nm）	带宽（nm）	中心波长（nm）	带宽（nm）
1	1020	10	340	10
2	870P1	10	380	10
3	670	10	440	10
4	440	10	500	10
5	870P2	10	670	10
6	870	10	870	10
7	936	10	940	10
8	870P3	10	1020	10

注：P1、P2、P3 为极化通道。

4.1.3　技术指标

（1）由太阳直接辐照度观测计算大气透过率。

（2）垂直气溶胶光学厚度在大气质量数为 2 时的精度是 ±（0.01～0.02）。

（3）由天空辐射测量可计算出的气溶胶在 0.1～3μm 范围内的尺度谱分布，它用于辐射传输计算。

（4）从尺度谱分布可推出气溶胶相函数。

4.2　安装调试

4.2.1　安装

4.2.1.1　选择地点

应根据当地具体情况，选择视野比较开阔，周围没有遮挡物的地方，例如：观测场、房顶、楼顶。

4.2.1.2 固定支架

应根据当地具体情况,将支架的三角固定,以不晃动为标准,支架正面(以倾斜小架为正面)应朝向东南或西南(与正南的夹角为 $10°\sim15°$),不可以朝向正南,否则不易固定机器人臂底盘。

4.2.1.3 参数设置

(1)输入经纬度

以下格式输入当地的经纬度到控制箱内。纬度:以分钟计,＊＊＊m:n;经度:以时、分、秒计,＊HH,＊＊MM,＊＊SS;具体算法如下:

①测站的地理纬度(以分钟计)($1°=60'$),如:$26°20'$ 为 $26×60+20'=1580'$

②测站的地理经度,如:$35°32'50''$,HH$=35/15=2$ 小时,余下 $5°$,余下的 $5°$ 变为 $5×60$ 分与分位上的 $32'$ 相加后为 $332'$,则 MM$=332/15=22$ 分钟,余下 2 分钟,余下的 2 分钟变为 $2×60$ 秒,与秒位上的 $50''$ 相加后为 $170''$,则 SS$=170/15=11$ 秒,余下的 $5''$ 省略掉,所以 $35°32'50''$ 得到 HH$=2$;MM$=22$;SS$=11$。

具体输入控制箱的步骤如下:

1)点击控制箱上四个键的任意一个以激活屏幕,屏幕显示的主界面(手动状态下)如下:

21/05/07			01:43
PW	MAN	SCN	VIEW
绿键	白键	黄键	红键

PW:进入后主要可修改仪器的时间,经纬度等;

MAN:手动操作;

SCN:程序化操作;

VIEW:察看仪器的基本状态,如内部电池电压等。

01:43:05		PW	0
Pass	Word	—	+
绿键	白键	黄键	红键

2)进入 PW(即点击绿键),界面如下:

点击红键,将 PW$=1$。

01:43:05		PW	1
Pass	Word	—	+
绿键	白键	黄键	红键

点击绿键,进入 Pass,界面如下:

01:43:05			
RTN	INI	DAT	PAR
绿键	白键	黄键	红键

3)点击红键,进入 PAR(PAR 里主要是仪器的一些参数的设置),界面如下:

Auto			NO
OK	X	—	+
绿键	白键	黄键	红键

Auto=NO,表示现在仪器处于手动状态,若 Auto=YES 表示仪器处于自动状态;

OK:是在参数设置完毕后,点击 OK 即为确认;

X:相当于 NEXT(下一个);

—,+:可以修改参数值。

点击 X,即白键,到下一个参数,界面如下:

Country			86
OK	X	—	+
绿键	白键	黄键	红键

Country:为中国的区号。

点击 X,即白键,到下一个参数,界面如下:

District			46
OK	X	—	+
绿键	白键	黄键	红键

District:为站点的站号。由于新仪器的 District 最大值只能到 255,故只需输入站号的最后两位。若后三位未超过 255,则输全后三位;

如站号为 55591,只需输入 91 即可。

点击 X,即白键,到下一个参数,界面如下:

Number			580
OK	X	—	+
绿键	白键	黄键	红键

Number:为光学头的编号,如 T580,只需输入 580 即可。

点击 X,即白键,到下一个参数,界面如下:

BCL Sky			NO
OK	X	—	+
绿键	白键	黄键	红键

BCL Sky:为 NO,只需保持默认值不变。

点击 X,即白键,到下一个参数,界面如下:

Man=〉DCP			NO
OK	X	—	+
绿键	白键	黄键	红键

Man=〉DCP:为 NO,只需保持默认值不变。

点击 X,即白键,到下一个参数,界面如下:

DCP Max			630
OK	X	—	+
绿键	白键	黄键	红键

DCP Max：为 630，只需保持默认值不变。

点击 X，即白键，到下一个参数，界面如下：

BCLSUN	Mn		1.0
OK	X	—	+
绿键	白键	黄键	红键

BCLSUN：为 1.0，只需保持默认值不变。

点击 X，即白键，到下一个参数，界面如下：

Org. H			+0.0
OK	X	—	+
绿键	白键	黄键	红键

Org. H：为 +0.0，只需保持默认值不变。

点击 X，即白键，到下一个参数，界面如下：

Org. V			+0.0
OK	X	—	+
绿键	白键	黄键	红键

Org. H：为 +0.0，只需保持默认值不变。

点击 X，即白键，到下一个参数，即输入纬度，界面如下：

Lat	Mn		+2403
OK	X	—	+
绿键	白键	黄键	红键

Lat mn：为纬度，具体算法如上所述。

点击 X，即白键，到下一个参数，即输入经度，界面如下：

Lon.	HH		E 7
OK	X	—	+
绿键	白键	黄键	红键

Lon. HH：为经度小时，具体算法如上所述。

点击 X，即白键，到下一个参数，即输入经度，界面如下：

Lon.	MM		41
OK	X	—	+
绿键	白键	黄键	红键

Lon. MM：为经度分钟，具体算法如上所述。

点击 X，即白键，到下一个参数，即输入经度，界面如下：

Lon.	SS		51
OK	X	—	+
绿键	白键	黄键	红键

Lon. SS：为经度秒，具体算法如上所述。

以上即为经纬度及其他一些参数的设置，参数设置完成后，点击 OK 即可，然后保存。

（2）输入时间

CE318 太阳光度计使用的是世界时，北京时减 8 即为世界时，因在中国国内全部使用北京时，故输入的时间只需将北京时减 8 即可，具体输入控制箱的步骤如下：

1）点击控制箱上四个键的任意一个以激活屏幕，屏幕显示的主界面（手动状态下）如下：

21/05/07			01:43
PW	MAN	SCN	VIEW
绿键	白键	黄键	红键

PW：进入后主要可修改仪器的时间，经纬度等；

MAN：手动操作；

SCN：程序化操作；

VIEW：查看仪器的基本状态，如内部电池电压等。

2）进入 PW（即点击绿键），界面如下：

01:43:05		PW	0
Pass	Word	—	+
绿键	白键	黄键	红键

点击红键，将 PW＝1，界面如下：

01:43:05		PW	1
Pass	Word	—	+
绿键	白键	黄键	红键

点击绿键，进入 Pass，界面如下：

01:43:05			
RTN	INI	DAT	PAR
绿键	白键	黄键	红键

3）点击黄键，进入 DAT，即可进行时间设置，界面如下：

Year	:		7
OK	X	—	+
绿键	白键	黄键	红键

Year：为年，只需输入最后两位；

如 2007 年，只需输入 07，即 7 便可。

点击 X，进入下一个参数，界面如下：

Month	:		5
OK	X	—	+
绿键	白键	黄键	红键

Month：为月份。

点击 X，进入下一个参数，界面如下：

Day	:		21
OK	X	—	+
绿键	白键	黄键	红键

Day：为日。

点击 X，进入下一个参数，界面如下：

Hour	:		2
OK	X	—	+
绿键	白键	黄键	红键

Hour：为小时。

点击 X，进入下一个参数，界面如下：

Minute	:		53
OK	X	—	+
绿键	白键	黄键	红键

Minute：为分钟。

以上即为时间的设置，时间设置完成后，点击 OK 即可，然后保存。

4.2.1.4　主体架设

将机器人臂放在支架的圆盘上，并用螺丝略微固定，以可以滑动机器人臂底盘为准，目的是为后面 GOSUN 之后移动底盘使光斑与小孔处于同一竖直方向。

（1）连接光学头数据传输线（图 4-3），要固定牢靠。

 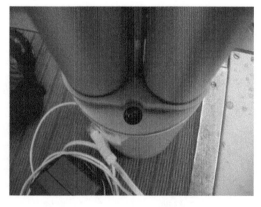

图 4-3　连接光学头数据传输线　　　　　图 4-4　装配进光筒

（2）按图 4-4 所示装配进光筒，注意缺口方向位置。

（3）固定光学头与机器人臂（图 4-5，图 4-6，图 4-7），加载进光筒的光学头一侧朝西。注意在用皮带加紧光学头这一步之前要先空载 PARK，然后旋转有皮带一侧 180°，再夹上光学头，此时要注意平行的关系。

（4）将机器人臂放在支架的圆盘上（图 4-8），并用螺丝略微固定，以可以滑动机器人臂底盘为宜。调节水平，旋动底盘底部的两个可旋螺钮使上端的水泡在圆圈中间位置。

（5）将控制箱、电池放于白色的箱子内，并将各数据线插到相应的接口（图 4-9）。

图 4-5　固定光学头与机器人臂 1　　　　　　图 4-6　固定光学头与机器人臂 2

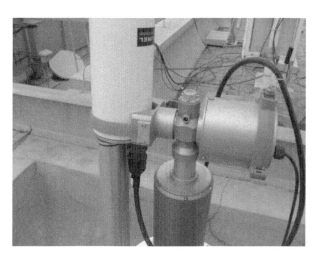

图 4-7　固定光学头与机器人臂 3

图 4-8　将机器人臂固定在支架的圆盘上　　　图 4-9　将控制箱、电池放于白色箱子内

4.2.1.5　连接线路

将控制箱、电池放于白色箱子内（参照如下图片），并将各数据线插到相应的接口。

（1）控制箱（图 4-10）。

（2）湿度传感器（图 4-11）。

(3)将湿度传感器的水晶头"H"连至控制箱"H"端(图4-12)。

(4)将外接蓄电池正负极用小黑线连好,用专用电源线引出(图4-13)。

(5)引出的电源线接到控制箱右侧电源插口。注意:红接正,蓝接负,白为地线,地线要引出良好接地,切勿接错(图4-14)。

图4-10 控制箱

图4-11 湿度传感器

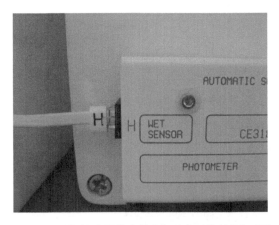

图4-12 湿度传感器的水晶头"H"连至控制箱"H"端

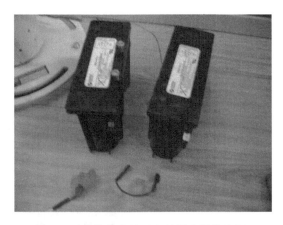

图4-13 外接蓄电池正负极用小黑线连好,用专用电源线引出

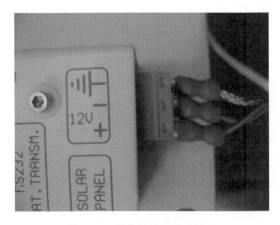

图4-14 引出的电源线的连接

图4-15 太阳能电池板放在控制箱外部

(6)太阳能电池板放在控制箱外部(图4-15),为内部电池充电,作用与外接电源变压器相同。

(7)将太阳能电池板的水晶头"SP"端接到控制箱的"SP"端,需要时可接外接电源变压器(图4-16)。

(8)连接电脑的数据传输线水晶头"DCP"端到控制箱的"DCP"端(图4-17)。注意:接电脑的一端要与电脑连接良好。

　　(9)光学底盘和上部分别引出的两根线连接到控制箱对应位置,分别是"AZ"和"ZN"(图 4-18)。

　　(10)光学头数据传输线(图 4-19)。

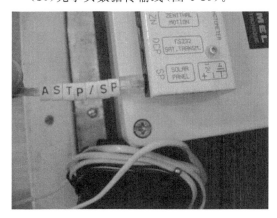

图 4-16　太阳能电池板的水晶头"SP"端接到
控制箱的"SP"端

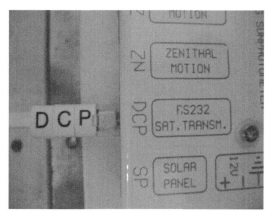

图 4-17　连接电脑的数据传输线的水晶头"DCP"端
连到控制箱的"DCP"端

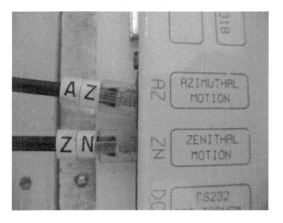

图 4-18　光学底盘和上部分别引出的两根线
接到控制箱对应位置

图 4-19　光学头数据传输线

　　(11)光学头数据传输线端接到控制箱"PHOTOMETER"端(图 4-20)。

另一圆头端接至光学头部插口(图 4-21)。注意:插槽有固定接入位置。

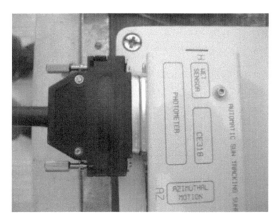

图 4-20　光学头数据传输线端接到控制箱
"PHOTOMETER"端

图 4-21　另一圆头端接至光学头部插口

4.2.2　调试

具体操作步骤如下。

(1)点击控制箱上4个键的任意一个以激活屏幕,屏幕显示的主界面(手动状态下)如下:

21/05/07			01:43
PW	MAN	SCN	VIEW
绿键	白键	黄键	红键

(2)点击SCN,即黄键,进入SCN,界面如下:

<－ 0.0 －>		V	0.0 ∧
RTN	GO	－ ＋	OFF
绿键	白键	黄键	红键

RTN:表示返回到上一界面;

GO:表示执行所选择的命令,命令如OFF,PARK,GOSUN,TRACK,ORIGI等;

－、＋:表示点击黄键到上一个命令,点击红键到下一个命令。

(3)点击红键,到下一个命令,界面如下:

<－ 0.0 －>		V	0.0 ∧
RTN	GO	－ ＋	PARK
绿键	白键	黄键	红键

PARK:是使仪器恢复到初始状态的命令;

此时点击GO(即白键),执行PARK命令,仪器开始转动,待仪器停止后,滑动机器人臂底盘使光学头朝向正西,此为太阳光度计的初始位置。

(4)点击红键,到下一个命令,界面如下:

<－ 0.0 －>		V	0.0 ∧
RTN	GO	－ ＋	GOSUN
绿键	白键	黄键	红键

GOSUN:使进光筒对准太阳,点击GO(即白键),执行GOSUN命令,进光筒开始指向太阳(图4-22),以阳光从进光筒上部的小孔形成的小光斑落在进光筒底部的小孔的上下延长线上为标准,不可偏差太远。若光斑有横向偏差,要滑动底盘使之在纵向成一条线。

(5)点击红键,到下一个命令,界面如下:

<－ 0.0 －>		V	0.0 ∧
RTN	GO	－ ＋	TRACK
绿键	白键	黄键	红键

TRACK:表示仪器跟踪太阳,此时点击GO(即白键),执行TRACK命令,光斑会正好落在进光筒底部的小口内。若有一些偏差,可能是在执行GOSUN命令时,未能大致对准太阳;或者是仪器有问题,需与相关部门联系解决。

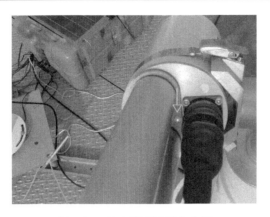

图 4-22　进光筒开始指向太阳

（6）点击黄键，到 PARK 命令，界面如下：

<－0.0－>		V	0.0∧
RTN	GO	－　＋	PARK
绿键	白键	黄键	红键

　　执行 PARK 命令，待仪器停止后，开始调试机器人臂底盘至水平（在此期间不可滑动机器人臂底盘），固定螺丝，然后重复（2）—（5）步骤至少 3 次，以确保仪器在执行 TRACK 命令时对准太阳。然后把固定底盘的 3 个螺钉固定牢。

　　（7）将下载数据的连接线的另一头插在电脑后的 Com 口处，记录所插的 Com 口的编号，以备后用。

4.3　数据采集

4.3.1　安装软件

　　（1）将光盘放入计算机光驱，显示如下界面（图 4-23）。

图 4-23　光盘放入计算机后的显示界面

　　（2）若未出现上述界面，则双击光驱目录下的 ASTPWin 文件夹里的 SETUP 文件（图 4-24）。

图 4-24　ASTPWin 文件夹里的 SETUP 文件

（3）显示安装向导，如图 4-25 所示，点击 Next。

图 4-25　安装向导

（4）设置安装路径，如图 4-26 所示，点击 Next。

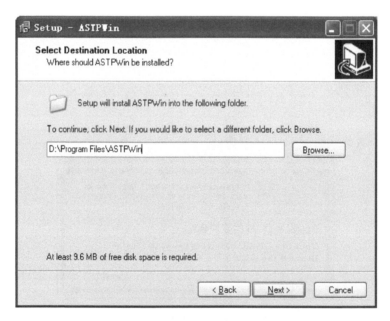

图 4-26　设置安装路径

（5）设置文件夹，如图 4-27 所示，继续点击 Next。

（6）继续安装，如图 4-28 所示，点击 Install。

（7）系统自动安装，完成后，桌面上出现如下图标（图 4-29），用作软件升级。

（8）点击"开始"菜单找到程序中安装的启动程序，创建桌面快捷图标（图 4-30）。

（9）此时桌面出现如图 4-31 所示的图标，至此安装完毕，可以将光盘取出光驱。

（10）在安装文件夹旁新建一个非中文命名的文件夹用以保存自动下载数据，命名方式为"光学头号后 3 位_cawas"，如图 4-32 所示，或也可以命名为一个容易识别的名称。

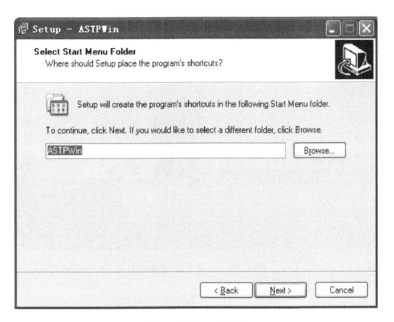

图 4-27　设置文件夹

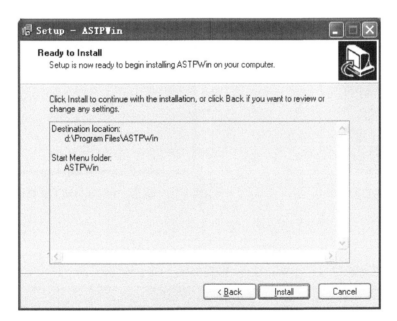

图 4-28　继续安装

图 4-29　软件升级图标

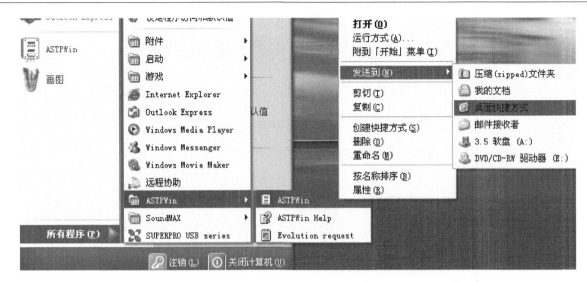

图 4-30 创建桌面快捷图标

图 4-31 安装完毕的图标

图 4-32 新建一个保存自动下载数据的文件夹

4.3.2 运行软件

双击快捷图标,启动运行 ASTPWin 软件,出现如图 4-33 所示的界面。

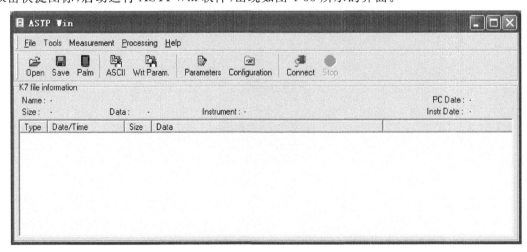

图 4-33 启动运行 ASTPWin 软件

软件基本功能。在菜单栏有 File、Tools、Measurement、Processing、Help 等选项。

(1)"Files" 文件菜单

Open、Save、Save as：文件的打开、保存、另存为；

Convert in ASCII：ASCII 码转换，等同于工具栏的 ASCII 按钮；

Merge the K7 files：合并 K7 文件；

Import from palm：输入端口设置，等同于工具栏的 Palm 按钮；

Quit：退出。

(2)"Tools" 工具菜单

Connect/Disconnect：电脑与仪器的连接/断开，等同于工具栏的 Connect 按钮，在数据传输到计算机过程中按下 Stop 按钮可终止传输；

Transmission historic：查看传输的历史信息，按条列出；

Parameters edition：查看修改仪器内部参数，等同于工具栏的 Parameters 按钮，此外 Wit Param 按钮功能是导出所查看的内部参数至记事本文件；

Conversion tools：经纬度转换工具，实现多种方式转换；

General setup：配置的设定，等同于工具栏的 Configuration。

(3)"Measurement"测量菜单

Delete the measurements：当选中了一条数据选择此项，会删除该条数据；

Measurement detail：测量数据的详情，等同于双击一条数据出现详细信息的一个窗口；

Save the ASCII files：导出 ASCII 码文件，等同于工具栏的 ASCII 按钮。

(4)"Processing"处理菜单

Bouguer-Langley calibration：Bouguer-Langley 标定，可以查看各波段辐射情况来反演大气气溶胶光学厚度以及对仪器光学头进行标定和比对；

Radiometer：辐射计。

(5)"Help"帮助菜单

Help Summary F1：帮助摘要，打开帮助窗口查看各种帮助信息，还可按 F1 打开；

About：关于，显示版本与联系方式等信息。

4.3.2.1　设置软件

点击 Configuration 配置按钮（图 4-34）。Communication 通信标签：Link 连接框里 Communication type 通信类型选择 Serial cable 串口线缆，选中 Automatic connection at start 开始自动连接，在开启软件时自动地使计算机与仪器通信连接。Communication port 通信端口框里 Port number 选择仪器连接计算机的串行通信端口号 COMX，Speed(in bauds)传输速度（波特率）选择 1200。Misc. 其他选项框选择 1、2、4 项，1 为在两个空事件后停止传输，傍晚或下雨经过两个空观测后停止观测和传输；2 为优化传输，只传当次观测数据；4、计算机直接授时给仪器，要求计算机时间必须准确，可以通过 GPS 或网络校时软件定期校时。

Data 标签（图 4-35）：Automatic data storage 数据自动存储路径框，选中 Activate automatic K7 recording 自动存储 K7 文件，in directory 路径设置为安装时设置的存储数据文件夹。空置 ASCII files creation(生成 ASCII 码文件)复选框。Base name 是生成 K7 文件名的前缀，命名规则一般为：台站所在地名称的汉语拼音_台站号_年，后面则由系统自动生成。

另外 ASCII format 和 Misc. 按默认即可。以上全部设置完成后，点击 OK 保存即可。

4.3.2.2　Connect 连接

点击软件工具栏中的 Connect（图 4-36），点击后 ASTPWin 软件的右上角的灯为红色，表示现在没有从太阳光度计向电脑传输数据，若灯变为绿色，则表示现在正在从太阳光度计接收数据。

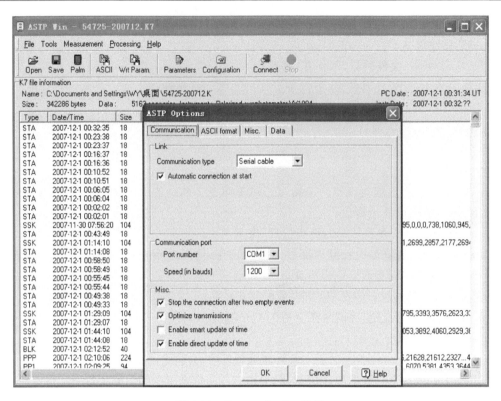

图 4-34　Communication 设置

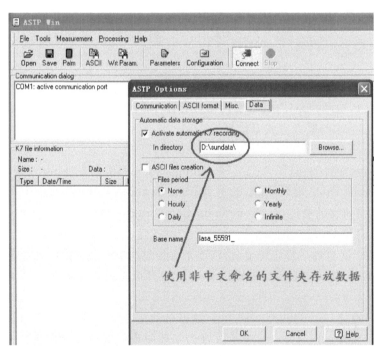

图 4-35　Data 标签设置

4.3.2.3　测试仪器与电脑连接

（1）激活屏幕，界面如下：

21/05/07			01:43
PW	MAN	SCN	VIEW
绿键	白键	黄键	红键

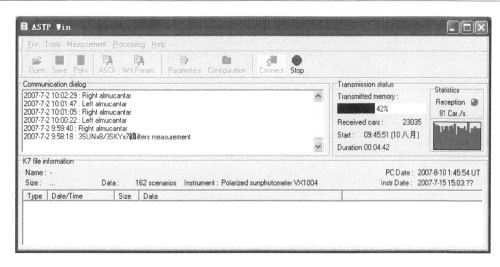

图 4-36 点击软件工具栏中的 Connect

点击 SCN 进入,界面如下:

<− 0.0 −>		V	0.0∧
RTN	GO	− +	OFF
绿键	白键	黄键	红键

(2)GO PC 命令
界面如下:

<− 0.0 −>		V	0.0∧
RTN	GO	− +	PC
绿键	白键	黄键	红键

点击黄键到 PC 命令点击 GO,即白键,执行 PC 命令,此时若太阳光度计与电脑连接正常,软件 ASTPWin 右上角的红灯会变成绿灯。若始终为红灯,需检查 Com 口设置是否正确,然后重新启动电脑,打开 ASTPWin 软件,并点击 Connect,重复以上操作。

4.3.2.4 手动变自动

注意,在使仪器变为自动状态之前,一定要将机器人臂处于 PARK 状态。
进入 PW(点击绿键),界面如下:

01:43:05		PW	0
Pass	Word	−	+
绿键	白键	黄键	红键

点击红键,将 PW=1,界面如下:

01:43:05		PW	1
Pass	Word	−	+
绿键	白键	黄键	红键

点击绿键,进入 Pass,界面如下:

01:43:05			
RTN	INI	DAT	PAR
绿键	白键	黄键	红键

进入 PAR(点击红键),界面如下:

Auto			NO
OK	X	−	+
绿键	白键	黄键	红键

PAR 里主要是仪器的一些参数设置。Auto＝NO,表示现在仪器处于手动状态,若 Auto＝YES 表示仪器处于自动状态。将 NO 变为 YES,点击 OK 即为确认,然后保存设置,点击 YES。

至此太阳光度计安装完成,将箱体锁上即可。注意保管好塑料箱的钥匙。

4.3.2.5　数据质量

太阳光度计数据为 K7 文件。每日上传数据为 RAR 压缩文件。命名格式:

Z_CAWN_I_Iiiii_YYYYMMDD000000_O_AER−FLD−AOD. RAR

检查太阳光度计数据质量是否合格,判断仪器是否工作正常,可通过以下方法:

在用软件获取数据时,若出现异常会在软件上有所反应,查看 STA 中的状态码,即双击 STA,进入 STA,若 status type 为大写字母,表示仪器工作正常。

若 status type 为小写字母,表示仪器工作不正常。故障码及故障描述见表 4-2。

表 4-2　STA 中的状态码

故障码	描述
b	机器人臂(robot)异常
s	光学头内部、滤光片(wheel filter)异常
r	需要重启、内部电路插板接触异常
h	湿度传感器(humility)感应到下雨自动停机观测,不是异常

若天气晴好,SSK、NSU、ALL、ALR 等数值为几千到几万,但最大值不会超过 32000,若最大值超过 32000,软件所显示的数值为四个感叹号,即!!!!。

注意:①一天中 STA 偶尔出现 1~3 次小写字母,不影响仪器正常工作;若一天或几天一直出现小写字母表示仪器有问题,须与相关部门联系;②数据中偶尔出现几次!!!!,不影响数据质量,若一天中的数据大多数为!!!!,说明仪器有问题。

4.4　故障处理和注意事项

4.4.1　故障处理

4.4.1.1　对不准太阳

仪器在正常自动观测时不能对准太阳,先把仪器调成手动状态进行 GO PARK→GO SUN→GO TRACK 操作,若还对不准则需查看微开关电压,方法如下。

激活屏幕,界面如下:

21/05/07			01:43
PW	MAN	SCN	VIEW
绿键	白键	黄键	红键

按绿键 PW,出现如下界面:

01:43:05		PW	0
Pass	Word	—	+
绿键	白键	黄键	红键

按红键+号,使 PW=3,界面如下:

01:43:05		PW	3
Pass	Word	—	+
绿键	白键	黄键	红键

按白键 Word,界面如下:

21/05		01:43:05	
RTN	MON	MAT	TST
绿键	白键	黄键	红键

按白键 MON,界面如下:

Menu	Lecture		
RTN	FLG	K7	RAM
绿键	白键	黄键	红键

按红键 RAM,界面如下:

0003:20	00	79	02
RTN	Mod	—	+
绿键	白键	黄键	红键

按白键 Mod,界面如下:

0003:20	=>00		
RTN	Ecr	—	+
绿键	白键	黄键	红键

按红键+号使 00 变成 02,界面如下:

0003:20	=>02		
RTN	Ecr	—	+
绿键	白键	黄键	红键

按绿键 RTN 直至退出,进行 GO PARK 操作,界面如下:

H120	080	V120	080
RTN	GO	－ ＋	OFF
绿键	白键	黄键	红键

读得的"H120　80　V120　080"属正常值,若偏离太大需联系相关部门。

4.4.1.2　测量值全零或"s"报错

从数据看出,现大面积的全零值时,也就是 NSU 或 SSK 全零,或有"s"提示时,需要把仪器调成手动状态进行 GO PARK→GO SUN→GO TRACK 操作,看是否能对准太阳,若不能对准,请参见 4.3.1 的处理方法,若能对准则需要测试 BCLSUN 值,具体方法如下。

在手动状态下,界面如下:

21/05/07			01:43
PW	MAN	SCN	VIEW
绿键	白键	黄键	红键

按绿键 PW,界面如下:

01:43:05		PW	0
Pass	Word	－	＋
绿键	白键	黄键	红键

按红键＋,使 PW＝1,界面如下:

01:43:05		PW	1
Pass	Word	－	＋
绿键	白键	黄键	红键

按绿键 Pass,界面如下:

01:43:05			
RTN	INI	DAT	PAR
绿键	白键	黄键	红键

按红键 PAR,界面如下:

Auto			NO
OK	X	－	＋
绿键	白键	黄键	红键

按白键 X,直到如下界面:

BCLSUN	mn		1.0
OK	X	－	＋
绿键	白键	黄键	红键

使右上角数值为 1.0,含义为对太阳进行观测,间隔为 1 分钟,设置好后按绿键 OK,界面如下:

Valid	?		
NO			YES
绿键	白键	黄键	红键

按红键 YES,即可退出,界面如下:

21/05/07			01:43
PW	MAN	SCN	VIEW
绿键	白键	黄键	红键

按白键 MAN,界面如下:

21/05/07			01:43
RTN	SUN	SKY	SEL
绿键	白键	黄键	红键

按红键 SEL,界面如下:

<− 0.0 −>		V	0.0∧
RTN	GO	− +	OFF
绿键	白键	黄键	红键

点击红键,直到界面如下:

<− 0.0 −>		V	0.0∧
RTN	GO	− +	PARK
绿键	白键	黄键	红键

按白键 GO,执行 PARK 命令,进行复位,按红键直到如下界面:

<− 0.0 −>		V	0.0∧
RTN	GO	− +	GOSUN
绿键	白键	黄键	红键

按白键 GO,执行 GOSUN 命令,瞄准太阳,按红键直到如下界面:

<− 0.0 −>		V	0.0∧
RTN	GO	− +	TRACK
绿键	白键	黄键	红键

按白键 GO,执行 TRACK 命令,进行跟踪太阳,按红键+,直至出现 BCLSUN,界面如下:

<− 0.0 −>		V	0.0∧
RTN	GO	− +	BCLSUN
绿键	白键	黄键	红键

按键 GO 即可进行观测。

持续半小时后手动退出使其停止观测,把数据手动进行 GO PC。

4.4.1.3　缓冲区初始化

此操作慎用,因为一旦操作,仪器内部芯片记录的观测数据就会全部清空,仅在有特殊需要时进行此操作。具体方法如下。

在手动状态下,界面如下:

21/05/07			01:43
PW	MAN	SCN	VIEW
绿键	白键	黄键	红键

按绿键 PW,界面如下:

01:43:05		PW	0
Pass	Word	—	+
绿键	白键	黄键	红键

按红键+,使 PW=1,界面如下:

01:43:05		PW	1
Pass	Word	—	+
绿键	白键	黄键	红键

按绿键 Pass,界面如下:

01:43:05			
RTN	INI	DAT	PAR
绿键	白键	黄键	红键

按白键 INI,界面如下:

purge	memory	?	
NO		YES	SBY
绿键	白键	黄键	红键

按黄键 YES 则清除内存信息,按绿键 NO 则不清除内存信息,按 SBY 对应的红色键,则进入省电状态,此时屏幕立即无任何显示,一般关机时使用。

4.4.1.4　湿度传感器异常

此异常表现为降水天气仪器继续观测,也就是说湿度探头在潮湿情况下,仪器不停止观测。这时需要准备如下物品:干净、干燥的棉类材料或纸巾、净水、弱酸类物质(化学试剂用酸或白醋)、干净的小刷子。在手动状态下操作。

在手动状态下,界面如下:

21/05/07			01:43
PW	MAN	SCN	VIEW
绿键	白键	黄键	红键

按红键 VIEW,界面如下:

21/05/07			01:43
RTN	BAT	InsH	MEM
绿键	白键	黄键	红键

按白键 BAT,界面如下:

01:43:00		Ba	5.10
绿键	白键	黄键	红键

按红键,界面如下:

01:43:00		HH	0
绿键	白键	黄键	红键

HH=0 表示无降水,仪器正常观测,若 HH=1 表示湿度探头潮湿,感应到有降水,仪器在自动状态会处于停止观测。湿度传感器基本原理如图 4-37 所示。

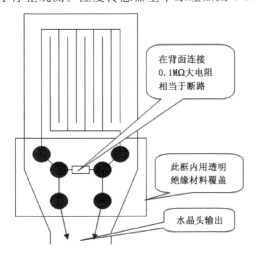

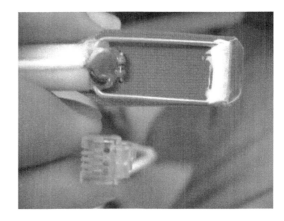

图 4-37　湿度传感器基本原理　　　　　　　　图 4-38　传感器接出部分共两根线

栅极处于干燥状态时,电路被一在背面连接的 0.1MΩ 大电阻阻隔,相当于断路,在有水滴在栅极时,电流通路选择电阻比较小的栅极一路通过,水晶头两导线处于连通状态。传感器接出部分共两根线,如图 4-38 中所示,位于水晶头触点侧的左端。如果更换要注意线缆颜色。

若湿度探头处于干燥状态 HH=0,则向探头滴水,观察 HH 显示是否变化为 1,若变为 1,则用干净、干燥的棉类材料擦干观察变化,若变回 0,表明湿度传感器没有问题。中间环节出现异常则需要用弱酸类物质浸泡湿度探头,结合用小刷子进行清洁,最后一定要用清水冲洗干净,然后再测试。若还不正常须与相关部门联系。

4.4.1.5　机器人臂长时间不抬起观测

把仪器调成手动状态进行 GO PARK→GO SUN→GO TRACK 操作,看机器人臂是否有动作,若动作异常需进行如下查看。界面如下:

21/05/07			01:43
PW	MAN	SCN	VIEW
绿键	白键	黄键	红键

按红键 VIEW,界面如下:

21/05/07			01:43
RTN	BAT	InsH	MEM
绿键	白键	黄键	红键

按白键 BAT,界面如下:

01:43:00		Ba	5.10
绿键	白键	黄键	红键

此时的 Ba=5.10 表示外部电池电压为 5.10V,这个值在 5V 以上就可以使机器人臂正常运作。若低于 5V,要检查太阳能电池板与控制箱连接是否正常。

4.4.1.6　光学单元编号没有设置

每台太阳光度计的光学单元都有一个与之对应的定标参数文件,未将光学单元编号输入控制单元或者输入了错误的编号,虽然不妨碍仪器的正常运行以及观测数据的质量,但给后期观测站网数据的集中处理和订正带来一些不必要的麻烦,需要数据处理者花费一定的时间逐个核实每台仪器光学单元的编号。

因此,在太阳光度计的运行中,观测人员应注意将光学单元编号输入控制单元的 Number 参数中,在仪器光学单元进行更换时也需正确输入对应的编号,以保证整个站网仪器运行的有序管理和数据处理的高效性。

4.4.1.7　仪器工作电压不足

要保证仪器正常运行,控制单元内部电池的电压应在 5.0V 以上,外部电池电压应在 12.5V 以上。通常情况下,仪器控制单元的内、外部电池主要是由太阳能电池板来充电,同时也提供了外部交流充电器。如果单纯用太阳能电池板来充电,在早上和傍晚太阳辐射较弱或阴雨天较多时,太阳能电池板蓄电能力会有所下降,易造成供电不足而使仪器运行异常,在仪器状态参数中会出现"b"或"s"代码,即表明双轴步进电机系统和光学单元内部的滤光轮等可能出现异常。此外,太阳能电池板和内、外部电池的老化,以及接头部位连接不好等原因,也同样会造成仪器的运行异常。因此建议台站应定期清洁太阳能电池板,注意太阳能电池板的朝向;在太阳能电池板供电不足时及时使用外部交流充电器。

4.4.1.8　仪器时钟差异过大

仪器的时钟需要定期进行校对,并确保仪器与标准时间的相差小于 10s。在实际运行中,个别台站的仪器曾出现了偏差达 20 多分钟的现象,导致仪器无法准确地自动跟踪太阳。许多台站虽然没有出现类似现象,但也存在时钟不准确的现象。建议台站应每周对仪器的时钟进行核准,保证仪器观测的准确性。

4.4.1.9　数据线连接问题

光学传感单元与控制单元之间的数据连接线是这两个单元通讯的桥梁,当数据连接线接触不良或有折断时,太阳光度计的仪器状态参数中会出现"p"或"s"代码。当出现"s"代码时,如果没有温度数据,说明光学单元和控制单元的数据连接线存在问题。

在台站运行中发现,个别台站数据连接线内部的四根线折断,仪器状态参出现"p"代码。有的台站虽然观测数据正常,但是温度数据显示为"abs.",经检查发现数据线中的一根折断。虽然不影响仪器的正常观测,但在计算光学厚度时,会影响到 1020nm 和 870nm 两个波段的光学厚度温度订正。

因此,建议台站人员应经常检查仪器状态参数的代码和温度来判断仪器的数据线是否存在问题。

4.4.1.10　水平调节问题

保持双轴步进电机系统和光学传感单元处于水平状态,是仪器准确跟踪太阳的基础。双轴步进电机系统上部有一个水平仪,可用来观察系统的水平状态,通过支撑底座上的两个螺丝可对双轴步进电机系统进行水平调节。而光学传感单元底部的水平调节则需在手动模式和 PARK 状态下进行,即光学传感单元处于底部朝上的竖直状态,可用水平仪测量其底部水平状态,因光学传感单元固定在双轴步进电机系统的"U"形卡座内,故可通过调节 U 形卡座使光学传感单元底部处于水平。如果不是在光学传感单元处于 PARK 状态时对其进行水平调节,那么仪器将无法准确地跟踪太阳。在实际运行中,有些台站先后遇到这种问题,使得观测数据异常。

4.4.1.11　GOSUN 跟踪太阳问题

GOSUN 命令是使光学传感单元指向根据时间和地点计算出来的太阳位置。在手动模式执行 GO-SUN 命令时,如果仪器的光学传感单元不能正确地指向太阳方向,需要进行如下检查:

(1)应检查系统的时间是否为世界时(UTC)且与标准时间偏差在 10s 以内;

(2)其次,检查观测地点的经度、纬度参数是否正确输入;

(3)在 PARK 状态下检查仪器光学传感单元的底部是否水平;

(4)检查双轴步进电机系统是否水平;

(5)检查光学传感单元与双轴步进电机系统之间是否正确连接;

(6)检查双轴步进电机系统是否能正常工作。

4.4.1.12　四象限跟踪(TRACK)问题

为准确跟踪太阳,在光学传感单元上装有一个四象限探测器,用于精确地跟踪太阳,其执行命令为 TRACK。如果在手动模式下,GOSUN 命令能使光学传感单元正确地指向太阳,但是 TRACK 命令不工作,则应检查光学传感单元和控制单元的连接线是否正常和正确连接;同时,需要检查四象限探测器的窗口是否洁净。

4.4.1.13　双轴步进电机系统问题

双轴步进电机系统的异常是台站运行中存在的主要问题。如果用手动方式从控制单元发送命令,双轴步进电机系统不响应或工作异常时,一般有几种可能:(1)外部电池电压过低;(2)电池接头接触不好或连接不正常;(3)AZ 或 ZN 连接线没接好;(4)系统内部的微开关失效;(5)步进电机故障;(6)控制单元异常等。

此外,在运行中还发现个别太阳光度计双轴步进电机系统曾发生雨水浸入现象,致使步进电机发生锈蚀和损坏,仪器无法正常工作。这种现象很有可能是双轴步进电机系统"O"形圈密封失效所造成的。

4.4.1.14　雷击问题

防雷是需要值得注意的问题,个别台站就曾经发生因为雷击而使控制单元和光学单元的 CPU 板等电路严重损坏,造成仪器彻底报废的现象。

4.4.2　注意事项

4.4.2.1　日检查

(1)检查太阳光度计的光点位置是否偏离,如有偏离则需要进行调整。

(2)检查跟踪器是否能准确跟踪太阳,并注意太阳光度计的启动和停止是否按照时间程序正常进行。

(3)检查数据是否正常下载。

(4)所有检查记录记入日检查表。

4.4.2.2　周检查

(1)检查电池连接,检查 ZN/AN 电缆和光学头电缆的连接,查看安装箱是否漏水。

(2)确认湿度传感器是否工作正常(激活为0,不激活为1)。系统对湿度传感器相应的检测方法如下:VIEW—BAT(2)—HH—0OR1,如果传感器长期处于激活状态,可能有如下原因,传感器表面有污染物(如盐分,要进行清洁),湿度传感器电缆被折,湿度传感器处在积水中。为防止漏水影响,要将湿度传感器正对太阳。若湿度传感器对降水不响应,即降水天气光度计也在工作,检查 HH 一直等于0时,则表明铜栅部分被腐蚀,需要用稀释的酸性液体浸泡栅部30s,之后用水冲干净、擦干即可恢复感湿功能,若仍不正常,可能连接电缆没连接好或者传感器已坏,这时需要更换。

(3)检查电池电压,内部电池为5V以上,外部电池在12.5V以上,VITEL DCP 发射器电压为12.5V以上,VITEL DCP 在工作时它的电压会降0.5V左右。

(4)检查仪器时钟和 GMT/DCP 时钟,如果仪器时钟偏差10s,就必须进行重新设置。

(5)检测机械臂和光学头是否水平,先将仪器至于 MANUAL 工作模式并 PARK 光学头(注意:在 AUTO 模式,仪器 PARK 时不水平)。机器人臂的水平调整是底部螺丝,调整光学头的水平是 Zenith 螺丝。

(6)检测仪器的跟踪和对准器,主要检测仪器自动跟踪太阳的能力,在 MANUAL 工作模式选择 GOSUN—TRACK,看太阳穿过对准筒上部的光斑是否落在下方的凹槽里。若超过2mm,则需要调整。注意擦净四象限跟踪器入光窗口。

4.4.2.3　其他注意事项

(1)在插拔 RS—232 通信线缆时,必须在计算机和太阳光度计均处于关机的状态下进行,以防止 RS—232 口的损坏,并注意静电对 RS—232 口的影响。

(2)当湿度较大,或有降水天气过程来临时,应及时巡视仪器光学头的位置,必要时应做调整或进行遮挡和保护。

(3)非专业人员不得清洁滤光片。

(4)当遇沙尘天气时,应及时对仪器进行遮盖和保护。

(5)遇雷电天气时应停机防止雷击。

4.4.2.4　定期对仪器进行校准

每10~12个月,需要返回相关部门使用标准仪器进行比对校准。

第 5 章　M9003/Aurora1000 型气溶胶浊度仪操作技术手册

大气气溶胶是指大气与悬浮在其中的固体和液体微粒共同组成的多相体系,通常用大气气溶胶表示多相体系中的颗粒物。大气气溶胶颗粒物的直径多为 $10^{-3} \sim 10^2 \, \mu m$,它不但能通过散射和吸收太阳辐射、热辐射影响整个地气系统的辐射收支,从而影响全球环境气候的变化,还对云的形成、能见度的改变以及人类健康有着重要影响。

对气溶胶散射和吸收特性的度量就是气溶胶的散射系数和吸收系数,这两个系数之和为气溶胶的消光系数。浊度仪作为一种气溶胶散射系数的监测仪器,能很好地对大气气溶胶的散射系数进行实时监测。早在 20 世纪 50 年代,国外研究人员研究发明了第一台积分式浊度仪,并在之后的几十年应用中进行了多次改进。近年来国内也开始应用积分式浊度仪进行气溶胶散射系数的观测。

国家区域大气本底站使用澳大利亚 ECOTECH 公司的 M9003 型积分式浊度仪来进行气溶胶散射系数的测定。该仪器使用单色发光二极管阵列作为光源,具有低功耗、长寿命、高信噪比等特点,操作简便,可以对气溶胶颗粒物的散射特性进行连续、实时监测。

5.1　基本原理和系统结构

5.1.1　仪器工作原理

5.1.1.1　散射系数

光在大气中传播,与大气中的多种物质产生作用,其强度会随之衰减,这种衰减遵循朗伯-比尔(Lambert-Beer)定律:

$$\frac{I}{I_0} = \exp(\sigma_{ext} x) \tag{5-1}$$

式中,σ_{ext} 为总消光系数;x 为光的传播距离;I_0 为光源的光强;I 为光经过 x 距离后的光强。

大气中各种物质对光的消光作用,源自于对光的散射和吸收:

$$\sigma_{ext} = \sigma_{scat} + \sigma_{abs} \tag{5-2}$$

式中,σ_{scat} 为散射消光系数;σ_{abs} 为吸收消光系数。

气体和气溶胶颗粒物分别对 σ_{scat} 和 σ_{abs} 有贡献,即:

$$\sigma_{scat} = \sigma_{rg} + \sigma_{sp} \tag{5-3}$$

$$\sigma_{abs} = \sigma_{ag} + \sigma_{ap} \tag{5-4}$$

式中,σ_{rg} 为气体瑞利散射消光系数;σ_{sp} 为颗粒物散射消光系数;σ_{ag} 为气体吸收消光系数;σ_{ap} 为颗粒物吸收消光系数。

在一般地区,$\sigma_{sp} > \sigma_{ap}$(或 $\sigma_{sp} >> \sigma_{ap}$),即相对于颗粒物的散射作用,其吸收作用对气溶胶消光作用的贡献较小。因此,测量颗粒物的散射系数能较好地估计气溶胶对总消光系数的贡献。

根据(5-3)式,浊度仪分别测量环境大气的散射系数 σ_{scat} 和不含颗粒物气体的散射系数 σ_{rg},两者相减,得到气溶胶散射系数 σ_{sp}。

σ_{sp} 的量纲是长度的倒数。M9003 型浊度仪的测量结果 σ_{sp} 以 Mm^{-1}(兆米分之一)为单位表示。换算关系是：1 Mm^{-1} ＝ 10^{-3}km^{-1}（千米分之一）＝ 10^{-6}m^{-1}（米分之一）。

5.1.1.2　积分测量原理

积分式浊度仪的名称源于该仪器的几何构造和光学照明设计。利用一个漫射光源 Φ 从侧向照射测量腔体内的颗粒物和气体，其散射光线经过光阑的缝隙进入光检测器 L，如图 5-1 所示。

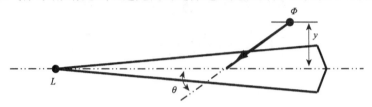

图 5-1　积分式浊度仪原理

检测器接收到的散射光强度 B 与漫射光源的强度 Φ 及位置之间存在式(5-5)的关系，式中积分限 θ_1 和 θ_2 分别接近 0 和 π 时，可以由 B 计算得到散射消光系数 σ_{scat}：

$$B = \frac{1}{\Omega}\int_{\theta_1}^{\theta_2} dL = \frac{\Phi}{y}\int_{\theta_1}^{\theta_2}\beta(\theta)\sin\theta d\theta \approx \frac{\Phi}{y}\int_0^{\pi}\beta(\theta)\sin\theta d\theta = \frac{\Phi}{2\pi y}\sigma_{scat} \tag{5-5}$$

式中，y 为光源到腔体轴线的距离；B 为检测器接收的散射光强度；Ω 为检测器的立体角；Φ 为漫射光源强度；θ 为散射角（照射光与散射光的夹角），θ_1 和 θ_2 为最小角和最大角；$\beta(\theta)$ 为体积散射系数；σ_{scat} 为散射消光系数。

式(5-5)是积分式浊度仪积分测量的基本原理方程式。

积分浊度仪包括单波长积分浊度仪和多波长积分浊度仪。M9003/Aurora 1000 型浊度仪属于单波长积分浊度仪。其气路结构如图 5-2 所示。

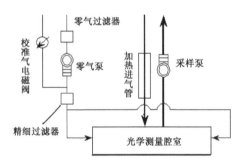

图 5-2　M9003/Aurora 1000 型浊度仪原理结构图

M9003/Aurora 1000 型浊度仪测量环境大气时，采样泵抽取环境空气通过进气管进入光学测量腔室，再经排气口排出。当仪器进行零点校准或零点检查时，采样泵关闭，零气泵启动，将经过滤产生的零气（不含颗粒物的空气）从两端送入光学测量腔室。当仪器进行全校准和跨点检查时，采样泵关闭，标准气电磁阀打开，标准气在气瓶的压力下经过滤器过滤后从两端进入光学测量腔室。

5.1.1.3　光学测量

M9003/Aurora 1000 型积分浊度仪的光学测量腔室位于主机机箱内的下部，结构如图 5-3 所示。

光学测量腔室的中部是测量腔体，后部是发光二极管（LED）阵列构成一个漫射光源，从测量腔体的侧向照射空气样品，产生的散射光经过一系列光阑的阻隔，只能使一狭小体积（测量区）内空气样品的散射光到达光电倍增管，其散射角在 10°到 170°之间。光阑还可以阻挡多次散射的杂散光进入光电倍增管。在光学测量腔室的另一端，与光电倍增管相对，设有一个具有一定倾斜角度的反射镜，将反方向的散射光线反射到其他方向，构成一个光阱，其作用是防止器壁反射形成的杂散光进入光电倍增管。为消除光源强度和光电倍增管倍率漂移对仪器工作状况造成的影响，M9003 型浊度仪设计了一个可以周期性打开和关闭的快门式光学散射器，简称散射快门。其恰好位于第一层光阑内光源可以照射到的区域。关闭时，光学散射器进入测量区与光电倍增管之间的光路，一方面阻挡了测量区内的气体和颗粒物的散

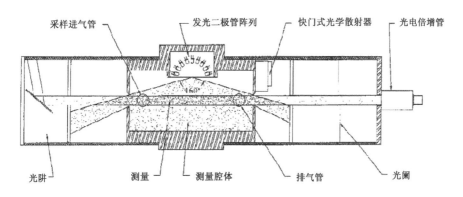

图 5-3　光学测量腔室的工作原理示意图

射光进入光电倍增管,另一方面由于光学散射器自身的散射作用产生一个强的相对稳定的散射光,为仪器测量提供一个相对稳定的参比散射光源。

在仪器正常工作状态下,发光二极管阵列和光学散射器各自按照一定的周期工作,使得光电倍增管得到三种测量信号,分别为测量计数、暗计数和参比计数。

(1)测量计数(C_m):当光源开启、散射快门打开时,只有测量区内的气体与颗粒物散射光入射到光电倍增管,其测到的信号便是测量计数,粒子浓度越高测量计数越大(一般为 10 000~1 200 000Hz)。

(2)暗计数:光源以小于 1s 的周期开闭,当光源关闭(无论散射快门开关与否)时,背景光入射到光电倍增管上所产生的信号便是暗计数,理论上应为零,实际上小于 10 Hz。

(3)参比计数(C_{sh}):每间隔 11s,散射快门关闭 4s,由散射快门产生的散射光入射到光电倍增管,产生参比计数,它与测量区内气体和颗粒物的散射无关,通常情况下,应为 1 200 000Hz。

(4)测量比(MR):由于参比计数(C_{sh})是由一个性质稳定的光学散射器件产生的信号,可以引入测量比 MR,以修正光源强度和光电倍增管倍率的漂移影响。测量比 MR 是测量计数(C_m)与参比计数(C_{sh})之比,如果 $C_m = 15\ 000$,$C_{sh} = 1\ 200\ 000$,则 $MR = 12.5 \times 10^{-2}$。

当测量系统的响应(或灵敏度)由于光源强度和光电倍增管的增益发生漂移而变化时,C_m 和 C_{sh} 将同时受到影响,发生同样比例的改变(忽略暗计数变化的影响),而 C_m 和 C_{sh} 的比值却不会受到这种影响。即 MR 是一个正比于测量区中气体和颗粒物散射消光系数 σ_{scat} 的量,为无量纲。

(5)滤波:在 M9003 浊度仪的操作菜单中,用户可以选择仪器使用的滤波方式,30s 的滑动平均滤波或者卡尔曼(Kalman)滤波(数字化的滤波电路)(菜单操作详见本章 5.2.2.3)。

卡尔曼滤波方法依据测量值的变化速率来改变其时间常数,可以兼顾仪器的快速时间响应和抑制噪声的要求,具有最佳的滤波效果,从而提高了 M9003 型浊度仪的信号/噪声比。

(6)光源波长:各种介质对光的吸收和散射与入射光的波长有关。M9003 型浊度仪选用发射波长 525nm 的发光二极管作为其测量光源,该波长位于气溶胶敏感波长区(典型的是 500~550nm,或绿光)的中间位置。

5.1.1.4　校准工作曲线

由上述可知,MR 正比于测量区中气体和颗粒物散射消光系数 σ_{scat},为了实现对环境大气中颗粒物散射系数 σ_{sp} 的测量,需要采用零气(即不含有颗粒物的空气)和标准气对 M9003 型浊度仪进行校准,以建立 MR 与 σ_{scat} 的校准工作曲线。

表 5-1 和图 5-4 给出了一个校准工作曲线的实例。采用二氧化碳作为标准气,零气和标准气的测量计数、参比计数和测量比列在表 5-1 中。在环境测量温度和气压的条件下,二氧化碳标准气和零气对 525 nm 光源的散射系数分别为 34.87 Mm^{-1}($\sigma_{scat}(S)$)和 13.36 Mm^{-1}($\sigma_{scat}(Z)$),实际测量得到的测量比分别为 11.41$\times 10^{-3}$(MR_S)和 9.65$\times 10^{-3}$(MR_Z)。将两者作图,得到图 5-4,即是浊度仪的校准工作曲线。

根据图 5-4 得到的校准工作曲线为:

$$y = S \cdot x + C = 0.0817x + 8.5601 \tag{5-6}$$

式中，S 为斜率，C 为截距。

表 5-1　二氧化碳标准气和零气的测量计数、参比计数和测量比

测量项目	标准气(Span)	零气(Zero)
C_m(Hz)	13 692	11 582
C_{sh}(Hz)	1 200 000	1 200 000
MR(C_m/C_{sh})	11.41×10^{-3}	9.65×10^{-3}
环境温度(K)	300.2	300.2
环境气压(hPa)	1004	1004
σ_{scat}(Mm^{-1})	34.87	13.36

注：标准状态(273.15K,1013.25hPa)下，二氧化碳和干洁空气在 525 nm 波长下的散射系数分别为 38.68 Mm^{-1} 和 14.82 Mm^{-1}。

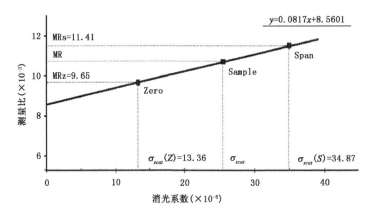

图 5-4　M9003 型浊度仪的校准工作曲线

对于任一环境样品，当测量比为 MR 时，可通过下式计算颗粒物散射系数 σ_{sp}（当时温度、气压条件下，单位：Mm^{-1}）：

$$\sigma_{sp} = \sigma_{scat} - \sigma_{scat}(Z) = \frac{(MR - C \times 10^{-3})}{S \times 10^{-3}} - \sigma_{scat}(Z)$$

即

$$\sigma_{sp} = \frac{(MR - 8.56 \times 10^{-3})}{0.0817 \times 10^{-3}} - 13.6 \tag{5-7}$$

(5-6)式中的 C 值相当于测量腔体无空气条件下完全由器壁散射光形成的仪器零点信号，其大小反映了测量腔体器壁杂散光影响的强弱。因此，根据 C 和 MR_Z 定义了一个器壁信号（Wall Signal）的仪器参数：

$$W(\%) = \frac{C}{MR_Z} \times 100\% \tag{5-8}$$

5.1.1.5　湿度对测量的影响

当相对湿度较高时，导致散射增强。为了减少湿度影响，M9003/Aurora 1000 型浊度仪上加装有一个加热进气管，当样气的相对湿度超过了用户设定的阈值时，通过对空气样品加热，将空气样品的湿度控制在一定范围内，可以获得干气溶胶的气溶胶散射系数的测量结果。

5.1.2　系统结构

5.1.2.1　结构

M9003 型浊度仪主要由主机、进气管（及加热进气管）、标准气瓶和连接管路等构成。

图 5-5 是仪器主机的正面外观和显示操作面板。图中右侧是液晶显示屏和操作键盘的放大图。

显示屏幕可以显示测量结果和各种操作信息。在显示屏幕的下部是操作按键："Exit"退出、"Page up"向上翻页、"Select"选择、"Enter"确认以及▲向上箭头、▼向下箭头按键。

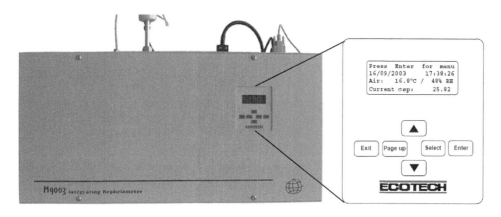

图 5-5　M9003 型浊度仪正面外观和显示操作面板

　　图 5-6 显示的是仪器顶部的局部照片,显示了进气连接口、标准气连接口、零气进气口、电源和通信连接端口等位置。

　　图 5-7 是仪器的内部视图和说明,各部件的位置和作用如下。

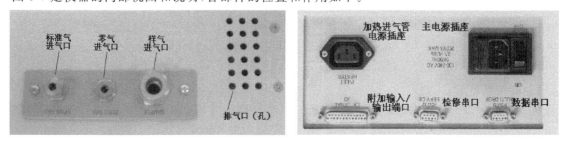

图 5-6　M9003 型浊度仪顶部(局部)

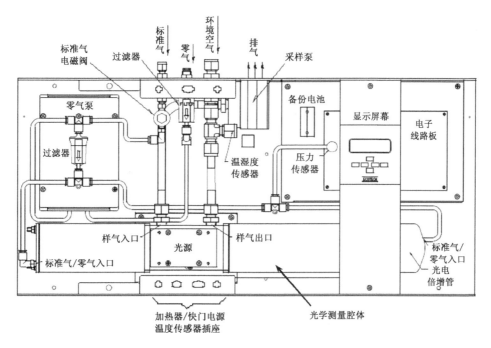

图 5-7　M9003 型浊度仪内部结构

(1)光学测量腔室

　　为防止杂散光和空气进入光学测量腔室,腔室采用了特殊气密设计,并使用经氧化处理的铝材制作,内部再涂以无光黑漆,以减少内壁的散射光。光学测量腔室的右端是光电倍增管,用黑色橡胶罩套住,以避免杂散光进入光学测量腔室。光电倍增管作为检测器测量光学测量腔室内空气样品的散射光强度,其输出信号的范围为0~1 600 000 Hz。

光学测量腔室中部的方形座内侧是仪器的光源,是由发光二极管(LED)阵列组成,安装在黑色灯室内。在灯室的前部有一散射器(毛玻璃),每个LED发出的光都聚焦于散射器的中心点,每个LED的电流都经过精确调试,使光源的角度分布呈余弦函数。LED光源比常规的闪光灯具有更好的可靠性和稳定性,且LED光源可持续发光,适于进行长周期的积分测量。

拆下方形灯座后,可以对光学测量腔室进行清洁。

光学测量腔室内有加热器和微处理器。根据内壁上温度传感器(位于光源附近)的温度测量值控制加热器的工作,使光学测量腔室的温度与样气的温度保持一致,以防止结露。该温度数据记录在内部数据记录器中。

(2)采样泵

采样泵位于仪器机箱内上部中间,为环境空气通过样气入口、进入光学测量腔室然后排出提供动力。除了启动和校准(包括标准气的校准、检查和零气的校准、检查)阶段,采样泵均持续运行。

(3)零气泵

零气泵位于机箱内左侧的方盒内,是一台+12VDC的隔膜泵。在零点校准或零点检测时,它提供无颗粒物的空气源(通称为"零气")。在正常测量期间,它并不工作。零气泵盒子的外部和零气泵的入口处各有一个一次性过滤器,可滤除粒径大于$0.1\mu m$的颗粒物,过滤效率大于99.5%。该过滤器需要定期更换。

(4)标准气电磁阀

标准气电磁阀位于机箱内侧标准气进气口处,驱动直流电压为+12V,在标气校准和标气检查期间启动。

(5)温度、相对湿度和气压传感器

温度和相对湿度传感器安装在样气通道中,靠近光学测量腔室的入口处(黄铜"T"形块中),实时测量样气的温度和相对湿度。气压传感器安在微处理器电路板上,通过管路与光学测量腔室相连,以便测量其中的气压。温度、相对湿度和气压数据均记录在内部数据记录器中。

温度和气压数据被用来将测量的气溶胶散射系数σ_{sp}转换为标准大气状况下的数值;校准时,这些数据用于计算当时温度、气压状况下的气溶胶散射系数。

相对湿度数据被用来控制加热进气管是否启动加热程序,进而控制样气的相对湿度,使之处于预设值范围内。

(6)微处理器电路板

微处理器电路板(主板)是M9003型浊度仪的核心,在机箱内右侧。它获取光电倍增管原始计数,并将其转换成散射系数σ_{sp}。它控制所有的泵、电磁阀和光源工作;记录数据,并通过数据串口传输数据;通过维护串口实现仪器的遥控功能;通过液晶屏显示数据,通过键盘接收用户指令。微处理器电路板上有EPROM存储器,用于存储软件、校准参数和用户设置的参数。

(7)电源模块

电源模块安装在主板下面的金属盒中,该模块适用于100~240VAC的输入电压,提供+12V的直流电源,上部有主电源插座和保险丝,以及加热进气管和腔室加热器的控制电路等。

(8)备份电池

备份电池位于微处理器电路板的下方,为两个1.5V碱性5号电池。仪器关闭时,电池为时钟和数据记录器提供电源。如果卸下电池,当市电中断时,时钟设定和所有记录的数据都将丢失,但校准参数和用户设置的参数不会丢失。

(9)加热进气管

加热进气管的额定工作电压为120~240VAC,其电源需连接到M9003型浊度仪顶部对应的插座上(图5-6)。当加热进气管设置为启用时,如果样气的相对湿度超过了用户设定的阈值,它便加热以降低样气的相对湿度。

（10）光学测量腔室加热器

光学测量腔室加热器（+12VDC）可加热腔室，使其温度与样气温度相一致，以防止腔室内的水凝结。同时还要注意：

1）如果加热进气管设置为启用时，腔室加热器也应启用。

2）如果浊度仪安装在无空调的房间内，一般情况下腔室温度和环境空气的温度比较接近，内部腔室加热器无需启动。

3）如果浊度仪安装在室内，样气取自室外空气，且室温比环境温度低，则腔室加热器和加热进气管均应启用。

如果浊度仪用电池（+12V 选件）运行，腔室加热器不应启用，以节省电池寿命。

（11）RS232 串口

M9003 型浊度仪主机的顶部有 2 个 RS232 串口，一个为数据串口，一个为维护串口。

（12）附加输入/输出端口

M9003 型浊度仪在机箱顶部有一个附加输入/输出端口，可以提供 4 个与数据记录器或图形记录器连接的模拟输出和对仪器的控制连接，但是不支持 RS232 通讯。附加输入/输出端口可进行下列连接：

1）两个电压输出（0~5V）V_{out1} 和 V_{out2}，

2）两个电流输出（0~20mA 或 4~20mA）I_{out1} 和 I_{out2}。

3）DOSPAN 和 DOZERO 连接，以控制仪器进入标气或零气测量状态（不是校准）。

4）+12V 和 +5V 电源供应。

5）数字模拟和机壳接地。

5.1.3　技术指标

M9003 型浊度仪的主要技术指标见表 5-2。

表 5-2　M9003 型浊度仪的主要技术指标

要素名称	技术指标
测量范围	$0~2000Mm^{-1}$
最低检测限	60s 平均时间，$<0.3Mm^{-1}$
采样流量	5L/min
光源（LED）波长	525nm
光源散射角	$10°~170°$
标准气	CO_2，SF_6，R−12，R−22，R−134，FM200
满度漂移	每周 ±1%
工作环境	温度：0~40℃，相对湿度（RH）：10%~90%
模拟输出	2 个电压输出（0~5V）；2 个电流输出（0~20mA 和 4~20mA）
数字输出	RS232 接口
仪器显示	带菜单的 4 行液晶显示屏
平均时间	1min，5min
存储要素	气溶胶散射系数 σ_{sp}、气温、相对湿度、气压、腔室温度、时间
存储容量	45 天的数据（5min 平均），10 天（1min 平均）
电源	100~250V AC，50/60Hz
电池	12VDC
功率	50W（无加热进气管时最大功率），150W（有加热进气管时最大功率）
重量	约 15kg
机箱尺寸	750mm×400mm×180 mm

5.2　安装调试

5.2.1　仪器的安装

仪器的安装可参见图 5-8。

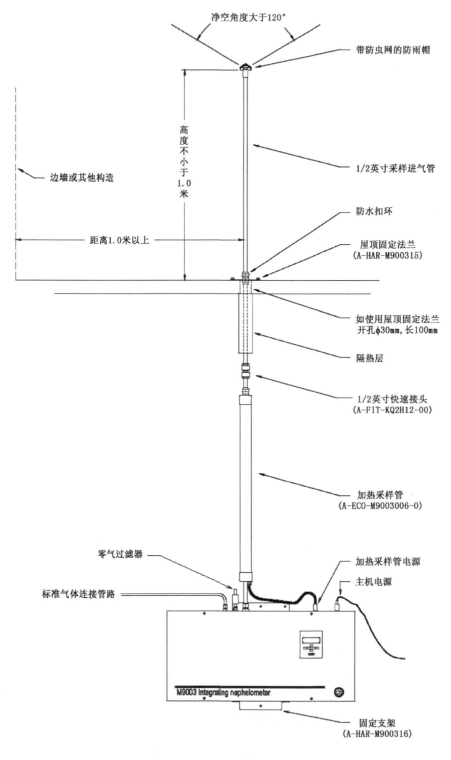

净空角度大于120°

带防虫网的防雨帽

高度不小于1.0米

边墙或其他构造

1/2英寸采样进气管

防水扣环

屋顶固定法兰
(A-HAR-M900315)

距离1.0米以上

如使用屋顶固定法兰
开孔φ30mm,长100mm

隔热层

1/2英寸快速接头
(A-FIT-KQ2H12-00)

加热采样管
(A-ECO-M9003006-0)

零气过滤器

加热采样管电源

主机电源

标准气体连接管路

M9003 Integrating nephelometer

固定支架
(A-HAR-M900316)

图 5-8　M9003 型浊度仪安装示意图

5.2.1.1　室外采样进气管的周围环境

室外进气管安装的一般要求：

(1)采样管进气口距观测室顶部平台的高度应为 1.5～2m；

(2)距支撑墙体或建筑物的水平和垂直距离均大于 1m；

(3)采样口天顶方向净空角度大于 120°；

(4)距离树木至少 20m 远,附近没有锅炉、燃烧炉等污染源；

5.2.1.2　仪器主机的安装

M9003 型浊度仪的主机可水平置于工作台上,也可以用一个墙壁安装支架将其悬挂在垂直的墙壁上。因为所有接口都在仪器主机的顶部,注意留出足够的安装空间。

仪器直接放置在桌面上时,最好在仪器下面垫放 2～3cm 厚的木板,当进气管路被固定后,可以通过抽取垫板的方式,分离仪器主机和采样管。

5.2.1.3　样气管路

采样进气管一般用外径 1/2 英寸的铝管或不锈钢管,进气口的安装位置应符合 5.2.1.1 中的各项要求。采样管应垂直安装,避免弯折,如必须弯折,应当尽量保持弯曲部分平滑、有较大的曲率半径(不小于 50cm)。

加热采样管与仪器之间用 1/2 英寸专用螺母连接。加热采样管和延长采样进气管之间用 1/2 英寸专用快速接头连接。

如果室内安装有空调,为防止夏季采样管中结露,应当在裸露的金属采样管部分包裹隔热层,参见图 5-8。

应该保持进气管路的气压与环境气压一致。当采用共进气管采样系统时,进气管内可能会存在微弱负压,进而导致仪器采样泵停止工作;进行零气、标准气的检查或校准时,在进气管和排气管间形成环境空气的回流,影响校准和检查。为解决这一问题,在加热进气管与仪器之间增加一个手动的两通截止阀,如图 5-9 所示,当进行零气/标准气的检查或校准时,关闭该截止阀,以达到防止环境空气回流的目的。

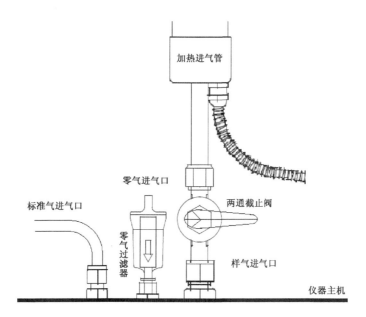

图 5-9　加热进气管与仪器之间的两通截止阀

5.2.1.4　标准气和零气管路

标准气瓶放置在室内,应妥善固定。标准气瓶应配装一个减压调节阀和流量计,还应串接 1m 左右的金属盘管作为温度平衡管。标准气瓶的连接如图 5-10 所示。

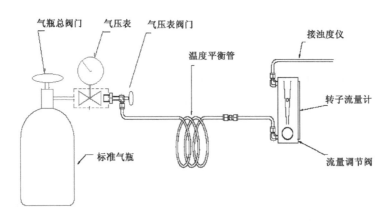

图 5-10　标准气瓶的连接示意图

用外径 1/4 英寸的金属管和专用螺母、密封套圈连接标准气瓶、流量计和 M9003 型浊度仪,也可使用尼龙管,但串联的温度平衡管必须使用金属盘管。

目前许多台站已经采用集成气压表、温度平衡管和转子流量计的专用标定装置替换图 5-10 的相应装置。

尽管在主机内部有一个零气过滤器,但是为了便于及时检查,可在进气口再连接一个过滤器(图 5-9)。

5.2.1.5　电源和信号线连接

如用外置数据采集器或计算机,用针对针缆线与数据串口(RS232 接口)连接。连接电缆应小于 5m,如果超过 5m,则应当降低数据串口的通信速率(波特率)。

如果需要连接模拟数据采集装置,用针对针缆线连接到附加输入/输出口,连接方式可参见 5.4 节。

连接仪器电源。可使用 100～250V,50/60Hz 的交流电源,无须调整电压。

5.2.1.6　RS232 串口连接图

RS232 串口各针标号及功能见表 5-3,连接方式见图 5-11。

表 5-3　RS232 串口各针标号及功能

针标号(Pin No)	功能(Function)	针标号(Pin No)	功能(Function)
1	CD	6	CTS
2	DSR	7	DTR
3	RD	8	
4	RTS	9	GND
5	TD	Shell	Chassis GND

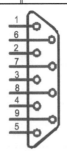

图 5-11　RS232 串口连接方式

5.2.1.7　外部输入输出口连接图

外部输入输出口的连接方式如图 5-12 所示,各针标号及功能说明见表 5-4。

表 5-4　外部输入输出口各针标号及功能

针标号(Pin No)	功能(Function)	针标号(Pin No)	功能(Function)
1	Chassis GND	14	Digital GND
2	Analog GND	15	Do zero
3	Voltage out 1	16	Digital GND
4	Analog GND	17	+5V
5	Voltage out 2	18	Digital GND
6	Analog GND	19	Digital OUT
7	Current out 1	20	Digital GND
8	Analog GND	21	
9	Current out 2	22	Digital GND
10	Analog GND	23	+12V
11		24	+12V
12	Digital GND	25	Digital GND
13	Do span	Shell	Chassis GND

5.2.2　仪器调试

5.2.2.1　开机和关机

(1)开机和自检

开机只需要按动仪器的电源开关。

打开电源后,仪器首先发出一短促的咔嗒声,同时前面板的显示屏幕背景被照亮。随后,仪器会有几分钟的预热和自检时间,此时应注意仪器的屏幕显示和相关部件动作是否正常:

散射快门每 15s 周期性地开关,并发出清晰的咔嗒声。

在显示屏幕最下面一行,显示光源自检结果,右侧数值即是参比计数,该数值应逐渐升高,最后达到 1 200 000 左右。

仪器完成自检后,采样泵启动,自动转入采样和测量状态,此时应注意排气口是否有排气,并观察屏幕上交替显示的两个信息屏幕(如图 5-13 所示)。信息屏幕上半部的两行,每 8s 切换一次,下半部的两行每 16s 切换一次。

(2)关机

关机只需关闭仪器的电源开关。

1
14
2
15
3
16
4
17
5
18
6
19
7
20
8
21
9
22
10
23
11
24
12
25
13

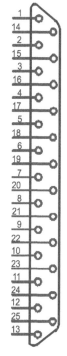

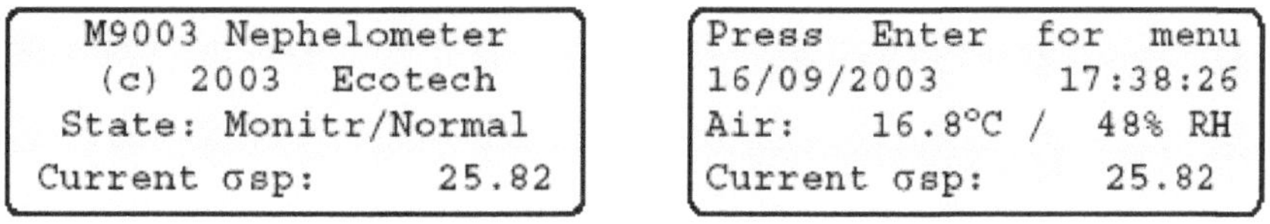

图 5-12　外部输入输出口的连接方式

5.2.2.2　仪器参数设定

仪器参数设定见表 5-5。

M9003 Nephelometer
(c) 2003 Ecotech
State: Monitr/Normal
Current σsp: 25.82
Press Enter for menu
16/09/2003 17:38:26
Air: 16.8°C / 48% RH
Current σsp: 25.82

图 5-13　仪器前面板的信息屏幕显示

表 5-5　仪器参数的标准设置

子菜单	参数名称	参数范围	范例	设置
Reading	σ_{sp}	—	32.60	测量显示值
	Atm Pressure	—	997.27	测量显示值
	Air Temp	—	20.112	测量显示值
	Cell Temp	—	23.555	测量显示值
	Rel Humid	—	43.565	测量显示值
5min average	σ_{sp}	—	32.78	测量显示值
	Atm Pressure	—	997.27	测量显示值
	Air Temp	—	20.132	测量显示值
	Cell Temp	—	23.560	测量显示值
	Rel Humid	—	43.012	测量显示值
Report Prefs	Filtering	Kalman,Mov Avg,或 None	Kalman	可设置
	Date Format	D/M/Y,M/D/Y 或 Y—M—D	Y—M—D	可设置
	Temp. Unit	℃,℉或 K	℃	可设置
	Press. Unit	mb (hPa)或 atm	mb(hPa)	可设置
	Normaliseto	25℃,20℃,0℃ 或"None"	0℃	可设置
Calibration	Do full cal.	—	—	执行命令
	Do zero adj.	—	—	执行命令
	Do zero chk.	—	—	执行命令
	Do span chk.	—	—	执行命令
	Zero Chk Intv	1h,3h,6h,12h,24 h 或"None"	24h	可设置
	Adj with Chk	Yes 或 No。	No	可设置
	Wavelength	470、500、505、510、512、515、525、575、590、620 或 630nm	525nm	可设置
	Span gas	CO_2、SF_6、FM200、R－12、R－22、R－134 或自定义	R－134	可设置
	Cal min time	5～60 min 任意整数	10min	可设置
	Cal max time	5～60 min 任意整数	20min	可设置
	% Stability	—	95	可设置
	Wall signal	—	≈85	测量计算值
	Last zero ck	—	0.015	测量值
	Zero chk stab	—	97.626	测量值
	Last span ck	—	23.683	测量值
	Span chk stab	—	97.610	测量值
Control	Cell Heater	Yes 或 No	Yes	可设置
	Inlet Heater	Yes 或 No	Yes	可设置
	Desired RH.	<40%、<50%、<60%、<70%、<80%或<90%	<60%	可设置
	RH Buffer %	1.0～5.0	2.0	可设置

表 5-5 给出了适用于一般情况的仪器参数的标准设置。在第一次使用仪器、长期关机,或者对仪器进行维修后首次使用的情况下,开机后应当检查和重新设置仪器参数。

检查和修改仪器参数的操作如下。

（1）进入主菜单

按"Select"键或"Enter"键即进入主菜单（main menu）。主菜单中，右侧有"→"符号的条目为对应各子菜单名称。

（2）进入某个子菜单

在主菜单中，按"▼"或"▲"键，移动光标到某个子菜单的条目上，按"Enter"键，即进入该子菜单。在子菜单中，左侧为参数的名称（或缩写），右侧为对应的参数值。

（3）选择和编辑某个参数

在子菜单中，按"▼"或"▲"键，移动光标到某个参数的条目上，按"Enter"键，光标即跳到参数值一侧，表示已进入对该参数的编辑状态。

如果该参数需要输入数值，则需要按"Select"键或"Page Up"键，移动光标到需要修改的数值位，再按"▼"或"▲"键以增减数字。如果该参数为一个选择项，则只需按"▼"或"▲"键，使右侧显示正确的参数。

完成参数修改后，按"Enter"键，保存修改后的正确参数，并退出编辑状态，返回到子菜单。此时可以继续选择和编辑该子菜单中的另外一个参数。

注意：在编辑操作中，不论是否完成对参数的修改，按"Page Up"键，立即退出编辑状态，返回到子菜单，此时已修改的参数不会被保存；按"Exit"键，立即退出菜单操作状态，返回到运行状态，仪器显示信息屏幕，此时已修改的参数也不会被保存。

（4）退出子菜单和退出菜单操作

在子菜单中，按"Page Up"键，可退出子菜单，返回到主菜单；按"Exit"键，则立即退出菜单操作状态，返回到运行状态，仪器重新显示信息屏幕。

在主菜单中，按"Page Up"键或"Exit"键，可退出菜单操作状态，返回到运行状态，仪器重新显示信息屏幕。

关于按键操作，参见下面章节。

5.2.2.3　菜单系统

（1）菜单系统结构

图 5-14 为 M9003 型浊度仪的菜单系统结构图。

（2）菜单系统的按键操作

1）在主菜单和子菜单中，按向上箭头"▲"和向下箭头"▼"，光标可在菜单选项之间移动。

2）按"Select"或"Enter"键：

①在信息屏幕，可激活主菜单；

②在主菜单中，如果光标在某一个子菜单（菜单名称后面有－－＞符号）的条目上，进入该子菜单；

③在子菜单中，如果光标在某一可执行的操作条目（名称后有→符号）或在某一可编辑的参数条目（名称后为当前参数值）上，执行该操作或者进入编辑状态。如果是不可执行的条目或不可编辑参数，按"Select"或"Enter"键将不起作用。

3）按"Page up"键返回上一级菜单。如：从参数编辑状态返回子菜单、子菜单返回主菜单、从主菜单返回信息屏幕。

4）在任何状态下，如参数编辑状态、子菜单、主菜单等，按"Exit"键立即返回信息屏幕。

5）在编辑状态时，按▲和▼键，可以滚动选择输入参数。在编辑数字参数时，需要逐位操作：按▲和▼键，在原数字基础上增加 1 和减少 1（包括小数点）；按"Select"键向右移动一位数；按"Page up"键向左移动一位数。按"Enter"键储存改动的参数，退出该编辑状态。按"Exit"键取消改动的参数，退出该编辑状态。

▲和▼键还有调节屏幕背景光功能。在信息屏幕状态时，持续按▲或▼键，可以改变屏幕的对比亮度。

图 5-14　菜单系统结构图

（3）菜单中的关键词

M9003 型浊度仪菜单系统中，使用下列 5 种关键词，含义分别为：

激活（Activates）：选择该选项将激活另一菜单。

显示（Display）：该行显示的是一个数值或不可编辑的设置，说明屏幕上给出的值是典型值。

设定（Sets）：选定的选项允许用户设定自己的软件参数，说明屏幕中的设置是参考值。

记录（Records）：选择该选项将允许用户输入非软件参数，例如发光二极管发光波长或标准气。

执行（Performs）：选择该选项将命令浊度仪执行一个操作。

注释：

①在实际显示中,行间无间隔。本节各说明图中的空行只是为了方便对每个选项进行说明。

②所有菜单在同一时间只能显示 4 行。为了找到屏幕中尚未显示的选项,可用向上箭头和向下箭头。

③表示任何后缀(例如 m、μ)的乘数因子均列在词头(Greek Suffix)子菜单内。

④菜单系统中显示在屏幕上的值,除了 σ_{sp} 总是以 Mm^{-1}、相对湿度总是以％为单位外,其余的都是以在报告格式子菜单中选定的单位表示的。

⑤系统状态。根据 M9003 型浊度仪正在执行的不同功能,可能有数种运行状态。状态可区分成主要状态和次要状态,并在信息屏幕上显示出来。

1)主要状态(Major State)

Monitr：　正常测量状态；

SysCal：　系统校准状态(在启动或重新设置期间)；

SpnCal：　标气校准状态(在全校准期间)；

Zrocal：　零气校准状态(在全校准期间)；

Zrochk：　零点检查状态；

Spnchk：　跨点检查状态；

ZroAdj：　零点调整状态(手动或自动调整偏移)；

SpnMsr：　标气测量状态；

ZroMsr：　零气测量状态。

2)次要状态(Minor State)

/ShtrCL：　快门参比检查(定期的)；

/EnvMon：　背景参比检查(定期的)。

(4)主菜单

仪器主菜单如表 5-6 所示。

表 5-6　仪器主菜单中英文对照

MainMenu		主菜单
Reading	→	激活读数子菜单
5min average	→	激活 5 分钟平均子菜单
Report Prefs	→	激活报告格式子菜单
Calibration	→	激活校准子菜单
Control	→	激活控制子菜单
Analogue out	→	激活模拟输出子菜单
Serial IO	→	激活输入输出串口子菜单
Adjust Clock	→	激活时钟调整子菜单
Data Logging	→	激活数据记录子菜单
Remote Menu	→	激活遥控子菜单
Greek Suffix	→	激活词头子菜单
S/W version	v3.00	显示安装的软件版本
ID Number	03－0500	显示仪器标识码

(6)读数子菜单

读数子菜单可显示当前环境参数传感器的读数,包括当前散射系数、气压、温度、光学测量腔体温度、相对湿度等(表 5-7)。σ_{sp} 的读数要比其他参数更新得更频繁。

表 5-7　读数子菜单中英文对照

Readings	读数子菜单
σ_{sp}　　32.60	显示当前粒子散射系数（Mm^{-1}）
Atm Pressure　997.27	显示当前样气的气压（mBar）（hPa）
Air Temp　　20.112	显示当前样气的温度（℃）
Cell Temp　　23.555	显示当前光学腔室的温度（℃）
Rel Humid　43.565	显示当前样气的相对湿度（%）

注：子菜单中不显示参数的单位，它们与报告格式子菜单中的单位一致。

（7）5min 平均子菜单

5min 平均子菜单显示的是测量变量在 5min 期间的平均读数。这是一个滑动平均值，每 1min 更新一次。

表 5-8　5min 平均子菜单中英文对照

5 min average	5 min 平均子菜单
σ_{sp}　　32.60	显示 5 min 平均的散射系数（Mm^{-1}）
Atm Pressure997.27	显示 5 min 平均的样气气压（mBar）（hPa）
Air Temp　　20.112	显示 5 min 平均的样气温度（℃）
Cell Temp　23.555	显示 5 min 平均的腔室温度（℃）
Rel Humid　43.565	显示 5 min 平均的样气相对湿度（%）

注：子菜单中不显示参数的单位，它们与报告格式子菜单中的单位一致。

（8）报告格式子菜单

在报告格式子菜单中用户可对温度、气压等单位和日期的格式进行设定，以便符合用户的使用要求，这些设置的改变将记录在内部数据记录器中（表 5-9）。但 σ_{sp} 例外，它的显示单位永远是 Mm^{-1}。

表 5-9　报告格式子菜单

Reporting	报告格式子菜单
Filtering　　　　Kalman	设定输出数据时所用的滤波方法： Kalman，（数字滤波） Mov Avg，（30s 滑动平均滤波） None，不采用滤波
Date Format D/M/Y	设定日期报告格式：D/M/Y，M/D/Y，或 Y－M－D（D 为日，M 为月，Y 为年）
Temp. Unit　　℃	设定温度单位：℃，℉ 或 K
Press. Unit　　mb	设定气压单位：mb(hPa) 或 atm
Normalise to　0℃	设定标准状态的温度值：25℃，20℃，0℃ 或"None"（不订正）

（9）校准子菜单

校准子菜单用于手动执行检查、校准程序或设置定期自动检查、校准程序，并在完成后查看校准结果（表 5-10）。关于校准的具体操作，可参阅 5.3 节。

表 5-10　校准子菜单

Calibration	校准子菜单
Do full cal.	用标准气和零气执行两点校准，并调整仪器的零点和跨点。结果记录在 Last span ck 和 Last zero ck 中
Do zero adj.	用零气执行仪器的零点调整。结果记录在 Last zero ck 中
Do zero chk.	用零气执行零点检查，但不调整仪器零点。结果记录在 Last zero ck 中
Do span chk.	用标准气体执行检查，但不调整仪器的跨点。结果记录在 Last span ck 中

续表

Calibration	校准子菜单
Zero Chk Intv　　24h	设定自动校准周期：每 1h、3h、6h、12h、24h 或取消
Adj with Chk Yes or No	设定是否同时做零点调整，Yes 或 No
Wavelength525nm	设定仪器 LED 光源的波长：470nm，500nm，505nm，510nm，512nm，515nm，525nm，575nm，590nm，620nm 或 630nm
Span gas R－134	设定标准气体种类：CO_2、SF_6、FM200、R－12、R－22、R－134 或自定义
Cal min time 10	设定校准及检查的最短时间(min)
Cal max time 20	设定校准及检查的最长时间(min)
％ Stability 95	设定校准稳定度的目标值
Wall signal ≈85	显示器壁信号，见 5.1.1.4 节
Last zero ck　　0.015	显示最后一次零点检查时的 σ_{sp} 值(Mm^{-1})
Zero chk stab 97.626	显示最后一次零点检查时的稳定度，％
Last span ck 23.683	显示最后一次跨点检查时的 σ_{sp} 值(Mm^{-1})
Span chk stab 97.610	显示最后一次跨点检查时的稳定度，％

（10）控制子菜单

控制子菜单是用户用来设定加热进气管和腔室加热器的控制参数（表 5-11）。

表 5-11　控制子菜单

Control	控制子菜单
Cell HeaterYes	设定腔室加热器启用(YES)或不启用(NO)
Inlet Heater Yes or No	设定加热进气管启用(YES)或不启用(NO)
Desired RH.＜60％	设定样气预期的相对湿度的控制范围：＜40％，＜50％，＜60％，＜70％，＜80％或＜90％
RH Buffer ％　　2.0	设定加热进气管的动作提量量。当样气的相对湿度接近所设定相对湿度值的±2％时，加热进气管启动或关闭加热功能

（11）模拟输出子菜单

模拟输出子菜单是供用户设定附加输入/输出连接口(25 针)(图 5-12)上的 4 个模拟输出端口，设定的内容包括输出量、输出范围和模拟输出的校准参数。这些输出量及其输出范围是：

σ_{sp} 散射系数　　（0 至所设定的满量程）。

AirTmp　　浊度仪进气口处的样气温度(－40～60℃)

CelTmp　　腔室温度(－40～60℃)

RelHum　　样气的相对湿度(0％～100％)

Press　　腔室气压(150～1150hPa)

Zero　　输出信号基线，例如，对于电压口通常为 0V

Full　　输出满量程信号，例如，对于电压口通常为 5V

Zero 和 Full 主要用于校准模拟输出（表 5-12），它们也可用于校准数据记录器。

表 5-12　模拟输出子菜单

Analogue out		模拟输出子菜单
Vout 1 param	σ_{sp}	设定电压输出端口 1(2 号针)的输出参数。范围：0～5V
Vout 1 off	None	设定电压输出端口 1 的零点偏移量。None(0％)，5％或 10％
Vout 2 param	AirTmp	设定电压输出端口 2(3 号针)的输出参数。范围：0～5V
Vout 2 off	None	设定电压输出端口 2 的零点偏移量。None(0％)，5％或 10％

续表

Analogue out		模拟输出子菜单
Iout 1 param	RelHum	设定电流输出端口 1(4 号针)的输出参数
Iout 1 rang	0－20mA	设定电流输出端口 1 的输出电流范围:0～20mA 或 4～20mA
Iout 1 off	None	设定电流输出端口 1 的零点偏移量:None(0%),5% 或 10%
Iout 2 param	Press	设定电流输出端口 2(5 号针)的输出参数
Iout 2 rang	0－20mA	设定电流输出端口 2 的输出电流范围:0～20mA 或 4～20mA
Iout 2 off	None	设定电流输出端口 2 的零点偏移量:None(0%),5% 或 10%
Full Scale σ_{sp}	2000	设定 σ_{sp} 参数的满量程(Mm^{-1}):100、200、500、1000、2000、或 10000
Iout 1 Zero	442.00	调整电流输出端口 1 的零点。单位是 DAC 计数,每个计数相当于 $8\mu A$
Iout 1 Full	3231.0	调整电流输出端口 1 的满量程。单位是 DAC 计数,每个计数相当于 $8\mu A$
Iout 2 Zero	431.00	调整电流输出端口 2 的零点。单位是 DAC 计数,每个计数相当于 $8\mu A$
Iout 2 Full	3226.0	调整电流输出端口 2 的满量程。单位是 DAC 计数,每个计数相当于 $8\mu A$

(12)串口设置子菜单

串口设置子菜单(表 5-13)是供用户设置两个 RS232 串口(数据串口和维修串口)的参数。

表 5-13　串口设置子菜单

Serial I/O		串口设置子菜单
Module　Addr	1	设定数据串口的地址:0～7
SvcPt　BaudRt	9600	设定维修串口的通信波特率:1200～38400
SvcPt　Parity	None	设定维修串口的奇偶校验:None(无),Even(偶),Odd(奇)。
MltDr Baud Rt	9600	设定数据串口的通信波特率:1200～38400
MltDr　Parity	None	设定数据串口的奇偶校验:None(无),Even(偶),Odd(奇)
Out to SvcPt	None	激活向维修串口的无呼叫数据串输出,发送间隔:None(无)、1s、5s、10s 或 60s

(13)时钟调整菜单

时钟调整菜单用于设定当前的日期和时间(表 5-14)。

表 5-14　时钟调整子菜单

Adjust Clock		时钟调整子菜单
Date　06/10/2003		设定当前日期
Time　11:02:09		设定当前时间
Save time		记录上面输入的日期和时间

(14)数据记录子菜单

数据记录子菜单使用户可设定内部数据记录器的平均周期以及清除 M9003 型浊度仪的内存(表 5-15)。

表 5-15　数据记录子菜单

Logging		数据记录子菜单
Log period　5min		设定数据记录的平均周期:1 min 或 5 min
Clear DataLg		执行清除内存中的所有读数
Log data now		按"Enter"键时,将瞬时读数记录到存储器中

(15)遥控子菜单

当遥控子菜单启用时(表 5-16),用户可以使用 ASCII 码终端程序,通过 RS232 口访问菜单系统。

用户可以使用上、下、左、右箭头键进行菜单操作。

表 5-16　遥控子菜单

Remote Menu	
Currently Yes or No	显示当前遥控菜单设置:Yes(启用)或 No(不启用)
Toggle menu	当按下"Enter"时,改变当前设置

(16)西文词头子菜单

西文词头子菜单是显示一系列用希腊语标示词头及其相应因数的列表(表 5-17),用乘积符号"∧"表示。菜单系统中所用数的位数很大而显示空间却有限,使用词头来代替过长的数字位数就可解决此问题。

表 5-17　西文词头子菜单

词头(西文)	词头(中文)	因数(乘积符号)	因数
T (tera)	太	$10 \wedge +12$	10^{12}
G (giga)	吉	$10 \wedge +9$	10^{9}
M (mega)	兆	$10 \wedge +6$	10^{6}
k (kilo)	千	$10 \wedge +3$	10^{3}
m (Milli)	毫	$10 \wedge -3$	10^{-3}
μ(micro)	微	$10 \wedge -6$	10^{-6}
n (nano)	纳	$10 \wedge -9$	10^{-9}
p (pico)	皮	$10 \wedge -12$	10^{-12}
f (femto)	飞	$10 \wedge -15$	10^{-15}
a (atto)	阿	$10 \wedge -18$	10^{-18}

例:屏幕上显示的 34.5n,数值上相当于 34.5×10^{-9}。

5.3　日常运行、维护和标校

5.3.1　日常巡检

(1)检查分析仪屏幕显示的散射系数测量值是否在正常值范围内,不同能见度条件下散射系数的参考值见表 5-18。

表 5-18　能见度与散射系数参考表

能见度(km)	200	50	10	5	1
σ_{sp}(Mm^{-1})	20	80	400	800	4000

注意:由于能见度是针对大范围均匀大气的测量结果,而散射系数是某点上的测量结果,另外仪器测量时的相对湿度也与真实大气的相对湿度有所差别,因此该表中列出的值仅供参考。

(2)注意每天的零点检查值是否在正常范围。

(3)夏季要注意湿度是否在 60% 以内,除在特别的高温和高湿天气外,腔内湿度应低于或接近 60%。否则,检查加热进气管是否正常。

(4)较高的环境湿度容易在仪器管路内部产生冷凝水,从而对测量造成干扰,因此在夏季应注意不要将室内空调温度调得过低,或吹风口直接对准浊度仪及其管路。

(5)按要求完成日检查表中的各项检查并记录。如果当日内有关机和开机操作,应在备注栏记录开机时间和参比计数。

5.3.2　维护

为确保仪器正常工作,应定期对设备进行维护和校准。

设备使用维护要求见表 5-19。

表 5-19　设备使用维护要求

工作任务	主要内容	相关要求
1.仪器运行状况检查	检查流量是否稳定	流量是否符合规定,偶然出现波动为正常
	采样管口切割头清洁程度检查	采样头处应清洁无杂物,如有堵塞及时清洁
	泵的声音是否异常	泵的声音较弱,无不正常噪声或声响
	浓度范围检查	屏幕示值应与近 2～3 天变化情况一致,如有波动,检查周边是否有污染影响
	采样管垂直度检查	采样管应垂直,无较大倾斜
	滤芯清洁情况	滤芯应洁净,无黄色或黑色杂质
	检查仪器及计算机时间	与标准时间的偏差范围为 30s,超出时,应及时调整
2.数据采集与传输	检查仪器数据采集情况	采集软件能够正常采集仪器的观测数据
	检查小时数据生成情况	能够生成小时数据文件
	检查数据传输情况	能够在指定时间传输数据文件
3.系统维护	采样管路清洁	每 8 个月,清洁一次采样管路,或视当地污染情况及时清洁
	更换过滤芯	每 3 个月,更换一次过滤芯,或视当地污染情况及时更换
	系统检漏	每 3 个月,对系统气路漏气检查,正常情况应无漏气
	仪器机箱内部清洁	每 6 个月,清洁一次仪器机箱内部,或视当地污染情况及时清洁
	仪器内部电池更换	每 12 个月,更换仪器内部电池
4.仪器校准	仪器设备的定期校准	仪器每个月应按照规程要求用标气进行全校准

日常维护内容和周期见表 5-20。

表 5-20　日常维护内容和周期

间隔	项目	操作	备注
每日	零点检查	检查	
	仪器时钟	检查,必要时调整	
	零气过滤器	检查,必要时更换	
每周	仪器参数	检查	
每月	零点/跨点检查	检查	
	全校准	根据公差检查结果	
3 个月	样气进气管	检查,必要时清洗	
6 个月	零气泵进气过滤器	检查,必要时更换	
	标气过滤器	检查,必要时更换	
	测量腔室	清洗	
	漏气检查	执行	
1 年	气路	清洗	由专业人员操作
	电池	更换	
2 年	光路	检查,并校准	

5.3.2.1　样气进气管检查

拔下加热进气管电源,松开连接螺母,取下加热进气管,观察进气管内部是否清洁。如果内表面有附着灰尘,可以用高压气体吹扫,或者用少量清水冲洗管路内部,然后风干。干燥后,将加热进气管路复原安装。

5.3.2.2　检查、更换过滤器

检查、更换过滤器的操作步骤如下:

(1)关闭仪器电源,打开机箱。

(2)观察连接在零气进气口的过滤器是否出现明显污损(颜色变为深灰、褐色,或者其他损坏),如果出现明显污损,应及时更换。

(3)观察零气/标气过滤器(在零气泵盒的上面)是否出现明显污损(颜色变为深灰、褐色,或者明显的其他斑点),如果出现明显污损,应及时更换。

(4)盖好机箱盖,复原仪器。

(5)开启电源,开始观测。

注意:更换新的过滤器时,要注意管路连接是否牢固。因为过滤器都采用快速连接头连接,在插入过滤器时,要用力插到底,之后再轻轻向外提拉,以保证快速连接头能锁紧过滤器,避免管路漏气。

5.3.2.3　清洁光学测量腔室

每 6 个月需要对光学测量腔室进行清洁。在仪器出现下列情况之一时,应随时进行清洁维护工作:

(1)观测数值超出正常范围,如在正常天气条件下,连续一天以上超过数千 Mm^{-1},或者天气晴好,能见度很高,但是观测数值却持续偏大,超过数百 Mm^{-1};

(2)观测数值大幅波动,并持续时间在 1 天以上;

全校准不能在规定时间内达到要求的稳定度数值,并且多次重复校准也是如此;

(3)每日零点检查过高或不稳定。

检查和清洁光学测量腔室的工作一般由经过专业操作培训的人员完成。具体操作步骤如下:

(1)关闭仪器电源,拔下仪器电源线,断开进气管线和标准气体管线与机箱的连接;

(2)将机箱平放,打开机箱。准备好小型吸尘器(吸尘器应有较强的吸力,吸管干净,无尘土)、干净的小毛刷、镜头纸和螺丝刀等;

(3)找到光学测量腔室中部的方形灯座,用螺丝刀松开固定螺丝,轻轻向上提起光源灯座,翻转;轻轻取下灯座上的"O"形密封圈,放到一旁洁净的纸上。"O"形密封圈可以用镜头纸轻轻擦拭,如需要,可以汲取少量清水擦拭,注意:不可用酒精擦拭;

(4)查看内侧的灯室玻璃是否有灰尘或污迹,如有,可以用镜头纸轻轻擦拭,如需要,可以汲取少量清水(或酒精)擦拭;取下灯座的电源连线,将方形灯座轻轻放置在一旁;

(5)查看光学测量腔室内部是否有灰尘或其他异物,用吸尘器吸出灰尘和异物,如需要,可用小毛刷轻扫腔室的内表面,或者用镜头纸汲取少量清水或者酒精(以用手挤不出液滴为要)擦拭污迹或难以吸走的灰尘;

(6)在所有部件都风干后,将方形灯座复原安装,盖上机箱盖;

(7)复原仪器的管线连接和电源连接,开启电源,开始观测。

注意:在检查和清洁光学测量腔室过程中,要格外注意保护"O"形密封圈并且保证光学测量腔室内部不要受到划伤,注意不要使工具、螺丝等其他异物落入光学测量腔室。复原方形灯座时,要注意"O"形密封圈确实是自然平顺的安放在密封槽内,并且没有拧、折或受到其他拉伸。

5.3.2.4　检漏

除了定期检漏外,在检查和清洁光学测量腔室和更换过滤器后,应该进行检漏。检漏的操作步骤如下:

(1)首先进行零点检查,记录零点检查值。

将颗粒物过滤器安装在样气进气口,仪器运行一小时,测量读数应逐渐接近于零点检查值。在此期间内,读数的变化不应大于 $1Mm^{-1}$。如果读数有噪声,并且 $>3Mm^{-1}$,表明腔室或气路可能存在泄漏。

(2)在读数稳定,但 $<-3Mm^{-1}$ 的情况时,可能是因为内部零气源有泄漏,或者零气过滤器失效。

(3)为了准确测量,气体泄漏问题必须尽快解决。检查所有可能漏气的密封处,并再次进行检漏。如果光源因清洗移动,应确保"O"型圈复位正确。

注意:M9003 型浊度仪的气体管路采用了快速接头,如图 5-15 所示。这种接头具有自锁套环,管路插入后即可自锁密封,连接方便快捷,但是在使用中要格外注意以下几点:

(1)插接时,应适当用力,确保插入到位,然后稍用力向外拉 2～3 下,确认不能够用手拔出。

(2)长时间使用后,或者局部有震动时,接头的自锁套环可能会有所松动,导致管路漏气,干扰测量,一般会表现为仪器波动,或者零点检查/校准和跨点检查/校准达不到稳定度指标,等等。这时需要逐个检查管路接头,适当用力将管路向外拉 2～3 下,让自锁套环锁紧。

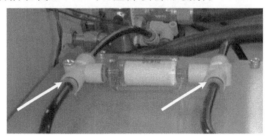

图 5-15　M9003 型浊度仪气体管路的快速接头

5.3.2.5　更换电池

更换两个 5 号碱性电池,应在通电情况下进行更换,以免丢失时钟和所记录数据。在更换旧电池之前,应下载所有数据,并记录有关配置参数,以免丢失。

注意:如停机时间超过数周,建议将电池取下。如果仪器连续未通电超过数周,建议更换备份电池。

5.3.3　标校

5.3.3.1　标准气体

M9003 型浊度仪可以使用多种标准气体进行校准,表 5-21 列出了多种标准气体在标准状态(273.15K,1013.25hPa)和不同波长下的散射系数。在标气的使用上,二氧化碳气体很容易获得,但是其散射系数值偏小;R－12 和 FM200 的散射系数量值较高,但 R－12 是限制使用的臭氧层消耗物质,FM200 不容易获得,价格偏高。在一般情况下,可选用 R－134a 或 R－22 气体作为校准用的标准气体。

表 5-21　不同标准气体在不同波长下的散射系数

波长(nm)	散射系数 σ_{sp}(Mm⁻¹)						
	空气*	CO_2	SF_6	R－134a	R－22	R－12	FM200
470	23.07	37.15	132.44	145.36	150.66	329.94	329.94
515	16.01	25.77	91.87	100.83	104.51	228.87	228.87
525	14.82	23.86	85.07	93.37	96.77	211.93	211.93
630	7.15	11.51	41.02	45.03	46.67	102.20	102.20
相对于空气的倍数因子	1	2.61	6.74	7.30	7.53	15.3	15.3

*注:不含颗粒物。

5.3.3.2　校准类型和启动方式

M9003 型浊度仪有多种校准及检查方式,校准或检查完全是全自动进行的,校准类型和启动方式见表 5-22。进行校准或检查时,仪器的信息屏幕上会显示出校准类型信息。

表 5-22　M9003 型浊度仪的校准类型和启动方式

校准类型	通过菜单	通过外部输入/输出	通过 RS232	设为自动
零点检查	是	否	是	是
零点调整	是	否	是	否
跨点检查	是	否	是	否
全校准	是	否	是	否
零点测量	否	是	是	否
跨点测量	否	是	是	否
零点检查/跨点检查/零点调整	否	否	否	否

（1）零点检查

零点检查是用零空气（去除了颗粒物的空气）对浊度仪的零点进行查验，而不对浊度仪的现有零点进行调整。零点检查可以通过三种方式启动：

①菜单操作命令。从校准菜单上选择 Do zero chk 命令。

②RS232 命令。

③自动设置命令。

执行零点检查时，仪器关闭采样气泵，打开零气泵，将零空气泵输入光学测量腔室；屏幕显示主要状态为"ZroChk"，底下一行交替显示散射系数值（σ_{sp}）、稳定度（Cal Stability）、测量比值（Meas Ratio）和校准时间（Cal Time）。在校准时间超过最小校准时间（Cal min time）并且稳定度数值超过在校准子菜单中设定的稳定度之后，零点检查结束。如果稳定度尚未达到，则校准继续，直至最大校准时间结束。零点检查结束后，仪器将更新校准子菜单中的零点检查值（Last zero ck）和稳定度数值（Zero chk stab），然后关闭零气泵，并开启样气泵开始样气测量，信息屏幕显示状态变为"Monitor"。

（2）零点调整

零点调整是用零空气（经过滤去除了颗粒物的空气）对浊度仪进行一次单点校准。零空气在标准状态下的瑞利散射系数为 14.82Mm^{-1}，仪器完成校准后即该值为零点。零点调整可以通过两种方式启动：

菜单操作命令。从校准菜单上选择 Do zero adj 命令。

RS232 命令。

自动设置命令。

执行零点调整时，仪器自动关闭采样气泵，打开零气泵，将零空气泵入光学测量腔室；信息屏幕显示主要状态为"Zerocal"，底下一行交替显示散射系数值（σ_{sp}）、稳定度（Cal Stability）、测量比（Meas Ratio）和校准时间（Cal Time）。当校准时间超过最小校准时间（Cal min time）并且稳定度数值超过设定的稳定度之后，零点调整结束；如稳定度尚未达到，则校准将继续，直至达到最大校准时间。零点调整结束后，仪器根据新的零点检查值修正仪器的校准工作曲线，以校准子菜单中的零点检查值（Last zero ck）为新的零点，更新稳定度数值（Zero chk stab），然后关闭零气泵，并开启样气泵开始样气测量。样气测量开始后，新的零点值将应用到 σ_{sp} 读数中。

（3）跨点检查

跨点检查是用标准气体对浊度仪进行一次单点检查，但是不调整浊度仪的校准曲线。跨点检查可以通过三种方式启动：

菜单操作命令。从校准菜单上选择 Do span chk 命令。

RS232 命令。

自动设置命令。

执行跨点检查时，仪器自动关闭采样气泵，打开标准气电磁阀，将标准气体通入光学测量腔室；信息屏幕显示主要状态为"SpnChk 时，底下一行交替显示散射系数值（σ_{sp}）、稳定度（Cal Stability）、测量比

(Meas Ratio)和校准时间(Cal Time)。当校准时间超过最小校准时间(Cal min time)并且稳定度数值超过设定的稳定度之后,跨点检查结束;如果稳定度尚未达到,则校准继续,直至达到最大校准时间。跨点检查结束后,仪器将更新校准子菜单中的跨点检查值(Last span ck)和稳定度数值(Span chk stab),然后关闭标准气电磁阀,并开启样气泵准备样气测量。在波长为525nm的条件下,R—134a型标气在标况下的跨点检查值应接近于93.37Mm^{-1}。

(4)全校准

全校准是用标准气体和零空气对浊度仪进行两点校准。最终结果是调整浊度仪的校准曲线。全校准可以通过两种方式启动:

菜单操作命令。从校准菜单上选择 Do full cal 命令。

RS232 命令。

执行全校准时,仪器自动关闭采样气泵,先打开标准气电磁阀,将标准气体通入光学测量腔室,信息屏幕显示"SpnCal",测量得到跨点检查值和稳定度数值。然后关闭标准气电磁阀,打开零气泵,将零空气泵入光学测量腔室,信息屏幕显示"ZroCal",测量得到零点检查值和稳定度数值。仪器根据零点检查值和跨点检查值调整仪器的零点和斜率系数值。零点检查值和稳定度数值,以及跨点检查值和稳定度数值,同时被存入仪器的存储器(见校准子菜单的 Last zero ck、Zero chk stab、Last span ck 和 Span chk stab)。

(5)零点测量

零点测量只能通过外部输入/输出口的命令启动。执行零点测量时,仪器关闭采样气泵,打开零气泵,将零空气泵入光学测量腔室,得到的结果作为测量数据保存,不计算零点检查值和稳定度数值,也不调整仪器的零点。

(6)跨点测量

跨点测量只能通过外部输入/输出口的命令启动。执行跨点测量时,仪器关闭采样气泵,打开标准气电磁阀,将标准气通入光学测量腔室,得到的结果作为测量数据保存,不计算跨点检查值和稳定度数值,也不调整仪器的跨点。

(7)零点检查/跨点检查/零点调整

零点检查/跨点检查/零点调整是一种仪器自动校准模式,仪器顺序执行零点校准和跨点检查。由校准菜单上设置的自动校准命令启动。

5.3.3.3　日常校准程序和操作

在区域本底站,执行3种校准程序:

(1)每日一次零点检查。

(2)每月一次零点检查和跨点检查。

(3)不定期全校准。当每月零、跨检查的校准公差超出规定范围(表 5-23,计算方法见后),或者仪器进行清洁维护或检修后,应进行全校准。

表 5-23　校准误差允许范围

零/跨检查	校准误差	措施
零点检查	超出跨点值的±1%	做全校准,或零点调整
	超出跨点值的±2%	无效数据,做全校准或零点检查
跨点检查	超出跨点值的±5%	做全校准
	超出跨点值的±10%	无效数据,做全校准

注意:在进行跨点检查和校准过程中标准气会被直接排出仪器,在仪器周围积累,而仪器的零点检查和校准用气均是利用仪器周围的环境空气作简单过滤得到的。因此,在进行跨点检查和校准时,应当注意通风,以避免标准气在短时间内积累的浓度过高,影响零点检查和校准结果。

(1)每日零点检查

在校准子菜单中设定自动校准程序,每日由仪器按照设定的时间自动执行零点检查。日常运行过程中无需人员操作,只需要在日检查表中进行有关记录即可。

(2)每月零/跨检查

每月零/跨检查由人工通过菜单命令操作。每次先做零点检查,再做跨点检查,操作步骤如下:

检查并记录仪器原来的零点检查值和稳定度数值,以及跨点检查值和稳定度数值:

按"Select"键或"Enter"键进入主菜单(Main Menu),按▼键找到校准(Calibration)条目,按"Enter"键,进入校准子菜单;按▼键,依次找到 Last zero ck(零点检查值)、Zero chk stab(零点稳定度数值)、Last span ck(跨点检查值)和 Span chk stab(跨点稳定度数值)条目,将对应参数的数值记录到校准记录表格。

确认标准气体连接正常,标准气管路上的所有阀门都处于关闭状态。打开标准气瓶的总阀门,查看气瓶压力,并记录在校准记录表格。

关闭加热进气管与仪器之间的两通阀。在校准记录表格上记录操作开始时间。

在校准子菜单上选择零点检查命令,启动零点检查:

按"Select"键或"Enter"键进入主菜单(Main Menu),按▼键找到校准(Calibration)条目,按"Enter"键,进入校准子菜单;按▼键,找到 Do zero chk(零点检查),按"Enter"键,显示屏上立即出现下列信息"Zero ck eck will commence within 30 seconds"。

大约在 30s 内,零气泵启动,并显示信息屏幕。操作人员应注意观察屏幕显示的信息,零点检查时信息屏幕显示主要状态为"Zrochk",检查结束后显示主要状态为"Monitor"。

零点检查结束后,按"Select"键或"Enter"键进入主菜单(Main Menu),按▼键找到校准(Calibration)条目,按"Enter"键,进入校准子菜单;按▼键,依次找到 Last zero ck(零点检查值)、Zero chk stab(零点稳定度数值),将新的零点检查值和稳定度数值记录到校准记录表格。并按照下式计算零点检查误差 Z%:

$$Z\% = \frac{\text{LastZroCk}}{93.37} \times 100\% \tag{5-9}$$

式中,LastZroCk 为零点新的检查值,以 Mm^{-1} 为单位,93.37 为标气 R-134a 的标准散射系数。

在校准子菜单上选择跨点检查命令,启动跨点检查:

按"Select"键或"Enter"键进入主菜单(Main Menu),按▼键找到校准(Calibration)条目,按"Enter"键,进入校准子菜单;按▼键,找到 Do span chk(跨点检查),按"Enter"键,显示屏上立即出现下列信息"Span ck eck will commence within 30 seconds"。

大约在 30s 内,标准气电磁阀打开,并显示信息屏幕。操作人员应注意观察屏幕显示信息,跨点检查时信息屏幕显示主要状态为"SpnChk",并及时从标准气瓶端依次打开标准气管路上的其余气阀,并调节转子流量计上的旋钮,使标准气流量稳定保持在 2~3L/min 范围内。跨点检查结束后,信息屏幕显示主要状态为"Monitor"。

在跨点检查结束后,按"Select"键或"Enter"键进入主菜单(Main Menu),按▼键找到校准(Calibration)条目,按"Enter"键,进入校准子菜单;按▼键,依次找到 Last Spn ck(跨点检查值)、Span chk stab(跨点稳定度数值),将新的跨点检查值和稳定度数值记录到校准记录表格(见附录8.1.5)。并按照下式计算跨点检查误差 S%:

$$S\% = \frac{\text{LastSpnCk} - 93.37}{93.37} \times 100\% \tag{5-10}$$

式中,LastSpnCk 为新的跨点检查值,以 Mm^{-1} 为单位。

1)如果零点检查误差 Z% 和跨点检查误差 S% 均达到表 5-23 的要求,结束零/跨检查,否则需要进行全校准。

2)零点检查和跨点检查结束后,读取并记录标准气瓶压力;依次从浊度仪的标准气进气口端关闭所有气路阀门;打开加热进气管与仪器之间的两通阀,恢复仪器采样进气管路的连接;在记录表格中记录校准检查的结束时间。

（3）全校准

由人工通过菜单命令操作，启动全校准。操作步骤如下：

1）检查并记录仪器原来的零点检查值和稳定度数值，以及跨点检查值和稳定度数值：

按"Select"键或"Enter"键进入主菜单（Main Menu），按▼键找到校准（Calibration）条目，按"Enter"键，进入校准子菜单；按▼键，依次找到 Last zero ck（零点检查值）、Zero chk stab（零点稳定度数值）、Last span ck（跨点检查值）和 Span chk stab（跨点稳定度数值）条目，将对应参数的数值记录到校准记录表格（见附录 8.1.5）。

2）确认标准气体连接正常，管路上的所有阀门都处于关闭状态。打开标准气瓶的总阀门，查看气瓶压力，并记录在校准记录表格。

3）关闭加热进气管与仪器之间的两通阀。在校准记录表格上的校准开始时间栏目内，记录操作开始时间。

在校准子菜单上选择全校准命令，启动全校准：

按"Select"键或"Enter"键进入主菜单（Main Menu），按▼键找到校准（Calibration）条目，按"Enter"键，进入校准子菜单；按▼键，找到 Do fullcal（全校准），按"Enter"键，显示屏上立即出现下列信息"Full Calibration will commence within 30 seconds"。

大约在 30s 内，标准气电磁阀打开，并显示信息屏幕。操作人员应注意观察屏幕显示的主要状态信息为"SpnCal"，并及时从标准气瓶一端依次打开标准气管路上的其余气阀，并调节转子流量计上的旋钮，使标准气流量稳定保持在 2—3L/min 范围内。

跨点校准结束后，仪器自动进入零点调整程序，零气泵启动，操作人员应注意观察屏幕显示的主要状态信息为"ZroCal"。全校准结束后，屏幕显示主要状态为"Monitor"。

1）检查并记录新的零点检查值和稳定度数值，以及跨点检查值和稳定度数值。

2）按 Select 键或 Enter 键进入主菜单（Main Menu），按▼键找到校准（Calibration）条目，按 Enter 键，进入校准子菜单；按▼键，依次找到 Last zero ck（零点检查值）、Zero chk stab（零点稳定度数值）、Last span ck（跨点检查值）和 Span chk stab（跨点稳定度数值）条目，将对应参数的数值记录到校准记录表格（见附录 8.1.5）。

3）计算跨点检查误差 S%和零点检查误差 Z%。根据新的跨点检查值，按照式（5-10）计算跨点检查误差 S%。根据新的零点检查值，按照式（5—9）计算零点检查误差 Z%。如果零点检查误差 Z%和跨点检查误差 S%均达到表 5-23 中的要求，结束全校准。当全校准不能达到要求时，进行清洁或检修。

4）全校准结束后，读取并记录标准气瓶压力；依次从浊度仪的标准气进气口段开始关闭所有气路的阀门，恢复仪器采样进气管路的连接，在记录表格中记录校准检查的结束时间。

5.4　数据采集

5.4.1　实时数据获取指令

（1）命令：ID
功能：获取当前使用的 M9003 型浊度仪的类型，控制软件的版本和工厂分配的标识号码。
语句：ID{＜module address（模块地址）＞}＜cr＞
响应：Ecotech M9003 Nephelometer v{＜控制软件版本号＞}ID＃{＜仪器 ID 号＞}＜CR＞＜LF＞
例子：　ID0＜cr＞
响应：Ecotech M9003 Nephelometer v2.00 ID＃123456＜CR＞＜LF＞。
相关命令：按下 CONTROL－T，也给出同样的响应。
（2）命令：＊＊PS

功能:将工厂分配给浊度仪的唯一标识号码,编程存入内存。

语句:**{< module address(模块地址)>}PS{空格}{<仪器 ID 号>}<cr>

响应:OK<cr><LF>

说明:<仪器 ID>是由公司分配给每台仪器的 6 位数字。

例子:**0PS_123456<cr>

响应:OK<cr><LF>,并将仪器的 ID 号设定为 123456。

(3)命令:**B

功能:重新启动测试。激活看门狗定时器,重新启动 M9003 型浊度仪的微处理器。这与按微处理器板上的 Reset 键的作用相同。

语句:**{< module address(模块地址)>}B<cr>

响应:null

例子:**0B<cr>。

将重新启动 M9003 型浊度仪。

(4)命令:**M

功能:启用/关闭 M9003 型浊度仪的遥控菜单功能。当启用时,用户可以使用与维修串口相连的 RS232 终端遥控执行所有操作。

语句:**{< module address(模块地址)>}M{<遥控菜单状态>}<cr>

响应:OK<cr><LF>

说明:<遥控菜单状态>= 1,启用遥控菜单。

<遥控菜单状态>= 0,不启用遥控菜单。

例子:**0M1<cr>

响应:OK<cr><LF>并启用遥控菜单。

(5)命令:**S

功能:设定 M9003 型浊度仪微处理器板的时钟。一个命令即可设定时间和日期。

语句:**{< module address(模块地址)>}S{<hhmmssrrMMyy>}<cr>

响应:OK<cr><LF>

说明:<hhmmssrrMMyy> = 当前时间和日期,(hh)时,(mm)分,(ss)秒,(rr)日,(MM)月,(yy)年。

例子:**0S142536061003<cr>

响应:OK<cr><LF>,并设定时钟为 14:25:36,日期为:06/10/03。

(6)命令:**PC

功能:为校准参数的模拟输入和模拟输出编程,主要用在工厂校准期间。

(其余略)

(7)命令:**J

功能:强制仪器进入或跳入 8 个主要状态之一。本命令主要用在工厂检测期间。

(其余略)

(8)命令:DO

功能:优先于数字输入和输出控制。本命令最常用于强制 M9003 型浊度仪进入标气测量或零气测量方式。

语句:DO{<module address(模块地址)>}{<数字参数值>}{<数字参数状态>}<cr>

响应:OK<cr><LF>

说明:<数字参数值> = 下列之一

00 外部 DOSPAN 控制优先;

01 外部 DOZERO 控制优先;

02

03

04 数字外部辅助设备控制优先；

05 样气泵控制优先；

10 液晶背光控制优先。

＜数字参数状态＞ ＝下列之一

0　数字参数启用；

1　数字参数不启用。

例子：DO0001＜cr＞

响应：OK＜cr＞＜LF＞并将 M9003 型浊度仪设为进入标气测量。

（9）命令：VI

功能：从 M9003 型浊度仪的微处理器读取近 100 个不同的参数。该组命令为用户提供了用数据记录装置获取测量数据。

语句：VI{＜电压输入参数值＞}＜cr＞

响应：{＜sign＞}{＜参数值＞}＜cr＞＜LF＞

说明：＜sign＞ ＝ 参数值的符号，＜空格＞为正，＜－＞为负，（如果输出的参数值是 ASCII 字符，则没有＜sign＞）。

＜参数值＞ ＝ 下列情况之一（参数值既可能是一个 ASCII 字符串，也可能是一个 6 位十进制数）：

00.　散射系数，Mm^{-1}；（见注 1 说明）

01.　气温，K；

02.　相对湿度，%；

03.　腔室温度，K；

04.　气压，mBar(hPa)；

05.　暗计数，（滑动平均）；

06.　快门计数，（滑动平均）；

07.　散射系数的 5min 平均；

08.　测量比值，（滑动平均）；

09.　测量比值的最后一次读数；

10.　测量光子计数的最后一次读数；

11.　暗计数的最后一次读数；

12.　快门计数的最后一次读数；

13.　5min 平均气压，mBar(hPa)；

14.　5min 平均气温，K；

15.　5min 平均腔室温度，K；

16.　5min 平均相对湿度，%；

17.　当前报告格式中的气温；

18.　当前报告格式中的腔室温度；

19.　当前报告格式中的气压；

20.　当前报告格式中的 5min 平均气温；

21.　当前报告格式中的腔室 5min 平均温度；

22.　当前报告格式中的 5min 平均气压；

23.　快门计数下限的合理检查；

24.　快门计数上限的合理检查；

25.　校准时的测量计数——只在校准时起作用；

26. 校准时测量计数的最后一次读数——只在校准时起作用；

27. 校准时的标准差——只在校准时起作用；

28. 校准稳定度——只在校准时起作用；

29. 空白；

30. 校准 X 点的气压——在校准点的气压，mBar(hPa)；

31. 校准 Y 点的气压——在校准点的 A2D 读数；

32. 校准热敏电阻因子——热敏电阻在 25℃点上的 A2D 读数；

33. 校准 Vaisala 温度偏移——在最小读数点的 Vaisala 温度偏移，K；

34. 校准 RH 梯度——VaisalaRH 梯度订正因子；

35. 校准 RH 偏移——VaisalaRH 偏移调整；

36. 校准梯度——校准曲线的梯度；

37. 校准偏移——校准曲线的偏移；

38. 校准壁散射——从校准梯度和偏移计算壁散射，%；

39. 空白；

40. 校准标气 X——在标气校准点的消光系数；

41. 校准标气 Y——在标气校准点的测量比值；

42. 校准标气温度——在标气校准点的温度；

43. 校准标气气压——在标气校准点的气压；

44. 校准零气 X——在零气校准点的消光系数；

45. 校准零气 Y——在零气校准点的测量比值；

46. 校准零气温度——在零气校准点的温度；

47. 校准零气气压——在零气校准点的气压；

48. 校准零气调整 X——在零气调整校准点的消光系数；

49. 校准零气调整 Y——在零气调整校准点的测量比值；

50. 校准零气调整温度——在零气调整校准点的温度，K；

51. 校准零气调整气压——在零气调整校准点的气压，mBar(hPa)；

52. 当前模拟输出 1 零 A/D 点；

53. 当前模拟输出 1 全 A/D 点；

54. 当前模拟输出 2 零 A/D 点；

55. 当前模拟输出 2 全 A/D 点；

56. 标气检查值，Mm^{-1}；

57. 标气检测查稳定度，%；

58. 零点检查值，Mm^{-1}；

59. 零点检测稳定度，%；

60. 发光二极管波长设定(字符串)；

61. 预期 RH 设定(字符串)；

62. 规格化温度设定(字符串)；

63. 标气设定(字符串)；

64. 日期格式设定(字符串)；

65. 温度单位设定(字符串)；

66. 气压单位设定(字符串)；

67. 零点检测周期设定(字符串)；

68. 主要状态设定(字符串)；

69. 次要状态设定(字符串)；

70.　　发光二极管位置设定(字符串);

71.　　RS232 DO span/zero 测量方式状态　016= span 032 = zero;

80.　　时钟日期(当前报告中的优先格式)(字符串);

81.　　时钟时间以 hh:mm:ss 格式(字符串);

90.　　数字控制状态的输出(字符串);(见注 2 说明)

99.　　实时参数串,以逗号分隔。(见注 3 说明)

例子:VI000<cr>,

响应:当前散射系数,26.3450<cr><LF>;

VI017<cr>,

响应:当前气温(℃),20.529816<cr><LF>;

VI004<cr>,

响应:当前气压(mBar),26.34<cr><LF>;

VI063<cr>,

响应:当前标气设置,R134<cr><LF>。

注 1:主要状态

功能:VI000 命令读取一个 4 位十进制数,这是一个获取散射系数数据的独特命令。它的第 4 个数表示的是仪器所处的主要状态,取值为 0~7。

语句:VI{< module address(模块地址)>}00<cr>

响应:{<sign>}{<参数值>}{<主要状态>}<cr><LF>

说明:<sign> = 参数值的符号,空格为正,<−>为负。

<参数值> = 当前散射系数(Mm^{-1}),至第 3 位数。

<主要状态> = 下列之一:

0　正常测量

1　标准气校准(调整校准曲线)

2　零气校准(调整校准曲线)

3　跨点检查

4　零点检查

5　零点调整(调整校准曲线)

6　系统校准/重新启动

7　环境校准

例子:VI000<cr>,

响应:当前散射系数(Mm^{-1}),26.3450<cr><LF>;

说明:表明仪器处在正常测量状态。

VI000<cr>,

响应:当前散射系数(Mm^{-1}),26.3453<cr><LF>;

说明:表明仪器处在跨点检查状态。

注 2:数字输出状态

功能:VI090 命令读取十六进制数字,该数字反映 M9003 型浊度仪的数字控制电路的输出状态(DIO)。通过 DIO,可以清晰地了解 M9003 型浊度仪正在做什么,尤其是可以了解仪器在做标气测量还是在做零气测量。

语句:VI{< module address(模块地址)>}90<cr>

响应:{<DIO 状态>}<cr><LF>

说明:{<DIO 状态>}= 一个十六进制数,其各位所代表的含义如下:

00.　腔室加热器关闭

01.　加热进气管的加热器关闭

02.　样气泵打开

03.　零气泵打开

04.　标气电磁阀打开

05.　不用

06.　不用

07.　数字 aux out 打开

例子:VI090<cr>,

响应:07<cr><LF>;

说明:腔室加热器关闭,加热进气管的加热器关闭,样气泵打开。(仪器处于正常测量状态)

VI090<cr>

响应:0Bcr><LF>;

说明:腔室加热器关闭,加热进气管关闭,样气泵关闭,零气泵打开。(仪器处于零气测量状态)

VI090<cr>,

响应:13<cr><LF>;

说明:腔室加热器关闭,加热进气管关闭,样气泵关闭,零气泵关闭,标气阀打开。(仪器处于标气测量状态)

注 3:单行输出

功能:VO099 命令读取一个参数串,包括日期、时间、散射系数和其他气象参数以及当前状态信息。数据间以逗号分隔。

语句:VI{< module address(模块地址)>}99<cr>

响应:{<date(日期)>},{<time(时间)>},{<散射系数>},{<气温>},{<腔室温度>},{<RH>},{<气压>},{<主要状态>},{<DIO 状态>}<cr><LF>

说明:

<日期> = 当前日期,在报告格式子菜单中设定的格式;

<时间> = 当前时间,hh:mm:ss;

<散射系数> = 当前的 σ_{sp},Mm^{-1};

<气温> = 当前气温,如报告格式子菜单中设定的单位;

<腔室温度> = 当前腔室温度,如报告格式子菜单中设定的单位;

<RH> = 当前相对湿度,%;

<气压> = 当前气压,如参数选择报告中设定的单位;

<主要状态> = 如在注 1 中所列表的数字,2 位数;

<DIO 状态> = 如在注 2 中所列表的 DIO 状态;

<sign> = 参数值的符号,空格为正,<->为负。

例子:VI099<cr>,

响应:21/11/2003,09:45:27,10.483,22.108,21.710,41.370,1000.436,00,07<cr><LF>
仪器处在正常测量状态。

VI099<cr>,

响应:21/11/2003,09:45:27,10.483,22.108,21.710,41.370,1000.436,00,0B<cr><LF>
仪器处在零点检测状态。

5.4.2　数据格式

5.4.2.1　本底站

小时文件命名格式:

Z_CAWN_I_xxxxx_yyyymmddhh0000_O_AER－FLD－ASP. TXT

其中 xxxxx 为台站站号,yyyymmddhh 表示年月日小时

数据格式参见表 5-24,共 17 列参数。

表 5-24　气本底站观测小时文件数据格式

列	字段说明	字段名称英文	数据类型	单位	备注
1	观测站的区站号		数字和字母组合		5 位
2	项目代码		I		4 位
3	年		I		4 位
4	积日	julianday	I		3 位
5	时分		I		4 位
6	时间标记	time mark	I		10 位
7	检索标志	retrieval mark	I		1 位
8	记录种类	Description of records	I		1 位
9	散射系数平均值	scattering coefficient average	F	Mm^{-1}	7 位
10	大气温度平均值	air temperature average	F	K	7 位
11	样气室温度平均值		F	K	7 位
12	相对湿度平均值	relative humidity average	F		7 位
13	大气压力平均值	air pressure average	F	Pa	8 位
14	暗计数诊断		F		6 位
15	快门计数诊断		F		11 位
16	测量比率诊断		F		6 位
17	最后测试比率诊断		F		6 位

5.4.2.2　沙尘暴观测站

小时文件命名格式:

Z_SAND_NEP_C5_xxxxx_yyyymmddhh0000. TXT

其中 xxxxx 为台站站号,yyyymmddhh 表示年月日小时

文件头:

第一行为文件头,以空格分开,依次为区站号,经度,纬度,海拔高度,文件创建时间,仪器采样时间(以秒为单位),浊度计为 300(5min);

其后为数据,数据格式参见表 5-25,共 7 列参数。

表 5-25　沙尘暴站观测小时文件数据格式

序号	参数名称	字段说明	单位
1	时间	年月日时分秒	14 位,世界时
2	数据识别码	数据识别码	
3	散射系数	散射系数	Mm^{-1}
4	环境温度	环境温度	℃
5	环境相对湿度	环境相对湿度	%
6	环境气压	环境气压	hPa
7	腔体温度	腔体温度	℃

5.5　注意事项

(1)充分注意电源安全和稳定,仪器接地良好。在强雷电天气时,如果没有妥善的防雷电措施,应关

闭仪器电源开关,并拔下电源线;

(2)随时巡视检查仪器,注意仪器屏幕显示的测量结果和湿度、温度等信息,和逐日零点检查记录。在有异常情况出现的时候,应及时报告和处理;

(3)不得随意打开仪器机箱盖。对仪器进行检修时,必须停机断电,并拔下仪器电源插头,禁止带电作业。要注意防止各种异物进入仪器内部和管路系统;

(4)零/跨检查如超过规定值,应及时做全校准。如全校准出现异常,应及时汇报;

(5)注意标准气瓶的安全使用,使用后必须关闭所有气阀,防止气体泄漏;

(6)注意标准气瓶压力,如不足 1MPa,应及时购买;

(7)保持整洁的操作环境,按照规范要求定期校准、维护仪器;

(8)一切与仪器设备相关的操作需详细记入值班记录。

第6章　MiniVol 便携式气溶胶采样器

　　人类活动对气候变化的影响使得气溶胶的气候效应引起了越来越多的关注。大气气溶胶是悬浮在大气中的固态或液态颗粒,对气候有直接和间接的影响。气溶胶粒子对太阳辐射的散射和吸收,可以明显地改变地气系统的辐射平衡,从而直接影响气候变化;气溶胶对气候的间接影响表现在作为云凝结核改变云的光学特性和生命期、参与光化学反应、影响臭氧平衡等,从而间接影响地气系统的辐射平衡。

　　当前,全球气候、环境变化已成为各国政府部门和科学家所关心的核心科学问题之一,其中城市环境变化,尤其是大城市中空气质量的不断恶化已引起公众的普遍关心。颗粒物是大气的主要污染物之一,由于工业排放、汽车尾气排放等原因,悬浮在大气中的颗粒物往往更具较大的危害性。因此,大气中的颗粒物已不仅仅是气候变化研究中的重要对象,而且环境部门、卫生防疫部门,乃至社会公众也都给予了极大关注。

　　由美国 Airmetrics 公司生产的 MiniVol 便携式气溶胶采样器(以下简称采样器),体积小,重量轻,便于携带,可以随时随地采集大气颗粒物样品,所使用的采样滤膜是直径为 47mm 的石英纤维滤膜(根据不同的实验目的,也可以使用其他滤膜,如 Teflon 滤膜和玻璃纤维滤膜等)。选用不同的采样头,可以采集大气中 TSP(总悬浮颗粒物,一般指空气动力学直径小于 $100\mu m$ 的颗粒物)、PM_{10}(空气动力学直径小于 $10\mu m$ 的颗粒物)或 $PM_{2.5}$(空气动力学直径小于 $2.5\mu m$ 的颗粒物)的气溶胶样品,采集后的样品滤膜可以用于各种化学成分分析(包括离子、元素和碳气溶胶等)。

6.1　基本原理与系统结构

6.1.1　基本原理

　　MiniVol 便携式气溶胶采样器主要是利用抽气泵不断地抽取空气,使之经过滤膜,滤膜过滤收集大气颗粒物样品,在实验室内进行化学成分分析。采样过程中需要控制流量,记录采样的总时间、采样时的温度和气压,通过气体方程计算得到流经滤膜的空气的标准体积,从而计算单位标准体积内化学成分的浓度。

6.1.2　系统结构

　　采样器的系统结构如图 6-1 所示,控制面板如图 6-2 所示。

6.1.3　性能指标

　　流量:0～10L/min,建议使用 5L/min。
　　电源:12V 直流电。

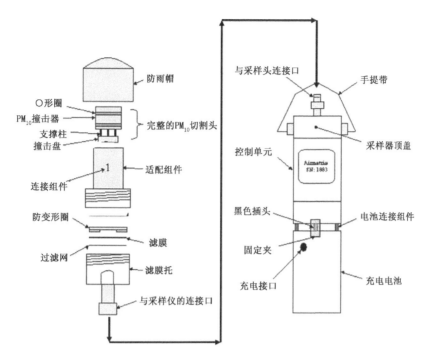

图 6-1　采样器结构图

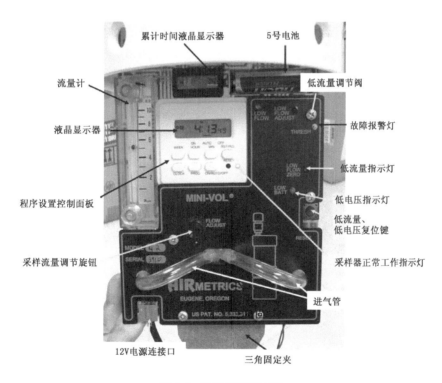

图 6-2　采样器控制面板

6.2　仪器安装

6.2.1　仪器安装

采样器属于室外工作仪器。选择一个相对高于周围环境的采样点(如房顶、观测塔顶等),其四周

30m 范围内没有局地污染(图 6-3)。

　　每次采样前用扎紧带或其他紧固材料将采样器固定在竖直杆上或水平放置在平整的表面或台架上(图 6-3、图 6-4)。当遇有大风等天气时,进行适当加固,确保采样器不被吹倒。

图 6-3　采样器固定在竖直杆上　　　　　　　　　图 6-4　采样器放置在平整表面上

6.2.1.1　擦拭采样头组件

　　采样头组装前,用低尘擦拭纸将切割头组件擦拭干净,主要包括过滤网、防变形圈、滤膜托、采样头连接组件等,如图 6-5 所示。

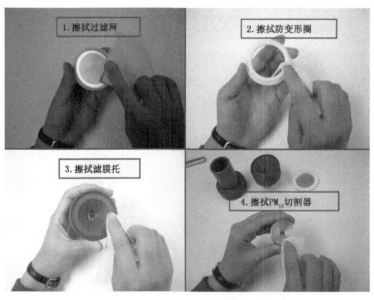

图 6-5　擦拭采样头组件

　　其中 PM_{10} 切割器不必每次采样前都擦拭,视当地污染状况而定,可以 3 个月或半年清洗一次。但是第一次使用采样器及每次将切割器清洗后,都需要进行清洗切割器及滴入硅酮液等操作(图 6-6)。

6.2.1.2　安装空白采样滤膜

　　在干净的室内(可以在净化工作台操作,如果没有工作台,可在普通的桌子上展开一片干净的铝箔作为工作台),取出一个新的空白滤膜,并在采样记录单上记录滤膜编号,用低尘擦拭纸将平头镊子擦拭干净(图 6-7),用镊子夹取空白滤膜边缘,将滤膜放入滤膜托内。然后将膜托压紧放入采样头内,拧紧。取出滤纸后的空滤纸盒盖好,放置在洁净处,用自封袋或锡箔包裹密封。

2.切割器清洗干净后,每次取少量硅酮用汽油稀释(按1∶2的比例),然后用滴管将硅酮液滴入撞击盘内,注意所滴入的硅酮液到达撞击盘边缘即可。

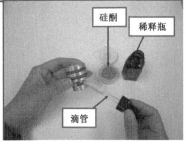

1.每3个月或半年清洗一次PM$_{10}$切割器,如上图所示,用酒精棉球擦洗撞击盘,尤其是撞击盘(箭头所示)需要擦洗干净,然后自然晾干。

图 6-6　清洗切割器及滴入硅酮液

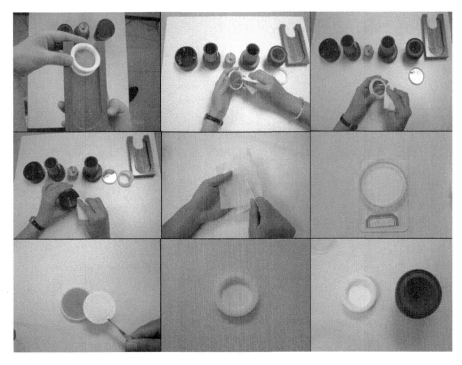

图 6-7　安装空白滤膜

6.2.1.3　切割头组装

采样头组装需要如下部件:①防雨帽;②③采样头适配组件;④PM$_{10}$切割器;⑤滤膜托;⑥过滤网及防变形圈。组装步骤如图 6-8 和图 6-9 所示。

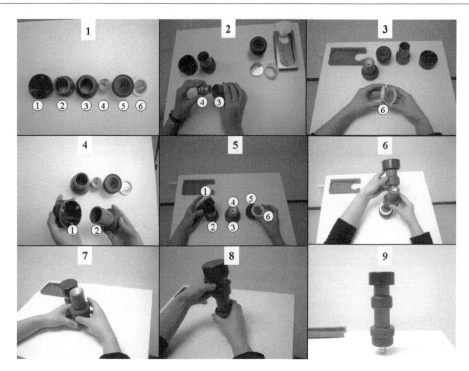

图 6-8　采样头组装

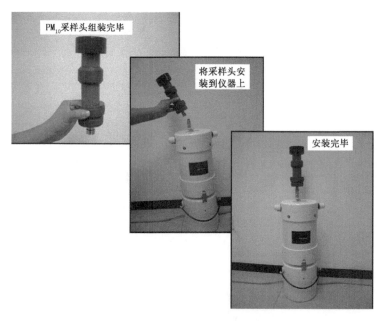

图 6-9　将采样头安装到采样器上

6.3　日常运行、维护和标校

6.3.1　日常运行

6.3.1.1　开机

　　将 12V 变压器与充电电池接口相连,如图 6-10 所示。不建议单独使用蓄电池供电,直接将 12V 变压器与充电电池接口相连,给采样器供电,具体操作如图 6-11 所示。

　　按下主机上的两个金属按钮,将主机上的盖子向上拉出,取出控制单元。

　　按下 ON/AUTO/OFF 键,液晶显示的底部有一个短线在"ON","AUTO"和"OFF"上循环水平移动,当移动到"ON"上,采样器启动,此时控制器上的红灯亮起;当移动到"AUTO"上,Mini-Vol 按照设定的时间自动启停;当移动到"OFF"上,采样器停止工作。

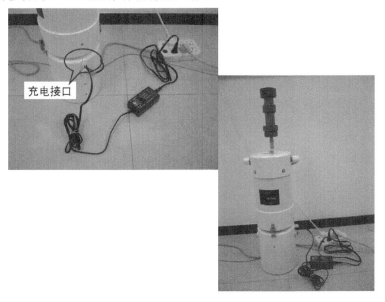

图 6-10　采样器供电设备

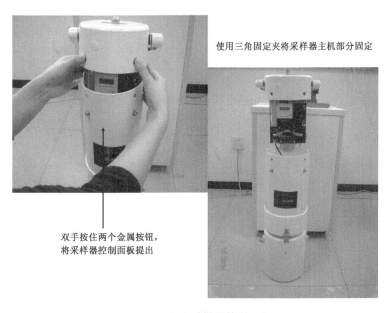

图 6-11　取出采样器控制面板

6.3.1.2　参数设置

　　当前时间设定的方法如下:

　　按住"CLOCK"键的同时按"WEEK"键直至正确的日期显示在液晶显示的顶部(以星期一到星期天的中文缩写显示,如表 6-1);按住"CLOCK"键的同时按"HOUR"键直至正确的小时显示,注意 AM(上午)和 PM(下午)是否正确;按住"CLOCK"键的同时按"MIN"键直至正确的分钟显示。

表 6-1　仪器的星期显示

Mo	Tu	We	Th	Fr	Sa	Su
星期一	星期二	星期三	星期四	星期五	星期六	星期天

启停时间设定的方法如下：

按下 PROG 键，1^{ON}会显示在液晶显示器的左下角，表示第一个采样周期启动时间开始设定。按下 HOUR 和 MIN 键设定启停时间，按下 WEEK 键选择启动的日期。输入启动时间后按下 PROG 键，1$_{OFF}$会显示，表示第一个采样周期的停止时间开始设定，按下 HOUR，MIN，WEEK 键设定停止时间。设定完毕后按 PROG，2^{ON}会显示，表示第二个采样周期的启动时间开始设定，重复以上操作，可输入 6 次启动和停止时间。全部输入完毕后，按 PROG 确认。

注意：按 RST/RSL 键可取消或恢复所有的时间设定。如果取消所有设定，会出现"——"，再按一次会恢复。当取消时间设定时，启动和停止时间都需要取消，按 CLOCK 键可返回到当前时间状态。

按下 ON/AUTO/OFF 键，直至液晶显示器的底部的短线停在"AUTO"上，采样器按照设定的时间自动启停。

注意：如果采样时间设置成上午 9：00，而时间已到，采样工作还没有准备完毕，此时必须将 ON/AUTO/OFF 键，手动调到"ON"的位置，等采样器启动后，再将其调回"AUTO"状态，这样采样器就会在指定的时间停止工作。

6.3.1.3　关机

关机前应检查流量是否正确。在采样记录单上记录采样结束时间以及累计时间。

如果仪器处于自动采样状态，则会按照设定的时间自动停止。

如果仪器处于手动采样状态，则将 ON/AUTO/OFF 键手动调到"OFF"的位置，采样器即停止工作。

将控制面板放回采样器内，盖上仪器盖。将采样头和采样器一同移回室内。采样头与采样器连接口用塑料密封袋密封。

6.3.1.4　取样

如图 6-12，将采样头放入干净室内，用低尘擦拭纸将镊子擦拭干净，将采样头上的滤膜托拧下，用取膜器将防变形圈与过滤网分离。用中指将过滤网轻轻抬起，用平脚镊子夹取滤膜边缘取出滤纸（采样后的样品滤纸应该比空白滤膜灰些，依大气污染状况而定，因此样品滤膜应有一圈白色边缘，夹取滤膜时一定要夹白色边缘，有样品的一面朝上），放入原空膜纸盒中（切记样品滤膜一定要放入最初取出空白滤膜的盒内）。用铝箔将滤膜盒包好放入塑料自封袋中，放入冰箱内储存。

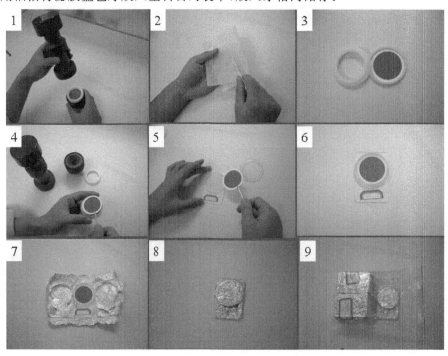

图 6-12　取样

6.3.2 采样要求

6.3.2.1　采样头

采样器配备了两种采样头。大气成分站的观测选择 PM_{10} 采样头(银白色)。操作高度为 1.5m 左右,以便于操作为宜。

6.3.2.2　采样时间

每次采样累计时间:24 小时。上午 9 点至次日上午 9 点。如采样期间中断,确保采样累计时间不少于 18h,样品才有效。

注意:采样器不具备防雨功能,如遇降水天气,降水量较小的情况下,可以将采样器放置桌子下面,但保持四周气流畅通。如降水量较大,停止采样。如遇阵性降水,可暂停采样,待降水停止后,可继续采样,此时不需要更换滤膜,只需将采样器重新开启。

6.3.2.3　采样频率

每周一和周四各采一次,如遇强降水天气,可顺延采样时间。

6.3.2.4　采样滤膜

大气成分站选用 47mm 石英纤维滤膜。

6.3.2.5　电源

为确保采样器持续工作,建议使用交流电连接采样器电池充电接口。要注意电源插座防水,可用塑料袋将电源插座系紧。

6.3.2.6　采样记录

每次采样,均应完成记录单的规范填写,见附录。逐项说明如下。

6.3.2.7　采样日期

采样日期记录为开始采集样品的日期。

6.3.2.8　样品号

样品号为使用的样品滤膜编号,即贴在滤膜盒上的标签号码。

6.3.2.9　开始时间

开始时间为采样开始时间,如设定自动工作情况下,开始时间为上午 9:00。注意:如果事先设置的采样时间已过,按照实际采样开始时间填写。

6.3.2.10　结束时间

结束时间为次日结束采样时间,如设定自动工作情况下,结束时间为上午 9:00。

6.3.2.11　初始累计时间

初始累计时间为采样开始前控制面板上端的液晶显示器所显示的数字。

6.3.2.12　结束累计时间

结束累计时间为采样结束后控制面板上端的液晶显示器所显示的数字。如果采样器中间没有中断,按照正常的启停时间工作,那么结束的累计时间与开始累计时间的差值应该为 24(h)。

6.3.2.13　采样开始当天的日平均温度

采样开始当天的日平均温度为本站地面气象数据记录中当天的日平均温度。

6.3.2.14　采样开始当天的日平均气压

采样开始当天的日平均气压为本站地面气象数据记录中当天的日平均气压。

6.3.2.15　天气现象

天气现象可简单描述,能见度为必填项,可以使用目测或器测两种能见度表示方法。如遇降水、大风、沙尘暴等天气现象也需填入表格。

6.3.2.16　观测人员

观测人员为采样过程中的实际操作人员。

6.3.2.17　备注

如发现任何问题,在备注栏内记录。

采样之前或之后如发现空白滤膜有破损或不慎将滤膜掉落,务必另取新的完好无损的空白滤膜,并在采样记录单上记录滤膜编号,并注明滤膜破损或不慎将滤膜掉落,无法使用,将破损滤膜放入原盒内,待随样品滤膜寄回。

采样后,取样品滤膜时,如发现滤膜上有小飞虫,要在记录单上记录滤膜编号,并注明滤膜上有小飞虫,用镊子将小飞虫取下,注意不要破坏滤膜,将样品滤膜放入原盒内,待随其他滤膜寄回。

由于石英滤膜比较脆弱,夹取滤膜要小心轻放,如由于用力过大,不慎将小片滤膜夹破:1)如此种情况发生在采样前,更换新的完好无损的滤膜;2)如果此种情况发生在采样后,应将小片滤膜放入滤纸盒内(不能将小片滤膜丢失,否则会影响滤膜称重),并在采样记录单上注明,滤膜不慎被夹破。

采样记录单用 A4 纸打印,现场采样记录均使用纸质记录单,当天采样记录完毕,信息需电子化,输入 EXCEL 表格。电子版表格与纸质表格相同。记录单原件留存台站,复印件随样品每两个月寄回大气成分观测与服务中心。

6.3.3　日常巡视

采样期间,应定时巡视采样器是否正常工作。一般下午 15 时和晚 20 时各巡视一次。巡视时,应打开采样器,观察仪器的泵是否工作,流量显示是否为 5L/min。如有异常情况,应及时处理。

6.3.4　维护

气溶胶滤膜采样设备使用维护要求见表 6-2。

表 6-2　气溶胶滤膜采样设备使用维护要求

工作任务	主要内容	相关要求
1. 采样及记录	样品采集及相关信息记录	按观测技术要求,每周二、四各采集一个样品,全面、准确、详细地记录采样信息,包括采样膜编号、采样时间、周边环境情况等
2. 采样膜保存	妥善保管未使用采样膜和采样后膜片	采样前后,采样膜均应用锡纸密封后,保存于冰箱;对采样和未采样的膜进行分类保存和标记
3. 采样膜寄送	采样膜及相关记录寄送	每 2 个月寄送一次采样膜及相关记录
4. 仪器运行状况	采样流量检查	采样期间,定期检查采样流量,正常时流量为 5L/min
	采样泵的声音是否异常	无不正常噪声或声响
	充电电池供电情况检查	采样期间,随时检查电池供电情况,如电力不足,及时使用充电器充电
	检查采样器时间	与标准时间的偏差范围为 30s,超出时,应及时调整,或重新启动数据采集程序
	采样器设置	采样前,应检查采样器采样设置是否正确

6.3.5　校准

由中国气象局气象探测中心定期进行流量标定。

6.4　故障处理

6.4.1　采样器不慎进水

如采样器不慎进水,则应立刻关闭仪器,查看流量计和进气管是否进水。如果是少量水,用吸耳球吸出,然后自然晾干即可;如果进水较多,用电吹风吹干,直到流量恢复正常。

6.4.2　采样器停止工作

如采样器无故停止工作,则应查看采样器后侧的黑/灰色橡胶气囊是否破裂。如果有破裂,用强力胶水黏合即可。仪器使用时间较长会导致橡胶气囊老化,如果无法继续使用,可以更换备用气囊(图 6-13)。

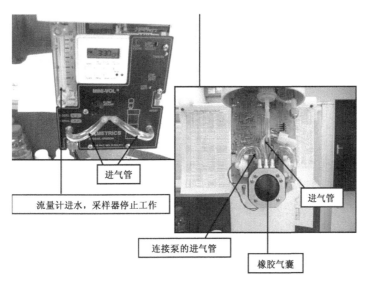

图 6-13　采样器可能故障指示图

6.4.3　其他异常情况

如遇到其他无法自主解决的异常情况,则应将问题和已采取的操作详细记录,及时上报技术保障部门。

第 7 章　FD12 型能见度仪操作技术手册

　　自 20 世纪 70 年代以来,由于世界各大城市的空气污染日益严重,导致城市大气能见度降低,成为公众和环保部门关注的焦点问题之一。能见度过低会严重地妨碍城市地面和空中交通,引发意外事故,造成重大经济损失或人员伤亡。导致能见度降低的主要成分来源是:机动车尾气排放、生物质燃烧(国内供暖燃柴、动力燃柴、林火)、工业和乡村灰尘。因此,对大气能见度的观测具有重大的现实意义。

　　能见度(visibility)指具有正常视力的人在当时的天气条件下能够看清楚目标轮廓的最大距离,或目标的最后一些特征已经消失的最小距离(在当时天气条件下,正常人的视力能将目标物从背景中区别出来的最大距离。常以米或千米为单位)(此定义引自"气象行业标准·气象仪器术语")。按照这种定义进行的目测型观测方式目前正被广泛采用,然而,这种方式存在诸多缺点,受许多主观和物理因素的影响。例如,如果观测者没有充足的时间使其眼睛适应观测条件时,会出现很大误差,尤其是在夜晚更为显著。能见度是大气透明度的鉴定值,而大气透明度作为基本的气象量可以客观地测量,并可用气象光学视程(MOR)或称气象能见度表示。世界气象组织(WMO)将 MOR 作为表示大气可视程度的基本参数。

　　MOR 可以通过测量光的衰减程度来测量,而光的衰减是由于光的吸收和散射造成的。因此,用于测量 MOR 的仪器可分为两类:(1)测量水平空气柱的消光系数或透射系数;(2)测量小体积空气对光的散射系数。Vaisala 公司生产的 FD12 型能见度仪(图 7-1)属于第 2 种,是目前中国气象局沙尘暴站网普遍采用的一种能够进行全自动观测的能见度测量仪器。

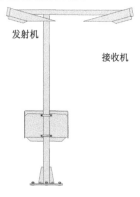

发射机

接收机

图 7-1　FD12 型能见度仪

7.1　基本原理和系统结构

7.1.1　基本原理

　　FD12 型能见度仪(以下简称 FD12)是一种前散射测量仪器。它的核心部件包括发射机(FDT12),接收机(FDR12),控制板(FDP12)和内部连接电缆等。发射机持续发射红外光脉冲,被透镜聚焦后经大气中的颗粒物散射,接收机透镜将散射光收集到光二极管上并对其强度进行检测,最后将检测得到的信号发送到 CPU 上,通过特定的算法转化为气象光学能见度(图 7-2)。

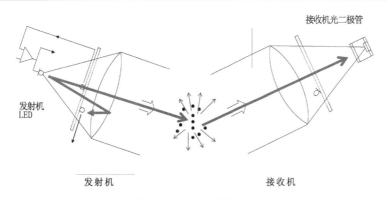

图 7-2　FD12 测量原理

FD12 的测量周期为 15 s,而计算其平均值时需要先根据公式(7.1)换算成消光系数(σ),对 σ 进行算术平均,再转换成 MOR 才得到能见度平均值。

$$\sigma \cdot 1000 \text{ m} = \frac{3000 \text{ m}}{MOR} \tag{7.1}$$

7.1.2　系统结构

FD12 由三个主要部件构成(图 7-3):

(1)传感器横杆(FDC115):包括光学部件、发射机、接收机和装有加热器的保护罩等。

(2)电子元件箱(FDB12):包括 CPU、电源、AC/DC 转换器和可选用的调制解调器板等。

(3)风杆:包括固定在地面或其他平面里的机械部件。

发射机和接收机的透镜总是在向下 16.5°方向的直线上,使其免受尘土、雪和雨的污染。所得到的散射测量角为 33°。电子元件箱一般安装在支撑传感器横杆(接收机/发射机)的风杆上。

图 7-3　FD12 主要部件

7.1.2.1　发射机(FDT12)

发射机由红外光源、控制和触发电路、光源强度监测器、后散射接收机和模拟多路调制器等部分组成(图 7-4)。红外光源以 2.3 kHz 的频率发射红外光脉冲。PIN 光二极管用来监测发射光的强度。

7.1.2.2　接收机(FDR12)

接收机由光接收器、前置放大器、电压/频率转换器、后散射测量光源和一些控制及计时电子元件组成(图 7-5)。接收机接收 PIN 光二极管用来检测散射后的发射光脉冲。与发射机同步的相敏或相位敏感用来过滤和检测脉冲信号的电压。

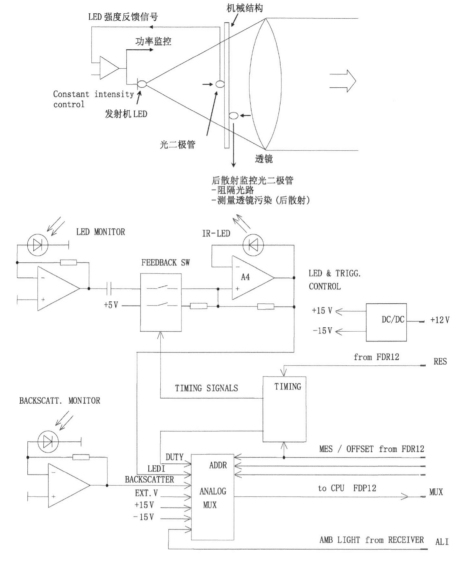

图 7-4　发射机构造和电路图

7.1.2.3　控制板(FDP12)

控制板由微处理器、通信接口、存储器、频率测量电路、监视器、监控电路和 D/A 转换器组成(图 7-6)。控制板利用英特尔 8031 微处理器进行数据获取和内部控制。此外,控制板还可以通过串行 RS232 口进行通信。存储器包括 512 bit EPROM 和 256bit 静态 RAM,分别用于程序编码和数据、工作参数。频率测量电路用来测量光学信号。

7.1.3　技术指标

7.1.3.1　机械指标

尺寸:2100 mm×1530 mm×380 mm

重量:49 kg(含风杆的安装底盘)

材料:铝(经阳极化处理),自然灰色

7.1.3.2　电力指标

主电源:115/230VAC ±20%,45~65Hz

电耗:最大 130VA(30VA+100VA 去霜加热器)

7.1.3.3　光学指标

(1)发射机

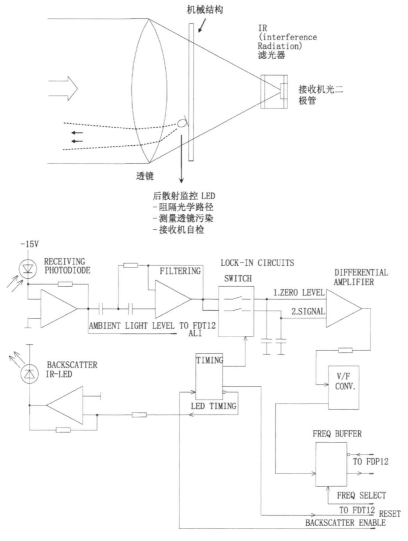

图 7-5　接收机构造和电路图

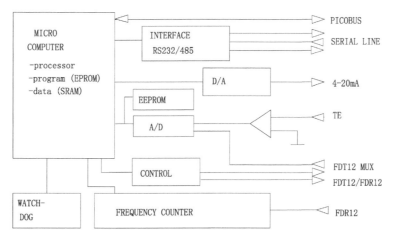

图 7-6　控制板结构示意图

光源:近红外光发射二极管(LED)

峰值辐射能量:40 mW

峰值波长:875 nm

调制频率:2.3 kHz

发射机透镜直径:71 mm

参照光二极管:用于光源控制

后散射光二极管:用于污染和遮蔽物测量

(2)接收机

光二极管:PIN 6 DI

光谱回应:最大响应在 850 nm,0.55 A/W

接收机透镜直径:71 mm

后散射光源:近红外 LED

7.1.3.4　操作指标

MOR 的测量范围:采用 1min 平均值时测量范围为 10～15000m,采用 10min 平均值时测量范围为 15000m～50km。

精度:10～10000m 范围内测量精度为±10%,10000～50000m 范围内测量精度为±20%。

散射测量精度:±4%。

时间常数:60s。

更新间隔:15s。

7.1.3.5　环境指标

温度范围:-40～+50℃。

湿度范围:0%～100%RH。

允许最大风速:60m/s。

太阳方位:避免直接或反射到光接收机上的太阳光。

7.2　安装调试

7.2.1　安装

7.2.1.1　发货和存放

FD12 一般分三个箱子发货,主要包括以下部件:

(1)横杆 FDC115,包括光学部件

(2)电子元件箱 FDB12,带防辐射罩

(3)风杆 30513

注意:有光学部件的箱子需小心抬放。不应从高于地面 5cm 的地方扔下箱子任何一端。

仪器应带包装存放在干燥条件下,存放环境的温度为-40～70℃,相对湿度低于 95%。

7.2.1.2　场地选择

FD12 型能见度仪安装的地点应能代表周围的天气状况。因此,选择场地应符合以下要求:

(1)安装位置周围 100m 内不应有高大的建筑物。树木可能会造成微观气候的改变,因此应避免安装在树木的阴影下。

(2)安装场地不应有影响光学测量的障碍物和反射表面,也不应有明显的污染源。

(3)发射机与接收机的视野范围内不应存在障碍物(图 7-7)。这是因为,如果发射光束从障碍物上反射到接收机上,反射信号和真正的散射信号无法分辨,导致得到错误的 MOR 值。可以通过旋转传感器横杆来检测有无影响测量的反射:任何反射都会根据横杆的方位而变化,能见度读数也将相应改变。

(4)发射机和接收机的光学部件不应受到强光源的直射(如太阳)或反射(如冰雪反射面)。这是因为,强日光可能使接收机线路饱和,并增加接收机的噪声水平。因此,在北半球安装时应使接收机面向北,在南半球则相反(图 7-8)。另外,应避免强闪光灯的照射。有时可以根据实际情况采取屏蔽或挡板。

(5)发射机和接收机应背对任何明显的污染源(如汽车尾气)。这是因为,污染源可能污染透镜,从

而导致测量的 MOR 值错误。

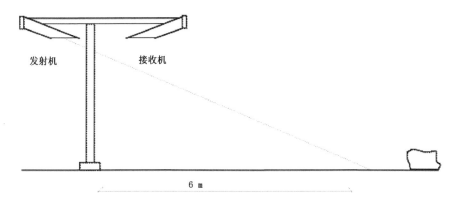

图 7-7　发射机与接收机之间不应存在障碍物

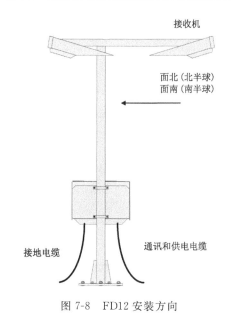

图 7-8　FD12 安装方向

7.2.1.3　接地

为了保护仪器的电力单元免受闪电损害,并防止无线电频率干扰,必须进行设备接地。

7.2.1.4　外部接地

根据实际情况,将一至四个铜膜钢杆插入地面以下,然后利用 16 mm² 的带护套接地电缆将仪器的接地夹连接到钢杆(图 7-9)。

注意:

(1)将接地杆安装得离风杆尽可能近。

(2)接地杆长度取决于当地地下水水位。接地杆的末端应保持接触潮湿土壤。

(3)摇表测量的电阻必须小于 10Ω。接地质量可以用摇表来检测。电源接线盒(12597LP)和信号接线盒(12596LP)必须也采用上述方法接地。

7.2.1.5　室内测试时的接地

当在室内对仪器进行测试时,PC 数据记录器、FDC21 显示器等远程设备需要临时接地,此时可利用仪器附件中的一个 2m 长的电源电缆,该电缆有一个接地插头。

7.2.1.6　电缆连接准备

(1)电源电缆

FD12 提供一根 2m 长的电缆作为电源电缆。如果长度不够,则需要一根延长电缆。延长电缆应为铠装地下型。对于 230VAC 的电源电压,推荐采用的电源电线横截面积见表 7-1。对于 115VAC 电压,最大距离应除以 4。

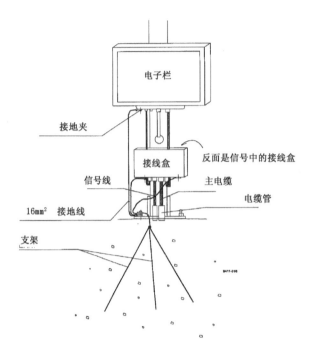

图 7-9　FD12 接地方式

表 7-1　电源电缆选择

距离电源的最大距离	一根线横截面积	最近的 AWG 表	典型的未铠装电缆直径
2km	1.5mm²	No 15 AWG	10 mm
4km	2.5mm²	No 13 AWG	14 mm
8km	4.0mm²	No 11 AWG	18 mm

注意：直径不大于 12mm 的电缆需要一个独立的接线盒，可以从 Vaisala 公司订购。

（2）通信电缆

FD12 提供 RS232C、RS485、CCITT V.21 调制解调器和模拟传输接口，在安装前根据通讯需要进行选择。通信方式取决于计算机或显示器与 FD12 之间的距离以及 FD12 传感器的数量，见表 7-2。

表 7-2　通讯方式的选择

电缆长度	一个 FD12	几个 FD12 在线
＜ 150m	RS232	RS485,调制解调器
＜ 500m	RS485,调制解调器	RS485,调制解调器
＞ 500m	调制解调器	调制解调器

对于调制解调器和 RS 信号电缆使用一个屏蔽的 2mm×0.22 mm 双绞电缆，最小直径 5 mm。

7.2.1.7　基座准备

FD12 应安装在一个专门浇筑的水泥基座上，或可利用已有的稳固基座。基座最小尺寸如图 7-10 所示。

基座螺丝最好在浇筑基座时安装好，步骤如下：

（1）用 6 个 M16 螺帽将三个加强板紧固到基座螺丝下端见图 7-11（上部）。

（2）用 6 个螺帽将基座固定到基座螺丝上端。

（3）如图 7-11 所示将装置放入水泥基座中。

（4）当水泥固化后，移开模板。

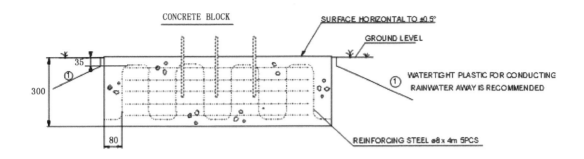

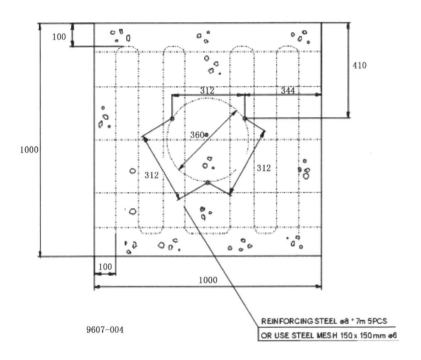

图 7-10　水泥基座

如果基座上没有安装螺丝,必须为楔形螺栓在水泥上钻三个孔,步骤如下:

(1)使用模板钻三个直径 20 mm 的孔,最小深度 65 mm,参见图 7-11。移去模板,清洁孔内。

(2)将基座螺丝拧紧到楔形螺栓上,放在孔中,楔形螺栓在下面。

(3)锤打并紧固几次突出的螺丝螺纹,直至楔形螺栓与孔壁结合。

7.2.1.8　组装仪器

(1)安装底盘,并调节 6 个 M16 螺帽使之水平。

(2)用 4 个 M10 螺栓将风杆基座和倾斜支撑安装到底盘上(图 7-11,俯视图)。

(3)用两个夹子和 4 个 M6 Allen 螺丝将电子元件箱装在风杆上。

(4)倾斜风杆。见图 7-12。

(5)将横杆电缆装入风杆。

(6)检查确认在横杆的插入颈上有一个薄橡胶垫圈。

(7)连接横杆电缆插头和 MIL 接头(图 7-13)。连接接地平接头和地面终端插头的其他销钉。

(8)将横杆插到风杆上,用两个 8 mm 螺栓将其在正确位置上锁定。

(9)将风杆竖立。

7.2.1.9　连接电缆

组装仪器完毕后,需要将现场的电源和信号电缆连接到接线盒上。

基本电路连接步骤如下:

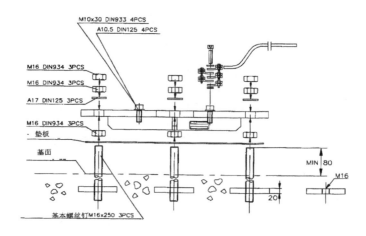

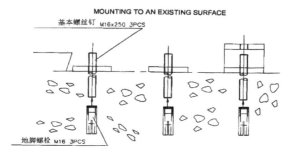

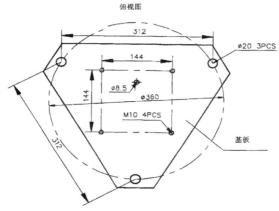

图 7-11 FD12 基座固定方式

(1)电子元件箱包括一个电源电缆,移开插头。

(2)将电源线连接到接线盒中的螺丝上或将电源线直接带到电子元件箱中。电子元件箱有电缆出口,直径为 10~12mm。

(3)通过独立的导线器穿入 N 线(一般为蓝色)和保护地线 PE(一般为黄色/绿色)。

注意:连接电缆前应检查 FDW13 电源供应的电压设置(115VAC 或 230VAC)。

(4)将通信电缆穿过两个电缆引线之一。

(5)连接通信线路。

7.2.2 调试

7.2.2.1 快速启动

(1)打开电源供应 FDW13 上的主开关。

(2)正常情况下,CPU 板上红色 LED 亮几秒钟后,绿色 LED 开始闪烁。

(3)FD12 输出如下:VAISALA FD 12 V 2.XX 19YY MM DD SN:ZZZZZZ

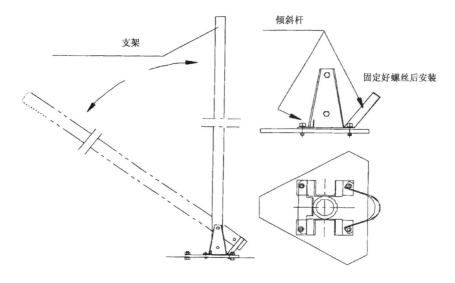

图 7-12　倾斜风杆

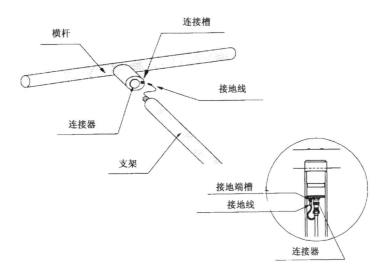

图 7-13　内部接地连接线

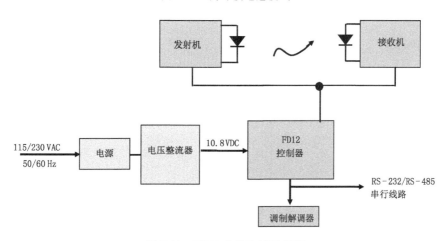

图 7-14　FD12 电缆连接示意图

（4）等候 1min，然后用命令 OPEN 进入命令状态。用 STA 命令检查，检测没有硬件故障或警告。

（5）键入 CLOSE 进入自动信息状态，在显示器上每 15s 出现一条信息。

7.2.2.2　初始设置

在自动气象观测系统中,FD12能见度仪通常与主机或数据记录仪相连。在完成物理连接后,可以在FD12软件中配置通讯参数。

按缺省设置,传感器每15s通过串口传送一条新的ASCII数据信息。用户可以改变数据间隔和类型。

串行通讯设置按照以下参数:

300 baud(缺省设置)

Even parity

7 data bits

1 stop bit

(1)为了进行RS232通讯,将信号线与CPU板FDP12上的螺丝终端X18连接(无需CTR线)。见图7-15。建议RS232电缆最大长度为15 m。

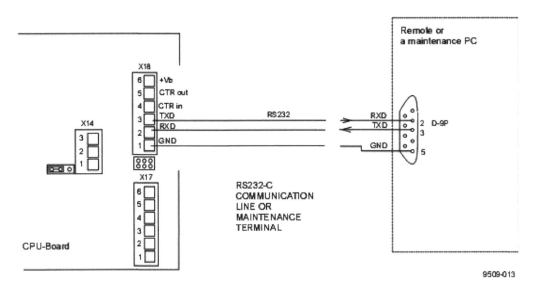

图 7-15　RS232 连接

(2)串行多点传输RS485允许多台FD12通过一个单双绞线与主机进行通讯。将信号线与CPU板上的4柱螺丝连接头X21连接。见图7-16。

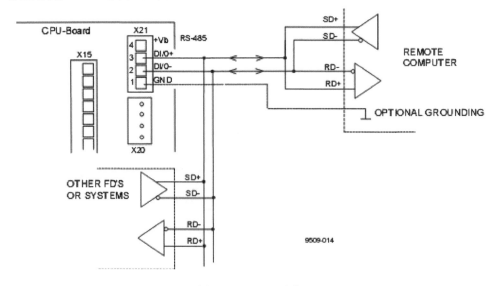

图 7-16　RS485 连接

（3）调制解调器 DMX21 是一种 CCITT V.21 调制解调器，在 300bit/s 下工作。将信号线与 MO-DEM LINE 1 和 2，以及接口板 16127FD 上的螺丝终端 7 和 9 连接。见图 7-17。

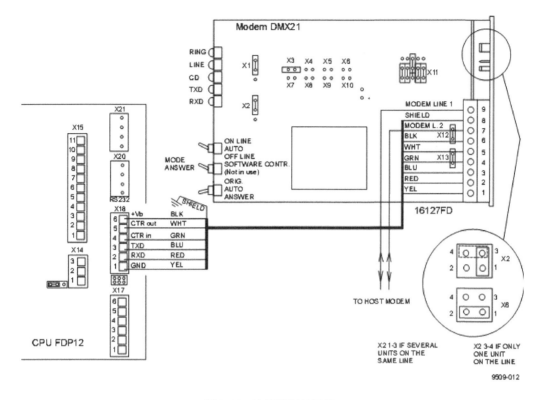

图 7-17　连接调制解调器

（4）对于 4～20mA 模拟能见度测量，只需两根线。将来自远程或内部供应的电压（$+V_b=12V$ 或 $+V_{bb}=23V$）与电阻 R（如 100Ω）相连。将信号线与 CPU 板上的螺丝接头 X20 柱 3"sink"连接。在图 7-18 中，使用远程电压供应，返回信号从柱 4"gnd"传导。

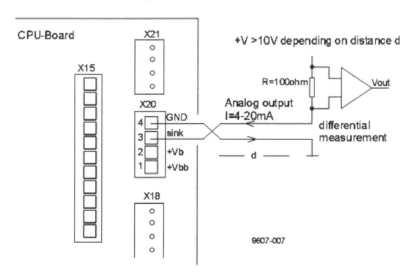

图 7-18　模拟电流回路

（5）任何配有终端模拟软件的计算机或带 RS232 串行接口的 VT 100 兼容终端均可用作 FD12 的维护终端。选项维护电缆为计算机提供一个 25 针 D 接头，为 FD12 提供一个 6 针接头。从 X18 上断开串行线螺丝接头或调制解调器连接电缆（或 RS485），然后将维护电缆插入 X16。参考图 7-15（RS232），图 7-16（RS485），图 7-17（调制解调器）。另一种方法是使用 X18 螺丝接头将合适的串行电缆连接到计算机或终端上(图 7-15)。

7.2.2.3　背景亮度选项

（1）LM11 背景亮度表

LM11 在 RVR 应用中提供了测量周围光水平或背景亮度的方法。连接 LM11 和 DRI21 接口板的线路图和 LM11 在横杆上的位置如图 7-19 所示。如果 FD12LM11 是和 FD12 一起订购的，则 LM11 传感器出厂时已安装完毕。

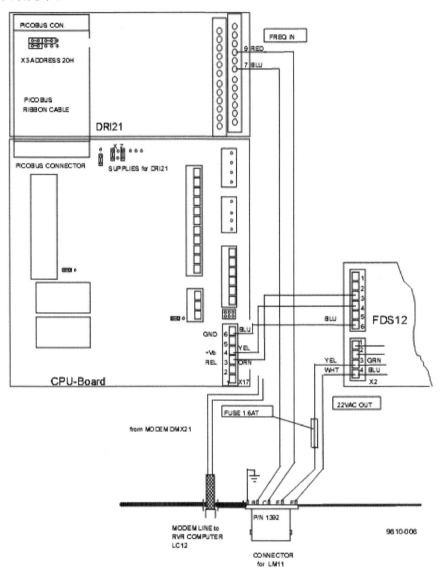

图 7-19　LM11 安装和连接

（2）白天/黑夜传感器

在某些应用中，有必要从测量的 MOR 中计算特定的夜晚能见度值。在这些情况下，一个简单的白天/黑夜光旋钮就足够用于分辨白天和黑夜的周围光状况。旋钮可以连接到 FDP12 处理板上的串口控制输入上，见图 7-15。正电压说明是黑夜，FD12 输出信息中的背景亮度值设为 0。负电压或断路说明是白天，亮度值设为 1。

7.3　日常运行、维护和标校

FD12 是一种全自动仪器，按照出厂设置运转即可，无需用户进行更改。一般情况下，能见度仪向计算机终端自动发送观测数据。必要时也可以通过计算机终端向能见度仪发送指令来获取相关信息（图 7-20）。

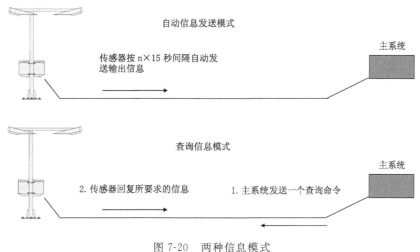

自动信息发送模式

主系统

传感器按 n×15 秒间隔自动发
送输出信息

查询信息模式

主系统

2. 传感器回复所要求的信息　　　1. 主系统发送一个查询命令

图 7-20　两种信息模式

7.3.1　系统控制

FD12 系统参数可以通过配置命令来设置。其他命令可以用来显示系统状态和其他维护数据。对系统进行命令控制有两种方法：一种是直接用计算机自带的超级终端配置好通讯参数后发送控制命令，另一种是用华云公司开发的软件进行控制。

7.3.1.1　超级终端方法

命令的一般格式如下：

COMMAND par 1…par n ⏎

其中，COMMAND 为用户给出的 FD12 命令，par 1…par n 为命令中可能的参数，⏎ 表示按 Enter 键。

注意：

命令中的所有参数需要彼此用空格键分开。

每个用户命令都必须用"Enter"键结束。

本手册中，系统输出用 COURIER 字体表示，如 BACKSCATTER INCREASED。

（1）OPEN 命令

OPEN 命令用来打开命令状态。

如果没有确定设备识别号（id），则可键入

OPEN ⏎

如果确定了 id，如 A，则键入

OPEN A ⏎

如果确定了 id，但忘了 id 是什么，则键入

OPEN˄C⏎

其中"˄"为 Ctrl 键。

此时 FD12 回答：

LINE OPENED FOR OPERATOR COMMANDS

如果 60 秒内没有输入命令，FD12 将自动关闭命令状态。

（2）CLOSE 命令

CLOSE 命令用来关闭命令状态，释放串口给自动获取数据状态。

键入：

CLOSE↵

FD12 回答：

LINE CLOSED

（3）HELP 命令

HELP 命令用来获取可用命令的信息。

```
>HELP↵
COMMAND SET
OPEN—ASSIGNS THE LINE FOR OPERATOR COMMANDS
CLOSE—RELEASE THE LINE FOR ATUTOMATIC MESSAGES
MES—DISPLAY DATA MESSAGE
AMES< NUMBER> < INTERVAL> —AUTOMATIC MESSAGE NUMBER/INTERVAL
STA-DISPLAY STATUS
PAR- PARAMETER MESSAGE
CONF< PASSWORD> - UPDATE CONFIGURATION
CLEAN- SET CLEAN REFERENCES
```

```
CHEC- DISPLAY AVERAGE SINGAL
CAL< CALIBRATOR FREQUENCY>
ACAL- ANALOG OUTPUT CALIBRATION
TIME< HH MM SS> - SET/DISPLAY SYSTEM TIME
DATE YYYY MM DD- SET/DISPLAY SYSTEM DATE
BAUD< RATE>  RATE 300, 1200, 2400, 4800, 9600
AN CHANNEL    (0,1,3,8… 15 OR ANALOG ID)
DAC< DATA>  (WITHOUT DATA= SWEEP)
RESET – HARDWARE RESET BY WATCHDOG
BLSC – SET/DISPLAY BACKGROUD LUMINANCE SCALE
```

（4）MES 命令

一般操作者只使用 MES 和 STA 命令来监控和报告系统执行情况，其他命令则在安装、维护和故障检查时使用。

在 OPEN 命令状态下，可以用 MES 命令显示 FD12 的信息。**命令格式为：**

MES Message_number ↵

其中，Message_number 为信息编号。如果没有指明信息编号，FD12 将显示缺省信息。缺省信息为自动或查询状态用 AMES 命令选择的信息。

选择不同的信息编号得到的信息见附录。

（5）AMES 命令

AMES 命令用来确定 FD12 是按自动信息发送，还是按缺省设置的查询信息发送。命令格式为：

AMES Message_number Message_interval ↵

Message_interval 为信息间隔，即相邻两次的测量间隔。如果给出命令时不带任何参数，则显示当时的选择项。如果只指定信息号而未指定信息间隔，则使用以前的间隔设置。

信息号对应信息用 MES 命令来查询。如果指定的信息号码小于 0，则均按 0 处理。

信息间隔时间应为 15s 的倍数,例如 15s、30s、45s 等。若指定的间隔不是 15s 的整数倍,则会自动化整为 15s 的倍数。负数或零间隔表示忽略自动发送。最大发送间隔为 255s(即 4min15s)。

(6)FD 命令

FD 命令用来查询信息,格式为:

<ENQ>FD id message_number<CR>⏎

其中,<ENQ>为 ASCII 编码号 5(Ctrl E),id 为配置中选择的识别号,message_number 为信息编号。若省略信息编号,**传感器则采用 AMES 命令所选的缺省设置信息回答。例如:**

<ENQ>FD<CR>⏎ 。用于仅一台 FD12 在线的情况(无需设置 id)。

<ENQ>FD 2 3 <CR>——用于向 2 号 FD12 设备(id=2)查询 3 号信息时。适用于几台设备在同一条线上的情况。

仪器回答的信息格式为:

< SOH> FD id< STX> message text< ETX> < CR> < LF>

其中<SOH>为标题字符的 ASCII 起始符,<STX>为文本字符的 ASCII 起始符,<ETX>为文本字符的 ASCII 结束符,<CR>为 ASCII 回车符,<LF>为 ASCII 行输入符。信息文本取决于所选的输出信息。

当在同一线上有多个设备时,被指定的设备在确认询问后,将调制解调器(DMX21 选项)载波设置为"开"。这种载波开启会导致在<SOH>符前出现一些乱码,FD12 会在打开载波后等待 100 ms 再开始发送信息。当 FD12 发送信息时,会将载波关闭,这时也会产生一些乱码,但主机会将此忽略。

(7)STA 命令

STA 命令用来显示来自内置测试系统的结果。命令格式为:

STA⏎

例如:

```
>STA⏎
FD12 STATUS
SIGNAL    0.71 OFFSET    127.58 DRIFT   - 0.04
REC. BACKSCATTER   1642 CHANGE   *  240
TR.BACKSCATTER      2.0 CHANGE      0.0

TE    25.0  VBB    18.4   VH     0.8
LEDI  + 1.4
P15   15.0  M15  - 14.8  BGND   - 0.1
AMBL  - 0.2 DUTY    1.5
BACKGROUND LUMINANCE   543.0#
HARDWARE:
BACKSCATTER INCREASED
```

只有在背景亮度系数(BLSC)大于或等于 0 时,才显示背景亮度值。星号(*)表示一个值超过了可接受的限制。

在状态信息结束时,对检测到的问题会有相应描述。在上述例子中,接收机透镜受到了污染,后散射信号比参照值(用 CLEAN 命令设置)提高 240 个单位。常见描述如下:

1)硬件故障文本

BACKSCATTER HIGH——接收机或发射机污染信号改变值高于配置中给出的 ALARM 限制。

TRANSMITTER ERROR——LEDI 信号大于 7V 或小于-8V。

±15V POWER ERROR——接收机或发射机电源小于 14V 或大于 16V。

OFFSET ERROR——偏离频率为零（断开电缆）。

SIGNAL ERROR——信号频率低于偏离频率的 50%。

EEPROM ERROR——EEPROM 检查和故障。

2）警告

BACKSCATTER INCREASED——接收机或发射机污染信号改变值比配置中选择的 WARNING 限制值大。

TRANSMITTER INTENSTIRY LOW——LEDI 信号小于 -3V。

RECEIVER SATURATED——AMBL 信号小于 -9V。

OFFSET DRIFTED——偏离频率比配置中设置的参照值漂移超过 ±2.5Hz。

（8）CONF 命令

FD12 有一个模拟输出通道，由一个 12bit 数字-模拟转换器（DAC）控制。DAC 输出与能见度成线性或对数比例。输出范围和状态由用户在配置期间定义。输出值每 15s 更新一次。CONF **命令用于选择线性或对数（自然）状态和能见度范围。**

（9）ACAL 命令

ACAL 命令格式如下：

ACAL↵

　　得到的仪器回答为：

MEASURED CURRENT（mA）22.16（**举例**）

MEASURED CURRENT（mA）4.52

DAC 输出电压可以转换为电流，再通过软件校准，使 4mA 对应最小能见度，20mA 对应最大能见度或更好的能见度。最大和最小能见度值在配置期间设置。0mA 表示出现故障。ACAL 命令可以在 DAC 上设置两个比特值即 4000 和 800，然后用万用表测量相应的电流值。由软件计算确定比特值和电流值之间的模拟输出比例系数 Scale 0 和 Scale 1。计算方法如下：

$$Scale\ 0 = 4 \times [(4000 - 800)/(高电流 - 低电流)]$$

Scale 1 的计算取决于所选的状态。**在线性状态下：**

$$Scale\ 1 = bits\ 16mA/(最大能见度 - 最小能见度)$$

在对数状态下：

$$Scale\ 1 = (\ln(最大能见度) - \ln(最小能见度))/bits16mA$$

$$bits16mA = [3200/(高电流 - 低电流)] \times 16$$

利用 Scale 0 和 Scale 1 将能见度值换算为用于 DAC（=DACBITS）的二进制码，这样最小能见度值对应 4mA 校准值，最大能见度对应 20mA 校准值。**线性状态下：**

$$DACBITS = (能见度 - 最小能见度) \times Scale\ 1 + Scale\ 0$$

对数状态：

$$DACBITS = (\ln(能见度) - \ln(最小能见度)) \times Scale\ 1 + Scale\ 0$$

如果能见度小于最小能见度，则

$$DACBITS = bits4mA = scale\ 0$$

如果能见度大于最大能见度，则

$$DACBITS = bits20mA$$

（10）DAC 命令

DAC 命令用于将从 0 至 4095 的 DAC bit 值转换为模拟值。如果该命令后面不加参数，则模拟输出会缓慢地从 0 扫描到最大值，直到用户在扫描到某个值时按下 ESC 键。例如：

　　DAC 800 ↵

转换得到的模拟值约 4mA。

（11）PAR 命令

PAR 命令用来显示现有系统参数。例如：

```
＞PAR⏎
SYSTEM PARAMETERS
 VAISALA FD12    V  2.02    1991- 01- 15    SN:
 ID STRING:      1
 AUTOMATICE MESSAGE       0
 ALARM LIMIT  1         1000
 ALARM LIMIT  2          300
 OFFSET REF      127.48
 CLEAN REFERENCES
 TRANSMITTER     12.0
 RECEIVER                1402
 CONTAMINATION  WARNING LIMITS
 TRANSMITTER      1.5
 RECEIVER                100
 CONTAMINATION ALAR   LIMITS
 TRANSMITTER      5.0
 RECEIVER                600
 SIGNAL SCALE  1      0.817        SCALE  0        0.000
 TEMPERATURE   OFFSET      60.938
 ANALOG VISIBILITY        MAX    10000        MIN        50
 LINEAR MODE
 ANALOG OUTPUT    SCALE  1   0.3047   SCALE  0    757.5000
 BL   SCALE         9.602#
```

注：背景亮度系数只有在大于或等于 0 时才显示。

（12）CONF 命令

CONF 命令用来更改仪器设置。FD12 会依次显示系统参数和当前值作为缺省设置。如果只键入 ＜Enter＞，则不会改变原有设置。为了确保系统参数不被随意改变，可以设置 4 个字符的密码。**如果没有设置过密码，命令格式为：**

　　CONF ⏎

如果在以前设置过密码，则命令格式为：

CONF password ⏎

如果要对以前设置过的密码进行更改，则命令格式为：

CONF password Newpassword ⏎

例如：

```
＞CONF⏎
CONF. PASSWORD (4  CHARS  MAX)
 UPDATE CONFIGURATION PARAMETERS
 UNIT ID  (2 CHAR)(1)
 SET REFERENCE PARAMETERS
```

```
      TE( 25.9)
      OFFSET( 127.48)Y
      OFFSET REFERENCE UPDATED
      ALARM LIMIT 1 (  1000)
      ALARM LIMIT 2 (   200) 300
      ALARM LIMIT 2 UPDATED
      TRANSMITTER CONTAMINATION LIMITS
      WARNING LIMIT (  1.0) 1.5
      WARNING LIMIT UPDATED
      ALARM LIMIT (  5.0)
      RECEIVER CONTAMINATION LIMITS
      WARNING LIMIT (   100)
      ALARM LIMIT (    500) 600
      ALARM LIMIT UPDATED
      ANALOG OUTPUT MODE
      0=  LINEAR 1 =  LN (0)
      ANALOG OUTPUT RANGE
      MAX VISIBILITY (   10000)
      MIN VISIBILITY (     50)
      END OF CONFIGURATION
```

　　这些 CONF 参数值取决于硬件或系统。可以改变其出厂设置值以获得更好的性能或达到维护目的。在上述例子中,**通过给出"box"温度进行温度测量的单点校准**:

SET REPERENCE PARAMETERS

TE (25.9)

　　缺省设置值为现有温度值。如果该值不正确,则需键入新值,用于修正内部 TE 比例系数。

　　当前测量的偏离值显示在括号中:

　　OFFSET(127.48) Y

　　OFFSET REFERENCE UPDATED

　　在收到回答 Y 后,系统接受偏离频率作为参照参数,用于硬件监控。进一步将参数值与现有值比较,检测漂移或光学信号测量元件的故障。

　　系统依次检测能见度报警(Visibility alarm)限制,限制 1 比限制 2 要高一些。限制值单位为米:

　　ALARM LIMIT 1(1000)

　　ALARM LIMIT 2 (200) 300

　　ALARM LIMIT 2 UPDATED

　　在这个例子中,报警限制 2 得到一个新值 300m。当能见度低于限制 2 时,将数据信息(0-2)数据状态设置为 2。能见度报警不显示在状态(STAtus)信息中。

　　通过比较后散射信号的现有值和随 CLEAN 命令给出的参照值,可以进行后散射/污染控制(Backscatter/contamination)。这里给出的限制为后散射信号变化的限制:

　　TRANSMITTER CONTAMINATION LIMITS

　　WARNING LIMIT (1.0)1.5

　　WARNING LIMIT UPDATED

　　ALAR LIMIT (5.0)

发射机的值以伏(V)为单位,测量范围是 0－13V,其中 0V 表示透镜受遮挡。当污染增加时,信号变弱,给出的限制值仍为正值。污染造成的 5V 变动表示发射机透镜的透射率降低了 10%(在能见度显示上增加了相同的幅度)。

```
RECEIVER CONTAMINATION LIMITS
WARNING LIMIT(    200)
ALARM LIMIT(     500) 600
ALARM LIMIT UPDATED
```

接收机值以赫兹(Hz)为单位。测量范围为 0～10000Hz,其中 10000Hz 表示透镜受遮挡。污染造成的 500Hz 变动表示发射机透镜的透射率约降低了 10%。

模拟输出状态和能见度范围最后设置。在对数状态下,最小能见度不允许为 0,因为 ln(0)无意义。

```
ANALOG OUTPUT MODE
0 =  LINEAR 1 =  LN( 0)
ANALOG OUTPUT RANGE
MAX VISIBILITY (   10000)
MIN VISIBILITY (       50)
```

(13)CLEAN 命令

CLEAN 命令用来设置用于污染控制的清洁参照值。一般在清洁透镜后,或组装发射机或接收机后,安装和维护过程中会使用该命令。命令格式为:

CLEAN ↵

FD12 输出为:

```
CLEAN REFERENCES
TRANSMITTER    12.0
RECEIVER    1402

UPDATED
>
```

(14)CHEC 命令

CHEC 命令在能见度校准程序中使用,用来显示 2 min 平均信号频率(Hz)。命令格式为:

CHEC ↵

输出如下:

```
SCALED FREQUENCY AVE（2 MIN)
    999.9938
    999.9880
```

输入 ESC 符可以结束显示。输入任何其他值都将使显示暂停。当安装了 FDA12 校准器时,信息中的显示值应为校准器玻璃板上的值。晴朗大气时,该值应近于零。

(15)TIME 命令

TIME 命令用于显示系统时间。命令格式为:

TIME ↵

输出如下:

```
10：11 :12
```

注意:在电源中断时,时间将重置。

(16)LSC 命令

BLSC 命令用于设置或显示背景亮度调整系数。命令格式为:

BLSC↵　显示当前背景亮度系数

BLSC Scaling_factor↲ 设置新的背景亮度系数

Vaisala LM11 背景亮度传感器可以连接到 FD12 上,用于周围光的测量。每个 LM11 传感器都有独立的出厂调整系数写于传感器的标签上,用于所测量背景亮度值的修正。如果未连接 LM11,则系统回答的调整系数应为负值。

如果一个白天/黑夜转换器连接到 FDP12 处理板串口控制输入口上,则 FD12 可以识别转换状态,报告背景亮度值为 1(白天)或 0(黑夜)。如果背景亮度调整系数设置为 0,FD12 软件将识别转换开关。

7.3.1.2 FD12 超级终端指令集

FD12 超级终端指令集见表 7-3。

表 7-3 FD12 超级终端指令集

转换为命令方式以及退出命令方式			
命令	功能	命令格式	备注
OPEN	进入命令状态	OPEN	
CLOSE	退出命令状态	CLOSE	

信息发送			
命令	功能	命令格式	备注
MES	显示数据信息 (在命令状态下)	MES ▁信息号↲ 如果没有参数,则返回缺省信息。 例如:MES 1	信息号有效数据位 0—7 返回信息参见注 1。
AMES	设置/显示自动显示信息	AMES ▁信息号▁发送间隔时间↲ 如果没有参数,则返回当前的设置。 例如:AMES 1 60	信息号有效数据位 0—7 间隔时间参数有效数据为 15s 的倍数,最大为 255s。 返回信息参见注 1。

气象测量相关命令			
命令	功能	命令格式	备注
WPAR	显示天气参数信息	WPAR ↲	返回天气参数信息参见注 2。
WSET	设置、修改天气参数信息	WSET ↲	根据 FD12 的应答逐条地修改参数。 回应参数设置参见注 3。
PRW	显示当前的系统参数	PRW ↲	返回当前测量数据信息参见注 4。
CLRS	清除降水量累计	<ESC>FD ▁ id ▁ C<CR>	FD12 应答数据<ACK>(06 hex)
WHIS	当前的天气历史	WHIS ↲	显示降水类型码(NWS)当前 1 小时的瞬时纪录,每 15s 一个,共计 240 个数据。回应的数据格式参见注 5。

系统参数设置命令			
命令	功能	命令格式	备注
PAR	显示系统参数信息	PAR ↲	返回系统参数信息参见注 6。
CONF	设置、修改配置参数	CONF ↲没有口令 CONF ▁口令 ↲有口令 CONF ▁口令 ▁ N ↲修改新的口令	根据 FD12 的应答逐条地修改参数。 回应参数设置参见注 12。
BAUD	设置/显示波特率	BAUD ▁波特率↲ 如果没有参数,则返回当前波特率。 例如:BAUD 1200	波特率的有效值:300 1200 2400 4800 9600bps。
BLSC	设置/显示背景照度标准	BLSC ↲ BLSC ▁背景亮度参数↲ 例如:BLSC 10.4	回应数据格式: BL SCALE 10.400

续表

一般操作命令			
命令	功能	命令格式	备注
STA	显示状态参数信息	STA✓	返回状态参数信息参见注 8。
CAL	校准能见度测量	CAL __信号校准值✓ 例如：CAL 985	
TCAL	校准横臂温度	TCAL✓ TCAL __TS✓ TCAL __TS__温度✓	
CLEAN	设置清洗参考	CLEAN✓	该命令在清洗镜头或更换了发送器接收器以后使用。 数据应答格式参见注 9。
CHEC	显示信号平均频率	CHEC✓	在校准时连续显示信号的平均频率。 数据格式参见注 10。
FREQ	检测硬件状态	FREQ✓	数据格式参见注 11。
DRY	设置 DRD 干偏移	DRY✓ DRY __ON✓	
WET	设置 DRD 湿标	WET✓ WET __ON✓	
AN	设置连续监测模拟通道	AN　AMBL✓	模拟通道的定义参见注 12。
模拟量输出			
命令	功能	命令格式	备注
DAC	D/A 变换	DAC✓	
ACAL	模拟输出校准	ACAL✓	
其他命令			
命令	功能	命令格式	备注
RESET	使用看门狗进行复位	RESET✓	
TIME	设置/显示系统时间	TIME __时__分__秒✓ 如果没有参数，则返回当前时间。 例如：TIME 15 30 45	
DATE	设置/显示系统日期	DATE __年__月__日✓ 如果没有参数，则返回当前日期。 例如：DATE 2002 8 20	

　说明：①符号"__"表示空格；②符号"✓"表示回车。

7.3.1.3　华云 FD12 能见度仪监测系统的使用方法

（1）打开软件，界面如图 7-21。

（2）打开设置，界面如图 7-22。

（3）点击"系统运行参数设置"，选择连接端口，其余选项目保持默认设置。

（4）点击"设置串口通讯参数"，界面如图 7-24。选择相应的参数值。选择打开要使用的端口。波特率最低设置为 300，数据位为 7，校验为 EVEN 偶校验，停止位为 1。其余设置保持默认值。

（5）点击"查看"，界面如图 7-25。

（6）点击"查看"—"实时数据"，进入查看实时数据状态。分自动方式和上拉方式进行数据传输。图 7-26 就是"自动方式传送数据"界面。只有一个能见度仪的情况下 ID 号可以不用设置。根据设置接收数据格式的不同显示不同的观测状态数据。

图 7-21　打开软件界面

图 7-22　设置界面

　　(7)自动方式的接收数据格式和命令发送间隔的更改,可以打开查看,设置状态,点击"开启命令行方式",在"上传数据格式和时间间隔"里选择不同的数据格式,输入时间间隔并点击"发送参数"以完成。如图 7-27所示。

　　(8)在查看实时数据里点击"自动传送数据方式"改变不同的方式进行数据传输。在上拉的方式下选择所要接收的数据格式和输入命令发送间隔,并在"开启发送上拉数据命令"前画勾(图 7-28)。

　　(9)点击"设置绘图参数",可以改变绘图比例参数,如图 7-29 所示。

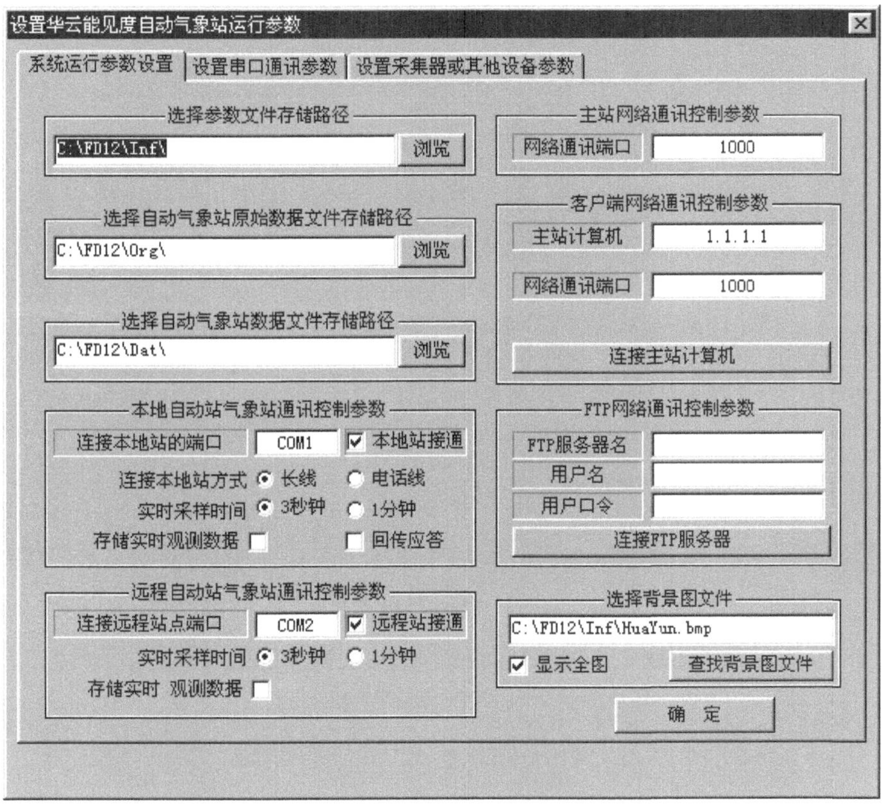

图 7-23　系统运行参数设置

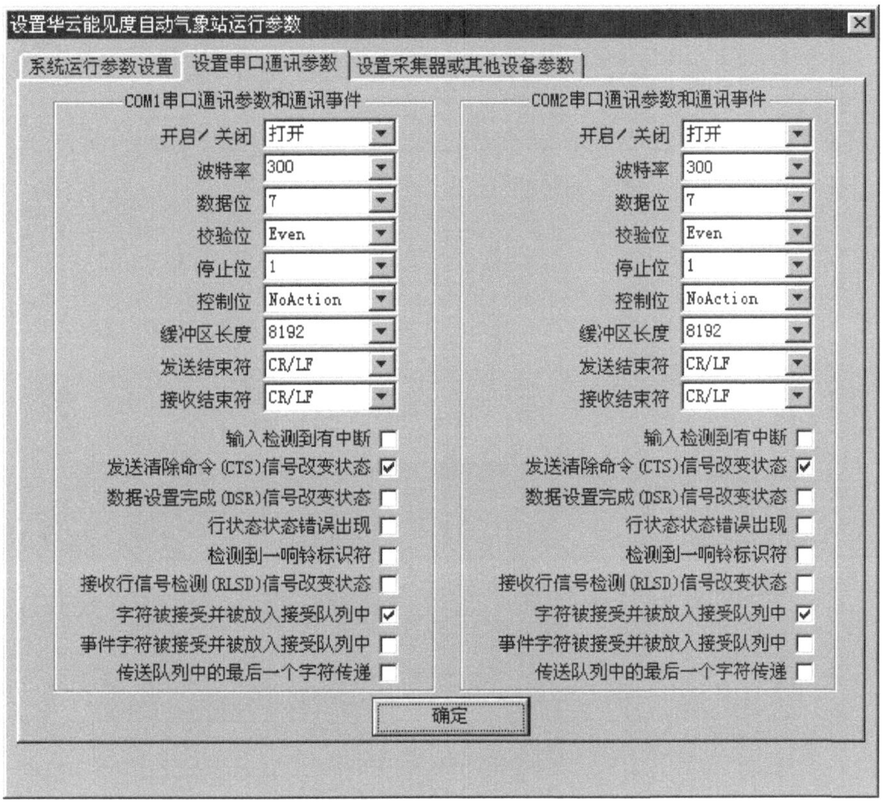

图 7-24　设置串口通讯参数

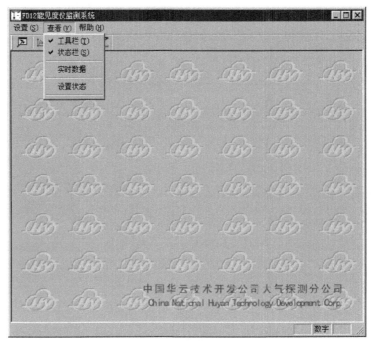

图 7-25　查看界面

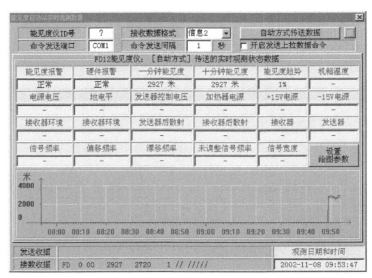

图 7-26　自动方式传送数据

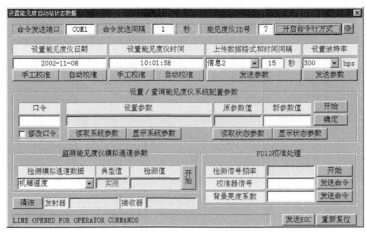

图 7-27　"开启命令行方式"设置

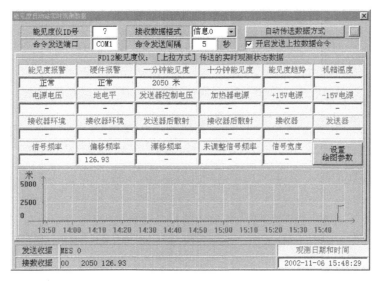

图 7-28　勾选"开启发送上拉数据命令"

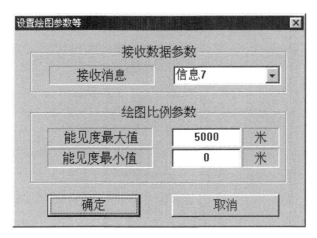

图 7-29　设置绘图参数

（10）点击"查看"—"设置状态"。此界面里显示了能见度仪的日期、时间等参数。点击开启命令行方式，读取系统参数，稍后，点击"显示系统参数"，如图 7-30 所示。

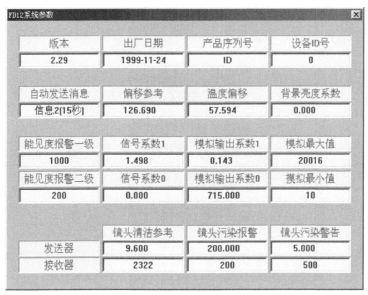

图 7-30　显示系统参数

（11）点击"开启命令行方式"。读取状态参数，点击"显示状态参数"，如图7-31所示。

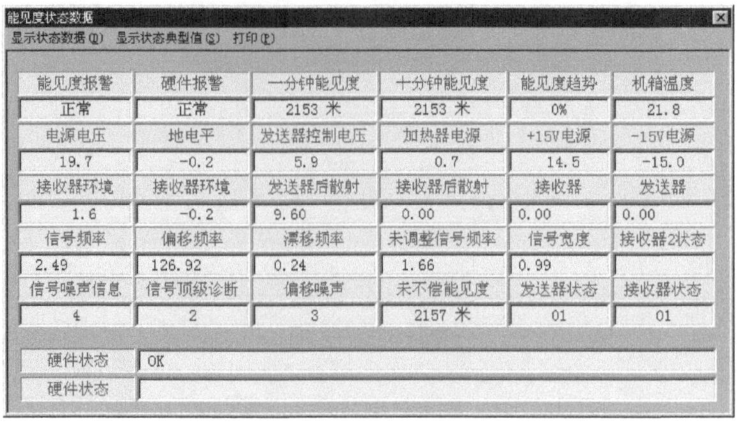

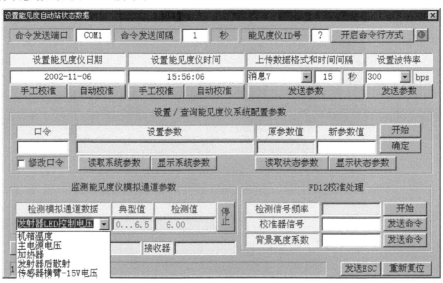

图7-31 显示状态参数

图7-31中的"显示状态参数"为能见度的状态值，其中有典型值供参考比较。

（12）点击"开启命令行方式"，后选择不同的要检测的模拟通道数据，点击"开始"，就会显示"检测模拟通道数据"各项参数，如图7-32所示。

图7-32 检测模拟通道数据

（13）校准处理，界面如图7-33所示。

图7-33 校准处理

(14)背景亮度系数命令用于设置或显示背景亮度调节系数。在没有背景亮度传感器的情况下,系数应该是负值,出厂时设置缺省值为－1.0。重新复位命令即将所有参数都复位。

7.3.2　维护

散射式能见度仪使用维护要求见表 7-4。

表 7-4　散射式能见度仪使用维护要求

工作任务	主要内容	相关要求
1.检查仪器 运行状况	接收机、发射机镜头和遮光罩清洁度检查	无尘、无虫网等遮挡
	连接线	无松动,连接紧密
	主电路板状态指示灯是否正常	正常为三灯全亮,红灯亮一次后熄灭,黄灯常亮,绿灯闪烁
	电源板状态指示灯是否正常	亮灯正常
2.数据采集 与传输情况	检查仪器数据采集情况	采集软件能够正常采集仪器的观测数据
	检查小时数据生成与传输情况	能够生成小时数据文件并传输
3.系统维护	透镜	每 3～6 个月,清洁一次透镜,或视情况及时清洁

系统日常维护主要包括清洁透镜和机盖。

FD12 的透镜要求非常干净,以获得准确数据。受到污染的透镜会导致错误的能见度值。

清洁工作应该每 6 个月进行一次,或者根据实际情况增加次数(比如设备附近有污染源)。当系统显示警告信息"BACKSCATTER INCREASED"时,就必须进行清洁。

清洁方法如下:

(1)用不起毛的软布和异丙醇擦拭透镜。注意不要划伤透镜表面。

(2)检查机盖组件和光学部件没有水、冰和雪的污染。

(3)将机盖内外表面的灰尘擦去。

清洁结束后,需要查看 STA 信息。如果后散射 CHANGE 值不接近于 0,则应再次清洁镜头。清洁完毕后使用 CLEAN 命令设置参考值

7.3.3　校准

FD12 在出厂前已经校准。建议每 6 个月进行一次周期性检测。如果检测显示变动小于±3%,则不需要重新校准。如果变动较大,可使用 FDA12 校准套件进行校准。

一般来说,只要没有更换电路板或没有警告和鸣警,FD12 不需要重新校准,电路板也不需要硬件校准。如果任何机械损害改变或减弱了光学测量途径,则需要重新校准。如果更换了接收机或发射机,则能见度和污染测量均需要重新校准。

校准时应选择能见度大于 500m 且没有降水的天气条件。校准套件由一个整流板和一个校准散射板组成,使用 CHEC 和 CAL 命令进行校准。

校准程序检查两个点:零散射信号和一个非常高的散射信号。分别使用整流板和不透明玻璃散射板获取。对应于不透明玻璃校准信号的能见度约为 10m。

如果在降水中使用散射板,则应确保被降水覆盖的散射板的面积与整个面积相比可以忽略不计,这样测量结果的误差可以忽略。

注意:在检查和校准前,清洁透镜和校准散射板。

7.3.3.1　校准检查程序

(1)为了阻挡光路,将小挡板放置在接收测头或发射测头内;

(2)等候 30s;

(3)运行 CHEC 命令。信号值必须在±0.1Hz 之间,否则可能硬件有故障,应检查接头;

(4)按 ESC 键终止 CHEC 命令,并移开挡板;

(5)安装不透明散射板,注意散射板上的信号值,会在后续步骤中使用;

(6)将散射板配件安装到变送器横杆上(图7-34)。将散射板安装在横杆的中间,允许5mm偏差。小心用光束给散射板对中心。比较好的方法是将校准板夹固定在横杆上,用于下次校准;

(7)从光学通道移开,等候30s。

(8)运行CHEC命令;

(9)2min后读取显示的信号;

(10)信号值必须与散射板上的值接近。如果误差小于3%,校准是正确的,否则继续校准程序;

(11)按ESC键终止CHEC命令。

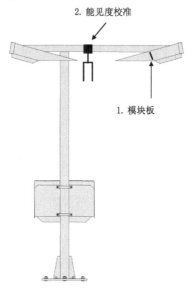

图7-34 FD12能见度仪的校准

7.3.3.2 校准程序

(1)终止CHECK命令,但不透明的能见度校准板还是放在横杆上。

(2)运行CAL命令如下:

(3)CAL calibrator signal value ⌐

其中,calibrator signal value为校准板信号,印在玻璃板的标签上。一般来说,信号接近1000Hz。

(4)FD12计算得到一个新的比例系数,并将它存储在不易丢失的存储器中(EEPROM)。如果新比例系数和工厂校准比例系数之间的差别不超过20%,CAL命令将被忽略。

7.4 数据格式

7.4.1 大气本底及二期中转站

小时文件命名格式:

Z_CAWN_I_xxxxx_yyyymmddhh0000_O_AER−FLD−VIS.TXT

二期中转站文件名:

Z_SAND_VIS_C5_xxxxx_yyyymmddhh0000.TXT

其中xxxxx为台站站号,yyyymmddhh表示年月日小时

数据格式参见表7-5,共9列参数。

表 7-5　能见度观测小时文件数据格式

列	字段说明	字段名称英文	数据类型	单位	备注
1	台站区站号		数字和字母组合		5 位
2	项目代码		I		4 位
3	年		I		4 位
4	年序日	julianday	I		3 位
5	时分		I	世界时	6 位
6	状态码	status code	I		
7	1min 平均	average_1min	I	M	
8	10min 平均	average_10min	I	M	
9	变化趋势	variation trend	I		

7.4.2　沙尘暴站观测

小时文件命名格式:Z_SAND_VIS_C5_xxxxx_yyyymmddhh0000.TXT

其中,xxxxx 为台站站号,yyyymmddhh 表示年月日小时

文件头:

第一行为文件头,以空格分开,依次为区站号、经度、纬度、海拔高度、文件创建时间、仪器采样时间间隔(规定为 300s)。

其后为数据,数据格式参见表 7-6,共 4 列参数。

表 7-6　能见度观测小时文件数据格式

序号	参数名称	字段说明	单位
1	时间	年月日时分秒	14 位,世界时
2	1min 平均能见度	1 min 平均	m
3	10min 平均能见度	10 min 平均	m
4	能见度变化趋势	变化趋势	%

7.4.3　Message 格式

Message 0 格式详细说明

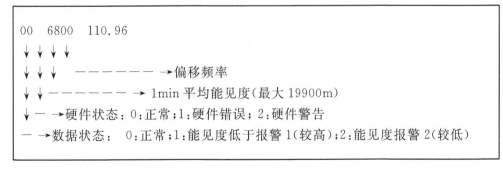

Message 1 格式详细说明

```
00  8639  //  /////
↓  ↓  ↓  ↓  ↓
↓  ↓  ↓  ↓   —————  →选项保留
↓  ↓  ↓     ——————  →选项保留
↓  ↓  ——————  →1min 平均能见度（最大 50000m）
↓  —  →硬件状态：0:正常；1:硬件错误；2:硬件警告
—  →数据状态： 0:正常；1:能见度低于报警 1（较高）；2:能见度报警 2（较低）
```

Message 2 格式详细说明

```
00  8639  7505—10  //  /////
↓  ↓  ↓  ↓  ↓  ↓
↓  ↓  ↓  ↓  ↓  ↓
↓  ↓  ↓  ↓  ↓  ↓
↓  ↓  ↓  ↓  ↓  ↓
↓  ↓  ↓  ↓  ↓  ↓
↓  ↓  ↓  ↓  ↓   —————  →选项保留
↓  ↓  ↓  ↓   —————  →选项保留
↓  ↓  ↓   —————  →能见度趋势
↓  ↓  ↓   —————  →10min 平均能见度（最大 50000m）
↓  ↓  ——————  → 1min 平均能见度（最大 50000m）
↓  —  →硬件状态：0:正常；1:硬件错误；2:硬件警告
—  →数据状态： 0:正常；1:能见度低于报警 1（较高）；2:能见度报警 2（较低）
```

Message 3 格式详细说明

```
参见 7.3.1 SAT 命令返回的状态参数信息格式
```

Message 4 格式详细说明

```
0.51    126.82    0.91    15    3    5    2.7    5.6    1280    19.5
1.8

——————  ——————  ————  ————  ————  ———  ———  ———  ———  ———
SIGNAL+  OFFSET 信号宽度噪声信息信号诊断偏离噪声  TE  LEDI  BACKS
  VB      TS
```

Message 5 格式详细说明

```
<STX>ID ▄ V ▄ 1050 ▄ B ▄/////▄ SO1O1
   ↓  ↓  ↓   ↓   ↓ ↓ ↓
   ↓  ↓  ↓   ↓   ↓ ↓ ↓
   ↓  ↓  ↓   ↓   ↓ ↓ — — →接收器状态
   ↓  ↓  ↓   ↓   ↓ — — →发送器状态
   ↓  ↓  ↓   ↓   — — — — — →S,状态标识符
   ↓  ↓  ↓   ↓
   ↓  ↓  ↓   ↓
   ↓  ↓  ↓   ↓
   ↓  ↓  ↓      — — →背景亮度值 cd/m²(保留)
   ↓  ↓  ↓   — — — — →B,背景亮度标识符
   ↓  ↓   — →无校准能见度(米)
   ↓   — →V,能见度标识符
  — — →ID,起始标识符
```

Message 6 格式详细说明

```
<STX>ID ▄ V ▄ 1050 ▄ CV ▄//////▄ B ▄/////▄ SO1O1
   ↓  ↓  ↓   ↓    ↓  ↓  ↓   ↓ ↓ ↓
   ↓  ↓  ↓   ↓    ↓  ↓  ↓   ↓ ↓ ↓
   ↓  ↓  ↓   ↓    ↓  ↓  ↓   ↓ — →接收器状态
   ↓  ↓  ↓   ↓    ↓  ↓  ↓   — — →发送器状态
   ↓  ↓  ↓   ↓    ↓  ↓  — — — — →S,状态标识符
   ↓  ↓  ↓   ↓    ↓  ↓
   ↓  ↓  ↓   ↓    ↓  ↓     — →背景亮度值 cd/m²(保留)
   ↓  ↓  ↓   ↓    — — — — — →B,背景亮度标识符
   ↓  ↓  ↓   ↓      — — →校准能见度(保留)
   ↓  ↓  ↓    — — — →CV,校准能见度标识符
   ↓  ↓   — →无校准能见度(米)
   ↓   — →V,能见度标识符
  — — →ID,起始标识符
```

Message 7 格式详细说明

```
00　8639　7505　//　//　////　////　////　/////　//　23.4　/////
   ↓↓↓↓↓↓↓↓↓↓↓↓↓↓
   ↓↓↓↓↓↓↓↓↓↓↓↓↓ —————→保留值
   ↓↓↓↓↓↓↓↓↓↓↓↓ ————→横臂温度
   ↓↓↓↓↓↓↓↓↓↓↓ —————→保留值
   ↓↓↓↓↓↓↓↓↓↓ —————→保留值
   ↓↓↓↓↓↓↓↓↓ —————→保留值
   ↓↓↓↓↓↓↓↓ —————→保留值
   ↓↓↓↓↓↓↓ —————→保留值
   ↓↓↓↓↓↓ —————→保留值
   ↓↓↓↓↓ ————→保留值
   ↓↓↓↓ ——————→10min 平均能见度(最大 50000m)
   ↓↓↓ ——————→ 1min 平均能见度(最大 50000m)
   ↓↓ ——————→硬件状态:0:正常;1:硬件错误;2:硬件警告
   ↓ —→数据状态:　0:正常;1:能见度低于报警1(较高);2:能见度报警2(较低)
```

7.5　故障处理

传感器可以自动检测大多数的故障,在输出的报文中显示警告或者错误。若传感器在输出的报文中显示错误,使用者应当检查 STA 命令输出:状态显示将给出问题的具体描述;有错的数值前面有星号标记(＊)。

注意:FD12 带有 230VAC 电压;出现故障时,必须由专业人员进行维修。

7.5.1　信息丢失

处理方法如下:

(1)检查终端设置是否正确。

改变波特率,比如改变到 300bit/s。检查设置,应为 7 data bits, even parity, 1 stop bits。

(2)试一下 OPEN 命令。

(3)携带维护 PC(终端)、工具、校准套件到现场。

(4)检查 FD12 是否处于通电状态。

打开 FD12 电子元件箱盖,看看 LED 是否在闪烁。如果没有 LED 亮,则检查电路断电器,应为开(FDW13)。

注意:主保险丝带有危险电压 230VAC

检查整流板上的低电压保险丝(3.15A),如需要可更换。

检查所有的接头都已正确插入。

检查电源电缆和连接。

测量电源电压。

(5)如果正常操作下绿色 LED 每秒钟闪烁一下,那么:

将维护终端连接到 RS 接口上。

检查步骤(1)和(2)。

将电源转为关或将整流板上的保险丝断开几秒钟,以尝试重置。

(6)如果只有红色 LED 亮或闪烁,那么按上述方法重置。

（7）如果这种状态还继续，可能是程序存储器或 CPU 故障所致，应联系技术保障部门或厂家。

7.5.2　信息存在，但没有能见度值

处理方法如下：

（1）用 STA 命令检查 status information（状态信息），特别检查"P15，M15，BACKSCATTER and LEDI"。

（2）检查控制板上的电缆接头。

（3）打开横杆的端盖和接收机圆法兰，检查带状电缆接头是否正确连接。

（4）打开发射机圆法兰，检查带状电缆接头。

（5）拉出控制板组件，依次是接收机和发射机。目测电子元件状况。

（6）如果仍然无法解决，应联系技术保障部门或厂家。

7.5.3　能见度值总是太高

从发射机到接收机的光通路被干扰时可能出现能见度值总是很高的现象。处理方法如下：

（1）清洁透镜。如果发现透镜表面有凝水，说明加热器出现故障。

（2）检查遮光板是否被雪、树叶或其他物体遮挡。

（3）尝试为接收机和发射机光学元件找到合适的方向。

（4）检查是否是发射机或接收机的电力故障。

7.5.4　能见度值总是太低

原因和处理方法如下：

（1）可能是取样量受到干扰。检查在接收光通路附近是否有树枝、蜘蛛网或其他类似物体。

（2）可能是遮光板被轻微扭转。尝试尽量将其对直。

（3）检查是否是电力故障。

7.5.5　接收机和发射机的更换

7.5.5.1　旧设备的拆卸

（1）松开固定端盖的四个螺丝，移去横杆两端之一的端盖。使用六角扳手卸下螺丝。

（2）拉出法兰中间的螺丝，移去盖住光学器件的黑色圆法兰。

（3）用 5mm 的 T 形六角扳手拧松 3 个六角插头锁紧螺栓，直至光学单元松动。

（4）从光学单元上断开带状电缆接头，从透镜方向看，注意光学单元的位置。

（5）小心从端盖管件中拉出接收机/发射机单元。当移动 copy 单元时，需出一个薄金属片，将它放回管件端部。金属片的目的是将 copy 单元放置在正确的位置。

（6）目测光学设备 FDT12B 和 FDR12 的状况。

7.5.5.2　新设备的安装

（1）将 FDT12B 发射机/FDR12 接收机插入端盖中。注意设备位置是否正确。

（2）将带状电缆和光学设备连接。

（3）用 5mm 的 T 形六角扳手紧固 3 个六角插头固定螺栓。

（4）将圆法兰放回原位。注意带状电缆路径，确保电缆沿着路径走向安全。

（5）最后用 4 个螺丝紧固外盖。

7.5.6　错误信息说明

错误信息说明见表 7-7。

表 7-7　错误信息说明

错误信息	说明
BACKSCATTER HIGH	接收机或发射机污染信号改变的比配置中给出的 ALARM 限制大
TRANSMITTER ERROR	LEDI 信号大于 7V 或小于 −8V
±15 V POWER ERROR	接收机或发射机电源小于 14V 或大于 16V
OFFSET ERROR	偏移频率为零（断开电缆）
SIGNAL ERROR	信号频率超出范围
EEPROM ERROR	EEPROM 故障
BACKSCATTER INCREASED	接收机或发射机污染信号变化大于设置中的 WARNING 极限值
TRANSMITTER INTENSITY LOW	LEDI 信号小于 −3V
RECEIVER SATURATED	AMBL 信号小于 −9V
OFFSET DRIFTED	相对于所设置的参考值偏移漂流超过 ±2.5Hz

第 8 章 附录

8.1 仪器检查记录表

8.1.1 Grimm180 颗粒物监测仪日检查记录表

站名： 年 月 日 至 年 月 日 仪器序列号：

日期	时间	指示灯状态		颗粒物浓度/($\mu g/m^3$)			温度 /℃	湿度 /%	软件 状况	值班员	备注
		Status	Dryer	PM_{10}	$PM_{2.5}$	PM_1					

8.1.2 TEOM 气溶胶质量浓度检查表

台站名称_____ 区站号_____ 仪器序列号_____

_____年_____月

日期	时间	仪器 状态	操作 模式	滤膜负 载率	5min质 量浓度	30min质 量浓度	1h质量 浓度	8h质量 浓度	24h质 量浓度	总质 量	Case 温度	空气 温度	Cap 温度	主路 流量	旁路 流量	噪声	频率	主路 温度	主路 湿度	辅路 湿度	环境 湿度	观测员	备注

8.1.3　黑碳仪(AE-31)项目检查表

台站名称＿＿＿＿＿＿　　　区站号＿＿＿＿＿＿　　　仪器序列号＿＿＿＿＿＿＿＿　　　＿＿＿年＿＿月

日期	标准时间	仪器时间	流量	滤带余量	磁盘余量	黑碳浓度	观测员	备注

8.1.4　光学厚度观测(CE-318)周检查表

台站名称＿＿＿＿＿＿　　　区站号＿＿＿＿＿＿　　　仪器序列号＿＿＿＿＿＿＿＿　　　＿＿＿年＿＿月

日期	时间	完整性检查				其他检查								观测员	备注
		电池连接	电缆线连接	是否漏水	湿度传感器	内部电池电压	外部电池电压	时间偏差	机器人臂水平	光学头水平	跟踪能力	四象限跟踪器清洁	光筒及镜头清洁		

8.1.5　M9003浓度计检查记录表

台站名称＿＿＿＿＿＿　　　区站号＿＿＿＿＿＿　　　仪器序列号＿＿＿＿＿＿＿＿　　　＿＿＿年＿＿月

日期	开始时间	结束时间	散射系数	气压	样气温度	腔体温度	湿度	Zero ck	Zerostab	Spanck	Spanstab	Wall Signal	标气瓶压力	观测员

8.2　仪器巡检表

8.2.1　Grimm180－巡检报告表

编号:CAWN－XXXXX－XXXX

台站名称	区站号	仪器类型	仪器序列号	检查日期及时间
台站联系人	固定电话(区号－电话)	手　机	邮政编码	通信地址
检查员姓名	固定电话(区号－电话)	手　机		NOTES 邮箱

序号	部件	检查内容	检查方法	检查结果	正常范围
1	防雨帽、防虫罩	清洁程度	查看		干净、无阻塞、无虫
2		是否损坏	查看		表面无明显损坏
3	温湿度传感器	传感器位置	目测		距采样头 30～40cm
4		清洁程度	目测		无灰尘覆盖
5		安装是否稳固	感知		稍用力不会被转动
6	防漏杯	检查密封情况	感知		不至于雨水滑落到仪器
7		检查排水管	感知		连接正常,不可以漏水
8	采样管	垂直程度	目测		竖直,不能有很大的偏离
9		稳固程度	感知		红点大概与支架持平,采样管保持垂直
10		与延长管是否连接到位	感知		螺丝要与采样管上的小洞连接上
11		室内连接软管状况	目测		要很好地连接,且没有弯折
12		型号	查看		新/旧(与软管连接处固定为新型)
13		内部清洁状况	气体清洁		用气体吹,直至没有大量灰尘飞出
14	采样管连接件	型号	查看		新/旧(与采样管连接处固定为新型)
15		稳固程度	感知		螺丝要旋紧,以固定采样管
16	仪器情况	电源线连接情况	查看		交流 220V,接牢电源
17		数据线连接情况	查看		插到根部,确保数据传输正常
18		数据卡安装情况及存储状况	查看		推至卡槽最深处
19		表面清洁程度	查看		不能有灰尘
20		仪器状态灯	红色为错误,绿色为运行正常		dryer 暗;Status 绿灯
21		显示数据	按常识判断		每天如果没有特殊现象,差别应该不大
22		玻璃瓶	看是否有水或杂质进入		偶尔有些杂质,定期清洁
23		升降杆	感知		抬起直至触到尾部微开关,且没有 "Lift not OK"显示
24		管路清洁程度	气体清洁		用气体吹,直至没有大量灰尘飞出
25		采样泵状况	测量流量		在仪器采样时,采样口处流量应当是 1.2L/min ＊由中国气象局相关人员进行检测
26		除湿泵状况	负压法及感知		在小瓶处的压力表要升至 60Pa 左右;听泵工作的声音是否与平时不同
27		管路连接状况	检查		不要漏接、错接,确保全部正常连接
28		滤芯清洁程度	常识判断		干净,无发黄、发黑情况,按照地区环境定期更换

续表

序号	部件	检查内容	检查方法	检查结果	正常范围
29		时间设置	在超级终端或仪器上设置		与标准时间相差不到15s为宜
30	仪器参数设置	传感器参数设置	在超级终端下设置		单位准确,所测参数不应有明显偏差
31		传输时间间隔设置	在超级终端下设置		I=0,1分钟;I=1,5分钟(选择)
32		超级终端参数设置	在超级终端下设置		每秒位数:9600;数据位:8;奇偶校验:无;停止位:1;数据流控制:无
33	数据采集及传输	计算机时间检查及调整	查看		与世界时统一
34		显示一致性检查	查看		与仪器显示统一
35		数据采集情况	查看		正常、准时采集(每整五分一组数据)
36		数据传输情况	查看		正常、准时传输
37	相关记录及报告	值班记录或日志	检查		记录完整、全面、清晰、有效
38		故障及检修报告	检查		记录完整、全面、清晰、有效
39		校准记录及报告	检查		记录完整、全面、清晰、有效
40	业务规范及规章	仪器操作技术手册	检查		有台站业务规范规章,仪器操作技术手册存在
41		校准周期	/	1年	/
42		上次校准时间	/		/
43	校准	标校表	/		/
44		与母机比对表	/		/
45		其他	/	备注:	/
46		时间	名称或种类	数量	备注
47	耗材使用情况				
48					
49	配件使用情况	时间	名称或种类	数量	备注
50					
51		发生时间	现象或种类	次数	解决情况
52	系统异常或故障情况				
53					
54					
55					
56	结论、备注及说明				
57					
58					
59					
60	*注	*为大气成分中心检查项目,其余由台站人员操作			

审核人员:　　　　　　　　　　　审核日期:

8.2.2　TEOM—巡检报告表

编号:CAWN—XXXXX—XXXX

台站名称	区站号	仪器类型	仪器序列号	检查日期及时间
台站联系人	固定电话(区号—电话)	手　机	邮政编码	通信地址
检查员姓名	固定电话(区号—电话)	手　机		NOTES 邮箱

序号	部件	检查内容	检查方法	检查结果	正常范围
1	切割头	清洁程度	查看		无尘、无虫
2	接水瓶	瓶内是否有积水	查看		视实际情况而定
3	三脚架	稳固程度	查看		稳固、无晃动
4	空气温度	传感器位置	查看		切割头与三脚架之间
5	传感器	清洁程度	查看		干净无尘
6		垂直程度	查看		保持竖直
7		稳固程度	查看		稳固、无晃动
8	采样管	室内连接软管状况	查看		垂直、没有扭曲
9		内部清洁状况	查看		干净无尘
10		保温层包裹程度	查看		包裹严密、无破裂处
11	分流头	清洁程度	拧开接口检查		干净无尘
12		安装距离	查看		距管口 15.67cm
13	检漏情况	主路流量	检漏		$F_m < 0.15 L/min$
14		辅路流量	检漏		$F_m < 0.61 L/min$
15		电源线连接情况	查看		连接紧密
16		表面清洁程度	查看		干净无尘
17	样品采集单元	质量传感器锁扣状况	查看		开合正常
18		空气热敏电阻	查看		$30 k\Omega$
19		温度传感器清洁情况	查看		干净无尘
20		主路管路气密性	检漏		无漏气
21		主路过滤器使用程度	查看		不应有明显发黄
22	气路情况	辅路管路气密性	检漏		无漏气
23		辅路过滤器使用程度	查看		不应有明显发黄
24		水汽过滤芯使用程度	查看		不应有明显发黄
25		电源线连接情况	查看		连接紧密
26		表面清洁程度	查看		干净无尘
27		仪器状态码	查看仪器显示面板		OK
28		仪器状态	查看仪器显示面板		4
29	控制单元	仪器时间检查及调整	查看是否标准时间同步		世界时间
30		负载率	查看仪器显示面板		$< 30\%$
31		主路流量	标准流量计测量		1.0 L/min
32		辅路流量	标准流量计测量		15.67 L/min
33		AIR TEMP	查看仪器显示面板		50℃
34		CELL TEMP	查看仪器显示面板		50℃

续表

序号	部件	检查内容	检查方法	检查结果	正常范围
35	控制单元	CAP TEMP	查看仪器显示面板		50℃
36		频率	查看仪器显示面板		最后一位变化带动倒数第二位变化
37		噪声	查看仪器显示面板		该值在系统进入 OperatingMode 4 后的半个小时内应该小于 0.10
38	仪器参数设置	时间设置	检查菜单设置		北京时间
39		通信传输协议设置	检查菜单设置		AK Prot℃ol
40		传输时间间隔设置	检查菜单设置		300
41		测量参数存储设置	检查菜单设置		代码正确
42	采样泵	电源线连接情况	查看		连接紧密
43		表面清洁程度	查看		干净无尘
44		泵脚齐全程度	查看		齐全
45		出气口消声装置情况	查看		安装正确
46		运行时间	检查记录		
47		工作时振动及声响情况	听声音		无不正常噪声或声响
48		上次维护时间	检查记录		每年一次
49		内部活塞套清洁	打开检查		无大量锈灰
50	校准	校准周期	检查记录		6 个月
51		上次校准时间	检查记录		6 个月前
52		K0 值检查	菜单设置		%Diff 数值不超过 2.5%
53		主流量校准	使用标准流量计		1.0 L/min
54		辅流量校准	使用标准流量计		15.67 L/min
55	数据采集及传输	计算机时间检查及调整	同步网络时间		世界时
56		显示一致性检查	查看		与仪器显示统一
57		数据采集情况	查看采集数据		正常采集
58		数据传输情况	查看		采集软件能够正常采集
59	相关记录及报告	值班记录或日志	检查		记录完整、全面、清晰、有效
60		故障及检修报告	检查		记录完整、全面、清晰、有效
61		校准记录及报告	检查		记录完整、全面、清晰、有效
62	业务规范及规章	仪器操作技术手册	查看		有台站业务规范规章,仪器操作技术手册存在
63	耗材使用情况	时间	名称或种类	数量	备注
64					
65					
66					
67	配件使用情况	时间	名称或种类	数量	备注
68					
69					
70					
71	系统异常或故障情况	发生时间	现象或种类	次数	解决情况
72					
73					
74					

续表

序号	部件	检查内容	检查方法	检查结果	正常范围
75	结论、备注及说明				
76					
77					
78					
79					
80					

审核人员：   审核日期：

8.2.3 黑碳仪一巡检记录表

编号：CAWN—XXXXX—XXXX

台站名称	区站号	仪器类型	仪器序列号	检查日期及时间

台站联系人	固定电话(区号—电话)	手 机	邮政编码	通信地址

检查员姓名	固定电话(区号—电话)	手 机	NOTES 邮箱	

序号	部件	检查内容	检查方法	检查结果	正常范围
1	防雨帽、防虫罩	清洁程度	查看		干净、无阻塞、无虫，每半年至少清洁一次
2		是否损坏	查看		表面无明显损坏
3	采样管	稳固程度	试着晃动		稳定，晃动微弱
4		内部清洁状况	拆下检查		干净，无堵塞，无虫，每年至少清洁一次
5		是否破损	查看		不漏气
6	仪器情况	电源线连接情况	观察		交流220V，接牢电源
7		数据线连接情况	观察		仪器电脑两头分别插好并锁紧
8		仪器内过滤芯连接情况	观察，用手拧、拔		插入密实，方向正确，拔不下来
9		仪器内过滤芯清洁情况	观察		干净，无发黄、发黑情况，至少每2个月检查一次，于重大天气过程之后进行一次检查
10		仪器表面清洁程度	观察		洁净
11		仪器内部清洁程度	查看		清洁，每年至少清洁一次
12		滤带剩余量	观察		剩余量不足时应及时更换
13		滤带走膜情况	观察		采样点间隔平均、位置居中、无挤压和重叠情况，采样斑点周边清晰
14		步进电机	观察、拨动控制按钮		能匀速正常走膜，无异常声响
15		光筒安装情况	观察、手动抬起		能正常抬起和落下，无漏气
16		光筒清洁情况	取下查看		清洁，内部无异物，更换内部过滤芯时清洁
17		仪器风扇	观察、听声音		无异常声响
18		滤带挡板情况	用手拧		左侧挡板应松，右侧为紧
19	仪器面板	仪器状态	查看		无警告
20		仪器指示灯	查看		绿灯常亮或闪动
21		仪器时间检查及调整	查看		与世界时(为北京时—8h)偏差超过1min时应及时进行调整

序号	部件	检查内容	检查方法	检查结果	正常范围
22	仪器面板	BC 浓度	查看		视环境情况而定
23		磁盘剩余量	查看		不少于 1d
24		气路流量	查看		5L/min
25		滤带剩余量	查看		不少于 1 天采集量
26		滤带节约模式	查看		无节省或 X3
27	性能测试	系统流量检测	使用标准流量计		5L/min,使用流量计进行检测 * 有条件的台站可自行进行检测,否则由中国气象局相关人员进行检测
28		零点检查	使用高效过滤器		将高效过滤器接在仪器进气管,仪器示值应接近 0,一般需进行至少 1－2 小时测试,要求每两个月进行一次
29	仪器参数设置	Time & date	仪器菜单里检查		世界时间
30		Set Flowrate	仪器菜单里检查		5 L/min
31		Time base	仪器菜单里检查		5min
32		Tape saver	仪器菜单里检查		NO/X3
33		Analog output port	仪器菜单里检查		Signal Output
34		Warm up wait	仪器菜单里检查		NO
35		Communication mode	仪器菜单里检查		Data line
36		Overwrite Old Date	仪器菜单里检查		NO
37		Filter change at	仪器菜单里检查		0
38		Security code	仪器菜单里检查		111
39		Date Format	仪器菜单里检查		US/EURO MMDYY
40		BC display unit	仪器菜单里检查		nano gram BC/m³
41		Date format	仪器菜单里检查		Expanded
42		UV channel On/Off	仪器菜单里检查		ON
43		Gesytec ID	仪器菜单里检查		333
44		Spot per Advance	仪器菜单里检查		1 或 2
45		Maxim. Attenuation	仪器菜单里检查		75
46		Baud rate	仪器菜单里检查		9600
47		Data bits	仪器菜单里检查		8
48		Stop bits	仪器菜单里检查		1
49		Parity	仪器菜单里检查		None
50	数据采集及传输	计算机时间检查及调整	查看		与世界时统一
51		显示一致性检查	查看		与仪器显示统一
52		数据采集情况	查看		正常、准时采集
53		数据传输情况	查看		正常、准时传输
54	相关记录及报告	值班记录或日志	检查		记录完整、全面、清晰、有效
55		故障及检修报告	检查		记录完整、全面、清晰、有效
56		校准记录及报告	检查		记录完整、全面、清晰、有效
57	业务规范及规章	仪器操作技术手册	检查		有台站业务规范规章,仪器操作技术手册存在

序号	部件	检查内容	检查方法	检查结果	正常范围
58	耗材使用情况	时间	名称或种类	数量	备注
59	配件使用情况	时间	名称或种类	数量	备注
60	系统异常或故障情况	发生时间	现象或种类	次数	解决情况
61	环境、结论、备注及说明				

审核人员：　　　　　　　　　　　　　　　　　审核日期：

8.2.4　太阳光度计－巡检报告表

编号：CAWN－XXXXX－XXXX

台站名称	台站编号	仪器类型	仪器序列号	检查日期及时间

台站联系人	联系方式		通信地址	

序号	部件	检查内容	检查方法	检查结果	正常范围
1	进光筒	紧固程度	感知		安装紧固，没有松动
2		清洁程度	用压缩气体清洁		直至没有灰尘飞出
3		安装状态	注意方向，不可以挡住四象限		圆弧与四象限在一个方向
4	光学头	镜头	用压缩气体清洁		不应有灰尘
5		四象限	用布清洁		干净，不能完全被灰尘覆盖
6		紧固程度	感知		安装紧固，没有松动
7	固定线圈	线圈结实程度	查看		紧紧固定在机器人臂上
8		固定弹簧	查看		紧紧夹住数据线
9	机器人臂	水平状态	通过旋转底部螺母调节		水平泡应位于正中心
10		V形爪是否水平	当Park之后，用水平测量		不要求绝对水平，但不能有明显偏差 *台站人员自行检查，如调整需由中国气象局相关人员进行
11		水平、竖直两个方向状态	用手转动两个方向		应该有一定阻力，反之可能是皮带断了
12		水晶头状态	查看		与控制箱连接正常，没有脱落现象发生
13		Park、GoSun状态	主页面下SCN，然后执行Park、GoSun命令		Park时进光筒垂直向下，GoSun时指向太阳，光点落在小孔里

续表

序号	部件	检查内容	检查方法	检查结果	正常范围
14		微开关状态	Password＝3→Word→Mon→Ram→Mod,00 变成 02,执行 Park 命令查看微开关状态		两个方向的电压都应该在 120、80 左右,差距大的话需要调节 ＊台站人员自行检查,如调整需由中国气象局相关人员进行
15	25 针数据线	外观	查看		如有断裂处,需要测试
16		连通状态	用万用表测量		25 针数据线有 22 针(1—22)应该全部连通
17	控制箱	按键状态	感知		按键后,应该都有相应的反应
18		内部电池电量	View→Bat 查看		5V 以上
19		屏幕显示	查看		屏幕正常显示
20		连接板紧固程度	查看		螺丝紧固,没有松动;内部没有晃动
21		连接板插槽	查看		与控制箱紧固连接
22	外部电池	电池电量	万用表测量或在控制箱中查看		12V 以上
23		正负极接口处	查看		没有腐蚀现象,连接正常
24	野外保护箱	太阳能板电量	万用表测量		19V 左右
25		保护箱外形	查看		不应有破裂处,否则会漏水对仪器造成损害
26		湿度传感器	View→Bat 查看。连接后,如果遇水 HH 变为 1,当水蒸发后,变回 0		反应灵敏
27		箱门状态	查看		开合正常
28	其他	外部充电器	万用表正负连接水晶头 1、3 针,查看电压		大于 12V
29		钥匙	查看		开启正常
30	仪器参数设置	日期及时间	Password＝1,调节日期及时间		误差小于 5s,世界时
31		国家号、站号设置	Password＝1,调节 Country 为 86,District 对应相应台站		设置正确
32		光学头号	Password＝1,Number 对应仪器光学头号		设置正确
33		经纬度	用 GPS 测得台站经纬度,用软件换算后输入。Lat mn(纬度为分钟),Lon. HH,Lon. MM,Lon. SS(经度为时,分,秒)		设置一定要正确,这是确保仪器正常观测最重要指标
34	数据采集及传输	数据线	SCN→PC,Go		有数据下载到软件
35		软件设置	Parameters 中 Com 口设置,秒位数为 1200,正确设置文件存放位置及文件基础名		设置一定要正确,这是确保数据正常下载最重要指标

序号	部件	检查内容	检查方法	检查结果	正常范围
36		采集状态	软件中是否有数据下载,文件夹是否有数据文件生成		正常采集
37	相关记录及报告	值班记录或日志	检查		记录完整、全面、清晰、有效
38		故障及检修报告	检查		记录完整、全面、清晰、有效
39		校准记录及报告	检查		记录完整、全面、清晰、有效
40	业务规范及规章	仪器操作技术手册	检查		有台站业务规范规章,仪器操作技术手册存在
41	校准	标校周期	/	1年	/
42		上次标校时间	/		/
43		标校数据存档	/		/
44		其他	/		/
45		时间	名称或种类	数量	备注
46	耗材使用情况				
47					
48					
49		时间	名称或种类	数量	备注
50	配件使用情况				
51					
52					
53		发生时间	现象或种类	次数	解决情况
54	系统异常或故障情况				
55					
56					
58					
59	结论、备注及说明				
60					
61					

审核人员：　　　　　　　　　审核日期：

8.2.5　积分浊度仪－巡检报告表

编号:CAWN－XXXXX－XXXX

台站名称	台站编号	仪器类型	仪器序列号	检查日期及时间

台站联系人	联系方式	通信地址	

序号	部件	检查内容	检查方法	检查结果	正常范围
1	防雨帽、防虫罩	清洁程度	拆下查看		干净,无阻塞,无虫,每半年至少清洁一次
2		是否损坏	查看		表面无明显损坏

续表

序号	部件	检查内容	检查方法	检查结果	正常范围
3	采样管	垂直程度	多角度观察		垂直于仪器平面
4		稳固程度	试着晃动		稳定,晃动微弱
5		软管连接状况	观察		连接垂直,无弯折,无断裂
6		内部清洁状况	拆下检查		干净,无堵塞、无虫,每年至少清洁一次
7	加热管	垂直程度	多角度观察		垂直于仪器平面
8		稳固程度	试着晃动		稳定,晃动微弱
9		软管连接状况	观察		连接垂直,无弯折,无断裂
10		内部清洁状况	拆下检查		干净,无堵塞、无虫,每年至少清洁一次
11		保温层包裹程度	观察		包裹严密、无破裂处
12		加热管电源连接情况	观察		插头插在仪器上面板的插口中
13	仪器外部情况	电源线连接情况	观察		交流 220V,接牢电源
14		数据线连接情况	观察		仪器与电脑两头分别插好并锁紧,仪器端插口正确
15		零气过滤芯连接情况	观察,用手拧、拔		插入密实,方向正确(大头在下),拔不下来
16		零气过滤芯清洁情况	观察		干净,无发黄、发黑情况
17		样气接口情况	观察,用手拧、拔		拧不动,拔不下来,连接紧密
18		跨气接口情况	观察,用手拧、拔		拧不动,拔不下来,连接紧密
19		仪器表面清洁程度	观察		洁净
20	仪器内部情况	仪器内部过滤芯连接情况	打开仪器前面板观察,用手拧、拔		插入密实,方向正确(大头在上),拔不下来
21		仪器内部过滤芯清洁情况	打开仪器前面板观察		干净,无发黄、发黑情况
22		气泵清洁情况	拆下查看		无尘,或少量灰尘
23		气路清洁情况	查看		无尘,或少量灰尘
24		测量腔室清洁程度	打开腔室查看		无尘,或少量灰尘
25		光源清洁程度	拿下光源查看		无尘,光源上无遮挡物
26	环境传感器	传感器位置	打开仪器前面板观察		完全插入样气管路内
27		清洁情况	查看		无尘,或少量灰尘
28		安装情况	检查		线路通畅、连接正常
29	腔室传感器	传感器位置	打开仪器前面板观察		位于腔体内,在清洁腔体时检查
30		清洁情况	查看		无尘,或少量灰尘
31		安装情况	检查		线路通畅、连接正常
32	仪器面板	仪器状态	查看		无警告
33		仪器时间检查及调整	查看、调整		与世界时(为北京时-8h)偏差超过 1 min 时应及时进行调整
34		散射系数	查看		视环境情况而定
35		空气湿度	查看		视环境情况而定,与当地人工或自动气象观测结果间偏差小于 5%
36		大气压强	查看		视环境情况而定,与当地人工或自动气象观测结果间偏差小于 5%
37		空气温度	查看		视环境情况而定,与当地人工或自动气象观测结果间偏差小于 5%
38		腔体温度	查看		视环境情况而定,应较为恒定

续表

序号	部件	检查内容	检查方法	检查结果	正常范围
39	气路情况	样气管路气密性	检查,观察值		管拔不出,散射系数值在比较正常范围内
40		零气管路气密性	检查,用手摸		管拔不出,零检时数值应达到 0 左右,吸力较大
41		跨气管路气密性	检查,听声音		管拔不出,开气但未跨检时无呲呲声,散射系数在标准范围内
42	校准系统	标准气类型	仪器参数查询		一般为 R134a,也可使用操作技术手册中规定种类的标准气
43		标准气散射系数设定值	仪器参数查询		
44		标准气生产日期	查看钢瓶标签		
45		标准气使用时间	当前日期与出厂日期差		一般同一瓶标准气有效使用年限约为出厂后 2 年。
46		标准气表头	检查,扭动流量阀		阀门控制正常、灵敏,无漏气情况,表头指针正常
47		剩余标准气压力	打开标气手轮,从压力表上读取		在效使用期内,一般应高于 1.5atm,低于此值时应及时更换
48		连接头处是否稳固、不漏气	检查,听声音		管路拔不下来,当仪器未跨检时听不到呲呲声
49	检漏情况	样气流量	用标准流量计测量		4～6L/min * 台站如有条件,由台站人员自行测量
50		标准气流量	用标准流量计测量		4～6L/min * 台站如有条件,由台站人员自行测量
51		零气流量	用标准流量计测量		2～4L/min * 台站如有条件,由台站人员自行测量
52	仪器参数设置	Filtering	Report Prefs 里检查		Kalman
53		Date Format	Report Prefs 里检查		Y－M－D
54		Temp. Unit	Report Prefs 里检查		℃
55		Press. Unit	Report Prefs 里检查		mb(hPa)
56		Normalise to	Report Prefs 里检查		0 ℃
57		Zero Chk Intv	Calibration 里检查		24h
58		Adj with Chk	Calibration 里检查		No
59		Wavelength	Calibration 里检查		525nm/520nm
60		Span gas	Calibration 里检查		通常为 R－134a,需要根据实际使用的标准气种类进行设定
61		Cal min time	Calibration 里检查		10min
62		Cal max time	Calibration 里检查		20min
63		% Stability	Calibration 里检查		95
64		Cell Heater	Control 里检查		Yes
65		Inlet Heater	Control 里检查		Yes
66		Desired RH.	Control 里检查		<60%
67		Module Addr	Serial IO 里检查		0 或 1

续表

序号	部件	检查内容	检查方法	检查结果	正常范围
68	仪器参数设置	SvcPt BaudRt	Serial IO 里检查		9600
69		SvcPt Parity	Serial IO 里检查		None
70		MltDr BaudRt	Serial IO 里检查		9600
71		MltDr arity	Serial IO 里检查		None
72		Out to SvcPt	Serial IO 里检查		None
73		Date	Adjust Clock 里检查		正确日期（世界时）
74		Time	Adjust Clock 里检查		正确时间（世界时）
75		Log period	Data Logging 里检查		1min 或 5min
76		Currently	Remote Menu 里检查		No
77	校准	全校准周期	检查标校记录		每月一次
78		上次校准时间	检查标校记录		一般为一个月前
79		零点检查	检查标校记录		人工操作,每日仪器自动做,数值接近 0
80		跨点检查	检查标校记录		人工操作,数值接近跨气的标准值
81	数据采集及传输	计算机时间检查及调整	查看		与世界时统一
82		显示一致性检查	查看		与仪器显示统一
83		数据采集情况	查看		正常、准时采集
84		数据传输情况	查看		正常、准时传输
85	相关记录及报告	值班记录或日志	检查		记录完整、全面、清晰、有效
86		故障及检修报告	检查		记录完整、全面、清晰、有效
87		校准记录及报告	检查		记录完整、全面、清晰、有效
88	业务规范及规章	仪器操作技术手册	检查		有台站业务规范规章,仪器操作技术手册存在
89	耗材使用情况	时间	名称或种类	数量	备注
90	配件使用情况	时间	名称或种类	数量	备注
91	系统异常或故障情况	发生时间	现象或种类	次数	解决情况
92	环境、结论、备注及说明				

审核员：　　　　　　　　　　　　审核日期：

8.2.6　MiniVol 便携式气溶胶采样器－巡检报告表

编号:CAWN－XXXXX－XXXX

台站名称	台站编号	仪器类型	仪器序列号	检查日期及时间

台站联系人	联系方式	通信地址		

序号	部件	检查内容	检查方法	检查结果	正常范围
1	防雨帽、防虫罩	清洁程度	查看		干净、无阻塞、无虫
2		是否损坏	查看		表面无明显损坏
3	连接组件	稳固程度	试着晃动		稳定,晃动微弱
4		内部清洁状况	拆下检查		干净、无堵塞、无虫
5		是否破损	查看		完好无缺
6	模托	清洁程度	查看		干净、无阻塞、无虫
7		是否破损	查看		完好无缺
8		过滤网	查看		完好无缺、干净、无阻塞、无虫
9		防变形圈	查看		完好无缺、干净
10	PM$_{10}$撞击器	清洁程度	查看		干净、无阻塞、无虫
11		O 形圈完好度	查看		完好无缺、未变形
12	PM$_{2.5}$撞击器	清洁程度	查看		干净、无阻塞、无虫
13		O 形圈完好度	查看		完好无缺、未变形
14	仪器情况	采样头连接情况	观察,用手拧、拔		连接紧密,拔不下来
15		充电器情况	观察,用万用表测量		正常为 12V 左右,无损坏
16		电池连接情况	观察		连接紧密、正确,锁扣锁上
17		电源连接情况	观察		连接电源,电源防潮注意
18		电池电压	用万用表测量		正常为 12V 左右,当衰减到 10～11V 以下需要更换电池
19		固定情况	观察,试着晃动		固定稳固,不能轻易晃动
20		仪器过滤器清洁程度	观察		干净,无发黄、发黑情况
21		仪器表面清洁程度	观察		洁净
22	仪器面板	仪器指示灯	查看		无报警,无红灯亮起
23		仪器流量	查看		5L/min
24		仪器时间检查及调整	查看		与世界时间(为北京时间－8h)偏差超过 1 min 时应及时进行调整
25		累积时间	查看		视实际情况而定
26	气路情况	样气管路气密性	检查		无漏气,流量为 5L/min
27		泵的情况	检查		泵膜完好,泵声音正常 ＊更换操作由台站人员完成
28	检漏情况	样气流量	堵住进气口,检查,观察值		流量计值瞬间降为 0
29	性能测试	系统流量检测	使用专用设备检测		5L/min ＊由中国气象局相关人员进行检测
30		系统流量校准	使用专用设备校准		5L/min ＊由中国气象局相关人员进行检测

序号	部件	检查内容	检查方法	检查结果	正常范围
31	滤膜情况	记录	检查		采样时间、时长等记录完整、全面、清晰、有效
32		保存	检查		膜盒保存,由锡纸包好,于冰箱中贮存
33		发送	检查		定期发送至中心检测
34	仪器参数设置	运行方式	仪器菜单中查看		手动运行/自动运行
35		自动启动时间	仪器菜单中查看		自动运行时,每周某日某时启动
36		自动停止时间	仪器菜单中查看		自动运行时,每周某日某时停止
37	采集及发送	采集情况	检查		每周定时定量采集
38		采集记录表	检查		清晰、完整、准时记录并填写
39		发送情况	检查		准时、及时发送
40	相关记录及报告	值班记录或日志	检查		记录完整、全面、清晰、有效
41		故障及检修报告	检查		记录完整、全面、清晰、有效
42	业务规范及规章	仪器操作技术手册	检查		有台站业务规范规章,仪器操作技术手册存在
43	耗材使用情况	时间	名称或种类	数量	备注
44	配件使用情况	时间	名称或种类	数量	备注
45	系统异常或故障情况	发生时间	现象或种类	次数	解决情况
45	环境、结论、备注及说明				

审核人员：　　　　　　　　　　　　　　审核日期：

8.2.7　能见度仪—巡检记录表

编号:CAWN－XXXXX－XXXX

台站名称	区站号	仪器类型	仪器序列号	检查日期及时间
台站联系人	固定电话(区号－电话)	手　机	邮政编码	通信地址
检查员姓名	固定电话(区号－电话)	手　机		NOTES邮箱

序号	部件	检查内容	检查方法	检查结果	正常范围
1	接收机和发射机	清洁镜头	查看		无尘、无虫网等遮挡
2		连接线	查看		无松动,连接紧密

续表

序号	部件	检查内容	检查方法	检查结果	正常范围
3	控制箱电路板	电路板状态指示灯是否正常	查看		正常为开机红灯亮一次后熄灭，绿灯常亮，黄灯闪烁
4		插槽是否正确插入	查看		无松动，连接紧密
5		检查供电是否正常	万用表测量		220V
6	控制箱电源板	电源板状态指示灯是否正常	查看		灯亮
7		检查供电是否正常	万用表测量		220V
8	整流板	主电路板状态指示灯是否正常	查看		灯亮
9		检查外部供电是否正常	万用表测量		220V
10		检查电源板输出是否正常	万用表测量		220V
11		检查整流板上的保险	查看		连接正常
12	防雷盒	检查外部供电是否正常	万用表测量		220V
13		检查防雷盒中保险	查看		连接正常，无损坏
14		检查防雷盒中电路板是否有发黑痕迹	查看		无发黑现象
15	地线	地线是否连接正常	查看		连接正常
16	校准	校准周期	查记录		3 个月
17		上次校准时间	查记录		3 个月前
18		标校板套件	检查		检查套件是否齐全，标校板是否干净
19	数据采集及传输	计算机时间检查及调整	同步网络时间		世界时间
20		数据采集情况	查看采集数据		每 15s 一组数据
21		检查"仪器—防雷盒—电脑"间的信号线连接	查看		连接正常
22		检查 485—232 转换器	查看		正常传输
24	相关记录及报告	值班记录或日志	检查		记录完整、全面、清晰、有效
25		故障及检修报告	检查		记录完整、全面、清晰、有效
26		校准记录及报告	检查		记录完整、全面、清晰、有效
27	业务规范及规章	仪器操作技术手册	查看		有台站业务规范规章，仪器操作技术手册存在
28	耗材使用情况	时间	名称或种类	数量	备注
29					
30					
31					
32	配件使用情况	时间	名称或种类	数量	备注
33					
34					
35					
36	系统异常或故障情况	发生时间	现象或种类	次数	解决情况
37					
38					
39					
40					

续表

序号	部件	检查内容	检查方法	检查结果	正常范围
41					
42					
43	结论、备注				
44	及说明				
45					
46					

审核人员：　　　　　　　　　　　　　审核日期：

序号	部件	检查内容	检查方法	检查结果	正常范围

大气成分观测业务技术手册

第三分册
反应性气体观测

中国气象局综合观测司

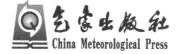

气象出版社
China Meteorological Press

内容简介

　　为了满足中国气象局大气成分观测站网业务化运行的需求,进一步规范业务人员对业务系统的日常操作和运行维护,并为相关人员了解测量原理、开展业务工作提供参考,中国气象局综合观测司组织有关专家及有经验的台站业务技术人员,共同编写了《大气成分观测业务技术手册》。本《手册》是《大气成分观测业务规范(试行)》的重要补充,由温室气体及相关微量成分、气溶胶观测、反应性气体观测和臭氧柱总量及廓线等四个分册组成,并将根据业务发展的需求补充完善其他大气成分观测内容。

　　本《手册》供中国气象局业务管理和科技业务人员学习与业务应用。

图书在版编目(CIP)数据

大气成分观测业务技术手册/中国气象局综合观测司编著.
—北京:气象出版社,2014.7(2020.5重印)
ISBN 978-7-5029-5969-2

Ⅰ.①大…　Ⅱ.①中…　Ⅲ.①大气成分-观测-技术
手册　Ⅳ.①P421.3-62

中国版本图书馆 CIP 数据核字(2014)第 151253 号

出版发行:气象出版社

地　　址: 北京市海淀区中关村南大街 46 号		**邮政编码:** 100081	
电　　话: 010-68407112(总编室)　010-68408042(发行部)			
网　　址: http://www.qxcbs.com		**E-mail:** qxcbs@cma.gov.cn	
责任编辑: 林雨晨		**终　　审:** 周诗健	
封面设计: 詹　辉		**责任技编:** 吴庭芳	
印　　刷: 北京建宏印刷有限公司			
开　　本: 880 mm×1230 mm　1/16		**印　　张:** 41.5	
字　　数: 1344 千字			
版　　次: 2014 年 7 月第 1 版		**印　　次:** 2020 年 5 月第 2 次印刷	
定　　价: 180.00 元(全套)			

本书如存在文字不清、漏印以及缺页、倒页、脱页等,请与本社发行部联系调换

编写说明

为了实施《大气成分观测业务规范(试行)》,进一步推进环境气象及大气成分观测业务化,满足观测站网运行的需求,使观测人员了解仪器设备的测量原理、掌握仪器的操作和维护技能,综合观测司组织有关单位和专家编写了《大气成分观测业务技术手册》。

《大气成分观测业务技术手册》是《大气成分观测业务规范(试行)》的重要补充,由温室气体及相关微量成分、气溶胶观测、反应性气体观测和臭氧柱总量及廓线等四个分册组成,并将根据业务发展的需求补充完善其他大气成分观测内容。

《反应性气体观测》分册由中国气象局气象探测中心、中国气象科学研究院编写。参加本手册编写的人员主要有:林伟立、张晓春、贾小芳、李杨、高伟、董番、汤洁、颜鹏、温民、于大江、马千里、宋庆利、周怀刚、刘鹏、王剑琼、俞向明、李邹、李楠、孟昭阳、徐晓斌等。

随着台站及实验室已建系统运行维护经验的不断总结积累,以及在建系统陆续投入运行,本分册相关内容也将随之补充完善,定期更新。

目　录

第 1 章　地面臭氧(O₃)观测系统

　　臭氧是大气中重要的微量反应性气体,其氧化作用、温室效应以及紫外吸收功能对气候、生态、环境等全球系统具有重要意义。近地面所能观测到的臭氧,在对流层化学物质循环中扮演着重要的角色,影响着全球的气候和生态。大气中近地面层的大部分臭氧不是人类活动直接排放的一次污染物,而是由一次污染物(如氮氧化物和碳氢化合物等)在大气中经过光化学反应而生成的。由于人为活动排放的某些一次污染物(臭氧前体物——氮氧化物、挥发性有机物等)的增加,地面臭氧浓度呈增长趋势,其对全球大气臭氧收支的影响,已成为当前环境研究的一个重点。因此,需要进行长期准确的观测,以增进我们对全球和区域大气臭氧变化规律的认识。在大气本底地区,对地面臭氧进行连续观测是本底监测的一项重要内容。

　　臭氧的化学性质活泼,因而其时空分布差异较大,靠近污染源的地区,臭氧浓度因受当地污染物浓度以及光化学反应程度的影响,呈现出不同的时空变化,而远离人为污染影响的地区,其观测所获得的本底观测结果具有更大的区域代表性。在近地层大气中,臭氧的大气含量可以从接近于 0 ppb① 到 100 ppb,甚至更多,各地区的臭氧含量不尽相同,且一般具有显著的日变化。

　　在线测量臭氧的方法有多种,其中紫外光度法具有准确度高、干扰较少、易于操作和连续测量等特点,是使用最普遍的方法,也是世界气象组织国际臭氧校准中心的标准技术方法。中国气象局大气本底站使用美国 TE 公司生产的 49C 型以及澳大利亚 Ecotech 公司生产的 9810B 型紫外光度法臭氧分析仪进行大气臭氧含量的测定。

1.1　TE49C 型臭氧分析仪

1.1.1　基本原理和系统结构

1.1.1.1　基本原理

　　49C 型紫外光度臭氧分析仪(以下简称 49C)是根据臭氧对紫外光的特征吸收原理进行测量的,属于吸收光度法。依据紫外光度计原理设计的臭氧监测仪器,其基本工作原理是测量流动空气样品中臭氧对 254nm 紫外光的吸收。在测量光程长度和臭氧吸收系数均为已知的情况下,可以由此吸收量得到样品气中臭氧的浓度。49C 采取双光路测量的方式,工作十分稳定。如图 1-1 所示,当环境气体被吸入后分成两路,经不同的管路进入两个光程长度完全相同的光池,其中一路流经臭氧去除器(Ozone Scrubber)除去臭氧作为参比“零气”(也可以称为背景气),另一路为环境气体样品,直接进入测量光池。

　　紫外光源(254nm)经一组反射镜片分成两路紫外光,照射两个光池中的气体样品。由于两个光池内气体样品的臭氧含量不相同,对紫外光的吸收也不同,由光池另一端的 2 个光电检测器检测到强弱不同的信号 I 和 I_0。根据 Beer 定律,由两个光电检测器测到的电压信号,可以计算出环境气体样品中的臭氧含量,其关系式如下:

$$\ln \frac{I}{I_0} = -c \cdot L \cdot \alpha \cdot \frac{p_a \cdot T_n}{T_a \cdot p_n} \qquad (1\text{-}1)$$

---

　①　1ppb＝10^{-9},1ppm＝10^{-6},1ppt＝10^{-12}

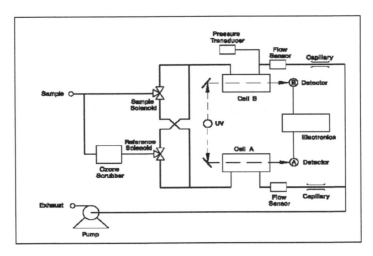

图 1-1　49C 的工作原理示意图

式中,I 为光池内通入环境气体样品所测得的光强信号;I_0 为光池内通入不含臭氧的参比零气测得的光强信号;c 为臭氧浓度;L 为光池长度;α 为臭氧的分子吸收系数;T_a,p_a 分别为光池内的温度和气压;T_n, p_n 分别为标准状态下的温度和气压(288.16K,1013.25hPa)。

在测量中,49C 通过周期性(10s)地切换进气管路,将环境气体样品和除去臭氧的参比零气交替通入两个光池,并同时输出两个测量周期的平均值,通过此方法可以更好地消除因仪器光源和光电检测器灵敏度波动所带来的测量误差。测量得到的臭氧浓度结果可在面板上显示并以模拟量或数字量输出。

1.1.1.2　仪器结构

（1）总体结构

49C 具有如图 1-1 所示的结构,主要包括:紫外光源、测量光池、光电检测器、信号放大电路、气路控制组件和气泵等部件。它们都安装在一个整体机箱内。机箱前部为操作面板,其上有电源开关、显示屏幕和操作键等;后部面板上有气路连接口、电源输入口、信号输出连接端子和计算机通信接口等。

（2）前面板及功能键

图 1-2 是仪器的前面板,屏幕上可显示 O_3 浓度、仪器运行状态、仪器参数、仪器控制信息和帮助信息。通过前面板上的操作键,可实现对仪器的检查、设置、校准等项操作。

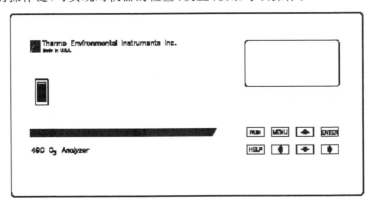

图 1-2　49C 前面板

"RUN"键:从其他菜单和显示屏幕退回到测量状态,显示运行(RUN)屏幕。

"MENU"键:通常用来显示主菜单。如在 RUN 屏幕时,该功能键用来激活主菜单,在其他菜单(屏幕)时,按动该键可退回上一级菜单(屏幕)。

"ENTER"键:用于确认菜单(子菜单及屏幕)选项,或者确认所选择(输入)的条目、设置的参数,或切换 ON/OFF 功能。

"HELP"键:用于提供当前显示内容或屏幕的说明。如果想退出帮助屏,则可按"MENU"键以返回原先屏幕或按"RUN"键以返回到运行屏幕。

方向键:使用↑、↓、→、←四个按键可按方向移动显示屏幕上的光标。

(3)仪器后面板

图 1-3 是仪器的后面板,主要包括:①电源插座;②采样进气口;③排气口;④仪器风扇;⑤RS232 模拟信号输出口;⑥计算机通信接口。

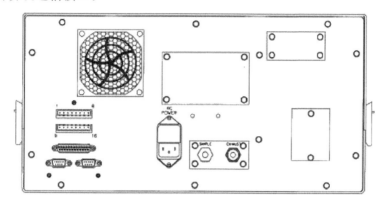

图 1-3　49C 后面板

(4)技术指标

49C 技术指标见表 1-1。

表 1-1　49C 技术指标见

名称	技术指标
可调范围	0~0.05、0.1、0.2、0.5、1、2、5、10、20、50、100、200 ppm 0~0.1、0.2、0.4、1、2、4、10、20、40、100、200、400 mg/m³
零点噪声	0.5 ppb RMS
最低检测限	1.0 ppb
零点漂移	<1 ppb/24 h,<2 ppb/7 d
满度漂移	±1%/week
响应时间	20 s (10 s 滞后时间)
线性	满量程的±1%
流量	1~3 SLPM(标准升/分)
适宜温度	20~30℃ (无结露情况下 0~45℃范围也是安全的)
电压	210~250V,50~60Hz,100W
仪器尺寸	16.75 英寸(宽)×8.62 英寸(高)×23(长)英寸
重量	35 磅
输出	可选范围的直流电压、4~20mA 的直流电流、RS232/485 接口

注:1 英寸=2.54cm;1 磅=0.4536kg。

1.1.2　安装调试

1.1.2.1　系统安装

(1)把采样管连接到仪器后面板的进气口(SAMPLE)(图 1-3)。安装前要确认采样管中没有杂质和污染物。采样管的材料应为 Teflon(特氟隆),外径为 1/4 英寸,内径不小于 1/8 英寸,长度小于 3m。注意:要保证进入仪器的气体的压力和环境气压相同,必要时可加装旁路排气装置。

(2)用一段管线从仪器的排气口(EXHAUST)连接到合适的排放口。这段管线的长度应小于 5m,

而且无堵塞物。

（3）在仪器的颗粒物过滤器内装上 $2\sim5\mu\mathrm{m}$ 孔径的 Teflon 过滤膜。

（4）给仪器接上合适的电源。

1.1.2.2　开、关机操作和设置仪器参数

开机。打开仪器电源开关,仪器显示开机（POWER-ON）和自检（SELF-TEST）屏幕,并自动进入自检程序。在完成自检之后,仪器将自动进入运行（RUN）屏幕,并同时将 O_3 的浓度显示在屏幕上。仪器在开机后,很快就进入测量状态,但是仪器至少需要 30min 的预热时间,才能逐渐进入稳定的工作状态。

参数设置。在初次运行时需要对有关的仪器参数进行设置,主要包括仪器的量程、单位、校准因数等,具体操作见以后相关章节的介绍。按下"MENU"键即显示主菜单,主菜单中包含了一系列子菜单,通过每个子菜单还可以逐次进入不同的仪器参数设置、选择、操作屏幕,使用↑、↓箭头可移向每个子菜单。

关机。最直接的操作就是关闭仪器的电源开关。如遇长时间停机,则需在关机之前记录下仪器的状态参数。遇有停电、雷电等现象时,一定要提前关闭仪器的电源开关,必要时应将仪器的电源插头从电源插座中拔出。

1.1.2.3　菜单操作

除仪器的开机屏幕和运行屏幕外,49C 的各种操作和参数设置均通过菜单（屏幕）选择实现。主菜单下包含若干个子菜单,子菜单下则包含各种操作（或显示）屏幕。图 7 显示的是主菜单屏幕。49C 主菜单所包含的子菜单条目如下：

（1）量程（RANGE）

（2）平均时间（AVERAGE TIME）

（3）校准因数（CALIBRATION FACTORS）

（4）校准（CALIBRATION）

（5）仪器控制（INSTRUMENT CONTROLS）

（6）诊断（DIAGNOSTICS）

（7）报警（ALARM）

（8）维修（SERVICE）

进入主菜单后,再用↑、↓键可将光标移到子菜单条目上,按"ENTER"键即可进入对应的子菜单。由子菜单再进入各种操作（或显示）屏幕,也是通过按动↑、↓键移动光标选择对应条目,再按"ENTER"键确定选择进入。在运行屏幕状态下,按←键可跳过主菜单,直接进入最后一次显示的子菜单屏幕。

（1）量程（RANGE）子菜单

在量程子菜单下,可以选择不同的仪器量程方式、浓度单位以及预设的 O_3 量程,也可以由用户自行定义量程范围。大气本底站的量程设定为单量程 200ppb 或 500ppb。

在主菜单中按↑、↓键,把光标移到 RANGE 条目上,按"ENTER"键,则进入量程子菜单;如按"MENU"键,将返回主菜单;如按"RUN"键,可返回运行屏幕。在量程子菜单中用↑、↓键,将光标移到气体浓度单位（GAS UNITS）条目上,按"ENTER"键进入气体浓度单位设置屏幕。气体浓度单位设置为 ppb。

（2）平均时间（AVERAGE TIME）子菜单

平均时间是指用户设置的一个时间（10～300s）周期。49C 的前面板上显示的测量浓度以及模拟输出信号每隔一定的时间更新一次,但该显示浓度和模拟输出所对应的浓度值,并不是仪器的瞬间测量值,而是该次更新时刻前一个平均时间周期内的平均值。例如 60s 的平均时间意味着,仪器显示（输出）的每次变化都是此之前 60s 内的测量平均值。因此,平均时间越短,仪器的显示和模拟输出对浓度变化的响应越快;平均时间越长,则输出数据的变化越平滑。

从主菜单中按↑、↓键,把光标移到平均时间（AVERAGING TIME）条目上,按"ENTER"键,则进入平均时间子菜单。在平均时间设置屏幕上,用↑、↓键选择平均时间,按"ENTER"键确认所选值;按

"MENU"键以返回主菜单;按"RUN"键以返回运行屏幕。

　　大气本底站平均时间一般设置为 60s。

　　(3)校准因数(CALIBRATION　FACTORS)子菜单

　　校准因数,包括零点校准值和斜率系数,是在自动校准和手动校准过程中确定的,仪器根据测量信号和校准因数计算 O$_3$ 的浓度。

　　从主菜单中按↑、↓键,把光标移到校准因数(CALIBRATION FACTORS)条目上,按"ENTER"键,则进入校准因数子菜单;如按"MENU"键,将返回主菜单;如按"RUN"键,可返回运行屏幕。校准因数子菜单显示保存在仪器内的零点校准值和斜率系数。

　　由于电路上的偏移、光电检测器的背景电流以及散射光等的影响,仪器在测量不含有 O$_3$ 的参比"零气"时也会给出一定的仪器响应,这个响应信号就是仪器的零点值。零点校准值就是为了修正仪器的零点偏移的一个仪器参数,该参数一般可根据在零点校准过程中自动生成,或者根据零气检查(即给仪器通入零气达稳定)的结果人工设置。在校准因数子菜单中,用↑、↓键上下移动光标至零点校准值(O$_3$ BKG PPB)条目上,按"ENTER"键,则进入零点校准值设置屏幕。屏幕显示的第一行为 O$_3$ 的当前读数,第二行是存储器中存储的零点校准值。为了对仪器的零点校准值进行调整,先给仪器通入零气直到其测量读数(即零点值)稳定,即进行"零气检查"。当通入零气后,屏幕显示的第一行的 O$_3$ 当前读数就是仪器的零点值,应根据零点值的大小,用↑、↓键增或减零点校准值,按"ENTER"键以确认对零点校准值所做的调整。零点校准值的调整,应使新的零点值接近于零,或为一个合适大小的正值,以避免仪器计算得到的显示浓度出现负值。完成了零点校准值的调整之后,按"MENU"键可返回校准因数子菜单;按"RUN"键,返回运行屏幕。

　　由于仪器电路上的偏移、光源性能变化、光电检测器的变化、管路等综合作用,仪器的测量电信号值与大气 O$_3$ 浓度的对应关系会有所变化,发生系统性的偏离。因此,在测量过程中需要用斜率系数来修正仪器测量值,得到正确的 O$_3$ 浓度测量结果。仪器在出厂时,其斜率系数是被调整到 1.000 的,在实际使用中,斜率系数会略偏离 1.000,但是幅度一般不会很大。斜率系数可在单点校准过程中自动生成,也可根据多点校准(即通入多个浓度的标准气体进行检查和计算)或者跨点检查(即给仪器通入某个浓度的标准气体达稳定)的结果进行人工设置。在校准因数子菜单中,用↑、↓键上下移动光标至斜率系数(O$_3$ COEF)条目上,按"ENTER"键,则进入选中的斜率系数设置屏幕。屏幕的第一行显示的为当前 O$_3$ 浓度,第二行显示的是斜率系数的原设置值。用户可用斜率系数设置屏幕来对斜率系数进行人工修改,可以用↑、↓键改变(增加或减少)斜率系数。注意,在操作屏幕对仪器的斜率系数进行调整的同时,第一行显示的当前浓度值也随之改变。然而,如果未按"ENTER"键,则斜率系数不会真正改变。只有当按下"ENTER"键,行末的问号消失后,调整后的斜率系数才会被真正地存贮起来。完成了斜率系数的调整之后,按"MENU"键可返回校准因数子菜单;按"RUN"键,返回运行屏幕。

　　(4)校准(CALIBRATION)子菜单

　　校准子菜单用来执行零点和单点校准,即仪器根据对零气和标准气的测量结果,调整仪器的零点校准值和斜率。

　　从主菜单中按↑、↓键,把光标移到校准(CALIBRATION)条目上,按"ENTER"键,则进入校准子菜单;如按"MENU"键,将返回主菜单;如按"RUN"键,可返回运行屏幕。

　　在校准子菜单屏幕上,用↑、↓键移动光标到零点校准(CALIBRATE ZERO)条目上,按"ENTER"键,进入零点校准屏幕。在零点校准屏幕上,第一行显示的是仪器测量得到 O$_3$ 当前浓度值。当给仪器通入零气 10min 以上时,仪器的 O$_3$ 当前浓度值基本达到稳定,这时屏幕上第一行显示的即是仪器的零点值。此时,如按下"ENTER"键,仪器会根据当时的零点测量值自动调整仪器的零点校准值,使得屏幕显示的 O$_3$ 浓度测量值读数为零。完成零点校准后,按"MENU"键可返回校准子菜单;按"RUN"键可返回运行屏幕。

　　在校准子菜单的屏幕上用↑、↓键,把光标移到单点校准(CALIBRATE O$_3$)条目上,按"ENTER"键,则进入单点校准屏幕。在单点校准屏幕上,第一行显示的是仪器测量得到的 O$_3$ 当前浓度值,第二行显示的是仪器量程,第三行是标准值输入行。给仪器通入已知浓度的标准气 20min 以上,屏幕上第一行显示的浓度值应该稳定在标准气浓度值附近。如果第一行显示的 O₃ 浓度值与标准气浓度值偏差较大,则需要调整仪器的斜率,即进行单点校准。其方法是:应用←、→键向左或向右移动光标,再用↑、↓键增加或减少第三行的数字,直至等于标准气的浓度值,然后按下"ENTER"键,仪器根据输入的标准浓度值调整仪器的斜率,使得屏幕显示的 O₃ 浓度测量值与输入的标准气浓度值相等。完成单点校准后,按"MENU"键,可返回校准子菜单;按"RUN"键,可返回运行屏幕。

(5)仪器控制(INSTRUMENT CONTROLS)子菜单

仪器控制子菜单包括仪器运行模式和参数的设置屏幕,供操作者对这些运行模式和参数进行修改和调整。

在主菜单中按↑、↓键,把光标移到仪器控制(INSTRUMENT CONTROLS)条目上,按"ENTER"键,则进入仪器控制子菜单;如按"MENU"键,将返回主菜单;如按"RUN"键,可返回运行屏幕。

1)温度订正(TEMP CORRECTION)屏幕

温度订正是为了补偿仪器测量光池内温度变化给测量结果带来的影响。从仪器控制菜单中按↑、↓键,把光标移到温度订正(TEMP CORRECTION)条目上,按"ENTER"键确认选择,进入温度订正屏幕。温度订正屏幕提供订正功能开启和关闭的选择。当温度订正功能开启时,屏幕的第一行显示当前仪器测量光池内的温度。当温度订正功能关闭时,屏幕的第一行显示工厂设置的标准温度 0.0℃。在温度订正屏幕上,按"ENTER"键可切换开启(TURN ON)和关闭(TURN OFF)温度订正功能;按"MEN-U"键可返回仪器控制子菜单;按"RUN"键可返回运行屏幕。

2)气压订正(PRESSURE CORRECTION)屏幕

气压订正用于补偿测量光池内气压变化对输出信号造成的影响。从仪器控制菜单中按↑、↓键,把光标移到气压订正(PRESSURE CORRECTION)条目上,按"ENTER"键确认选择,进入气压订正屏幕。当气压订正功能开启时,屏幕第一行显示测量光池内的压力;当气压订正功能关闭时,第一行则显示工厂设置的标准气压 760mmHg。在气压订正屏幕上,按"ENTER"键可切换开启(TURN ON)和关闭(TURN OFF)气压订正功能;按"MENU"键可返回仪器控制子菜单;按 RUN 可返回运行屏幕。

3)波特率(BAUD RATE)屏幕

波特率菜单用于设置仪器的通信频率。从仪器控制子菜单中按↑、↓键,把光标移到波特率(BAUD RATE)条目上,按"ENTER"键确认选择,进入波特率屏幕。在波特率屏幕上用↑、↓键选择所需要的波特率,按"ENTER"键确认选择;按"MENU"键可返回仪器控制子菜单;按"RUN"键可返回运行屏幕。

4)仪器标识码(INSTRUMENT ID)屏幕

仪器标识码屏幕用来设置仪器的可识别代码。从仪器控制子菜单中按↑、↓键,把光标移到仪器标识码(INSTRUMENT ID)条目上,按"ENTER"键确认选择,进入仪器标识码屏幕。在仪器标识码屏幕上,用↑、↓键修改仪器的标识码,按"ENTER"键确认选择;按"MENU"键可返回仪器控制子菜单;按"RUN"键可返回运行屏幕。

5)屏幕亮度(SCREEN BRIGHTNESS)屏幕

屏幕亮度屏幕用于改变屏幕的亮度,依次有 25%、50%、75% 和 100% 几个等级,平时将屏幕的亮度调得比较小有助于延长屏幕的使用寿命。从仪器控制子菜单中按↑、↓键,把光标移到屏幕亮度(SCREEN BRIGHTNESS)条目上,按"ENTER"键确认选择,进入屏幕亮度屏幕。在屏幕亮度屏幕上,用↑、↓键增加或减少屏幕的亮度,按"ENTER"键确认选择;按"MENU"键可返回仪器控制子菜单;按"RUN"键可返回运行屏幕。

6)维修开关(SERVICE)屏幕

维修开关屏幕用于将维修方式开启和关闭。维修方式开启时,可以提供一些仪器检查和调整功能,以便操作者对 49C 进行调整和故障诊断。从仪器控制菜单中按↑、↓键,把光标移到维修开关(SERV-ICE)条目上,按"ENTER"键,进入维修开关屏幕。在维修开关屏幕上,按"ENTER"键切换维修方式的开启(ON)和关闭(OFF);按"MENU"键可返回仪器控制子菜单;按"RUN"键可返回运行屏幕。

7)时间(TIME)调整屏幕

时间调整屏幕可对仪器内部的时钟进行设置。从仪器控制子菜单中按↑、↓键,把光标移到时间(TIME)条目上,按"ENTER"键确认选择,进入时间调整屏幕。屏幕上第一行显示当前时间,第二行显示更改时间,仪器在关机时,内部时钟由其自己的电池供电。在时间屏幕上按↑、↓键可增、减小时和分钟值;按←、→键可左、右移动光标,按"ENTER"键确认更改。之后,按"MENU"键则返回仪器控制子菜单;按"RUN"键则返回运行屏幕。

8)日期(DATE)调整屏幕

日期调整屏幕可对日期参数进行设置。从仪器控制子菜单中按↑、↓键,把光标移到日期(DATE)条目上,按"ENTER"键确认选择,进入日期调整屏幕。在日期调整屏幕上,用↑、↓键增或减月、日和年的数值;按←、→键以左、右移动光标,按"ENTER"键以确认更改;按"MENU"键可返回仪器控制子菜单;按"RUN"键可返回运行屏幕。

(6)诊断(DIAGNOSTICS)子菜单

诊断子菜单为用户提供仪器的各种诊断信息。从主菜单中按↑、↓键,把光标移到诊断(Diagnostics)条目上,按"ENTER"键,则进入诊断子菜单;如按"MENU"键,将返回主菜单;如按"RUN"键,可返回运行屏幕。

1)程序号(PROGRAM NUMBER)屏幕

程序号屏幕用来显示仪器所装程序的版本号。如果用户对仪器有什么疑问,在与生产厂家联系之前先查看一下程序的版本号。在诊断子菜单中按↑、↓键,把光标移到程序号(PROGRAM NUMBER)条目上,按"ENTER"键则进入程序号屏幕。

2)电压(VOLTAGES)检查屏幕

电压检查屏幕显示直流电源的电压和PMT(光电倍增管)的电压。该屏幕的显示可帮助用户对电源板的输出电压低或电压波动等故障做出快速检查,而无需用电压表进行测量。在诊断子菜单中按↑、↓键,把光标移到电压(VOLTAGES)条目上,按"ENTER"键则进入电压检查屏幕。

3)温度(TEMPERATURE)检查屏幕

温度检查屏幕显示测量光池温度和紫外光源温度。在诊断子菜单中按↑、↓键,把光标移到温度(TEMPERATURE)条目上,按"ENTER"键则进入温度检查屏幕。BENCH表示测量光池温度,BENCH LAMP表示紫外光源温度。

4)气压(PRESSURE)检查屏幕

气压检查屏幕显示光池内的气压。压力由装在光池管线中的压力传感器测出。在诊断子菜单中按↑、↓键,把光标移到气压(PRESSURE)条目上,按"ENTER"键则进入气压检查屏幕。

5)流量(FLOW)检查屏幕

流量检查屏幕显示仪器两个测量光池的采样流量。流量由装在仪器内部的流量传感器测出。在诊断子菜单中按↑、↓键,把光标移到流量(FLOW)条目上,按"ENTER"键则进入流量检查屏幕。CELL A表示A测量光池的流量,CELL B表示B测量光池的流量。

6)测量光池读数(CELL A/B O₃)检查屏幕

测量光池读数检查屏幕显示两个测量光池O₃浓度的原始读数以及根据两个测量光池读数计算得到的O₃浓度平均值。在诊断子菜单中按↑、↓键,把光标移到测量光池读数(CELL A/B O₃)条目上,按"ENTER"键则进入测量光池读数检查屏幕。第一行显示O₃浓度平均值,第二、三行显示两个测量光池的O₃浓度原始读数。

7)光源强度(LAMP INTENSITY)检查屏幕

光源强度检查屏幕显示A、B两个测量光池分别检测到的紫外光源的强度(参比测量状态),单位Hz。在诊断子菜单中按↑、↓键,把光标移到光源强度(LAMP INTENSITY)条目上,按"ENTER"键则进入光源强度检查屏幕。在光源强度检查屏幕中,第二、三行分别显示两个测量光池检测到的紫外光源强度。

8) 模拟输出测试(TEST ANALOG OUTPUTS)屏幕

在诊断子菜单中按↑、↓键,把光标移到模拟输出测试(TEST ANALOG OUTPUTS)条目上,按"ENTER"键可进入模拟输出测试屏幕。模拟输出测试屏幕包括三种选择:零输出电平测试(ZERO)、满度输出电平测试(FULL SCALE)和对整个量程内模拟输出进行测试的动态电平测试(RAMP)。

在模拟输出测试屏幕上,用↑、↓键上下移动光标至零输出电平测试(ZERO)条目上,按"ENTER"键进入零输出电平测试屏幕。在零输出电平测试屏幕上,用↑、↓键可升高或降低仪器的输出电平,然后按"ENTER"键确认对零输出电平的设置,并返回模拟输出测试屏幕。例如,若要将输出电平调整到满度(量程)的5%,则可按↑键使数字由0.0%增加到5.0%,输出的模拟电压信号即由0.0V升为0.5V(10V的5%)。此时,按"MENU"键可以返回诊断子菜单,按"RUN"键返回运行屏幕,即结束零电平信号的输出。

在模拟输出测试屏幕上,用↑、↓键上下移动光标至满度输出电平测试(FULL SCALE)条目上,按"ENTER"键,即进入满度输出电平测试屏幕。在满度输出电平测试屏幕上,用↑、↓键可升高或降低仪器的输出电平,然后按"ENTER"键确认对满度输出电平的设置,并返回模拟输出测试屏幕。例如,若要将输出电平调整到满度(量程)的95%,则用↓键将数值100.0%减小到95.0%,则输出的模拟电压信号会由10.0 V降为9.5 V(10V的95%)。此时,在模拟输出测试屏幕,按 MENU 可以返回诊断子菜单,按"RUN"键返回运行屏幕,即结束满度电平信号的输出。

在模拟输出测试屏幕上,用↑、↓键上下移动光标至动态电平输出测试(RAMP)条目上,按"ENTER"键即可进入动态电平输出测试屏幕。动态电平输出测试用于检测全量程内电平信号输出的线性。输出电平从-2.3%开始,每秒钟增加0.1%,一直增加到100.0%。电平输出是否线性可以反映出模拟输出电路工作是否正常。此时,在模拟输出测试屏幕上,按"MENU"键返回诊断菜单;按"RUN"键返回运行屏幕,即结束测试电平信号的输出。

在 REMOTE 模式下,模拟输出测试功能不能执行。

9) 选项开关(OPTION SWITCHS)屏幕

选项开关屏幕可使用户看到机内选项开关的设置,但是,用操作键不能改变选项开关的设置。在诊断子菜单上,用↑、↓键上下移动光标至选项开关(OPTION SWITCHS)条目上,按"ENTER"键进入选项开关屏幕。该屏幕如下所示。

OPTION SWITCHES:

♯1	REMOTE	ON
♯2	RS-232	ON
♯3	OZONTOR	OFF
♯4	DOUBLE RANGE	OFF
♯5	AUTORANGE	OFF
♯6	LOCK	OFF
♯7	FAST UPDATE	OFF
♯8	SPARE	OFF

(7) 报警(ALARM)子菜单

49C 能够对仪器的一系列运行状态参数进行监测,当这些参数超出设置的正常范围时,仪器的运行屏幕和主菜单屏幕上就出现报警提示(ALARM)。报警子菜单可以让操作人员查看出现报警的参数,并在维修方式打开时,设置各参数报警的上下限。

从主菜单中按↑、↓键,把光标移到报警(ALARM)条目上,按"ENTER"键,则进入报警子菜单。之后,按"MENU"键,将返回主菜单;如按"RUN"键,可返回运行屏幕。

报警子菜单的屏幕如下所示。

ALARMS DETECTED: O

BENCH TEMP	OK
BENCH LAMP TEMP	OK
PRESSURE	OK
FLOW B	OK
FLOW A	OK
INTENSITY A	OK
INTENSITYB	OK
O3 CONC	OK

报警子菜单的第一行显示出现报警参数的个数,从第二行开始显示由分析仪所监测的运行参数和对应的状态指示。如果某项运行参数超出了报警上限或下限,该参数的状态指示就会从 OK 变为 HLGH 或 LOW。如果要看某个参数的当前数值和报警上下限,可将光标移到该项上,然后按"ENTER"键,进入各参数的报警检查屏幕。

1)机箱内温度(BENCH TEMP)报警检查屏幕

机箱内温度报警检查屏幕显示机箱内的当前温度和工厂设置的报警上下限。在报警子菜单上,用↑、↓键上下移动光标至机箱内温度(BENCH TEMP)条目上,按"ENTER"键进入机箱内温度报警检查屏幕。第 2 行显示当前的机箱内温度,第 3、4 行则显示机箱内温度报警的下限和上限。

当仪器处在维修方式打开时,可对报警上下限进行修改,可接受的报警上下限范围为 5~50℃。移动光标到报警上限(MAX)或报警下限(MIN)的条目上,按"ENTER"键,即可进入机箱内温度报警上限或下限的设置屏幕,对设置机箱内温度上限和下限屏幕的操作相同。在机箱内温度报警上(下)限设置屏幕上,用↑、↓键增加或减少数值,按"ENTER"键接受修改值;之后,按"MENU"键可返回机箱内温度报警检查屏幕,按"RUN"键可返回运行屏幕。

2)紫外光源温度(BENCH LAMP TEMP)报警检查屏幕

紫外光源温度报警检查屏幕显示紫外光源的当前温度和工厂设置的报警上(下)限值。在报警子菜单上,用↑、↓键上下移动光标至紫外光源温度(BENCH LAMP TEMP)条目上,按"ENTER"键进入紫外光源温度报警检查屏幕。屏幕的第 2 行显示当前的紫外光源温度,第 3、4 行显示紫外光源温度的报警下限和上限。

当仪器处在维修方式打开时,可对紫外光源温度报警上下限值进行修改。可接受的报警上下限范围为 50~60℃。移动光标到报警上限(MAX)或报警下限(MIN)的条目上,按"ENTER"键,即可进入紫外光源温度报警上限(或下限)的设置屏幕,对紫外光源温度报警上限和下限设置屏幕的操作相同。在紫外光源温度报警上(下)限设置屏幕上,用↑、↓键增加或减少数值,按"ENTER"键接受修改值;之后,按"MENU"键可返回紫外光源温度报警检查屏幕,按"RUN"键可返回运行屏幕。

3)气压(PRESSURE)报警检查屏幕

气压报警检查屏幕显示测量光池的当前气压和工厂设置的报警上(下)限值。在报警子菜单上,用↑、↓键上下移动光标至气压(PRESSURE)条目上,按"ENTER"键进入气压报警检查屏幕。屏幕的第 2 行显示测量光池内当前的气压,第 3、4 行显示测量光池内气压的报警下限和上限。

当仪器处在维修方式打开时,可对气压报警上下限值进行修改。可接受的报警上下限范围为 200 到 1000mmHg。移动光标到报警上限(MAX)或报警下限(MIN)的条目上,按"ENTER"键,即可进入压力报警上限(或下限)的设置屏幕,对气压报警上限和下限设置屏幕的操作相同。在气压报警上(下)限设置屏幕上,用<、、键增加或减少数值,按"ENTER"键接受修改值;之后,按"MENU"键可返回压力报警检查屏幕,按"RUN"键可返回运行屏幕。

4)流量 A(FLOW A)和流量 B(FLOW B)报警检查屏幕

流量 A(FLOW A)和流量 B(FLOW B)报警检查屏幕分别显示测量光池 A 和 B 的当前采样流量和工厂设置的报警上(下)限值。在报警子菜单上,用↑、↓键上下移动光标至流量 A(FLOW A)或流量 B(FLOW B)条目上,按"ENTER"键即进入流量 A 或流量 B 报警检查屏幕。对流量 A 报警检查屏幕和流量 B 报警检查屏幕的操作相同。屏幕的第 2 行显示测量光池 A(或 B)的当前采样流量,第 3、4 行显示测量光池 A(或 B)的采样流量报警下限和上限。

当仪器处在维修方式打开时,可对流量 A 和流量 B 报警上、下限值进行修改。可接受的报警上下限范围为 0.4~1.6LPM。移动光标到报警上限(MAX)或报警下限(MIN)的条目上,按"ENTER"键,即可进入流量 A(或流量 B)报警上限(或下限)的设置屏幕,对流量 A 和流量 B 报警上限和下限设置屏幕的操作相同。在流量 A 报警上(下)限设置屏幕上,用↑、↓键增加或减少数值,按"ENTER"键接受修改值;之后,按"MENU"键可返回流量 A 报警检查屏幕,按"RUN"键可返回运行屏幕。

5)光源强度 A(INTENSITY A)和光源强度 B(INTENSITY B)报警检 查屏幕

光源强度 A 和光源强度 B 报警检查屏幕分别显示测量光池 A 和测量光池 B 检测到的当前紫外光源强度(参比测量状态)和工厂相应设置的报警上(下)限值。在报警子菜单中,用↑、↓键上下移动光标至光源强度 A(INTENSITY A)或光源强度 B(INTENSITY B)条目上,按"ENTER"键进入光源强度 A 报警检查屏幕或光源强度 B 报警检查屏幕。光源强度 A 报警检查屏幕和光源强度 B 报警检查屏幕的显示相似,操作相同。该屏幕的第 2 行显示当前测量光池 A(或 B)检测到的紫外光源强度(参比测量状态),第 3、4 行显示光源强度 A(或 B)的报警下限和上限。

当仪器处在维修方式打开时,可对光源强度 A(和光源强度 B)的报警上下限值进行修改。可接受的报警上下限范围为 45 000~150 000Hz。移动光标到报警上限(MAX)或报警下限(MIN)的条目上,按"ENTER"键,即可进入光源强度 A(或光源强度 B)的报警上限(或下限)设置屏幕,对光源强度 A 和光源强度 B 报警上限和下限设置屏幕的操作相同。在光源强度 A(或光源强度 B)报警上(下)限设置屏幕上,用↑、↓键增加或减少数值,按"ENTER"键接受修改值;之后,按"MENU"键可返回光源强度 A(或光源强度 B)报警检查屏幕,按"RUN"键可返回运行屏幕。

6)O_3 浓度报警(O_3CONC)检查屏幕

O_3 浓度报警检查屏幕显示当前 O_3 浓度和工厂设置的报警上(下)限值。在报警子菜单上,用↑、↓键上下移动光标至 O_3 浓度(O_3 CONC)条目上,按"ENTER"键进入 O_3 浓度报警检查屏幕。屏幕的第 2 行显示当前的 O_3 浓度,第 3、4 行显示 O_3 浓度的报警下限和上限。

当仪器处在维修方式打开时,可对 O_3 浓度报警上下限值进行修改。可接受的报警上下限范围为 0~200ppm。移动光标到报警上限(MAX)或报警下限(MIN)的条目上,按"ENTER"键,即可进入 O_3 浓度报警上限(或下限)的设置屏幕,对 O_3 浓度报警上限和下限设置屏幕的操作相同。在 O_3 浓度报警上(下)限设置屏幕上,用↑、↓键增加或减少数值,按"ENTER"键接受修改值;之后,按"MENU"键可返回 O_3 浓度报警检查屏幕,按"RUN"键可返回运行屏幕。

(8)维修(SERVICE)子菜单

当仪器处在维修方式打开时,主菜单中即增加一个维修子菜单。维修子菜单中包括一些与诊断子菜单中相同的内容,如灯电压、PMT 电源电压、压力、采样流量等,但是在诊断子菜单下读数每 10s 更新一次,而在维修子菜单下每秒钟更新一次。更新的速度越快,其读数显示对做调整时的响应速度也越快。此外,维修子菜单中还包括了一些改进的诊断功能。

从主菜单中,按↑、↓键把光标移到维修(SERVICE)条目上,按"ENTER"键进入维修子菜单。之后,按"MENU"键返回主菜单;按"RUN"键返回运行屏幕。

维修子菜单的屏幕如下所示。

SERVICE　　MODE:
PRESSURE
PRESSURE　CHECK
FLOW A
FLOW B
TEST LAMP OUTPUT
LAMP SETTING

INTENSITY CHECK

A/D　FREQUENCY

SET　TEST　DISPLAY

1)气压(PRESSURE)屏幕

气压屏幕显示测量光池的气压值,每秒钟更新一次,在调整压力传感器电位器时要用该屏幕进行监测。在维修子菜单中,用↑、↓键移动光标到气压(PRESSURE)条目上,按"ENTER"键进入气压屏幕。

2)气压检查(PRESSURE CHECK)屏幕

在维修子菜单中,用↑、↓键移动光标到气压检查(PRESSURE CHECK)条目上,按"ENTER"键进入气压检查屏幕。在气压检查屏幕上有 3 个选择,样品测量状态气压、参比测量状态气压和泵检查等,进入其中的任意一个检查屏幕都会影响到仪器的模拟输出。

在气压检查屏幕中,用↑、↓键移动光标到样品测量状态气压检查(SAMPLE PRESSURE)条目上,或参比测量状态气压检查(REFERENCE PRESSURE)条目上,按"ENTER"键即进入对应的显示屏幕,两者屏幕显示的外观完全相同,显示内容分别是测量光池 B 在样品测量状态和参比测量状态时的内部气压,每秒钟数据更新一次。根据这两项检查可以判断仪器的 2 个采样/参比切换电磁阀是否漏气。

在气压检查屏幕中,用↑、↓键移动光标到泵检查(PUMP CHECK)条目上,按"ENTER"键即进入泵检查屏幕。泵检查屏幕显示测量光池 B 内的气压,每秒钟数据更新一次,用于测试泵的工作状况。进入该屏幕后,2 个采样/参比切换电磁阀改变动作方式,关闭所有通向测量光池 B 的流量,这时测量光池 B 内的气压应在 20s 内降至 390mmHg 以下,它表明仪器内部泵的工作效率。

3)流量 A(FLOWA)和流量 B(FLOW B)屏幕

流量 A 屏幕和流量 B 屏幕分别显示测量光池 A 和测量光池 B 的采样流量,读数每秒钟更新一次。在调整流量传感器电位器时要用该屏幕进行监测。靠近隔板的电位器为调零电位器,远离隔板的电位器为调跨电位器。在维修子菜单中,用↑、↓键移动光标到流量 A(FLOW A)或流量 B(FLOW B)条目,按"ENTER"键进入流量 A 屏幕或流量 B 屏幕。流量 A 屏幕或流量 B 屏幕的显示和操作相同。

4)光源输出测试(TEST LAMP OUTPUT)屏幕

光源输出测试屏幕用于对光源输出电路的零点和满度进行校准。光源输出的零点和满度在出厂时已经设置好了,一般不应再进行改变。光源输出测试屏幕的功能和操作与模拟输出测试(TEST ANALOG OUTPUT)屏幕基本相同,光源输出的模拟电压信号也可在仪器后面板的输出端子(7 和 8)上测量。在维修子菜单中,按↑、↓键把光标移到光源输出测试(TEST LAMP OUTPUT)条目上,按"ENTER"键可进入光源输出测试屏幕。

光源输出测试屏幕包括三种选择:零输出电平测试(ZERO)、满度输出电平测试(FULL SCALE)和一个可对整个输出范围进行测试的动态电平输出测试(RAMP)。

零输出电平测试(ZERO):在光源输出测试屏幕上,用↑、↓键上下移动光标至"零输出电平测试(ZERO)"条目上,按"ENTER"键进入零输出电平测试屏幕。在零输出电平测试屏幕上,可用↑、↓键可升高或降低仪器的输出电平,然后,按"ENTER"键确认零输出电平的设置,并返回光源输出测试屏幕。例如,若要将输出电平调整到满度(量程)的 5%,则可按<键将数字 0.0% 增加到 5.0%,输出的模拟电压信号即由 0.0V 升高为 0.5 V(10V 的 5%)。此时,在光源输出测试屏幕,按 MENU 可以返回维修子菜单,按"RUN"键返回运行屏幕,即结束零电平信号的输出。

满度输出电平测试(FULL SCALE):在光源输出测试屏幕上,用↑、↓键上下移动光标至"满度输出电平测试(FULL SCALE)"条目上,按"ENTER"键,即进入满度输出电平测试屏幕。在满度输出电平测试屏幕上,用↑、↓键可升高或降低仪器的输出电平,然后,按"ENTER"键确认满度输出电平的设置,并返回光源输出测试屏幕。例如,若要将输出电平调整到满度(量程)的 95%,则用(键将数值 100.0% 减小到 95.0%,则输出的模拟电压信号由 10.0 V 降为 9.5 V(10V 的 95%)。此时,在光源输出测试屏幕上,按"MENU"键可返回维修子菜单,按"RUN"键返回运行屏幕,即结束满度电平信号的输出。

动态电平输出测试(RAMP)屏幕:在光源输出测试屏幕上,用↑、↓键上下移动光标至"动态电平输出测试(RAMP)"条目上,按"ENTER"键即进入动态电平输出测试屏幕。动态电平输出测试用于检测全量程内电平信号输出的线性。输出电平从-2.3%开始,每秒钟增加0.1%,一直增加到100.0%。电平输出是否线性可以反映出光源输出控制电路的工作是否正常。此时,在光源输出测试屏幕上,按"MENU"键可以返回维修子菜单;按"RUN"键返回运行屏幕,即结束测试电平信号的输出。

光源设置(LAMP SETTING)屏幕:用于对光源强度进行调整,使到达光电检测器的光强尽量维持在合适的范围(100 000Hz±10 000 Hz)。由于光源的老化,在使用中光源强度会逐步降低,一般在调整时可以调节得略偏高些。在维修子菜单中,按↑、↓键把光标移到"光源设置(LAMP SETTING)"条目上,按"ENTER"键可进入光源设置屏幕。屏幕上,第1、2行显示的是透过测量光池A和测量光池B的光源强度,第3行显示的是光源强度的设置百分数,改变这个百分数,透过测量光池A和测量光池B的光源强度会同时改变。一般情况下,透过测量光池A和测量光池B的光源强度会比较接近,但是如果光源的安装位置不合适,或者两个测量光池的一个出现明显的污染,两者会有较大差距,这时需要调整光源的安装位置,或者清洗测量光池。

光强检查(INTENSITY CHECK)屏幕:利用光强检查屏幕的操作,可以人为地控制测量光池A和测量光池B分别处于样品测量状态和参比测量状态,进而得到检测器A和检测器B上测量的光强及噪声。在维修子菜单中,按↑、↓键把光标移到"光强检查(INTENSITY CHECK)"条目上,按"ENTER"键可进入光强检查屏幕。在光强检查屏幕中有4个选择,分别是参比测量状态下测量光池A的光强(INT A REFERENCE GAS)、样品测量状态下测量光池A的光强(INT A SAMPLE GAS)、参比测量状态下测量光池B的光强(INT B REFERENCE GAS)、样品测量状态下测量光池B的光强(INT B SAMPLE GAS),按<、(键把光标移到对应的条目上,按"ENTER"键可进入对应的光强检查屏幕。4个光强检查屏幕基本类似,进入其中的任何一个屏幕均会影响到模拟输出信号。进入参比测量状态下测量光池A的光强检查屏幕,仪器的2个样品气/参比气电磁阀的自动切换将停止,测量光池A被切换到参比测量状态,使得参比气流流经测量光池A。屏幕上则显示该状态下的光强(第2行)和信号噪声(第3行)。

A/D频率(A/D FREQUENCY)屏幕:A/D频率屏幕显示A/D板上的每个模/数转换器的频率。A/D板上共有12个模/数转换器。每个A/D的频率范围为从0到100 000Hz。该频率范围对应$0\sim$10VDC的电压。A/D变换器的分配如表1-2。

表1-2 A/D变换器的分配及功能

A/D变换器	功能	A/D变换器	功能
AN0	备用	AN6	备用
AN1	臭氧发生器流量	AN7	测量光池压力
AN2	备用	AN8	臭氧发生器紫外光源温度
AN3	测量光池B流量	AN9	光源温度
AN4	备用	AN10	备用
AN5	测量光池A流量	AN11	测量池温度

在维修子菜单中,用↑、↓键移动光标到A/D频率(A/D FREQUENCY)条目,按"ENTER"键进入A/D频率屏幕。在A/D频率屏幕上,用↑、↓键可以增加或减少模/数转换的频率和数量。

显示测试设置(SET TESTDISPLAY)屏幕:显示测试设置屏幕显示所给地址存储器中的内容。该屏幕仅对TE公司的维修人员有用。请向厂家咨询该屏幕的具体用法。

1.1.3 日常运行、维护和标校

1.1.3.1 日常巡查

(1)每日巡视检查

1)检查2个测量光池的流量是否基本一致且稳定,应在0.60~0.70LPM左右,观察时间应不少于

30s,如有流量过高、过低或不稳定的情况,应记录在值班记录本上,并进行检查和报告。

2)随时检查分析仪屏幕上显示的浓度值是否在正常范围内。

3)随时检查分析仪屏幕右上角是否有报警信息,如有报警信息应及时检查和报告,并记录在值班记录上。

4)每日详细检查日图中打印的资料是否正常,并做标记。

5)按要求完成微量反应性气体监测日检查表中的各项检查并记录。

6)随时注意发现各种可见的问题,如各种连接件断开或松动,Teflon 管破裂或粘连,在仪器上积累过多的灰尘可引起仪器过热、短路,进而造成元器件损坏。

(2)每周检查

按周检查表中的顺序进行检查,并认真记录,注意各参数是否在正常范围内。

1.1.3.2　系统维护

为确保仪器正常工作,应定期对其进行维护和校准。除了日常维护和年度维护外,其他维护应根据仪器的运行状态和故障出现的情况决定。

(1)日常维护

1)经常检查仪器背部的风扇过滤网。如有灰尘沉积,应及时取下,用清水冲洗,晾干后,再装回去。

2)定期更换颗粒物过滤膜。一般 2~4 周更换一次,污染较重地区则视情况增加更换频率,在春季沙尘天气之后,应立即更换。每次更换过滤膜,须在日检查表上记录更换时间,每次更换完过滤膜后,必须再次检查分析仪面板上的示数、流量等是否有异常变化。

3)检查流量和进行漏气试验。本仪器单池流量大约应为 0.6~0.7LPM,则总流量大约应为 1.2~1.4LPM,如果单池流量低于 0.5LPM,应做泵检查或漏气试验。

漏气试验的具体方法如下:

1)用一个检漏盖帽将仪器后盖板上的样气入口(sample)堵上。

2)等待 2min。

3)在 RUN 模式下,按"MENU"键,屏幕显示主菜单,使用 ↑、↓ 键移动光标到 DIAGNOSTICS 项上,按"ENTER"键则显示 DIAGNOSTICS 子菜单,使用 ↑ 键移动光标到 SAMPLE FLOW 项上,按"ENTER"键则显示 FLOW 子菜单,这时 FLOW 读数应为 0,气压读数应在 20s 以内下降到 250mmHg 以下。如果不是,则检查全部接口是否拧紧,连接管线是否破裂。

经常检查光源强度频率值,当频率值接近 70kHz 或 110kHz 时,需要对频率进行调整。如频率趋降,则调整至 100~110kHz,如频率趋升,则调整至 70~80kHz。完成频率调整后,在对应的仪器维修记录簿上,记录调整的起止时间、调整前后的频率值和操作人员等。

(2)年度维护

为了保证仪器能长期正常运转,需要对仪器进行年度维护。年度维护工作的内容包括:仪器内部的清洁,测量光池的清洗,毛细管的检查和清洁,进气管线的臭氧损耗检查,漏气试验,泵膜的检查等。年度检查一般在温差和湿度变化不大的时段进行,建议春季结束后进行,如仪器发生故障或其他原因影响测量,年度维护的一些工作内容,也可以在一年以内进行多次。年度检查进行前后应该分别记录仪器的参数设置,并各进行一次多点校准。要注意及时发现仪器因维护工作而出现的重大变化。

1)清洁仪器内部

①关闭电源,拔除电源连线。打开机箱盖子,注意采取防静电措施。

②进行仪器内部的除尘清扫,只能用皮老虎、洗耳球、小毛刷、小吸尘器等进行。首先尽可能用真空泵抽吸抽气管所能到达的部位,然后用低压压缩空气吹走剩余的灰尘,最后用软毛刷刷去残存的灰尘。

③完成仪器内部清洁后,重新开机。

2)测量光池内部的检查和清洗

①关闭电源,拔除电源连线。打开机箱盖子,注意采取防静电措施。

②用手同时松开两个测量光池的固定螺母(图 1-4 内的两个粗箭头指示处),轻轻取下两个测量光

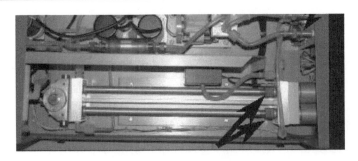

图 1-4 测量光池内部

池。注意不要遗失和污染光池两端的密封圈。

③对准光亮处,查看两个光池内壁是否附着有污染物(如灰尘等)。若有,则用手按住光池两端用少量蒸馏水(或去离子水)和无水乙醇反复荡洗光池。若污染物附着的比较牢固,可用小块脱脂棉球塞入光池(不能很紧),并注入少量无水乙醇使其湿润,再用力将其吹出另一端。最后用少量无水乙醇冲洗,甩干(晾干)。

④检查光池两端的O形密封圈,如果O形圈被割裂、磨损或老化,应及时更换。

⑤安装两光池。先将两个光池轻轻放在安装位置,逐渐旋进固定螺丝,其松紧程度为:恰好使两个光池同时刚好轻轻抵住光池两端的卡座,用手前后不能晃动。确认两个光池固定螺丝的松紧程度一致且符合要求后,同时紧固两光池的固定螺丝1/2圈~3/4圈。重新把仪器盖盖上,即可。

⑥清洁光池的操作中注意不要污染光池的两端和O形密封圈,应该带一次性的塑料薄膜手套进行操作。

3)限流毛细管的检查和清洗

①将仪器电源断开,把电源插头拔掉,取下仪器盖,注意采取防静电措施。

②找到毛细管座(图1-5中红色圆圈指示处),拆掉盖帽。取出玻璃毛细管和O形圈。

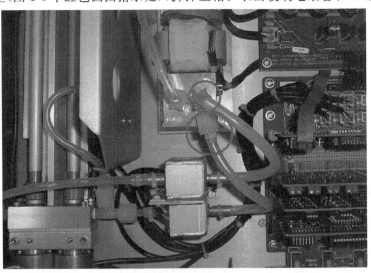

图 1-5 毛细管座

③查看限流毛细管孔前端的周围是否附着有污染物。如有,可用镜头纸轻轻擦拭,或用少量蒸馏水(或去离子水)和无水乙醇反复冲洗该处,最后晾干。

④查看密封O形圈,如果O形圈有割裂、磨损或老化,应及时更换。

⑤重新安装毛细管和O形圈,安装时要确认毛细管已套好O形圈。

⑥拧上毛细管的压帽。注意:只要用手指拧紧即可。然后,重新把仪器盖盖上。

⑦在清洁毛细管的操作中,注意不要污染毛细管和密封O形圈,应带上一次性塑料薄膜手套进行操作。

4）进气管线的年度检查和更换

进行管路臭氧损耗率检查时,其管线和记录仪表的连接基本与多点校准时相同,唯一的区别是将待检查的管线逐个取代 49CPS 型校准仪和 49C 间的专用连接管线。

5）采样/参比电磁阀的漏气检查

49C 的采样/参比电磁阀内部由 Teflon 材料制成,长时间使用后会变形,或者有颗粒物进入电磁阀内部,会导致电磁阀泄漏,因此需要定期检查电磁阀是否漏气。检查的步骤如下:

①给仪器通入 500ppb 的高浓度臭氧。

②进入诊断子菜单,再进入测量光池读数(CELL A/B O₃)检查屏幕,等到仪器读数稳定后,连续读取 10 组测量光池 A 和测量光池 B 的读数,计算各自的平均值。如果两个平均值的差距大于 3%,说明可能存在下列情况:测量光池污染、臭氧去除器失效或者电磁阀有漏气。这时,如果清洁测量光池和检查臭氧去除器均无问题,则应按照下列步骤检查和确认电磁阀的漏气。

③关闭电源,把电源插头拔掉,取下仪器盖,注意采取防静电措施。

④从支架上取下臭氧去除器。从电源板上拔下电磁阀的电源插头。松开电磁阀至检测光池的 2 个管路及连接件,以及 1 个连接到进气管端的管路及连接件。松开固定在仪器底板上的螺丝,取下电磁阀。

⑤将电磁阀的进气管端(COMMON)直接连接到气泵,并将气压传感器连接到电磁阀的常开管端(NORMALLY OPEN)。进入诊断子菜单的气压检查屏幕,记录读数稳定后(约 20s 后)的气压读数,为 Pno。

⑥并将气压传感器连接到电磁阀的常关管端(NORMALLY CLOSED)将电磁阀的电源插头插回到电源板,观察气压检查屏幕的读数变化,以便确认电磁阀已经动作,这时,记录读数稳定后(约 20s 后)的气压读数,为 Pnc。

⑦如果 Pno 和 Pnc 中的任一数值大于 250mmHg,则此电磁阀损坏,需要更换。

⑧电磁阀的更换,可按照步骤③和④的相反顺序操作,安装新的电磁阀。之后复原仪器,恢复观测即可。

6）臭氧去除器效率检查

49C 的臭氧去除器使用的是一种活性催化剂,长时间使用后会失效,导致参比气中的臭氧含量不为零,影响仪器测量结果的稳定。因而需要定期检查臭氧去除器的臭氧去除效率。检查的步骤如下:

①向仪器通入 500ppb 的高浓度臭氧。该浓度记为 C。

②进入仪器控制子菜单,将维修开关设置为 ON。然后进入维修子菜单的光强检查屏幕,再选择进入测量光池 A 参比状态的光强检查屏幕,待仪器读数稳定后,记录光强频率值(和噪声),FREQ1。

③给仪器通入零气。继续观察测量光池 A 参比状态的光强检查屏幕,待仪器读数稳定后,记录光强频率值(和噪声),FREQ2。

④进入诊断子菜单,记录测量光池 A 的温度 T 和压力 P。

⑤按照式(1-2)计算臭氧去除器的臭氧去除效率(A 效率%)。

$$A 效率 \% = \frac{\dfrac{(273 + T) \times 238.9 \ln \dfrac{FREQ2}{FREQ1}}{P}}{C} \times 100\% \qquad (1\text{-}2)$$

⑥针对测量光池 B 重复步骤①—⑤,按照上式计算臭氧去除器的臭氧去除效率(B 效率%)。

⑦如果臭氧去除效率较低,而电磁阀的漏气试验又指示没有泄漏,则需要更换臭氧去除器。

7）更换紫外光源

若两个测量光池的频率值下降很快,且不能以光源强度调整方式调至正常范围时,可以初步判断紫外光源已老化,应该更换紫外光源。更换紫外光源的操作步骤如下:

①关机,将电源插头拔掉。打开 49C 的机盖。记录关机时间。

②先进行仪器内部的清扫。

③将插在电源板上的紫外光源的电源插头拔下,松开紫外光源的固定螺丝,从灯座上慢慢地取出老化的紫外光源。

④先用镜头纸轻轻擦拭紫外光源,以防在操作中手指触摸造成污染,再将紫外光源缓慢、平直地插入灯座,并插到底,拧紧紫外光源的固定螺丝,将新紫外光源的电源插头插入电源板上的插座。

⑤打开分析仪器电源开关,待仪器稳定后,进行频率调整。一般情况下,由于仪器频率趋降,所以应当将"A"、"B"两测量光池的光强频率值调整在 $100\sim105kHz$ 的范围内为宜。注意观察两测量光池的光强频率值应该比较接近,如果相差较大,说明紫外光源的安装位置存在偏差,这时应该松开紫外光源的固定螺丝,回到步骤④,重新调整紫外光源的位置。

⑥更换紫外光源时,须随时记录操作内容和操作时间以及有关操作结果和仪器的显示等,并由操作人员签字。

⑦完成更换紫外光源后,将仪器复原,并进行校准等操作。

8)气泵的检修

49C 使用内置气泵作为采样动力,该泵为无油隔膜泵,正常使用寿命可达一年以上。在仪器出现流量降低,或者流量不稳时,需要对气泵进行检修。

台站应常备气泵的维修包,以备检修气泵使用。检修气泵的操作如下:

①关闭电源,拔掉电源线,打开机箱盖子。在冬季或干燥天气进行该项操作时,须采取防静电措施,防止人体静电损坏内部电路板。

②找到气泵,用扳手卸下连接在气泵上的管线,记住 2 根管线(1 根是进气,1 根是排气)的相对位置。可以用彩色记号笔在气泵外侧标记出气泵顶板(包括下面的几层膜和板片)和泵体的相对方向位置。

③用螺丝刀松开并取下气泵顶板上的 4 个固定螺丝,再轻轻取下气泵顶板、气弁膜、气室顶板(由上至下顺序),记住它们的相对顺序和上下面,逐一检查它们是否有污渍或损坏。同时检查依然留在泵体上的蠕动隔膜。可以用脱脂棉蘸取少量酒精(工业级,95％或以上)擦去污渍,如果膜片有损坏,则应更换。

④如果蠕动隔膜片没有损坏,可不必将其从泵体上取下,如果有损坏,则用螺丝刀松开其中心的固定螺丝,取下蠕动隔膜片,更换。将新的蠕动隔膜片按照原来膜片的样子固定好。

⑤严格按照原来的顺序、位置和方向,将气室顶板、气弁膜、气泵顶板(由下至上)顺序放回,对齐,将 4 个固定螺丝拧紧(注意要按照对角的顺序逐次拧紧)。

⑥接上仪器电源,开机,检查气泵是否工作正常,可以用手轻按进气口和排气口,查看气泵压力是否足够。如果气泵不启动,可能是固定螺丝拧得过紧,或者几层膜(板)片的相对位置不合适。这时需要关机,断开电源,松开固定螺丝,重新将几层膜(板)片对齐,再紧固螺丝。没有压力,可能是膜片的安装方向和顺序错误。这时需要重新分解气泵,检查正确后,再复原安装。

⑦确认气泵能够正常工作后,连接进气和排气管路。盖好机箱盖子。恢复运行。

注意:在取拿和清洁气泵的膜(板)片时,一定不要划伤膜(板)片,也不要用手直接触摸膜(板)片的气室部分,以防止汗渍的污染,最好带一次性手套操作。

注意:气泵为无油泵,不得向气泵轴承等处加注任何润滑剂。

⑧如果气泵线圈或轴承烧坏,可整体更换,仅保留气泵的膜(板)片。

(3)常用备件和消耗品

区域本底站可考虑准备如下表所列的备件,除此之外,还应准备少量 1/4 英寸的 Teflon(如 PFA、FEP)管线和相应管径的 Swaglok 不锈钢接头(直通和三通)及密封圈。此外,可根据需要选购电路板作为备份。详见表 1-3。

表 1-3　常用备件和消耗品

名称	备件号
保险丝（1.25A，250V）	14009
泵维修包	8606
PFA 管线	1/4 英寸 OD
紫外灯	8540
臭氧去除器	14679
气压传感器	9877
电磁阀	8753
KNF 气泵	8551(KNF—UN05)，220V/50Hz
O 形圈	8579
毛细管（15mil）*	4127
毛细管用 O 形密封圈	4800

* 1mil（密耳）$=10^{-3}$ 英寸 $=2.54×10^{-3}$ cm

常用消耗品有：47mm，2～5μm 孔径的 Teflon 过滤膜。

1.1.3.3　仪器标校

（1）校准设备

区域本底站使用标准仪器对 49C 进行校准时，需要有以下设备：

1）零气发生装置。该装置能够提供 O₃ 含量低于仪器检测限的零气，用于仪器的零点检查和多点校准。

2）标准仪器。使用 49CPS 或 49IPS 臭氧校准仪作为标准仪器，该仪器要与更高级的标准仪器进行经常性的比对，以保持与国家（国际）标准的可传递性。

3）气体稀释装置。本底站使用 146C 动态气体校准仪作为气体稀释装置，该仪器主要包括 2 个准确控制流量的气路系统，通过计算机控制可以设置该仪器的校准时序，每日执行零气检查和跨点检查，达到现场观测质量控制的要求。

（2）注意事项

在仪器进行校准或零/跨检查时，应注意以下几点：

1）仪器至少预热 2 小时以上，其校准结果才有效；

2）校准或零/跨检查时使用的量程应和实际正常测量时一样；

3）对仪器的调整应在校准或零标点检查后完成；

4）在校准或零/跨检查时，应使用正常运转时使用的输出记录和显示设备。

（3）零/跨检查

为了定期了解仪器响应的漂移情况，需要定期（每日或每周，视不同系统构造而定）对臭氧分析仪进行零/跨检查。通常通过分析仪器、动态气体校准仪以及数据采集计算机配合使用，按照校准时序逐日自动进行零点检查和跨点检查。零/跨检查分别至少持续 15min。

（4）多点校准

视仪器情况不同，至少每 1～6 个月（一般 6 个月）用 49CPS 型（或 49IPS）臭氧校准仪对分析仪进行一次多点校准，建议选取（0％、20％、40％、60％、80％）满量程多点校准。在对分析仪的测量光池和紫外光源等部分进行调整和维修前后，均应进行校准。仪器长期放置后，重新开始观测时也要进行校准。

操作人员完成校准操作后，须将校准结果整理好，形成校准文档。校准结果须妥善保管和按规定报送，原始资料留站内保存。

（5）零点调整

如果零点偏差较大，需重复测试，确认零点确实偏差后，可以通过面板操作对仪器的零点进行调整。

但在正常情况下,不需要单独进行零点校准。仪器零点调整的具体步骤如下:

1)设置仪器系统使仪器连续采集零气。

2)等仪器读数稳定后,参照不同分析仪得操作步骤调整零点。

3)记录调整的时间、操作人员等信息。

(6)跨点调整

如果跨点偏差较大,需重复测试,确认跨点确实偏差后,可以通过仪器的面板操作对仪器进行跨点调整。但在正常情况下,不需要单独进行单点校准。仪器跨点调整的具体步骤如下:

1)设置仪器系统使仪器连续采集已知臭氧浓度的空气。

2)等仪器读数稳定后,参照不同分析仪得操作步骤调整跨点。

3)记录调整的时间、操作人员等信息。

4)调整前后应分别进行一次多点校准。

1.1.4　故障处理和注意事项

分析仪的频率降速较快:一般是紫外光源老化或分析仪内的光池被污染。

出现采样流量偏低或无流量:首先检查更换颗粒物过滤膜的操作是否正确,其次检查采样管路的进气口是否有异物堵塞或结冰(霜),如有则进行排除。完成上述检查和处理后仍不能正常工作时,则需要对采样泵进行检查,如发现泵膜破损,则立即更换。

常见故障及处理方法如表1-4。

表 1-4　常见故障及处理方法

故障	可能造成故障的原因	排除故障的方法
仪器无法启动	没有供电	检查仪器是否接上了合适的交流电 检查仪器保险丝
	仪器内部电源	用仪表诊断功能检查仪器内部供电
	数字电路部分故障	检查所有的线路板是否都接插到位 每次取下一块线路板换上一块好的,直到找到有故障的线路板
测量光池 A 或 B 的光强频率值偏高	光源强度需要调整	进入维修子菜单的光源设置屏幕,调整光源强度的设置
	光电检测器故障	交换主板上两个光电检测器的插头,找出故障的光电检测器
测量光池 A 和 B 的光强频率值偏高	紫外光源的电源故障	检查光源电路板上的灯电流检测点的波动电压的峰值是否为 1.7V
	数字电路板故障	检查所有的线路板是否都接插到位 每次取下一块线路板换上一块好的,直到找到有故障的线路板
测量光池 A 或 B 的光强频率值偏低或为零	光源强度需要调整	进入维修子菜单的光源设置屏幕,调整光源强度的设置
	其中一个测量光池受污染	清洗测量光池
	光电检测器故障	交换主板上两个光电检测器的插头,找出故障的光电检测器
	数字电路板故障	检查所有的线路板是否都接插到位 每次取下一块线路板换上一块好的,直到找到有故障的线路板
测量光池 A 和 B 的光强频率值偏低或为零	测量光池受污染	清洗测量光池
	光源强度需要调整	进入维修子菜单的光源设置屏幕,调整光源强度的设置
	紫外光源故障	取下一个测量光池的套管,察看光源端是否有蓝光
	紫外光源加热器故障	进入诊断子菜单的温度检查屏幕,察看紫外光源温度
	±15V 电路板故障	进入诊断子菜单的电压检查屏幕,察看 ±15V 的电压值是否正常
	数字电路板故障	检查所有的线路板是否都接插到位 每次取下一块线路板换上一块好的,直到找到有故障的线路板

故障	可能造成故障的原因	排除故障的方法
测量光池 A 或 B 的噪声值偏高	某一个测量光池中有异物	清洗测量光池
	光电检测器故障	交换主板上两个光电检测器的插头,找出故障的光电检测器
	光电检测器故障	交换主板上两个光电检测器的插头,找出故障的光电检测器
测量光池 A 和 B 的噪声值偏高	测量光池中有异物	清洗测量光池
	紫外光源故障	检查光源电路板上的灯电流检测点的波动电压的峰值是否为 1.7V
	±15V 电路板故障	进入诊断子菜单的电压检查屏幕,察看±15V 的电压值是否正常
	数字电路板故障	检查所有的线路板是否都接插到位 每次取下一块线路板换上一块好的,直到找到有故障的线路板
不能进行压力订正	压力传感器故障	更换压力传感器
	数字电路板故障	检查所有的线路板是否都接插到位 每次取下一块线路板换上一块好的,直到找到有故障的线路板
仪器信号噪声过大	记录仪噪声	检查记录仪
	环境样品变化	通入稳定臭氧含量空气,如果能消除噪声,则仪器无故障
	测量光池中有异物	清洗测量光池
	电磁阀污染	更换电磁阀
	数字电路板故障	检查所有的线路板是否都接插到位 每次取下一块线路板换上一块好的,直到找到有故障的线路板
校准点不稳定	漏气	进行漏气检查
	臭氧去除器污染	进行臭氧去除器的效率检测,如必要,更换臭氧去除器
	压力传感器未校准	对压力传感器进行校准
	系统受到污染	清洁测量光池和管路系统
	电磁阀故障	检查电磁阀是否漏气
	数字电路板故障	检查所有的线路板是否都接插到位 每次取下一块线路板换上一块好的,直到找到有故障的线路板
仪器响应慢	平均时间不合适	调整平均时间
	光学系统受污染	清洁光学系统,并稳定一昼夜
校准漂移	温控板和热敏电阻	温控正常工作时温控板上的 LED 应闪动
	零气	检查零气发生器(零气中 O₃ 的浓度要小于 0.0005ppm)
输出电压不准	模拟输出需调整	参考仪器说明书进行调整
	D/A 板	参考仪器说明书运行 DAC ramp,检查 D/A 板
流量低	毛细管堵塞	清洗和更换
	仪器内部漏气	检漏
紫外光源强度降低	紫外灯	换一个好的以检查旧的有没有问题
流量波动	泵膜脏	清洗和更换
	毛细管堵塞	清洗和更换
	仪器气管堵塞	检查所有的气管
标点校准系数超出 0.5—2.0 的范围	标气有问题	检查标气的质量
	系统有漏气	检漏
	标气流量不够	到仪器的标气流量必须大于 0.8LPM
仪器显示和数据采集读数不一致	采集软件和仪器的设置不一致	重新设置 XJ6003
	仪器的输出电压漂移	参考仪器说明书重新调整仪器 D/A 板的零点和标点电位器

1.2　EC9810 型臭氧分析仪

　　EC9810B 臭氧(O₃)分析器系非色散紫外(UV)光度计,它在测量气路和参比气路之间交替地切换,分别测量透射光的强度,参比气路带有一个选择去除臭氧的去除器,故测量的是不含臭氧的背景气的透射光强度,根据两路吸收光强度的差值和朗伯-比尔定律得到空气中的臭氧浓度精确和可靠的测量值。汞蒸汽灯用作光源,其 254nm 的波长位于臭氧吸收带的中心。臭氧去除器内含二氧化锰(MnO₂),后者可以选择性地破坏臭氧而对其他吸收物诸如 SO₂ 和芳香族化合物无影响。

　　整个系统是在 EC/ML9800 系列微处理机组件控制之下工作。软件算法掌控所有内部调节,连续执行诊断、指出错误、显示状态和进行臭氧浓度的计算。用户只需要对气路进行例行维护和对部件进行周期校准。

　　微处理机连续地监测光源和许多其他参数,按照需要做出调节以保证得到稳定和精确操作。此外还有温度和压力补偿,EC/ML9810B 可以根据已知浓度的标气校准仪器,重新调整增益系数,这一过程必须由人工来完成。

　　数据监测可以是模拟输出或数字输出。模拟输出可选择为电流或电压输出。电流量程为 0～20mA,2～20mA 和 4～20mA。电压输出及可选的 50 点 I/O 板包括 0～10V,0～5V,0～1V,和 0～0.1V。

　　数据采集和记录可利用某种数据采集(诸如数据记录器)或图形录仪。DB50 连接器还包括数字输入控制和数字输出状态。EC/ML9810B 也具备内置的数据存储容量。

　　仪器包括一个超量程功能,当选用之后如果读数超过额定量程的 90% 则能自动切换模拟输出到一个预选的较高量程。当读数返回到额定量程的 80% 则分析器自动返回原量程。

1.2.1　基本原理和系统结构

1.2.1.1　基本原理

　　在紫外光 250 nm 附近,臭氧有强烈的吸收。9810B 臭氧分析器利用这一吸收性能可以准确地测量臭氧浓度,最低值可在 0.5ppb 以下。气流切换的单束光度计是 9810B 工作的基础。汞蒸汽灯用作光源和日盲型真空光电二极管用作检测器。玻璃管用作吸收池。在气流切换过程的参比周期(reference cycle)期间,空气进入光度计光池前经过一个能分解全部臭氧的去除器,于是确定了参比光强(I_0)。然后切换使环境空气充满光池管,在这个测量周期期间确定了光强(I)。朗伯-比尔定律给出这些测量值与臭氧浓度之间的关系式:

$$[O_3]_{out} = \left(\frac{-1}{AL}\ln\frac{I}{I_0}\right)\left(\frac{T}{273}\right)\left(\frac{760}{P}\right)\left(\frac{10^6}{L}\right) \tag{1-3}$$

式中,$[O_3]_{out}$ 为 O₃ 浓度,ppm;A 为 O₃ 在 254nm 的吸收系数,$=308\ \text{atm}^{-1}\cdot\text{cm}^{-1}$ 在 0℃ 和 760torr(托)(760 torr $=1013.25$hPa,1 torr 等于 1 毫米汞柱高)的条件下;L 为光路长度,cm;T 为样气温度,K;P 为样气压力,torr;L 为 O₃ 损失的校正因子。

　　芳香族化合物、SO₂ 以及其他混合物在 254nm 附近也有吸收。去除器有选择地分解 O₃,但却放过这些干扰混合物。于是,上述的强度比仅为臭氧吸收的函数。

　　9810B 的微处理机和电子线路控制、测量和校正所有主要的外界易变参数以确保稳定和可靠的操作。例如,吸收系数是对温度和压力敏感的。9810B 装有温度和压力敏感器,它们在普通条件下用于校正吸收系数。这可保证在一种固定的条件下校准后的 9810B 分析器在其他条件下使用时仍然是准确的。9810B 分析器没有内部的机械调整,微处理机监测所有临界变量并做出必要的调整。算法已设计得使调整不影响校准。98xx 分析器族使用先进的卡尔曼(Kalman)数字滤波器,该滤波器兼顾了响应时间与降低噪声之间的优化。滤波器增强了分析器的测量方法,即时间常数变量的产生系依据测量值的变化率而定。如果信号的速率变化迅速,仪器便能快速响应。当信号处于稳定则一个长的积分时间用于降低噪声,系统连续地分析信号并使用合适的滤波时间。分析器已经通过了 USEPA 的等效测试,就是使用了这一先进的滤波方法。

1.2.1.2　系统结构

仪器设计成标准组件形式,其组成为电源/微处理机组件和敏感器组件。电源/微处理机组件包括供电电源,电压稳定器和系统微处理机。敏感器组件包括测量污染物气体所需的全部零部件。图 1-6 为 9810B 系统流程图。

(1)电源/微处理机组件

电源/微处理机组件有:供电电源,电压稳定器和微处理机。

1)供电电源

供电电源是罩在钢盒内的自封闭部件,它的设计符合 UL,VDE,CSA 和其他规章的要求,它转换 99－264VAC 50/60Hz 为 12 VDC 作为分析器内部分配之用。在电源故障事件中供电电源还提供 250ms 的延迟。电源延时以使计算装置在电源故障能够影响到它之前将数据存储。

2)电压稳定器

电压稳定器调整和分配整个系统所需的不同电压:12VDC 变为＋5VDC 用于数字电路系,12VDC 变为±10VDC 用于模拟电路系统。另外一个＋15VDC 电源用于带动微处理机显示器的电源和模拟输出电路。在电源故障事件中电压稳定器还提供 300ms 电源延时,以使计算装置在电源故障能影响到它之前将数据存储。

3)微处理机

微处理机板包括时钟/日历和一个在板上的、16bit、工作在 16MHz 上的微处理机(80C188)。微处理机板是控制中心用以控制液晶显示器(LCD)、键盘开关、串行口和后面板上的 50 针 I/O 连接器。50 针连接器的输入接受来自后面板的控制线并传输状态和故障信号到固态继电器的驱动器。液晶显示器的保障电路系统包括 20V 供电电源和数字调节电位器,用以调节对比度和背景光强。来自传感器组件的全部模拟电压经模拟－数字(A/D)变换器数字化为微处理机使用。三通道的数字－模拟(D/A)变换用于送出 0～20mA 模拟信号到 50 针 I/O 连接器。微处理机有两个电子可擦 ROM 用于存储操作程序,而电池支持的 RAM 用于存储临界参数和数据,并可保存 2 年以上。辅助和复位开关安装在板的前部,当顶盖移开或前面板打开时可以看到。

(2)传感器组件

传感器组件有:气路、光路和电子电路。

1)气路

滤掉粒子的样品空气被气路系统连续地输送到测量池,并进行测量。泵抽成轻度的真空可使样品空气经过 5μm 粒子过滤器,而后再进入样气入口。

臭氧去除器。臭氧去除器使用镀有二氧化锰的筛网,仅分解空气流中的臭氧。因此,干扰在两个周期同样被测量,其效果被抵消,仪器对 O₃ 的测量具有了选择性。去除器中的铜筛网电镀有二氧化锰。选择性的去除器的性能是过程敏感的(process-sensitive)而且去除器必须在正确执行严格的质量条件下制造。

气流控制组件。9810B 中的气流由气流控制组件中的临界孔板所控制。气流控制组件监测样气压力和气流流量,并给气流单元供热和给机箱风扇供电。样气流速受控于气流单元之内的临界孔板。显示的流过分析器的气流的计算是基于在给定的上游压力下气流流经孔板的速率。上游压力由已校准的压力传感器监测,并需具备下述前提,即孔板下游在采样泵的作用下要低于上游压力的一半(这样才能使孔板保持临界状态)。流经分析器的气流用测量孔板上游边与环境压力间的差动(量计)压力所验证。

2)光路

UV(紫外)光源。UV 光源为汞蒸汽灯,工作电流 10mA,由一个稳压电源供电。灯的温度控制在大约 50℃,以确保稳定工作。

测量池。测量池是一只玻璃管,其一端为 UV 光源,另一端为 UV 检测器。

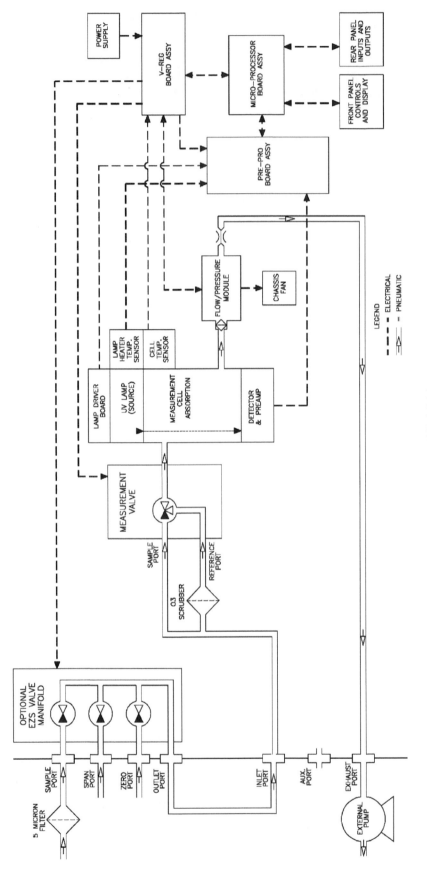

图1-6　系统流程图

UV 检测器。检测器为日盲型真空二极管,其敏感的光谱区位于 O_3 吸收处。

3)电子电路

前置放大器板。前置放大器板把来自 UV 检测器的电流转变为电压并放大。微处理机在去除过臭氧的背景空气周期和采样周期交替测量光强,两光强的比值与 O_3 浓度成比例。

预处理器 PCA。本电路板包括模拟电子电路,电路支配检测器的信号,产生灯控制信号并产生为前置放大、光路和电子电路测试诊断功能所需的全部信号。它还包括加热控制电路用于加热 UV 灯单元到 50℃。该板还包括一个 EAROM,它包括识别装置和存储建立的参数。全部电路系统的调节是经由微处理机控制的数字电位器完成。

灯驱动 PCA。灯驱动器包括高压开关电源用以启动和保持 UV 灯于恒定的光强。本板由预处理机 PCA 的信号所控制。

前置放大/压力 PCA。板的压力/气流部分包括压力传感器和流量传感器,以测量光池压力和检测样气流。同时为机箱风扇供电并控制加热器电路加热气流单元。

(3)运行模式

分析器可工作于多种测量方式。这些方式包含启动,测量和自动零点方式。

1)启动模式(startup modes)

仪器开始通电时仪器中的几个元器件自动被微处理机组合。此过程可能需要 30min 才能完成。在启动例行程序期间由微处理机自动执行而无需手动干预,完成的调整如下。

2)参比调整

参比调整使得预处理机的测量通道输入增益被调整到适合参比电压电平(参比电压与 UV 灯的光强成比例),微处理机开始调整灯的调节电位器使灯电流为 10mA,然后调节输入电位器以得到参比电压为 3.0V±0.2V。参比电压被设置之后便不再调整,在执行了另一个自动启动例行程序或在参比电压低于 1V 或高于 4V 时,可再次进行调整。在 UV 灯调整完以后,参比电压继续得以监测,以确保测量期间灯是稳定的。如果参比电压变为短暂的不稳定则分析器在灯达到稳定之前会显示 REFERENCE STA-BILIZATION(参比稳定)。

3)零点调整

参比电压设定之后分析器调整预处理器,以调整在零(本底)周期期间存在的电信号偏差。池管充满零点空气然后预处理器粗测零点和精测零点。调整电位器直到浓度电压正好在 0.00V 上(浓度电压是与所测量的气体成比例的信号)。启动之后该信号电平被连续监测并按需要调整。

4)样品测量

EC/ML9810B 是流束切换分析器,它在本底(零)周期和测量周期之间不断切换。大约每 10 s 切换一次,在两个周期之间检测到的信号差与测量浓度成比例。电流操作方式显示于分析器的主屏:

SAMPLE FILL/MEASURE(样气充满/测量)或者

BACKGROUND FILL/MEASURE(本底充满/测量)。

5)快速启动程序(quick-up routine)

如果分析器电源断开小于 2min,则以快速启动程序取代全启动程序。分析器返回到其最后识别的操作参数并恢复正常的操作。这就使分析器快速返回测量方式并保持最小的数据损失。如果电源掉电超过 2min 钟则执行全部自动重启动。

6)测量模式

样气测量:标准测量模式。

零气测量:内零气源或外零气源。

标气测量:外标源。

(4)技术指标

各种指标均参照于标准温度和压力。

1)量程

显示:自动量程调整 0～20ppm。分辨率 1ppt(可选择单位和小数位)。

模拟输出:0～满量程,从 0～0.05 到 0～20ppm 可带有 0%,5%和 10%的调整偏差;

自动量程调整可在用户指定的两个满刻度值之间进行。

2)噪声(RMS)

测量过程:0.25ppb 或浓度读数的 0.1%,取其中较大者;在(卡尔曼)滤波器激活状态下。

模拟输出:0.25ppb 或模拟输出满刻度的 0.2%。

3)最低检测限

测量过程:小于 0.5ppb 或浓度读数的 0.2%,取其中较大者;在(卡尔曼)滤波器激活状态下。

模拟输出:0.5ppb 或模拟输出满刻度的 0.2%,取其中较大者。

4)零点漂移

温度依赖的,1.0ppb/℃。

时间依赖的,在固定的温度下≤1.0ppb/24h,≤1.0ppb/30h。

5)量程漂移

温度依赖的,0.1%/℃。

时间依赖的,在固定温度下,0.5%读数/24h,0.5%读数/30h。

6)滞后时间

≤20s。

7)上升/下降时间,终点值的 95%

≤60s,在卡尔曼滤波器激活状态下。

8)精度

0.001ppm 或读数的 1%,取其中较大者。

9)样气流量

a)SLPM。

10)样气压力的关系

5%的压力变化引起的读数变化小于 1%。

11)温度范围

5～40℃(41～104 ℉)。

能力测试(Eignungsgepruft)的范围:5～40℃。

12)电源

198～264VAC,47～63Hz。

13)重量

21.3kg。

14)模拟输出

菜单可选电流输出为 0～20mA,2～20mA,或 4～20mA;借 50 点 I/O 板可选的电压输出。跨接片能选的电压输出为 100mV,1V,5V 和 10V 借菜单能选的零点位移为 0%,5%或 10%。

15)数字输出

多点 RS232 接口在各分析器间共享,用于数据,状态和控制;分立状态 DB50,用户控制和模拟输出;后面板 USB 口连接,用于数据传输和控制。

1.2.2　安装调试

1.2.2.1　系统安装

(1)安装前确定仪器未被损坏。

(2)安装地点的环境温度应尽量变化小,通风良好,灰尘少,湿度低的地方。操作者易于接近和操作。

（3）仪器后面板如图 1-7。把采样管连接到仪器后面板的 inlet 采样进气口。安装前要确认采样管中没有杂质和污染。采样管的材料应为 Teflon,外径为 1/4 英寸、内径不小于 1/8 英寸、长度小于 3m 的管子。EC/ML 9810B 需要一个至少 1.00SLPM 的(0.5SLPM 采样流速和 0.5SLPMoverflow)经过粒子过滤器过滤并经过除湿的样品气,可选用 5μm 内置过滤器。

注意:要保证进入仪器的气体的压力和环境气压相同,有必要时可加装旁路排气装置。

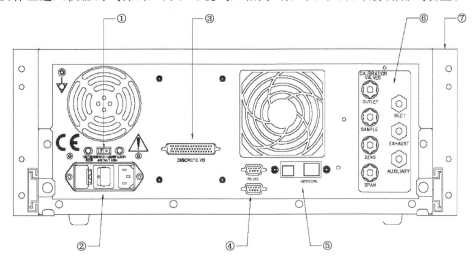

图 1-7　9810B 分析仪后面板

（①电源选择开关；②电源接头；③50 针 I/O 连接器；④RS232 接口；⑤USB；⑥气路连接口；⑦导轨）

（4）用一段管线从仪器的排气口(EXHAUST)连接到合适的排放口。这段管线的长度应小于 5m,而且无堵塞。连接分析器的排放口到真空泵。泵能在 1SLPM 的条件下保持 15 英寸汞柱(50kPa)的真空(最小的负载量)。排放口应经过一个活性炭过滤器连接泵,以防止臭氧损坏泵。泵的排出应接到多支管以便将排出气离开人口聚集区去排放。

（5）在仪器的颗粒物过滤器内装上 2～5μm 孔径的 Teflon 过滤膜。

（6）给仪器接上合适的电源。检查后板上的电源选择开关、电源线及保险丝。在左右移动开关旁边能看到相应的电压额定值。通过一个三芯电源插头向分析仪供电,仪器必须可靠接地,这对保证仪器的正常性能及操作人员安全都很重要。

1.2.2.2　开、关机操作和设置仪器参数

（1）开机/仪器预热

由于仪器从冷态接通电源,需要对气流单元与灯单元加热。仪器到达预置的温度以后,才能开始样气测量。这一过程需要 30min 以上。在预热期间输入的参数可能被微处理机所改变,而将参数复原到原来的设置。在实际操作之前,显示器读数是 0.000ppm。微处理机连续调节仪器使灯预热,一旦稳定在的 3.9～4.0V,分析器开始测量臭氧。最初读数可能很乱,但会逐渐比较平稳。由冷启动开始,4h 内仪器符合全部技术条件。注意:每当掉电超过 2min,9810 将重新运行上述启动程序。如果掉电少于 2min 则分析器将返回到其原来的设置而不运行启动程序。

（2）设置仪器参数

在初次运行时需要对有关的仪器参数进行设置,主要包括仪器的量程、单位、校准因数等,具体操作见下面相关章节的描述。通过按前面板的显示屏右端的 6 个键来完成操作。6 个键的功能如下:

1)向上箭头▲键:移动光标至前面的菜单项目,也可以将光标移至下一个选择或在数字段内递增数字。

2)向下箭头"▼"键:使光标移至下一个菜单项目,也可以使光标移至下一个选择或在数字段内递减数字。

3)"Select"键:作菜单选择或选择供输入用的字段位置。

4)"Pg Up"键:使光标移至前页或前屏幕。

5)"Exit"键:使光标离开字段不作更变,或使光标回至主屏幕。

6)"Enter"键:确认菜单项目或确认至微机的字段选择。

为了在选择字段内的各种选择间做出抉择,按向上或向下箭头键,然后按"Select"键以指定字段。用向上或向下箭头键显示选择的字段。当显示出需要的选择时,按"ENTER"键。为了在数字段内设定数字,首先按"Select"键以指定字段,当光标显示你需要变更的数字时,按"Up"或"Down"箭头键,直到需要的数字出现为止,按"Select"键移至下一个数字,当输入的全部数字都正确时,按"Enter"键以确认输入。

注意:"Select"(选择)键不能确认输入,必须按"ENTER"键方能确认。若你在此过程中不作更改,单按一下"Exit"键,则数值将回复到以前的输入值。

(3)关机

关机最直接的操作就是关闭仪器的电源开关。如遇长时间停机,则需在关机之前记录下仪器的状态参数。在遇有停电、雷电等现象时,一定要提前关闭仪器的电源开关,必要时应将仪器的电源插头从电源插座中拨出。

1.2.2.3　菜单操作

(1)主菜单及其结构

当供电时,屏幕显示 ECOTECH 公司标识达数秒钟,然后是分析仪器标志及在右下角闪显"MAIN MENU"标记。升温期过后,在屏幕左角标示操作方式,指明供仪器用的气体测定结果。如图 1-8。

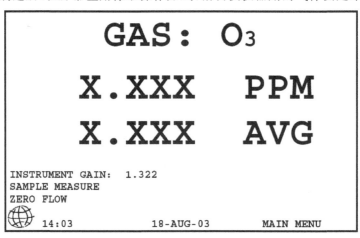

图 1-8　基本屏幕图

当仪器出现故障,状态行将出现相应的故障信息。没有故障,则状态行为空白。Instrument gain(仪器增益)指示出校准浓度和分析仪测量气体浓度之间的关系,是仪器校准的重要参数。当"MAIN MENU"高亮时,按"Select"或"Enter"键可进入菜单。

主菜单包括以下几个子菜单:

1)INSTRUMENT MENU　　　　　　仪器菜单

2)CALLBRATION MENU　　　　　　校准菜单

3)TEST MENU　　　　　　　　　　测试菜单

4)INTERFACE MENU　　　　　　　接口菜单

5)EVENT LOG　　　　　　　　　　事件记录

6)INSTRUMENT STATUS　　　　　仪器状态

7)SYSTEM TEMPERATURES　　　　系统温度

8)SYSTEM FAULTS　　　　　　　　系统故障

以上各项菜单,除最后 4 种以外,其他均含有一层或多层子菜单项。EVENT LOG 是微处理机生成的记录,是仪器的事件记录。该屏幕能用于确定系统出现问题的原因。INSTRUMENT STATUS 和 SYSTEM TEMPERATURES 两屏幕经常地校正仪器操作所应用的读数。SYSTEM FAULTS 屏幕显示连续监测的各种参数是通过还是失败。这些参数必须在允许的操作范围才能显示 PASS。

(2)仪器菜单(INSTRUMENT MENU)

在首次使用分析仪器时,应对 INSTRUMENT MENU 内的各项进行必需的设置。屏幕显示如下:

INSTRUMENT MENU　　　　　　仪器菜单
DATE:15－JUL－93　　　　　　日期
TIME:18:57　　　　　　　　　时间
PASSWORD:　　　　　　　　　密码
ERASE MEMORY:NO　　　　　擦除存储器:否

日期:日期的格式是"日－月－年"。

时间:设定 24 小时格式。应将秒(由机内)复位到零,以便与外部时钟同步。

密码:见下面(16)。

擦除存储器:如果选择了 YES(是)则显示下列信息:

! THIS WILL ERASE SYSTEM GAINS! (! 这将擦除系统增益!)

!!! ARE YOU SURE:NO (!!! 您肯定吗:不)

光标显示 NO(不),转换成 YES(是)并按下"ENTER"键则擦除分析器内存储器。

注意:如果分析器的存储器被擦除,则用户配置的全部参数将返回到它们的默认值。而且仪器的全部校准将会失掉。仪器必须全部重新校准。本功能是为维修提供并为了初始配置之用。在正常操作时请切勿选择这一选项。

(3)测量菜单(MEASUREMENT MENU)

测量菜单包括为基本操作和数据完善所必需的三项。如下:

MEASUREMENT MENU　　　　　测量菜单
UNIT SELECTION:ppm　　　　　单位选择:ppm
Conversion Temp:　　　　　　　体积单位转化为重量单位时设置
Decimal Place:　　　　　　　　　小数点位选择
AVERAGE PERIOD:1 MINUTE　平均周期
FILTER TYPE:KALMAN　　　　滤波器型式:卡尔曼
NOISE:2.032　　　　　　　　　噪声
Zero Offset: 0.00 ppb　　　　　零点补偿

单位选择:ppm、ppb 或 mg/m³。

平均周期:设置时间为小时数(1,4,8,12,或 24)或分钟数(1,3,5,10,15 或 30)。

滤波器型式:设置数字滤波器的时间常数。可选取无滤波器,90s,60s,30s,10s 和卡尔曼(自适应的)滤波器。卡尔曼滤波器为工厂默认设置。

噪声:记录 1h 以上的浓度标准偏差。此数据由微处理机产生,不能设置。(注:零气或固定浓度的标气通入分析器至少 1h,则读数才有效。这实际是 1h 全部读数的标准偏差。)

零点补偿:零点校正因子,通常在±10.00ppb。

(4)校准菜单(CALIBRATION MENU)

校准菜单用以设置仪器校准。定时校准和手动校准的屏幕略有不同。定时校准仪器定时进行一个零点/量程检查,不需操作者介入。手动校准可使操作者控制校准。在任一时刻只能选取定时或手动中的一种。当校准时出现下面屏幕为定时校准:

CALIBRATION MENU　　　　　校准菜单
CALIBRATION:TIMED　　　　　校准:定时
TIMER INTERVAL:24　　　　　时间间隔

STARTING HOUR:0	启动时刻
O3 TIMER SPAN:0.400	O_3 定时量程
CALIBRATION:INTERNAL	校准:机内的
SPAN COMP:DISABLED	量程补偿:禁止
O3 SPAN RATIO:1.0000	O_3 量程系数
O3 CAL Pressure:750 Torr	校准压力

校准:指定定时或校准控制。

定时间隔:零/标校准之间的小时数。

开始时刻:零/标校准的开始时刻。

O3 定时量程:操作者在 AZS(自动零点量程)周期需要的量程浓度的数字设置。如果 CALIBRATION(校准)选择 EXTERNAL(外部),量程补偿为允许。

校准:选取内置或外置阀,以便在零点/量程核对期间使用。

量程补偿:选取允许或禁止。自动校正量程读数到期望值。注:对于 CAWAS 指定的应用,量程补偿必须置于禁止。

O_3 量程系数:微处理机生成的区域显示的值与量程读数相乘以将其校正为校准值。

O_3 发生器菜单:只有 CALIBRATION:INTERNAL(内部)时,此菜单才有效。

当校准时出现下面屏幕为手动校准:

CALIBRATION MENU	校准菜单
CALIBRATION:MANUAL	校准:手动
CAL. MODE:MEASURE	校准方式:测量
O3 TIMED SPAN:10.000 ppm	O_3 定时量程
SPAN COMP:DISABLED	量程补偿:禁止
O3 SPAN RATIO:1.0000	O_3 量程系数

校准:手动校准控制。

校准方式:选取测量(正常方式),周期(零点/量程),量程(量程值)或零点(零点值)。

O_3 定时量程:数字设置的量程浓度。如果允许量程补偿则仅须输入之。

校准:选取内置或外置阀以便在零点/量程核对期间使用(EZS 阀用外置时安装)。

量程补偿:选取允许或禁止。本功能自动校正量程读数到指定值。注:CAWAS 指定量程补偿必须置于禁止。

O_3 量程系数:微处理机生成的区域,显示值与量程读数相乘产生校准值。

O_3 发生器菜单:只有选择 CALIBRATION:INTERNAL(内部)时,此菜单才有效。

(5)O_3 发生器菜单(O_3 GEN MENU)

参考 EC/ML9810B IZS 操作手册中的 O_3 GEN MENU。

(6)测试菜单(TEST MENU)

测试菜单包括一系列子菜单,其所包含的资料和控制设置用于测试仪器的功能。可人工调整设置,然而,当仪器返回到正常操作时仪器的自动控制功能重新开始。由本菜单做出的改变只用于诊断和测试的目的。

TEST MENU	测试菜单
OUTPUT TEST MENU	输出测试菜单
DIAGNOSTIC MENU	诊断菜单
MEASUREMENT GAIN:8	测量增益
PRES/TEMP/FLOW COMP:ON	压力/温度/流量补偿:通
DIAGNOSTIC MODE:OPERATE	诊断方式:使用
CONTROL LOOP:ENABLED	控制环路:允许

测量增益:输入均为软件控制设置有 1,2,4,8,16,32,64 和 128。

压力/温度/流量补偿:设置或为 ON(通)或为 OFF(断)。OFF 用于当运行诊断时以观察读数的不稳定。ON 用于补偿可能影响读数的环境波动。

诊断方式:让操作者选取操作,光、电或前置放大器在测量期间设置为操作。在诊断试验期间设置为所期望的要诊断的系统。

控制环路:让操作者选取允许或禁止。

当选择了允许微处理机保持对数字电位器的控制。当选取了禁止则微处理机不能控制数字电位器,于是使用者能够以手动来调节数字电位器。当控制环路为允许时,在电位器处于极端的设置点微处理机将取得对电位器的控制。当基本屏幕被显示时控制环路则被置于允许。

(7)输出试验菜单(OUTPUT TEST MENU)

输出试验菜单的各项报告电位器和阀的读数。

OUTPUT TEST MENU	输出试验菜单
PREPROCESSOR POTS	预处理器电位器
VALVE TEST MENU	阀测试菜单

1)预处理器电位器屏幕(PREPROCESSOR POTS),屏幕如下:

PREPROCESSOR POTS	预处理器电位器
MEASURE COARSE ZERO:	61 粗测零点 61
MEASURE FINE ZERO:	47 细测零点 47
INPUT:49	输入 49
TEST MEASURE: 0	试验量度 0
LAMP ADJUST: 0	灯调节 0
REF. VOLTAGE:3. 806 V	参考电压 3.806V
O_3: 0. 065 ppm	臭氧
CONC. VOLTAGE:1. 514 V	浓度电压
LAMP CURRENT:10. 024 mA	灯电流

预处理器电位器均为电子控制的数字电位器用于调节预处理器板的操作。每个电位器设置的数字是 0—99。

测量粗调零:软件控制电位计,用于测定通道的电子粗调零。

测量细调零:软件控制电位计,用于测定通道的电子细调零。

输入:软件控制的电位器,它在预处理器板上设置输入增益。

实验测定:在检查与排除故障或校验仪器正确性能过程中,技术人员采用的软件制电位计做实验测定。

灯调节:微处理机显示 UV 灯的电流值。微处理机控制的信息,技术人员用之于调试。

参考电压:不能设置;而是由仪器产生技术人员用之于调试。

O_3 ppm:不能设置,是仪器产生的信息。当设置电位器时用作基准。

浓度电压:不能设置;由仪器产生。

灯电流:UV(紫外)灯的电压读数。微处理机控制的信息。

2)阀测试菜单(VALVE TEST MENU)

阀测试菜单允许将阀设定在"OPEN(开)"或"CLOSED(闭)"两种状态。屏幕如下:

VALVE TEST MENU	阀测试菜单
INT. VALVE ♯1: OPENED	内置阀
INT. VALVE ♯2: CLOSED	内置阀
INT. VALVE ♯3: CLOSED	内置阀
AUX. VALVE ♯1: CLOSED	辅助阀

EXT. MEASURE：CLOSED　　　　　　外置测量

EXT. ZERO GAS：CLOSED　　　　　　外置零气

EXT. SPAN GAS：CLOSED　　　　　　外置标气

VALVE SEQUENCING：ON　　　　　　阀序列

内置阀♯1：进样，内置阀♯2：涤去后的进样（基本涤去器），内置阀♯3：不用。

辅助阀♯1：在本仪器不是普遍地使用。

外置测量：经外置阀提供样气。

外置零气：经外置阀提供零点。

外置标气：经外置阀提供标气。

所有进入口为闭为开取决于操作者的选取。

阀序列：设置为 ON 或 OFF。ON 用于自动操作的阀控参比和样气的读数；OFF 用于操作者控制阀。每当显示主屏幕时，阀序列则自动置为 ON。

（8）诊断菜单（DIAGNOSTIC MENU）

诊断菜单是一份资料用于诊断问题或者诊断可疑的问题，当操作者退出本菜单，各设置返回到原先设置的条件。

DIAGNOSTIC MENU　　　　　　　　诊断菜单

FUNCTIONAL TEST：MULTI TEST　　功能试验：多点试验

DISPLAY TEST：　　　　　　　　　显示器试验

对于功能试验选取如下：

DAC 试验：将大约 1Hz 的锯齿形波加到所有 DAC 的输出端。试验进行大约 3min，在本试验期间系统的其余部分被封锁。

WATCHDOG 试验：禁止选通脉冲到 WATCHDOG 的定时器，若执行本试验则系统复位。

MULTIDROP 试验：全部可打印的字符到两个串行口的传送试验。

显示器试验引起屏幕展示一系列间隔很小的垂直线。屏幕可能呈现空白，而本试验实际上是一种图素（PIXEL）核对。再按下"Select"（选择）键以核对交替的图素均是可见的。按下"PgUp"键退出本试验。

（9）接口菜单（INTERFACE MENU）

接口菜单用于与模拟记录仪器和可编程的 RS232 参数间的接口。

INTERFACE MENU　　　　　　　　　接口菜单

ANALOG OUTPUT MENU　　　　　　模拟输出菜单

INTERFACE MODE：COMMAND　　　接口方式：按命令要求

MULTIDROP BAUD：2400　　　　　　多站波特率

DATA LENGTH：8 BITS　　　　　　　数据长度：8bit

STOP BITS：1 BIT　　　　　　　　　停止位数：1bit

PARITY：NONE　　　　　　　　　　奇偶校验：不设

COMM. PROTOCOL：ORIGINAL　　　通信协议：固有的

当使用了一个或多个串行口才使用下述操作，数字通信。

1）接口方式（INTERFACE MODE）：RS232 通信方式的建立如下所述。选取按命令要求或终端设备。终端（TERMINAL）使用菜单结构而按命令要求（COMMAND）则使用 ML 串行命令设置。

2）多站波特率：RS232（DB9）所用的通信速率连接器装在后面板上。适用的波特率为 1200，2400，4800，9600 和 19200。

3）数据长度：给 RS232 口设置数据的位（bit）数，适用的选取是 7 bit 和 8 bit。

4）停止位数：为 RS232 口设置停止位数，适用的选取是 1bit 和 2bit。

5）奇偶校验：为 RS232 口设置奇偶。适用的选取是 NONE（不设）EVEN（偶数）和 ODD（奇数）。

6)通信协议:设置通信协议为串行传输要用 ML 串行命令设置。适合选取的有固有的(ORIGINAL),巴哇彦(BAVARIAN)和增强的(ENHANCED)。

(10)模拟输出菜单(ANALOG OUTPUT MENU)

模拟输出菜单包括有关记录装置的设定。模拟输出范围的设置不影响分析仪器的测量,它仅影响模拟输出的定标。

1)臭氧(O$_3$)电流输出菜单

O$_3$ OUTPUT MENU　　　　　　　　　臭氧输出菜单

RANGE:0.500 ppm　　　　　　　　　量程

OUTPUT TYPE:CURRENT　　　　　　输出型式:电流

CURRENT RANGE:0—20mA　　　　　电流范围

FULL SCALE:0.00%　　　　　　　　　满刻度

ZERO ADJUST:0.00%　　　　　　　　零点调整

OVER RANGE:20.00 ppm　　　　　　超量程

OVER－RANGING:DISABLED　　　　超量程运行:禁止

a)量程:设置量程上限(用数字量)为所期望的 O$_3$ 浓度。该值不能超过超量程值。

b)输出型式:所设定的电流或电压必须与输出浓度相匹配。

c)电流范围:可选取 0～20mA,2～20mA 和 4～20mA。

d)满刻度:×.×××%,系用于刻度设置的校正因子。

e)零点调整:×.×××%,系用于零点设置的校正因子。

f)超量程:设置到所期望的超量程值。该值不能设置得低于量程值。当超量程有效并且被允许,则记录器指示这一交替的刻度。(当达到设置量程的 90% 则自动量程有效)。当达到原有量程的 80% 则其返回原有量程)。

g)超量程运行:设置为允许(ENABLED)或禁止(DISABLED)以转变超量程性能为 ON 或 OFF。

2)臭氧(O$_3$)电压输出菜单

O$_3$ OUTPUT MENU　　　　　　　　　臭氧输出菜单

RANGE:0.500 ppm　　　　　　　　　量程

OUTPUT TYPE:VOLTAGE　　　　　　输出型式:电压

OFFSET:0%　　　　　　　　　　　　偏移补偿

FULL SCALE:0.00%　　　　　　　　　满刻度

ZERO ADJUST:0.00%　　　　　　　　零点调整

OVER RANGE:20.00 ppm　　　　　　超量程

OVER－RANGING:DISABLED　　　　超量程运行:禁止

a)量程:设定量程上限(用数字)至需要的 O$_3$ 浓度,该值不能超过 OVER RANGE 量程以上。

b)输出型式:设置必须与 50 点 I/O 板(如果已安装)上所选取的电流或电压相匹配。

c)偏移补偿:可选取 0%,5%,和 10%。

d)满刻度:×.××%用于满刻度设置的校正因子。

e)零点调整:×.××%用于零点设置的校正因子。

f)超量程:设定想要的过量程值,该值不能设定在低于原量程值之下,当允许继续过量程时,这是经修正的记录器指示刻度(当达到设定量程的 90% 时,自动转换量程生效;当达到原量程的 80% 时,将返回到原量程)。

g)超量程运行:设置为允许(ENABLED)或禁止(DISABLED)以转变超量程性能为 ON 或 OFF。

(11)事件记录屏幕(EVENILOG)

事件记录显示关键事件的标志诸如自动零点和校准或者发生了 20 次以上的特殊故障条件。

EVENT LOG　　　　　　　　　　　　事件记录

＃1 AZS CYCLE OCCURRED AT   AZS 周期发生于:

00:01 15—JUL—95 95—7—15 0:01

＃2 ZERO FLOW OCCURRED AT   零流量发生于:

17:02 08—JUL—95 95—7—8 17:02

＃3

＃4

(12)仪器状态屏幕(INSTRVMENT STATUS)

仪器状态是由微处理机为各种参数连续生成的信息。

INSTRUMENT STATUS	仪器状态
GAS FLOW:0.5 SLPM	气流(标准升/分)
GAS PRESSURE:617.6 TORR	气压(torr)
REF. VOLTAGE:3.806 VOLTS	参比电压(V)
CONC. VOLTAGE:1.327 VOLTS	浓度电压(V)
ANALOG SUPPLY:11.715 VOLTS	模拟电源(V)
DIGITAL SUPPLY:4.977 VOLTS	数字电源
GROUND OFFSET:257	接地位移
LAMP CURRENT:10.214 mA	灯电流
VERSION B1.00	版本
EXIT	退出

1)气体流量:根据限流孔的尺寸和气体压力计算出的气体流量,如果流量传感器流经的流量为 0,这里就显示 0.00。

2)气体压力:气压用压力/气流板测量。

3)参比电压:参比电压同样用 UV 检测器 PCA 测量。该电压指示紫外(UV)灯的光强。

4)浓度电压:电压来自预处理器与测量信号成比例。该电压代表气体的实际测量值。

5)模拟电源:提供＋12V 电源。

6)数字电源:提供＋5V 微处理板电源。

7)接地位移:在微处理器地和预处理器或 Vreg(电压调节器)的地之间用 A/D 计数测量则其电压电位不同。

8)高压:PMT 电源的高压读数。

9)灯电流:UV 灯供电电流。

(13)系统温度屏幕(SYSTEM TEMPERATURES SCREEN)

系统温度显示是由微处理机连续生成的信息。

SYSTEM TEMPERATURE	系统温度
CELL TEMP:32.1 DEG C	池温度(℃)
LAMP TEMP:50.9 DEG C	灯温度(℃)
CHASSIS TEMP:35.1 DEG C	机箱温度(℃)
FLOW TEMP:50.0 DEG C	气流温度(℃)
EXIT	退出

1)池温度:反应池的温度。

2)灯温度:包围着紫外(UV)测量灯的加热组件的温度。

3)机箱温度:箱内空气温度,在微处理机 PCA 上测量。

4)气流温度:恒截流孔单元的温度,在压力 PCA 上测量。

(14)系统失败屏幕(SYSTEM FAULS)

系统失败显示为各种连续监测的参数提供通过或失败的指示。这些参数必须在容许的操作范围之内方可显示 PASS(通过)。

SYSTEM FAULTS　　　　　　　　　　系统失败

SAMPLE GAS FLOW:PASS　　　　　　样气流:通过

LAMP CURRENT:PASS　　　　　　　　灯电流:通过

A/D INPUT: PASS A/D　　　　　　　　输入:通过

REFERENCE VOLTAGE:PASS　　　　　参比电压:通过

12 VOLT SUPPLY:PASS 12V　　　　　　供电:通过

CELL TEMPERATURE:PASS　　　　　　池温:通过

FLOW BLOCK TEMP:PASS　　　　　　气流单元温度:通过

LAMP TEMP:PASS　　　　　　　　　　灯温度:通过

EXIT　　　　　　　　　　　　　　　　退出

(15)模拟输出

在设定记录器和 DAS 模拟输出之前,要做出 OFFSET 和 OVER-RANGING 选择。这些术语的简单说明如下述,然后按已给程序设定。模拟输出和超量程的设置不影响分析仪器的测量范围,仅影响模拟输出的定标。

1)偏移补偿和可动的零点

在任何选定的输出范围,操作者可能要观察反向信号指示。移动零点指示向上,达到刻度某特定点便产生一个可动零点,这就使得记录器展示反向指示也如同展示正向时一样。用于产生可动零点的调节是 OFFSET。例如,10%的位移移动零点指示到某一点。该点以 10%作为正常的指示。在记录纸上可用的全部读数则为满刻度的-10%～+90%。在模拟输出菜单上 FULL SCALE 及 ZERO ADJ.(零点调节)字段内,可做出用零信号调整及仪器增益补偿用户的记录器或其他测定装置的输出,由于在分析仪或其他测定装置内供电电源的变化产生偏差,进行这些调整是必要的。

2)超量程调整

从模拟输出菜单(ANALOG OUTPUT MENU)也能实现超量程。此超量程设置为辅助量程。如果数据超过原有量程的满刻度时可用以跟踪数据。设置超量程应与分析仪器的测量范围没有冲突。后者影响着模拟输出所按的比例(SCALING)。允许超量程同时,当浓度值达到已选择的输出量程满刻度值的 90%,软件便产生一个正向尖峰脉冲,它将指示从 90%位置移到 100%位置。然后输出数据被改变了对满刻度的比例选取了超量程。当输出回落到原有满刻度的 80%。软件产生一个从显示值到零的负向尖峰脉冲,然后输出返回到原量程。通常应先设置量程值,因为量程值必须小于现在选择的超量程值。超量程值被限定等于或大于现在选择的量程值。为实用起见推荐超量程值设置为量程值的 2～5倍。例如,所期望的监测量程为 0.2 ppm 则超量程应设置在 0.4～1.0 ppm。当允许超量程时,必须采取一定的防护以确保污染物浓度的测量得到正确的记录。当数据采集器与仪器的模拟输出接口连接时,必须提供某种方法以指出在整个测量中哪个量程有效。用户可监测 50 点 I/O 连接器上第 7 点,这是一个集电极开路输出(OPEN COLLECTOR OUTPUT)指出模拟输出♯1 处于超量程。

3)模拟输出设定

①转到 INTERFACE MENU 并选取 ANALOG OUTPUT MENU。

②选择 RANGE,并通过选择的数字设定需要的量程,按"Enter"键以确定该选择

③根据选择的终端,为分立的 I/O 连接器设置输出类型。这个选取或为电流或为电压。如果希望电流输出并且安装了 50 点的板,可设置选择跨接片为电流(CURRENT),如果希望电流输出而 50 点的板没有安装,则无须改变硬件。如果希望电压输出并且安装了 50 点的板,可设置选择跨接片为电压(VOLTAGE),如果希望电压输出而 50 点的板没有安装,则需要一个外接电阻。该电阻为 50Ω 乘以所期望的满刻度电压值($50\Omega=1V$ 满刻度,$500\Omega=10V$ 满刻度,等等)。

④已选择了电压输出类型,选取所希望的位移和按"Enter"键。如已选择了电流输出类型,选取所希望的输出量程并按"Enter"键。

⑤选取 ZERO ADJUST(零点调节)并且调节模拟输出到所选位移的位置以之作为零点浓度。也就是说,如果选择了 10%位移则决定记录笔在满刻度的 10%。调节时,当增减零点调节校正系数时,注意记录纸能将其显示出来。按下"Enter"键以确认设置。

⑥选择 FULL SCALE(满刻度)并调节模拟输出到记录纸的 100%。调节时,当增减满刻度校正系数时,注意记录纸能将其显示出来,按下"Enter"键以确认设置。

⑦选择超量程并设置到一个高于在屏幕顶部选取的量程。当数字反映出所期望的超量程。按"Enter"键。

⑧选择超量程运行并且或选 ENABLED(允许)或选 DISABLED(禁止)。按"Enter"键。

(16)密码保护

为了解决用户更改设备配置问题,仪器设有密码保护选项。这个选项可以防止用户随意配置 9800 系列菜单。

1)密码必须是四位数字。

2)取消存储后,分析仪将不履行 NLOCKED(开启)。

3)为了锁住分析仪,用户必须输入 4 位数字,

1.2.3 日常运行、维护和标校

1.2.3.1 每日巡视检查

(1)检查测量光池的流量是否稳定,应在 0.5L/min 左右,观察时间应在 30s,如有流量过高、过低或不稳定的情况,应记录在值班记录本上,并进行检查和报告。

(2)随时检查分析仪屏幕显示的浓度值是否在正常范围内。

(3)随时检查分析仪屏幕状态行是否有故障信息,如有故障信息应及时检查和报告,并记录在值班记录上。

(4)察看"Event Log"记录内容是否有异常的报告。

(5)按要求完成日检查表中的条项检查并记录。

(6)随时注意发现各种可见的问题,如各种连接件断开或松开,特氟隆管破裂或粘连,过多的灰尘积累在仪器上引起仪器过热、短路而造成元器件损坏。

1.2.3.2 每周检查

按周检查表中的顺序,进行检查,并认真记录,注意各参数是否在正常范围。

1.2.3.3 系统维护与校准

为确保仪器正常工作,应定期对该设备进行维护和校准。除了日常维护和年度维护活动外,其他维护活动则根据仪器的运行状态和故障出现的情况进行。

(1)系统维护

下面概述 9810B 分析器的周期性维修一览表(表 1-5)。该一览表根据正常操作条件下的经验而拟定,并可为适应特殊操作条件的需求而改变。年度检查一般在春季结束时候进行,如仪器发生故障或其他原因,年度维护的一些工作内容,也可以在一年以内进行多次。年度检查进行前后应该分别记录仪器的参数设置,并各进行一次多点校准。要注意及时发现仪器因维护工作而出现的重大变化。

2)检查粒子过滤器

输入口过滤器防止粒子进入 9810B 的气路部分,过滤器的沾污能导致 9810B 性能降低,这包括响应时间变慢,读数错误,温度漂移和各种其他问题。若干因素影响过滤器的更换周期。例如,在春季过滤器可能积累了花粉和灰尘。人为的环境变化,比如建筑灰尘,还有气候如该地区正常的条件是干燥多尘则可能要求更频繁地更换过滤器。确定过滤器的更换周期最好是在最初的几个月内按每周的间隔监测过滤器,然后修改表格以适应特殊的地点。一般 10 天更换一次膜,在春季沙尘天气之后,应立即更换。每次更换过滤膜,须在日检查表上记录更换时间,每次更换过滤膜后,必须再次检查分析仪面板示数、流量等是否有异常变化。

表 1-5　周期性维修一览表

时间间隔	项目	步骤
每 周	进气口颗粒过滤器 事件记录/系统失败	检查/更换 检 查
每 月	风扇过滤器 零/标 校准 时 钟	检查/清洗 执 行 检 查
每 6 个月	臭氧去除器 多点校正	检查/更换 执 行
每 年	气 路 烧结合金过滤器 紫外灯 流量校正 检 漏	清 洗 更 换 检查/更换 检查/校正 执 行

2)清理风扇过滤器

9800 风扇过滤器安装在分析器的后部。如果过滤器被灰尘以及污物所污染则可影响分析器的冷却能力。风扇的隔网应当干净,可将其从分析器上拆下,用压缩空气吹净,或者使用不浓的肥皂水清洗并晾干。

3)气路的清洗

①清洗光池管。清洗光池管须从两端座上拆下玻璃管。注意在安装或拆卸光池管时要用最小限度的压力,因为它可能断裂并对操作者造成严重的伤害。

a)松开光池管一端的保持螺母。将玻璃池管滑向仪器前方。转动池管且使用双手会有所帮助。

b)察看光池管寻找有无粒子物质沉积在光池管的内壁上。如果有任何沉积物被检测出来。则整个气路系统应清洗。切勿清洗臭氧去除器。

c)清洗玻璃管用清洁的肥皂水于其两个方向擦干净。先用去离子水后用异丙基乙醇冲洗。在空气中干燥,检查的方法为对光俯窥中孔,不应有纤维,油脂或粒子物质存在。

d)重装清洁的干燥的光池管于座中须先将管插入前座,然后将其滑入后座。吸收池任何一端安装的 O 形圈可能也要更换,紧住保持螺母。

e)进行检漏。

②清洗管路。气路(进样和排放)均可清洗,拆下以甲醇棉团穿过清洗之。可用零空气或干燥的氮气吹干。切勿清洗去除器。注意:在管路或池子清洗之后,分析器应使 O₃进样。在约 0.400 ppm 通一夜。以恢复气路先前的条件以便校准。

③烧结合金过滤器的更换。烧结合金过滤器是最后防止进样孔板沾污和堵塞的过滤器。如果过滤器受堵则必定导致通过分析器的进样气流减少。一般地单单更换烧结合金过滤器对维修操作而言已是足够的。但有时孔板需要检查和清洗以确保正常地使用。所需要的设备:孔板/过滤器拆出工具(P/N 98000190)

a)关闭泵电源。

b)从流量控制单元上拆下气和电的接头,并从分析器上拆下此单元。

c)粉末冶金烧结过滤器安装在气流单元的入口连接件内。拆下该连接件并更换此过滤器(一定要使用新 O 形圈)。重新装连接件于单元内,且一定要使 O 形圈位于连接件底边的周围。

d)样气孔板位于气流单元的出口连接件内。可取下该连接件并更换孔板(一定要使用新 O 形圈)。重新装连接件于单元内,且一定要使 O 形圈位于连接件底边的周围。

e)将气流单元重新装在分析器内并重新接上气和电的接头。

f)打开泵电源。

4）紫外灯的检验

紫外灯必须有足够的强度以确保分析器的正常工作。一个微弱的紫外灯会导致分析器输出产生噪声。如果信号变得极为微弱，测量会完全停止。紫外灯的强度反应为保持足够信号所需的增益。该增益可视为在预处理器电位器菜单上输入电位器的调整位置。随着紫外灯强度的降低输入电位器的调整位置将要增加。灯光强度的降低一般是很缓慢，但由于参比电压通常只在启动周期调整，故此在输入电位器的调整位置上有时会有较大的增长。作为例行程序的维修步骤操作者应保持一个记录并记下输入电位器（Input Pot Setting）的设置。当输入电位器的调整位置约为100（可得到最大增益的调整位置）则应考虑更换此灯。

紫外灯的更换：

a）关断分析器

b）摘下分析器盖板及内部反应池盖板。

c）拆下螺钉固定的接到紫外灯单元的绿底导线。

d）松开手拧螺钉所固定的紫外灯并将灯拉出单元。

e）按和以上步骤相反的次序安装新的紫外灯，要确保该灯完全插入到单元内以获得最大的信号强度。

4）臭氧去除器

臭氧去除器的性能对9810B是具有决定性的。虽然臭氧去除器理论上的结论为长远性的，但这只限于 O_3 和空气的影响，至于大气中其他元素的影响将对去除器的寿命期产生不利的效果。一个微弱或失效的去除器能导致测量的噪声，频繁地引起过度地提高增益。臭氧去除器效率最快速的指示器是分析器的仪器增益（当其在手动校准时，分析器自动计算此增益）的变化，当去除器的效率下降时，仪器增益必须增加以对之补偿。然而，由于影响增益变化的因素还有诸如大气压力和吸收池的清洁度等，故其只是一个指示而不是去除器效率的真正的检验标准。操作者应当保持每次校准时仪器增益的记录。任何时刻此数增加超过15%（从一个已知的良好的校准点算起）。则应检验去除器的效率。

臭氧去除器的检验标准：

a）连接标气气源（大约0.400ppm）到分析器的样气入口。使分析器的响应达到稳定然后记录分析器的响应值。

b）连接检验去除器于气路中，要位于第一 O_3 去除器（primary O_3 scrubber）之后，但在主阀之前。这将去掉被第一个去除器所放过的 O_3。令分析器的响应达到稳定。然后记录响应值。

c）比较两个读数。记录的第二个读数不应超过第一个10%以上。否则应更换去除器。

6）检漏

检漏要保证气路系统的完善，并应在气路系统的任何维修后进行。检漏按下述进行。注意：本检漏步骤要求知道泵的真空能力才能将真空换算成等效的大气压。为能达到此要求，可将真空阀经一个三通接到泵的入口。

a）拆下样气进入口管路，排出口管路接泵。

b）关掉泵并使之稳定2min。选择 INSTRUMENT STATUS（仪器状态）菜单并记录 GAS PRESSURE（气体压力）读数作为现在的环境压力。

c）堵住样气进入口。

d）接通泵电源并使之工作5min 以便对气路抽真空。

e）选择 INSTRUMENT STATUS（仪器状态）菜单，监测 GAS FLOW（气流）和 GAS PRESSURE（气压）读数。5min 后 GAS FLOW 应指示 0.00 SLPM 而 GAS PRESSURE 应当等于泵的真空度±15 torr（2kPa）。

f）打开样气入口并重新接上样气管路。

注意:切勿用压力查找泄漏。压力超过5psi①(35 kPa)会损坏压力传感器。

(2)常用备件和消耗品

常用备件和消耗品见表1-6,表1-7,表1-8。

表 1-6　9810B 可更换的零件:选件和附件

描述	货号
架式安装套件及导板(由用户安装)	98000036-2
套件,50针连接器和壳体	98000235
套件,50针 I/O PCA	98000066-2
12V 直流电池电源选件	98000115
EZS 多支管阀装配件	98300037
活性炭去除器(用于保护泵)	98105105-1
EC/ML9810 操作和维修手册	98107005
外置泵 230V/50Hz,在 20mmHg 压力下为 4SLPM	884-017302
采样口粒子过滤器 5μm	98000210-1

表 1-7　9810B 可更换的零件:备件

描述	货号	级别
过滤器膜片,5μm,消耗品(每售 50)	98000098-1	1
烧结合金过滤器	98000181-1	1
O 形圈,孔板和过滤器用	25000447-007	1
O 形圈,反应池池管用(需用 2 个)	25000430-204	1
紫外灯装配件(臭氧测量)	98100011	2
臭氧去除器+装配件	881-025001	2
过滤器和孔板拔出工具	98000190	3
拔出工具,小接头连接器用	29000141-2	3
供电电源,115/230VAC 转换为 12VDC	98000142	3
微处理机 PCA 带 ROM	98000108-3	3
电压稳定器 PCA	98000056	3
显示器/开关 装配件	98000057SP	3
预处理机 PCA	98100021	3
灯驱动器 PCA	89100031-2	3
前置放大/检测器 PCA	98100039	3
气流控制装配件	98107012-1SP	3
节流孔,0.0101	98000180-09	3
反应池池管	881-050900	3
多支管阀	98300037	3
加热器/热敏电阻 装配件	98300061	3
缩径压环连接件	036-120060	3
聚偏二氟乙烯螺母	036-130440	3

①　psi 是 pounds per square inch 的缩写,1 psi＝1 磅/平方英寸＝0.068 大气压力

表 1-8 消耗件寿命期

零 件	最少	一般
紫外灯(98100011)	6 个月	1 年
O₃去除器/过滤器(881-025001)	6 个月	1 年

常用消耗品有:47mm,2~5μm 孔径的 Teflon 过滤膜。

1.2.4 故障处理和注意事项

(1)出现分析仪的频率降低速度较快:一般是紫外灯老化或光池受到污染。

(2)出现采样流量偏低或无流量:首先检查更换的采样膜是否正确,其次检查采样管路的进气口是否有异物堵塞或结冰(霜),并进行排除。完成上述检查和处理后仍不能排除异常时,则需要对采样泵进行检查,如发现泵膜破损,则立即更换。

1.2.4.1 故障指示

(1)直流供电电源电压

在考虑检修故障之前要核实直流供电电源电压是存在的并且在下表所列的为每一块印制电路板所给出的技术要求之内。检修故障电压表格可参见维修手册。

(2)分析器的检修

由于 9810B 分析器采用了先进的技术设计,有关系统条件信息的数值可在前面板显示器上获得。可检修一个正在操作的仪器而不必打开其前盖。

就检修故障方面而言最有用的菜单是:

1)PREPROCESSOR POTS(预处理机电位器)

2)VALVE TEST MENU(阀试验菜单)

3)EVENT LOG(事件记录)

4)INSTRUMENT STATUS(仪器状态)

5)SYSTEM TEMPERATURES(系统温度)

6)SYSTEM FAULTS(系统故障)

这些菜单所提供的信息能指出一个失效或一个操作上的问题。如果仪器的性能表现出有显著的变化,引起问题的组件也许能被确定从而加快了校正过程。这可帮助操作者周期地检验和记录这些参数以建立分析器的操作历程。而且,本节的信息在需要帮助时可能为服务保障人员所需要。

1)预处理机电位器菜单

PREPROCESSOR POTS(预处理机电位器)屏幕显示电位器与几种组件有关联的设定和预处理机板上的几个变量。电位器设定的这些值是有点随机的,所以这里所举的例子中和一个操作中的仪器显示值具有差异。电位器设定包括 99 和 0,然而,它们是电位器范围的极限,于是可能是判断所存在问题的理由。例外是 TEST MEASURE(测量试验)其为零,除非操作者变更之。

PREPROCESSOR POTS	预处理机电位器
MEASURE COARSE ZERO:62(10—90)	粗测零
MEASURE FINE ZERO:42(0—99)	细测零
INPUT :68(10—90)	输入
TEST MEASURE :0	测量试验
LAMP ADJUST :58(40—80)	灯调整
REF. VOLTAGE :1—4 VOLTS	参比电压
O₃ 0—20 ppm	臭氧
CONC. VOLTAGE 0.0—4.5 VOLTS	浓度电压
LAMP CURRENT 9,5—10.5 mA	灯电流

2)阀试验菜单

VALVE TEST MENU（阀试验菜单）显示仪器中每只阀的现行状态。该菜单在校正机器中的气流问题时能是特别有用的。操作此菜单各阀能开能闭,这就使得操作者能够确定阀是否在正确地操作。VALVESEQUENCING（阀序列）必须为 ON（通）,以便完成正常气体测量。

VALVE TEST MENU	阀试验菜单
INT. VALVE ♯1：OPEN	内置阀:开
INT. VALVE ♯2：CLOSED	内置阀:闭
INT. VALVE ♯3：CLOSED	内置阀:闭
AUX. VALVE ♯1：CLOSED	自动阀:闭
EXT. MEASURE：OPEN	外置测量:开
EXT. ZERO GAS：CLOSED	外置零点气:闭
EXT. SPAN GAS：CLOSED	外置量程气:闭
VALVE SEQUENCING：ON	阀序列:通

3)事件记录

在没有可能出现操作问题的状态下检查 EVENT LOG（事件记录）菜单,以确定是否微处理器正在报告系统失效或问题。如果 EVENT LOG 指出一个错误,它还将提供仪器发生故障的部分或组件的通知(表 1-9)。

表 1-9　事件记录信息及说明和处理

事件记录信息	说明	处理
INTERNAL O/S ERROR♯1	操作系统没有足够的存储器来运行	系统软件错误,如果错误持续。请电告 MONITOR LABSCUSTOMER SERVICE(ML 顾客服务部)以得到指示书
INTERNAL O/S ERROR♯2	在操作系统中没有定义任务	
INTERNAL O/S ERROR♯3	在操作系统中的无效分区号数	
INTERNAL O/S ERROR♯4	在操作系统中的无效队列	
INTERNAL O/S ERROR♯5	在操作系统中的存储器的讹误	
INTERNAL O/S ERROR♯6	任务被另一任务所改写	
INTERNAL O/S ERROR♯7	已发生整数被零除	
INTERNAL O/S ERROR♯8	单步中断已经访问	
INTERNAL O/S ERROR♯9	中断的断点已经访问	
INTERNAL O/S ERROR♯10	已发生整数溢出	
INTERNAL O/S ERROR♯11	已发生数组界限错误	
INTERNAL O/S ERROR♯12 CPU	试图运行一个未定义的指令	
INTERNAL O/S ERROR♯13	CPU 运行完流出指令	
INVALID OP IN TASK ♯X	任务♯X 试图执行一个非法点操作	
ZERO DIVIED IN TASK ♯X	任务♯X 试图用 0.0 去除一个浮点数	
UNDER FLOW IN TASK ♯X	任务♯X 遇到的数<8.43E−37	
OVERFLOW IN TASK ♯X	任务♯X 遇到的数>3.37E+38	
FLOAT ERROR TASK ♯X	任务♯X 遇到多浮点数学上的错误	
RAM CHECKSUM FAILURE	电源降低时存储器的校验和与重新启动时的校验和不同	电池失效或系统软件故障,如果错误持续请电告 Monitor Customer Service 以得到指示
EAROM X DATA ERROR Y	EROM 指定的 X 检测出错误在位置 Y	检验压力 PCA 电缆的连接和压力 PCA
SERVICE SWITCH ACTIVATED	部件从前面板中除去辅助作用	用前面板开关返回分析器以辅助作用
LCD DISPLAY BUSY LCD	不断地忙在显示器中指示硬件失效	检验显示器电缆连接,显示器 PCA 和微处理机 PCA

事件记录信息	说明	处理
A/D CONVERSION ERROR	A/D 返回忙状态	启动时正常。如果失效持续,更换微处理机
SYSTEM POWER FAILURE	电源从系统脱离	无需反应
SYSTEM POWER RESTORED	电源加于系统	无需反应
INPUT POT LIMITED TO 0 OR 99	输入电位器调节超过范围	检验紫外灯或清洗反应池
LAMP ADJUST ERROR	灯调节电位器已达极限而 10mA 灯电流尚未达到	检验紫外灯,灯驱动器 PCA 或微处理机 PCA
ZERO POT LIMITED TO 0 OR 99	在电压达到设置点之前零电压控制器已达到极限	将分析器复位,检验零点空气源
REF POT LIMITED TO 0 OR 99	参比电压达到设置点之前参比电压	控制器已达到极限 检验紫外灯
ZERO FLOW	仪器气流已变成零	泵已失效或气流障碍物已出现更换泵或清除障碍物
SPAN RATIO<0.75	AZS 周期后,要求的量程与测量的量程之比<0.75	仪器量程已漂移到超出容许的界限。重新校准
SPAN RATIO>1.25	AZS 周期后,要求的量程与测量的量程之比>1.25	仪器量程已漂移到超出容许的界限。重新校准
RESET DETECTION	复位按钮按下或看门狗定时器引起的复位	除去复位未被用户触发,则无需反应
AZS CYCLE	AZS 周期开始	无需反应

5)仪器状态

仪器状态的正常范围为:

GAS FLOW:0.42—0.53 SLPM　　　　　气流

GAS PRESSURE:550—750 TORR　　　　气压

REF VOLTAGE:1.00—4.00 VOLTS　　　参比电压

CONC. VOLTAGE:0.00—4.50 VOLTS　　浓度电压

ANALOG SUPPLY:11.6—12.2 VOLTS　　模拟供电电源

DIGITAL SUPPLY:4.8—5.2 VOLTS　　　数字供电电源

GROUND OFFSET:200—325　　　　　　地位移

LAMP CURRENT:9.5—10.5 mA　　　　灯电流

如果显示在 INSTRUMENT STATUS(仪器状态)屏幕上的任何参数与参考数值相比变化显著,或一个参数正在出现一个急剧的变化或正在围绕着所期望的设定点强烈地振荡,则说明仪器可能有与参数相关的故障或操作问题。显示在 INSTRUMENT STATUS 屏幕上的几个参数均受 PREPROCESSOR POT(预处理机电位器)屏幕上的电位器设定所影响。如果某参数超出正常的工作范围,将此参数值做标准进而找出相应的菜单并检查相应的电位器的设定。

5)系统温度

SYSTEM TEMPERATURES(系统温度)屏幕提供吸收池的温度,紫外灯的温度、机箱温度和气流控制单元的温度。参看应当显示在本屏幕上的额定值。如果任何参数超出容许范围则强烈地指出了这些组成件中的值得注意的问题。

SYSTEM TEMPERATURES　　　　　系统温度

CELL TEMP. :20—60 DEG C　　　　池温(℃)

LAMP TEMP. :45—55 DEG C　　　　灯温(℃)

CHASSIS TEMP. :15—55 DEG C　　　机箱温度(℃)

FLOW TEMP. : 45—55 DEG C　　　　　　气流温度(℃)

1.2.4.2 系统故障

SYSTEM FAULTS(系统故障)显示提供连续监测的各种参数的通过或失败的指示。为了显示 PASS(通过)这些参数必须在容许的工作范围内。如果指示出 FALL(失败)则其指出的主要故障就在该区域内。注意:SYSTEM FAULTS 屏幕对分析器的各种参数不仅指出 PASS 或 FAIL 也还指出主要故障所期望的操作范围。其在 INSTRUMENT STATUS(仪器状态)和 SYSTEM TEMPERATURE (系统 温度)范围部分指出。如果分析器的读数不在这些范围之内它将指出分析器内某一装配件变质或指出次要的故障。

表 1-10 列出可能的 SYSTEM FAULTS 信息,如果发生了主要故障则它们显示在基本屏幕上。如果显示了一个故障信息,用检修指南可找到故障可能发生的原因。

表 1.10　系统故障信息表

信息	说明/故障界限
OUT OF SERVICE	指出辅助开关在 OUT(出)位置。除非分析器正在进行维修。此开关应在 IN(入)位置
ZERO FLOW	指出压力 PCA 上的表压小于 20 torr (泵不好或堵住了孔板)或大于 200 torr (堵住了进气口)如果对样气进入口加压力此信息也能发生
LAMP FAILURE	指出灯电流未在容许限度内。在 ML9810B 中如果灯电流低于 5mA 或高于 15mA 则指出有故障
REFERENCE VOLTAGE OUT OFRANGE	指出参比电压未在容许限度内。在 ML9810B 中如果参比电压低于 1V 或高于 4V 则指出有故障
12 VOLT SUPPLY FAILURE	指出 12V 供电电压未在容许限度内。如果 12V 供电电压低于 11.1V 或高于 14.3V 则指出有故障
CELL TEMPERATURE FAILURE	指出池温未在容许限度内。如果池温低于 5℃ 或高于 60℃ 则指出有故障
FLOW BLOCK TEMP.	指出气流单元的温度未在容许限度内。如果气流温度低于 35℃ 或高于 60℃ 则指出有故障

1.2.4.3 测试功能

在 9810B 中下列诊断方式是可利用的。

(1)光测试:不支持。

(2)前置放大测试

前置放大试验功能产生一个电试验信号并加到紫外检测器的前置放大输入端。这模拟从检测器的输入并被立即放大,好像它是一个真正的信号。本试验用于验证前置放大的操作。

(3)电气测试

电试验功能产生一个电试验信号并加到预处理器的输入端。这模拟一个送到预处理器的输入并被立即处理好像它是一个真正的信号。本试验用于验证预处理器 PCA 的参比和测量通道的操作。

1.2.4.4 诊断方式的使用

诊断方式的激发要选择 DIAGNOSTIC MODE(诊断方式):PREAMP(前置放大)或 ELECTRIC(电气)和调整 TEST MEASURE(测量试验)电位器直到一个响应(所模拟的浓度)被察觉。对于试验的响应之不同取决于多个的分析器参数。这些试验一般地是 PASS/FAILv(通过/失败)。功能问题有时能被孤立到一个单一的组成件就要借助于逻辑使用诊断方式。见表 1-11。

表 1-11　系统故障排除表

故障	可能造成故障的原因	排除故障的方法
NO display/instrument dead	交流电源	1. 核实电源线已接上 2. 检验供电电源的熔断丝没有烧断。该熔断丝应为 5A(115V)或 3A (230V) 3. 核实电压开关是在合适的位置

续表

故障	可能造成故障的原因	排除故障的方法
NO display	对比度误调	设置或调整显示器的对比度或背景光强,要按下述同时按下前面板上的两个键 —对比度。按 Up 箭头和 Select 得到暗的对比度;Down 箭头和 SELECT 可得到亮的对比度 —背景光。按 ENTER 和 EXIT 可得暗的背景光;PgUp 和 Select 可得亮的背景光
	直流电源	1. 核实从供电电源到 Vreg 板的电缆连接 2. 检验 Vreg 板的正确电压应如检修故障电压表所列。如果发现了不正确的电压需要更换供电电源或 Vreg 3. 检查微处理机上测试电压
	显示器	检验显示器和微处理机板上 J6 间的接口电缆
	显示器或微处理机 PCA 不好	1. 更换前面板显示器 2. 更换微处理机板
ZERO FLOW	泵的毛病	换泵
	过滤器	检验粒子过滤器,如果脏或者堵塞则更换之
	吸收池压力增大	确保样气和零气入口均保持在环境压力
	堵塞了孔板或 SS 过滤器	清洗或更换孔板和不锈钢粉末冶金过滤器
Nois yor unstable reading	泄漏	改变了样气气流并导致量程读数低和噪声
	粒子过滤器	更换粒子过滤器
	反应池温度	确保反应池和分析器的盖板均已安装
	涤去器	检验臭氧涤去器
	反应池脏	清洗反应池
	紫外灯	检验紫外灯
	紫外检测器	更换紫外检测器
LOW SPAN	量程设定	调整量程
	涤去器	检验臭氧涤去器
	反应池脏	清洗反应池
	紫外灯	检验紫外灯
	无气流	见本表零气流症状
	泄漏	改变样气气流并导致量程读数低和噪声
NO RESPONSE TO SPAN GAS	仪器增益	验证仪器增益未设置为 0.000
	泄漏	改变了样气气流而导致量程读数低和噪声
	无气流	检验 INSTRUMENT STATUS 菜单并核实气流
	软件闭锁	1. 观察显示器上的 MAIN MENU 是否若隐若现 2. 核实其他能被选择的菜单 3. 按第二层面板上的复位按钮 4. 更换微处理器板
ZERO DRIFT	泄漏	改变样气气流并导致量程读数低和噪声
	零空气源	更换零点空气源
UNSTABLE FLOW OR PRESSURE READINGS	气流控制加热器失效	气流温度（SYSTEM TEMPERATURES SCREEN,系统温度屏幕）应为 50℃±5℃

续表

故障	可能造成故障的原因	排除故障的方法
INSTRUMENT STUCKIN REFERENCE ADJUST	参比电压（INSTRUMENT STATUS SCREEN，仪器状态屏幕）不在 3V	进行紫外灯检验和调整。
	灯电流不在 10mA	更换紫外灯，灯驱动器 PCA 或预处理器 PCA
RESPONSE TIME NOT AT SPECIFIED VALUE	气流低	用流量计检验样气气流。在标准温度压力之下样气流应为 0.4～0.6 SLPM。如果原来没有可安装 SS 过滤器或孔板
ANALYZER DISPLAYS GAS:CO	预处理器 ID 设置错误	1. 参照 3.4.2 节为器件 ID 重新编程 2. 更换预处理器

第2章　氮氧化物(NO_x)观测系统

氮氧化物(NO_x)是大气中的重要气体污染物,NO_x种类很多,造成大气污染的主要是一氧化氮(NO)和二氧化氮(NO_2),因此环境科学中的氮氧化物一般就指这二者的总称。它的自然源主要有生物体燃烧、闪电等,人为源主要是化石燃料燃烧过程,汽车尾气排放是近年来快速增长的排放源。NO_x是一种重要的反应性气体,在大气光化学过程中充当重要角色,与臭氧浓度的变化息息相关,经过扩散、稀释和化学转化等过程后,NO_x最终会形成硝酸盐,以离子态或化合物态存在于降水或气溶胶中,对大气降水化学和区域气候产生影响。在区域本底站开展此项观测,主要是为了监测区域环境的背景大气质量状况,为区域气候响应和区域环境评价提供科学依据。

干洁大气中NO_x含量较低,一般城市地区大气中NO_x的含量在几到几十个 ppb 的范围,在海洋、极地等大气清洁地区,其含量可以低至几个 ppt(ppb 的千分之一),然而在某些污染地区,NO_x可达到上百个 ppb。

目前对大气中NO_x的测量主要利用基于一氧化氮(与臭氧)或二氧化氮(与鲁米那溶液)的化学发光法原理的仪器方法。这两种方法都是直接测量NO_x中的一种,并将另外一种转化成相应的化学荧光反应物后,进行同步测量。由于鲁米那溶液化学发光法存在的化学干扰和技术困难,不适于长期连续监测使用,目前在台站的长期监测中主要使用一氧化氮与臭氧的化学发光法。该方法直接测定大气中 NO 的含量,同时通过催化转化的方式将NO_2转化成 NO,得到NO_x的测量结果,这种方法可以自动连续地进行 NO— NO_2—NO_x观测,获取连续的大气环境资料,广泛应用于大气环境研究中。

大气本底站主要使用美国 TE 公司生产的 42CTL 型和澳大利亚 ECOTECH 公司生产的 9841T 型化学发光氮氧化物分析仪,同时和其他气体监测仪器集成,从统一集成进气管进入空气样品,仪器信号由一台工控计算机记录并存储。

2.1　TE42CTL 型 NO_x 分析仪

2.1.1　基本原理和系统结构

2.1.1.1　基本原理

42CTL 型化学发光氮氧化物分析仪(以下均简称为 42CTL)是基于 NO 分子和 O_3 反应生成的激发态 NO_2 分子浓度与其发光强度成比例的原理制成的。其发光原理在于反应过程中生成的激发态 NO_2 分子衰减到低能状态时释放出红外光。其反应过程的化学方程式如下:

$$NO + O_3 \rightarrow NO_2 + O_2 + h\nu \tag{2-1}$$

当使用化学发光法测量 NO_2 浓度时,首先必须将 NO_2 还原转化成 NO,42CTL 是利用钼转化器(转化温度约为 325℃)完成这一转化的。

42CTL 的工作原理如图 2-1 所示。由空气总集气管采集到的空气样品进入 42CTL 时,首先经过颗粒物过滤器、毛细管限流器,然后到达转化器切换回路。该切换回路由 2 个三通电磁阀构成"常开"(即 2 个电磁阀同时处于"常开"位置)、"常关"(即 2 个电磁阀同时处于"常关"位置)的 2 个流路,"常关"流路经过钼转化器,另一个"常开"流路则是直通旁路。钼转化器流路和直通旁路分别对应 NO_x 测量方式和 NO 测量方式。经过选择转化器切换回路后,再经过一个三通流路选择阀,或者直接进入荧光反应室

（"常开"位置），或者进入预反应器（"常关"位置）。样品气进入荧光反应室后，在那里与富含臭氧的干燥空气混合和反应，产生荧光，由光电检测器件测定荧光的强度；样品气进入预反应器，在预反应器内与富含臭氧的干燥空气混合和反应，产生荧光，而后再进入荧光反应室，这样在进入荧光反应室前，激发态的 NO$_2$ 分子已经衰减到低能状态，因而在荧光反应室内不会再检测到荧光，通过这种方法可以得到仪器的动态零点。这个预反应器尺寸大小足以能使含有 200ppb 的 NO 样品气在预反应器中充分反应，达到 99％以上的反应率，进入荧光反应室后对仪器零点的干扰很小。

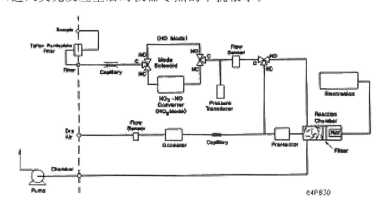

图 2-1　42CTL 工作原理框图

干空气是将空气泵入装有硅胶的干燥管而获得的，然后经过流量传感器和一个稳定可调的紫外光源 O$_3$ 发生装置，生成化学发光反应所需要的 O$_3$。O$_3$ 和空气中 NO 反应产生激发态 NO$_2$ 分子，一个装在半导体冷阱中的光电倍增管测量 NO$_2$ 衰减过程中的发光强度。NO 和 NO$_x$ 测量值贮存在存储器内。这两者间的差值为 NO$_2$ 浓度。42CTL 所测量以及计算出的 NO、NO$_2$、NO$_x$ 浓度可以同时在前面板上显示或以模拟（数字）量输出。

2.1.1.2　仪器结构

（1）总体结构

42CTL 的结构，主要包括：催化转化单元、臭氧发生装置、预反应器、高压电源、光电倍增管、信号放大电路和气泵、电磁阀等部件。

（2）前面板及功能键

仪器的前面板荧光屏上可显示 NO、NO$_2$ 和 NO$_x$ 浓度，仪器参数，仪器控制信息和帮助信息等。某些菜单在荧光屏上能同时显示多项内容，可用 ↑、↓ 键来翻看。主要功能键如下：

"RUN"键：从其他菜单和显示屏幕退回到测量状态显示（RUN）屏幕。

"MENU"键：通常用来显示主菜单。如在 RUN 屏幕时，该功能键用来激活主菜单，如在其他菜单（屏幕）时，按动该键可退回上一级菜单（屏幕）。

"ENTER"键：用于确认菜单（子菜单及屏幕）选项，或者确认所选择（输入）的仪器设置参数，或是切换 ON/OFF 功能。

"HELP"键：用于提供当前显示内容或屏幕的说明。如果想退出帮助屏，则可按"MENU"键以返回原先屏幕或按"RUN"键以返回到运行屏幕。

方向键：使用 ↑、↓、→、← 四个按键可移动显示屏幕上光标。

（3）仪器后面板

仪器后面板包括：①电源插座、②样品气入口、③排气口、④仪器散热风扇、⑤模拟信号输出端子、⑥计算机通信（RS232）接口、⑦过滤器、⑧干空气入口。

（4）技术指标（表 2-1）

表 2-1 42CTL 技术指标

名 称	技术指标
可调范围	0～5,10,50,100 和 200ppb 0～10,20,50,100,200 和 500μg/m³
零点噪声	25ppt RMS(120s 秒平均)
最低检测限	50ppt（120s 平均）
零点漂移	可忽略（每日）
满度漂移	±1%满量程（24h）
响应时间	60s（10s 平均）、90s(60s 平均)、300s(300s 平均)
线性	满量程的±1%
流量	1SLPM
适宜温度	15～35℃（无结露情况下,5～40℃范围也能够安全操作）
电压	210～250V,50－60Hz,400W
仪器尺寸	16.75 英寸(宽)×8.62 英寸(高)×23(长)英寸
重量	60 磅（包括外置泵）
输出	可选范围的直流电压、4～20mA 的直流电流、RS232/485 接口

2.1.2 安装调试

2.1.2.1 系统安装

把采样管连接到仪器后面板的 SAMPLE 采样口。安装前要确认采样管中没有杂质和污染。采样管的材料应为 Teflon 或不锈钢,外径为 1/4 英寸、内径不小于 1/8 英寸、长度小于 3m。

注意:要保证进入仪器的气体的压力和环境气压相同。有必要时可加装旁路排气装置。

将空气干燥器连接到仪器后面板的 DRY AIR 接口处;从 EXHAUST 排气口把排气管连接到合适的排放口或臭氧去除器。排气管长度小于 5m,最好直接通向室外空气流通处或专用的排气管路。在仪器后面板的颗粒物过滤器内装上 2～5μm 孔径的 Teflon 过滤膜。给仪器接上合适的电源。

2.1.2.2 开、关机操作和设置仪器参数

（1）开机

打开仪器电源开关,仪器显示开机(POWER—ON)和自检(SELF—TEST)屏幕,并自动进入自检程序。在完成自检之后,仪器将自动进入测量(RUN)屏幕,并同时将 NO、NO₂、NOₓ 的浓度显示在屏幕上。测量(RUN)屏幕一般显示 NO、NO₂、NOₓ 浓度和时间。

（2）仪器预热

为了使仪器处于良好、稳定的工作状态,在仪器开机后,应让仪器预热并稳定至少 90min。

（3）设置仪器参数

在仪器初次运行时需要对有关的仪器参数进行设置,这主要包括仪器的量程、单位、校准系数等。当按动"MENU"键即显示主菜单,主菜单上包含了一系列子菜单,每个子菜单又包含了相关的仪器参数和功能等屏幕,使用↑、↓箭头可移向每个子菜单。

（4）关机

关机最直接的操作就是关闭仪器的电源开关。如遇长时间停机,则需在关机之前记录下仪器的状态参数。在遇有停电、雷电等现象时,一定要提前关闭仪器的电源开关,必要时将仪器的电源插头从电源插座中拔出。

2.1.2.3 菜单操作

主菜单及其结构:除仪器的开机屏幕和运行屏幕外,42CTL 的各种操作和参数设置均通过菜单(屏幕)选择实现。主菜单下包含若干个子菜单,子菜单下则包含各种操作(或显示)屏幕。42CTL 主菜单所

包含的子菜单条目如下:

　　(1)量程(RANGE)

　　(2)平均时间(AVERAGE TIME)

　　(3)校准参数(CALIBRATION　FACTORS)

　　(4)校准(CALIBRATION)

　　(5)仪器控制(INSTRUMENT CONTROLS)

　　(6)诊断(DIAGNOSTICS)

　　(7)报警(ALARM)

　　(8)维修方式(SERVICE)

　　进入主菜单后,再用↑、↓键可将光标移到子菜单条目上,按"ENTER"键即可进入对应的子菜单。由子菜单再进入各种操作(或显示)屏幕,也是通过按动↑、↓键移动光标选择对应条目,再按"ENTER"键确定选择进入。在运行屏幕状态下,按↓键可跳过主菜单,直接进入最后一次显示的子菜单屏幕。

　　(1)量程(RANGE)子菜单

　　在量程子菜单下,可以选择不同的仪器量程方式、浓度单位以及预设的 NO、NO$_2$、NO$_x$ 量程,也可以选择用户自行定义量程范围。从主菜单中按↑、↓键,把光标移到 Range 条目上,按"ENTER"键,则进入量程子菜单;如按"MENU"键,将返回主菜单;如按"RUN"键,,可返回运行屏幕。

　　在量程子菜单的屏幕右上角,显示 SINGLE、DUAL 或 AUTO 等字样,以指示仪器当前所选择的量程方式。量程菜单在双量程(DUAL)和自动量程(AUTO)方式时,所显示的内容相同,只是在右上角所显示的字样不同而已。屏幕第 2 行显示当前浓度单位,第 3 行起显示当前仪器的量程,最后 1 行为用户定义量程条目。可以由这些条目进入相应的气体浓度单位设置屏幕、标准量程选择屏幕和用户自定义量程屏幕。

　　在量程子菜单中用↑、↓键,将光标移到气体浓度单位(GAS UNITS)条目上,按"ENTER"键进入气体浓度单位设置屏幕。气体浓度单位设置为 ppb。

　　NO、NO$_2$、NO$_x$ 的量程决定仪器的模拟输出的浓度范围。例如 0~50 ppb 的 NO、NO$_2$、NO$_x$ 量程是指仪器的模拟输出 0~10V 电压信号分别对应 0 到 50ppb 的 NO、NO$_2$、NO$_x$ 浓度。在量程子菜单中按↑、↓键将光标移到量程(RANGE)条目上,按"ENTER"键可进入标准量程设置屏幕。该屏幕上,第一行显示当前的用户自定义量程,第二行显示要设置的量程。在用户量程的设置屏幕,用→、←键可左右移动光标到合适的数字位上,再用↑、↓键增加或减小每位数字,最后按"ENTER"键确认所修改的用户自定义量程;按"MENU"键返回用户自定义量程设置屏幕;按"RUN"键返回运行屏幕。

　　(2)平均时间(AVERAGE TIME)子菜单

　　平均时间是指用户设置的一个时间(10~300s)周期。前面板上显示的测量浓度以及模拟输出信号每隔一定的时间更新一次,但该显示浓度和模拟输出所对应的浓度值,并不是仪器的瞬间测量值,而是该次更新时刻前一个平均时间周期内的平均值。例如 60s 的平均时间意味着,仪器显示(输出)的每次变化都是此之前 60s 内的测量平均值。因此,平均时间越短,仪器的显示和模拟输出对浓度变化的响应越快;平均时间越长,则输出数据的变化越平滑。

　　从主菜单中按↑、↓键,把光标移到平均时间(AVERAGING TIME)条目上,按"ENTER"键,则进入平均时间设置屏幕。可供选择的标准平均时间有 10s,20s,30s,60s,90s,120s,180s,240s 和 300s 等几种。在平均时间设置屏幕上,用<、(键选择平均时间,按"ENTER"键确认所选值;按"MENU"键以返回主菜单;按"RUN"键以返回运行屏幕。

　　(3)校准因数(CALIBRATION FACTORS)子菜单

　　校准因数包括零点校准值和斜率系数,是在自动校准和手动校准过程中确定的,仪器根据测量信号和校准因数计算 NO、NO$_2$、NO$_x$ 的大气浓度。

　　从主菜单中按↑、↓键,把光标移到校准因数(CALIBRATION FACTORS)条目上,按"ENTER"键,则进入校准因数子菜单;如按"MENU"键,将返回主菜单;如按"RUN"键,可返回运行屏幕。校准因数子菜单显示保存在仪器内的零点校准值和斜率系数。

1)零点校准设置屏幕。由于电路上的偏移、光电倍增管的暗电流和化学荧光反应中干扰物质的影响等,仪器在测量不含有 NO 和 NO_x 的"零气"时也会给出一定的仪器响应,这个响应信号就是仪器的零点值。零点校准值就是为了修正仪器的零点偏移的仪器参数,该参数一般可根据在零点校准过程中自动生成,或者根据零气检查(即给仪器通入零气达到稳定)的结果进行人工设置。42CTL 的仪器零点有 4 个,即 NO、NO_x、NO_2、预反应器(PREREACTOR)的零点校准值。NO、NO_x 的零点校准值分别对应仪器测量 NO、NO_x 时的仪器订正参数。NO_2 的零点校准值是根据 NO 和 NO_x 的零点校准值计算而得出的,不能调整,通常 NO_2 的零点校准值小于 1.5ppb。预反应器的零点校准值是为了订正样品气通过预反应器时的仪器动态零点的仪器参数。

在校准因数子菜单中,用 ↑、↓ 键上下移动光标至 NO、NO_x、预反应器(PREREACTOR)的零点校准值(NO BKG PPB、NO_x BKG PPB、PRE BKG PPB)条目上,按"ENTER"键,则进入选中的零点校准值设置屏幕。NO、NO_x、预反应器的零点校准值设置屏幕和操作均类似。

为了对仪器的零点校准值进行调整,先给仪器通入零气直到其测量读数(即零点值)稳定,即进行"零点检查"。应首先对 NO 的零点校准值进行调整,然后再调整 NO_x 的零点校准值。当通入零气后,屏幕显示的第一行的 NO 当前读数就是仪器的零点值,应根据零点值的大小,用 ↑、↓ 键增或减 NO 或 NO_x 的零点校准值,按"ENTER"键以确认对零点校准值所做的调整。零点校准值的调整,应使新的零点值接近于零,或为一个合适大小的正值,以避免仪器测量或计算得到的浓度值因仪器波动出现负值。零点校准值以仪器当前的气体浓度单位为单位。完成了 NO、NO_x 零点校准值的调整之后,或按"MENU"键以返回校准因数子菜单;或按"RUN"键,返回运行屏幕。

2)NO 的零点校准值设置实例。假设 42CTL 在测量零气时显示的 NO 读数(零点值)为 4.4ppb,仪器的 NO 零点校准值是 0.0 ppb。这时仪器没有进行零点校准,4.4ppb 的这个读数即代表着电路上的零点偏移、光电倍增管的暗电流和其他物质的光化学反应所带来的影响。此时就需要把零点校准值增加到 4.4ppb,以使仪器的 NO 零点值读数为 0ppb。

具体的调整方法为:用 ↑ 键将屏幕上显示的 NO 零点校准值调到 4.4ppb,当 NO 零点校准值增加时,屏幕上显示的 NO 的浓度读数减小,然而,按 ↑、↓ 键不影响当前的模拟输出信号和已经存储的(0.0ppb)NO 零点校准值。

跟在 NO 浓度读数和 NO 零点校准值后面的问号表示,这些更改值只是暂时的显示在屏幕上,而没有真正更改零点校准值的设置。如果用户想跳出此屏幕显示而不做任何实际修改,则只需按"MENU"键返回校准因数子菜单屏幕,或按"RUN"键返回运行屏幕。如果此时按了"ENTER"键,则仪器就会做真正的改动。也就是将 NO 的浓度读数调整为 0ppb,并将 4.4ppb 的零点校准值存储起来。这时,NO 零点校准值旁的问号也将消失。

3)NO、NO_2、NO_x 的斜率系数设置屏幕。由于仪器电路上的偏移、光电倍增管光电效率的变化、管路等综合作用,仪器的测量电信号值与大气 NO、NO_2、NO_x 浓度的线性关系会有所变化,发生系统性的偏离。因此,在测量过程中需要用斜率系数来修正仪器测量值,得到正确的浓度测量结果。仪器在出厂时,其斜率系数是被调整到 1.000 的,在实际使用中,斜率系数会略偏离 1.000,但是幅度一般不会很大。NO 和 NO_x 的斜率系数通常在 1.000 附近,NO_2 的斜率系数通常在 0.960~1.050 之间。斜率系数可根据在单点校准过程中自动生成,也可根据多点校准(即通入多个已知浓度的标准气体进行检查和计算)或者跨点检查(即给仪器通入某个浓度的标准气体达到稳定)的结果进行人工设置。

在校准因数子菜单中,用 ↑、↓ 键上下移动光标至 NO、NO_2、NO_x 的斜率系数(NOCOEF、NO_2COEF、NO_xCOEF)条目上,按"ENTER"键,则进入相应的斜率系数设置屏幕。NO、NO_2、NO_x 的斜率系数设置屏幕和操作均类似。以 NO 的斜率系数设置为例,屏幕显示的第一行为当前 NO 浓度的读数,第二行显示的是 NO 斜率系数的原来的设置值。用户可用斜率系数设置屏幕来对斜率系数进行人工修改,用 ↑、↓ 键可以增加或减少 NO(NO_2 或 NO_x)的斜率系数,再按"ENTER"键就可以将这个修改值保存在仪器设置中。注意,在操作屏幕对仪器的斜率系数进行调整的同时,第一行显示的当前浓度值也随之改变。然而,如果未按"ENTER"键,则斜率系数不会真正改变。只有当按了"ENTER"键,表示暂时变化的问号消失后,调整后的斜率系数才会被真正地存储起来。完成了斜率系数的调整之后,按"MENU"键可返回校准因数子菜单;按"RUN"键,返回运行屏幕。

(4)校准(CALIBRATION)子菜单

校准子菜单用来执行零点校准和单点校准,即仪器根据对零气和标准气的测量结果,调整仪器的零点校准值和斜率系数。校准子菜单对单、双和自动量程三种方式而言都是相同的。双量程方式时校准子菜单中有两个 NO、NO$_2$、NO$_x$ 的斜率系数(高和低),仪器可对每个量程分别进行校准。这在两个量程相差较大的情况下是很有必要的,例如两个量程分别为 5ppb 和 200ppb。

从主菜单中按↑、↓键,把光标移到校准(CALIBRATION)条目上,按"ENTER"键,则进入校准子菜单;如按"MENU"键,将返回主菜单;如按"RUN"键,可返回运行屏幕。

1)零点校准(CALIBRATE ZERO)屏幕。在校准子菜单的屏幕上用↑、↓键,把光标移到零点校准(CALIBRAGE ZERO)条目上,按"ENTER"键,进入零点校准屏幕。在零点校准屏幕上,第一、二行显示的是仪器测量得到 NO、NO$_x$ 和预反应器的当前浓度值。当给仪器通入零气 10min 以上时,仪器的 NO、NO$_x$ 和预反应器的当前浓度值基本达到稳定,这时屏幕上第一行显示的即是仪器的零点值。此时,如按下"ENTER"键,仪器根据当时的零点测量值自动调整仪器的零点校准值,使得屏幕显示的 NO、NO$_x$ 和和预反应器浓度测量值读数为零。完成零点校准后,按"MENU"键可返回校准子菜单;按"RUN"键可返回运行屏幕。

2)单点校准(CALIBRATE NO、NO$_2$、NO$_x$)屏幕。在校准子菜单的屏幕上用↑、↓键,把光标移到 NO、NO$_2$、NO$_x$ 校准(CALIBRATE NO、NO$_2$、NO$_x$)条目上,按"ENTER"键,则进入单点校准屏幕;如按"MENU"键,将返回校准子菜单;如按"RUN"键,可返回运行屏幕。NO、NO$_2$、NO$_x$ 的单点校准屏幕的显示和操作均类似。以 NO 的单点校准为例,在单点校准屏幕上,第一行显示的是仪器测量得到的 NO 当前浓度值,第二行显示的是仪器量程,第三行是标准值输入行。给仪器通入已知浓度的标准气 10min 以上,屏幕上第一行显示的浓度值应该稳定在标准气浓度值附近。如果第一行显示的 NO 浓度值与标准气浓度值偏差较大,则需要调整仪器的斜率系数,即进行单点校准。其方法是:应用←、→键向左和向右移动光标,再用↑、↓键增加或减少第三行的每位数字,输入标准气的浓度值,然后按"ENTER"键,仪器根据输入的标准浓度值调整仪器的斜率系数,使得屏幕显示的 NO 浓度测量值与输入的标准气浓度值相等。完成单点校准后,按"MENU"键可返回校准子菜单;按"RUN"键可返回运行屏幕。

(5)仪器控制(INSTRUMENT CONTROLS)子菜单

仪器控制子菜单包括仪器运行模式和参数的设置屏幕,供操作者对这些运行模式和参数进行修改和调整。在主菜单中按↑、↓键,把光标移到仪器控制(INSTRUMENT CONTROLS)条目上,按"ENTER"键,则进入仪器控制子菜单;如按"MENU"键,返回主菜单;如按"RUN"键,可返回运行屏幕。仪器控制子菜单的屏幕显示如下。

INSTRUMENT　CONTROLS:

OZONATOR

PMT SUPPLY

AUTO/MANUAL MODE

TEMP CORRECTION

PRESSURE CORRECTION

BAUD RATE

INSTRUMENT ID

SCREEN　BRIGHTNESS

SERVICE　MODE

TIME

DATE

1)臭氧发生器(OZONATOR)设置屏幕

臭氧发生器设置屏幕用于打开或关上仪器内的臭氧发生器。在仪器控制子菜单中选臭氧发生器(OZONATOR),按"ENTER"键,则进入臭氧发生器设置屏幕。屏幕的第一行是臭氧发生器的现在状态,它指示着当前臭氧发生器是开(ON)还是关(OFF)。第二行显示的是用户所设置的臭氧发生器的控制状态。在臭氧发生器设置屏幕上,按动"ENTER"键可交替地选择打开或关闭臭氧发生器。之后,按"MENU"键可返回仪器控制子菜单;按"RUN"键可返回运行屏。

在大多数情况下,在臭氧发生器设置屏幕第一行显示的状态就是臭氧发生器的实际状态。然而,在臭氧发生器的流量降至低于报警下限时,为了保证仪器安全,防止臭氧发生器过热,不论臭氧发生器的设置如何,系统都会自动将臭氧发生器关掉。因为流量过低,会导致臭氧发生器过热并造成其永久性损坏。在这种情况下,仪器会发出报警指示。尽管可以将臭氧发生器的报警下限设为0LPM,这时报警指示就不起作用,但是为了保护仪器,臭氧发生器流量的报警下限应至少设置为0.05L/min(即流量低于0.05L/min时就报警)。仪器正常监测时,臭氧发生器必须打开,这样才能有NO、NO_x和NO_2的读数。作为一个附加的安全措施,臭氧发生器电路板上装了一个LED发光管,在臭氧发生器开启时,LED灯亮。

2)光电倍增管电源(PMT SUPPLY)屏幕

光电倍增管电源屏幕用于开关光电倍增管的电源,这在进行故障诊断时是很有用的。从主菜单中选仪器控制(INSTRUMENT CONTROLS),从仪器控制子菜单中选光电倍增管电源(PMT SUPPLY),按"ENTER"键,则进入光电倍增管电源屏幕。在光电倍增管电源屏幕上,按动"ENTER"键可切换开启(ON)或关闭(OFF)光电倍增管电源。之后,按"MENU"键可返回仪器控制子菜单,按"RUN"键可返回运行屏幕。

3)自动/手动方式(AUTO/MANUAL MODE)选择屏幕

自动/手动方式选择屏幕可让用户选择仪器在自动方式(自动地交替测量NO和NO_x)或者手动方式(单独的NO测量或单独的NO_x测量)下工作。在自动方式中仪器自动地以10s为周期切换钼转化器的电磁阀,因此仪器可交替测量NO和NO_x的浓度,再由两个浓度的差值得到NO_2浓度值,于是同时得到NO、NO_2、NO_x的浓度。在手动NO测量方式中,控制钼转化器回路的电磁阀总是处在常开的位置,因此样品气不经过钼转化器,所以仪器只能测量NO的浓度。在手动NO_x测量方式中,控制钼转化器回路的电磁阀处于常关状态,使样品气流持续通过钼转化器,因此这时仪器只测量NO_x浓度。当仪器在2种手动方式下测量时,可以选用1s、2s和5s的平均时间,该平均时间可在平均时间屏幕(AVERAGING TIME)中设置。从仪器控制子菜单中选自动/手动方式(AUTO/MANUAL MODE)条目,按"ENTER"键。

在自动/手动方式选择屏幕上,用↑、↓键选择自动(NO/NO_x)、手动NO、手动NO_x以及MANUAL PRE的测量方式,按"ENTER"键确认所选择的测量方式。之后,按"MENU"键可返回仪器控制子菜单,按"RUN"键可返回运行屏幕。

4)温度订正(TEMP CORRECTION)屏幕

温度订正是为了补偿仪器测量光池内温度变化给测量结果带来的影响。从仪器控制菜单中按↑、↓键,把光标移到温度订正(TEMP CORRECTION)条目上,按"ENTER"键确认选择,进入温度订正屏幕。温度订正屏幕提供订正功能开启(ON)选择。当温度订正功能开启时,屏幕的第一行显示当前仪器的机箱内温度(该温度是由装在仪器主板上的温度传感器测出的)。当温度订正功能关闭时,屏幕的第一行显示工厂设置的标准温度值30℃。在温度订正屏幕上,按"ENTER"键可切换打开(TURN ON)和关闭(TURN OFF)温度订正功能;按"MENU"键可返回仪器控制子菜单;按RUN可返回运行屏幕。

5)气压订正(PRESSURE CORRECTION)屏幕

气压订正用于补偿测量光池内气压变化对输出信号造成的影响。从仪器控制菜单中按↑、↓键,把光标移到气压订正(PRESSURE CORRECTION)条目上,按"ENTER"键确认选择,进入气压订正屏幕。当气压订正功能开启时,屏幕第一行显示当前荧光反应室内的气压;当气压订正功能关闭时,第一行则显示工厂设置的标准气压 200mmHg。在气压订正屏幕上，按"ENTER"键可切换打开（TURN ON）和关闭（TURN OFF）气压订正功能；按"MENU"键可返回仪器控制子菜单；按"RUN"键可返回运行屏幕。

6）波特率（BAUD RATE）屏幕

波特率菜单用于设置仪器的通信频率。从仪器控制子菜单中按↑、↓键，把光标移到波特率（BAUD RATE）条目上，按"ENTER"键确认选择，进入波特率屏幕。在波特率屏幕上用↑、↓键选择所需要的波特率，按"ENTER"键确认选择；按"MENU"键可返回仪器控制子菜单；按"RUN"键可返回运行屏幕。

7）仪器标识码（INSTRUMENT ID）屏幕

仪器标识码屏幕用来设置仪器的可识别代码。从仪器控制子菜单中按↑、↓键，把光标移到仪器标识码（INSTRUMENT ID）条目上，按"ENTER"键确认选择，进入仪器标识码屏幕。在仪器标识码屏幕上，用↑、↓键修改仪器的标识码，按"ENTER"键确认选择；按"MENU"键可返回仪器控制子菜单；按"RUN"键可返回运行屏幕。

8）屏幕亮度（SCREEN　BRIGHTNESS）屏幕

屏幕亮度屏幕用于改变屏幕的亮度，依次有 25%、50%、75%和 100%几个等级，平时将屏幕的亮度调得比较小有助于延长屏幕的使用寿命。从仪器控制子菜单中按↑、↓键，把光标移到屏幕亮度（SCREEN　BRIGHTNESS）条目上，按"ENTER"键确认选择，进入屏幕亮度屏幕。在屏幕亮度屏幕上，用↑、↓键增加或减少屏幕的亮度，按"ENTER"键确认选择；按"MENU"键可返回仪器控制子菜单；按"RUN"键可返回运行屏幕。

9）维修开关（SERVICE）屏幕

维修开关屏幕用于将维修方式开启和关闭。维修方式开启时，可以提供一些仪器检查和调整功能，以便操作者对 42CTL 进行调整和故障诊断。从仪器控制菜单中按↑、↓键，把光标移到维修开关（SERVICE）条目上，按"ENTER"键，进入维修开关屏幕。在维修开关屏幕上，按"ENTER"键切换维修方式的开启（ON）和关闭（OFF）；按"MENU"键可返回仪器控制子菜单；按"RUN"键可返回运行屏幕。

10）时间（TIME）调整屏幕

时间调整屏幕可对仪器内部的时钟进行设置。从仪器控制子菜单中按↑、↓键，把光标移到时间（TIME）条目上，按"ENTER"键确认选择，进入时间调整屏幕。屏幕上第一行显示当前时间，第二行显示更改时间，仪器在关机时，内部时钟由其自己的电池供电。在时间屏幕上按←、→键可增/减小时和分钟值；按↑、↓键可左、右移动光标，按"ENTER"键确认更改。之后，按"MENU"键则返回仪器控制子菜单；按"RUN"键则返回运行屏幕。

11）日期（DATE）调整屏幕

日期调整屏幕可对日期参数进行设置。从仪器控制子菜单中按↑、↓键，把光标移到日期（DATE）条目上，按"ENTER"键确认选择，进入日期调整屏幕。在日期调整屏幕上，用↑、↓键增或减月、日和年的数值；按←、→键以左、右移动光标，按"ENTER"键以确认更改；按"MENU"键可返回仪器控制子菜单；按"RUN"键可返回运行屏幕。

（6）诊断（DIAGNOSTICS）子菜单

诊断子菜单为用户提供各种仪器的诊断信息。从主菜单中按<、(键，把光标移到诊断（DIAGNOSTICS）条目上，按"ENTER"键，则进入诊断子菜单；如按"MENU"键，将返回主菜单；如按"RUN"键，可返回运行屏幕。诊断子菜单的屏幕显示如下。

DIAGNOSTICS：
>PROGRAM NUMBER
VOLTAGES
TEMPERATURES
PRESSURE

FLOW

TEST ANALOG OUTPUTS

OPTION SWITCHS

1)程序号(PROGRAM NUMBER)屏幕

程序号屏幕用来显示仪器所装程序的版本号。如果用户对仪器有什么疑问,在与生产厂家联系之前先查看一下程序的版本号。在诊断子菜单中按<、(键,把光标移到程序号(PROGRAM NUMBER)条目上,按"ENTER"键则进入程序号屏幕。

2)电压(VOLTAGES)检查屏幕

电压检查屏幕显示直流电源的电压和光电倍增管的电压。该屏幕显示可帮助用户对电源板的输出电压低或电压波动等故障做快速检查,而无需用电压表进行测量。在诊断子菜单中按↑、↓键,把光标移到电压(VOLTAGES)条目上,按"ENTER"键则进入电压检查屏幕。

3)温度(TEMPERATURE)检查屏幕

温度检查屏幕显示机箱内温度、荧光反应室温度、钼转化器温度和光电倍增管的冷却器温度。在诊断子菜单中按↑、↓键,把光标移到温度(TEMPERATURE)条目上,按"ENTER"键则进入温度检查屏幕。温度检查屏幕显示:INTERNAL 表示机箱内温度,CHAMBER 表示荧光反应室温度。COOLER表示光电倍增管的冷却器温度,CONVERTER 表示钼转化器的当前温度,CONV SET 表示钼转化器的设置温度。

4)气压(PRESSURE)检查屏幕

气压检查屏幕显示荧光反应室的气压。气压由装在荧光反应室管线中的压力传感器测出。在诊断子菜单中按↑、↓键,把光标移到气压(PRESSURE)条目上,按"ENTER"键则进入气压检查屏幕。

5)流量(FLOW)检查屏幕

流量检查屏幕显示样品气的流量和臭氧发生器的流量状态。流量由装在机内的流量传感器测出。在诊断子菜单中按↑、↓键,把光标移到流量(FLOW)条目上,按"ENTER"键则进入流量检查屏幕。在流量检查屏幕中,SAMPLE 表示样品气流量,OZONATOR 表示臭氧发生器的流量状态。

6)模拟输出测试(TEST ANALOG OUTPUTS)屏幕

在诊断子菜单中按↑、↓键,把光标移到模拟输出测试(TEST ANALOG OUTPUTS)条目上,按"ENTER"键可进入模拟输出测试屏幕。模拟输出测试屏幕包括三种选择:零输出电平测试(ZERO)、满度输出电平测试(FULL SCALE)和对整个量程内模拟输出进行测试的动态电平测试(RAMP)。

①零输出(ZERO)电平测试屏幕。在模拟输出测试屏幕上,用↑、↓键上下移动光标至零输出电平测试(ZERO)条目上,按"ENTER"键进入零输出电平测试屏幕。在零输出电平测试屏幕上,用↑、↓键可升高或降低仪器的输出电平,然后按"ENTER"键确认对零输出电平的设置,并返回模拟输出测试屏幕。例如,若要将输出电平调整到满度(量程)的 5%,则可按↑键使数字由 0.0% 增加到 5.0%,输出的模拟电压信号即由 0.0V 升为 0.5 V(10V 的 5%)。此时,按"MENU"键可以返回诊断子菜单,按"RUN"键返回运行屏幕,即结束零电平信号的输出。

②满度输出(FULL SCALE)电平测试屏幕。在模拟输出测试屏幕上,用↑、↓键上下移动光标至满度输出电平测试(FULL SCALE)条目上,按"ENTER"键,即进入满度输出电平测试屏幕。在满度输出电平测试屏幕上,用↑、↓键可升高或降低仪器的输出电平,然后按"ENTER"键确认对满度输出电平的设置,并返回模拟输出测试屏幕。例如,若要将输出电平调整到满度(量程)的 95%,则用(键将数值100.0% 减小到 95.0%,则输出的模拟电压信号会由 10.0 V 降为 9.5 V(10V 的 95%)。此时,在模拟输出测试屏幕,按"MENU"键可以返回诊断子菜单,按"RUN"键返回运行屏幕,即结束满度电平信号的输出。

③动态电平输出测试(RAMP)屏幕。在模拟输出测试屏幕上,用↑、↓键上下移动光标至动态电平输出测试(RAMP)条目上,按"ENTER"键即可进入动态电平输出测试屏幕。动态电平输出测试用于检测全量程内电平信号输出的线性。输出电平从 -2.3% 开始,每秒钟增加 0.1%,一直增加到 100.0%。

电平输出是否线性可以反映出模拟输出电路工作是否正常。此时,在模拟输出测试屏幕上,按"MENU"键返回诊断菜单;按"RUN"键返回运行屏幕,即结束测试电平信号的输出。在 REMOTE 模式下,模拟输出测试功能不能执行。

7)选项开关(OPTION SWITCHS)屏幕

选项开关屏幕使用户能看到机内选项开关的设置,但是用操作键不能改变选项开关的设置。在诊断子菜单上,用↑、↓键上下移动光标至选项开关(OPTION SWITCHS)条目上,按"ENTER"键进入选项开关屏幕。

(7)报警(ALARM)子菜单

42CTL 能够对仪器的一系列运行状态参数进行监测,当这些参数超出设置的正常范围时,仪器的运行屏幕和主菜单屏幕上就出现报警提示(ALARM)。报警子菜单可以让操作人员查看出现报警的参数,并在维修方式打开时,设置各参数报警的上下限。从主菜单中按↑、↓键,把光标移到报警(ALARM)条目上,按"ENTER"键,则进入报警子菜单。之后,按"MENU"键,将返回主菜单;如按"RUN"键,可返回运行屏幕。报警子菜单的屏幕如下所示。

```
ALARMS   DETECTED:      0
INTERNAL   TEMP        OK
CHAMBER   TEMP         OK
COOLER   TEMP          OK
CONV. TEMP             OK
PRESSURE              OK
SAMPLE FLOW           OK
OZONATER FLOW         OK
NO   CONC             OK
NO₂   CONC            OK
NOₓ   CONC            OK
Pre  CONC            OK
```

报警子菜单的第一行显示出现报警参数的个数,从第二行开始显示由分析仪所监测的运行参数和对应的状态指示。如果某项运行参数超出了报警上限或下限,该参数的状态指示就会从 OK 变为 HLGH 或 LOW。如果要看某个参数的当前数值和报警上下限,可将光标移到该项上,然后按"ENTER"键,进入各参数的报警检查屏幕。

1)机箱内温度(INTERNAL TEMP)报警检查屏幕

机箱内温度报警检查屏幕显示机箱内的当前温度和工厂设置的报警上下限。在报警子菜单上,用↑、↓键上下移动光标至机箱内温度(BENCH TEMP)条目上,按"ENTER"键进入机箱内温度报警检查屏幕。

机箱内温度报警上(下)限设置屏幕。当仪器处在维修方式打开时,可对报警上下限进行修改,可接受的报警上下限范围为 8～47℃。移动光标到报警上限(MAX)或报警下限(MIN)的条目上,按"ENTER"键,即可进入机箱内温度报警上限或下限的设置屏幕,对设置机箱内温度上限和下限屏幕的操作相同。在机箱内温度报警上(下)限设置屏幕上,用↑、↓键增加或减少数值,按"ENTER"键接受修改值;之后,按"MENU"键可返回机箱内温度报警检查屏幕,按"RUN"键可返回运行屏幕。

2)荧光反应室温度(CHAMBER TEMP)报警检查屏幕

荧光反应室温度报警检查屏幕显示荧光反应室的当前温度和工厂设置的报警上(下)限值。在报警子菜单上用↑、↓键上下移动光标至荧光反应室温度(CHAMBER TEMP)条目上,按"ENTER"键进入荧光反应室温度报警检查屏幕。

荧光反应室报警上(下)限设置屏幕。当仪器处在维修方式时,可对荧光反应室温度报警上(下)限值进行修改。可接受的报警上(下)限范围为 47～51℃。移动光标到报警上限(MAX)或报警下限

(MIN)的条目上,按"ENTER"键,即可进入荧光反应室温度报警上限(或下限)的设置屏幕,荧光反应室温度报警上限和下限的设置屏幕的操作相同。在荧光反应室温度报警上(下)限设置屏幕上用↑、↓键增加或减少数值,按"ENTER"键接受修改值;之后,按"MENU"键可返回荧光反应室温度报警检查屏幕,按"RUN"键可返回运行屏幕。

3)光电倍增管冷却器温度(COOLER TEMP)报警检查屏幕

光电倍增管的冷却器温度报警检查屏幕显示当前光电倍增管的冷却器温度和工厂设置的报警上(下)限值。在报警子菜单上,用↑、↓键上下移动光标至光电倍增管的冷却器温度(COOLER TEMP)条目上,按"ENTER"键进入光电倍增管冷却器温度报警检查屏幕。

光电倍增管冷却器温度报警上(下)限设置屏幕。当仪器处在维修方式时,可对光电倍增管冷却器温度报警上下限值进行修改。可接受的报警上下限范围为−25～−1℃。移动光标到报警上限(MAX)或报警下限(MIN)的条目上,按"ENTER"键,即可进入光电倍增管冷却器温度报警上限(或下限)的设置屏幕,光电倍增管冷却器温度报警上限和下限的设置屏幕的操作相同。在光电倍增管冷却器温度报警上(下)限设置屏幕上用↑、↓键增加或减少数值,按"ENTER"键接受修改值;之后,按"MENU"键可返回光电倍增管冷却器温度报警检查屏幕,按"RUN"键可返回运行屏幕。

4)钼转化器温度(CONV TEMP)报警检查屏幕

钼转化器温度报警检查屏幕显示钼转化器的当前温度和工厂设置的报警上(下)限值。在报警子菜单上用↑、↓键上下移动光标至钼转化器温度(CONV TEMP)条目上,按"ENTER"键进入钼转化器温度报警检查屏幕。

钼转化器温度报警上(下)限设置屏幕。当仪器处在维修方式时,可对钼转化器温度报警上(下)限值进行修改。可接受的报警上(下)限范围为300～375℃。移动光标到报警上限(MAX)或报警下限(MIN)的条目上,按"ENTER"键,即可进入钼转化器温度报警上限(或下限)的设置屏幕,钼转化器温度报警上限和下限的设置屏幕的操作相同。在钼转化器温度报警上(下)限设置屏幕上用↑、↓键增加或减少数值,按"ENTER"键接受修改值;之后,按"MENU"键可返回钼转化器温度报警检查屏幕,按"RUN"键可返回运行屏幕。

5)气压(PRESSURE)报警检查屏幕

气压报警检查屏幕显示测量光池的当前气压和工厂设置的报警上(下)限值。在报警子菜单上,用↑、↓键上下移动光标至气压(PRESSURE)条目上,按"ENTER"键进入气压报警检查屏幕。

气压报警上(下)限设置屏幕。当仪器处在维修方式时,可对气压报警上(下)限值进行修改。可接受的报警上(下)限范围为200～450mmHg。移动光标到报警上限(MAX)或报警下限(MIN)的条目上,按"ENTER"键,即可进入气压报警上限(或下限)的设置屏幕,气压报警上限和下限的设置屏幕的操作相同。在气压报警上(下)限设置屏幕上,用↑、↓键增加或减少数值,按"ENTER"键接受修改值;之后,按"MENU"键可返回气压报警检查屏幕,按"RUN"键可返回运行屏幕。

6)采样流量(SAMPLE FLOW)报警检查屏幕

采样流量报警检查屏幕显示当前的采样流量和工厂设置的报警上(下)限值。在报警子菜单上用↑、↓键上下移动光标至采样流量(SAMPLE FLOW)条目上,按"ENTER"键进入采样流量报警检查屏幕。

采样流量报警上(下)限设置屏幕。当仪器处在维修方式时,可对采样流量报警上(下)限值进行修改。可接受的报警上(下)限范围为0.0～2.0L/min。移动光标到报警上限(MAX)或报警下限(MIN)的条目上,按"ENTER"键,即可进入采样流量报警上限(或下限)的设置屏幕,采样流量报警上限和下限的设置屏幕的操作相同。在采样流量报警上(下)限设置屏幕上,用↑、↓键增加或减少数值,按"ENTER"键接受修改值;之后,按"MENU"键可返回采样流量报警检查屏幕,按"RUN"键可返回运行屏幕。

7)臭氧发生器流量(OZONATOR FLOW)报警检查屏幕

臭氧发生器流量报警检查屏幕显示当前的臭氧发生器流量。在报警子菜单上用↑、↓键上下移动光标至臭氧发生器流量(OZONATOR　FLOW)条目上,按"ENTER"键进入臭氧发生器流量报警检查屏幕。

　　臭氧发生器流量报警上(下)限设置屏幕。当仪器处在维修方式时,可对臭氧发生器流量报警上(下)限值进行修改。可接受的报警上(下)限范围为 0.0~0.1 L/min。移动光标到报警上限(MAX)或报警下限(MIN)的条目上,按"ENTER"键,即可进入臭氧发生器流量报警上限(或下限)的设置屏幕,臭氧发生器流量报警上限和下限的设置屏幕的操作相同。在臭氧发生器流量报警上(下)限设置屏幕上,用↑、↓键增加或减少数值,按"ENTER"键接受修改值;之后,按"MENU"键可返回臭氧发生器流量报警检查屏幕,按"RUN"键可返回运行屏幕。

　　8)NO、NO_2 和 NO_x 浓度报警检查屏幕

　　NO、NO_2 和 NO_x 浓度报警检查屏幕分别显示当前的 NO、NO_2 和 NO_x 浓度和各自的工厂设置报警上(下)限值。在报警子菜单上用↑、↓键上下移动光标至 NO、NO_2 和 NO_x 浓度(NOCONC、NO_2CONC 和 NO_x CONC)条目上,按"ENTER"键进入对应的 NO(NO_2 和 NO_x 浓度)报警检查屏幕。NO、NO_2 和 NO_x 浓度报警检查屏幕基本类似,有关操作也相同。

　　NO、NO_2 和 NO_x 浓度报警上(下)限设置屏幕。当仪器处在维修方式时,可分别对 NO、NO_2 和 NO_x 浓度报警上(下)限值进行修改。可接受的报警上(下)限范围为 0.0~200ppb。移动光标到报警上限(MAX)或报警下限(MIN)的条目上,按"ENTER"键,即可进入 NO、NO_2 和 NO_x 浓度报警上限(或下限)的设置屏幕,报警上限和下限的设置屏幕的操作相同。在 NO 浓度报警上(下)限设置屏幕上,用↑、↓键增加或减少数值,按"ENTER"键接受修改值;之后,按"MENU"键可返回 NO 浓度报警检查屏幕,按"RUN"键可返回运行屏幕。

　　9)预反应器动态零点值(PRE CONC)报警检查屏幕

　　预反应器动态零点值报警检查屏幕分别显示当前的预反应器测量状态的动态零点值及其工厂设置的报警上(下)限值。在报警子菜单上用↑、↓键上下移动光标至预反应器动态零点值(PRE CONC)条目上,按"ENTER"键进入预反应器动态零点值报警检查屏幕。

　　预反应器动态零点值报警上(下)限设置屏幕。当仪器处在维修方式时,可分别对预反应器动态零点值报警上(下)限值进行修改。可接受的报警上(下)限范围为 0.0~200ppb。移动光标到报警上限(MAX)或报警下限(MIN)的条目上,按"ENTER"键,即可进入预反应器动态零点值报警上限(或下限)的设置屏幕,报警上限和下限的设置屏幕的操作相同。在预反应器动态零点值报警上(下)限设置屏幕上,用↑、↓键增加或减少数值,按"ENTER"键接受修改值;之后,按"MENU"键可返回预反应器动态零点值报警检查屏幕,按"RUN"键可返回运行屏幕。

　　(8)维修(SERVICE)子菜单

　　当仪器处在维修方式时,主菜单中即增加一个维修子菜单。维修子菜单中包括一些与诊断子菜单中相同的项目内容。然而,有些项目像 PMT 电源电压、钼转化器设置温度、压力、采样流量和臭氧发生器流量等参数在维修子菜单的屏幕中每 1s 更新一次,而在诊断子菜单下则是每 10s 更新一次。更新的速度越快,其读数显示对在做调整时的响应速度也越快。此外,维修子菜单中还包括了一些改进了的诊断功能。

　　从主菜单中,按↑、↓键把光标移到维修(SERVICE)条目上,按"ENTER"键进入维修子菜单。之后,按"MENU"键返回主菜单;按"RUN"键返回运行屏幕。维修子菜单的屏幕如下所示。

SERVICE　MODE:

PMT　SUPPLY

CONV SET TEMP

PRESSURE

SAMPLE FLOW

OZONATOR FLOW

ZERO　FREQUENCY

A/D　FREQUENCY

SET　TEST　DISPLAY

1）光电倍增管电源电压(PMT SUPPLY)屏幕

光电倍增管电源电压屏幕显示光电倍增管的电源电压,其读数每 1s 更新一次,该屏幕在调整光电倍增管电压时使用。在维修子菜单中,用↑、↓键移动光标到光电倍增管电源电压(PMT SUPPLY)条目上,按"ENTER"键即进入光电倍增管电源电压屏幕。

2）钼转化器设置温度 (CONV SET TEMP)屏幕

钼转化器设置温度屏幕显示所设置的钼转化器温度。钼转化器设置温度读数每 1s 更新一次。当调整温度控制电路板上的 R1 电阻时,可用该屏幕来监测转化炉的设置温度。在维修子菜单中,用↑、↓键移动光标到钼转化器设置温度(CONV SET TEMP)条目上,按"ENTER"键进入钼转化器设置温度屏幕。

3）气压 (PRESSURE)屏幕

气压屏幕显示荧光反应室的气压。荧光反应室气压值每 1s 更新一次,在调整压力传感器电位器时要用该屏幕进行监测。在维修子菜单中,用↑、↓键移动光标到气压 (PRESSURE)条目上,按"EN-TER"键进入气压屏幕。

4）采样流量(SAMPLE FLOW)屏幕

采样流量屏幕显示样品气的流量,读数每 1s 更新一次。在调整采样流量传感器电位器时要用该屏幕进行监测(靠近隔离板的电位器为调零电位器,远离隔离板的电位器为调跨电位器)。在维修子菜单中,用↑、↓键移动光标到采样流量(SAMPLE FLOW)条目,按"ENTER"键进入采样流量屏幕。

5）臭氧发生器流量(OZONATOR FLOW)屏幕

臭氧发生器流量屏幕显示臭氧发生器的干空气流量,读数每 1s 更新一次。在维修子菜单中,用↑、↓键移动光标到臭氧发生器流量(OZONATOR FLOW)条目上,按"ENTER"键进入臭氧发生器流量屏幕。

6）频率调零(ZERO FREQUENCIES)屏幕

频率调零屏幕仅在维修或更换输入电路板时使用,并必须由专业人员操作。Z1 和 Z2 频率屏幕用于将输入板产生的电学偏移调整到零。在维修子菜单中,用↑、↓键移动光标到频率调零(ZERO FRE-QUENCIES)条目上,按"ENTER"键进入频率调零屏幕。

Z1 和 Z2 频率屏幕是用来调整输入电路板的高增益和低增益的,以将其频率调到 3000 Hz 的基线值。这项工作仅在维修或更换输入板时才做,在做这项工作之前,一定要使仪器有足够的预热时间(15～30min)。进入 Z1 或 Z2 频率屏幕时光电倍增管会被关掉。所以当进行工作时模拟输出会受影响。首先进入 Z1 频率屏幕,调整输入电路板上的 Z2 直至显示屏上的读数为 3000Hz,然后,进入到 Z2 频率屏幕,调整输入电路板上的 Z1,使显示屏上的读数也达到 3000Hz。由于两个频率的调整会互相影响,所以上述调整需重复进行几次。

调出 Z1 和 Z2 频率屏幕的方法:从主菜单中选维修方式(SERVICE),从维修子菜单中选频率调零(ZERO FREQUENCIES),从频率调零屏幕中选 Z1 或 Z2 频率屏(Z1 or Z2 FREQUENCY)。在频率调零屏幕中,用↑、↓键移动光标到 Z1 频率(Z1 FREQUENCY)或 Z2 频率(Z2 FREQUENCY)条目上,按"ENTER"键进入相应的屏幕。

7）A/D 频率(A/D FREQUENCY)屏幕

A/D 频率屏幕显示 A/D 板上的每个模/数转换器的频率。A/D 板上共有 12 个模数转换器。每个 A/D 的频率范围为 0～100 000Hz。该频率范围对应 0～10VDC 的电压。A/D 转换器的分配见表 2-2。

在维修子菜单中,用↑、↓键移动光标到 A/D 频率(A/D FREQUENCY)条目,按"ENTER"键进入 A/D 频率屏幕,按"MENU"键返回维修方式菜单,按"RUN"键返回运行屏幕。

8）显示测试设置(SET TESTDISPLAY)屏幕

显示测试设置屏幕显示所给地址存储器中的内容。该屏幕仅对 TE 公司的维修人员有用。请向厂家咨询该屏幕的具体用法。在维修子菜单中,用↑、↓键移动光标到显示测试设置(SET TESTDIS-

PLAY)项,按"ENTER"键进入显示测试设置屏幕,按"MENU"键返回维修子菜单,按"RUN"键返回运行屏幕。

表 2-2　A/D 转换器的分配

A/D 转换器	功能	A/D 转换器	功能
AN0	采样流量	AN6	气压
AN1	备用	AN7	荧光反应室温度
AN2	臭氧发生器流量	AN8	钼转化器温度
AN3	备用	AN9	钼转化器设置温度
AN4	PMT 冷却器温度	AN10	PMT 电源电压
AN5	备用	AN11	机箱内温度

2.1.3　日常运行、维护和标校

2.1.3.1　日常运行操作

(1)每日巡视检查

1)检查分析仪的流量是否稳定,应在 1.20 SLPM 左右,观察时间应在 30s,如流量有过高、过低或不稳定的情况,应记录在值班记录本上,并进行检查和报告。

2)随时检查分析仪屏幕显示的浓度值是否在正常范围内。

3)随时检查分析仪屏幕右上角是否有报警信息,如有报警信息应及时检查和报告,并记录在值班记录本上。

4)每日详细检查日图中打印的资料是否正常,并做标记。

特别注意:

5)仪器测量所得浓度数值是否在正常范围内,与前一天比是否有显著变化。

6)仪器的标准偏差数据是否处于较小的范围,与前几天相比是否有变化。

7)仪器的校准时序和零点、单点校准值是否正常,与前几天相比是否有变化。

8)按要求完成微量反应性气体监测日检查表中的各项检查并记录。

9)随时注意发现各种可见的问题,如各种连接件断开或松开、Teflon 管破裂或粘连、过多的灰尘积累在仪器上会引起仪器过热、短路而造成元器件损坏。

(2)每周检查

1)按周检查表中的顺序进行检查,并认真记录,注意各参数是否在正常范围内。

2)检查并记录标准气瓶的压力,在压力不足时应及时更换。

2.1.3.2　系统维护

为确保仪器正常工作,应定期对该设备进行维护和标定。

(1)日常维护

1)经常检查仪器背部的风扇过滤网,如有灰尘沉积,应及时取下,用清水冲洗、晾干后,再装回去。

2)定期更换颗粒物过滤膜,一般 30 天更换一次膜,污染较重地区则应该增加更换频率,在春季沙尘之后,应立即更换。每一次更换过滤膜,须在日检查表上记录更换时间,每次更换过滤膜后,必须再次检查分析仪面板示数、流量等是否有异常变化。

3)每次巡视都需检查干燥管内干燥剂的状况,建议增加一节干燥管,如发现 70% 的干燥剂已失效就需要按以下步骤更换干燥剂。

①从仪器后面板的"DRY AIR"接口取下干燥管。

②更换干燥管中失效的干燥剂。可用无水硫酸钙和变色硅胶做干燥剂。

③重新把干燥管装到"DRY AIR"接口。

④进行一次仪器的零/标点检查。

4)本仪器流量应大约 1.2L/min,如果流量过低,且没有发现有管路堵塞的情况发生,应做漏气试验。

漏气试验的具体方法如下:

①用一个检漏盖帽将仪器后盖板气体样品入口处(sample)堵上。

②等待 2min。

③在 RUN 模式下,按"MENU"键,屏幕则显示主程序,移动光标到 DIAGNOSTICS 条目,按"EN-TER"键则显示 DIAGNOSTICS 子菜单,移动光标到 SAMPLE FLOW 条目,按"ENTER"键则显示 SAMPLE FLOW 子菜单,这时流量读数应为零,压力读数应小于 180mmHg。如果不是,则检查全部接口是否拧紧,连接管线是否有破裂。

5)在仪器后盖板上的风扇过滤罩一般使用情况下 6 个月进行一次清洁和修复,如果由于环境等原因,过滤罩易附着灰尘,实际工作中需要缩短检查和清洁周期。

具体操作步骤如下:

①轻轻地从仪器后盖板风扇装置上拔出风扇过滤罩。

②用温水洗净过滤罩,并将其晾干(使用清洁的无油净化空气可以加快干燥过程)。

③重新装好过滤罩。

④每 3～6 个月更换一次废气吸收管中的活性炭。

(2)年度维护

为了保证仪器能长期的正常运转,需要对仪器进行年度维护,年度维护工作的内容包括:仪器内部的清洁工作,毛细管的检查和清洁,漏气试验,泵膜的检查等。如仪器发生故障或其他原因影响仪器正常工作,年度维护的一些工作内容,也可以在一年以内进行多次。

每年要定期清洁仪器内部一次,清洁仪器前要进行仪器参数的检查和记录,清洁仪器时,要断开电源,并采取防静电措施。清洁仪器内部灰尘最好的方法是首先尽可能用真空泵抽吸抽气管可能到达的部位,然后用低压压缩空气吹走剩余的灰尘,最后用软毛刷刷去残存的灰尘。完成仪器内部清洁后,重新开机,待仪器运行稳定后,仍要进行仪器参数的检查和记录,并对照清洁前的记录,及时发现仪器因清洁工作而出现的重大变化。

确保使压力减小的毛细管没有被堵塞、采样空气流速未被减小,毛细管每年要检查一次。具体过程如下:

1)将仪器电源断开,把电源插头拔掉,取下仪器机箱盖。

2)参考仪器说明书,找到毛细管座,拧下毛细管的压帽,用扳手拆下在荧

3)光反应室上压住毛细管的 Cajon 螺帽。

4)取出玻璃毛细管和橡胶 O 形圈。

5)检查毛细管特别是小孔内壁的沉积物,如有沉积物,应用清水或酒精清洗。

6)如果橡胶 O 形圈被割裂或磨损应更换。

7)重新安装毛细管和 O 形圈,安装时要确认毛细管已套好 O 形圈。

8)拧上毛细管的压帽。注意:只要用手指拧紧即可。

9)重新把仪器机箱盖盖上。

气泵的检修。42CTL 使用外置气泵作为采样动力,该泵为无油隔膜泵,正常使用寿命可达一年以上。在仪器出现流量降低或者流量不稳定时,需要对气泵进行检修。台站应常备气泵的维修包,以备检修气泵使用。检修气泵的操作如下:

1)关闭电源,拔掉电源线,打开机箱盖子。在冬季或干燥天气进行该项操作时,须采取防静电措施,防止人体静电损坏内部电路板。

2)找到气泵,用扳手卸下连接在气泵上的管线,记住 2 根管线(1 根是进气,1 根是排气)的相对位置。可以用彩色记号笔在气泵外侧标记出气泵顶板(包括下面的几层膜和板片)和泵体的相对方向位置。

3)用螺丝刀松开并取下气泵顶板上的 4 个固定螺丝,再轻轻取下气泵顶板、气弁膜、气室顶板(由上至下顺序),记住它们的相对顺序和上下面,逐一检查它们是否有污渍或损坏。同时检查依然留在泵体上的蠕动隔膜。可以用脱脂棉沾取少量酒精(工业级,95％或以上)擦去污渍,如果膜片有损坏,则应更换。

4)如果蠕动隔膜片没有损坏,可不必将其从泵体上取下,如果有损坏,则用螺丝刀松开其中心的固定螺丝,取下蠕动隔膜片,更换。将新的蠕动隔膜片按照原来膜片的样子固定好。

5)严格按照原来的顺序、位置和方向,将气室顶板、气弁膜、气泵顶板(由下至上)顺序放回,对齐,将 4 个固定螺丝拧紧(注意要按照对角的顺序逐次拧紧)。

6)接上仪器电源,开机,检查气泵是否工作正常,可以用手轻按进气口和排气口,查看气泵压力是否足够。如果气泵不启动,可能是固定螺丝拧得过紧,或者几层膜(板)片的相对位置不合适。这时需要关机,断开电源,松开固定螺丝,重新将几层膜(板)片对齐,再紧固螺丝。没有压力,可能是膜片的安装方向和顺序错误。这时需要重新分解气泵,检查正确后,再复原安装。

7)确认气泵能够正常工作后,连接进气和排气管路。盖好机箱盖子。恢复运行。

注意:在取拿和清洁气泵的膜(板)片时,一定注意不要划伤膜(板)片,也不要用手直接触摸膜(板)片的气室部分,以防止汗渍的污染,最好带一次性手套操作。

注意:气泵为无油泵,不得向气泵轴承等处加注任何润滑剂。

8)如果气泵线圈或轴承烧坏,可整体更换,仅保留气泵的膜(板)片。

(3)常用备件及消耗品

使用 42CTL 可考虑准备表 2-3 中所列的备件。除此之外,还应保存少量 1/4 英寸的 Teflon(如 FEP)管线,和相应管径的 Swaglok 不锈钢接头(直通和三通)和密封圈。还可根据需要选购电路板作为备份。

表 2-3　使用 42CTL 时可考虑备件

名称	备件号
保险丝(2.0A,250V)	4525
泵维修包	9464
电磁阀	8119
钼转化器填料	9269
热电偶	9204
气压传感器	9877
臭氧发生器流量传感器	10104
采样流量传感器	9938
臭氧发生器	9973
毛细管(20mil)	4126
毛细管(13mil)	4119
毛细管用 O 形密封圈	4800

常用消耗品有:47mm,2～5μm 孔径的 Teflon 过滤膜、活性炭、干燥剂。

2.1.3.3　仪器标校

(1)校准设备

大气本底站使用标准气体稀释法对 42CTL 进行校准,需要有以下设备:

1)零气发生装置。配备使用零气发生装置,该装置能够提供 NO 含量低于仪器检测限的零气,用于仪器的零点检查和多点校准;

2)标准气体。标准气体指其中的 NO 含量精确已知的气体,以氮气为基底,需使用经过认证的国家一级标准物质,其浓度应根据 42CTL 的使用量程具体确定,一般在 10～50ppm 范围内为宜。对该标准气体进行适当稀释后,得到合适浓度的标准气体,这种方式可以通过调节稀释比例获得不同浓度的标准气体。

3)气体稀释装置。本底站使用动态气体校准仪作为气体稀释装置,该仪器主要包括 2 个流量精确控制的气路系统,分别控制零气和标准气体的流量,达到不同混合比例的配气要求。

在仪器进行校准或零点检查时应注意以下几点:

1)仪器至少预热 30min 以上,其校准结果才有效;

2)校准或零点检查时使用的量程应和实际测量时一样;

3)对仪器的调整应在校准或零/标点检查前完成;

4)在校准或零点检查时应使用实际测量时使用的采样管和过滤膜;

5)在校准或零点检查时应使用实际测量时使用的仪器输出记录和显示设备。

(2)定期多点校准

至少每个月以手动方式对 42CTL 进行多点校准。多点校准需要利用标准气体和动态气体校准仪,连续对 42CTL 进行多校准点检查(包括零点检查)。对 42CTL 分别进行 NO 和 NO_x 的校准时,42CTL 须在手动方式(NO 或 NO_x)下工作,其校准点数应不少于 5 个。建议选取(0％、20％、40％、60％、80％)满量程多点校准。

多点校准过程中,需要准确记录各校准点的仪器响应值和经稀释后的标准气体浓度值,根据记录的数据进行线性回归计算得出新的零点校准值和斜率系数,再通过斜率系数设置屏幕输入新的斜率系数。不能按照零点校准和单点校准的方式进行操作。

进行多点校准前,首先要确认标准气、零气发生器、动态气体校准仪均连接好,并已开机稳定运行。多点校准的操作主要通过动态气体校准仪进行,有关操作需参照动态气体校准仪的技术手册,此处的操作步骤主要涉及 42CTL 的操作和数据处理。另外,为了便于数据处理和获得较好的校准结果,应该记录校准期间的 1min 平均数据。

42CTL 的校准操作步骤如下:

1)先校准 NO,后校准 NO_x。校准 NO 时,仪器应设置为手动 NO 测量方式;校准 NO_x 时,仪器应设置为手动 NO_x 测量方式。

2)应该按照随机的校准点顺序,操作动态气体校准仪,给仪器通入标准(零)气。为保证能获取到仪器稳定的读数,当记录时间间隔为 1min 时,每个标准点需至少通入标准(零)气 20min 以上,当记录时间间隔为 5min 时,通入标准(零)气的时间要在 30min 以上。

3)在下表中记录所有校准数据,精确到 0.01 ppb,对于每个校准点,选取一段最稳定的数据作为有效数据,并计算该组有效数据的平均值。当记录时间间隔为 1min 时,每个标准点至少选取 6 个以上的连续数据,当记录时间间隔为 5min 时,每个标准点至少选取 3 个以上的连续数据,。

4)完成数据记录、有效数据的判别和有效数据的计算后,填写下面的多点校准报告表。根据 6 个校准点的有效平均值,计算表中的回归方程式。一般情况下,不需要改变仪器的零点校准值和斜率系数;如果计算的截距小于 -0.5ppb,或者大于 10.0ppb,为防止仪器经常出现负值或超出测量范围,可以适当降低或升高零点校准值设置;如果计算的斜率大于 1.05,或者低于 0.95,可以适当升高或者降低仪器的斜率系数设置。改变仪器的斜率系数设置后,需重新做一次多点校准。

5)多点校准前后,需各填写一份周检查表。

(3)零点调整

具体步骤如下:

1)设置仪器系统使仪器连续采集系统零气;

2)等分析仪读数稳定后,用以下步骤校零;

3)在正常工作状态,按"MENU"键,进入主菜单;

4)用(和↓键移动光标至 CALIBRATION 条目,按"ENTER"键,进入校准子菜单;再用(和↓键移动光标至 CALIBRATION ZERO 条目,按"ENTER"键,进入零点校准屏幕;

5)等 NO、NO$_2$、NO$_x$ 读数稳定后,再按下"ENTER"键,此时仪器显示"SAVING PARAMETER (S)"表示完成一次校准;

6)按"RUN"键使仪器恢复正常工作屏幕;

7)使系统恢复到采样状态。

(4)跨调整

具体步骤如下:

1)给仪器的进样管线通入已知浓度的标准气,10min 以上。

2)等分析仪的 NO、NO$_2$、NO$_x$ 测量读数稳定后,用以下的步骤校标。

3)NO 校准:

①在正常工作状态,按"MENU"键,进入主菜单。

②用(或↓键移动光标选择 CALIBRATION,按"ENTER"键,进入校准子菜单。再用(或↓键移动光标选择 CALIBRATION NO,按"ENTER"键,进入单点 NO 校准。

③用←或→键移动光标,用(或↓键改变光标所处位置的数值,设置输入标准气的浓度,观察 NO 读数稳定后,再按下"ENTER"键。

④此时仪器显示"SAVING PARAMETER(S)"表示完成一次校准,按"RUN"键使仪器恢复正常工作屏幕。

4)NO$_x$ 校准

①在正常工作状态,按"MENU"键,进入 MAIN MENU 主菜单。

②用(或↓键移动光标选择 CALIBRATION,按"ENTER"键,进入校准子菜单。再用(或↓键移动光标选择 CALIBRATION NO$_x$,按"ENTER"键,进入单点 NO$_x$ 校准。

③用←或→键移动光标,用↑或↓键改变光标所处位置的数值,设置输入标准气的浓度,观察 NO$_x$ 读数稳定后,再按下"ENTER"键。

④此时仪器显示"SAVING PARAMETER(S)"表示完成一次校准,按"RUN"键使仪器恢复正常工作屏幕。

2.1.4　故障处理和注意事项

常见故障及维修见表 2-4。

表 2-4　常见故障及维修一览表

故障	可能造成故障的原因	排除故障的方法
仪器无法启动	没有供电	检查仪器是否接上了合适的交流电 检查仪器保险丝
	仪器内部电源	用仪器诊断功能检查仪器内部供电
	数字电路部分	检查所有的线路板是否都接插到位 每次取下一块线路板换上一块好的,直到找到有故障的线路板
无输出信号或信号很低	样品气体没有到分析仪	检查采样流量
	采样毛细管堵塞	清洗或更换毛细管
	臭氧没有到荧光反应室	检查臭氧发生器是否打开 检查气体干燥剂是否有效 检查臭氧毛细管是否堵塞
	输入信号或高压供电没有连接好	检查电缆线的连接和电缆的阻值
	仪器没有校准	重新校准仪器
	±15V 电源板故障	检查电源板

续表

故障	可能造成故障的原因	排除故障的方法
校准点漂移	给臭氧发生器提供干燥空气的干燥剂失效	更换干燥剂
	电源波动	检查交流供电
	标气不稳定	更换标气
	毛细管堵塞	清洗或更换毛细管
	采样滤膜堵塞	更换采样滤膜
仪器信号噪声偏大	光电倍增管故障或灵敏度降低	关机拔下电源插头,装上一个好的光电倍增管检查仪器是否恢复功能
	光电倍增管冷却器故障	检查背景值(应小于 15ppb)和温度(环境温度 25℃时应小于 $-2℃$)
仪器响应非线性	标气源不正确	确认多点校准气的准确性
	采样管线有漏气	检查采样管线
仪器响应很慢	毛细管部分堵塞	清洗或更换毛细管
	采样过滤膜堵塞	更换过滤膜
钼转化器工作不正常	标准气不合适,或标准值不正确	核对检查标准气
	转化器温度过高或过低	将温度设置在 325℃左右
	电源电压过低	检查电源电压
	钼转化器失效	更换钼转化器

2.2　Ecotech 9841T NO$_x$ 分析仪

2.2.1　基本原理和系统结构

2.2.1.1　基本原理

9841T 氮氧化物分析仪采用气相化学发光检测方法以实现一氧化氮(NO)、总氮氧化物(NO$_x$)及二氧化氮(NO$_2$)的连续分析。分析仪的设计代表了在氮氧化物分析技术方面的发展,这项发展主要是通过采用自适应的微处理机控制单测量通道来实现的。仪器由气动系统、NO$_2$→NO 转换器、反应室、PMT 及信号处理电子线路所组成。借助于化学发光的氮氧化物分析是基于 NO$_2$ 活性分子的发光,NO$_2$ 活性分子是由 NO 与 O$_3$ 在抽空的室内相互反应产生的,NO 分子与 O$_3$ 反应按照下列反应机理形成活性物质 NO$_2^*$:

$$NO + O_3 \rightarrow NO_2^* + O_2 \tag{2-2}$$

当 NO$_2^*$ 逆转至较低能级时,它发射出 $500\sim3\ 000$nm 宽频带射线,在接近 1100nm 处具有最大强度,因构成一个 NO$_2$ 分子需要一个 NO 分子,化学发光反应的强度与样品内 NO 浓度成正比,所以 PMT 电流与化学发光的强度成正比。

注意:化学发光反应仅在 NO 与 O$_3$ 间出现。因此,NO$_2$ 分析是通过 NO$_2$ 还原为 NO 来实现的,用催化转换器 MOLYCON 在 6 s 周期内时开时闭样气流,这种开关操作产生了构成 NO 和 NO$_x$ 样气的时间相位差气流。通过采用 MOLYCON,NO$_x$ 循环可测定样气内的 NO 和 NO$_2$,NO 循环只测定 NO,NO$_2$ 浓度可从 NO$_x$ 信号中减去 NO 信号推导出来。为了获得精确而稳定的结果,转换器必须在高于 95% 效率下操作。

正如以上所述,通过不同时间对 NO 与 NO$_x$ 采样,当 NO$_2$ 浓度不变时,在 NO 浓度内的快速变化由于时间差异会导致 NO$_2$ 读数改变。为了防止出现这种误差,9841 分析仪具有 2 个孔,样气以 320mL/min 流量同时通过各孔。当从一个孔出来的样气流进入反应室时,从另一个孔出来的样气流则被吸进样品保留环路,在下一个循环中,样气保留环路内的气体通过钼炉 MOLYCON 被吸入反应室。这样,在 NO 和 NO_x 两种循环中,可以分析同种气体的含量,从而降低了在 NO_2 稳定环境中 NO 浓度快速改变所产生的误差。为了测定仪器的零点误差,每 70s 进行一次背景气测定,其方法是把原应进入反应室的样品气导入旁路管中,这个测量值(背景值)被减去,从而得到稳定的实测值。

9800 系列仪器采用了先进卡尔曼数字过滤器,该过滤器使响应时间和信号噪声得到最佳折中处理,当信号变化速率高时,仪器响应速度快,以得到理想的响应时间,而信号变化较慢时,则相变调整过滤器的时间常数,以达到最佳测量方式,使用这种先进的数字过滤器的 EC/ML 仪器已通过 USEPA 的测试。

2.2.1.2　仪器结构

(1)总体结构

9841 型化学发光氮氧化物分析仪仪器是模块式结构,它包括:电源/微处理器和传感器模块,电源/微处理器模块包括供电电源,稳压器及系统微处理器,传感器模块包括所有必须的检测元件。

1)电源/微处理器

供电电源:供电电源装在一个钢盒中,它符合 UL、VE、CSA 以及其他各项法规规定,输入交流 99~264V,50/60Hz,输出 12V 直流电为仪器供电,同时还提供一个 250ms 延时供电电源,以保证发生掉电时,计算机可以保存数据。

稳压器:稳压器板为系统提供所需各种直流电压,数字电路的 12 VDC 到 +5 VDC 电源以及模拟电路使用的 12V 到 ±10V 电源,外加一个 +15V 的电源提供给微处理机的显示器以及模拟输出电路。稳压器电路也供给了一个 300ms 的附加延时电源,以保证在发生掉电时,能让计算机将必要的数据保存起来。

微处理器:微处理器板上有时钟/日历以及板上 16 位微处理器(80C188),其工作速度为 16MHz,微处理器板是仪器的控制中心,输入、输出、LCD 显示器、键盘、串口、50 点 I/O 口等等,皆在其控制下工作。50 点 I/O 口允许连接输入控制线,并能输出仪器状态信号,LCD 显示器接口电路,包括一个 20 V 供电电源,调整 LCD 亮度的数字电位器。从传感器产生的模拟信号通过 A/D 转换器变为数字信号提供给微处理器。D/A 转换器将 3 路 0~20 mA 的模拟信号提供给 50 点 I/O 板。微处理器有 2 个 EPROM 用以储存操作程序,以及装有后备电池的 RAM 以存储仪器参数及数据,并可存储 2 年以上。服务开关及复位开关位于微处理器板的前端,打开仪器上盖或前面板都可以看到。

2)传感器模块

传感器模块分三部分讲述:气路、光路和电路。

气路:气路系统以恒定速率持续输送样气进入反应池,在测量值后又排出分析仪。气路如图 2-2 所示。可概括为以下几个模块。

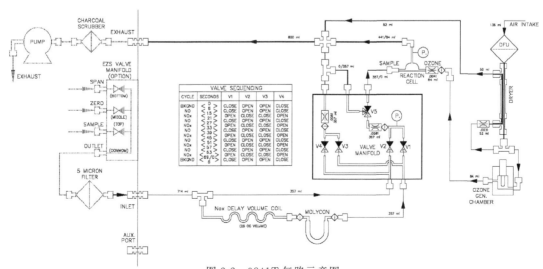

图 2-2　9841T 气路示意图

①延迟环路:延迟环路的设计使仪器所测量的 NO 及 NO_x 为同一个样品,同一份样品气一路直接进入反应室,另一路进入延迟环路,再通过钼炉,当测量 NO 时,延迟环路中的同一份样品气保留在环路中,直到进行 NO_x 测定时被吸入反应室,由于测量的是同一份样气,故而减小了误差。

②钼炉转换器:9841 仪器使用一个钼转化器使 NO_2 转变为 NO,在接近 325℃时,钼与 NO_2 反应生成氧化钼及 NO,在此温度下,其他氮化物如氨类不会氧化成 NO。

③多路阀组:当仪器进行 NO、NO_x、背景气测定以及旁路开关的控制都是由这个多路阀组完成的,阀组上装有压力传感器及压力传感器所需的 PCA,由于限流孔及压力传感器都受温度影响,故而阀组是控温的。

④压力传感器:有两个压力传感器,一个装于阀组上进行限流孔上游压力测定(环境压力),另一个装在限流孔下游,即反应室内(气体压力),通过测定压力来计算样气流速。

⑤泵:外部泵产生强大真空使仪器内流速恒定以便进行最佳测量,化学发光室也需保持强真空以满足测量条件。

光路:NO 与 O_3 反应进行化学发光反应时,放射出频带射线,这些射线光过滤器达到 PMT,光电倍增管检测这些与化学发光量成正比的射线,并将其转变为电流信号。

①反应池体:池体设计使信噪比最佳,其尺寸、气体混合方式及形状选择都使一侧的 PMT 得到最佳效果。反应池体加热控温在 50℃ 左右,池体上还装有 O_3 流路限流孔以及压力传感器。

②光学带通过滤器:有色玻璃的光学过滤器仅使 NO 反应所产生的信号到达 PMT。

③光电倍增管:有制冷装置的 PMT 检测来自反应室的与 NO 浓度成正比的光的强度,PMT 检测来自反应室的与 NO 浓度成正比的光的强度,PMT 接有一个一体化的高压电源(HVPS)/前置放大器。

电路:预处理器:预处理器包括对 PMT 前放小信号进行放大的放大器、PMT 高压控制、电子制冷电路、两个加热/(反应池体和钼炉)控制电路、产生多种逻辑测试信号以及控制臭氧发生器。

①DC(直流):电路包括直流放大器和信号调节电路,控制方面包括一个预处理电位器以设定电路和输入增益值和改变测量通道的动态量程范围,这些都在微处理器控制下完成。

②电子制冷电路:将 PMT 温度控制为 10℃,而加热电路将反应室控制为 50℃,钼炉为 315℃。测试信号用于内部诊断,臭氧发生器的控制信号来自于微处理器的开通信号。

(2)运行模式

仪器运行在几个不同的工作模式下,这些模式包括:启动、测量和自动零点模式。下面对这些模式一一进行介绍。

启动模式:当打开仪器开关时,有两个部件需预热后方能工作。预热过程中,仪器有数据产生,但只有启动模式结束后数据才有效,这时屏幕上已没有"SEQUENCE ACTIVE"字样。启动模式中,臭氧发生器关闭,直到开始显示流速且转换器温度>250℃时才打开,这个过程约需 60min。

测量模式:9841 利用气路切换开关连续对样气进行测定,开关每 6s 切换一次,分别对 NO 及 NO_x 进行测定。此外,约每 70s 自动校零(background 循环)一次,当前运行模式名称在 LCD 上显示,具体内容如下:

NO SAMPLE FILL	反应室充入 NO 样气
NO SAMPLE MEASURE	进行 NO 测量
NOx SAMPLE FILL	反应室充入 NO_x 样气
NOx SAMPLE MEASURE	进行 NO_x 测量
BACKGROUND FILL	反应室内充入背景气以便自动校零
BACKGROUND MEASURE	进行零点测量
BACKGROUND PURG	除去反应室内的零气

一个完整的测量周期包括 NO 及 NO_x 两个参数的测定,测出 NO 及 NO_x 的浓度值,并通过这两个值算出 NO_2 浓度值。自动进行的零点校准消除 PMT 暗电流及反应室污染所造成的影响,在 BACKGROUND 周期里,样气不经过反应室,仅允许 O_3 进入反应室,在计算 NO 及 NO_x 值时,将此时的测量

结果减去。

零点(ZERO)。零点测量时,将接在 EZS 阀上或 IZS 模块的零气抽进仪器,其过程是与测量过程相同的,其差别仅是样气来源不同罢了。

跨度(SPAN)。同零点测量,只不过把零气换为标气罢了。

AZS 周期。仪器可以进入一个 AZS 周期,在这个周期里,气路自动切换到零气,然后是标气,再回到样气。大气本底站不采用这个功能。

(3)前面板及功能键

分析仪器前面板具有:显示、控制键、仪器 ID 码、安装架 4 个部分。可通过同时按压前面板上的 2 个键调整显示对比及背景光的强度:

1)对比:同时按压向上箭头键及"Select"(选择)键可得到较暗对比;同时按压向下箭头键及"Select"(选择)键获得较亮对比。

2)背景光:同时按压"Enter"键及"Exit"键对应较暗背景;同时按压"UP"键及"Select"(选择)键对应较亮背景。同时按压相应两键直至显示屏上出现想要的对比度为止。

注意:进行按压向上或向下箭头键而未同时按压"Select"时,显示出的主屏幕会提出询问 START MANUAL CALIBRATION?（开始手动校准吗?),当调整显示时出现这种情况时,请按"Exit"键。

注意:显示器对环境气温及分析仪温度很敏感,显示器外观将随这些条件变化而改变。

EC/ML 9830B 仪器的所有操作都可以用前面板上的显示屏右边的 6 个键来完成。6 个控制键的功能如下:

1)向上箭头键:移动光标至前面的菜单项目,也可以将光标移至下一个选择或在数字段内递增数字。

2)向下箭头键:使光标移至下一个菜单项目,也可以使光标移至下一个选择或在数字段内递减数字。

3)"Select"键:作菜单选择或选择供输入用的字段。

4)"Pg Up"键:使光标移至前页或前屏幕。

5)"Exit"键:使光标离开字段不作变更,或使光标回至主屏幕。

6)"ENTER"键:确认菜单项目或确认至微机的字段选择。

在没有按下"SELECT"的时候按向上或向下箭头导致屏幕出现询问"START MANUAL CALIBRATION ?（开始手动校准吗?),当调整显示时出现这种情况,按"EXIT"键。

(4)仪器后面板

仪器的后面板如图 2-3 所示。

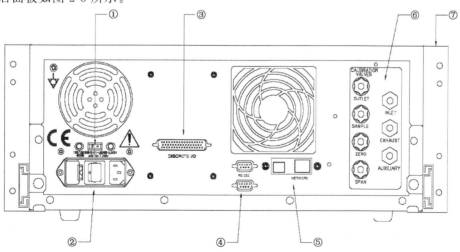

图 2-3　9841 分析仪后面板示意图

2)电压选择开关;②电源开头/插座;③50 点 I/O 插头座;

④RS232;⑤插座;⑦气路连接口;⑧支架选件)

(5)技术指标

1)量程

①显示:自动转换量程 0~20ppm。

②分辨率:1ppt。

③模拟输出:0—满量程,及 0~0.05ppm 和 0~20ppm 之间任何满刻度范围,其偏移量分别为 0%、5%、10%。

④介于用户规定的两个满量程之间可自动转换量程。

⑤USEPA(美国环保署)规定范围:0~0.05ppm 及 0~1.0ppm 之间任何满刻度范围。

2)噪声

①测量过程:<0.25 ppb 或浓度读数的 0.1%,取其较大者,在卡尔曼过滤器激发状态下。

②模拟输出:0.25 ppb 或模拟输出满量程的 0.1%,取其较大值。

2)最低检测限

①测量过程:小于 0.5 ppb 或浓度读数的 0.2%,取其较大值,用卡尔曼过滤器。

②模拟输出:0.5 ppb 或模拟输出满量程的 0.2%,取其较大值。

3)零漂移

①与温度的关系:0.1 ppb/℃。

②在固定温度下与时间的关系:

24 小时:低于 1 ppb。

30 天:低于 1 ppb。

4)跨度漂移

①与温度的关系:0.1%/℃。

②在固定温度下与时间的关系:

24 小时:读数的 1%。

30 天:读数的 1%。

5)滞后时间

小于 25 s。

6)升/降时间,95%终值

低于 30 s(选择卡尔曼过滤器操作)。

7)线性误差

满量程的 ±1%(从最佳直线拟合)。

8)精度

0.5 ppb 或读数的 1%,取其较大值。

9)样气流率

640mL/min(供两个通道用的总流量)。

10)样气压力相关性

压力变化 5%引起的读数改变低于 1%。

11)温度范围

①5~40℃。

②USEPA 规定范围:15℃~35℃。

12)电源

99~132 VAC、198~264 VAC、47~63Hz。

13)重量

26.4 kg。

14)模拟输出

①用跨接片选定输出电压为 100mV、1V、5V 及 10V,用菜单选择零补偿 0、5％或 10％。

②用菜单选择 0～20 mA、2～20 mA 及 4～20 mA 电流输出。

③供 NO、NO$_x$ 及 NO$_2$ 用的独立输出。

15)数字输出

①分析仪器间共用的 RS232 多站口可供数据、状态控制用。

②带有离散状态、用户控制及模拟输出的 DB50。

16)USEPA 的参照方法

9841B 氮氧化物分析仪为 USEPA 指定的参照方法 RFNA－1292－090。

2.2.2　安装调试

2.2.2.1　系统安装

连接到 9841B 上的样品气和零气应该维持在环境压力下,并可以排放到大气。9841B 需要一个至少 1.00SLPM 的经过粒子过滤器过滤并经过除湿的样品气,可选用 5μm 内置过滤器。连接样气及排气系统的管道,其外径为 1/4 英寸,内径为 3/16 英寸(最大)～1/8 英寸(最小),推荐采用内径为 5/32 英寸。为了减少气压降,管道长度不得超过 6 英尺[①]。应购买切断的清洁聚四氟乙烯管连接样气源与样气入口,所用管材必须是不锈钢、聚四氟乙烯、Kynar 或玻璃;相配件也必须用不锈钢、聚四氟乙烯或 Kynar 材料制造。

把采样管连接到仪器后面板的 SAMPLE 采样口。安装前要确认采样管中没有杂质和污染。从 EXHAUST 排气口把排气管连接到合适的排放口或臭氧去除器。排气管长度小于 5m,最好直接通向室外空气流通处或专用的排气管路。连接分析仪的排气口到真空泵(真空能力为 67kPa 以下,1SLPM)。泵必须通过活性炭涤去器去除臭氧,防止损坏泵,泵的排气口应该连接有旁路,可以排出多余的气体。在仪器关断电源后,泵应继续抽出 15min,以便抽出残存在电路中的 O$_3$,防止氧化。在仪器后面板的颗粒物过滤器内装上 2～5μm 孔径的 Teflon 过滤膜。

给仪器接上合适的电源。检查后板上的电源选择开关、电源线及保险丝左右移动开关能看到相应的电压额定值。通过一个三芯电源插头向分析仪供电,仪器必须可靠接地,这对保证仪器的正常性能及操作人员安全都很重要。

2.2.2.2　开、关机操作和设置仪器参数

(1)开机/仪器预热。当供电时,屏幕显示 Ecotech 公司标识达数秒钟,然后是分析仪器标志及在右下角闪显"MAIN MENU"标记。升温期过后,在屏幕左角标示操作方式,指明供仪器用的气体测量结果。仪器故障将在状态行上通知,状态行出现在仪器状态显示下面。如果没有故障,则状态线为空白;若有一种故障,则在状态线上显示出该故障(例如 ZERO FLOW、HEATER FAULT 等);当故障排除时,状态线也被清除。若存在多种故障,在状态线上将显示故障表,当一种故障排除后,将显示表上的下一个故障。在 SYSTEM FAULTS(系统故障)屏幕上显示出全部故障表。当显示主屏幕时,光标在"MAIN MENU"字处闪现,按下"Select"(选择)或"Enter"(输入)键以输入主菜单。当仪器刚开始启动时,仪器中有几个部件需要达到一定操作温度后,分析仪才开始运行。这个过程大约需要 60min。在启动过程中,会显示 START－UP SEQUENCE ACTIVE 信息,该显示表明运行正常。开机程序主要取决于钼炉的温度。钼炉温度必须达到 260℃,臭氧发生器才能工作。钼炉的工作温度是 320℃±5℃,需要 60min。当仪器自冷态通电时,必须对阀组、MOLYCON 及反应室加热。在仪器进行样气测定之前应达到预定温度,自动升温周期约为 60min。升温期间微机可改变输出的参数另外。用户可观察仪器的功能及所有屏幕。MOLYCON 达到 250℃,臭氧发生器开始工作,在仪器接通后大约 60min,MOLYCON

---

①　1 英尺＝12 英寸;1 英尺＝30.48 厘米。

达到其操作温度 320℃±5℃（采用外部泵并从冷态起动，达到操作温度的时间约为 2h）。包括升温期内，每 70s 完成仪器的背景循环，从而保证在平衡状态及调零校正。

（2）设置仪器参数。在初次行时需要对有关的仪器参数进行设置，这主要包括仪器的量程、单位、标定系数等。

（3）关机。关机最直接的操作就是关闭仪器的电源开关。如遇长时间停机，则需在关机之前记录下仪器的状态参数。在遇有停电、雷电等现象时，一定要提前关闭仪器的电源开关，必要时应将仪器的电源插头从电源插座中拔出。

2.2.2.3　菜单操作

除仪器的开机屏幕和运行屏幕外，EC/ML9841B 氮氧化物分析仪的各种操作和参数设置均通过菜单（屏幕）选择实现。主菜单下包含若干个子菜单，子菜单下则包含各种操作（或显示）屏幕。主菜单中包含各种子菜单，除后面 4 种外，在选择中可包含一种或多种菜单项目。

MAIN MENU	主菜单
INSTRUMENT MENU	仪器菜单
CALIBRATION MENU	校准菜单
TEST MENU	测试菜单
INTERFACE MENU	接口菜单
EVENT LOG	事件记录
INSTRUMENT STATUS	仪器状态
SYSTEM TEMPERATURE	系统温度
SYSTEM FAULTS	系统故障

EVENT LOG 是通过微处理机建立的记录，用以指明操作参数中出现的偏差，该项可用于确定系统故障的原因。

INSTRUMENT STATUS（仪器状态）及 SYSTEM TEMPERATURE（系统温度）屏幕不断地校正读数，方可操作仪器。

SYSTEM FAULTS（系统故障）根据连续监控的各种参数，给出 PASS（通过）/FAIL（失效）指示，这些参数必须在允许操作范围内才能显示 PASS。

（1）仪器菜单

在 INSTRUMENT MENU 内的项目介绍进行操作所必需的仪器设定。

INSTRUMENT MENU	仪器菜单
MEASUREMENT MENU	测定菜单
DATE:15－JUL－92	日期:1992 年 7 月 15 日
TIME:18：57	时间:18：57
PASSWORD:	密码
ERASE MEMORY:NO	取消存储:不

日期:日期格式是日－月－年。

时间:设定 24 小时格式。

取消存储:如果选择 YES,显示下列信息:

! 这将取消系统增益

!!! 确定:NO(这个 NO,在警示中处于高亮。转到 YES 并按"Enter"将取消仪器中的存储。

注意:如果删除分析仪中的存储,所有用户配置的参数将返回到它们的缺省值。另外,失去所有仪器的校准,因此分析仪将不得不全部重新校准。这个特性是提供给维修和初级配置的,请在正常操作中不要选用这个特性。

（2）测定菜单

MEASUREMENT MENU 是用于基本操作与数据完整性所必需的项目构成。

MEASUREMENT MENU　　　　　　　　　测定菜单

UNIT SELECTION:PPM　　　　　　　　　单位选择:ppm

AVERAGE PERIOD:1 MINUTE　　　　　　平均周期:1min

FILTER TYPE:KALMAN　　　　　　　　　滤波器类型:卡尔曼

NO_2 FILTER:ENABLED　　　　　　　　　NO_2 过滤器:启动

NOISE:0.204 ppb　　　　　　　　　　　噪声:0.204ppb

单位选择:ppm 或 mg/m³。

平均周期:设定时间为小时(1、4、8、12 或 24)或为分(1、3、5、10、15 或 30),该字段为返转字段。

滤波器类型:设定数字滤波器的时间常数,可选择:NO FILTER、90s、60s、30s、10s,卡尔曼过滤器。卡尔曼过滤器是制造厂的系统设定值,当此仪器用作 USEPA 等效法时必须采用。

注意:卡尔曼过滤器是参数缺省值设定,当仪器作为 USEPA 等效方法使用时,必须采用此过滤器。

噪声:是浓度的标准偏差。进行方式如下:

1)每隔 2 min 取一次浓度值;2)在先进后出缓冲程序中,存储这些样品中的 25 组信号;3)每隔 2 min,计算 25 组样品信号的标准偏差。这是微机产生的字段,操作者不能设定。

注意:只有将零空气或稳定浓度的标定气送入仪器至少一小时,所获得的噪声读数才有效。

(3)校准菜单

CALIBRATION MENU 包括用于校准仪器的输入,选择 TIMED(定时)或 MANUAL (手动)显示屏幕稍有不同,定时校准不用操作者,在选定时限上自动校验零/标度。手动校准允许操作者控制校准。只能选择定时或手动校准中的一种,手动校准可在任何给定时间进行。当选择 TIMED 校准时,出现下列显示:

CALIBRATION MENU　　　　　　　　　校准菜单

CALIBRATION:TIMED　　　　　　　　　校准:定时

INTERVAL:24　　　　　　　　　　　　时限:24 小时

STARTING HOUR:0　　　　　　　　　　起动时间:0

NO TIMED SPAN:10.000 ppm　　　　　　NO 定时标度:10.000 ppm

NO_2 TIMED SPAN:10.000 ppm　　　　　O_2 定时标度:10.000 ppm

SPAN COMP:DISABLED　　　　　　　　标度补偿:禁止

NO SPAN RATIO:1.000　　　　　　　　NO 标度率:1.000

NO_2 SPAN RATIO:1.000　　　　　　　NO_2 标度率:1.000

校准:在规定时限上,TIMED 启动微机控制零/标度校验。

定时器时限:在零/标度校验间之小时数。

起始小时:进行首次零/标度校验时的小时数。

NO 定时标度:标度浓度的数字设定,这是操作者预定的读数。

NO_2 定时标度:标度浓度的数字设定,这是操作者预期的读数。

标度补偿:选择"ENABLED(能用)"或"DISABLED(禁用)"。

NO 标度比:微机产生的字段,用标度读数乘该值校正标定数值。

NO_2 标度比:微机产生的字段,用标度读数乘该值校正标定数值。

以下是校准时的屏幕显示:选用 MANUAL(手动)

CALIBRATION MENU　　　　　　　　　校准菜单

CALIBRATION:MANUAL　　　　　　　　校准:手动

CAL MODE:MEASURE　　　　　　　　　校准方式:测定

NO TIMED SPAN:10.000 ppm　　　　　　NO 定时标度 :10.000 ppm

NO_2 TIMED SPAN:10.000 ppm　　　　　NO_2 定时标度:10.000 ppm

SPAN COMP.:DISABLED　　　　　　　　标度补偿:禁用

NO SPAN RATIO:1.0000　　　　　　　NO 标度比:1.0000

NO₂ SPAN RATIO:1.0000　　　　　　NO₂ 标度比:1.0000

校准:手动起动操作者控制校准。定义定时式手动校外准控制。

校准方式:MEASURE(测定,标准方式)、CYCLE(循环,零/标定)、SPAN(标定,标定阀)或 ZERO(零,零阀)的选择,根据使用的需要来选择,"CYCLE"选择起动 AZS 循环。

NO 定时标定:标度浓度的数字设定,这是在 AZS 循环中操作者预期的仪器读数(仅用于定时标定中)。

NO₂ 定时标定:标度浓度的数字设定,这是在 AZS 循环中操作者预期的仪器读数(仅用于定时标定中)。

标度补偿:选择 ENABLED 或 DISABLED,自动零/标度校验(AZS)。必须设定 DISABLED。

NO 标度比:微机产生的字段,即标定读数乘以校准值。

O₂ 标度比:微机产生的字段,即标定读数乘以校准值。

(4)测试菜单

TEST MENU 测试菜单

OUTPUT TEST MENU　　　　　　　输出测试菜单

DIAGNOSTIC MENU　　　　　　　　诊断菜单

MEASUREMENT GAIN:32　　　　　测量增益系数:32

PRES/TEMP/FLOW COMP:ON　　　压力/温度/流量补偿:ON

DIAGNOSTIC MODE:OPERATE　　　诊断方式:OPERATE

OZONATOR:ON　　　　　　　　　臭氧发生器:ON

CONTROL LOOP:ENABLED　　　　控制回路:能用

测试菜单包含一系列子菜单,包括供实验与校验仪器功能用的信息与控制设定,操作者可改变设定。但是,仪器恢复正常操作时,重新开始自动控制功能,从菜单做出的变更仅用于诊断及实验目的。

测定增益系数:输入 1、2、4、8、16、32、64 及 128 的软件控制设定。

压力/温度/流量补偿:选择 ON 或 OFF。当进行诊断观察读数内之波动时用 OFF;ON 用于补偿可能影响读数的环境波动。

诊断方式:允许操作者选择 OPERATE、OPTIC、ELECT 或 PREAMP。在测定时,设定 OPERATE;在进行诊断实验时,选择想要的待诊断系统。

臭氧发生器:选择 ON 或 OFF。通常应用 ON,OFF 用于维护程序。

控制回路:允许操作者选择 ENABLED 或 DISABLED。当选定 ENABLED 时,微机保持数字电位计的控制;当选定 DISABLED 时,微机不能控制数字电位计,用户可手动调整数字电位计。当控制回路选在 ENABLED 时,微机将在电位计的最后设置点上控制电位计。当主屏幕显示时,控制回路设置在 ENABLED。

(5)输出实验菜单

输出实验菜单项目报告供电位计和阀用的读数。

OUTPUT TEST MENU　　　　　　　实验输出菜单

PREPROCESSOR POTS　　　　　　预处理器电位计

VALVE TEST MENU　　　　　　　阀实验菜单

1)预处理器电位计屏幕

预处理器电位计是电子控制的数字电位计,用来调整预处理器控制板的操作,每个电位计在非返转滚动字段设定数字为 0~99。

PREPROCESSOR POTS　　　　　　预处理器电位计

INPUT:40　　　　　　　　　　　输入:40

TEST MEASURE:0　　　　　　　　试验测定:0

HIGH VOLTAGE ADJUST:53	高电压调节:53
CONC. VOLTAGE:3.500 VOLTS	浓度电压:3.500V
HIGH VOLTAGE:650 VOLTS	高电压:650V
NO:0.400 ppm	气体浓度读数:0.400 ppm

输入:在预处理器控制板上设定输入增益系数,由技术人员用来检查与排除故障。

实验测定:在检查与排除故障或校验仪器正确性能过程中,技术人员采用的软件控制电位计做实验测定。

高电压调整:用于调整 PMT 电压的电位计,当进行这种电位计调整时,可观察到 HIGH VOLTAGE 字段。

NO ppm:气体浓度读数。仪器产生的信息不能设定,在设定电位计时仅作参考。

浓度电压:仪器产生的电压,与气体浓度相对应。

高电压:微机发出的信息,当进行调整 HIGH VOLTAGE ADJUST 电位计时作为参考值。

2)阀实验菜单

除 VALVE SEQUENCING(阀定序)被设置在"OFF",所有输入全在微机控制下。

VALVE TEST MENU	阀实验菜单
INT. VALVE ♯1:OPEN	内部阀 ♯1:开
INT. VALVE ♯2:CLOSED	内部阀 ♯2:闭
INT. VALVE ♯3:CLOSED	内部阀 ♯3:闭
INT. VALVE ♯4:OPEN	内部阀 ♯4:开
INT. VALVE ♯5:OPEN	内部阀 ♯5:开
EXT. MEASURE:OPEN	外部测定:开
EXT. ZERO GAS:CLOSED	外部零气:闭
EXT. SPAN GAS:CLOSED	外部标气:闭
VALVE SEQUENCIN:ON	阀定序:接通

在 EC/ML 9841B 服务手册中介绍了阀的名称和气路位置:

INT.VALVE ♯1	NO_x 样气
INT.VALVE ♯2	NO 样气
INT.VALVE ♯3	NO_x 分路
INT.VALVE ♯4	NO 分路
INT.VALVE ♯5	背景
EXT. MEASURE	外部供给样气流
EXT. ZERO GAS	外部供给零空气
EXT. SPAN GAS	外部供给标定气
VALVE SEQUENCING:	设定"ON"或"OFF"。

ON:用于阀自动控制,正常操作需将 VALVE SEQUENCING 定在"ON"。

OFF:操作者手动控制阀。主屏幕无论在何时显示,阀定序会自动地设定在 ON。

(6)诊断菜单

诊断菜单是用于诊断出现问题或可疑问题。当操作者留下此菜单时,置位将返回到以前的设定状态。

DIAGNOSTIC MENU	诊断菜单
FUNCTIONAL TEST:LPT1 TEST	功能实验:LPT1 实验
DISPLAY TEST	显示实验

功能实验可从下列各项选择:

DAC 实验:在所有 DAC 输出上加上大约 1 Hz 锯齿波形,实验进行 3 min。在实验过程中系统的其余部分是断开的。

监视器实验:禁止选通监测定时器,当完成实验时系统复位。

多站实验:将可打印出的实验字符送到多站口。

显示实验(Display Test)选择引起屏幕显示一系列相隔极近的垂直线,屏幕将出现空白,事实上此实验是一种图素校验,再按一下"Select"键检验看到的选择图素,然后按"PG UP"键退出此实验。

(7)接口菜单

INTERFACE MENU	接口菜单
ANALOG OUTPUT MENU	模拟输出菜单
INTERFACE MODE:COMMAND	接口方式:指令
MULTIDROP BAUD:2,400	多站波特:2 400
DATA LENGTH:8 BITS	数据长度:8 bit
STOP BITS:1 BIT	停止位数:1bit
PARITY:NONE	奇偶性:无
COMM. PROTOCOL:ORIGINAL	通信规约:原有的

下列各项仅用于一种或多种串行口。

接口方式:选择"Command"或"Terminal"。Command 用于串行指令集 Terminal 用于菜单结构。

多站波特:供后板上 RS 232(DB9)接插件用的通信率,可用的波特率为 1 200、2 400、4 800、9 600 和 19 200。

数据长度:设定用于串行传送的数据位数,可用长度为 7 和 8。

停止位数:设定用于串行传送的停止位数,可用的停止位为 1 和 2。

奇偶性:设定用于串行传送的奇偶性,可选择 NONE(无奇偶性)、EVEN(偶性)。

通信规约:设定在串行传送内的通信协议,可选择 Original、Bavarian 及 Enhanced,手册中的串行通信资料。

(8)模拟输出菜单(ANALOG OUTPUT MENU)

模拟输出菜单包括有关记录装置的设定。

ANALOG OUTPUT MENU	模拟输出菜单
NO OUTPUT MENU	NO 输出菜单
NO$_x$ OUTPUT MENU	NO$_x$ 输出菜单
NO$_2$ OUTPUT MENU	NO$_2$ 输出菜单

NO/NO$_x$/NO$_2$ 输出菜单包括供每个模拟输出通道的设定。菜单功能相同,设定 OUTPUT 和 O-VER－RANGE 不影响仪器的测量范围,它仅影响模拟输出范围的划分。

1)NO/NO$_x$/NO$_2$ 输出菜单(电流)

NO OUTPUT MENU	NO 输出菜单
RANGE:0.500 ppm	量程:0.500 ppm
OUTPUT TYPE:CURRENT	输出类型:电流
CURRENT RANGE:0～20mA	电流范围:0～20mA
FULL SCALE:0.00 %	满刻度:0.00 %
ZERO ADJUST:0.00 %	零调整:0.00 %
OVER RANGE:20.00 ppm	过量程:20.00 ppm
OVER－RANGING:DISABLED	继续过量程:禁止

量程:设定量程上限(用数字)至想要的 NO 浓度,该值不能超过 OVER RANGE 数值。

输出类型:输出可选择电流或电压。

电流范围:可选 0～20 mA;2～20 mA;4～20 mA。

满刻度:×.××‰,用于满刻度设定的校正系数。

零调整:×.×× ‰,用于零调整的校正系数。

过量程:设定想要的过量程值,该值不能设定在低于原量程值之下,当允许继续过量程时,这是经修正的记录器指示刻度(当达到设定量程的 90% 时,自动转换量程生效;当达到原量程的 80% 时,将返回到原量程)。

继续过量程:设定 ENABLED(允许)或 DISABLED(禁止)。

2)NO/NO_x/NO_2 输出菜单(电压)

NO OUTPUT MENU	NO 输出菜单
RANGE:0.500 ppm	量程:0.500 ppm
OUTPUT TYPE:VOLTAGE	输出类型:电压
OFFSET:0%	偏移补偿 0%
FULL SCALE:0.00 %	满刻度:0.00 %
ZERO ADJUST:0.00 %	零调整:0.00 %
OVER RANGE:20.00 ppm	过量程:20.00 ppm
OVER-RANGING:DISABLED	继续过量程:禁止

量程:设定量程上限(用数字)至想要的 NO 浓度,该值不能超过 OVERRANGE 数值。

输出类型:输出可选择电流或电压。

补偿:可选择 0%、5%、10%。

满刻度:×.×× ‰,用于满刻度设定的校正系数。

零调整:×.×× ‰,用于零调整的校正系数。

过量程:设定想要的过量程值,该值不能设定在低于原量程值之下,参看 1.2.2.3 中(15)下的"3)模拟输出设定",当允许继续过量程时,这是经修正的记录器指示刻度(当达到设定量程的 90% 时,自动转换量程生效;当达到原量程的 80% 时,将返回到原量程)。

继续过量程:设定 ENABLED(允许)或 DISABLED(禁止)。

(9)事件记录屏幕

事件记录显示关键事件的备忘录,可记录多达 20 多种情况,例如自动调零、校准或特殊误差,可用于多达 20 种情况。

EVENT LOG	事件记录
♯ 1 SYSTEM POWER RESTORED	♯ 1 恢复系统电源
OCCURRED AT 00:01 15-JUL-92	在 00:01 15-JUL-92 出现
♯ 2 ZERO FLOW	♯ 2 零流量
OCCURRED AT 17:02 08-JUL-92	在 17:02 08-JUL-92 出现
♯ 3 SERVICE SWITCH ACTIVATED	♯ 3 服务开关激活
OCCURRED AT 17:02 07-JUL-92	在 17:02 07-JUL-92 出现

(10)仪器状态屏幕

仪器状态是借助于微机对各种参数连续地产生的信息。

INSTRUMENT STATUS	仪器状态
GAS FLOW:0.32 SLPM	气体流量:0.32 SLPM
GAS PRESSURE:168.2 TORR	气体压力:168.2 torr
MBIENT PRESS.:625.5 TORR	环境气压:625.5 torr
CONC. VOLTAGE:3.500 VOLTS	浓度电压:3.500V
ANALOG SUPPLY:11.876 VOLTS	模拟供电:11.876V
DIGITAL SUPPLY:5.042 VOLTS	数字供电:5.042V
GROUND OFFSET:290	接地补偿:290
HIGH VOLTAGE:650 VOLTS	高电压:650V

| VERSION 2.05V | 版本 2.05V |
| Exit | 退出 |

仪器状态:微处理器根据变化的参数产生的仪器状态信息。

气体流量:根据限流孔尺寸和气体压力计算出的气体流量,水泵传感器测量到流量为0,这里就显示 0.00。

气体压力:在反应室测量到的气室压力。

环境压力:在阀组的限流孔前测量到的压力。

浓度电压:这是在予处理板上的一个电压值,它的反应气体具实际浓度的测量值,它对应于反应室内的化学发光信号。

模拟供电:提供+12V 电源。

数字供电:提供+5V 微处理板电压。

地线补偿:在微处理板地线和预处理板的地线之间可能存在电压差,在 A/D 转换中能测量到。

高压:为 PMT 提供的高压读数仪器状态屏幕中的其他信息请参考 ML9841B 维修手册。

(11)系统温度屏幕

系统温度屏幕显示通过微机产生的连续信息。

SYSTEM TEMPERATURE	系统温度
CELL TEMP. ;50.0 DEG C	反应室温度:50.0℃
CONV. TEMP. ;315.0 DEG C	转换器温度:315.0℃
CHASSIS TEMP. ;35.0 DEG C	机箱温度:35.0℃
FLOW TEMP. ;55.0 DEG C	流量温度:55.0℃
COOLER TEMP. ;10.0 DEG C	冷却器温度:10.0℃

(12)系统故障屏幕

系统故障显示连续监测的各种参数 PASS(合格)/FAIL(失效)指示,这些参数必须在容许操作范围内才显示 PASS。

SYSTEM FAULTS	系统故障
SAMPLE GAS FLOW:PASS	样气流量:PASS
A/D INPUT;PASS A/D	输入:PASS
COOLER STATUS:PASS	冷却器状态:PASS
REFERENCE VOLTAGE:PASS	参比电压:PASS
12 VOLT SUPPLY:PASS	12V 供电:PASS
HIGH VOLTAGE:FAIL	高电压:FAIL
CELL TEMPERATURE:PASS	反应室温度:PASS
FLOW BLOCK TEMP:PASS	流量单元温度:PASS
CONVERTER TEMP:PASS	转换器温度:PASS
Exit	退出

2.2.3　日常运行、维护和标校

2.2.3.1　日常运行操作

(1)每日巡视检查

1)检查分析仪的流量是否稳定,应在 0.64L/min 左右,观察时间应在 30s,如流量有过高、过低或不稳定的情况,应记录在值班记录本上,并进行检查和报告。

2)随时检查分析仪屏幕显示的浓度值是否在正常范围内。

3)随时检查分析仪屏幕右上角是否有报警信息,如有报警信息应及时检查和报告,并记录在值班记录上。

4)每日详细检查日图中打印的资料是否正常,并做标记。

特别注意:

仪器的浓度数据是否在正常范围内,与前一天相比有否显著变化。

仪器的标准偏差数据是否处于较小的范围,与前几天相比有否变化。

仪器的校准时序和零点、单点校准值是否正常,与前几天相比有否变化。

5)按要求完成日检查表中的条项检查并记录。

6)随时注意发现各种可见的问题,如各种连接件断开或松开,特氟隆管破裂或粘连,过多的灰尘积累在仪器上引起仪器过热、短路而造成元器件损坏。

(2)每周检查

1)按周检查表中的顺序,进行检查,并认真记录,注意各参数是否在正常范围内;

2)检查并记录标准气瓶的压力,在压力不足时应及时更换。

2.2.3.2　系统维护

(1)维修周期

表 2-5 列出了 9841B 的维修周期,这个表基于正常工作条件下,用户可根据自身情况修正此表。

表 2-5　9841B 的维修周期

间隔 *	内容	方法
每周	入口粒子过滤器	检查/更换
	Event Log/ System Fault	检查
	精确度检验	检查
每月	风扇过滤器	检查/更换
	Zero/Span 校正	执行
	时钟	检查
	仪器状态	检查
每 3 个月	转化效率	检查
6 个月	出口活性炭	换 * *
	PMT 干燥包	换
	多点校正	执行
1 年	DFU 过滤器	更换
	烧结过滤器	更换
	流量校正	检查/校正
	检漏	维修后进行
每 2 年	清洗反应池	清洗

注 1:仅对一般情况而言,实际应用中还要根据情况适当调整,用户可先参考此表进行工作,然后根据实际情况修改。

注 2:高温条件下需要勤换此包。

1)检查粒子过滤器

仪器入口的粒子过滤器防止粒子进入 9841 内部气路,污染了过滤器会降低 9841 的性能,包括延长响应时间,读数不稳,温漂及其他各种问题。许多因素对粒子过滤器更换间隔有影响。例如:春天的花粉及尘土,人为的环境变化,像建筑工程的尘土会很快污染滤膜,再如干燥多风沙的气候条件等等。确定换滤膜周期的最佳方法是:在最初的几个月时间里,每周检查滤膜污染状态,然后根据情况订出换膜间隔。一般 30 天更换一次膜,在春季沙尘之后,可立即更换。每一次更换过滤膜,须在日检查表上记录更换时间,每次更换过滤膜后,必须再次检查分析仪面板示数、流量等是否有异常变化。

2)清洗风扇过滤器

9800 系列仪器的风扇过滤器装在后面板上,如果此过滤器被污染,将会对仪器的制冷效率产生影响,清洗时可将其拆下,拍打、用干净气体吹、用中性肥皂水清洗并风干。

3)出口过滤器

气体出口气安装过滤器以确保泵的安全,如果过滤物质过期,将漏过 O_3,直达泵室,因而使泵密封性受到严重损坏。过滤器内吸附物质必须定期更换,以确保泵的寿命。关闭 9841 的电源时,让泵继续抽气约 15 min,以排净 O_3,并防止活性炭发生可能的反应。

4) PMT 干燥剂包的更换

PMT 室内有两个干燥剂包,以防止在经过制冷的 PMT 室内发生冷凝,干燥剂过期将导致 PMT 室受到侵蚀,并发生制冷失败,干燥剂包 1 年至少换一次。如果在 PMT 室内检测到湿气或干燥剂饱和,则必须更换,换干燥剂按下列步骤进行。警告:关闭 9841 的电源时,让泵继续抽气约 15 min,以排净 O_3,并防止活性炭发生可能的反应。

①开仪器电源。

②用十字头改锥将 PMT 室上的干燥剂壳螺钉松开。

③取出过期的干燥剂,换上新的,不要试图将旧干燥剂重复利用。

④检查 PMT 室内有无湿气(用放大镜),如果发现湿气,应缩短干燥剂更换周期。

⑤重装干燥剂外壳,用手的力量装紧,以防漏气,将少许润滑剂涂于橡 O 形环上,安装时会好一些。拧紧两个安装螺钉。

⑥4～6h 后接通电源,启动仪器。

注意:必须先装好外壳,再拧螺钉,不可依赖螺钉的力量硬将外壳拧入位置。

5) DFU 过滤器的更换

零气先进入可置换过滤器(DFU)后,进入一个渗透干燥器。这样可以防止污染气路和反应室,失效的 DFU 会导致进入 O_3 发生器,DFU 装在仪器内靠近后面板处,如果更换。关掉 ML 9841B 电源后,继续抽气约 15min,以抽气仪器内的 O_3,并防止活性炭发生可能的反应。

①关掉仪器,关泵。

②松开 DFU 端头的塑料螺母。

③取出 DFU 换新的,注意流向要正确(从仪器后方向前方)。

④重装塑料螺母,注意内部压环要可靠。

⑤开泵。

6)烧结过滤器的更换

粉末冶金烧结过滤器是最后一级过滤器,它防止污染和堵塞样气孔板。烧结过滤器堵塞会使进入反应室的光亮减少,一般说,进行彻底的维修或更换烧结过滤器。而有时需要将它检查或清洗以保证仪器正常运行。关掉 9841B 电源后,继续抽气约 15min,以抽气仪器内的 O_3,并防止活性炭发生可能的反应。注意:格外注意安装于反应室及多路阀组上的压力传感器,不可将其损坏。

①关掉仪器,断开泵。

②拧下 4 个螺钉,将线路板取下。

③断开电路插头及气路接头,松开固定阀组的螺钉,将阀组拿下,为了安装时不出错,最好将所有接头做好标记。

④找到装在阀组上的两个烧结过滤器换之,孔板可用酒精或超声波清洗。

⑤重装多路阀组件。

7)反应室清洗

O_3 与空气中的杂质发生反应,会在反应室内及光学过滤器表面形成一层沉积物的膜,这将使仪器灵敏度下降,并且要增加仪器测量增益,仪器反应室必须定期清洗,以去除沉积物,保持仪器的灵敏度。注意:格外小心反应室顶部的压力传感器,以免损坏。警告:关掉 9841B 电源后,继续抽气约 15min,以抽气仪器内的 O_3,并防止活性炭发生可能的反应。

①关掉仪器电源,关泵。

②把反应室上的气路,电路插头拔下,松开 4 个螺钉后把反应室从 PMT 室上取下来。

③从反应室上取下光学过滤器。

④用高纯度异丙基乙醇清洗过滤器和反应室,洗后装好。

⑤将 O$_3$ 入口的烧结过滤器取出更换,清洗孔板,更换橡胶环。

⑥重新装好反应室。

⑦重新校准仪器。

8)检漏

这是对仪器气路的测试,显示器将显示系统是否漏气。注意:这个过程无法检查阀是否漏。

①选 TEST MENU OUTPUT TEST MENU VALVE TEST MENU 菜单,将 VALVE SE-QUENCE 设为 OFF。

②堵塞后面板的入口仪器内的 DFU 过滤器的入口。

③选 INSTRUMENT STATUS 屏,GAS PRESSURE 和 AMBIENT PRESSURE 都将下降到正常状态时 GAS PRESSURE 的约 50%。注意:如果这两个压力值之间的压力差不在 10torr 以内,则可能存在漏气,VALVE TEST 菜单可用于分隔局部气路,以便查找漏气处。

④返回 OUTPUT TEST MENU,选 VALVE TEST MENU 菜单,设 VALVE SEQUENCE:ON

⑤按"Exit"键,并将所有进气口的塞子去掉。

(2)年度维护

为了保证仪器能长期的正常运转,需要对仪器进行年度维护,年度维护工作的内容包括:仪器内部的清洁工作,毛细管的检查和清洁,漏气试验,泵膜的检查等。如仪器发生故障或其他原因,年度维护的一些工作内容,也可以在一年以内进行多次。

1)每年要定期清洁仪器内部一次,清洁仪器前要进行仪器参数的检查和记录,清洁仪器时,要断开电源,并采取措施防止静电。清洁仪器内部灰尘最好的方法是首先尽可能用真空泵吸可能到达的部位,然后用低压压缩空气吹走剩余的灰尘,最后用软毛刷刷去残存的灰尘。

2)完成仪器内部清洁后,重新开机,待仪器运行稳定后,仍要仪器参数的检查和记录,并对照清洁前的记录,以及时发现仪器因清洁工作而出现的重大变化。

(3)常用备件及消耗品

可考虑以下备件作为备件。

常用消耗品有:47mm,2～5μm 孔径的 Teflon 过滤膜、活性炭、干燥剂。此外,还应保存少量 1/4 英寸的 Teflon(FEP)管线,和相应管径的 Swaglok 不锈钢接头(直通和三通)和密封圈。此外,可根据需要选购电路板作为备份。

1)更换部件

仪器备件表见表 2-6。

表 2-6　仪器备件表

名称	零件号	等级
烧结过滤器(3 个)	002-024900	1
DFU 过滤器	036-040180	1
O 形环用于孔板和过滤器(3 个)	25000419-3	1
干燥剂,5g(4 包)	26000260	1
活性炭,2 磅	850056500	1
5μm 滤膜,50 片/包	98000098-1	1
钼炉,NO$_2$/NO 转换器	98415207	2
O 形环,用于干燥剂入口盖上	25000422	3
O 形环,用于反应室	25000423	3

续表

名称	零件号	等级
O形环,用于反应室光学过滤器	25000426	3
提取工具,小型装配连接器	29000141—2	3
管,内置光电放大器	57000010	3
孔板,4mil	844—012600	3
孔板,8mil(2个)	844—012602	3
PCA,稳压器	9800056	3
显示器/开关组件	9800057SP	3
PCA,带 ROM 芯片的微处理器	98000108—3	3
供电电源 115/230V 变 12VDC	98000142	3
修理包,泵用	98000242	3
过滤器用于光路反应室	98410012	3
PCA,预处理器	98410033—2	3
加热/热电阻组件,12 英寸	98410070—2	3
O₃ 发生器及其安装件	98410121—2	3
PCA,多路阀压力/温度	98412007SP	3
多路阀组件	984112021SP	3
HVPS 及前放组件,光放大器	98412028—2—SP	3
制冷器	98412028—3—SP	3
压力传感器组件	98412033SP	3
干燥器组件	98412046	3

等级 1:一般维护时用,以及损耗件,如:过滤器,O 形环等。

等级 2:易损的部件,根据经验认为损坏较快的,例如:泵,加热器,转换炉,阀及某些线路板等。

等级 3:不包含在 1,2 级中的其他各种部件,这包括一些无法预计损坏周期的部件。

2)无法预计损坏周期的部件(表 2-7)

表 2-7　无法预计损坏周期的部件

名称	零件号
外置泵 230V/50Hz 4L/20 英寸 Hg	884—017302
带滑轨的安装件	98000036—2
PCA,50 点 I/O 板	98000066—2
可选用的电源电池 12VDC	98000115
样气入口粒子过滤器	98000210—1
带壳的 50 点插头	98000235—1
阀组件一套,外部零/标(EZS)	98300087
活性炭	98415105—1
ML9841B 操作及维修手册	98417005

3)消耗件预计寿命

钼炉最少 6 个月,典型 1～2 年。

2.2.4　故障处理和注意事项

2.2.4.1　故障指示

在查阅故障指示以前,应先确认直流供电电压在正常范围内。EC 9800 系列仪器自身带有状态显示,可由此得到故障指示,而不必打开仪器上盖。对故障分析最有用的是仪器的下列菜单:

PREPROCESSOR POTS MENU　　　　　预处理电位器
VALVE TEST MENU　　　　　　　　　阀测试
EVENT LOG　　　　　　　　　　　　事件记录
INSTRUMENT STATUS　　　　　　　　仪器状态
SYSTEM FAULTS　　　　　　　　　　系统失效

上述菜单提供的信息可能会指示系统的故障,如果仪器特性参数发生变化,则产生问题的元件可能被检测到,进而提高了排障效率,如果用户定期检查仪器的上述参数,并记录下来,对可能发生的问题进行故障分析会很有帮助。如果用户需要厂家帮助分析,解决问题时,提供上述菜单中的参数也是非常必要的!

(1)预处理电位器菜单(PREPROCESSOR POT)

预处理电位器屏显示了预处板上的几个元件的电位器设定值。电位器设定值在正常运行时的仪器典型参数的一定范围内浮动。

(2)阀测试菜单(VALVE TEST MENU)

阀测试菜单显示仪器中每一个阀当前的工作状态,这个菜单可以开/关每一个阀,这就可以判断出每个阀的工作状态正确否,仪器正常工作时,VALVE SEQUENCE 设为 ON。

(3)事件记录(EVENT LOG)

当关注仪器可能的故障时,可查阅此菜单,系统失败或元件故障及其发生的时间都记录在案。事件记录信息如表 2-8 所示。

表 2-8　事件记录信息

记录信息	注解	处理
INTERNAL O/S ERROR ♯1	存储器不够用	
INTERNAL O/S ERROR ♯2	未给 O/S 定义任务	
INTERNAL O/S ERROR ♯3	O/S 尺寸划分不对	
INTERNAL O/S ERROR ♯4	O/S 排列不对	
INTERNAL O/S ERROR ♯5	O/S 存储器恶化	
INTERNAL O/S ERROR ♯6	被其他定义覆盖	
INTERNAL O/S ERROR ♯7	被 O 整除了	
INTERNAL O/S ERROR ♯8	发生信号阻断	
INTERNAL O/S ERROR ♯9	发生断点中断	
INTERNAL O/S ERROR ♯10	发生溢出	系统软件或硬件有误,厂家处理
INTERNAL O/S ERROR ♯11	排列界限错误	
INTERNAL O/S ERROR ♯12	CPU 试图运行未定义程序	
INTERNAL O/S ERROR ♯13	非法操作点	
INVALID OP IN TASK ♯X	非法操作	
ZERO DIVIDE IN TASK ♯X	以浮点 0.0 为除数	
UNDERFLOW IN TASK ♯X	溢出 $< 8.43E-37$	
OVERFLOW IN TASK ♯X	溢出 $3.37E+38$	
FLOAT ERROR TASK ♯X	乘法浮点运算错误	

续表

记录信息	注解	处理
RAM CHECKSUM FAILURE	存储器求和错误	找厂家
EAROM X DATA ERROR Y	EAROM 错误	
SYSTEM POWER FAILURE	断电	无所谓
HIGH VOLTAGE POT LIMIT	高压调节超出范围	查 PMT 和高压模块
A/D COVERSION ERROR	A/D转换"忙"	模拟接口问题,换微机板
ZERO FLOW	仪器零流量	泵的问题
SPAN RATIO＜0.75	AZS周期后,增益系数＜0.75	标漂,需重新标定
SPAN RATIO＞1.25	增益系数＞1.25	
SYSTEM POWER RESTORED	系统上电	无所谓
RESET DETECTION	按复位键或看门狗动作了	一般不用动,除非复位非用户所为
AZS CYCLE	启动 AZS(自动零,标周期)	无所谓

(4)仪器状态

如果仪器的 INSTRUMENT STATUS 菜单中有的参数明显超出如下所示范围,则可能发生故障。

SYSTEM TEMPERATURE　　　　　　　系统温度

CELL TEMP. :45—55 DEG C　　　　池温:45～55℃

CONV TEMP. :305—325 DEG C　　　转化器温度:305～325℃

CHASSIS TEMP. :10—55 DEG C　　　机箱温度:10～55℃

MANIFOLD TEMP. :50—60DEG C　　阀组温度:50～60℃

COOLER TEMP. :8—12 DEG C　　　冷却器温度:8～12℃

(5)系统温度

SYSTEM TEMPEATURE 屏显示反应室温度,钼炉温度,机箱温度。多路阀组温度和 PMT 制冷温度。下面给出了常态下可能出现的温度值,如果有超出此范围的示值,则显示存在问题。

INSTRUMENT STATUS　　　　　　仪器状态

GAS FLOW:0.4—0.70 SLPM　　　气体流量:0.4～0.70SLPM

GAS PRESSURE:75—300 TORR　　气体压力:75～300torr

AMBIENT PRESSURE:460—800 TORR　环境压力:460～800torr

CONC. VOLTAGE:0.1—4.5 VOLTS　浓度电压:0.1～4.5 V

ANALOG SUPPLY:11.6—12.2 VOLTS　模拟供电:11.6～12.2 V

DIGITAL SUPPLY:4.8—5.2 VOLTS　数字供电:4.8～5.2V

GROUND OFFSET:200—320　　　接地补偿:200～320

HIGH VOLTAGE:600—700 VOLTS　高电压:600～700V

VERSION B1. 00　　　　　　　　版本:1.00B

Exit　　　　　　　　　　　　　退出

2.2.4.2　系统故障

在连续运行中,SYSTEM FAULTS 菜单自动显示仪器的几个重要参数是 PASS,还是 FAIL。只有当这些参数在允许范围内,该项才显示 PASS,如果显示 FAIL,则说明在仪器的某个地方出现重大问题。注意:SYSTEM FAULTS 屏只显示几个仪器参数是否 PASS,也就是说,有无损坏,正常工作允许范围还要参照。仪器状态及系统温度菜单,如果仪器显示 FAILURE,这就说明检测列仪器的某个部分发生重大问题,表2-9列出了文字显示及相应的故障。

表 2-9　文字显示及相应的故障

显示	说明
Out Of Service	维修开关在 off 位,不进行维修时应在 IN 位置
Zero Flow	样气流量<0.1L/min
A/D Input Out Of Range	A/D 输入范围−200mV～4.5V,超出则有此显示
Cooler Failure	制冷温度超出范围,应当为 0～15℃
High Voltage Failure	高压超出范围,超过设定范围 25%
12V Volt Supply Failure	12V 电压超范围,应当为 11.1～14.3V
Cell Temperature Failure	反应室温度低于 35℃或高于 60℃
Converter Temperature Failure	钼炉温度不在 250～350℃
Valv Manifold Temp Failure	阀组温度不在 45～65℃

下面列出 9841 的诊断模式。

(1)光路

进行光路测试时,打开位于反应室中的一个小型白炽灯,该灯发出类似 NO 在反应室中的化学发光,而该光被 PMT 检测,这个测试用于确认 PMT,检测 PMT,前置放大器以及处理器测量通道。

(2)前置放大器

节约前置级测试时,发生一个电子测试信号,用以模拟 PMT 产生的信号。将其加到 PMT 前置级输入端上。本测试方法排除 PMT,用于检测前置放大器和预处理器。

(3)电子电路

本测试是将一个电子测试用信号加到预处理器的输入端,模拟其输入信号,并对其检测,这个检测用于判断预处理器 PCA 测量通道。同时又排除了 PMT 及前置放大器的问题。

(4)诊断模式的应用

通过选择 IAGNOSTIC MODE 菜单进入诊断模式,可用 OPTIC(光路),PREAMP(前置放大器)和ELECTRIC(电子线路)三种方式,并结合测试测量电位器的调整产生一个测试信号(模拟气体浓度),测试响应情况对每台仪器不同参数时各有不同,这些测试可以判断出是没问题,还是坏了,通过使用不同的诊断模式可以判断问题发生在哪个部件上。

2.2.4.3　故障指示

使用本故障指示依据故障现象查找原因及解决方法直至解决问题。系统故障显示如表 2-10 所示。

表 2-10　系统故障显示

现象	可能的原因	判断和解决办法
无显示、无反应	AC 电源	检查电源电缆插好否,检查电源保险丝断否,这可以用测电阻的方法进行,保险丝为 5A,检查电源开关是否打开
无显示	对比度调节不当	调整对比度,方法:同时按住面板上的˘+Select 键,则更暗,˘+Select 键则更亮 调整背景光时:Enter+Exit 键变暗,PgUp+Select 变亮
	DC 电源	仪器内电源模块与稳压板之间连线可靠否? 检查稳压板上各点电压值,见电压指示表(这一章前部分)。若有故障,可以更换电源模块或稳压板。
	稳压板上没有+15V 电压	把 JP3 接到微处理器板+12V 电压位置。
	显示器	检查显示器与微机板之间的连线是否可靠
	显示器坏或微机板坏	换前面板显示器,换微机板

续表

现象	可能的原因	判断和解决办法
零流量	泵坏了	换泵
	过滤器	检查粒子过滤器,脏或堵塞则需更换
	反应室气压升高	确保样气和零气入口在常压下
	烧结过滤器或孔板堵塞	清洗或更换
噪声或读数不稳	漏气	漏气会稀释样气或使标气读数下降,不稳的漏气会产生噪声,按照本章所述方法检漏
	粒子过滤器	污染了的过滤器会产生许多故障,更换粒子过滤器
	压力或流量不稳	在仪器状态显示屏上观看各参数是否在允许范围内,稳定否?
	温度	在系统温度屏上观看温度是否稳定,并在允许范围内。
	校准	是否在进行不正确的校准,或标气源不稳定
	O_3 发生器	更换 O_3 发生器
	PMT	更换 PMT
标度值低	增益设定	按照操作手册上的方法重调增益
	漏气	漏气会稀释样气,并造成标度值低,不稳定的漏气还会产生噪声;检漏
	钼炉	确认钼炉温度为 305～325℃ 确认目录转化效率>96%,方法见 9841B 操作手册;更换钼炉
	温度	反应室温度应在允许范围内
	反应室	光学过滤器应清洁
	PMT 增益	PMT 的供电电源应在允许范围内
对标气设定的响应	增益设定	标定时调整增益,方法见操作手册
	漏气	漏气会稀释样气,降低标度值,不稳定的漏气会产生噪声;检漏
	无流量	参见本表的零流量
	检测器	确认 PMT 电压为 650～850V;确认 BNC 电缆(发光室和预处理器 J4)连接可靠 用光路测试(Optic test)检验 PMT 的响应
	O_3 发生器	确认 TEST MENU OZONE GENERATOR 是 ON;O_3 发生器为 ON 时,查预处理器板上的电压,J2－9:＋12V;J2－11:>2.4V 更换 O_3 发生器
	阀	确认在 TEST MENU 的 VALVE SEQUNCING 为 ON
	软件锁定	显示器主屏上 MAIN MENU 字符是否闪动;仪器的其他菜单可选吗? 按第二层面板上的复位键;换微处理器板
零漂	漏气	漏气会稀释样气,降低标度值,不稳定的漏气会产生噪声;检漏
零不能使读数为 0.000ppm	零气源不好	换零气源
	反应室被污染	清洗反应室
压力或流量值不稳	反应室控温失效	反应室应为 50℃±5℃
响应时间长	流量低	用流量计检测流量,标准值应为 0.6～0.7L/min,如果不对,更换烧结过滤器或孔板
	微处理器	更换微机板
	PMT	可能出 PMT 或 PMT 室内,请与厂家联系
仪器指示:GAS;CO	预处理器上 ID 设置错误	重新对 ID 编程 换预处理板

第 3 章　二氧化硫(SO₂)观测系统

二氧化硫(SO_2)是大气中的重要气体污染物之一,除了来源于化石燃料燃烧过程的人为排放外,还来自于海洋、火山活动和生物腐败过程等的自然排放。SO_2 在大气中经过扩散、稀释后,以硫酸盐形态存在于降水和气溶胶中,对全球、区域气候变化和大气降水化学产生影响。当二氧化硫溶于水中时,会形成亚硫酸(酸雨的主要成分)。若把 SO_2 进一步氧化,通常在催化剂如二氧化氮的存在下,便会生成硫酸。大气中的硫酸盐颗粒是有效的成云凝结核,全球尺度上成云凝结核数目的增加会使云的反照率随之增加,平流层大气中硫酸盐颗粒的增多,还可增强短波辐射向太空的反射。在酸沉降过程中,SO_2 也扮演着重要的角色,硫酸盐颗粒通过干、湿沉降过程返回地面会使沉降区域内土壤和水体等的酸性增加,进而对敏感的生态系统造成损害。在区域大气本底站开展此项观测,主要可为了解区域空气质量及其对区域气候的潜在影响提供科学依据。干洁大气中 SO_2 含量较低,一般城市地区大气中 SO_2 的含量在几到几十个 ppb 的范围,在海洋、极地等大气清洁地区其含量可以低至几十个 ppt,而在发电厂排放或火山喷发的烟尘中,SO_2 的浓度可高达 1000ppb 甚至更高。

可以使用脉冲荧光分析仪或火焰光度气相色谱分析装置连续测量 SO_2 浓度,也可以利用膜(吸收液)采样技术测量二氧化硫。尽管脉冲荧光分析仪的测量响应时间相对较慢,但易于校准,可靠准确,并且对 SO_2 具有选择性,因而被广泛使用。

3.1　TE43CTL 型 SO₂ 分析仪

大气本底站使用美国 TE 公司生产的 43CTL 型脉冲荧光二氧化硫分析仪,可以自动连续地进行大气中 SO_2 监测,同时和其他气体监测仪器集成,从统一集成进气管进入空气样品,仪器信号由一台工控计算机记录并存储。

3.1.1　基本原理和系统结构

3.1.1.1　基本原理

二氧化硫分子在受到紫外光(波长 190～230nm)照射后,分子的电子能级发生跃迁,成为高能态的二氧化硫分子。后者主要通过两种途径释放其吸收的能量而回到常态,一是与周围的气体分子碰撞将能量传递给其他分子,二是发出荧光。43CTL 型脉冲荧光二氧化硫分析仪(以下简称为 43CTL)利用这一原理,在短时间内用强脉冲的紫外光照射大气样品,使得二氧化硫分子瞬间激发,而后通过测量二氧化硫分子发出的荧光强度来确定样品中二氧化硫的含量,即脉冲荧光法。其化学反应式如下:

$$SO_2 + h\nu_1 \rightarrow SO_2^* \rightarrow SO_2 + h\nu_2 \tag{3-1}$$

如图 3-1 所示,空气样品由空气总集气管进入 43CTL,首先通过碳氢去除器将其中的碳氢化合物除掉,之后再进入荧光池。在荧光池的一端,紫外光源发出的紫外光经聚光镜聚焦,再通过一组 8 片的反射镜面组,使特定波长的紫外光进入荧光池,将样品气中的 SO_2 分子激发至高能态。

激发态的 SO_2 分子衰变到低能量状态时发出的荧光,通过带通过滤器到达 PMT,由此得到的电流信号与 SO_2 的浓度成正比。为了对光源的波动进行补偿,在荧光池另一侧的光电检测器连续检测紫外脉冲源强度。空气样品最后通过毛细管流量传感器和碳氢去除器的外管排出。43CTL 测量的 SO_2 浓度结果,可显示在仪器的前面板屏幕上,同时通过后面板的输出端子和计算机通信接口输出模拟电信号

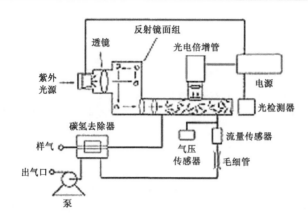

图 3-1　43CTL 工作原理图

和数字信号。

3.1.1.2　仪器结构

(1)总体结构

43CTL 的主要部件包括:高强度紫外脉冲源和高压电源、荧光池、光电倍增管、信号放大电路、气泵以及用于除去干扰物质影响的碳氢化合物去除器等部件,都装置在一个整体机箱内。机箱前部有操作面板、电源开关、显示屏幕等;后部有气路连接口、电源输入、信号输出连接端子和计算机通信接口等。

(2)前面板及功能键

前面板的屏幕显示 SO_2 浓度、仪器运行状态、仪器参数、仪器控制信息和帮助信息等。通过前面板的操作键,可以实现对仪器的检查、设置、校准等各项操作。功能键有:

"RUN"键:从其他菜单和显示屏幕退回到测量状态,显示运行(RUN)屏幕。

"MENU"键:通常用来显示主菜单。如在 RUN 屏幕时,该功能键用来激活主菜单,在其他菜单(屏幕)时,按动该键可退回上一级菜单(屏幕)。

"ENTER"键:用于确认菜单(子菜单及屏幕)选项,或者确认所选择(输入)的条目、设置的参数,或切换 ON/OFF 功能。

"HELP"键:用于提供当前显示内容或屏幕的说明。如果想退出帮助屏,则可按"MENU"键以返回原先屏幕或按"RUN"键以返回到运行屏幕。

方向键:使用↑、↓、→、←四个按键可移动显示屏幕上的光标。

(3)仪器后面板

仪器的后面板,主要包括:1)电源插座;2)采样进气口;3)排气口;4)仪器风扇;5)模拟信号输出口;6)计算机通信接口。

(4)技术指标(表 3-1)

表 3-1　43CTL 技术指标

名　称	技术指标
量程范围	0～10,20,50,100,200,500 和 1000ppb 0～20,50,100,200,500,1000 和 2000μg/m³
零点噪声	0.1ppb RMS(10s 平均)、0.05ppb RMS(60s 平均)、0.03ppb RMS(300s 平均)
最低检测限	0.2ppb (10s 平均)、0.1ppb (60s 平均)、0.06ppb(300s 平均)
零点漂移	小于 0.2ppb/d
满度漂移	±1%/week
响应时间	80s (10s 平均)、110s(60s 平均)、320s(300s 平均)
线性漂移	满量程的±1%
理论流量	0.5 SLPM

名　称	技术指标
干扰	NO<1ppb,M－二甲苯<1ppb,相对湿度<3％时,小于最低检测限
适宜温度	20～30℃（无结露情况下 0～45℃范围也可安全使用）
电源	210～250V,50～60Hz,100W
仪器尺寸	16.75 英寸（宽）×8.62 英寸（高）×23 英寸（长）
重量	44 磅
输出	可选范围的直流电压,4～20mA 的直流电流、RS232/485 接口

3.1.2　安装调试

3.1.2.1　系统安装

把采样管连接到仪器后面板的 SAMPLE 进气口（可参考图 1-3）。安装前要确认采样管中没有杂质和污染物。采样管的材料应为 Teflon,外径为 1/4 英寸,内径不小于 1/8 英寸,长度小于 3m。注意:要保证进入仪器的气体的压力和环境气压相同,有必要时可加装旁路排气装置。用一段管线从仪器的排气口（EXHAUST）连接到合适的排放口。这段管线的长度应小于 5m,而且无堵塞物。在仪器的颗粒物过滤器内装上 2～5μm 孔径的 Teflon 过滤膜。给仪器接上合适的电源。

3.1.2.2　开、关机操作和设置仪器参数

开机:打开仪器电源开关,仪器显示开机（POWER－ON）和自检（SELF－TEST）屏幕,并自动进入自检程序。在完成自检之后,仪器将自动进入运行（RUN）屏幕,并同时将 SO₂ 的浓度显示在屏幕上。

仪器预热:仪器在开机后,很快就进入测量状态,但是仪器至少需要 30 min 的预热时间,才能进入稳定的工作状态。

设置仪器参数:在初次运行时需要对有关的仪器参数进行设置,主要包括仪器的量程、单位、校准因数等,具体操作见以后相关章节的介绍。按下"MENU"键即显示主菜单,主菜单中包含了一系列子菜单,通过每个子菜单还可以逐次进入不同的仪器参数设置、选择、操作屏幕,使用↑、↓箭头可移向每个子菜单。

关机:关机最直接的操作就是关闭仪器的电源开关。如遇长时间停机,则需在关机之前记录下仪器的状态参数。遇有停电、雷电等现象时,一定要提前关闭仪器的电源开关,必要时应将仪器的电源插头从电源插座中拨出。

3.1.2.3　菜单操作

除仪器的开机屏幕和运行屏幕外,43CTL 的各种操作和参数设置均通过菜单（屏幕）选择实现。主菜单下包含若干个子菜单,子菜单下则包含各种操作（或显示）屏幕。43CTL 主菜单所包含的子菜单条目如下:

(1)量程（RANGE）;

(2)平均时间（AVERAGE TIME）;

(3)校准因数（CALIBRATION　FACTORS）;

(4)校准（CALIBRATION）;

(5)仪器控制（INSTRUMENT CONTROLS）;

(6)诊断（DIAGNOSTICS）;

(7)报警（ALARM）;

(8)维修（SERVICE）。

进入主菜单后,再用↑、↓键可将光标移到子菜单条目上,按"ENTER"键即可进入对应的子菜单。由子菜单再进入各种操作（或显示）屏幕,也是通过按动↑、↓键移动光标选择相应条目,再按"ENTER"键确定选择进入。在运行屏幕状态下,按↓键可跳过主菜单,直接进入最后一次显示的子菜单屏幕。

（1）量程（RANGE）子菜单

在量程子菜单下，可以选择不同的仪器量程方式、浓度单位以及预设的 O_3 量程，也可以由用户自行定义量程范围。在主菜单中按↑、↓键，把光标移到 RANGE 条目上，按"ENTER"键，则进入量程子菜单；如按"MENU"键，将返回主菜单；如按"RUN"键，可返回运行屏幕。

在量程子菜单中用↑、↓键，将光标移到气体浓度单位（GAS UNITS）条目上，按"ENTER"键进入气体浓度单位设置屏幕。该屏幕的第一行显示当前气体浓度单位，第二行显示新选择的气体浓度单位。气体浓度单位有百万分之一（ppm，1ppm＝10^{-6}）、十亿分之一（ppb，1ppb＝10^{-9}）、微克/立方米（$\mu g/m^3$）及毫克/立方米（mg/m^3）等 4 种。在气体浓度单位设置屏幕上，按动↑、↓键，则在第 2 行上可依次选择上述 4 种气体浓度单位中的一种，再按"ENTER"键确认选择。之后，按"MENU"键可以返回量程子菜单，按"RUN"键可返回运行屏幕。当浓度单位被改换，设置到另一浓度单位时，其仪器量程会被自动置于新的浓度单位所对应的最高量程上，例如：当浓度单位设置从 mg/m^3 改换到 ppm 时，仪器量程被自动置于 200 ppm。

SO_2 的量程决定仪器的模拟输出的浓度范围。例如设置 0～50 ppb 的 SO_2 量程是指仪器的模拟输出 0～10V 电压信号对应 0～50 ppb 的 SO_2 浓度。在量程子菜单中按＜、（键将光标移到量程（RANGE）条目上，按"ENTER"键可进入标准量程设置屏幕。

（2）平均时间（AVERAGE TIME）子菜单

平均时间是指用户设置的一个时间（10～300s）周期。49C 的前面板上显示的测量浓度以及模拟输出信号每隔一定的时间更新一次，但该显示浓度和模拟输出所对应的浓度值，并不是仪器的瞬间测量值，而是该次更新时刻前一个平均时间周期内的平均值。例如 60s 的平均时间意味着，仪器显示（输出）的每次变化都是此之前 60s 内的测量平均值。因此，平均时间越短，仪器的显示和模拟输出对浓度变化的响应越快；平均时间越长，则输出数据的变化越平滑。

从主菜单中按↑、↓键，把光标移到平均时间（AVERAGING TIME）条目上，按"ENTER"键，则进入平均时间子菜单（双量程方式时）或直接进入平均时间设置屏幕（单量程、自动量程方式时）。在双量程方式时，进入平均时间屏幕前还有一选择屏幕（这里略去该选择屏幕的说明），是因为在双量程方式中有两个平均时间（高和低）。在单、双和自动量程三种方式中，其平均时间设置屏幕的功能都是一样的。

可供选择的标准平均时间有 10s，20s，30s，60s，90s，120s，180s，240s 和 300s 等几种。在平均时间设置屏幕上，用↑、↓键选择平均时间，按"ENTER"键确认所选值；按"MENU"键以返回主菜单；按"RUN"键以返回运行屏幕。

（3）校准因数（CALIBRATION FACTORS）子菜单

校准因数包括零点校准值和斜率系数，是在自动校准和手动校准（见"校准子菜单"）过程中确定的，仪器根据测量信号和校准因数计算 SO_2 的大气浓度。从主菜单中按↑、↓键，把光标移到校准因数（CALIBRATION FACTORS）条目上，按"ENTER"键，则进入校准因数子菜单；如按"MENU"键，将返回主菜单；如按"RUN"键，可返回运行屏幕。校准因数子菜单显示保存在仪器内的零点校准值和斜率系数。

1）零点校准值（SO_2 BKG PPB）设置

由于电路上的偏移、光电倍增管的暗电流和散射光的影响，仪器在测量不含有 SO_2 的"零气"时也会给出一定的仪器响应，这个响应信号就是仪器的零点值。零点校准值就是为了修正仪器的零点偏移的一个仪器参数，该参数一般可在零点校准过程中自动生成，或者根据零气检查（即给仪器通入零气达稳定）的结果进行人工设置。在校准因数子菜单中，用↑、↓键上下移动光标至零点校准值（SO_2 BKG PPB）条目上，按"ENTER"键，则进入零点校准值设置屏幕。屏幕显示的第一行为 SO_2 的当前读数，第二行显示的是存储器中存储的零点校准值。为了对仪器的零点校准值进行调整，先给仪器通入零气直到其测量读数（即零点值）稳定，即进行"零气检查"。当通入零气后，屏幕第一行显示的 SO_2 当前读数就是仪器的零点值，应根据零点值的大小，用↑、↓键增或减零点校准值，按"ENTER"键以确认对零点校准值所做的调整。零点校准值的调整，应使新的零点值接近于零，或为一个合适大小的正值，以避免仪器计算得到的显示浓度值因仪器波动出现负值。SO₂ 的零点校准值以仪器当前的气体浓度单位为单位。完成了零点校准值的调整之后,按"MENU"键可返回校准因数子菜单;按"RUN"键,返回运行屏幕。

2)斜率系数(SO₂ COEF)设置

由于仪器电路上的偏移、光源性能变化、光电倍增管光电效率的变化和管路等的综合作用,仪器的测量电信号值与大气 SO₂ 浓度的对应关系会有所变化,进而发生系统性的偏离。因此,在测量过程中需要用斜率系数的变化来修正仪器测量值,以得到正确的 SO₂ 浓度测量结果。仪器在出厂时,其斜率系数被调整为 1.000,在实际使用中,斜率系数会略偏离 1.000,但是幅度一般不会很大。斜率系数可根据在单点校准过程中自动生成,也可根据多点校准(即通入多种浓度的标准气体进行检查和计算)或者跨点检查(即给仪器通入某个已知浓度的标准气体达稳定)的结果进行人工设置。在校准因数子菜单中,用↑、↓键上下移动光标至斜率系数(SO₂ COEF)条目上,按"ENTER"键,则进入选中的斜率系数设置屏幕。屏幕的第一行为当前 SO₂ 浓度,第二行显示的是斜率系数的原设置值。用户可用斜率系数设置屏幕来对斜率系数进行人工修改,可以用↑、↓键改变(增加或减少)斜率系数。注意,在操作屏幕对仪器的斜率系数进行调整的同时,第一行显示的当前浓度值也随之改变。然而,如果没按"ENTER"键,则斜率系数不会真正改变。只有当按了"ENTER"键,表示暂时变化的问号消失后,调整后的斜率系数才会被真正的存贮起来。完成了斜率系数的调整之后,按"MENU"键可返回校准因数子菜单;按"RUN"键,返回运行屏幕。

(4)校准(CALIBRATION)子菜单

校准子菜单用来执行零点和单点校准,即仪器根据对零气和标准气的测量结果,调整仪器的零点校准值和斜率系数。校准子菜单对单量程和自动量程两种方式而言都是相同的。双量程方式时校准子菜单中有两个斜率系数(高和低),仪器可对每个量程分别进行校准。这在两个量程相差较大的情况下是很有必要的,例如两个量程分别为 10ppb 和 1000ppb。从主菜单中按↑、↓键,把光标移到校准(CALIBRATION)条目上,按"ENTER"键,则进入校准子菜单;如按"MENU"键,将返回主菜单;如按"RUN"键,可返回运行屏幕。

零点校准(CALIBRATE ZERO)屏幕。在校准子菜单屏幕上,用↑、↓键移动光标到零点校准(CALIBRATE ZERO)条目上,按"ENTER"键,进入零点校准屏幕。第一行显示的是仪器测量得到的 SO₂ 当前浓度值。当给仪器通入零气 10 min 以上时,仪器的 SO₂ 当前浓度值基本达到稳定,这时屏幕上第一行显示的即是仪器的零点值。此时,如按下"ENTER"键,仪器根据当时的零点测量值自动调整仪器的零点校准值,使得屏幕显示的 SO₂ 浓度测量值读数为零。完成零点校准后,按"MENU"键可返回校准子菜单;按"RUN"键可返回运行屏幕。

单点校准屏幕。在校准子菜单的屏幕上用↑、↓键,把光标移到单点校准(CALIBRATE SO₂)条目上,按"ENTER"键,则进入单点校准屏幕。在单点校准屏幕上,第一行显示的是仪器测到的 SO₂ 当前浓度值,第二行显示的是仪器量程,第三行是标准值输入行。给仪器通入已知浓度的标准气 10min 以上,屏幕上第一行显示的浓度值应该稳定在标准气浓度值附近。如果第一行显示的 SO₂ 浓度值与标准气浓度值偏差较大,则需要调整仪器的斜率系数,即进行单点校准。其方法是:用←、→键向左和向右移动光标,再用↑、↓键增加或减少第三行的每位数字,输入标准气的浓度值,然后按下"ENTER"键,仪器根据输入的标准浓度值调整仪器的斜率系数,使得屏幕显示的 SO₂ 浓度测量值与输入的标准气浓度值相等。完成单点校准后,按"MENU"键可返回校准子菜单;按"RUN"键可返回运行屏幕。

(5)仪器控制(INSTRUMENT CONTROLS)子菜单

仪器控制子菜单包括仪器运行模式和参数的设置屏幕,供操作者对这些运行模式和参数进行修改调整。在主菜单中按↑、↓键,把光标移到仪器控制(INSTRUMENT CONTROLS)条目上,按"ENTER"键,则进入仪器控制子菜单;如按"MENU"键,将返回主菜单;如按"RUN"键,可返回运行屏幕。仪器控制子菜单的屏幕如下所示:

INSTRUMENT　CONTROLS:

＞TEMP CORRECTION

PRESSURE CORRECTION

FLASH LAMP

BAUD RATE

INSTRUMENT ID

SCREEN　BRIGHTNESS

SERVICE　MODE

TIME

DATE

1）温度订正（TEMP CORRECTION）屏幕

温度订正是为了补偿由于仪器内部温度变化给测量结果带来的影响。从仪器控制菜单中按↑、↓键，把光标移到温度订正（TEMP CORRECTION）条目上，按"ENTER"键确认选择，进入温度订正屏幕。温度订正屏幕提供订正功能开启（ON）和关闭（OFF）的选择。当温度订正功能开启时，屏幕的第一行显示当前仪器机箱内的温度（该温度由装在仪器主板上的温度传感器测出）。当温度订正功能关闭时，屏幕的第一行显示的是工厂设置的标准温度30℃。在温度订正屏幕上，按"ENTER"键可切换打开（TURN ON）和关闭（TURN OFF）温度订正功能；按"MENU"键可返回仪器控制子菜单；按RUN可返回运行屏幕。

2）气压订正（PRESSURE CORRECTION）屏幕

气压订正用于补偿荧光池内气压变化对输出信号造成的影响。在仪器控制子菜单中按↑、↓键，把光标移到气压订正（PRESSURE CORRECTION）条目上，按"ENTER"键确认选择，进入气压订正屏幕。当气压订正功能开启时，屏幕第一行显示荧光池内的气压；当气压订正功能关闭时，第一行则显示工厂设置的标准气压760mmHg。在气压订正屏幕上，按"ENTER"键可切换打开（TURN ON）和关闭（TURN OFF）气压订正功能；按"MENU"键可返回仪器控制子菜单；按"RUN"键可返回运行屏幕。

3）紫外脉冲源（FLASH LAMP）屏幕

紫外脉冲源屏幕用于开启和关闭紫外脉冲源。当使用光学测试LED时必须关闭紫外脉冲源。从仪器控制子菜单中按↑、↓键，把光标移到紫外脉冲源（FLASH LAMP）条目上，按"ENTER"键确认选择，进入紫外脉冲源屏幕。在紫外脉冲源屏幕上，按"ENTER"键可开启和关闭紫外脉冲源；按"MENU"键将返回仪器控制子菜单；按"RUN"键则返回运行屏幕。

4）波特率（BAUD RATE）屏幕

波特率菜单用于设置仪器的通信频率。从仪器控制子菜单中按↑、↓键，把光标移到波特率（BAUD RATE）条目上，按"ENTER"键确认选择，进入波特率屏幕。在波特率屏幕上用↑、↓键选择所需要的波特率，按"ENTER"键确认选择；按"MENU"键可返回仪器控制子菜单；按"RUN"键可返回运行屏幕。

5）仪器标识码（INSTRUMENT ID）屏幕

仪器标识码屏幕用来设置仪器的可识别代码。从仪器控制子菜单中按↑、↓键，把光标移到仪器标识码（INSTRUMENT ID）条目上，按"ENTER"键确认选择，进入仪器标识码屏幕。在仪器标识码屏幕上，用↑、↓键修改仪器的标识码，按"ENTER"键确认选择；按"MENU"键可返回仪器控制子菜单；按"RUN"键可返回运行屏幕。

6）屏幕亮度（SCREEN　BRIGHTNESS）屏幕

屏幕亮度屏幕用于改变屏幕的亮度，依次有25％、50％、75％和100％几个等级，平时将屏幕的亮度调得比较小有助于延长屏幕的使用寿命。从仪器控制子菜单中按↑、↓键，把光标移到屏幕亮度（SCREEN BRIGHTNESS）条目上，按"ENTER"键确认选择，进入屏幕亮度屏幕。在屏幕亮度屏幕上，用↑、↓键增加或减少屏幕的亮度，按"ENTER"键确认选择；按"MENU"键可返回仪器控制子菜单；按"RUN"键可返回运行屏幕。

7)维修开关(SERVICE)屏幕

维修开关屏幕用于将维修方式打开和关闭。维修方式开启时,仪器可以提供一些检查和调整功能,以方便操作者对 43CTL 进行调整和故障诊断。从仪器控制菜单中按↑、↓键,把光标移到维修开关(SERVICE)条目上,按"ENTER"键,进入维修开关屏幕。在维修开关屏幕上,按"ENTER"键,进入维修方式的开(ON)或关(OFF)状态;按"MENU"键可返回仪器控制子菜单;按"RUN"键可返回运行屏幕。

8)时间(TIME)调整屏幕

时间调整屏幕可对仪器内部的时钟进行设置。从仪器控制子菜单中按↑、↓键,把光标移到时间(TIME)条目上,按"ENTER"键确认选择,进入时间调整屏幕。屏幕上第一行显示当前时间,第二行显示更改时间,仪器在关机时,内部时钟由其自己的电池供电。在时间屏幕上按↑、↓键可增/减小时和分钟值;按←、→键可左、右移动光标,按"ENTER"键确认更改。之后,按"MENU"键则返回仪器控制子菜单;按"RUN"键则返回运行屏幕。

9)日期(DATE)调整屏幕

日期调整屏幕可对日期参数进行设置。从仪器控制子菜单中按↑、↓键,把光标移到日期(DATE)条目上,按"ENTER"键确认选择,进入日期调整屏幕。在日期调整屏幕上,用↑、↓键增或减月、日和年的数值;按←、→键以左、右移动光标,按"ENTER"键以确认更改;按"MENU"键可返回仪器控制子菜单;按"RUN"键可返回运行屏幕。

(6)诊断(DIAGNOSTICS)子菜单

诊断子菜单为用户提供仪器的各种诊断信息。从主菜单中按↑、↓键,把光标移到诊断(DIAGNOSTICS)条目上,按"ENTER"键,则进入诊断子菜单;如按"MENU"键,将返回主菜单;如按"RUN"键,可返回运行屏幕。诊断子菜单的屏幕如下所示:

DIAGNOSTICS：

>PROGRAM NUMBER

　　VOLTAGES

　　TEMPERATURES

　　PRESSURE

　　FLOW

　　LAMP INTENSITY

　　OPTICAL SPAN TEST

　　TEST ANALOG OUTPUTS

　　OPTION SWITCHS

1)程序号(PROGRAM NUMBER)屏幕

程序号屏幕用来显示仪器所装程序的版本号。如果用户对仪器有什么疑问,在与生产厂家联系之前先查看一下程序的版本号。在诊断子菜单中按↑、↓键,把光标移到程序号(PROGRAM NUMBER)条目上,按"ENTER"键则进入程序号屏幕。

2)电压(VOLTAGES)检查屏幕

电压检查屏幕显示直流电源的电压和 PMT 的电压。该屏幕显示可帮助用户对电源板的输出电压低或电压波动等故障做快速检查,而无需用电压表测量。在诊断子菜单中按↑、↓键,把光标移到电压(VOLTAGES)条目上,按"ENTER"键则进入电压检查屏幕。

3)温度(TEMPERATURE)检查屏幕

温度检查屏幕分别显示机箱内温度和荧光池温度。在诊断子菜单中按↑、↓键,把光标移到温度(TEMPERATURE)条目上,按"ENTER"键则进入温度检查屏幕。INTERNAL 表示机箱内温度,CHAMBER 表示荧光池温度。

4)气压(PRESSURE)检查屏幕

气压检查屏幕显示荧光池的压力。气压由装在荧光池中的压力传感器测出。在诊断子菜单中按↑、↓键,把光标移到气压(PRESSURE)条目上,按"ENTER"键则进入气压检查屏幕。

5)流量(FLOW)检查屏幕

流量检查屏幕显示仪器的进气流量。流量由装在机内的流量传感器测出。在诊断子菜单中按↑、↓键,把光标移到流量(FLOW)条目上,按"ENTER"键则进入流量检查屏幕。

6)紫外脉冲源频率(LAMP INTENSITY)检查屏幕

紫外脉冲源频率检查屏幕显示的是紫外脉冲源频率,单位 Hz。在诊断子菜单中按↑、↓键,把光标移到紫外脉冲源频率(LAMP INTENSITY)条目上,按"ENTER"键则进入紫外脉冲源频率检查屏幕。

7)光学跨点测试(OPTICAL SPAN TEST)屏幕

光学跨点测试屏幕用于开关测试用的 LED。在仪器荧光池中有一个 LED(发光二极管)用以模拟一定浓度的 SO_2 发出的荧光。这一设计使用户能快速方便地检查光路和电路部分的漂移和其他问题。在主板上的可变电阻 R7 可用于调整 LED 的强度。当进行光学跨点测试时,必须关闭紫外脉冲源。在诊断子菜单中按↑、↓键,把光标移到光学跨点测试(OPTICAL SPAN TEST)条目上,按"ENTER"键可进入光学跨点测试屏幕。在光学跨点测试屏幕上,按"ENTER"键可开启(ON)或关闭(OFF)光学测试的发光二极管。

8)模拟输出测试(TEST ANALOG OUTPUTS)屏幕

在诊断子菜单中按↑、↓键,把光标移到模拟输出测试(TEST ANALOG OUTPUTS)条目上,按"ENTER"键进入模拟输出测试屏幕。模拟输出测试屏幕包括三种选择:零输出电平测试(ZERO)、满度输出电平测试(FULL SCALE)、和对整个量程内的模拟输出进行测试的动态电平输出测试(RAMP)。

①零输出(ZERO)电平测试屏幕

在模拟输出测试屏幕上用↑、↓键上下移动光标至零输出电平测试(ZERO)条目上,按"ENTER"键进入零输出电平测试屏幕。在零输出电平测试屏幕上,用↑、↓键可升高或降低仪器的输出电平,然后按"ENTER"键确认零输出电平的设置,并返回模拟输出测试屏幕。例如,若要将输出电平调整到满度(量程)的 5%,则可按↑键使数字 0.0%增加到 5.0%,输出的模拟电压信号即由 0.0V 升为 0.5 V(10V 的 5%)。此时,在模拟输出测试屏幕上,按"MENU"键返回诊断子菜单,按"RUN"键则返回运行屏幕,仪器即结束零电平信号的输出。

②满度输出(FULL SCALE)电平测试屏幕

在模拟输出测试屏幕上,用↑、↓键上下移动光标至满度输出电平测试(FULL SCALE)条目上,按"ENTER"键,即进入满度输出电平测试屏幕。在满度输出电平测试屏幕上,用↑、↓键可升高或降低仪器的输出电平,然后按"ENTER"键确认满度输出电平的设置,并返回模拟输出测试屏幕。例如,若要将输出电平调整到满度(量程)的 95%,则用↓键将数值 100.0%减小到 95.0%,则输出的模拟电压信号由 10.0 V 降为 9.5 V(10V 的 95%)。此时,在模拟输出测试屏幕上,按"MENU"键可以返回诊断子菜单,按"RUN"键返回运行屏幕,仪器即结束满度电平信号的输出。

③动态电平输出测试(RAMP)屏幕

在模拟输出测试屏幕上,用↑、↓键上下移动光标至动态电平输出测试(RAMP)条目上,按"ENTER"键即可进入动态电平输出测试屏幕。动态电平输出测试用于检测全量程内输出电平信号的线性。输出电平从 -2.3%开始,每秒钟增加 0.1%,一直增加到 100.0%。电平输出是否呈线性可以反映出模拟输出电路工作是否正常。此时,在模拟输出测试屏幕上,按"MENU"键返回诊断菜单;按"RUN"键返回运行屏幕,仪器即结束电平信号输出的测试。

9)选项开关(OPTION SWITCHS)屏幕

选项开关屏幕能使用户看到机内选项开关的设置,但是不能改变这些选项开关的设置。在诊断子菜单上,用↑、↓键上下移动光标至选项开关(OPTION SWITCHS)条目上,按"ENTER"键进入选项开关屏幕。

(7)报警(ALARM)子菜单

43CTL 能够对仪器的一系列运行状态参数进行监测,当这些参数超出设置的正常值范围时,仪器的运行屏幕和主菜单屏幕上就会出现报警提示(ALARM)。报警子菜单可以让操作人员查看出现报警的参数,并在维修方式打开时设置各个参数报警的上下限。从主菜单中按<、(键,把光标移到报警(A-LARM)条目上,按"ENTER"键,则进入报警子菜单。之后,如按"MENU"键,将返回主菜单;如按"RUN"键,则返回运行屏幕。报警子菜单的屏幕显示如下:

ALARMS　DETECTED:	ON
INTERNAL　TEMP	OK
CHAMBER　TEMP	OK
PRESSURE	OK
FLOW	OK
INTENSITY	OK
LAMP VOLTAGE	OK
SO₂　CONC	OK

报警子菜单的第一行显示出现报警的参数个数,从第二行开始显示由分析仪所监测的运行参数和对应的状态指示。如果某项运行参数超出了报警上限或下限,该参数的状态指示就会从 OK 分别变为 HIGH 或 LOW。如果要看某个参数的当前数值及其报警上下限,则可将光标移到该项上,然后按"EN-TER"键,进入该参数的报警检查屏幕。

1)机箱内温度(INTERNAL TEMP)报警检查屏幕

机箱内温度报警检查屏幕显示机箱内的当前温度和工厂设置的报警上下限。在报警子菜单上用 ↑、↓ 键上下移动光标至机箱内温度(INTERNAL TEMP)条目上,按"ENTER"键进入机箱内温度报警检查屏幕。第 2 行显示当前的机箱内温度,第 3、4 行显示机箱内温度的报警下限和上限。

机箱内温度报警上(下)限设置屏幕。当仪器处在维修方式时,可对报警上下限进行修改,可以接受的报警上下限值最大范围为 8～47℃。移动光标到报警上限(MAX)或报警下限(MIN)的条目上,按"ENTER"键,即可进入机箱内温度报警上限或下限的设置屏幕。机箱内温度上限和下限设置屏幕的操作相同。在机箱内温度报警上(下)限设置屏幕上,用↑、↓键增加或减少数值,按"ENTER"键接受修改值;之后,按"MENU"键可返回机箱内温度报警检查屏幕,按"RUN"键可返回运行屏幕。

2)荧光池温度(CHAMBER　TEMP)报警检查屏幕

荧光池温度报警检查屏幕显示荧光池的当前温度和工厂设置的报警上(下)限值。在报警子菜单上用↑、↓键上下移动光标至荧光池温度(CHAMBER TEMP)条目上,按"ENTER"键进入荧光池温度报警检查屏幕。第 2 行显示当前的荧光池温度,第 3、4 行显示荧光池温度的报警下限和上限。

荧光池温度报警上(下)限设置屏幕。当仪器处在维修方式时,可对荧光池温度报警上下限值进行修改。可接受的报警上下限范围为 43～47℃。移动光标到报警上限(MAX)或报警下限(MIN)的条目上,按"ENTER"键,即可进入荧光池温度报警上限(或下限)的设置屏幕,荧光池温度报警上限和下限设置屏幕的操作相同。在荧光池温度报警上(下)限设置屏幕上,用↑、↓键增加或减少数值,按"ENTER"键接受修改值;之后,按"MENU"键返回荧光池温度报警检查屏幕,按"RUN"键返回运行屏幕。

3)气压(PRESSURE)报警检查屏幕

气压报警检查屏幕显示的是荧光池的当前气压和工厂设置的报警上(下)限值。在报警子菜单上用↑、↓键上下移动光标至气压(PRESSURE)条目上,按"ENTER"键进入气压报警检查屏幕。第 2 行显示当前的荧光池内气压,第 3、4 行显示荧光池内气压的报警下限和上限。

气压报警上(下)限设置屏幕。当仪器处在维修方式时,可对气压报警上下限值进行修改。可接受的报警上下限范围为 400～1000mmHg。移动光标到报警上限(MAX)或报警下限(MIN)的条目上,按"ENTER"键,即可进入气压报警上限(或下限)的设置屏幕,压力报警上限和下限设置屏幕的操作相同。在气压报警上(下)限设置屏幕上,用↑、↓键增加或减少数值,按"ENTER"键接受修改值;之后,按"MENU"键可返回气压报警检查屏幕,按"RUN"键可返回运行屏幕。

4)流量(FLOW)报警检查屏幕

流量报警检查屏幕显示的是当前的采样流量和工厂设置的报警上(下)限值。在报警子菜单上用↑、↓键上下移动光标至流量(FLOW)条目上,按"ENTER"键进入流量报警检查屏幕。第2行显示当前的采样流量,第3、4行显示采样流量的报警下限和上限。

流量报警上下限值设置屏幕。当仪器处在维修方式时,可对流量报警上下限值进行修改。报警上下限范围为0~1.5LPM。移动光标到报警上限(MAX)或报警下限(MIN)的条目上,按"ENTER"键,即可进入流量报警上限(或下限)的设置屏幕,流量报警上限和下限的设置屏幕的操作相同。在流量报警上(下)限设置屏幕上,用↑、↓键增加或减少数值,按"ENTER"键接受修改值;之后,按"MENU"键可返回流量报警检查屏幕,按"RUN"键可返回运行屏幕。

5)光源强度(INTENSITY)报警检查屏幕

光源强度报警检查屏幕显示当前紫外光源强度和工厂设置的报警上(下)限值。在报警子菜单上用↑、↓键上下移动光标至光源强度(INTENSITY)条目上,按"ENTER"键进入光源强度报警检查屏幕。第2行显示当前的光源强度,第3、4行显示光源强度的报警下限和上限。

光源强度报警上下限设置屏幕。当仪器处在维修方式时,可对光源强度报警上下限值进行修改。可接受的报警上下限范围为10 000~50 000Hz。移动光标到报警上限(MAX)或报警下限(MIN)的条目上,按"ENTER"键,即可进入光源强度报警上限(或下限)的设置屏幕,光源强度报警上限和下限的设置屏幕的操作相同。在光源强度报警上(下)限设置屏幕上,用↑、↓键增加或减少数值,按"ENTER"键接受修改值;之后,按"MENU"键可返回光源强度报警检查屏幕,按"RUN"键可返回运行屏幕。

6)灯电压(LAMP VOLTAGES)报警检查屏幕。

灯电压报警检查屏幕显示紫外灯电源的当前电压和工厂设置的报警上(下)限值。在报警子菜单上用↑、↓键上下移动光标至灯电压(LAMP VOLTAGES)条目上,按"ENTER"键进入灯电压报警检查屏幕。第2行显示当前的灯电压,第3、4行显示灯电压的报警下限和上限。

灯电压报警上下限值设置屏幕。当仪器处在维修方式时,可对灯电压报警上下限值进行修改。可接受的报警上下限范围为500~1200V。移动光标到报警上限(MAX)或报警下限(MIN)的条目上,按"ENTER"键,即可进入灯电压报警上限(或下限)的设置屏幕,灯电压报警上限和下限的设置屏幕的操作相同。在灯电压报警上(下)限设置屏幕上,用↑、↓键增加或减少数值,按"ENTER"键接受修改值;之后,按"MENU"键可返回灯电压报警检查屏幕,按"RUN"键可返回运行屏幕。

7)SO_2 浓度报警(SO2 CONC)报警检查屏幕

SO_2 浓度报警检查屏幕显示当前 SO_2 浓度和工厂设置的报警上(下)限值。在报警子菜单上用↑、↓键上下移动光标至 SO_2 浓度(SO2 CONC)条目上,按"ENTER"键进入 SO_2 浓度报警检查屏幕;按"MENU"键返回报警子菜单;按"RUN"键返回运行屏幕。第2行显示当前的 SO_2 浓度,第3、4行显示 SO_2 浓度的报警下限和上限。

SO_2 浓度报警上下限设置屏幕。当仪器处在维修方式时,可对 SO_2 浓度报警上下限值进行修改。可接受的报警上下限范围为0到1000ppb。移动光标到报警上限(MAX)或报警下限(MIN)的条目上,按"ENTER"键,即可进入 SO_2 浓度报警上限(或下限)的设置屏幕,SO_2 浓度报警上限和下限的设置屏幕的操作相同。在 SO_2 浓度报警上(下)限设置屏幕上,用↑、↓键增加或减少数值,按"ENTER"键接受修改值;之后,按"MENU"键可返回 SO_2 浓度报警检查屏幕,按"RUN"键可返回运行屏幕。

(8)维修(SERVICE)子菜单

当仪器处在维修方式时,主菜单中即增加一个维修子菜单。维修子菜单中包括一些与诊断子菜单中相同的项目内容,如紫外灯电压、PMT 电源电压、压力、采样流量等,但是在诊断子菜单下读数是每10s更新一次,而在维修子菜单的屏幕中是每1s更新一次。更新的速度越快,其读数显示对进行调整的响应速度也越快。此外,维修子菜单中还包括了一些改进了的诊断功能。从主菜单中,按↑、↓键把光标移到维修(SERVICE)条目上,按"ENTER"键进入维修子菜单。之后,按"MENU"键可返回主菜单;按"RUN"键则返回运行屏幕。维修子菜单的屏幕显示如下:

SERVICE　　MODE：
LAMP VOLTAGE
PMT　SUPPLY
ADJUST　LED
PRESSURE
FLOW
A/D　FREQUENCY
SET　TEST　DISPLAY

1)灯电压(LAMP VOLTAGE)屏幕

灯电压屏幕显示紫外光源的强度和电源电压,其读数每 1s 更新一次。在维修子菜单中,用↑、↓键移动光标到灯电压(LAMP VOLTAGE)条目,按"ENTER"键进入灯电压屏幕。

2)光电倍增管电源电压(PMT SUPPLY)屏幕

光电倍增管电源电压屏幕显示光电倍增管的电源电压,其读数每 1s 更新一次,该屏幕在调整 PMT 电源电压时使用。在维修子菜单中,用↑、↓键移动光标到 PMT SUPPLY 条目,按"ENTER"键进入 PMT 电源电压屏幕。

3)LED 调节(ADJUST LED)屏幕

LED 调节屏幕显示 LED 所模拟的 SO₂ 浓度。读数每 1s 更新一次,当调节仪器母板上的 R7 电阻(LED 调节)时,可用该屏幕。在维修子菜单中,用↑、↓键移动光标到 LED 调节(ADJUST LED)条目,按"ENTER"键进入 LED 调节屏幕。

4)气压(PRESSURE)屏幕

气压屏幕显示荧光池的气压值,每 1s 更新一次,在调整气压传感器电位器时要用该屏进行监测。在维修子菜单中,用↑、↓键移动光标到气压(PRESSURE)条目上,按"ENTER"键进入气压屏幕。

5)流量(FLOW)屏幕

流量屏幕显示仪器的采样流量,流量读数每 1s 更新一次。在调整流量传感器电位器时要用该屏幕进行监测。靠近隔离板的电位器为调零电位器,远离隔离板的电位器为调跨电位器。在维修子菜单中,用↑、↓键移动光标到流量(FLOW)条目,按"ENTER"键进入流量屏幕。

6)A/D 频率(A/D FREQUENCY)屏幕

A/D 频率屏幕显示的是 A/D 板上每个模/数转换器的频率。A/D 板上共有 12 个模/数转换器。每个 A/D 的频率范围为 0~100 000Hz。该频率范围对应着 0—10VDC 的电压。A/D 变换器的分配如表 3-2 所示。

表 3-2　A/D 变换器的分配

A/D 变换器	功能	A/D 变换器	功能
AN0	灯电压	AN6	渗透炉气体温度
AN1	采样流量	AN7	压力
AN2	备用	AN8	备用
AN3	备用	AN9	PMT 电源电压
AN4	备用	AN10	荧光池温度
AN5	渗透炉温度	AN11	机箱内温度

在维修子菜单中,用↑、↓键移动光标到 A/D 频率(A/D FREQUENCY)条目,按"ENTER"键进入 A/D 频率屏幕。A/D 频率屏幕。在 A/D 频率屏幕上,用↑、↓键可以增加或减少 A/D 的频率。

7)显示测试(SET TEST DISPLAY)设置屏幕

显示测试设置屏幕显示所给地址存储器中的内容。该屏仅对 TE 公司的维修人员有用。请向厂家咨询该屏幕的具体用法。在维修子菜单中,用↑、↓键移动光标到显示测试设置(SET　TEST

DISPLAY)项,按"ENTER"键进入显示测试设置屏幕,按"MENU"键返回维修子菜单,按"RUN"键返回运行屏幕。

3.1.3　日常运行、维护和标校

3.1.3.1　日常运行操作

(1)每日巡视检查

1)检查分析仪的流量是否稳定,应在 0.5 L/min 左右,观察时间应在 30s,如流量有过高、过低或不稳定的情况,应记录在值班记录本上,并进行检查和报告;

2)随时检查分析仪屏幕显示的浓度值是否在正常范围内;

3)随时检查分析仪屏幕右上角是否有报警信息,如有报警信息应及时检查和报告,并记录在值班记录上。

4)每日详细检查日图中打印的资料是否正常,并做标记。

特别注意:

仪器测量所得浓度数值是否在正常范围内,与前一天比是否有显著变化;

仪器的标准偏差数据是否处于较小的范围,与前几天相比是否有变化;

仪器的校准时序和零点、单点校准值是否正常,与前几天相比是否有变化;

5)按要求完成微量反应性气体监测日检查表中的各项检查并记录;

6)随时注意发现各种问题,如各种连接件断开或松开,Teflon 管破裂或粘连,过多的灰尘积累在仪器上引起仪器过热、短路而造成元器件损坏等。

(2)每周检查

1)按周检查表中的顺序进行检查,并认真记录,注意各参数是否在正常范围内;

2)检查并记录标准气瓶的压力,在压力不足时应及时更换。

3.1.3.2　系统维护

(1)日常维护

1)经常检查仪器背部的风扇过滤网。如有灰尘沉积,应及时取下,用清水冲洗、晾干后,再装回去。

2)定期更换颗粒物过滤膜。一般 2～4 周更换一次过滤膜,污染严重地区增加更换频率,春季沙尘天气之后,应立即更换。每次更换过滤膜,须在日检查表上记录更换时间,每次更换过滤膜后,必须再次检查分析仪面板的示数、流量等是否有异常变化。

3)检查流量和进行漏气试验。本仪器流量大约为 0.5 L/min,如果流量低于 0.35L/min,应做漏气试验。漏气试验的具体方法如下:用一个检漏盖帽将仪器后盖板上的气体样品入口(sample)堵上;等待 2min;在 RUN 模式下,按"MENU"键,屏幕则显示主程序,使用箭头(↑、↓)键移动光标到 DIAGNOS-TICS 条目,按"ENTER"键则显示 DIAGNOSTICS 子菜单,使用箭头(↑、↓)键移动光标到 SAMPLE FLOW 条目,按"ENTER"键则显示 FLOW 子菜单,这时 FLOW 的读数应是零,压力读数应小于 180mmHg。如果不是,则检查全部接口是否拧紧,连接管线是否有破裂。

4)注意周检查表,及时发现灯电压的变化。如果灯电压过高,则需要及时更换灯电源。

(2)年度维护

为了保证仪器能长期的正常运转,需要对仪器进行年度维护。年度维护工作的内容包括:仪器内部的清洁,毛细管的检查和清洁,漏气试验、泵膜的检查等。如仪器发生故障或其他原因影响正常测量,年度维护的一些工作内容,也可以在一年以内进行多次。

1)每年要定期清洁仪器内部一次,清洁仪器前要进行仪器参数的检查和记录,清洁仪器时,要断开电源,并采取防静电措施。最好的清洁仪器内部灰尘方法是首先用真空泵抽吸抽气管可能到达的部位,然后用低压压缩空气吹走剩余的灰尘,最后用软毛刷刷去残存的灰尘。完成仪器内部清洁后,重新开机,待仪器运行稳定后,仍要检查仪器的参数和记录,并对照清洁前的记录,以便及时发现仪器因清洁工作而出现的重大变化。

2)确保使压力减小的毛细管没有被堵塞和采样空气流速未减小,毛细管每6个月要检查一次。具体过程如下:将仪器电源断开,把电源插头拔掉,取下仪器盖;找到毛细管座,拆掉盖帽;取出玻璃毛细管和O形圈;检查毛细管特别是小孔内壁的沉淀物,如有沉淀,应清洗。如果O形圈被割裂或磨损应更换。重新安装毛细管和O形圈,安装时要确认毛细管已套好O形圈。拧上毛细管的盖帽。注意:只要用手指拧紧即可。重新把仪器盖盖上。

（3）气泵的检修

43CTL使用内置气泵作为采样动力。该泵为无油隔膜泵,正常使用寿命可达一年以上。在仪器出现流量降低或者流量不稳定时,需要对气泵进行检修。台站应常备气泵的维修包,以备检修气泵使用。检修气泵的操作如下:

1)关闭电源,拔掉电源线,打开机箱盖子。在冬季或干燥天气进行该项操作时,须采取防静电措施,防止人体静电损坏内部电路板。

2)找到气泵,用扳手卸下连接在气泵上的管线,记住2根管线(1根是进气,1根是排气)的相对位置。可以用彩色记号笔在气泵外侧标记出气泵顶板(包括下面的几层膜和板片)和泵体的相对方向位置。

3)用螺丝刀松开并取下气泵顶板上的4个固定螺丝,再轻轻取下气泵顶板、气弁膜、气室顶板(由上至下顺序),记住它们的相对顺序和上下面,逐一检查它们是否有污渍或损坏。同时检查依然留在泵体上的蠕动隔膜。可以用脱脂棉蘸取少量酒精(工业级,95%或以上)擦去污渍,如果膜片有损坏,则应更换。

4)如果蠕动隔膜片没有损坏,可不必将其从泵体上取下,如果有损坏,则用螺丝刀松开其中心的固定螺丝,取下蠕动隔膜片,更换。将新的蠕动隔膜片按照原来膜片的样子固定好。

5)严格按照原来的顺序、位置和方向,将气室顶板、气弁膜、气泵顶板(由下至上)顺序放回,对齐,将4个固定螺丝拧紧(注意要按照对角的顺序逐次拧紧)。

6)接上仪器电源,开机,检查气泵是否工作正常,可以用手轻按进气口和排气口,查看气泵压力是否足够。如果气泵不启动,可能是固定螺丝拧得过紧,或者几层膜(板)片的相对位置不合适。这时需要关机,断开电源,松开固定螺丝,重新将几层膜(板)片对齐,再紧固螺丝。没有压力,可能是膜片的安装方向和顺序错误。这时需要重新分解气泵,检查正确后,再复原安装。

7)确认气泵能够正常工作后,连接进气和排气管路。盖好机箱盖子。恢复运行。

注意:在取拿和清洁气泵的膜(板)片时,一定注意不要划伤膜(板)片,也不要用手直接触摸膜(板)片的气室部分,以防止汗渍的污染,最好带一次性手套操作。

注意:气泵为无油泵,不得向气泵轴承等处加注任何润滑剂。

8)如果气泵线圈或轴承烧坏,可整体更换,仅保留气泵的膜(板)片。

（4）常用备件和消耗品

可考虑准备表3-3所列备件。此外,还应保存少量1/4英寸的Teflon(如FEP)管线以及相应管径的Swaglok不锈钢接头(直通和三通)和密封圈。此外,可根据需要选购电路板作为备份。

表3-3 常用备件

名称	备件号	名称	备件号
保险丝(0.8A,250V)	14008	毛细管(13mil)	8919
泵维修包	8606	毛细管用O形密封圈	4800
紫外灯及灯座	8666		

常用消耗品有:47mm,2～5μm孔径的Teflon过滤膜。

3.1.3.3 仪器标校

（1）校准设备

使用标准气体稀释法对43CTL进行校准,需要准备以下设备:

1)零气发生装置。区域本底站规定配备使用 111 型零气发生装置,该装置能够提供 SO_2 含量低于仪器检测限的零气,用于仪器的零点检查和多点校准;

2)标准气体。标准气体指以氮气为基底的 SO_2 含量精确已知的气体,需使用经过认证的国家一级标准物质,其浓度应根据 43CTL 的使用量程具体确定,一般以在 $20-30$ppm 范围内的为宜。对该标准气体进行适当稀释后,得到合适浓度的标准气体,并可以这种方式通过调节稀释比例获得不同浓度的标准气体。

3)气体稀释装置。本底站使用 146C 动态气体校准仪作为气体稀释装置,该仪器主要包括 2 个流量精确控制的气路系统,分别控制零气和标准气体的流量,达到不同混合比例的配气要求。

(2)注意事项

在仪器进行校准或零/跨检查时,应注意以下几点:

1)仪器至少预热 2h 以上,其校准结果才有效;

2)校准或零/跨检查时使用的量程应和实际正常测量时一样;

3)对仪器的调整应在校准或零标点检查前完成;

4)在校准或零/跨检查时,应使用正常运转时使用的输出记录和显示设备。

(3)零/跨检查

为了定期了解仪器响应的漂移情况,需要定期(每日或每周,视不同系统构造而定)对二氧化硫分析仪进行零/跨检查。通常通过分析仪器、动态气体校准仪以及数据采集计算机配合使用,按照校准时序逐日自动进行零点检查和跨点检查。零/跨检查分别至少持续 15min。

(4)多点校准

视仪器情况不同,至少每 1 个月对分析仪进行一次多点校准。在对分析仪的测量光池和紫外光源等部分进行调整和维修前后,均应进行校准。仪器长期放置后,重新开始观测时也要进行校准。

操作人员完成校准操作后,须将校准结果整理好,形成校准文档。校准结果须妥善保管和按规定报送,原始资料留站内保存。

(5)零点调整

如果零点偏差较大,需重复测试,确认零点确实偏差后,可以通过面板操作对仪器的零点进行调整。但在正常情况下,不需要单独进行零点校准。仪器零点调整的具体步骤如下:

1)设置仪器系统使仪器连续采集零气。

2)等仪器读数稳定后,参照不同分析仪得操作步骤调整零点。

3)记录调整的时间、操作人员等信息。

(6)跨点调整

如果跨点偏差较大,需重复测试,确认跨点确实偏差后,可以通过仪器的面板操作对仪器进行跨点调整。但在正常情况下,不需要单独进行单点校准。仪器跨点调整的具体步骤如下:

1)设置仪器系统使仪器连续采集已知 SO_2 浓度的空气。

2)等仪器读数稳定后,参照不同分析仪的操作步骤调整跨点。

3)记录调整的时间、操作人员等信息。

4)前后应分别进行一次多点校准。

3.1.4　处理和注意事项

常见故障及维修见表 3-4。

表 3-4　常见故障及维修表

故障	可能造成故障的原因	排除故障的方法
仪器无法启动	没有供电	检查仪器是否接上了合适的交流电 检查仪器保险丝
	仪器内部电源	用仪表诊断功能检查仪器内部供电
	数字电路部分	检查所有的线路板是否都接插到位 每次取下一块线路板换上一块好的,直到找到有故障的线路板
测量信号无变化	校准有错误	重新校准
	标准气失效	确认检查标准气
	紫外灯电源故障	检查所有的内部电源供电是否正常
	紫外灯触发器故障	更换触发器
	紫外灯损坏	打开紫外灯的外罩,在白天 20m 外应能清楚看见闪光
	光电倍增管高压电源损坏	检查光电倍增管电源电压,应在－400V～－1200V 范围内
	光电倍增管损坏	更换
	输入电路板故障	检查该电路板的检测点电压
	电路板故障	检查所有的线路板是否都接插到位 每次取下一块线路板换上一块好的,直到找到有故障的线路板
	毛细管堵塞	清洗和更换
	气泵故障	检查气泵
响应时间过长	毛细管部分堵塞	清洗和更换
校准点漂移	SO₂ 标准气变化	确认标准气源
	温控板和热敏电阻	温控正常工作时温控板上的 LED 应闪动
	零气发生器工作不正常	检查零气发生器
零点漂移	零气发生器工作不正常	检查零气发生器
仪器信号噪声过大	记录仪噪声	检查记录仪
	输入板	换一块好的以检查旧的有没有问题
	光电倍增管故障或灵敏度降低	装上一个好的 PMT 后,再检查仪器是否恢复功能
输出信号有瞬间起伏	仪器或信号线接地不好	确认仪器和信号线都可靠接地
无输出电压信号	电路板跨点接线丢失	在 D/A 电路板装上跨点接线
	D/A 板故障	换一块好的以检查旧的有没有问题
输出电压不准	模拟输出电路板需调整	进行调整
	D/A 板故障	使用 RAMP 功能检查 D/A 板
流量低	毛细管堵塞	清洗和更换
	仪器内部漏气	检漏
	气泵泵膜破裂	更换泵膜
跨点检查结果不稳定	仪器内部漏气	检漏
	光电倍增管的高压电源工作不正常	检查光电倍增管电源电压,应为－400V～－1200V(紫线为正极)
	紫外灯	换一个好的以检查旧的有没有问题
紫外灯强度降低	紫外灯	换一个好的以检查旧的有没有问题
流量波动	泵膜脏	清洗和更换
	毛细管堵塞	清洗和更换
	仪器气管堵塞	检查所有的气管

续表

故障	可能造成故障的原因	排除故障的方法
标点校准因子 超出 0.5～2.0 的范围	标气有问题	检查标气的质量
	系统有漏气	检漏
	标气流量不够	到仪器的标气流量必须大于 0.8L/min
仪器显示和 XJ6003 读数不一致	XJ6003 和仪器的设置不一致	重新设置 XJ6003
	仪器的输出电压漂移	参考仪器手册重新调整仪器 D/A 板的零点和标点电位器

3.2　Ecotech 9850T SO$_2$ 分析仪

　　EC 9850 二氧化硫（SO$_2$）分析仪是一种紫外（UV）荧光光谱仪,用于连续测定周围空气中的低浓度 SO$_2$。分析仪包括一个光学传感器组件、一个模拟电子信号预处理器组件、基于微机控制与计算电子线路以及通过点监测对环境空气采样的气动系统。内装的活性炭过滤器向分析仪提供无 SO$_2$ 的零空气。这样,可通过测量去除了 SO$_2$ 的空气得到荧光的背景信号,从而消除了零点漂移。分析仪具有温度与压力补偿功能,也可根据已知气体浓度的跨气来调整标度比。此特性非自动实现,必须通过操作者予以选定。模拟与数字输出用于数据监测,可选定的模拟输出有电流输出或电压输出。电流输出范围为 0～20mA、2～20mA、4～20mA,电压输出为 0～10V、0～5V、0～1V 及 0～0.1V。数据收集及记录供数据采集系统（例如数据记录器）或条形图记录器用,供数字输入控制及数字输出状态用的 DB50 接插件也包括在内。仪器还具备内置的数据存储器。仪器具有过量程特性。当允许时,若读数超过标定量程的 90%,则会自动地转换到预定的较高量程。当读数返回标定量程的 80% 时,则仪器将自动地回到原量程。这种特性被称为自动量程转换。美国环境保护局（USEPA）已指定 EC/ML 9850 二氧化硫分析仪作为一种"等效方法"。

3.2.1　基本原理和系统结构

3.2.1.1　基本原理

　　EC/ML9850 分析仪为紫外荧光法。SO$_2$ 对波长为 200～240nm 的紫外光呈强烈吸收性,然后发射出波长约为 300nm 和 400nm 的荧光,荧光与 SO$_2$ 浓度成正比。用一个 UV 带通滤波器把一只锌放电灯的光过滤,保留 214nm 波长的紫外光,214nm 波长的光被聚焦进入荧光反应室,在此与进入光路的 SO$_2$ 分子接触,于是,向各个方向均匀地发出荧光,其中的一部分,例如垂直光束被光电倍增管检测到,另有一个参比检测器监视锌灯光束,并对其波长进行补偿。

　　EC/ML9850 使用了先进的卡尔曼数字滤波器,使仪器的响应时间和噪声抑制得到了最好的折中方案。

　　其过滤时间是依赖于测量值的变化速率的,用这种过滤方法使分析仪器增强了测定水平。如果信号变化快,仪器就响应速度快,反之,仪器会延长积分时间以消除噪声影响。仪器对信号连续监测,并采取适当的过滤时间,使用这种先进数字滤波器的 EC/ML 仪器已经通过了美国 EPA（环保署）的等效测试。

3.2.1.2　仪器结构

　　（1）总体结构

　　仪器是模块式结构,它包括:电源/微处理器和传感器模块、电源/微处理器模块包括供电电源、稳压器及系统微处理器,传感器模块包括所有必需的检测元件。

　　1）电源/微处理器模块

　　这部分可分为三块:供电电源、稳压器和微处理器。

　　①供电电源

供电电源自身有外壳,它符合 UL,VDE,CSA 以及其他各项法规规定,输入交流 99～264VAC50/60Hz,输出 12V 直流电为仪器供电,同时还提供一个 250ms 延时供电电源,以保证发生掉电时,计算机可以保存数据。

②稳压器电路

稳压器板为系统提供所需各种直流电压,数字电路的 12VDC,＋5VDC 电源以及模拟电路使用的 12V 及 ±10V 电源,外加一个 ＋15VDC 的电源提供给微处理机的显示器以及模拟输出电路。稳压器电路也供给了一个 300ms 的附加延时电源,以保证在发生掉电时,能让计算机将必要的数据保存起来。

③微处理器

微处理器板上有时钟/日历以及板上 16 位微处理器(80C188),其工作速度为 16MHz。微处理器板是仪器的控制中心,输入、输出、LCD 显示器、键盘、串口、50 点 I/O 口等等,皆在其控制下工作。50 点 I/O 口允许接输入控制线,并能输出仪器状态信号。LCD 显示器支撑电路包括一个 20V 供电电源和调整 LCD 亮度的数字电位器。从传感器产生的模拟信号通过 A/D 转换器变为数字信号提供给微处理器。D/A 转换器将 3 路 0～20mA 的模拟信号提供给 50 点 I/O 板。微处理器有 2 个电子可擦除 ROM 用以储存操作程序内部存贮数据。服务开关及复位开关位于微处理器板的前端,打开仪器上盖或前面板都可以看到。

2)传感器模块

传感器模块分为三部分:气路、光路和电路。

①气路

气路系统以固定速率不断为反应室提供样气,以进行测量。外置泵抽出强大负压,使样气从仪器入口抽进仪器,样气分两路同时进入仪器,一路进入主阀组(Valve Mainifold),从阀组进入的样气然后进入碳氢 KICKER 管,在此去除掉可能的碳氢干扰,去除碳氢后,样品进入荧光反应池进行 SO₂ 测定。临界孔板控制通过荧光池的流量,样品气与约 2.3SLPM 外部提供的零气混合,该零气从旁路的 KICKER 管输入。然后,样气从仪器的排气口排出来,通过外置泵抽出去。当仪器启动及自校零周期时,主阀组打开零气阀,把外部零气引入反应室,这就为仪器提供了一个稳定参比零气,以便仪器自动对零点进行补偿。

碳氢过滤器:9850 仪器气路中置于反应室之前的 HC 过滤器,而 HC 化合物对测量 SO₂ 是有干扰的,该过滤器是双层管路结构,内部管路走 0.5SLPM 的样气,外部管内走约 2～3SLPM 的零气,内外层流量、压力不同,HC 化合物从内层管壁渗出被带出仪器,这样,HC 化合物对 SO₂ 测定所造成的干扰被减小了。

零气过滤器:是一个可选的外置活性炭过滤器,其作用是供给仪器无 SO₂ 的零气,用于自校零及 HC 化合物过滤器供气。

流量控制:用临界孔板(安装于反应室出气接口)控制流量,压力传感器电路监视压力和流量的值。样气流速是基于孔板的临界流速和上游压力计算出来的。用一个校准过的压力传感器监测上游气压(下游压力＜1/2 上游压力)流经仪器的流量通过测量环境压力及孔板上游压力之差而得到,而差压又把通过碳氢过滤器的流量限制为较小的流量。

②光路

9850 分析仪的光路由镀锌 UV 灯,法布里－珀罗 214nm 的紫外带通过滤器,UV 级熔融石英透镜,带有制冷器的 350nm 的带通过滤器,对 UV 光敏感的 PMT 以及一个固态的 UV 参比检测器。

a)UV 灯:产生宽谱紫外光,用于照射反应室。

b)UV 带通滤波器:让 UV 灯光中的 214nm 波长的光通过,进入反应室,该波谱可使 SO₂ 产生荧光。

c)UV 透镜:光路中有两个 214nm 的 UV 透镜,第一个是平凸镜,其作用是将紫外光聚焦与测量室内,第二个双凸镜,将 SO₂ 发出的荧光聚焦于 PMT 阴极表面。

d)光路带通过滤器:有色玻璃光学过滤器,只允许 SO₂ 反应产生的光子透过,到达 PMT。

e)光电倍增管:有制冷装置的 PMT 检测来自反应室中 SO₂ 所产生的 350nm 的荧光(该光与 SO₂ 浓

度成正比),PMT 接有一个一体化的高压电源(HVPS)/前置放大器板上。

f)UV 参比检测器:UV 检测器是一只固态光敏二极管,用于检测进入反应室的 UV 光强度,这个信号用于补偿 UV 灯波动造成的影响。

③电路

a)前置放大器/压力 PCA:这个部件装在荧光室的末端。参比前置放大器(检测器)部分将来自 UV 检测器电流转换为电压,将其放大,并与参比信号成比例,而压力/流量部分装有一个精密的标准压力传感器,以测量压力和检测样气流速,这块电路板还为机箱风扇供电。

b)PMT 高压及前放:装于 PMT 室内的一个单独部件,可向 PMT 提供高压并放大来自 PMT 的信号。

c)预处理器 PCA:该电路板含有参比检测器的模拟电路,PMT 模拟信号,产生对灯的控制和调节信号,以及其他各种信号这包括:前放的、光路的以及诊断模式时的电子测试信号。同时还有一控温电路,将反应室加热至 50,该板上还有 EAROM,其中存有仪器名称及设定的参数,所有电路调节都是由微机控制的数字电位器完成。

d)灯驱动 PCA:灯驱动电路带有一个高压开关电源,启动并使 UV 灯光强保持恒定,这块板 受控于预处理器 PCA。

(2)运行模式

仪器运行在几个不同的工作模式下,这些模式包括:启动、测量和自动零点模式。

1)启动模式

当打开仪器开关时,微处理器对仪器中的几个元件自动进行配置,并进入自动零点模式,这个过程大约需要 30min。下面对启动模式中的几个状态一一讲述如下,这些过程是自动进行的,不需要人为干预,这个过程中的反应室充入零气。

参比调节。参比调节使预处理器参比通道调整到一个适宜的电压值(参比电压正比于 UV 灯强度)。在调节之前,UV 灯需预热 10min,然后调节预处理器的数字电位器,使参比电压为 2.5V±0.2V,参比电压固定后,只有当下次运行启动模式时,或参比电压值小于 1V 或大于 4V 时才重新进行参比点调节。

电子零点调节(ZERO)。电子零点调节时,把零点时光路的,电路的失调都由预处理器调节到最小,首先要让反应室充满零气,预处理器调整粗零电位器使温度电压刚好在 0.0V 以上,这就是仪器的粗零点调节,一旦调好不再变化,直至下一次运行启动模式或浓度电压低于 -0.1V 时才再进行调整。

背景气。背景气测量时,仪器抽取零气,并测定这时的浓度电压值,并将其作为真空的零点补偿值,这是一起进行的最终零点测量,这项工作于每天午夜由仪器自动进行(除非背景设为 disable)选定校准菜单可进行手动运行背景气测量。

样气充入/测量。仪器运行背景气测量后测量后,进入样气充入阶段,样气进入反应室,然后运行测量模式对样气进行连续测量。

快速启动模式。如果仪器掉电时间小于 2min,一起采用快速启动模式,上次的运行参数自动恢复,并立即进入测量阶段,这使仪器预热时间最少保证测量数据的连续性。如果仪器掉电超过 2 min,则只能进行全自动启动模式。

2)测量模式

样气测量。样气测量是 ML 9850 的标准运行模式。通过主阀组,样气连续充入,PMT 检测到反应室内的荧光信号,并将其放大,通过预处理器将其转变为浓度电压,该电压代表了被测气体浓度。同时,UV 灯的光强也被监测,以补偿由于灯的波动对测量值的影响。

零点测量。零点测量时,仪器打开内置阀,让反应室充入来自内标源的零气和打开外置阀充入外部零气,其测量过程是一样的,不同点仅仅是气源不同。

标气测量。标气测量时,仪器被充入内部标气源,例如 IZS 炉,或者打开外部阀,引入外部样气,测量过程相同,不同者仅是气源不同。

3)自动零点校准

EC/ML 9850 是自动校零的仪器,仪器周期性的通入零气并对测量值进行修正。

背景气。自动零点校准模式每天午夜进行(除非背景设为 disable),依此对仪器的零点漂移进行补偿,这时背景气运行方式与启动时的方式完全相同。

电子零点调节。长时间的负漂偶尔会使测量电压值接近 0,甚至超出预处理通道的量程范围,这使仪器会自动进行电子零点调节,以重置预处理器的零点,这个过程与启动时的电子零点调节完全相同,电子零点调节后,必然后进行背景气测量,以确定新的最终零点基线。

(3)前面板及功能键

分析仪器前面板有:显示、控制键、仪器 ID 码、安装架四个部分。可通过同时按压前面板上的 2 个键调整显示对比及背景光的强度:

1)对比度:可同时按压向上箭头键及"Select"键可得到较暗对比;按压向下箭头键及"Select"键获得较亮对比。

2)背景光:同时按压"Enter"及"Exit"键对应较暗背景;同时按压"UP"及"Select"键对应较亮背景。同时按压相应两键直至显示屏上出现想要的对比度为止。

注意:进行按压"UP"或"DOWN"箭头键而未同时按压"Select"键时,显示出的主屏幕会提出询问"START MANUAL CALIBRATION?"(开始手动校准吗?),当调整显示时出现这种情况时,请按"Exit"键。

注意:显示器对环境气温及分析仪温度很敏感,其外观会随这些条件变化而改变。9830 仪器的所有操作都可以用前面板上的显示屏右边的 6 个键来完成。这 6 个控制键的功能如下:

1)向上箭头键移动光标至前面的菜单项,也可以将光标移至下一个选择或在数字段内递增数字。

2)向下箭头键使光标移至下一个菜单项,也可以使光标移至下一个选择或在数字段内递减数字。

3)"Select"键 作菜单选择或选择供输入用的字段。

4)"Pg Up"键 使光标移至前页或前屏幕。

5)"Exit"键 使光标离开字段不作更变,或使光标回至主屏幕。

6)"ENTER"键 确认菜单项目或确认至微机的字段选择。

在没有按下"SELECT"的时候按向上或向下箭头导致屏幕出现询问"START MANUAL CALIBRATION ?"(开始手动校准吗?),当调整显示时出现这种情况,按"EXIT"键。

(4)仪器后面板

仪器后面板如图 3-2 所示。

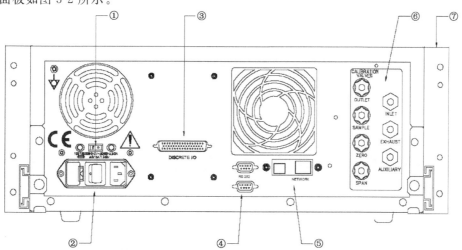

图 3-2 9850 仪器后面板结构图
(①电压选择开关;②电源开关/插座;③50 点 I/O 插头座;④RS232 插座;
⑤络连接口;⑥气路连接口;⑦支架选件)

（5）技术指标

1）量程

①显示：自动量程转换 0～20ppm，分辨率：0.001ppb。

②模拟输出：0～满量程、0～0.05ppm 至 0～20ppm 满量程，具有 0、5 及 10％补偿（带可选 50 针 I/O 板）。

③USEPA 规定范围：在 0～0.05ppm 及 0～1.0ppm 间的任何满量程。

2）噪声（RMS）

①测定过程：0.25ppb 或浓度读数的 0.1％，取较大者（选择卡尔曼滤波）。

②模拟输出：0.25ppb 或模拟输出满量程的 0.1％，取其较大值。

3）最低检测限

①测定过程：低于 0.5ppb 或浓度读数的 0.2％，取较大值（选择卡尔曼滤波）。

②模拟量：0.5ppb 或模拟输出满量程的 0.2％，取其较大值。

4）零漂移

①与温度的关系：0.1ppb/℃。

②在固定温度下与时间的关系为：

24 小时：低于 1.0ppb；

30 天：低于 1.0ppb。

5）标度漂移

①与温度的关系：0.1％/℃。

②在固定温度下与时间的关系为：

24 小时：0.5％读数；

30 天：0.5％读数。

6）滞后时间

低于 20s。

7）上升/下降时间，95％满量程

低于 120s（0.5SLPM 流量）用卡尔曼滤波器操作。

8）线性误差

±1％满量程（从最佳直线拟合）。

9）精度

5ppb 或是 1％读数，取其较大值。

10）样气流率

0.65SLPM。

11）样气压力相关性

压力变化 5％，引起的读数变化低于 1％。

12）温度范围

①5～40℃（41～104 ℉）；

②USEPA 规定范围：15～35℃。

13）电源

①99～132 VAC，198～264 VAC，47～63 Hz；

②USEPA 规定：105 VAC～125 VAC，60Hz。

14）重量

25kg。

15）模拟输出

①用跨接线选定电压输出为 100mV、1V、5V 及 10V，用菜单选定 0、5 或 10％零补偿。

②用菜单选定 0～20mA、2～20mA 及 4～20mA 电流输出。

16)数字输出

①分析仪器间共用的 RS232 多站口可供数据、状态及控制用。

②DB50 有分立状态、用户控制及模拟输出。

3.2.2　安装调试

3.2.2.1　系统安装

连接到 EC/ML 9850B 上样品气和零气应维持在环境压力下,并可以排放到大气。9850 需要一个至少 1.00SLPM 的粒子过滤器,从而保证提供的样品气总是干燥清洁的。可选用 5μm 入口过滤器。连接样气及排气系统的管道,其外径为 1/4 英寸,内径为 3/16 英寸(最大)～1/8 英寸(最小),推荐采用内径为 5/32 英寸。应购买切断的清洁聚四氟乙烯管连接样气源与样气入口,所用管材必须是不锈钢、聚四氟乙烯、Kynar 或玻璃配件也必须用不锈钢、聚四氟乙烯或 Kynar 材料制造。安装前要确认采样管中没有杂质和污染。接 1/4 英寸 Teflon 管到分析仪的排气口并排空。

零气连接:连接到 EC/ML 9850B 上的零气和样品气应该维持在环境压力下,并可以排放到大气。连接零气源到分析仪的辅助口。EC/ML 9850 需要一直提供经过过滤的(<5μm)流量至少 4SLPM、干燥的、无 SO₂ 气体的空气。它可以通过连接一个活性炭涤去器或启动零气发生器来实现。

检查后板上的电源选择开关、电源线及保险丝均应适合你的用途。左右移动开关能看到相应的电压额定值。通过一个三芯电源插头向分析仪供电,仪器必须可靠接地,这对保证仪器的正常性能及操作人员安全都很重要。连接电源插头到电源上,按电源开关到 ON 位置。

3.2.2.2　开、关机操作和设置仪器参数

(1)开机和仪器预热

当通电后,屏幕显示 Ecotech 公司标识达数秒钟,然后是分析仪器标志及在右下角闪显"MAIN MENU"标记。升温期过后,在屏幕左角标示操作方式,指明供仪器用的气体测定结果。仪器故障将在状态行上通知,状态行出现在仪器状态显示下面。如果没有故障,则状态行为空白;若有一种故障,则在状态行上显示出该故障(例如 ZERO FLOW、HEATER 等);当故障排除时,状态行也被清除。若存在多种故障,在状态行上将显示故障表,当一种故障排除后,将显示表上的下一个故障。在"SYSTEM FAULTS"(系统故障)屏幕上显示出全部故障表。当显示主屏幕时,光标在"MAIN MENU"字处闪现,按下"Select"(选择)或"Enter"(输入)键以输入主菜单。当仪器通电时,仪器内的一些元件会通过微机自动配置。此外,还进行自动调零此过程需要 30min。在升温期间,初始屏幕上显示出若干信息,这表明正向着正常操作进行。

初始屏幕信息	仪器动作
参比调整:	灯接通并达到稳定;设定 PM 高电压
电子零调整:	零流动空气下测定通道的粗调零和细调零
背景填充:	用零空气充满小室
背景测定:	系统零的测定
充样气:	用样气充满小室
样气测定:	仪器操作(若是初次进行通电程序则必须校准

注意:无论任何时候断电,9850B 要等 2 min 以上再重新启动。

(2)设置仪器参数

在初次运行时需要对有关的仪器参数进行设置,主要包括仪器的量程、单位、校准因数等。

(3)关机

关机最直接的操作就是关闭仪器的电源开关。如遇长时间停机,则需在关机之前记录下仪器的状态参数。在遇有停电、雷电等现象时,一定要提前关闭仪器的电源开关,必要时应将仪器的电源插头从电源插座中拔出。

3.2.2.3　菜单操作

除仪器的开机屏幕和运行屏幕外,EC/ML9850 的各种操作和参数设置均通过菜单(屏幕)选择实现。主菜单下包含若干个子菜单,子菜单下则包含各种操作(或显示)屏幕。主菜单中列出了各种菜单,除后面 4 种外,在选择中包含一种或多种菜单项目。

MAIN MENU	主菜单
INSTRUMENT MENU	仪器菜单
CALIBRATION MENU	校准菜单
TEST MENU	测试菜单
INTERFACE MENU	接口菜单
EVENT LOG	事件记录
INSTRUMENT STATUS	仪器状态
SYSTEM TEMPERATURE	系统温度
SYSTEM FAULTS	系统故障

EVENT LOG 是通过微处理机建立的记录,用以指明操作参数中出现的偏差,该项可用于确定系统故障的原因。

INSTRUMENT STATUS(仪器状态)及 SYSTEM TEMPERATURE(系统温度)屏幕不断地修改读数,用以操作仪器。

SYSTEM FAULTS(系统故障)是受连续监控的各种参数 PASS(通过)/FAIL(失效)指示,这些参数必须在允许操作范围内以便显示出 PASS。

(1)仪器菜单

在 INSTRUMENT MENU 内的项目介绍进行操作所必需的仪器设定。

INSTRUMENT MENU	仪器菜单
MEASUREMENT MENU	测量菜单
DATE:15－JUL－93 TIME:18:57	日期:15－JUL－93 时间:18:57
PASSWORD:	密码:
ERASE MEMORY:NO	取消存储:不

日期:日期格式是日—月—年。

时间:设定 24 小时格式,用外部同步时标设定时间复位秒数(内部的)至零。

取消存储:如果选择 YES,显示下列信息:

! 这将取消增益

!!! 确定:NO(这个 NO,在警示中处于高亮),转到 YES 并按"ENTER"将取消仪器中的存储

注意:如果取消分析仪中的存储,所有用户配置的参数将返回到它们的缺省值。另外,失去所有仪器的校准,因此分析仪将不得不全部重新校准。这个特性是提供给维修和初级配置的,请在正常操作中不要选用这个特性。

(2)测量菜单

MEASUREMENT MENU 是用于基本操作与数据完整性所必需的项目构成。

MEASUREMENT MENU	测量菜单
UNIT SelectION:ppm	单位选择:ppm
AVERAGE PERIOD:1 MINUTE	平均周期:1min
FILTER TYPE:KALMAN	滤波器类型:卡尔曼
NOISE:0.204 ppb	噪声:0.204 ppb

1)单位选择:ppm 或 mg/m³。

2)平均周期:设定时间为小时(1、4、8、12 或 24)或为分(1、3、5、10、15 或 30)。可返转切换。

3)滤波器类型:设定时间常数的数字过滤器,可选择:NO FILTER、90s、60s、30s、10s,卡尔曼过

滤器。

4)噪声:是浓度的标准偏差。进行方式如下:

①每隔 2 min 取一次浓度值。②在先进后出缓冲程序中,存储这些样品中的 25 个浓度值。③每隔 2 min,计算 25 种样品的标准偏差,这是微机产生的字段,操作者不能设定。

注意:卡尔曼过滤器工厂设置为缺省值。注意:只有将零空气或稳定浓度的标定气送入仪器至少一小时,所获得的读数才有效。

(3)校准菜单

CALIBRATION MENU 包括用于校准仪器的输入,选择 TIMED(定时)或 MANUAL(手动)显示屏幕稍有不同,定时校准不用操作者,在选定时限上自动校验零/标度。手动校准允许操作者控制校准。只能选择定时或手动校准中的一种,手动校准可在任何给定时间进行。当选择 TIMED 校准时出现下列显示:

CALIBRATION MENU	校准菜单
CALIBRATION:TIMED	校准:定时
INTERVAL:24	时限:24 小时
STARTING HOUR:0	起动时间:0
SO2 TIMED SPAN:10.000 ppm	SO₂ 定时标度:10.000 ppm
CALIBRATION:INTERNAL	校准:内部的
SPAN COMP:DISABLED	标度补偿:禁止
SO2 SPAN RATIO:1.0000	SO₂ 标度率:1.0000
BACKGROUND:START	背景:起动
BACK INTERVAL:24 HOURS	返回时限:24h

1)校准:在规定时限上,TIMED 启动微机控制零/标度校验。

2)定时器时限:在零/标度校验间之小时数。

3)起始小时:当进行首次零/标度校验时的小时数。

4)SO₂ 定时标度:标度浓度的数字设定。在 AZS 周期中,操作者预期的仪器读数。

5)校准:选取 INTERNAL 或 EXTERNAL 阀(用 EXTERNAL 必须安装 EZS 阀)。

6)标度补偿:选择 ENABLED 或 DISABLED。

7)SO₂ 标度比:通过微机产生的字段显示值,增大标度读数将其校正到校准值。

8)背景:选择 START 或 DISABLED。若选定 START,然后按下 Enter,则仪器开始自动调零(背景)循环;若选定 DISABLED,则仪器将不能进行正常的自动零(背景)循环。

注意:对于 USEPA 规定的应用,背景循环绝不可定为 DISABLED。

9)返回时限:24 小时—当自动调零循环时,指出微机控制字段将开始。

注意:USEPA 设计要求,SPAN COMP 必须设定在 DISABLED

当选定 MANUAL(手动)校准时显示屏出现下列显示:

CALIBRATION MENU	校准菜单
CALIBRATION:MANUAL	校准:手动
CAL MODE:MEASURE	校准模式:测定
CALIBRATION:EXTERNAL	校准:外部的
BACKGROUND:Enabled	背景:启动
BACK INTERVAL:24 HOURS	零循环时间间隔:24 小时

①校准:MANUAL 启动操作者控制校准。

②校准方式:选择 MEASURE(标准方式)、CYCLE(零/标度)、SPAN(标度阀)或 ZERO(零阀),选择基于操作者想要打开的阀,选择 CYCLE 启动 AZS 循环。

③校准:在校准过程中,选用 INTERNAL 或 EXTERNAL 阀进行操作。

④背景:选择 START 或 DISABLED。若选定 START,然后按下"ENTER"键时,则仪器开始自动零(背景)循环。若选定 DISABLED 则仪器将不能进行自动零(背景)循环。

5)返回时限:指示微机控制字段何时将开始自动零循环。

(4)测试菜单(TEST MENU)

TEST MENU 包含一系列子菜单,包括供实验和校验仪器功能用的信息与控制设定,操作者可改变设定。但是,仪器回复正常操作时,重新开始自动控制功能,从菜单做出的变更仅用于诊断及实验目的。

TEST MENU 实 验 菜 单

OUTPUT TEST MENU	输出实验菜单
DIAGNOSTIC MENU	诊断菜单
MEASUREMENT GAIN:8	测量增益系数:8
PRES/TEMP/FLOW COMP:ON	压力/温度/流量补偿:ON
DIAGNOSTIC MODE:OPERATE	诊断模式:OPERATE
CONTROL LOOP:ENABLED	控制回路:允许

1)测定增益系数:输入控制软件设定 1、2、4、8、16、32、64 及 128。

2)压力/温度/流量补偿:或用 OFF,或用 ON。当进行诊断观察读数波动时用 OFF;ON 被用于补偿环境波动可能对读数产生的影响。

3)诊断方式:允许操作者选择 OPERATE、OPTIC、ELECT 或 PREAMP。在测定时,设定 OPERATE;在进行诊断实验时,设定待诊断系统。

4)控制回路:允许操作者选择 ENABLED 或 DISABLED。当选定 ENABLED 时,微机保持数字电位计的控制;当选定 DISABLED 时,微机不能控制数字电位计,用户可手动调整数字电位计。当控制回路选在 ENABLED 时,微机将在电位计的最后设置点上控制电位计。主屏幕显示时,控制回路设在 ENABLED。

(5)输出实验菜单(OUTPUT TEST MENU)

输出实验菜单报告供电位计和阀用的读数。

OUTPUT TEST MENU	输出实验菜单
PREPROCESSOR POTS	预处理器电位计
VALVE TEST MENU	阀实验菜单

1)预处理器电位计屏幕

预处理器电位计是电子控制的数字电位计,用来调整预处理器控制板的操作,每个电位计在非返转滚动字段设定数字为 0～99。

REPROCESSOR POTS	预处理器电位计
MEASURE COARSE ZERO:42	测定粗调零:42
REFERENCE ZERO:50	参比零:50
MEASURE GAIN:50	测定增益系数:50
REFERENCE GAIN:39	参比增益系数:39
TEST MEASURE:0	实验测定:0
HIGH VOLTAGE ADJUST:61	高电压调整:61
LAMP ADJUST:83	灯调整:83
REF. VOLTAGE 4.016 VOLTS	参比电压:4.016V
SO2 0.400 ppm	SO_2:0.400 ppm
CONC. VOLTAGE 2.327 VOLTS	浓度电压:3.327V
HIGH VOLTAGE 700 VOLTS	高电压:700V

①测定粗调零:软件控制电位计用于测定通道的电子粗调零。

②参比零:软件控制电位计用于参比通道的电子零,用微机校正与控制电位计。

③测定增益系数:设定供测量通道用的增益系数并通过微机板控制。

④参比增益系数:设定供参比通道用的增益系数的软件控制电位计。

⑤实验测定:当检查及排除故障或校验仪器功能时,技术人员采用的软件控制电位计。

⑥高电压调整:用于调整 PMT 高电压的软件控制电位计。

⑦灯调整:设定 UV 灯电流的软件控制电位计。

⑧参比电压:参比电压作为压力/前置放大器 PCA 的测量,该电压显示 UV 灯的强度。

⑨SO₂ ppm:气体浓度读数。

⑩浓度电压:预处理器上的电压与反应池上的荧光信号成比例,该电压表示实际气体测量值。

⑪高电压:供 PMT 用的电压读数。

2)阀实验菜单

阀实验菜单允许将阀设定在"OPEN(开)"或"CLOSED(闭)"位置。

VALVE TEST MENU	阀实验菜单
INT. VALVE ♯1:OPEN	INT. VALVE ♯1:开
INT. VALVE ♯2:CLOSED	INT. VALVE ♯2:闭
INT. VALVE ♯3:CLOSED	INT. VALVE ♯3:闭
EXT. MEASURE:CLOSED	EXT. MEASURE :闭
EXT. ZERO GAS:CLOSED	EXT. ZERO GAS:闭
EXT. SPAN GAS:CLOSED	EXT. SPAN GAS:闭
AUX. VALVE ♯2:CLOSED	AUX. VALVE ♯2:闭
VALVE SEQUENCING:ON	VALVE SEQUENCING:ON

①INT.VALVE ♯1 = 样气流

②INT.VALVE ♯2 = 零气

③INT.VALVE ♯3 = 标气

④外部测定＝外部供给样品流

⑤外部零气＝外部供给零空气

⑥外部标定气＝外部供给标定气

⑦AUX.VALVE ♯2 备用阀目前不在本仪器上使用。

⑧阀定序:设定 ON 或 OFF。设定 ON 用于零/标度循环的阀自控;设定 OFF 用于操作者控制阀。无论什么时候显示在主屏上,阀定序都将自动地设置 ON。

(6)诊断菜单

诊断菜单是用于诊断问题或可疑信息的。当操作者保留此菜单时,位置将返回以前的设定状态。

DIAGNOSTIC MENU	诊断菜单
FUNCTIONAL TEST:	功能实验
MULTI Drop PortTEST	多站实验
DISPLAY TEST:	显示实验

功能实验可从下列各项选择:

1)DAC 实验:在所有 DAC 输出上,加上大约 1 Hz 锯齿波形,实验进行 3min。在实验过程中系统的其余部分是切断的。

2)监视器实验:禁止选通监测定时器,当完成实验时系统复位。

3)多站实验:将可打印出的实验字符送到多站口。

4)显示实验:选择引起屏幕显示一系列相隔极近的垂直线,屏幕将出现空白,事实上该实验是一种图像选择,再按一下"Select"键校验看到的选择图像,然后按压"Pg Up"键退出此实验。

(7)接口菜单(INTERFACE MENU)

接口菜单用于模拟量的记录与数字量 RS232 口参数的设置

INTERFACE MENU	接口菜单
ANALOG OUTPUT MENU	模拟输出菜单
INTERFACE MODE:COMMAND	接口方式:指令
MULTIDROP BAUD:2,400	多站波特:2 400
DATA LENGTH:8 BITS	数据长度:8bit
STOP BITS:1	停止位数:1bit
BIT PARITY:NONE	奇偶性:无
COMM. PROTOCOL:ORIGINAL	通信规约:原有的

下列各项仅用于使用一种或多种串行口情况。

1)接口方式:选择"Command"或"Terminal"。Command 用于串行指令库;Terminal 用于菜单结构。

2)多站波特:供后板上 RS232(DB9)接插件用的通信率可用波特率为 1 200、2 400、4 800、9 600 和 19 200。

3)数据长度:设定用于串行传送的数据位数,可用长度为 7 和 8。

4)停止位数:设定用于串行传送的停止位数,可用的停止位为 1 及 2。

5)奇偶性:设定用于串性传送的奇偶性,可选择 NONE(无奇偶性)、EVEN(偶数)及 ODD(奇数)。

6)通信规约:设定在串行传送内的通信规约可选择 Original、Bavarian 及 Enhanced 参看串行通信资料。

(8)模拟输出菜单(ANALOG OUTPUT MENU)

模拟输出菜单包括有关记录装置的设定,详见 1.2.2.3 中(15)下的"3)模拟输出设定"。模拟输出范围的设置不影响分析仪器的测量,它仅影响模拟输出的比例。

1)SO$_2$ 电流输出菜单

SO2 OUTPUT MENU	SO$_2$ 输出菜单
RANGE:0.500 ppm	量程:0.500 ppm
OUTPUT TYPE:CURRENT	输出类型:电流
CURRENT RANGE:0~20mA	电流范围:0~20mA
FULL SCALE:0.00 %	满刻度:0.00%
ZERO ADJUST:0.00 %	零调整:0.00%
OVER RANGE:20.00 ppm	过量程:20.00 ppm
OVER-RANGING:DISABLED	继续过量程:禁止

①量程:设定想要浓度的量程上限(用数字设定),该值不能设定在过量程值以上。

②输出类型:设定必须与该输出连接器相配:电流或电压。

③电流范围:可选择 0~20mA,2~20mA,4~20mA。满量程:×.×××%,用于满量程设定的校正系数。

④零调整:×.×××%,用于零调整的校正系数。

⑤过量程:设定想要的超量程值,该值不能设定在低于标准量程值下,详见 1.2.2.3 中(15)下的"3)模拟输出设定"。当允许用过量程时这是经修正的记录器指示刻度(当达到设定量程的 90% 时,自动量程有效;当达到原量程的 80% 时,将返回原量程)。

⑥继续过量程:设定 ENABLED(能够)或 DISABLED(不能)。

2)SO$_2$ 电压输出菜单

ANALOG OUTPUT MENU	模拟输出菜单
RANGE:0.500 ppm	量程:0.500 ppm
OUTPUT TYPE:VOLTAGE	输出类型:电压
OFFSET:0 %	补偿:0%
FULL SCALE:0.00 %	满刻度:0.00%

ZERO ADJUST:0.00 %	零调整:0.00%
OVER RANGE:20.00 ppm	过量程:20.00 ppm
OVER－RANGING:DISABLED	继续过量程:禁止

①量程:设定想要浓度的量程上限(用数字设定),该值不能设定在过量程值以上。

②输出类型:设定必须与 50 插针 I/O 板上选择的电流或电压相匹配。

③补偿:选择 0%,5%或 10%,记录器输出会将其反映到条形图上。

④满量程:×.××%,用于满量程设定的校正系数。

⑤零调整:×.××%,用于零调整的校正系数。

⑥过量程:设定想要的超量程值,该值不能设定在低于标准量程值下,详见 1.2.2.3 中(15)下的"3)模拟输出设定"。当允许用过量程时,这是经修正的记录器指示刻度(当达到设定量程的 90%时,自动量程有效;当达到原量程的 80%时,将返回原量程)。

继续过量程:设定 ENABLED(能够)或 DISABLED(不能)。

(9)事件记录屏幕(EVENT LOG)

事件记录显示关键事件的备忘录,例如自动调零、校准或特殊误差状态,可用于多达 20 种状况。

EVENT LOG	事件记录
♯1 BACKGROUND CYCLE	♯1 背景循环
OCCURRED AT 00:01 15－JUL－95	在 00:01 15－JUL－95 出现
♯2 ZERO FLOW	♯2 零流量
OCCURRED AT 17:02 08－JUL－95	在 17:02 08－JUL－95 出现
♯3 BACKGROUND CYCLE	♯3 背景循环
OCCURRED AT 17:02 07－JUL－95	在 17:02 07－JUL－95 出现

(10)仪器状态屏幕(INSTRUMENT STATUS)

仪器状态是借助于微机对各种参数连续地产生的信息显示。

INSTRUMENT STATUS	仪器状态
GAS FLOW:0.65 SLPM	气体流量:0.65 SLPM
GAS PRESSURE:586.6 TORR	气体压力:586.6 torr
REF. VOLTAGE:2.501 VOLTS	参比电压:2.501V
CONC. VOLTAGE:2.237 VOLTS	浓度电压:2.237V
ANALOG SUPPLY:11.909 VOLTS	模拟供电:11.909V
DIGITAL SUPPLY:4.977 VOLTS	数字供电:4.977V
GROUND OFFSET:281	接地补偿:281
HIGH VOLTAGE:700 VOLTS	高电压:700V
LAMP CURRENT:34.794 MA	灯电流:34.794 mA
VERSION B1.00	版本:1.00B
Exit	退出

气体流量:限流孔的大小和气体压力的大小决定气体流量的大小。如果没有气体经过流量传感器,那么将显示为 0.00 气体压力是反应室内部的气体压力。

参考电压:由压力测量电路板及预处理板测得,这个电压表示 UV 灯的强度。

浓度电压:这个电压与反应室的荧光信号成比例。

模拟电压:+12V。

数字电压:+5V。

接地偏差:微处理板和预处理板的参考电位不同。

高压:PMT 的高压读数。

灯电流:UV 灯的电流。

(11)系统温度屏幕(SYSTEM TEMPERATURES SCREEN)

系统温度屏幕通过微机显示连续产生的信息。

1)反应室温度:读到的反应室的温度。

2)机箱温度:机箱在环境中的温度,在微处理板 PCA 测得。

3)制冷器温度:PMT 所在的温度。

SYSTEM TEMPERATURE	系统温度
CELL TEMP. :50.7 DEG C	池温度:50.7℃
CHASSIS TEMP. :28.1 DEG C	机箱温度:28.1℃
COOLER TEMP. :10.3 DEG C	冷却器温度:10.3℃

(12)系统故障屏幕(SYSTEM FAULTS)

SYSTEM FAULTS	系统故障
SAMPLE GAS FLOW:PASS	样气流量:PASS
LAMP CURRENT:PASS	灯电流:PASS
A/D INPUT: PASS A/D	输入:PASS
COOLER:PASS	冷却器:PASS
REFERENCE VOLTAGE:FAIL	参比电压:FAIL
12 VOLT SUPPLY:PASS	12 伏电源:PASS
HIGH VOLTAGE:PASS	高电压:PASS
CELL TEMPERATURE:PASS	室温度:PASS
Exit	退出

系统故障显示连续监测的各种参数 PASS(合格)/FAIL(失效)指示,这些参数必须在容许的操作范围内才显示 PASS。

3.2.3   日常运行、维护和校准

3.2.3.1   日常运行操作

(1)每日巡视检查

1)检查分析仪的流量是否稳定,应在 0.60L/min 左右,观察时间应在 30s,如流量有过高、过低或不稳定的情况,应记录在值班记录本上,并进行检查和报告。

2)随时检查分析仪屏幕显示的浓度值是否在正常范围内。

3)随时检查分析仪屏幕右上角是否有报警信息,如有报警信息应及时检查和报告,并记录在值班记录本上。

4)每日详细检查日图中打印的资料是否正常,并做标记。

特别注意:

仪器的浓度数据是否在正常范围内,与前一天相比有否显著变化。

仪器的标准偏差数据是否处于较小的范围,与前几天相比有否变化。

仪器的校准时序和零点、单点校准值是否正常,与前几天相比有否变化。

5)按要求完成日检查表中的条项检查并记录。

6)随时注意发现各种可见的问题,如各种连接件断开或松开,特氟隆管破裂或粘连,过多的灰尘积累在仪器上引起仪器过热、短路而造成元器件损坏。

(2)每周检查

1)按周检查表中的顺序,进行检查,并认真记录,注意各参数是否在正常范围内。

2)检查并记录标准气瓶的压力,在压力不足时应及时更换。

3.2.3.2   系统维护

为确保仪器正常工作,应定期对该设备进行维护和校准。

2)　周期性维护

EC/ML9850B 的维修周期见表 3-5。

表 3-5　EC/ML9850B 的维修周期

间隔*	内　容	方　法
每周	入口粒子过滤器 Event Log/System Fault 纪录 精确性检查	检查/更换 检查 检查
每月	风扇过滤器 零/标校正 时　钟	检查/更换 执行 检查
6 个月	零气过滤器(活性炭) PMT 干燥包 多点校正	换＊＊ 换＊＊＊ 执行
1 年	DFU 过滤器 烧结过滤器 UV 灯 检漏	换 换 检查/换 维修后进行

＊:仅供参考,这个表基于正常工作条件下,用户可根据自身情况修正此表。

＊＊:更换周期与环境中 SO₂ 含量有关。

＊＊＊:如果结露,需缩短更换周期。

(2)检查粒子过滤器

仪器入口的粒子过滤器防止粒子进入 9850 内部气路,污染了过滤器会降低 9850 的性能,包括延长响应时间,读数不稳,温漂及其他各种问题。许多因素对粒子过滤器更换间隔有影响。例如:春天的花粉及尘土,人为的环境变化,像建筑工程的尘土会很快污染滤膜,再如干燥多风沙的气候条件等等。确定换滤膜周期的最佳方法是:在最初的几个月时间里,每周检查滤膜污染状态,然后根据情况制订出换膜间隔。一般 30 天更换一次膜,在春季沙尘天气之后,可立即更换。每次更换过滤膜,须在日检查表上记录更换时间,每次更换过滤膜后,必须再次检查分析仪面板示数、流量等是否有异常变化。

(3)清洗风扇过滤器

9800 系列仪器的风扇过滤器装在后面板上,如果此过滤器被污染,将会对仪器的制冷效率产生影响,清洗时可将其拆下、拍打、用干净气体吹拂、用中性肥皂水清洗并风干。

(4)零气过滤器

9850 仪器的零气要求较高,零气不纯会产生许多问题,如:测量值下降,标度漂移,检测零气质量时,用一个已知优等零气源(例如可买到的 Ultra 零气或好的活性炭过滤器)接通仪器。这需要标准零气源。进入校准菜单,设校准模式为:Zero,这时,仪器从零气活性炭处抽取零气,大约 15 min。记录 SO₂ 读数。注意:这个值应该为 0.000±0.001ppm。如果不是,则应运行背景气周期 Calibration Menu/Background:START,以得到一个稳定零点基线,这大约需 15 min。把标准零气源接到仪器入口,保持仪器入口处为常压。在标准菜单中将校准模式设为:MEASURE,然后回车,约 5 min。记录仪器 SO₂ 读数。将两次 SO₂ 值对比,误差应为±0.002ppm 以内,如果内部零气值大于外部零气值,则零气过滤器(活性炭)应更换。．将外部零气源从进气口取下,使仪器重新回到测量模式。零气源的寿命决定于环境中 SO₂ 含量,如果使用 Ecotech 公司的零气过滤器(98415105－1),参照表 3-6 确定更换周期。

(5)PMT 干燥剂包的更换

PMT 室内有两个干燥剂包,以防止在经过制冷的 PMT 室内发生冷凝,干燥剂过期将导致 PMT 室受到侵蚀,并发生制冷失败,干燥剂包 1 年至少换一次。如果在 PMT 室内检测到湿气或干燥剂饱和,则必须更换,换干燥剂按下列步骤进行。

表 3-6　零气过滤器更换周期

环境中 SO_2 浓度值	活性炭更换周期
0～30ppb	12 个月
30～100ppb	6 个月
>100ppb	1 个月

1)关仪器电源并拔下插头。

2)用内六方扳手打开 PMT 室上的干燥剂上盖。

注意:如果把反应室/PMT 室从仪器上拆下,则打开上盖更容易些。

3)取出过期的干燥剂,换上新的,不要试图将旧干燥剂重复利用。

4)检查 PMT 室内有无湿气(用放大镜),如果发现湿气,应缩短干燥剂更换周期。

5)重装干燥剂外壳,用手的力量装紧,以防漏气,将少许润滑剂涂于橡胶 O 形环上,安装时效果会好一些。拧紧两个安装螺钉。

注意:必须先装好外壳,再拧螺钉,不可依赖螺钉的力量硬将外壳拧入位置。

6)接通电源,启动仪器。

(6)紫外灯

9850 的 UV 灯需正常工作,UV 灯应定期检查其工作参数是否在允许范围内,还要定期校准,保持适当紫外光强以保证仪器正常运行,下面就是检查校准及更换 UV 灯的方法。警告:紫外灯驱动电压超过 1000V,所以在接这一区域操作时需格外小心。

注意:UV 灯调节后需重新标定仪器。

1)UV 灯校准

需要设备:示波器

①打开仪器电源,预热约 15min。

②在预处理器板的 J5－3(REFX2)和 TP1(AGND)接示波器,将示波器调为 0.5V/div 及 20ms/div。

③打开 UV 灯盖,松开 Kicker 与 UV 灯室之间的 2 个安装螺钉,小心地将 Kicker 管移开 UV 灯室。

④松开(不要拆下)UV 灯座的两个固定螺钉。

⑤调整 UV 灯位置(转动或左右移动),直到示波器指示的峰值电压为最高,不超过 2V。最小有效峰值约 0.25V,如果 UV 灯输出低于 0.5V,应考虑更换。

⑥拧紧 UV 灯固定螺钉,确保 UV 灯处于最佳位置。

⑦重新安装 Kicker 部件及 UV 灯盖。

⑧按仪器的复位键。

2)UV 灯的拆卸和更换

①关电源。

②打开 UV 灯盖,松开 Kicker 与 UV 灯室之间的 2 个安装螺钉,小心地将 Kicker 管移开 UV 灯室。

③将灯驱动器板上 J1 插头拔下,则断开了紫外灯。

④松开(不要拆下)UV 灯座的两个固定螺钉。

⑤将新 UV 灯安装好,确保光强最大输出一面朝向反应室(UV 灯的引线朝向上方),锁紧 UV 灯固定架。

注意:UV 灯直径各有差异,为了固定可靠,有时需增或减少一层套在灯体上的热缩管。

⑥重新连接好 J1 插头。

⑦把仪器电源打开,调整紫外灯。

3)由螺钉将 UV 灯固定器锁紧,装好 Kicker 及盖板。

(7)检漏

检漏通过后,仪器气路系统方可正常,气路系统维修及人为改动气路后都应检漏,对 9850 检漏,按下列步骤进行:

注意:检漏需要一个已知真空度的泵,并将读数转化为大气压值,这也需要一个负压表,并通过接头连到泵入口处。

1)断开样气及零气入口,把出气口接到泵上。

2)开泵约 2 min,选 INSTRUMENT STATUS 菜单,读数 GAS PRESSURE 值,作为大气压值。

3)塞住样气及零气入口。

4)开泵,抽气约 5min。

5)选 INSTRUMENT STATUS 菜单,检测 GAS FLOW 及 GAS PRESSURE 值,2 min 后,气体流量将为 0.00SLPM,而压力则应与泵的真空度±15torr(2kPa)一致。

注意:将真空度转换为大气压,请用下列公式:

$$当前的环境大气压值(torr)-(真空度(torr)\times 25.32$$

或

$$当前的环境大气压值(kPa)-(真空度(kPa)$$

6)打开样气及零气入口的塞子,重新连好管路. 如果检测到泄漏,可用 VALVE TEST 菜单,通过打开或关上某个阀的方法确定漏气点。

警告:不可用正压检漏,压力超过 5psi(35kPa)将会损坏压力传感器。

3.2.3.3 年度维护

为了保证仪器能长期的正常运转,需要对仪器进行年度维护,年度维护工作的内容包括:仪器内部的清洁工作,毛细管的检查和清洁,漏气试验,泵的检查等。如仪器发生故障或其他原因,年度维护的一些工作内容,也可以在一年以内进行多次。

每年要定期清洁仪器内部一次,清洁仪器前要进行仪器参数的检查和记录,清洁仪器时,要断开电源,并采取措施防止静电。清洁仪器内部灰尘最好的方法是首先尽可能用真空泵吸可能到达的部位,然后用低压压缩空气吹走剩余的灰尘,最后用软毛刷刷去残存的灰尘。完成仪器内部清洁后,重新开机,待仪器运行稳定后,仍要仪器参数的检查和记录,并对照清洁前的记录,以及时发现仪器因清洁工作而出现的重大变化。

3.2.3.4 常用备件和消耗品

9850B 仪器备件见表 3-7。

表 3-7　9850B 仪器备件表

名称	零件号	等级
DFU 过滤器	036-040180	1
O 形环用于孔板和过滤器	25000447-007	1
干燥剂,5g(4 包)	26000260	1
活性炭,2 磅	850056500	1
5μm 滤膜,50 片/包	98000098-1	1
烧结过滤器	98000181-1	1
紫外灯	9850018	2
玻璃滤光片,U330	002-035300	3
紫外过滤器	002-035400	3
O 形环,用于平凸镜	025-030610	3
O 形环,用于反应室盖板	025-038010	3
O 形环,用于反应室光学过滤器	025-038030	3
散热器	028-090120	3
提取工具,小型装配连接器	29000141-2	3

续表

名称	零件号	等级
管,内置光电放大器	57000011	3
孔板,10mil	98000180－09	3
孔板,20mil	98000180－19	3
PCA,稳压器	9800056	3
显示器/开关组件	9800057SP	3
PCA,带 ROM 芯片的微处理器	98000108－3	3
供电电源 115/230V 变 12VDC	98000142	3
修理包,泵用	98000242	3
灯驱动器组件	98100031	3
拔出工具用于过滤器和孔板	98000190	3
热电阻	98412028－4－SP	3
预处理器板	98500005SP	3
Kicker(HC 过滤器)	98500036	3
阀组件	98300037	3
加热器和热电阻组件	98500039	3
电子制冷片	98412028－3－SP	3
高压电源及前放组件	98500067－2－SP	3
压力/前放组件	98507008SP	3

等级 1:一般维护时用,以及损耗件,如:过滤器,O 形环等。

等级 2:易损的部件,根据经验认为损坏较快的,例如:泵、加热器、转换炉、阀及某些线路板等。

等级 3:不包含在 1,2 级中的其他各种部件,这包括一些无法预计损坏周期的部件(表 3-8)。

表 3-8　无法预计损坏周期的部件

名称	零件号
外置泵 230V/50Hz4L/20 英寸 Hg	884－017302
带滑轨的安装件	98000036－2
PCA、50 点 I/O 板	98000066－2
可选用的电源电池 12VDC	98000115
样气入口粒子过滤器	98000210－1
带壳的 50 点插头	98000255－1
校准检查用品,内部零/标(无渗透管)	98300087
活性炭	98415105－1
活性炭(出气口)	98415105－1
ML9850B 操作及维修手册	98507005

3.2.4　故障处理和注意事项

3.2.4.1　故障指示

在查阅故障指示以前,应先确认直流供电电压在正常范围内,线路板上的测试点及标注参考维修手册。9850 系列仪器自身带有状态显示,可由此得到故障指示,而不必打开仪器上盖。对故障分析最有用的是仪器的下列菜单:

PREPROCESSOR POTS MENU　　　　　　预处理电位器菜单

VALVE TEST MENU	阀测试菜单
EVENT LOG	事件记录
INSTRUMENT STATUS	仪器状态
SYSTEM FAULTS	系统失效

上述菜单提供的信息可能会指示系统的故障,如果仪器特性参数发生变化,则产生问题的元件可能被检测到,进而提高了排障效率,如果用户定期检查仪器的上述参数,并记录下来,对可能发生的问题进行故障分析会很有帮助。如果用户需要厂家帮助分析,解决问题时,提供上述菜单中的参数也是非常必要的!

(1)预处理电位器菜单(PREPROCESSOR POT)

预处理电位器屏显示了预处板上的几个元件的电位器设定值。菜单内容给出一台正常运行时的仪器典型参数,这些电位器设定值在一定范围内浮动,可能与本图略有出入,这并不意味着仪器不正常。但如果某些值为 0 或 99,或超出允许值,则可能有故障了。

(2)阀测试菜单(VALVE TEST MENU)

阀测试菜单显示仪器中每一个阀当前的工作状态,这个菜单可以开/关每一个阀,这就可以判断出每个阀的工作状态正确否,仪器正常工作时,VALVE SEQUENCE 设为 ON。查阅 ML9850B 用户手册可知每个阀的用途。

(3)事件记录(EVENT LOG)

当关注仪器可能的故障时,可查阅此菜单,系统失败或元件故障及其发生的时间都记录在案(表 3-9)。

表 3-9　事件记录信息

事件记录信息:记录信息	注解	处理
INTERNAL O/S ERROR ♯1	存储器不够用	系统软件或硬件有误,厂家处理
INTERNAL O/S ERROR ♯2	未给 O/S 定义任务	
INTERNAL O/S ERROR ♯3	O/S 尺寸划分不对	
INTERNAL O/S ERROR ♯4	O/S 排列不对	
INTERNAL O/S ERROR ♯5	O/S 存储器恶化	
INTERNAL O/S ERROR ♯6	被其他定义覆盖	
INTERNAL O/S ERROR ♯7	被 O 整除了	
INTERNAL O/S ERROR ♯8	发生信号阻断	
INTERNAL O/S ERROR ♯9	发生断点中断	
INTERNAL O/S ERROR ♯10	发生溢出	
INTERNAL O/S ERROR ♯11	排列界限错误	
INTERNAL O/S ERROR ♯12	CPU 试图运行未定义程序	
INTERNAL O/S ERROR ♯13	非法操作点	
INVALID OP IN TASK ♯X	非法操作	
ZERO DIVIDE IN TASK ♯X	以浮点 0.0 为除数	
UNDERFLOW IN TASK ♯X	溢出< 3.37E−37	
OVERFLOW IN TASK ♯X	溢出>3.37E+38	
FLOAT ERROR TASK ♯X	乘法浮点运算错误	
RAM CHECKSUM FAILURE	存储器求和错误	找厂家
EAROM X DATA ERROR Y	EAROM 错误	
SERIVCE SWITH ACTIVATED	面板操作错误	复位
LCD DISPLAY BUSY LCD	硬件故障	检查电缆及线路板
SYSTEM POWER FAILURE SYSTEM POWER DESTORED	断电	供电恢复

事件记录信息:记录信息	注解	处理
HIGH VOLTAGE POT LIMITED TO 99	高压调节失败	检查高压电源或预处理板
LAMP ADJUST ERROR	灯调节电位器达到极限	检查灯驱动器及预处理器
ZERO POT LIMITED TO 0OR99	零点电压控制器到极限	复位,查零气源
REF POT LIMITED TO 0OR99	参比电压控制器到极限	查 UV 灯
ZERO FLOW	仪器零流量	泵的问题或气路堵塞
SPAN RATIO <0.75	AZS 周期后,增益系数<0.75	标漂,需重新标定
SPAN RATIO >1.25	增益系数>1.25	标漂,需重新标定
ELTRONIC ZERO ADJUST	进行电子零点调节	启动后自动进行或零气源不好
BACKGROUND CYCLE	背景气周期	
RESET DETECTION	按复位键或看门狗动作了	
AZS CYCLE	启动 AZS(自动零,标周期)	

（4）仪器状态

如果仪器的 INSTRUMENT STATUS 菜单中有的参数明显超出所示范围,则可能发生故障。本屏所示参数中的大部分是由于处理电位器在 PEPROCESSOR POTS 处进行设定的,如果某参数超出允许范围,请记录此值,并翻阅仪器的各个相关菜单,以便分析。仪器状态参数变化范围为:

Gas Flow：　　　　　0.4—0.7 SLPM

Gas Pressure：　　　500—800 Torr

Ref. Voltage：　　　1.0—4.0 Volts

Conc. Voltage：　　　0.0—4.2 Volts

Analog Supply：　　　11.6—12.2 Volts

HighVoltage：　　　690—710 Volts

LampCurrent：　　　34—40 mA

（5）系统温度

SYSTEM TEMPEATURE 屏显示荧光室温度,机箱温度和 PMT 制冷温度。如果有超出此范围的示值（常态下可能出现的温度值）,则显示存在问题。

（6）系统故障

在连续运行中,SYSTEM FAULTS 菜单自动显示仪器的几个重要参数是 PASS,还是 FAIL。只有当这些参数在允许范围内,该项才显示 PASS,如果显示 FAIL,则说明在仪器的某个地方出现重大问题。注意:SYSTEM FAULTS 屏只显示几个仪器参数是否 PASS,也就是说,有无损坏,正常工作允许范围还要参照。仪器状态及系统温度菜单,如果仪器显示 FAILURE,即就说明检测列仪器的某个部分发生重大问题,下表列出文字显示及相应的故障。

OUT OF SERVICE:维修开关在 OUT 位,仪器正常运行时应处于 ON,维修时例外。

ZERO FLOW:显示由压力板测到的值<20torr（泵坏或者孔板堵塞）,或>200torr（进气口堵）,也许是采样口为正压。

LAMP FAULT:灯电流不在允许范围,即<20mA 或>50mA。

COOLER FAILURE:制冷温度超出范围,应当为 0～15℃。

RETERENCE VOLTAGE:表明参比电压超范围。

HIGH VOLTAGE FAILURE:高压超出范围,超过设定范围 25%。

12V VOLT SUPPLY FAILUE:12V 电压超范围,应当为 11.1～14.3V。

CELL TEMPERATURE FAILURE:反应室温度低于 35℃或高于 60℃。

3.2.4.2　测试模式

（1）光路。进行光路测试时,打开位于反应室中的一个小型白炽灯,该灯发出类似 SO₂ 在反应室中的发荧光,而该光被 PMT 检测,这个测试用于确认 PMT,检测 PMT,前置放大器以及处理器测量通道。

(2)前置放大器。进行前置级测试时,发生一个电子测试信号,用以模拟 PMT 产生的信号。将其加到 PMT 前置级输入端上。本测试方法排除 PMT,用于检测前置放大器和预处理器。

(3)电子电路。本测试是将一个电子测试用信号加到预处理器的输入端,如果信号被测到,则说明预处理器正常。这个检测用于判断预处理器 PCA 的参比及测量通道是否正常。

(4)诊断模式的应用。通过选择 IAGNOSTIC MODE 菜单进入诊断模式,可用 OPTIC(光路)、PREAMP(前置放大器)和 ELECTRIC(电子线路)三种方式,同时,调节测试菜单上的预处理电位器,直到产生响应(模拟 SO₂ 气体浓度),测试响应情况对每台仪器不同参数时各有不同,这些测试可以判断出是没问题,还是坏了,通过使用不同的诊断模式可以判断问题发生在哪个部件上。

3.2.4.3　故障指示

使用本故障指示(表 3-10),依据故障现象查找原因及解决方法直至解决问题。

表 3-10　系统故障显示表

现象	可能的原因	判断和解决办法
无显示、无反应	AC 电源	1.检查电源电缆插好否 2.检查电源保险丝断否,这可以用测电阻的方法进行,保险丝为 3A/220V 3.检查电源开关是否打开
无显示	对比度调节不当	调整对比度方法:同时按住面板上的 Ctrl＋select 键,则更暗,Ctrl＋select 键则更亮。调整背景光时:Enter＋Exit 键变暗,PgUp＋select 变亮
	DC 电源	1.仪器内电源模块与稳压板之间连线是否可靠 2.检查稳压板上各点电压值,见电压指示表(这一章前部分)。若有故障,可以更换电源模块或稳压板
	稳压板上没有 ＋15V 电压	把 JP3 接到微处理器板＋12V 电压位置
	显示器	检查显示器与微机板之间的连线是否可靠
	显示器坏或微机板坏	1.换前面板显示器 2.换微机板
流量＝0	泵坏了	换泵
	过滤器	检查粒子过滤器,脏或堵塞则需更换
	反应室气压升高	确保样气和零气入口在常压下
	烧结过滤器或孔板堵塞	清洗或更换
噪声或读数不稳	漏气	漏气会稀释样气或使标气读数下降,不稳的漏气会产生噪声
	灯的位置不正确	调节 UV 灯,如果调节无效,换灯
	制冷/加热故障	温控失效,使仪器产生零漂,反应室温度:50℃±3℃制冷:10℃±2℃
标度值低	标度设定	按照操作手册上的方法重调增益
	无流量	见本表流量＝0
	漏气	漏气会稀释样气,并造成标度值低且不稳定
对标气无响应	漏气	漏气会稀释样气,并造成标度值低且不稳定
	无流量	检查 INSTRUMENT STATUS 菜单,确保有流量
	软件锁定	1.显示器主屏上 MAIN MENU 字符是否闪动 2.仪器的其他菜单可选吗? 3.按第二层面板上的复位键 4.换微处理器板

续表

现象	可能的原因	判断和解决办法
零漂	漏气	漏气会稀释样气,并造成标度值低且不稳定
	活性炭失效	换活性炭
压力或流量值不稳	反应室控温失效	反应室应为 50℃±5℃
仪器停留在 reference adjust 状态	参比电压不是 2.5V	进行 UV 灯检查和调整
	高压不足 700V±10V	检查高压调节电位器是否为 99,如果是,则高压坏了,如果不是,请将仪器复位故障依旧,请与厂家联系.
响应时间长	流量低	用流量计检测流量,标准值应为 0.6~0.7/min,如果不对,更换烧结过滤器或孔板
	Kicker 坏了	检漏,如果不漏,旁路 Kicker 并重试响应时间,如果响应时间自己校正了,换 Kicker,如果不是,检查气路系统,包括流量,粒子过滤器
PMT 电压达不到 700V±10V	高压电源、微处理器或 预调电位器坏	换高压电源/放大器模块 换板

第 4 章　一氧化碳(CO)观测系统

一氧化碳(CO)是一种无色无味的气体,高浓度的一氧化碳对人体有毒害作用。大气中的一氧化碳主要来源于含碳物质的不完全燃烧,是人类活动排放量较大的大气污染物。一氧化碳在大气碳循环中扮演着重要角色,在非城市地区的对流层中,CO 是氢氧(OH)自由基的主要汇。一氧化碳参与多种重要微量反应性气体成分的大气氧化过程,因此尽管其本身不是温室气体,但它可以间接地影响其他温室气体(如甲烷等)在大气中的寿命,所以,一氧化碳也是具有气候意义的大气成分。

大气中一氧化碳的寿命一般在数星期到数月之间,因此,不同地区大气中一氧化碳的浓度有较大的差别,城市地区大气中一氧化碳的含量可达数个 ppm,在北半球冬季大气中一氧化碳的背景浓度可达 $200\sim300$ppb 左右,而在南半球夏季的海洋上,其浓度只有 $40\sim50$ppb。一氧化碳浓度的长期变化速率还比较难于估计,在北半球每年为 $1\%\sim6\%$ 的增加速率,而在南半球则无明显变化。

现在测量大气中 CO 浓度主要采用仪器方法,常用的有:气体透镜相关光度法、气相色谱—火焰离子化检测器法(GC—FID)和氧化汞还原法,这些仪器方法均可以自动连续地观测大气中的 CO。

大气本底站使用的是美国 TE 公司生产的 48C 型和澳大利亚 Ecotech 公司生产的 9830T 气体透镜相关法 CO 分析仪进行大气一氧化碳含量的测定,同时和其他气体监测仪器集成,从统一集成进气管进入空气样品,仪器信号由一台工控计算机记录并存储。

4.1　TE48C 型 CO 分析仪

4.1.1　基本原理和系统结构

4.1.1.1　基本原理

48C 型气体透镜相关法 CO 分析仪(以下均简称为 48C)的工作原理是,基于 CO 能吸收波长为 4.6μm 的红外线,图 4-1 是其原理示意图。空气样品经样气入口进入仪器的测量光池。从红外光源发射出的红外光束,先经过一个旋转的交替充满 CO 和氮气(N_2)的滤光透镜/斩光轮,形成参比光束和测量光束,然后经过一个窄带干涉滤光镜,进入检测器。在光池中,参比光束和测量光束交替地照射测量光池内的样品气体,为增加光程,光束在光池内多次反射。在测量光池光路的另一端,一个固体红外检测器检测参比光束和测量光束的强度。由于 CO 气体分子只对测量光束具有吸收作用,对参比光束无吸收作用,而其他气体则对参比光束和测量光束产生同等的吸收作用,因此通过比较参比光束和测量光束的衰减强度,即可获得 CO 的测量信号。这种气体透镜相关法对 CO 浓度的响应是非线性的,因此仪器通过对电路系统工作曲线的订正,使得仪器的输出信号与一氧化碳浓度保持线性的响应关系。

48C 对 CO 浓度的测量结果,可显示在仪器的前面板屏幕上,同时通过后面板的输出端子向计算机通信接口输出模拟信号和数字信号。

4.1.1.2　仪器结构

（1）总体结构

48C 的结构主要包括:红外光源、气体透镜相关轮、测量光池、光电检测器、信号放大电路、气路和气泵等部件,均安装在一个整体机箱内。机箱前部有操作面板、电源开关、显示屏幕等;后部有气路连接口、电源输入、信号输出连接端子和计算机通信接口等。

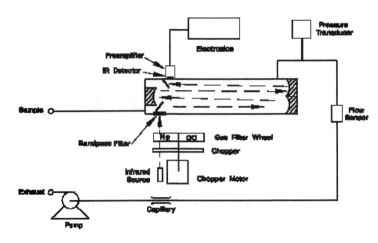

图 4-1　48C 工作原理示意图

（2）前面板及功能键

前面板的屏幕显示 CO 浓度、仪器运行状态、仪器参数、仪器控制信息和帮助信息。通过前面板的操作键，可以执行对仪器的检查、设置、校准等各项操作。功能键有：

"RUN"键：从其他菜单和显示屏幕退回到测量状态，显示运行（RUN）屏幕。

"MENU"键：通常用来显示主菜单。例如在 RUN 屏幕时，该功能键可用来激活主菜单，而在其他菜单（屏幕）时，按动该键可退回上一级菜单（屏幕）。

"ENTER"键：用于确认菜单（子菜单及屏幕）选项，或者确认所选择（输入）的设置参数，或切换 ON/OFF 功能。

"HELP"键：用于提供当前显示内容或屏幕的说明。如果想退出帮助屏，则可按"MENU"键以返回原先屏幕或按"RUN"键以返回到运行屏幕。

方向键：使用↑、↓、→、←四个按键可移动显示屏幕上光标。

（3）仪器后面板

仪器后面板主要包括：1）电源插座；2）采样入口；3）排气口；4）仪器风扇；5）模拟信号输出口；6）计算机通信（RS232）接口。

（4）技术指标

48C 技术指标见表 4-1。

表 4-1　48C 技术指标

名　称	技术指标
可调范围	0～1, 2, 5, 10, 20, 50, 100, 200, 500, 1000, 2000, 5000, 10000 ppm 0～1, 2, 5, 10, 20, 50, 100, 200, 500, 1000, 2000, 5000, 10000$\mu g/m^3$
零点噪声	0.02ppm RMS(30s 平均)
最低检测限	0.04 ppm
零点漂移	小于 0.1ppm/d
满度漂移	小于±1%/d
响应时间	60s(30s 平均)
精度	± 0.1 ppm
线性	± 1%满量程(≤1000ppm) ± 2.5%满量程(＞1000ppm)
流量	0.5～2 SLPM
适宜温度	20～30 ℃(无结露情况下 0～45℃范围也是安全的)
电压	210～250V,50～60Hz,100W

续表

名　称	技术指标
仪器尺寸	16.75 英寸(宽)×8.62 英寸(高)×23(长)英寸
重量	45 磅
输出	可选范围的直流电压,4～20mA 的直流电流,RS232/485 接口

4.1.2　安装调试

4.1.2.1　系统安装

把采样管连接到仪器后面板的 SAMPLE 采样口。安装前应确认采样管是干燥的,且其中无杂质。采样管应使用材料为 Teflon(如 FEP)或 316 不锈钢的管子,外径为 1/4 英寸,内径不小于 1/8 英寸,长度小于 10 英尺。注意:要保证进入仪器的气体压力和环境气压相同。必要时可加装旁路排气装置。用一段管线从仪器的 EXHAUST 排气口连接到合适的排放口。这段管线的长度应小于 5m,而且无堵塞物。在仪器的颗粒物过滤器内装上 2～5μm 孔径的 Teflon 过滤膜。给仪器接上合适的电源。

4.1.2.2　开、关机操作和设置仪器参数

开机。打开仪器电源开关,仪器显示开机(POWER－ON)和自检(SELF－TEST)屏幕,并自动进入自检程序。在完成自检之后,仪器将自动进入测量(RUN)屏幕,并同时将 CO 的浓度显示在屏幕上。测量(RUN)屏幕一般显示当前 CO 浓度和时间,它也显示遥控接口、零/满度和采样电磁阀的状态。

仪器预热。仪器在开机后,很快就进入测量状态,但是至少需要 90min 的预热时间,才能进入稳定的工作状态。

设置仪器参数。在初次运行时需要对有关的仪器参数进行设置,主要包括仪器的量程、单位、校准因数等。按下"MENU"键即显示主菜单,主菜单中包含了一系列子菜单,通过每个子菜单可以逐次进入不同的仪器参数、选择、操作屏幕,可使用↑、↓箭头移向子菜单。

关机。关机最直接的操作就是关闭仪器的电源开关。如遇长时间停机,则需在关机之前记录下仪器的状态参数。在遇有停电、雷电等现象时,一定要提前关闭仪器的电源开关,必要时应将仪器的电源插头从电源插座中拨出。

4.1.2.3　菜单操作

除仪器的开机屏幕和运行屏幕外,48C 的各种操作和参数设置均通过菜单(屏幕)选择实现。主菜单下包含若干个子菜单,子菜单下则包含各种操作(或显示)屏幕。主菜单所包含的子菜单如下:

(1)量程(RANGE)

(2)平均时间(AVERAGE TIME)

(3)校准因数(CALIBRATION FACTORS)

(4)校准(CALIBRATION)

(5)仪器控制(INSTRUMENT CONTROLS)

(6)诊断(DIAGNOSTICS)

(7)报警(ALARM)

(8)维修(SERVICE)

进入主菜单后,再用↑、↓键可将光标移到子菜单条目上,按"ENTER"键即可进入相应的子菜单。由子菜单再进入各种操作(或显示)屏幕,也是通过按动↑、↓键移动光标选择相应条目,再按"ENTER"键确定选择。在运行屏幕状态下,按↓键可跳过主菜单,直接进入最后一次显示的子菜单屏幕。

(1)量程(RANGE)子菜单

在量程子菜单下,可以选择不同的仪器量程、浓度单位以及预设的 CO 量程,也可以选择用户自行定义量程范围。在主菜单中按↑、↓键,把光标移到 RANGE 条目上,按"ENTER"键,则进入量程子菜单;如按"MENU"键,将返回主菜单;如按"RUN"键,可返回运行屏幕。屏幕(单量程时)第 2、3 行显示当前浓度单位和量程,第 4 行为用户定义量程条目。可以由这些条目进入相应的气体浓度单位设置屏幕、标

准量程选择屏幕和用户自定义量程屏幕。

1)气体浓度单位(GAS UNITS)设置屏幕

在量程子菜单中用↑、↓键,将光标移到气体浓度单位(GAS UNITS)条目上,按"ENTER"键进入气体浓度单位设置屏幕。该屏幕的第一行显示当前气体浓度单位,第二行显示新选择的气体浓度单位。气体浓度单位有百万分之一(ppm)及毫克/立方米(mg/m³)两种。在气体浓度单位设置屏幕上,按动↑、↓键,则在第2行上可依次选择上述2种气体浓度单位的一种,再按"ENTER"键确认所选择的气体浓度单位。之后,按"MENU"键可以返回量程子菜单,按"RUN"键可返回运行屏幕。当浓度的单位从ppm切换到mg/m³,或者从mg/m³切换到ppm时,其仪器量程会自动置于新的浓度单位所对应的最高量程上,例如:当浓度单位设置从mg/m³切换到ppm时,仪器量程会自动置于10000ppm。

2)标准量程(Range)设置屏幕

CO的量程决定仪器模拟输出的浓度范围。例如设置0~50 ppm的CO量程是指仪器的模拟输出0~10V电压信号对应于0~50ppm的CO浓度。在量程子菜单中按↑、↓键将光标移到量程(RANGE)条目上,按"ENTER"键可进入标准量程设置屏幕。屏幕上第二行显示CO的当前量程。第三行用来显示要变换的量程。在标准量程选择屏幕上,用↑、↓键选择一个合适的标准量程,按"ENTER"键确认所选量程。之后,按"MENU"键可返回量程子菜单;按"RUN"键可返回运行屏幕。

3)用户自定义量程(SET CUSTOM RANGES)设置屏幕

在量程子菜单中按↑、↓键将光标移到用户自定义量程(SET CUSTOM RANGES)条目上,按"ENTER"键进入用户自定义量程设置屏幕;在用户自定义量程设置屏幕,按"MENU"键可返回量程子菜单,按"RUN"键可返回运行屏幕。该屏幕列出了3个用户量程(C1、C2和C3),供用户自行定义,在ppm方式中,介于1ppm和10 000 ppm之间的任何值都可作为定义量程的界限值,在mg/m³方式中,任何介于1mg/m³和10 000 mg/m³之间的值也可被用来作为定义量程的界限值。用↑、↓键移动光标选择C1、C2或C3,再按"ENTER"键确定选择,进入用户自定义量程的设置屏幕。该屏幕中,第一行显示当前的用户自定义量程,第二行显示要设置的量程。在用户量程的设置屏幕中,用←、→键可左右移动光标到合适的数字位上,再用↑、↓键增加或减小每位数字,最后按"ENTER"键确认所修改的用户自定义量程;按"MENU"键返回用户自定义量程设置屏幕;按"RUN"键返回运行屏幕。

(2)平均时间(AVERAGE TIME)子菜单

平均时间是指用户设置的一个时间(10~300s)周期。48C的前面板上显示的测量浓度以及模拟输出信号每隔一定的时间更新一次,但该显示浓度和模拟输出所对应的浓度值,并不是仪器的瞬间测量值,而是该次更新时刻前的一个平均时间周期内的平均值。如60s的平均时间意味着,仪器显示(输出)的每次变化都是此前60s内测量的平均值。因此,平均时间越短,仪器的显示和模拟输出对浓度变化的响应越快;平均时间越长,则输出数据的变化越平滑。从主菜单中按↑、↓键,把光标移到平均时间(AVERAGING TIME)条目上,按"ENTER"键,则进入平均时间子菜单(双量程方式时)或直接进入平均时间设置屏幕(单量程、自动量程方式时)。在双量程方式时,进入平均时间屏幕前还有一选择屏幕(这里略去该选择屏幕的说明),因为在双量程方式中有两个平均时间(高和低)。在单、双和自动量程三种方式中,其平均时间设置屏幕的功能都是一样的。可供选择的标准平均时间有10s,20s,30s,60s,90s,120s,180s,240s和300s等几种。在平均时间设置屏幕上,用↑、↓键选择平均时间,按"ENTER"键确认所选的平均时间值;按"MENU"键以返回主菜单;按"RUN"键以返回运行屏幕。

(3)校准因数(CALIBRATION　FACTORS)子菜单

校准因数,包括零点校准值和斜率系数,是在自动校准和手动校准过程中确定的,仪器根据测量信号和校准因数计算CO的大气浓度。从主菜单中按↑、↓键,把光标移到校准因数(CALIBRATION FACTORS)条目上,按"ENTER"键,则进入校准因数子菜单;如按"MENU"键,将返回主菜单;如按"RUN"键,可返回运行屏幕。校准因数子菜单显示保存在仪器内的零点校准值和斜率系数。

1)零点校准值(CO BKG PPM)设置屏幕

由于电路上的偏移、光源和光电检测器件的温度响应等因素的影响,仪器在测量不含有CO的零气时也会给出一定的仪器响应,这个响应信号就是仪器的零点值。零点校准值就是为了修正仪器的零点偏移的一个仪器参数,该参数一般在零点校准过程中自动生成,或者根据零气检查(即给仪器通入零气达到稳定)的结果进行人工设置。在校准因数子菜单中,用↑、↓键上下移动光标至零点校准值(CO BKG PPM 条目上,按"ENTER"键,则进入零点校准值设置屏幕。屏幕显示的第一行为 CO 的当前读数,第二行显示的是存储器中存储的零点校准值。为了对仪器的零点校准值进行调整,先给仪器通入零气直到其测量读数(即零点值)稳定,即进行"零气检查"。当通入零气后,屏幕显示的第一行的 CO 当前读数就是仪器的零点值,应根据零点值的大小,用<、(键增或减零点校准值,按"ENTER"键以确认对零点校准值所做的调整。零点校准值的调整,应使新的零点值接近于零,或为一个合适大小的正值,以避免仪器计算得到的显示浓度值因仪器波动出现负值。CO 的零点校准值以仪器当前的气体浓度单位为单位。完成了零点校准值的调整之后,按"MENU"键可返回校准因数子菜单;按"RUN"键,返回运行屏幕。

CO 的零点校准值设定实例。假设 48C 在通入零气时显示的 CO 浓度读数为 1.4 ppm,仪器的零点校准值是 0.0 ppb。这时仪器没有进行零点校准,1.4ppm 的这个读数即代表着电路的偏移、光源和光电检测器件的温度响应等的综合结果,此时就需要把零点校准值也增加到 1.4ppm,以使仪器的零点值读数为 0ppm。具体的调整方法是:用↑、↓键将零点校准值调到 1.4 ppm,当屏幕显示的零点校准值增加时,屏幕显示的 CO 浓度读数就在减小,然而,按<、(键并不影响当前的模拟输出信号和已经存储的(0.0ppm)CO 零点校准值。跟在 CO 浓度读数和 CO 零点校准值后面的问号表示,这些显示在屏幕上的更改值只是暂时的,并未真正更改零点校准值的设置。如果用户想跳出此屏幕显示而不做任何修改,则只需按"MENU"键返回校准因数子菜单屏幕,或按"RUN"键返回运行屏幕。如果此时按了"ENTER"键,则仪器就会被改动了,也就是将 CO 的浓度读数调整为 0ppb,并将 1.4ppm 的零点校准值存储起来。这时,CO 零点校准值旁的问号也消失了。

2)斜率(CO COEF)设置屏幕

由于仪器电路的偏移、光源和光电检测器件性能变化、管路等的综合作用,仪器测量电信号值与大气 CO 浓度的对应关系会有所变化,发生系统性偏离。因此,在测量过程中需要用斜率来修正仪器测量值,以便得到正确的 CO 浓度测量结果。仪器出厂时,其斜率被调整为 1.000,在实际使用中,斜率会略偏离 1.000,但是幅度一般不会很大。斜率可在单点校准过程中自动生成,也可根据多点校准(即通入多个浓度的标准气体进行检查和计算)或者跨点检查(即给仪器通入一定浓度的标准气体达稳定)的结果人工设置。在校准因数子菜单中,用↑、↓键上下移动光标至斜率(CO COEF)条目上,按"ENTER"键,则进入选中的斜率设置屏幕。屏幕的第一行为当前 CO 浓度,第二行显示的是斜率的原设置值。用户可在斜率设置屏幕对斜率进行人工修改,可以用↑、↓键改变(增加或减少)斜率。注意,在操作屏幕调整仪器的斜率的同时,第一行显示的当前浓度值也随之改变。然而,如果没按"ENTER"键,则斜率不会真正改变。只有按了"ENTER"键,表示暂时变化的问号消失后,调整后的斜率才会被存贮起来。完成了斜率的调整之后,按"MENU"键可返回校准因数子菜单;按"RUN"键,返回运行屏幕。

(4)校准(CALIBRATION)子菜单

校准子菜单用来执行零点和单点校准,即仪器根据对零气和标准气的测量结果,调整仪器的零点校准值和斜率。校准子菜单对于单量程和自动量程两种方式而言都是相同的。在双量程方式时,校准子菜单中有两个斜率(高和低),仪器可对每个量程分别校准。在两个量程相差较大的情况下,这是很有必要的,例如两个量程分别为 10ppm 和 1000ppm。从主菜单中按<、(键,把光标移到校准(CALIBRATION)条目上,按"ENTER"键,则进入校准子菜单;如按"MENU"键,将返回主菜单;如按"RUN"键,可返回运行屏幕。

1)零点校准(CALIBRATE ZERO)屏幕

在校准子菜单屏幕上,用↑、↓键移动光标到零点校准(CALIBRATE ZERO)条目上,按"ENTER"键,进入零点校准屏幕。在零点校准屏幕上,第一行显示的是仪器测量到的 CO 当前浓度值。当仪器通入零气 10 min 以上时,仪器测得的 CO 当前浓度值基本达到稳定,这时屏幕上第一行显示的即是仪器的零点值。此时,如按下"ENTER"键,仪器根据当时的零点测量值自动调整仪器的零点校准值,使得屏幕显示的 CO 浓度测量值读数为零。完成零点校准后,按"MENU"键可返回校准子菜单;按"RUN"键可返回运行屏幕。

2)单点校准(CALIBRATE CO)屏幕

在校准子菜单的屏幕上用↑、↓键,把光标移到单点校准(CALIBRATE CO)条目上,按"ENTER"键,则进入单点校准屏幕。在单点校准屏幕上,第一行显示的是仪器测量到的 CO 当前浓度值,第二行显示的是仪器的量程,第三行是标准值输入行。给仪器通入已知浓度的标准气 10min 以上,屏幕上第一行显示的浓度值应稳定在标准气浓度值附近。如果第一行显示的 CO 浓度值与标准气浓度值偏差较大,则需要调整仪器的斜率系数,即进行单点校准。其方法是:应用←、→键向左和向右移动光标,再用↑、↓键增加或减少第三行的每位数字,使其等于标准气的浓度值,然后按下"ENTER"键,仪器根据输入的标准浓度值调整仪器的斜率,使屏幕显示的 CO 浓度测量值与输入的标准气浓度值相等。完成单点校准后,按"MENU"键可返回校准子菜单;按"RUN"键可返回运行屏幕。

(5)仪器控制(INSTRUMENT CONTROLS)子菜单

仪器控制子菜单包括仪器运行模式和参数设置屏幕,供操作者对运行模式和参数设置进行调整。在主菜单中按动↑、↓键,把光标移到仪器控制(INSTRUMENT CONTROLS)条目上,按"ENTER"键,则进入仪器控制子菜单;如按"MENU"键,将返回主菜单;如按"RUN"键,可返回运行屏幕。仪器控制子菜单的屏幕如下所示:

INSTRUMENT　CONTROLS：

>TEMP CORRECTION

PRESSURE CORRECTION

BAUD RATE

INSTRUMENT ID

SCREEN　BRIGHTNESS

SERVICE　MODE

TIME

DATE

1)温度订正(TEMP CORRECTION)屏幕

温度订正是为了补偿仪器内部温度变化给系统和输出信号所带来的影响。从仪器控制菜单中按↑、↓键,把光标移到温度订正(TEMP CORRECTION)条目上,按"ENTER"键确认选择,进入温度订正屏幕。温度订正屏幕提供自动订正功能开启和关闭的选择。当温度订正功能开启时,屏幕的第一行显示当前仪器机箱内的温度(该温度由装在仪器主板上的温度传感器测出)。当温度订正功能关闭时,屏幕第一行显示的是工厂设置的标准温度 25℃。在温度订正屏幕上,按"ENTER"键可切换开启(TURN ON)和关闭(TURN OFF)温度订正功能;按"MENU"键可返回仪器控制子菜单;按 RUN 可返回运行屏幕。

2)气压订正(PRESSURE CORRECTION)屏幕

气压订正用于补偿反应室内气压变化对输出信号造成的影响。在仪器控制菜单中按↑、↓键,把光标移到气压订正(PRESSURE CORRECTION)条目上,按"ENTER"键确认选择,进入气压订正屏幕。当气压订正功能开启时,屏幕第一行显示的是测量光池内的气压;当气压订正功能关闭时,第一行则显示工厂设置的标准压力 750mmHg。在压力订正屏幕上,按"ENTER"键可切换开启(TURN ON)和关闭(TURN OFF)气压订正功能;按"MENU"键可返回仪器控制子菜单;按 RUN 可返回运行屏幕。

3)波特率(BAUD RATE)屏幕

波特率屏幕用于设置仪器通信的频率。从仪器控制子菜单中按↑、↓键,把光标移到波特率(BAUD RATE)条目上,按"ENTER"键确认选择,进入波特率屏幕。在波特率屏幕上,用↑、↓键选择所需要的波特率,按"ENTER"键确认选择;按"MENU"键可返回仪器控制子菜单;按"RUN"键可返回运行屏幕。

4)仪器标识码(INSTRUMENT ID)屏幕

仪器标识码屏幕用来设置仪器的可识别代码。从仪器控制子菜单中按↑、↓键,把光标移到仪器标识码(INSTRUMENT ID)条目上,按"ENTER"键确认选择,进入仪器标识码屏幕。在仪器标识码屏幕上,用↑、↓键修改仪器的标识码,按"ENTER"键确认;按"MENU"键可返回仪器控制子菜单;按"RUN"键可返回运行屏幕。

5)屏幕亮度(SCREEN　BRIGHTNESS)屏幕

屏幕亮度屏幕用于改变屏幕的亮度,依次有 25%、50%、75%和 100%几个等级,平时将屏幕的亮度调得比较小有助于延长液晶屏的使用寿命。从仪器控制子菜单中按↑、↓键,把光标移到屏幕亮度(SCREEN　BRIGHTNESS)条目上,按"ENTER"键确认选择,进入屏幕亮度屏幕。在屏幕亮度屏幕上,用↑、↓键增加或减少屏幕的亮度,按"ENTER"键加以确认;按"MENU"键可返回仪器控制子菜单;按"RUN"键可返回运行屏幕。

6)维修开关(SERVICE)屏幕

维修开关屏幕用于将维修方式开启和关闭。维修方式开启时,可以提供一些检查和调整功能,以便操作者对 48C 进行调整和故障诊断。从仪器控制菜单中按↑、↓键,把光标移到维修开关(SERVICE)条目上,按"ENTER"键,进入维修开关屏幕。在维修开关屏幕上,按"ENTER"键切换维修方式的开启(ON)和关闭(OFF);按"MENU"键可返回仪器控制子菜单;按"RUN"键可返回运行屏幕。

7)时间(TIME)调整屏幕

时间调整屏幕可对仪器内部的时钟进行设置。从仪器控制子菜单中按↑、↓键,把光标移到时间(TIME)条目上,按"ENTER"键确认选择,进入时间调整屏幕。屏幕上第一行显示的是当前时间,第二行显示的是更改时间,仪器在关机时,其内部时钟由自己的电池供电。在时间屏幕上按↑、↓键增/减小时和分钟值;按←、↓键左、右移动光标,按"ENTER"键确认更改。之后,按"MENU"键返回仪器控制子菜单;按"RUN"键返回运行屏幕。

8)日期(DATE)调整屏幕

日期调整屏幕可对日期参数进行设置。从仪器控制子菜单中按↑、↓键,把光标移到日期(DATE)条目上,按"ENTER"键确认选择,进入日期调整屏幕。在日期调整屏幕上,用↑、↓键增/减月、日和年的数值;按←、→键左、右移动光标,按"ENTER"键确认更改;按"MENU"键返回仪器控制子菜单;按"RUN"键返回运行屏幕。

(6)诊断(DIAGNOSTICS)子菜单

诊断子菜单为用户提供各种仪器的诊断信息。从主菜单中按↑、↓键,把光标移到诊断(DIAGNOSTICS)条目上,按"ENTER"键,则进入诊断子菜单;如按"MENU"键,将返回主菜单;如按"RUN"键,可返回运行屏幕。诊断子菜单的屏幕如下所示:

DIAGNOSTICS：

>PROGRAM NUMBER

VOLTAGES

TEMPERATURES

PRESSURE

FLOW

SAMPLE/REF RATIO

AGC INTENSITY

MOTOR SPEED

TEST ANALOG OUTPUTS

OPTION SWITCHS

1)程序号(PROGRAM NUMBER)屏幕

程序号屏幕用来显示仪器所装程序的版本号。如果用户对仪器有什么疑问,在与生产厂家联系之前,需要先查看一下程序的版本号。在诊断子菜单中按↑、↓键,把光标移到程序号(PROGRAM NUMBER)条目上,按"ENTER"键则进入程序号屏幕。

2)电压(VOLTAGES)检查屏幕

电压检查屏幕用于显示直流电源的电压和偏置(BIAS)电路板电压。该屏幕有助于用户对电源板输出的电压低或电压波动等故障做快速检查,而无需用电压表测量。在诊断子菜单中按↑、↓键,把光标移到电压(VOLTAGES)条目上,按"ENTER"键则进入电压检查屏幕。

3)温度(TEMPERATURE)检查屏幕

温度检查屏幕用于显示机箱内温度和测量光池温度。在诊断子菜单中按↑、↓键,把光标移到温度(TEMPERATURE)条目上,按"ENTER"键则进入温度检查屏幕。INTERNAL 表示机箱内温度,CHAMBER 表示光池温度。

4)气压(PRESSURE)检查屏幕

气压检查屏幕用于显示测量光池的气压。气压由装在测量光池管线中的压力传感器测出。在诊断子菜单中按↑、↓键,把光标移到气压(PRESSURE)条目上,按"ENTER"键则进入气压检查屏幕。

5)流量(FLOW)检查屏幕

流量检查屏幕用于显示仪器的进气流量。流量由装在机内的流量传感器测出。在诊断子菜单中按↑、↓键,把光标移到流量(FLOW)条目上,按"ENTER"键则进入流量检查屏幕。

6)测量/参比光强比(SAMPLE/REF RATIO)检查屏幕

测量/参比光强比检查屏幕用于显示通过相关轮透镜,测量光束和参比光束光强的比值。当仪器通零气时,该比值一般应为 1.14~1.18。如果比值不在这个范围表示相关轮透镜被污染或者系统漏气。在诊断子菜单中按↑、↓键,把光标移到测量/参比光强比(SAMPLE/REF RATIO)条目上,按"ENTER"键则进入测量/参比光强比检查屏幕。

7)AGC 强度(AGC INTENSITY)检查屏幕

AGC 强度检查屏幕用于显示参比通道自动增益控制电路的增益(用 Hz 表示),AGC 增益应在 250 000 Hz 左右。在诊断子菜单中按↑、↓键,把光标移到 AGC 增益(AGC INTENSITY)条目上,按"ENTER"键则进入 AGC 增益检查屏幕。

8)马达转数(MOTOR SPEED)检查屏幕

马达转数检查屏幕用于显示驱动相关轮透镜的马达的转数状态,正常值是 100%。在诊断子菜单中按↑、↓键,把光标移到马达转数(MOTOR SPEED)条目上,按"ENTER"键则进入马达转数检查屏幕。

9)模拟输出测试(TEST ANALOG OUTPUTS)屏幕

在诊断子菜单中,按↑、↓键把光标移到模拟输出测试(TEST ANALOG OUTPUT)条目上,按"ENTER"键可进入模拟输出测试屏幕。模拟输出测试屏幕包括三种选择:零输出电平测试(ZERO)、满度输出电平测试(FULL SCALE)和对整个量程内的模拟输出进行动态电平测试(RAMP)。

①零输出(ZERO)电平测试屏幕。在模拟输出测试屏幕上,用↑、↓键移动光标至零输出电平测试(ZERO)条目上,按"ENTER"键进入零输出电平测试屏幕。在零输出电平测试屏幕上,用↑、↓键可升高或降低仪器的输出电平,然后按"ENTER"键确认零输出电平的设置,并返回模拟输出测试屏幕。例如,若要将输出电平调整到满量程的 5%,则可按↑键使数字从 0.0%增加到 5.0%,输出的模拟电压信号即由 0.0V 升为 0.5 V(10V 的 5%)。此时,在模拟输出测试屏幕,按 MENU 可以返回诊断子菜单,按"RUN"键返回运行屏幕,仪器即结束零电平信号的输出。

②满度输出(FULL SCALE)电平测试屏幕。在模拟输出测试屏幕上,用↑、↓键上下移动光标至满度输出电平测试(FULL SCALE)条目上,按"ENTER"键,即进入满度输出电平测试屏幕。在满度输出电平测试屏幕上,可用↑、↓键升高或降低仪器的输出电平,然后按"ENTER"键确认满度输出电平的设置,并返回模拟输出测试屏幕。例如,若要将输出电平调整到满量程的 95%,则用↓键将数值从 100.0%减小到 95.0%,则输出的模拟电压信号由 10.0 V 降为 9.5 V(10V 的 95%)。此时,在模拟输出

测试屏幕上,按 MENU 可以返回诊断子菜单,按"RUN"键返回运行屏幕,仪器即结束满度电平信号输出的测试。

③动态电平输出测试(RAMP)屏幕。在模拟输出测试屏幕上,用↑、↓键上下移动光标至动态电平输出测试(RAMP)条目上,按"ENTER"键即可进入动态电平输出测试屏幕。动态电平输出测试用于检测全量程内的信号电平输出的线性。输出电平从－2.3%开始,每秒钟增加 0.1%,一直增加到 100.0%。电平输出是否呈线性可以反映出模拟输出电路工作是否正常。此时,在模拟输出测试屏幕,按"MENU"键返回诊断菜单;按"RUN"键返回运行屏幕,仪器即结束测试电平信号的输出。在 RE-MOTE 模式下,模拟输出测试功能不能执行。

10)选项开关(OPTION SWITCHS)屏幕

选项开关屏幕可使用户看到机内选项开关的设置,但却不能用操作键改变选项开关的设置。在诊断子菜单上,用↑、↓键上下移动光标至选项开关(OPTION SWITCHS)条目上,按"ENTER"键进入选项开关屏幕。

(7)报警(ALARM)子菜单

48C 能够对仪器的一系列运行状态参数进行监测,当这些参数超出预设的正常值范围时,仪器的运行屏幕和主菜单屏幕上就会出现报警提示(ALARM)。报警子菜单可以让操作人员查看出现报警的参数,并在维修方式打开时,设置各个参数值报警的上下限。从主菜单中按↑、↓键,把光标移到报警(A-LARM)条目上,按"ENTER"键,则进入报警子菜单。之后,按"MENU"键,将返回主菜单;如按"RUN"键,可返回运行屏幕。报警子菜单的屏幕如下所示:

```
ALARMS DETECTED：        O
INTERNAL   TEMP          OK
CHAMBER   TEMP           OK
PRESSURE                 OK
FLOW                     OK
BIAS VOLTAGE             OK
AGC INTENSITY            OK
MOTOR SPEED              OK
CO   CONC                OK
```

报警子菜单的第一行显示出现报警的参数的个数,从第二行开始显示由分析仪所监测的运行参数和对应的状态指示。如果某项运行参数超出了报警上限或下限,该参数的状态指示就会从 OK 变为 HLGH 或 LOW。如果要看某个参数的当前值和报警上下限,则可将光标移到该项上,然后按"EN-TER"键,进入各参数的报警检查屏幕。

1)机箱内温度(INTERNAL TEMP)报警检查屏幕

机箱内温度报警检查屏幕用于显示机箱内的当前温度和工厂设置的报警上下限。在报警子菜单上按↑、↓键,上下移动光标至机箱内温度(INTERNAL TEMP)条目上,按"ENTER"键进入机箱内温度报警检查屏幕。在机箱内温度报警检查屏幕上,第 2 行显示的是仪器机箱内当前的温度(ACTUAL),第 3、4 行显示的是设置报警的下限(MIN)和上限(MAX)。

机箱内温度报警上(下)限设置屏幕。当仪器处在维修方式时,可对报警的上下限设置进行修改,可接受的报警上下限的范围为 8~47℃。移动光标到报警上限(MAX)或报警下限(MIN)条目上,按"EN-TER"键,即可进入机箱内温度报警上(下)限设置屏幕,对机箱内温度上限和下限设置屏幕的操作相同。在机箱内温度报警上(下)限设置屏幕上,用↑、↓键增加或减少数值,按"ENTER"键接受修改值;之后,按"MENU"键可返回机箱内温度报警检查屏幕,按"RUN"键可返回运行屏幕。

2)测量光池温度(CHAMBER　TEMP)报警检查屏幕

测量光池温度报警检查屏幕用于显示测量光池的当前温度和工厂设置的报警上(下)限值。在报警子菜单上按↑、↓键,上下移动光标至测量光池温度(CHAMBER TEMP)条目上,按"ENTER"键进入测量光池温度报警检查屏幕。

测量光池温度报警上(下)限设置屏幕。当仪器处在维修方式时,可对测量光池温度报警上下限值进行修改。可接受的报警上下限范围为40~52℃。移动光标到报警上限(MAX)或报警下限(MIN)的条目上,按"ENTER"键,即可进入测量光池温度报警上限(或下限)的设置屏幕,对测量光池温度报警上限和下限设置屏幕的操作相同。在测量光池温度报警上(下)限设置屏幕上按↑、↓键,增加或减少数值,按"ENTER"键接受修改值;之后,按"MENU"键可返回测量光池温度报警检查屏幕,按"RUN"键可返回运行屏幕。

3)气压(PRESSURE)报警检查屏幕

气压报警检查屏幕显示测量光池的当前气压和工厂设置的报警上(下)限值。在报警子菜单上按↑、↓键,上下移动光标至气压(PRESSURE)条目上,按"ENTER"键进入气压报警检查屏幕。

气压报警上(下)限设置屏幕。当仪器处在维修方式时,可对气压报警上下限值进行修改。可接受的报警上下限范围为250~1000mmHg。移动光标到报警上限(MAX)或报警下限(MIN)的条目上,按"ENTER"键,即可进入气压报警上限(或下限)的设置屏幕,对气压报警上限和下限设置屏幕的操作相同。在气压报警上(下)限设置屏幕上,用↑、↓键增加或减少数值,按"ENTER"键接受修改值;之后,按"MENU"键可返回压力报警检查屏幕,按"RUN"键可返回运行屏幕。

4)流量(FLOW)报警检查屏幕

流量报警检查屏幕用于显示当前的采样流量和工厂设置的报警上(下)限值。在报警子菜单上按↑、↓键,上下移动光标至流量(FLOW)条目上,按"ENTER"键进入流量报警检查屏幕。

流量报警上(下)限值设置屏幕。当仪器处在维修方式时,可对流量报警上(下)限值进行修改。可接受的报警上下限范围为0~1.0L/min。移动光标到报警上限(MAX)或报警下限(MIN)的条目上,按"ENTER"键,即可进入流量报警上(下)限的设置屏幕,对流量报警上限和下限设置屏幕的操作相同。在流量报警上(下)限设置屏幕上,用↑、↓键增加或减少数值,按"ENTER"键接受修改值;之后,按"MENU"键可返回流量报警检查屏幕,按"RUN"键可返回运行屏幕。

5)偏置电压(BIAS VOLTAGES)报警检查屏幕

偏置电压报警检查屏幕用于显示当前偏置电压电路板的偏置电压和工厂设置的报警上(下)限值。在报警子菜单上,用↑、↓键上下移动光标至偏置电压(BIAS VOLTAGES)条目上,按"ENTER"键进入偏置电压报警检查屏幕。

偏置电压报警上(下)限设置屏幕。当仪器处在维修方式时,可对偏置电压报警上(下)限值进行修改。可接受的报警上(下)限范围为:-130~-100V。移动光标到报警上限(MAX)或报警下限(MIN)的条目上,按"ENTER"键,即可进入偏置电压报警上(下)限的设置屏幕,对偏置电压报警上限和下限设置屏幕的操作相同。在偏置电压报警上(下)限设置屏幕上,用↑、↓键增加或减少数值,按"ENTER"键接受修改值;之后,按"MENU"键可返回偏置电压报警检查屏幕,按"RUN"键可返回运行屏幕。

6)AGC强度(AGC INTENSITY)报警检查屏幕

AGC增益报警检查屏幕用于显示当前AGC增益电路板的AGC增益和工厂设置的报警上(下)限值。在报警子菜单上,用↑、↓键上下移动光标至AGC增益(AGC INTENSITY)条目上,按"ENTER"键进入AGC增益报警检查屏幕。

AGC增益报警上(下)限值设置屏幕。当仪器处在维修方式时,可对AGC增益报警上(下)限值进行修改。可接受的报警上(下)限范围为150 000~300 000Hz。移动光标到报警上限(MAX)或报警下限(MIN)的条目上,按"ENTER"键,即可进入AGC增益报警上(下)限的设置屏幕,对AGC增益报警上限和下限设置屏幕的操作相同。在AGC增益报警上(下)限设置屏幕上,用↑、↓键增加或减少数值,按"ENTER"键接受修改值;之后,按"MENU"键可返回AGC增益报警检查屏幕,按"RUN"键可返回运行屏幕。

7)马达转数(MOTOR SPPED)报警检查屏幕

马达转数报警检查屏幕用于显示驱动相关轮透镜马达的当前转数。在报警子菜单上,用↑、↓键上下移动光标至马达转数(MOTOR SPPED)条目上,按"ENTER"键进入马达转数报警检查屏幕。

　　8)CO 浓度报警(CO　CONC)检查屏幕

　　CO 浓度报警检查屏幕用于显示当前 CO 浓度和工厂设置的报警上限值。在报警子菜单上按↑、↓键,上下移动光标至 CO 浓度(CO　CONC)条目上,按"ENTER"键进入 CO 浓度报警检查屏幕。

　　CO 浓度报警上限设置屏幕。当仪器处在维修方式时,可对 CO 浓度报警上限值进行修改。可接受的报警上限范围为 0~10 000ppm。移动光标到报警上限(MAX)条目上,按"ENTER"键,即可进入 CO 浓度报警上限设置屏幕。在 CO 浓度报警上限设置屏幕上,用↑、↓键增加或减少数值,按"ENTER"键接受修改值;之后,按"MENU"键可返回 CO 浓度报警检查屏幕,按"RUN"键可返回运行屏幕。

　　(8)维修(SERVICE)子菜单

　　当仪器处在维修方式时,主菜单中即增加一个维修子菜单。维修子菜单中包括一些与诊断子菜单中相同的项目内容,如气压、采样流量、AGC 增益等,但是,在诊断子菜单下,读数是每 10s 更新一次,而在维修子菜单的屏幕下,是每 1s 更新一次。读数显示的更新速度越快做调整时的响应速度也越快。此外,维修子菜单中还包括一些扩展了的诊断功能,并提供在双量程和自动量程时的多点校准屏幕(功能)。从主菜单中,按↑、↓键把光标移到维修(SERVICE)条目上,按"ENTER"键进入维修子菜单。之后,按"MENU"键返回主菜单;按"RUN"键返回运行屏幕。维修子菜单的屏幕如下所示:

SERVICE　MODE:
PRESSURE
FLOW
INTENSITY CHECK
TEMP COMP COEF *
A/D　FREQUENCY
INITIAL S/R RATIO *
HI MULTI−POINT CAL
LO MULTI−POINT CAL
RELAY LOGIC
SET TEST DISPLAY

　　1)气压(PRESSURE)屏幕

　　气压屏幕用于显示测量光池的气压值,每秒钟更新一次,在调整压力传感器电位器时要用该屏幕进行监测。在维修子菜单中,用↑、↓键移动光标到气压(PRESUURE)条目上,按"ENTER"键进入气压屏幕。

　　2)流量(FLOW)屏幕

　　流量屏幕用于显示仪器的采样流量,流量读数每秒钟更新一次。在调整流量传感器电位器时要用该屏幕进行监测。靠近隔离板的电位器为调零电位器,远离隔离板的电位器为调跨电位器。在维修子菜单中,用↑、↓键移动光标到流量(FLOW)条目上,按"ENTER"键进入流量屏幕。

　　3)强度检查(INTENSITY CHECK)屏幕

　　增益检查屏幕用于打开和关闭 AGC 增益线路在维修子菜单中,用↑、↓键移动光标到增益检查(INTENSITY CHECK)条目上,按"ENTER"键进入增益检查屏幕。

　　4)温度补偿系数(TEMP COMP COEF)屏幕

　　温度补偿系数(TEMP COMP COEF)屏幕用于打开和关闭温度补偿功能。温度补偿系数屏幕仅在专业维护时使用,此处说明略。

　　5)A/D 频率(A/D Frequency)屏幕

　　A/D 频率屏幕用于显示 A/D 板上的每个模/数转换器的频率。A/D 板上共有 12 个模数转换器。每个 A/D 的频率范围为 0~100 000Hz。该频率范围对应 0~10VDC 电压。在维修子菜单中,用↑、↓键移动光标到 A/D 频率(A/D Frequency)条目上,按"ENTER"键进入 A/D 频率屏幕。在 A/D 频率屏幕上,用↑、↓键可以增加或减少数/模转换的频率和数量。

A/D变换器的分配及功能见表4-2。

表4-2　A/D变换器的分配及功能

A/D变换器	功能	A/D变换器	功能
AN0	采样流量	AN6	压力
AN1	备用	AN7	备用
AN2	备用	AN8	偏置电压
AN3	备用	AN9	备用
AN4	备用	AN10	机箱内温度
AN5	备用	AN11	测量光池温度

6)测量/参比光强比初始值(INITIAL S/R RATIO)屏幕

测量/参比光强比初始值屏幕用于显示初始值和当前的比值。只有当仪器更换一个新的相关轮时,初始值才需要改变。在维修子菜单中,用↑、↓键移动光标到测量/参比光强比初始值(INITIAL S/R RATIO)条目上,按"ENTER"键进入测量/参比光强比初始值屏幕。测量/参比光强比初始值屏幕仅在专业维护时使用,此处说明略。

7)高量程多点校准(HI MULTI－POINT CAL)屏幕

高量程多点校准屏幕只在设置为双量程和自动量程测量方式的时候出现,用于高量程段的多点校准。在维修子菜单中,用↑、↓键移动光标到高量程多点校准(HI MULTI－POINT CAL)条目上,按"ENTER"键进入高量程多点校准屏幕。

8)低量程多点校准(LO MULTI－POINT CAL)屏幕

低量程多点校准屏幕只在设置为双量程和自动量程测量方式的时候出现,用于低量程段的多点校准。在维修子菜单中,用↑、↓键移动光标到低量程多点校准(LO MULTI－POINT CAL)条目上,按"ENTER"键进入低量程多点校准屏幕。说明略。

9)中继逻辑开关(RELAY LOGIC)屏幕

中继逻辑开关(RELAY LOGIC)屏幕用于改变仪器的中继逻辑输出,令其处于常开或者常闭状态。在维修子菜单中,用↑、↓键移动光标到中继逻辑开关(RELAY LOGIC)条目上,按"ENTER"键进入中继逻辑开关屏幕。

10)显示测试(SET TEST DISPLAY)设置屏幕

显示测试设置屏幕显示所给地址存储器中的内容。该屏仅对TE公司的维修人员有用。请向厂家咨询该屏幕的具体用法。在维修子菜单中,用↑、↓键移动光标到显示测试设置(SET TEST DIS-PLAY)条目上,按"ENTER"键进入显示测试设置屏幕。在显示测试设置屏幕上,用↑、↓键可以改变显示方式。

4.1.3　日常运行、维护和标校

4.1.3.1　日常运行操作

(1)每日巡视检查

1)检查分析仪的流量是否稳定,应保持在1.00 L/min左右,观察时间应为30s,如有流量过高、过低或不稳情况,应记录在值班记录本上,并进行检查和报告。

2)随时检查分析仪屏幕显示的浓度值是否在正常范围内。

3)随时检查分析仪屏幕右上角是否有报警信息,如有报警信息应及时检查和报告,并记录在值班记录上。

4)每日详细检查日图中打印的资料是否正常,并做标记。

特别注意:

5)仪器测量所得浓度数值是否在正常范围内,与前一天比是否有显著变化。

6)仪器的标准偏差数据是否处于较小的范围,与前几天相比是否有变化。

7)仪器的校准时序和零点、单点校准值是否正常,与前几天相比是否有变化。按要求完成微量反应性气体监测日检查表中的各项检查并记录。

8)随时注意发现各种可见的问题,如各种连接件断开或松动,Teflon 管破裂或粘连,过多的灰尘积累在仪器上引起仪器过热、短路而造成元器件损坏。

(2)每周检查

1)按周检查表中的顺序进行检查,并认真记录,注意各参数是否在正常范围内;

2)检查并记录标准气瓶的压力,压力不足时应及时更换。

4.1.3.2　系统维护

为确保仪器正常工作,应定期对该设备进行维护和校准。

(1)日常维护

1)经常检查仪器背部的风扇过滤网。如有灰尘沉积,应及时取下,用清水冲洗、晾干后,再装回去。

2)定期更换过滤膜。一般 30 天更换一次膜,污染严重地区,增加更换频率,在春季沙尘天气之后,可立即更换。每一次更换过滤膜,须在日检查表上记录更换时间,每次更换过滤膜后,必须再次检查分析仪面板显示的浓度数值、流量等是否有异常变化。

3)检查流量和进行漏气试验。本仪器流量大约为 1.0L/min,如果流量低于 0.9L/min,应做漏气试验。漏气试验的具体方法如下:用一个检漏盖帽将仪器后盖板气体样品入口处(sample)堵上。等待 2 min。在 RUN 模式下,按"MENU"键,屏幕则显示主程序,用 ↑、↓ 键移动光标到 DIAGNOSTICS 条目上,按"ENTER"键则显示 DIAGNOSTICS 子菜单,再用 ↑、↓ 键移动光标到 FLOW 条目上,按"ENTER"键则显示 FLOW 子菜单,这时 FLOW 读数应为零,压力读数应小于 180mmHg。如果不是,则检查全部接口是否拧紧,连接管线是否有破裂以及气泵是否出现故障。

4)注意周检查表,及时发现仪器各参数的变化,如:测量光池内温度和气压、流量、测量/参比光强比、AGC 增益、偏置电压的变化等。如果这些参数突然出现快速变化,需要查明原因,并对仪器进行维护和检修。

(2)年度维护

为了保证仪器能长期正常运转,需要对仪器进行年度维护。年度维护工作的内容包括:仪器内部的清洁,毛细管的检查和清洁,漏气试验,泵膜的检查等。如仪器发生故障或其他原因影响其正常测量,年度维护的一些工作内容,也可以在一年内进行多次。

1)每年要定期清洁仪器内部一次,清洁仪器前要进行仪器参数的检查和记录,清洁仪器时,要断开电源,并采取防静电措施。清洁仪器内部灰尘最好的方法是首先尽可能用真空泵抽吸所有抽气管可能到达的部位,然后用低压压缩空气吹走剩余的灰尘,最后用软毛刷刷去残存的灰尘。完成仪器的内部清洁后,重新开机,待仪器运行稳定后,再一次检查和记录仪器参数,并对照清洁前的记录,及时发现仪器因清洁工作而出现的重大变化。

2)确保使压力减小的毛细管未堵塞和样气流速未减小。每 6 个月要检查一次毛细管。具体过程如下:

①将仪器电源断开,把电源插头拔掉,取下仪器盖。

②找出毛细管座,拆掉盖帽。

③取出玻璃毛细管和 O 形圈。

④检查毛细管特别是小孔内壁有无沉淀物,如有沉淀,应清洗。

⑤如果 O 形圈被割裂或磨损应更换。

⑥重新安装毛细管和 O 形圈,安装时要确认毛细管已套好 O 形圈。

⑦拧上毛细管的盖帽。注意:只要用手指拧紧即可。

⑧重新把仪器盖盖上。

（3）气泵的检修

48C 使用内置气泵作为采样的动力。该泵为无油隔膜泵，正常使用寿命可达一年以上。在仪器出现流量降低，或者流量不稳定时，需要对气泵进行检修。台站应常备气泵的维修包，以备检修气泵时使用。检修气泵的操作如下：

1）关闭电源，拔掉电源线，打开机箱盖子。在冬季或干燥天气进行该项操作时，须采取防静电措施，防止人体静电损坏内部电路板。

2）找到气泵，用扳手卸下连接在气泵上的管线，记住 2 根管线（1 根是进气，1 根是排气）的相对位置。可以用彩色记号笔在气泵外侧标记出气泵顶板（包括下面的几层膜和板片）和泵体的相对方向和位置。

3）用螺丝刀松开并取下气泵顶板上的 4 个固定螺丝，再轻轻取下气泵顶板、气弁膜、气室顶板（由上至下顺序），记住它们的相对顺序和上下朝向。逐一检查它们是否有污渍或损坏，同时检查依然留在泵体上的蠕动隔膜。可以用脱脂棉蘸取少量酒精（工业级，95％或以上）擦去污渍，如果膜片有损坏，则应更换。

4）如果蠕动隔膜片没有损坏，可不必将其从泵体上取下，如果有损坏，则用螺丝刀松开其中心的固定螺丝，取下蠕动隔膜片。将新的蠕动隔膜片按照原来膜片的样子固定好。

5）严格按照原来的顺序、位置和方向，将气室顶板、气弁膜、气泵顶板（由下至上）顺序放回，对齐，将 4 个固定螺丝拧紧（注意要按照对角的顺序逐个拧紧）。

6）接上仪器电源，开机，检查气泵是否工作正常，可以用手轻按进气口和排气口，查看气泵是否有足够压力。如果气泵不启动，可能是固定螺丝拧得过紧，或者几层膜（板）片的相对位置不合适。这时需要关机，断开电源，松开固定螺丝，重新对齐几层膜（板）片，再紧固螺丝。如果没有压力，则可能是膜片的安装方向和顺序错误。这时需要重新拆开气泵，检查正确后，再复原安装。

7）确认气泵能够正常工作后，连接进气和排气管线。盖好机箱盖子。恢复运行。

注意：在取放和清洁气泵的膜（板）片时，一定注意不要划伤膜（板）片，也不要用手直接触摸膜（板）片的气室部分，以防汗渍污染，应带一次性手套操作。

注意：气泵为无油泵，不得向气泵轴承等处加注润滑油等。

8）如果气泵线圈或轴承烧坏，可整体更换，保留气泵的膜（板）片。

（4）常用备件清单

使用 48C 可考虑存储表 4-3 所列备件。此外，还应准备少量 1/4 英寸的 Teflon（如 FEP）管线、相应管径的 Swaglok 不锈钢接头（直通和三通）和密封圈。

表 4-3　使用 48C 可考虑存储备件

名称	备件号	名称	备件号
保险丝(1.25A，250V)	14009	毛细管(18mil)	7336
泵维修包(KNF)*	8606	毛细管用 O 形密封圈	4800
泵维修包(ASF)*	8907	压力传感器	9936
红外光源	7361	流量传感器	9934

＊：根据仪器的装备情况，两者选其一。

4.1.3.3　仪器标校

（1）校准设备

使用标准气体稀释法对 48C/TL 进行校准，需要准备以下设备：

1）零气发生装置。如区域本底站规定配备使用 111 型零气发生装置，该装置能够提供 CO 含量低于仪器检测限的零气，用于仪器的零点检查和多点校准；

2）标准气体。标准气体指以氮气为基底的 CO 含量精确已知的气体，需使用经过认证的国家一级标准物质，其浓度应根据 48CTL 的使用量程具体确定，一般以在 200ppm 范围内的为宜。对该标准气体进行适当稀释后,得到合适浓度的标准气体,并可以这种方式通过调节稀释比例获得不同浓度的标准气体。

3)气体稀释装置。如本底站使用146C动态气体校准仪作为气体稀释装置,该仪器主要包括2个流量精确控制的气路系统,分别控制零气和标准气体的流量,达到不同混合比例的配气要求。

（2）注意事项

在仪器进行校准或零/跨检查时,应注意以下几点:

1)仪器至少预热2小时以上,其校准结果才有效;

2)校准或零/跨检查时使用的量程应和实际正常测量时一样;

3)对仪器的调整应在校准或零标点检查前完成;

4)在校准或零/跨检查时,应使用正常运转时使用的输出记录和显示设备。

（3）零/跨检查

为了定期了解仪器响应的漂移情况,需要定期(每日或每周,视不同系统构造而定)对一氧化碳分析仪进行零/跨检查。通常通过分析仪器、动态气体校准仪以及数据采集计算机配合使用,按照校准时序逐日自动进行零点检查和跨点检查。零/跨检查分别至少持续15min。

（4）多点校准

视仪器情况不同,至少每个月对分析仪进行一次多点校准。在对分析仪的测量光池和紫外光源等部分进行调整和维修前后,均应进行校准。仪器长期放置后,重新开始观测时也要进行校准。

操作人员完成校准操作后,须将校准结果整理好,形成校准文档。校准结果须妥善保管和按规定报送,原始资料留站内保存。

（5）零点调整

如果零点偏差较大,需重复测试,确认零点确实偏差后,可以通过面板操作对仪器的零点进行调整。但在正常情况下,不需要单独进行零点校准。仪器零点调整的具体步骤如下:

1)设置仪器系统使仪器连续采集零气。

2)等仪器读数稳定后,参照不同分析仪得操作步骤调整零点。

3)记录调整的时间、操作人员等信息。

（6）跨点调整

如果跨点偏差较大,需重复测试,确认跨点确实偏差后,可以通过仪器的面板操作对仪器进行跨点调整。但在正常情况下,不需要单独进行单点校准。仪器跨点调整的具体步骤如下:

1)设置仪器系统使仪器连续采集已知臭氧浓度的空气。

2)等仪器读数稳定后,参照不同分析仪得操作步骤调整跨点。

3)记录调整的时间、操作人员等信息。

调整前后应分别进行一次多点校准。

4.1.4 故障处理和注意事项

常见故障及维修见表4-4。

表 4-4 常见故障及维修

故障	可能造成故障的原因	排除故障的方法
仪器无法启动	没有供电	检查仪器是否接上了合适的交流电 检查仪器保险丝
	仪器内部电源	用外用表检查仪器内部电路板供电电压
	数字电路部分	关机拔下电源插头,检查所有的线路板是否都接插到位 每次取下一块线路板换上一块好的,直至找到有故障的线路板

续表

故障	可能造成故障的原因	排除故障的方法
压力显示不正常 或噪声大	压力传感器故障	更换压力传感器
	电路板故障	每次取下一块线路板换上一块好的,直至找到有故障的线路板
仪器输出波动 或噪声大	记录仪器不稳定	维修或更换记录仪器
	CO 浓度不稳定	用 CO 标准气体检查
	光学系统有异物	清洁光学系统
	数字电路故障	每次取下一块线路板换上一块好的,直至找到有故障的线路板
仪器无法校准	系统漏气	检漏
	压力和温度传感器故障	检查压力和温度传感器
	仪器气路有污染物	清洗气路和光学系统
	相关轮漏气	更换相关轮
	数字电路故障	每次取下一块线路板换上一块好的,直至找到有故障的线路板

4.2　Ecotech 9830T CO 分析仪

4.2.1　基本原理和系统结构

9830 型一氧化碳(CO)分析仪为不分光(非色散)红外光度计,采用气体过滤相关技术和最新光电技术,可准确可靠地测量低浓度 CO。分析仪产生红外辐射(IR),该红外辐射被在 5m 光程长的封闭通道内的 CO 所吸收。气体滤波相关轮清除干扰;窄带滤光片确保测量时通过的红外光谱为 CO 敏感波长。含 CO 的样气由仪器泵经气路被抽入气室连续测量。抽气为 1SLPM。

9830 内置催化式零气发生器,可提供无 CO 气体。在样气进入转换器后,机内微处理器自动校准零点。除了温度和压力补偿外,9830B 可根据标气的已知浓度对仪器进行跨度调整。该校准功能不能自动进行,需由操作者控制。仪器的模拟输出和数字输出用于数据监测。模拟输出可选电压或电流输出,电流输出可选 0～20mA,2～20mA 或 4～20mA。电压输出可选 0～10V,0～5V 和 0～0.1V。另外,仪器具有超量程功能。

使用时,仪器在所测浓度超过正常量程的 90% 时,可自动进行高量程切换。而当测量读数回落到正常值的 80% 时,仪器自动切换成原量程状态。

9830 仪器被美国环保局 USEPA 指定为等效产品。数据采集和记录可由外接的数据采集仪或纸带记录仪来完成。还装备有方便的 DB50 接口,用于数字输入控制和数字输出状态。EC/ML9830T 具备内置数据存储。

4.2.1.1　基本原理

一氧化碳吸收红外线辐射(波长为 $4.7\mu m$),所以 CO 的存在及含量可以由吸收红外线的多少来决定。EC/ML9830B 分析仪使用气体过滤相关法,用来比较已知气体与被测样气中的具体红外光谱吸收量。用高浓度已知样气,即 CO 作为仪器红外源的过滤器,因此称为气体过滤相关法。此过程包括红外光源通过相关轮,并依次通过 CO、N_2 和遮盖。光辐射经多路折射进入反应室,在此进行样气的吸收。然后再通过一窄带过滤器限制其他可能干扰 CO 吸收的波长。最后照射在红外检测器上,红外吸收量因此被测出。在相关轮上的 N_2 充气对红外无吸收,因而产生一测量光束,由检测室内的 CO 所吸收。而在相关轮上的 CO 充气产生光束不会进一步由测量室内的 CO 所衰减,因而称之参比光束。遮盖部分则建立一个信号以决定其他两路信号的长度。在测量室内的 CO 浓度,只吸收测量光束而不吸收参比光束。调制红外光源或调制检测器在气体过滤器之间输出信号。其他气体被参比部分所吸收,此时测量光束相同,因此不会对检测器信号的调制。使用该方法使系统只对 CO 有响应。9830 系列分析器采用先进的数字卡尔曼过滤器,该过滤器在环境分析仪器及其应用中,仪器的响应、噪声的降低之间提供最好的设计。

4.2.1.2　仪器结构

(1)总体结构

9830T CO 分析仪仪器设计为组件结构,由一块电源/微处理器板和一块传感器板所组成。电源/微处理器组件包括电源、稳压器和系统微处理器。传感器组件包括所有用于测量污染气体的部件组成。

1)电源/微处理器组件

电源/微处理器组件包括电源、稳压器和微处理器。

①电源箱

电源箱为一独立铁壳体。它满足 UL、VDE、CSA 等有关部门的设计要求。包括 99－264 VAC 转化为 12VDC 给分析仪。该电源可将常用的电压及频率转至低压、安全的直流电压。

②稳压器

稳压器板为系统提供所需各种直流电压,数字电路的 12VDC 和＋5 VDC 电源以及模拟电路使用的 12V 及±10V 电源,外加一个＋15V 的电源提供给微处理机的显示器以及模拟输出电路。稳压器电路也供给了一个 300ms 的附加延时电源,以保证在发生掉电时,能让计算机将必要的数据保存起来。

③微处理器

微处理器板上有时钟/日历以及板上 16 位微处理器(80C188),其工作速度为 16MHz,微处理器板是仪器的控制中心,输入、输出、LCD 显示器、键盘、串口、50 点 I/O 口等等,皆在其控制下工作。50 点 I/O 口允许接输入控制线,并能输出仪器状态信号,LCD 显示器接口电路,包括一个 20 V 供电电源,调整 LCD 亮度的数字电位器。所有模拟电压由 D/A 转换器产生给微处理器。通道的数模转换可提供给后面板 0～20 mA 模拟信号。微处理器有 2 个 EPROM 用以储存操作程序,以及装有后备电池的 RAM 以存储仪器参数及数据,并可存储 2 年以上。服务开关及复位开关位于微处理器板的前端,打开仪器上盖或前面板都可以看到。

2)传感器组件

该传感器组件可分三部分叙述,即:气路、光学部分和电路部分。

①气路

气路系统以一定的流量连续地给测量室提供无尘的样气。样气经测量后排出。外置泵使样品气从样气入口通过一个 $5\mu m$ 的粒子过滤器抽入样气管。然后气流经过预热后进入测量室。光强通过充满样气的测量室后被测量。从测量室出来的样气经过一个装有压力检测器的流量控制模块。流量控制模块上有一个限流孔来控制样气流量。在仪器启动和(AUTO－ZERO)自动调零时,采样气路被断开,抽进系统的空气通过 $CO-CO_2$ 转化器,为仪器提供稳定的参考零气进入测量室,使仪器能够自动消除测量路径的误差。$CO-CO_2$ 转化器。$CO-CO_2$ 的催化转化是利用用被加热到 90℃ 的铂作为转化剂,可以把 0～200 ppm 的 CO 转化成低于 0.1 ppm 的 CO,甚至在 2％ 的水存在的情况下。流量控制模块。9830B 使用流量控制模块中的限流孔来控制流量。流量控制模块监测样气的压力、流量和电源风扇。流速可以根据样气经过限流孔前的压力计算出来。

②光学部分

9830T 的光学部分由红外光源、反光镜、气体过滤相关轮、检测室、窄带过滤器、红外检测器、前置放大器板所组成。

红外光源。红外光源为一加热电阻,它可发出红外辐射而照射相关轮。

气体过滤相关轮。相关轮由两个充气室和隔壁组成,当轮子转动时,红外光穿过其中之一:

a)通过参比室。内充 CO 气,清除 CO 敏感波长(集中在 $4.7\mu m$),通过 CO 不敏感波长。

b)通过测量室。内充氮气,CO 敏感波长可通过。

c)遮罩挡住光线。当遮罩挡住光线时,检测器检测到的信号作为其他两路信号的参考零点。信号之差用于计算 CO 浓度。

光检测器。时间同步标志对反射光检器起作用,并发出信号指示何时扇面中心对准红外源。

测量室。红外光源进入多反射光室,在折光镜片上反射 5m 长,穿过样气出测量室。测量室是由热电偶进行温控。在 SYSTEM TEMPERATURES(系统温度)屏上显示 CELL TEMP(测量室温度),此温度用于气体法则中的修正值。

窄带过滤器。全波长的红外光源通过窄带过滤器时再次过滤,只有 CO 敏感部分波长(4.7μm)通过该过滤器,而去掉其他波长以降低干扰。

红外检测器。硒化铅红外检测器被冷冻至 $-20℃$。IR 中心波长 $4.7μm$ 红外光照射在该检测器上时,流过的电流会改变而产生检测信号。

③电路部分

前置放大板。前置放大可从红外检测器上转换出电流,并放大出一波形,包括参照电压峰值、测量电压峰值和遮盖时的电压谷值。

预处理器。预处理器具有采集参考及测量脉冲幅度的线路。一个调节器使红外源保持在固定光强。另外还包括温度控制和其他逻辑电路测试信号。温控电路使 $CO-CO_2$ 转化器的温度保持在 $90℃$,使反光镜所在的测量室温度可调至 $50℃$。

光检测电路使相关轮上的同步标志分离为逻辑信号,用于比较参比及测量脉冲的幅度。线路可将脉冲变成直流电流,去平衡所测得的两路直流信号(用于调零)。并且在微处理器控制下,用可编程增益放大器放大综合信号。这块板上还包括一个 EAROM 芯片,它装有设备的型号和启动参数。所有电路调整均由微处理器控制的数字电位器来完成。这些电位器十分可靠,因为它们不是机械电位器。可切换的调整器可使系统 $+12V$ 电源调至 $+6V$,给红外光源和检测器 Peltier(帕尔贴)冷堆供电。

流量/压力板。板上的压力流量部分包括绝对的测量绝对压力传感器,用于测量测量室压力和样气流量,这块板还提供机箱风扇电源。

(2)操作模式

仪器运行在几个不同的工作模式下,这些模式包括:启动、测量和自动零点模式,下面对这些模式一一进行介绍。

1)启动模式

当打开仪器开关时,微处理器对仪器中的几个元件自动进行配置,并进入自动零点模式,这个过程大约需要 10 min。

①参比调节

参比调节使预处理器参比通道调整到一个适宜的电压值 $4V±0.1V$。

②电子零点调节(ZERO)

电子零点调节时,把零点时光路的,电路的失调都由预处理器调节到最小。首先要让反应室充满零气,预处理器调整粗零电位器使温度电压刚好在 $0.0V$ 以上,这就是仪器的粗零点调节,一旦调好不再变化,直至下一次运行启动模式或浓度电压低于 $-0.1V$ 时。

③背景气

背景气测量时,仪器抽取零气,并测定这时的浓度电压值,并将其做为零点值。这是一起进行的最终零点测量,这项工作于每天午夜由仪器自动进行(除非背景设为 disable),选定校准菜单可进行手动运行背景气测量。

④样气充入/测量

仪器运行背景气测量后测量后,进入样气充入阶段,样气进入反应室,然后运行测量模式对样气进行连续测量。

⑤快速启动模式

如果仪器断电时间小于 2 min,一起采用快速启动模式,上次的运行参数自动恢复,并立即进入测量阶段,这使仪器预热时间最少保证测量数据的连续性。如果仪器断电超过 2 min,则只能进行全自动启动模式

2)测量模式

①样气测量

样气测量是 9830 的标准运行模式,多路阀打开,样气连续充入,IR 检测器检测到反应室内的 IR 信号,并将其放大,通过预处理器将其转变为浓度电压,该电压代表了被测气体浓度。

②零点测量

零点测量时,仪器打开内置阀,让反应室充入来自内标源的零气或打开外置阀充入外部零气,其测量过程是一样的,不同点仅仅是气源罢了。

③标气测量

标气测量时,仪器被充入内部标气源,例如 IZS 炉,或者打开外部阀,引入外部样气,测量过程相同,不同者仅是气源。

3)自动零点校准

9850 是自动校零的仪器,仪器周期性的通入零气并对测量值进行修正。

①背景气

自动零点校准模式每天午夜进行(除非背景设为 disable),依此对仪器的零点漂移进行补偿,这时背景气运行方式与启动时的方式完全相同。

②电子零点调节

长时间的负漂偶尔会使测量电压值接近 0,甚至超出预处理通道的量程范围,这使仪器会自动进行电子零点调节,以重置预处理器的零点,这个过程与启动时的电子零点调节完全相同,电子零点调节后,必然后进行背景气测量,以确定新的最终零点基线。

(3)前面板及功能键

分析仪器前面板有:显示、控制键、仪器 ID 码、安装架四个部分。可通过同时按压前面板上的 2 个键调整显示对比及背景光的强度:

对比:可同时按压向上箭头键及"Select"键可得到较暗对比;同时按压向下箭头键及"Select"键获得较亮对比。

背景光:同时按压"Enter"及"Exit"键对应较暗背景;同时按压"UP"及"Select"键对较亮背景。同时按压相应两键直至显示屏上出现想要的对比度为止。

注意:进行按压"UP"或"DOWN"箭头键而未同时按压"Select"键时,显示出的主屏幕会提出询问"START MANUAL CALIBRATION?"(开始手动校准吗?),当调整显示时出现这种情况时,请按"Exit"键。显示器对环境气温及分析仪温度很敏感,显示器外观将随这些条件变化而改变。9830B 仪器的所有操作都可以用前面板上的显示屏右边的 6 个键来完成。6 个控制键的功能如下:

向上箭头键:移动光标至前面的菜单项目,也可以将光标移至下一个选择或在数字段内递增数字。

向下箭头键:使光标移至下一个菜单项目,也可以使光标移至下一个选择或在数字段内递减数字。

"Select"键:作菜单选择或选择供输入用的字段。

"Pg Up"键:使光标移至前页或前屏幕。

"Exit"键:使光标离开字段不作更变,或使光标回至主屏幕。

"ENTER"键:确认菜单项目或确认至微机的字段选择。

在没有按下"SELECT"的时候按向上或向下箭头导致屏幕出现询问"START MANUAL CALIBRATION ?"(开始手动校准吗?),当调整显示时出现这种情况,按"Exit"键。

(4)仪器后面板

仪器后面板如图 4-2 所示。

(5)技术指标

1)量程

①显示:自动量程 0~200ppm。分辨率为 1ppt。

②模拟输出:0~满刻度,从 0~1ppm 至 0~200ppm,具有 0%,5%,10%偏移补偿设置。

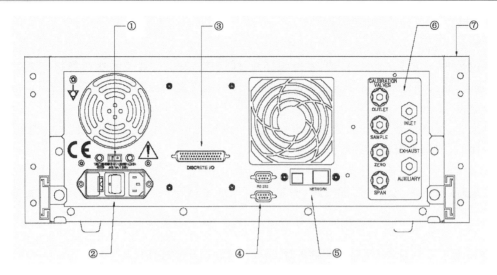

图 4-2　9830B 仪器后面板结构图

（①电压选择开关；②电源开头/插座；③50 点 I/O 插头座；④RS232 接口；

⑤网络接口；⑥气路连接口；⑦支架选件）

③两个用户特定的量程间自动切换。

④USEPA 指定量程：满刻 0～5.0ppm 和 0～100ppm。

2）噪声（RMS）

①测量过程：0.025ppm 或浓度读数的 0.1%，用卡尔曼过滤器。

②模拟输出：0.025ppm 或读数的 0.1% 取高值。

3）最低检测限

①测量过程：小于 0.05ppm 或浓度读数的 0.2%，取高值。用卡尔曼过滤器。

②模拟输出：0.05ppm 或读数的 0.2%，取高值。

4）零漂

①温度变化影响：0.01ppm/℃。

②时间变化影响：在温度一定时，≤0.1ppm/24h；≤0.1ppm/30h。

（5）跨漂

①温度变化影响：在 0.05%/℃。

②时间变化影响：在温度一定时，0.5% 读数/24h；0.5% 读数/30h。

6）滞后时间

小于 20 s。

7）上升下降时间

上升/下降时间，95% 满刻度值。采用配套的卡尔曼过滤器时，小于 40s(1 SLPM)。

8）线性

满量程的 ±1%(0～50ppm) 满量程的 ±2%(0～200ppm) 以直线相比。

9）精度

0.1ppm 或读数的 1%，取高值。

10）样气流量

1SLPM。

11）样气压力影响

5% 的压力变化可造成 1% 的读数变化。

12）温度范围

①5～40℃(41～104 ℉)；

②USEPA 指定量程:15～35℃;

③环境温度范围:5～40℃。

13)电源

①99～132VAC;196～264VAC;47～63Hz;

②USEPA 指定量程:105～125VAC;60Hz。

14)重量

20.9kg。

15)模拟输出

①可选择电压输出值为:100MV,1V,5V 和 10V,菜单可选零点漂移为 0%、5%和 10%。

②菜单选择电流输出值为:0～20mA,2～20mA,和 4～20mA。

16)数字输出

①多路 RS232 接口用于日期、状态、控制。

②独立状态 DB50,用户控制和模拟输出。

4.2.2　安装调试

4.2.2.1　系统安装

连接到 ML 9830B 上的样气和零气应该维持在环境压力下,并可以排放到大气。9830B 需要一个至少 1.50SLPM(1.0SLPM 样气加 50%多余流量)的经过粒子过滤器过滤并经过除湿的样气,可选用 5μm 内置过滤器。连接样气及排气系统的管道,其外径为 1/4 英寸,内径为 3/16 英寸(最大)～1/8 英寸(最小),推荐采用内径为 5/32 英寸。为了减少气压降,管道长度不得超过 6 英尺。应购买切断的清洁聚四氟乙烯管。连接样气源与样气入口,所用管材必须是不锈钢、聚四氟乙烯、Kynar 或玻璃;相配件也必须用不锈钢、聚四氟乙烯或 Kynar 材料制造。安装前要确认采样管中没有脏的、潮湿的和有干扰的物质。

(1)用一段管线从仪器的 EXHAUST 排气口连接到合适的排放口。这段管线的长度应小于 5m,而且无堵塞物。连接分析仪的排气口到真空泵(真空能力为 50 kPa 以下,1 SLPM)。泵的排气口应该连接有旁路,可以排出多余的气体。

(2)在仪器的颗粒物过滤器内装上 2～5μm 孔径的 Teflon 过滤膜。

(3)给仪器接上合适的电源。检查后板上的电源选择开关、电源线及保险丝左右移动开关能看到相应的电压额定值。通过一个三芯电源插头向分析仪供电,仪器必须可靠接地,这对保证仪器的正常性能及操作人员安全都很重要。

4.2.2.2　开、关机操作和设置仪器参数

(1)开机和仪器预热

当供电时,屏幕显示 Ecotech 公司标识达数秒钟,然后是分析仪器标志及在右下角闪显"MAIN MENU"标记。升温期过后,在屏幕左角标示操作方式,指明供仪器用的气体测量结果。仪器故障将在状态线上通知,状态行出现在仪器状态显示下面。如果没有故障,则状态行为空白;若一种故障,则在状态行上显示出该故障(例如 ZERO FLOW、HEATER FAULT 等);当故障排除时,状态行也被清除。若存在多种故障,在状态行上将显示故障表,当一种故障排除后,将显示表上的下一个故障。在 SYSTEM FAULTS(系统故障)屏幕上显示出全部故障表。当显示主屏幕时,光标在"MAIN MENU"字处闪现,按下"Select"(选择)键或"Enter"(输入)键以输入主菜单。当仪器刚开始启动时,仪器中有几个部件需要达到一定操作温度后,分析仪才开始运行。这个过程大约需要 30 min。在启动过程中,会显示 START-UP SEQUENCE ACTIVE 信息,该显示表明运行正常。信息,该显示表明运行正常。

显示如下:

REFERENCE TEST:　　　　　测试基准电位检查微处理器参考电路的功能

ZERO TEST:　　　　　　　测试测量电位检查微处理器测量电路的功能

REFERENCE ADJUST:　　　　把参考电位调整到 4.0±0.1V

ELECTRONIC ZERO ADJUST： 在零气流下粗调和细调测量通道零点

BACKGROUND FILL： 测量池充入零空气

BACKGROUND MEASURE： 测量池的零点,最终决定系统零点

SAMPLE FILL： 样气充入测量池

SAMPLE MEASURE： 样气测量

（2）设置仪器参数

在初次运行时需要对有关的仪器参数进行设置,主要包括仪器的量程、单位、校准因数等。

（3）关机

关机最直接的操作就是关闭仪器的电源开关。如遇长时间停机,则需在关机之前记录下仪器的状态参数。在遇有停电、雷电等现象时,一定要提前关闭仪器的电源开关,必要时应将仪器的电源插头从电源插座中拨出。

4.2.2.3 菜单操作

除仪器的开机屏幕和运行屏幕外,48C 的各种操作和参数设置均通过菜单（屏幕）选择实现。主菜单下包含若干个子菜单,子菜单下则包含各种操作（或显示）屏幕。主菜单中列出了各种菜单,除后面 4 种外,在选择中可包含一种或多种菜单项目。

MAIN MENU 主菜单

INSTRUMENT MENU 仪器菜单

CALLBRATION MENU 校准菜单

TEST MENU 测试菜单

INTERFACE MENU 接口菜单

EVENT LOG 事件记录

INSTRUMENT STATUS 仪器状态

SYSTEM TEMPERATURES 系统温度

SYSTEM FAULTS 系统故障

EVENT LOG（事件记录）是通过微处理机建立的记录,用以指明操作参数中出现的偏差,该项可用于确定系统故障的原因。

INSTRUMENT STATUS（仪器状态）及 SYSTEM TEMPERATURE（系统温度）屏幕不断地校正读数,方可操作仪器。

SYSTEM FAULTS（系统故障）根据连续监控的各种参数,给出 PASS（通过）/FAIL（失效）指示,这些参数必须在允许操作范围内才能显示 PASS。

（1）仪器菜单（INSTRUMENT MENU）

在 INSTRUMENT MENU 内的项目介绍进行操作所必需的仪器设定。

INSTRUMENT MENU 仪器菜单

MEASUREMENT MENU 测量菜单

DATE:15－JUL－92 日期:15－JUL－92

TIME:18:57 时间:18:57

PASSWORD:UNLOCKED 密码:开锁

ERASE MEMORY:NO 取消存储:不

日期:日期格式是日—月—年。

时间:设定 24 小时格式,用外部同步时标设定时间复位秒数（内部的）至零。

取消存储:如果选择 YES,显示下列信息:

！这将取消系统增益

！！！确定:NO（这个 NO,在警示中处于高亮。转到 YES 并按"Enter"将取消仪器中的存储。

注意:如果删除分析仪中的存储,所有用户配置的参数将返回到它们的缺省值。另外,失去所有仪

器的校准,因此分析仪将必须重新校准。本功能提供给维修和初级配置的,请在正常操作中不要选用这个特性。

(2)测量菜单(MEASUREMENT MENU)

MEASUREMENT MENU 是用于基本操作与数据完整性所必需的项目构成。

MEASUREMENT MENU	测量菜单
UNIT SelectION:ppm	单位选择:ppm
AVERAGE PERIOD:1 MINUTE	平均周期:1min
FILTER TYPE:KALMAN	滤波器类型:卡尔曼
NOISE:0.204 ppb	噪声:0.204 ppb

单位选择:ppm 或 mg/m³。

平均周期:设定时间为小时(1、4、8、12 或 24)或为分(1、3、5、10、15 或 30),该字段为返转字段。

滤波器类型:设定数字滤波器的时间常数,可选择:NO FILTER、90s、60s、30s、10s,卡尔曼过滤器。卡尔曼过滤器是制造厂的系统设定值,当此仪器用作 USEPA 等效法时必须采用。

噪声:是浓度的标准偏差。进行方式如下:

1)每隔 2 min 取一次浓度值。2)在先进后出缓冲程序中,存储这些样品中的 25 种。3)每隔 2 min,计算 25 种样品的标准偏差,这是微机产生的字段,操作者不能设定。

注意:只有将零气或稳定浓度的标定气送入仪器至少 1h,所获得的噪声读数才有效。

(3)校准菜单(CALIBRATION MENU)

当选择 TIMED 校准时,出现下列显示:

CALIBRATION MENU	校准菜单
CALIBRATION:TIMED	校准:定时
TIMER INTERVAL:24	时间间隔:24h
STARTING HOUR:0	起动时间:0
CO TIMED SPAN:10.000 ppm	CO 定时标度:10.000 ppm
CALIBRATION:INTERNAL	校准:内部的
SPAN COMP:DISABLED	标度补偿:禁止
CO SPAN RATIO:1.000 CO	标度率:1.000
BACKGROUND:START	背景:起动
BACK. INTERVAL:24HOUR	背景循环间隔:24h

CALIBRATION MENU 包括用于校准仪器的输入,选择 TIMED(定时)或 MANUAL (手动)显示屏幕稍有不同,定时校准不用操作者,在选定时限上自动校验零/标度。手动校准允许操作者控制校准。只能选择定时或手动校准中的一种,手动校准可在任何给定时间进行。

校准:指定定时或手动校准控制。

定时器时限:在零/标度校验间之小时数。

起始小时:进行首次零/标度校验时的小时数。

CO 定时标度:标度浓度的数字设定,这是操作者预定的读数。

校准:在校准过程中选择 INTERNAL(内部)或 EXTERNAL(外部)阀进行操作(用 EXTERNAL 必须选择安装 EZS 阀)

标度补偿:选择"ENABLED(能用)"或"DISABLED(禁用)"。

CO 标度比:微机产生的字段,用标度读数乘该值校正标定数值。

背景:选择 START 或 DISABLED。若选择 STARE,按下"ENTER"键时,则仪器开始自动零(背景)循环,若选定 DISABLED 则仪器将不能进行自动零(背景)循环。

背景循环间隔:24 小时。当自动零循环时,指示微机控制字段将开始。

注意:对于 USEPA 指定的应用,标定补偿一定是 DISABLE。

注意:对于 USEPA 指定应用背景循环绝不能设定为 DISABLE

以下是校准时的屏幕显示:选用 MANUAL(手动)

CALIBRATION MENU	校准菜单
CALIBRATION:MANUAL	校准:手动
CAL MODE:MEASURE	校准方式:测量
CO TIMED SPAN:10.000 ppm	CO 定时标度:10.000 ppm
CALLBRATION:INTERNAL	校准:内部的
SPAN COMP.:DISABLED	标度补偿:禁用
CO SPAN RATIO:1.0000	CO 标度比:1.0000
BACKGROUND:START	背景:起动
BACK INTERVAL:24HOURS	返回时限:24h

校准:手动起动操作者控制校准。

校准方式:MEASURE(测量,标准方式)、CYCLE(循环,零/标定)、SPAN(标定,标定阀)或 ZERO(零,零阀)的选择,根据使用的需要来选择,"CYCLE"选择起动 AZS 循环。实际的阀门起动是根据 CALLBRATION 中的 INTERNAL 阀或 RXTERNAL 阀的选择。

CO 定时标定:标度浓度的数字设定,这是在 AZS 循环中操作者预期的仪器读数(仅用于定时标定中)。

校准:在校准过程中,选和 INTERNAL 阀或 EXTERNAL 阀进行操作(用 EXTERNAL 必须选择安装 EZS 阀)。

标度补偿:选择 ENABLED 或 DISABLED。必须设定 DISABLED。

CO 标度比:微机产生的字段,即标定读数乘以校准值。

背景:选择 START 或 DISABLED。若选择 START,然后,按下"ENTER"键时则在仪器开始自动零(背景)循环。若选定 DISABLED 则仪器将不能进行自动零(背景)循环。

返回时限:24 小时。当自动零循环时,指示微机控制字段将开始。

(4)测试菜单(TEST MENU)

TEST MENU	测试菜单
OUTPUT TEST MENU	输出测试菜单
DIAGNOSTIC MENU	诊断菜单
MEASUREMENT GAIN:32	测量增益系数:128
PRES/TEMP/FLOW COMP:ON	压力/温度/流量补偿:ON
DIAGNOSTIC MODE:OPERATE	诊断方式:OPERATE
CONTROL LOOP:ENABLED	控制回路:能用

实验菜单包含一系列子菜单,包括供实验与校验仪器功能用的信息与控制设定,操作者可改变设定。但是,仪器恢复正常操作时,重新开始自动控制功能,从菜单做出的变更仅用于诊断及实验目的。

测量增益系数:输入 1、2、4、8、16、32、64 及 128 的微机控制设定。

压力/温度/流量补偿:选择 ON 或 OFF。当进行诊断观察读数波动时用 OFF;ON 用于补偿可能影响读数的环境波动。

诊断方式:允许操作者选择 OPERATE、OPTIC、ELECT 或 PREAMP。在测量时,设定 OPERATE;在进行诊断实验时,选择想要的待诊断系统。

控制回路:允许操作者选择 ENABLED 或 DISABLED。当选定 ENABLED 时,微机保持数字电位计的控制;当选定 DISABLED 时,微机不能控制数字电位计,用户可手动调整。

数字电位计。当控制回路选在 ENABLED 时,微机将在电位计的最后设置点上控制电位计。当主屏幕显示时,控制回路设置在 ENABLED。

(5)输出实验菜单(OUTPUT TEST MENU)

输出实验菜单包括电位计和阀的状态。

OUTPUT TEST MENU　　　　　　　　　输出实验菜单
PREPROCESSOR POTS　　　　　　　　预处理器电位计
VALVE TEST MENU　　　　　　　　　　阀实验菜单

(6)预处理器电位计屏(PREPROCESSOR POTS)

PREPROCESSOR POTS　　　　　　　　预处理器电位计
MEASURE COARSE ZERO:61　　　　　测量粗调零:61
MEASURE FINE ZERO:47　　　　　　测量细调零:47
INPUT:49　　　　　　　　　　　　　输入:49
TEST REFERENCE:0　　　　　　　　实验参考:0
TEST MEASURE:0　　　　　　　　　实验测量:0
REF. VOLTAGE :3.806VOLTS　　　　参比电压:3.806V
CO:0.00 ppm　　　　　　　　　　　CO:0.00 ppm
CONC. VOLTAGE:1.514 VOLTS　　　浓度电压:1.514V

预处理器电位计是电子控制的数字电位计,用来调整预处理器控制板的操作,每个电位计在非返转滚动字段设定数字为0~99。

测量粗调零:软件控制电位计,用于测量通道的电子粗调零。

测量细调零:软件控制电位计,用于测量通道的电子细调零。

输入:在预处理器控制面板上设定输入增益系数。

实验参考:在检查与排除故障或校验仪器正确性能过程中,技术人员采用软件控制电位计做实验测量。

实验测量:在检查与排除故障或校验仪器正确性能过程中,技术人员采用的软件控制电位计做实验测量。

参比电压:参比电压通过前置放大器板测量,表示 IR 红外信号长度。

CO ppm:气体浓度读数。

浓度电压:仪器产生的电压,与气体浓度相对应。

(7)阀实验菜单(VALVE TEST MENU)

阀实验菜单允许将阀设定在"OPEN(开)"或"CLOSED(闭)"两种状态。

VALVE TEST MENU　　　　　　　　阀实验菜单
INT. VALVE ♯1:OPEN　　　　　　内部阀 ♯1:开
INT. VALVE ♯2:CLOSED　　　　　内部阀 ♯2:闭
INT. VALVE ♯3:CLOSED　　　　　内部阀 ♯3:闭
EXT. MEASURE:CLOSED　　　　　外部测量:闭
EXT. ZERO GAS:CLOSED　　　　外部零气:闭
EXT. SPAN GAS: CLOSED　　　　外部标气:闭
AUX. VALVE ♯1: CLOSED　　　　AUX. VALVE ♯1:闭
AUX. VALVE ♯2:CLOSED　　　　AUX. VALVE ♯2:闭
VALVE SEQUENCIN:ON　　　　　　阀定序:接通

INT. VALVE ♯1 =样气流;外部测量=外部供给样气流(用于 EZS 阀选项)。

INT. VALVE ♯2 =零气;外部零气=外部供给零空气(用于 EZS 阀选项)。

INT. VALVE ♯3 =标气;外部标定气=外部供给标定气(用于 EZS 阀)。

AUX. VALVE ♯1:目前不使用。

AUX. VALVE ♯2:目前不使用。

阀定序:设定 ON 或 OFF。设定 ON 用于零/标度循环的阀自控;设定 OFF 用于操作者控制阀。无论什么时候显示在主屏上,阀定序都将自动设置 ON。

(8)诊断菜单(DIAGNOSTIC MENU)

DIAGNOSTIC MENU	诊断菜单
FUNCTIONAL TEST：MULTI TEST	功能实验：MULTI 实验
DISPLAY TEST：	显示实验

诊断菜单是用于诊断出现问题或可疑信息。当操作者离开此菜单时,设定将返回到以前的设定状态。

功能实验可从下列各项选择:

DAC 实验:在所有 DAC 输出上加上大约 1 Hz 锯齿波形,实验进行 3min。在实验过程中系统的其余部分是断开的。

监视器实验:禁止选通监测量时器,当完成实验时系统复位。

多站实验:将可打印出的实验字符送到多路口。

显示实验:选择引起屏幕显示一系列相隔极近的垂直线,屏幕将出现空白,此实验是一种图素校验,再按一下"Select"键检验看到的选择图素,然后按"PG UP"键退出此实验。

(9)接口菜单(INTERFACE MENU)

INTERFACE MENU	接口菜单
ANALOG OUTPUT MENU	模拟输出菜单
INTERFACE MODE：COMMAND	接口方式：指令
MULTIDROP BAUD：2,400	多路波特：2 400
SERVICE BAND：2,400	服务波特：2 400
DATA LENGTH：8 BITS	数据长度：8bit
STOP BITS：1 BIT	停止位数：1bit
PARITY：NONE	奇偶性：无
COMM. PROTOCOL：ORIGINAL	通信规约：原有的

接口菜单用于判断仪器接口的联系。

下列各项仅用于一种或多种串行口。

接口方式:建立 RS232 通信方式,选择"Command"或"Terminal"。Command 用于 ML 串行指令集 Terminal 用于菜单结构。

多路波特:供后板上 RS 232(DB9)接插件用的通信率,可用的波特率为 1200、2400、4800、9600 和 19200。

数据长度:设定用于串行传送的数据位数,可用长度为 7 和 8。

停止位数:设定用于串行传送的停止位数,可用的停止位为 1 和 2。

奇偶性:设定用于串行传送的奇偶性,可选择 NONE(无奇偶性)、EVEN(偶性)。

通信规约:设定在串行传送内的通信协议,可选择 Original、Bavarian 及 Enhanced。

(10)模拟输出菜单(ANALOG OUTPUT MENU)

模拟输出菜单包括有关记录装置的设定。模拟输出范围的设置不影响分析仪器的测量,它仅影响模拟输出的定标。

1)CO 电流输出菜单

CO OUTPUT MENU CO	输出菜单
RANGE：50.00 ppm	量程：50.00 ppm
OUTPUT：CURRENT	输出类型：电流
CURRENT RANGE：0～20mA	电流范围：0～20mA
FULL SCALE：0.00%	满刻度：0.00%
ZERO ADJUST：0.00%	零调整：0.00%

OVER RANGE:200.00 ppm　　　　　　过量程:200.00 ppm

OVER－RANGING:DISABLED　　　　　　继续过量程:禁止

量程:设定量程上限(用数字)至需要的 CO 浓度,该值不能超过 OVER RANGE 量程值以上。

输出类型:查看输出连接,设定电流或电压。

电流范围:可选 0～20 mA;2～20 mA;4～20 mA。

满刻度:×.××%,用于满刻度设定的校正系数。

零调整:×.××%,用于零调整的校正系数。

过量程:设定想要的过量程值,该值不能设定在低于原量程值之下,参看 2.6 节,当允许继续过量程时,这是经修正的记录器指示刻度(当达到设定量程的 90%时,自动转换量程生效;当达到原量程的 80%时,将返回到原量程)。

继续过量程:设定 ENABLED(允许)或 DISABLED(禁止),旋转继续过量程到 ON 或 OFF。

2)CO 电压输出菜单

RANGE:50.00 ppm　　　　　　　　量程:50.00 ppm

OUTPUT TYPE:VOLTAGE　　　　　　输出类型:电压

OFFSET:0%　　　　　　　　　　　偏移量:0%

FULL SCALE:0.00 %　　　　　　　满刻度:0.00 %

ZERO ADJUST:0.00 %　　　　　　　零调整:0.00 %

OVER RANGE:200.00 ppm　　　　　　过量程:200.00 ppm

OVER－RANGING:DISABLED　　　　　　继续过量程:禁止

量程:设定量程上限(用数字)至需要的 CO 浓度,该值不能超过 OVER RANGE 量程以上。

输出类型:查看 50 点 I/O 板,设定输出电流或电压。

偏移量:可选择 0%、5%、10%。记录器输出将反映在图表上。

满刻度:×.××%,用于满刻度设定的校正系数。

零调整:×.××%,用于零调整的校正系数。

过量程:设定想要的过量程值,该值不能设定在低于原量程值之下,当允许继续过量程时,这是经修正的记录器指示刻度(当达到设定量程的 90%时,自动转换量程生效;当达到原量程的 80%时,将返回到原量程)。

继续过量程:设定 ENABLED(允许)或 DISABLED(禁止)。旋转继续过量程到 ON 或 OFF。

(11)事件记录屏幕(EVENT LOG)

事件记录显示关键事件的备忘录,可记录多达 20 多种情况,例如自动调零、校准或特殊误差,可用于多达 20 种情况。

EVENT LOG　　　　　　　　　　　事件记录

♯ 1 BACKGROUND CYCLE　　　　　♯ 1 背景循环

OCCURRED AT 00:01 15－JUL－92　　在 00:01 15－JUL－92 出现

♯ 2 ZERO FLOW　　　　　　　　　♯ 2 零流量

OCCURRED AT 17:02 08－JUL－92　　在 17:02 08－JUL－92 出现

♯ 3 CHOPPER WHEEL ERROR　　　♯ 3 光调制轮错误

OCCURRED AT 17:02 07－JUL－92　　在 17:02 07－JUL－92 出现

(12)仪器状态屏幕(INSTRUMENT STATUS)

仪器状态是借助于微机对各种参数连续地产生的信息。

INSTRUMENT STATUS　　　　　　仪器状态

GAS FLOW:1.00SLPM　　　　　　　气体流量:1.00 SLPM

GAS PRESSURE:617.6 TORR　　　　气体压力:617.6 torr

REF. VOLTAGE:3.806 VOILTS　　　参考电压:3.806V

CONC. VOLTAGE:1.327 VOLTS　　　浓度电压:1.327V

ANALOG SUPPLY:11.876 VOLTS　　模拟供电:11.826V

DIGITAL SUPPLY:4.977 VOLTS　　数字供电:4.977V

GROUND OFFSET:290　　　　　　接地补偿:290

HIGH VOLTAGE:650 VOLTS　　　　高电压:650V

VERSION 2.05V　　　　　　　　　版本 2.05V

EXIT　　　　　　　　　　　　　　退出

仪器状态:微处理器根据变化的参数产生的仪器状态信息。

气体流量:根据限流孔的尺寸和气体压力计算出的气体流量,如果流量传感器流经的流量为 0,这里就显示 0.00。

气体压力:在反应室测量到的气室压力。

参考电压:在前置放大器板上测得的参考电压,这个电压表示 IR 红外信号的强度。

浓度电压:这是在予处理板上的一个电压值,它的反应气体实际浓度的测量值,它对应于反应室内的化学发光信号。

模拟供电:提供＋12V 电源。

数字供电:提供＋5V 微处理板电源。

地线补偿:在微处理板地线和预处理板的地线之间可能存在电压差,在 A/D 转换中能测量到。

高压:为 PMT 提供的高压读数

灯电流:为 UV 灯提供电流。

仪器状态屏幕的附加内容在 ML9830B 服务手册中。

(13)系统温度屏幕(SYSTEM TEMPE RATVRES SCREEN)

系统温度屏幕显示通过微机产生的连续信息。

反应室温度:反应室的温度。

转换器温度:$CO-CO_2$ 转换器的温度。

机箱温度:机箱在环境中的温度在微处理板 PCA 测得。

流量温度:压力板上的接口温度

冷却器温度:PMT 所在的温度。

反射镜温度:在反应室末端的反射镜温度。

(14)系统故障屏幕(SYSTEM FAULS)

SYSTEM FAULTS　　　　　　　　系统故障

SAMPLE GAS FLOW:PASS　　　　样气流量:PASS

LAMP CURRENT:PASS　　　　　　灯电流:PASS

CHOPPER WHEEL:PASS　　　　　光调制轮:PASS

A/D INPUT:PASS　　　　　　　　A/D 输入:PASS

COOLER STATUS:PASS　　　　　冷却器状态:PASS

REFERENCE VOLTAGE:PASS　　参比电压:PASS

12 VOLT SUPPLY:PASS　　　　　12 伏供电:PASS

CELL TEMPERATURE:PASS　　　反应室温度:PASS

FLOW BLOCK TEMP:PASS　　　　流量单元温度:PASS

MIRROR TEMP:PASS　　　　　　反射镜温度:PASS

CONVERTER TEMP:PASS　　　　转换器温度:PASS

EXIT　　　　　　　　　　　　　　退出

系统故障显示连续监测的各种参数 PASS(合格)/FAIL(失效)指示,这些参数必须在容许操作范围内才显示 PASS。

SYSTEM TEMPERATURE	系统温度
CELL TEMP. :50.9 DEG C	反应室温度:50.9℃
CONV. TEMP. :90.2 DEG C	转换器温度:90.2℃
CHASSIS TEMP. :35.1 DEG C	机箱温度:35.1℃
FLOW TEMP. :47.4 DEG C	流量温度:47.4℃
COOLER TEMP. :1.2 DEG C	冷却器温度:1.2℃
MIRROR TEMP. :49.2 DEG C	反射镜温度:49.2 ℃

4.2.3　日常运行、维护和标校

4.2.3.1　日常运行操作

(1)每日巡视检查

1)检查分析仪的流量是否稳定,应在 1.00L/min 左右,观察时间应在 30s,如流量有过高、过低或不稳定的情况,应记录在值班记录本上,并进行检查和报告。

2)随时检查分析仪屏幕显示的浓度值是否在正常范围内。

3)随时检查分析仪屏幕右上角是否有报警信息,如有报警信息应及时检查和报告,并记录在值班记录上。

4)每日详细检查日图中打印的资料是否正常,并做标记。

特别注意:

仪器的浓度数据是否在正常范围内,与前一天相比有否显著变化。

仪器的标准偏差数据是否处于较小的范围,与前几天相比有否变化。

仪器的校准时序和零点、单点校准值是否正常,与前几天相比有否变化。

5)按要求完成日检查表中的条项检查并记录。

6)随时注意发现各种可见的问题,如各种连接件断开或松开,特氟隆管破裂或粘连,过多的灰尘积累在仪器上引起仪器过热、短路而造成元器件损坏。

(2)每周检查

1)按周检查表中的顺序,进行检查,并认真记录,注意各参数是否在正常范围内;

2)检查并记录标准气瓶的压力,在压力不足时应及时更换。

3)注意每周检查表,及时发现仪器各参数的变化,如:测量光池内温度和压力、流量、相关系数、AGC 增益、BIAS 电压的变化。如果这些参数突然出现快速变化,需要查明原因,对仪器进行维护和检修。

4.2.3.2　系统维护

(1)周期性维护

定期维护的时间及内容、方法见表 4-5,可根据实际情况做适当修改。

表 4-5　定期维护的时间及内容、方法

间隔	内容	方法
每周	入口粒子过滤器	检查/更换
	事件记录/系统错误	检查
	精确性检查	检查
每月	风扇过滤器	检查/清洗
	Zero/Span 校准	执行
	时钟	检查
每 6 个月	CO—CO₂转化器	检查/更换
	多点校准	执行

续表

间隔	内容	方法
每年	DFU 过滤器	换
	烧结过滤器	洗/换
	CO－CO$_2$ 转化器	检查/更换
	检测信号	调整
	检漏	进行

1)检查粒子过滤器

仪器入口的粒子过滤器防止粒子进入 9830 内部气路,污染了过滤器会降低 9830 的性能,包括延长响应时间,读数不稳,温漂及其他各种问题。许多因素对粒子过滤器更换间隔有影响。例如:春天的花粉及尘土,人为的环境变化,像建筑工程的尘土会很快污染滤膜,再如干燥多风沙的气候条件等等。确定换滤膜周期的最佳方法是:在最初的几个月时间里,每周检查滤膜污染状态,然后根据情况制订出换膜间隔。一般 30 天更换一次膜,在春季沙尘天气之后,可立即更换。每一次更换过滤膜,须在日检查表上记录更换时间,每次更换过滤膜后,必须再次检查分析仪面板示数、流量等是否有异常变化。

2)清洗风扇过滤器

9800 系列仪器的风扇过滤器装在后面板上,如果此过滤器被污染,将会对仪器的制冷效率产生影响,清洗时可将其拆下,拍打、用干净气体吹、用中性肥皂水清洗并风干。

3)DFU 过滤器的更换

零气先进入 CO－CO$_2$ 转化器前先经过一个可见粒子过滤器(DFU),这样可以防止污染气路和反应室,失效的 DFU 会导致一个错误的零气读数。DFU 装在仪器内靠近后面板处,连接在 CO－CO$_2$ 转化器上。

更换步骤:关掉仪器,关泵。松开 DFU 端头的塑料螺母。取出 DFU 换新的,注意流向要正确(从仪器后方向前方)。重装塑料螺母,注意内部压环要可靠。开泵。

4)烧结过滤器的更换

粉末冶金烧结过滤器是最后一级过滤器,它防止污染和堵塞样气孔板。烧结过滤器堵会使进入反应室的光亮减少,一般说,进行彻底的维修应更换烧结过滤器。而有时需要将它检查或清洗以保证仪器正常运行。

更换步骤:关掉仪器,断开泵。断开流量/压力单元上的电路插头及气路接头,从分析仪器中取出流量/压力单元。粉末冶金烧结过滤器位于流量/压力单元的流量入口,换上新的粉末冶金烧结过滤器及新的 O 形圈,确保 O 形圈装在粉末冶金烧结过滤器的底部。样气口位于流量块的出口,如果需要,可以重新安装并更换新的 O 形圈。把流量/压力单元安装在仪器上并连接电路插头及气路接头。打开泵。

5)CO－CO$_2$ 转化器检查/更换

内部的 CO－CO$_2$ 转换器为 EC/ML9830B 仪器 AUTO－ZERO(自动调零)和本底功能提供连续的零气转换器失效,会造成仪器读数漂移,零点附近错位的灵敏度和连续的电子零调整。检查 CO－CO$_2$ 转换器必需的仪器:测试零空气。

步骤:①从 CALIBRATION MENU(校准菜单)设置分析仪器在 CAL.MODE:ZERO(校准模式:零)中。使分析仪器抽取零空气。抽取样品大约 5min。②记录前面板 CO 读数作为起始值。注意:这个值应该是 0.00±0.1ppm。如果不是,则选择 CALIBRATION MENU/BACKGROUND:STAR(校准菜单/背景:开始)并按回车键重新建立零基线。背景将需要大约 5 min 完成。③连接被测零气到分析仪器的样气入口。确保入口压力为环境压力。④从 CALIBRATION MENU(校准菜单)设置分析仪器在 CAL。MODE:MEASURE(校准模式:测量)并按回车键,使分析仪器采样被测零气。大约 5min 完成。⑤记录前面板 CO 读数。⑥CO 起始值和被测零气值。二者误差应在 0.2ppm 以内。如果起始值比挑战值更大,则 CO－CO$_2$ 转换器应该被更换。⑦断开挑战零空气而且重新连接样气管到分析仪器的样气入口。查证分析仪器是在 SAMPLE MEASURE(采样测量)模式中。

6)检测器信号调整

为了保证分析仪器的正常的操作,检测信号必须维持在适当的强度。如果信号太强或太弱,分析仪器将不能维持适当的参考和测量信号,使仪器无法正常测量。执行检测器信号调整要注意:如果检测器信号被调整,分析仪器需要重新校准。

必需的设备:示波器。

步骤:①除去分析仪器上盖,将示波器连接到预处理板的 PAMP2VPP 的测试点上 (J5-14)。设置示波器为 0.5 V/div 和 2 ms/div。参考测试点在预处理板的(J5-3)上。②在检测器保护壳的顶端有一个洞。检测器调整电位计在这个洞的下方,调整电位计使前置放大信号达到 2V 的峰—峰值信号。③查证在检测器信号上的 2 个信号之差大约为 15%。如果他们小于 15%,那么相关轮可能需要更换。④除去示波器连接线,盖上仪器上盖,如果检测器信号被调整,分析仪器需要重新校准。

7)检漏

检漏要保证气路系统的完善,并应每年及在气路系统的任何维修后进行。检漏请按下述进行。

注意:本检漏步骤要求知道泵的真空能力并能将真空换算成等效的大气压。为能达到此要求,可将真空阀经一个三通接到泵的入口。

步骤:①拆下样气进入口管路,排出口管路接泵。②关掉泵并使之稳定 2min。选择 INSTRUMENT STATUS(仪器状态)菜单并记录 GAS PRESSURE(气体压力)读数作为现在的环境压力。③堵住样气进入口。④接通泵电源并使之工作 5 min 以便对气路抽真空。④选择 INSTRUMENT STATUS(仪器状态)菜单,监测 GAS FLOW(气流)和 GAS PRESSURE(气压)读数。5min 后 GAS FLOW 应指示 0.00 SLPM 而 GAS PRESSURE 应当等于泵的真空度±15 torr(2kPa)(见下列的换算)。⑥打开样气入口并重新接上样气管路。

注意:为将真空度换算成等效的大气压要进行下列计算:

$$现在的环境压力(torr)-(真空度(torr)\times 25.32)$$
$$现在的环境压力(kPa)-真空度(kPa)$$

如果检测到漏气的显现,可使用 VALVE TEST MENU(阀测试菜单),结合气路流程图,分别关闭阀,以便找出漏气的管路。注意:切勿用压力查找泄漏。压力超过 5psi(35kPa)会损坏压力传感器。实际的流量检查应把泵接在仪器的抽气口,在仪器的入气口接上一个流量计,(确保仪器在 SAMPLAE MEASURE 采样测量状态)。通过分析仪器的流量大约是 1SLPM。如果太低,则要更换烧结过滤器。如果太高,则要检查烧结过滤器和 O 形圈处是否有漏气。

(2)年度维护

为了保证仪器能长期的正常运转,需要对仪器进行年度维护,年度维护工作的内容包括:仪器内部的清洁工作,毛细管的检查和清洁,漏气试验,泵膜的检查等。如仪器发生故障或其他原因,年度维护的一些工作内容,也可以在一年以内进行多次。

每年要定期清洁仪器内部一次,清洁仪器前要进行仪器参数的检查和记录,清洁仪器时,要断开电源,并采取措施防止静电。清洁仪器内部灰尘最好的方法是首先尽可能用真空泵吸可能到达的部位,然后用低压压缩空气吹走剩余的灰尘,最后用软毛刷刷去残存的灰尘。完成仪器内部清洁后,重新开机,待仪器运行稳定后,仍要仪器参数的检查和记录,并对照清洁前的记录,以及时发现仪器因清洁工作而出现的重大变化。

9830 分析仪器可更换部件见表 4-6。

表 4-6　9830 分析仪器可更换部件

描述	零配件号	级
O 形圈,限流孔和过滤器	25000447－007	1
5 μm 过滤膜(50 片/盒)	98000098－1	1
烧结过滤器	98000181－1	1
红外光源	80340371	2
CO－CO₂ 转换器组件	98300023	2
滤光片	002－057401	3
滤光片的 O 形圈	025－030410	3
O 形圈,宝石窗	28000186	3
抽出工具	29000141－2	3
检测器	37000076	3
蓝宝石窗	883－051600	3
PCA,电压调整板	98000056	3
显示/开关组件	98000057SP	3
PCA,微处理器板	98000108－3	3
电源 12 VDC	98000142	3
限流孔,14 mil	98000180－13	3
用于过滤器和限流孔的抽出工具	98000190	3
泵的工具	98000242	3
流量/压力组件	98107012－2 SP	3
PCA 预处理器板	98300003	3
前置放大器/检测器组件	98300015	3
马达,相关轮	98300032	3
反射镜的滤光片	98300033	3
阀门组件	98300037－2	3
光源定时组件	98300049	3
加热/控温组件	98300061	3
相关轮组件	98300084	3

1 级:一般的维护件和消费品,例如:过滤器,O 形圈,灯等。

2 级:根据经验判断有可能出现故障的部件,例如:泵,加热器,转换器,阀和电路板。

3 级:其他不包括在 1 级或 2 级中的各种部件。这个水平包括其他不可预计故障时间的部件。

此外,还应保存少量 1/4 英寸的 Teflon(FEP)管线,和相应管径的 Swaglok 不锈钢接头(直通和三通)和密封圈。

9830B 分析仪器选件和附件见表 4-7。消耗品的预期寿命见表 4-8。

表 4-7　9830B 分析仪器选件和附件

说明	部件编号
外置泵,230V/50 Hz,在 20torr	884－017302
滑动支架工具	98000036－2
PCA,50 点 I/O	98000066－2
电池电源选件 12 VDC	98000115
样气管 5 μm 粒子过滤器	98000210－1
50 点连接器	98000235－1
外部零/标阀组(EZS)	98300087
用于气瓶和标气源的阀	98301002
ML9830B 操作和服务手册	98307005

表 4-8　消耗品的预期寿命

部件	最少	典型
IR 光源(98300049)	6 个月	2 年
CO－CO₂ 转换器(98300023)	1 年	3 年

4.2.4　故障处理和注意事项

4.2.4.1　故障查询

在考虑检修故障一节之前要核实直流供电电源电压是存在的并且在表 4-9 所列的为每一块印制电路板所给出的技术要求之内。

表 4-9　检修故障电压表格

PCB(印制电路板)	供电	DVM(一)数字电压表(一)	DVM(+)	响应值
微处理器	+20V		TP2	+20±0.5V
	−10V	TP1	TP3	−10±0.5V
	−20V		TP4	−20±0.5V
电压稳定器	+12V		TP9	+12±0.5V
	+10V	TP7 (AGND)	TP8	+10±0.5V
	−10V	(模拟地)	TP6	−10±0.5V
	+5V		TP4	+5±0.25V
预处理器	+12V		J2−1,J2−6	+12±0.5V
	+5V		J2−3	+5±0.25V
	+10V	TP2 (AGND)	J2−4	+10±0.5V
	+1V		J5−5	+1±0.5V
	+6V		J3−3	+6±0.5V

4.2.4.2　9830B 分析器的检修

由于 9830 分析器采用了先进技术的设计,有关系统条件信息的值得注意的数值可在前面板显示器上获得。因此您可以检修一个正在操作的仪器而不必打开其前盖。就检修故障方面而言最有用的菜单是:

PREPROCESSOR POTS　　　　　　　　预处理机电位器
VALVE TEST MENU　　　　　　　　　　阀试验菜单
EVENT LOG　　　　　　　　　　　　　事件记录
INSTRUMENT STATUS　　　　　　　　仪器状态
SYSTEM TEMPERATURES　　　　　　　系统温度
SYSTEM FAULTS　　　　　　　　　　　系统故障

这些菜单所提供的信息能指出一个失效或一个操作问题。如果仪器的性能表现出有显著的变化,引起问题的组件也许能被确定从而加快了校正过程。这可帮助操作者周期地检验和记录这些参数以建立分析器的操作历史。而且,本节的信息在需要帮助时可能为 ML 服务保障人员所需要。

(1)预处理机电位器菜单

PREPROCESSOR POTS　　　　　　　　　　预处理机电位器
MEASURE COARSE ZERO:62(10—90)　　　粗测零
MEASURE FINE ZERO:42(0—99)　　　　　细测零
INPUT:68(10—90)　　　　　　　　　　　　输入
TEST REFEENCE:0　　　　　　　　　　　参考试验
TEST MEASURE:0　　　　　　　　　　　　测量试验
LREF. VOLTAGE:3.70—4.30 VOLTS　　　参比电压
CO:0—200 ppm　　　　　　　　　　　　　CO 浓度
CONC. VOLTAGE 0.0—4.5 VOLTS　　　　浓度电压
PREPROCESSOR POTS(预处理机电位器)屏幕显示电位器与几种组件有关联的设定和预处理机

板上的几个变量。电位器设定的这些值是有点随机的,所以这里所举的例子中和一个操作中的仪器显示值的差异不应该解释成问题的一个肯定的指示。电位器设定包括 99 和 0,然而,它们是电位器范围的极限,于是可能是猜测问题的理由。例外是 TEST MEASURE(测量试验)其为零,除非操作者变更之。

(2)阀试验菜单

VALVE TEST MENU (阀试验菜单)显示仪器中每只阀的现行状态。该菜单在校正机器中的气流问题时能是特别有用的。根据此菜单各阀能开能闭,这就使得操作者确定阀是否在正确地操作。VALVE SEQUENCING(阀序列)必须为 ON(通),以便完成正确气体测量。

VALVE TEST MENU	阀试验菜单
INT. VALVE ♯1：OPEN	1 号内置阀：开
INT. VALVE ♯2：CLOSED	2 号内置阀：闭
INT. VALVE ♯3：CLOSED	3 号内置阀：闭
EXT. MEASURE：OPEN	外置测量：开
EXT. ZERO GAS：CLOSED	外置零点气：闭
EXT. SPAN GAS：CLOSED	外置量程气：闭
AUX. VALVE ♯1：CLOSED	1 号自动阀：闭
AUX. VALVE ♯2：CLOSED	2 号自动阀：闭
VALVE SEQUENCING：ON	阀序列：通

(3)事件记录

在没有可能出现操作问题的状态下检查 EVENT LOG(事件记录)菜单,以确定是否微处理器正在报告系统失效或问题。如果 EVENT LOG 指出一个错误,它还将提供仪器发生故障的部分或组件的通知(表 4-10)。

表 4-10　事件记录信息

信息	说明	反应
INTERNAL O/S ERROR♯1	操作系统没有足够的存储器来运行	系统软件错误,如果错误持续。请电告厂家维修人员
INTERNAL O/S ERROR♯2	在操作系统中没有定义任务	
INTERNAL O/S ERROR♯3	在操作系统中的无效分区号数	
INTERNAL O/S ERROR♯4	在操作系统中的无效队列	
INTERNAL O/S ERROR♯5	在操作系统中的存储器的讹误	
INTERNAL O/S ERROR♯6	任务被另一任务所改写	
INTERNAL O/S ERROR♯7	已发生整数被零除	
INTERNAL O/S ERROR♯8	单步中断已经访问	
INTERNAL O/S ERROR♯9	中断的断点已经访问	
INTERNALO/S ERROR♯10	已发生整数溢出	
INTERNAL O/S ERROR♯11	已发生数组界限错误	
INTERNALO/S ERROR♯12	CPU 试图运行一个未定义的指令	
INTERNAL O/S ERROR♯13	CPU 运行完流出指令	
INVALID OP IN TASK ♯X	任务♯X 试图执行一个非法点操作	
ZERO DIVIED IN TASK ♯X	任务♯X 试图用 0.0 去除一个浮点数	
UNDER FLOW IN TASK ♯X	任务♯X 遇到的数$<8.43E-37$	
OVERFLOW IN TASK ♯X	任务♯X 遇到的数$>3.37E+38$	
FLOAT ERROR TASK ♯X	任务♯X 遇到多浮点数学上的错误	

续表

信息	说明	反应
RAM CHECKSUM FAILURE	电源降低时存储器的校验和与重新启动时的校验和不同	电池失效或系统软件故障,请电告请电告厂家维修人员
EAROM X DATA ERROR Y	EROM 指定的 X 检测出错误在位置 Y	检验压力 PCA 电缆的连接和压力 PCA
SERVICE SWITCH ACTIVATED	部件从前面板中除去辅助作用	在分析仪器前面板把服务开关拨向 IN
LCD DISPLAY BUSY	LCD 不断地忙,在显示器中指示硬件失效	检验显示器电缆连接,显示器 PCA 和微处理机 PCA
SYSTEM POWER FAILURE	电源与系统脱离	无需反应
SYSTEMPOWER RESTORED	电源加于系统	无需反应
INPUT POT LIMITED TO 0 OR 99	输入电位器调节超过范围	检查 IR 光源
ZERO POT LIMITED TO 0 OR 99	在电压达到设置点之前零电压控制器已达到极限	将分析器复位,检验零点空气源
ZERO FLOW	仪器气流已变成零	泵已失效或气流障碍物已出现。更换泵或清除障碍物
SPAN RATIO<0.75	AZS 周期后,要求的量程与测量的量程之比<0.75	仪器量程已漂移到超出容许的界限。重新校准
SPAN RATIO>1.25	AZS 周期后,要求的量程与测量的量程之比>1.25	仪器量程已漂移到超出容许的界限。重新校准
ELECTRONIC ZERO ADJUST	分析仪器启动电子零点调整周期	一般仪器在复位和上电后执行此项,否则检验零点空气源
BACKGROUND CYCLE	分析仪器启动背景周期	无需反应
RESET DETECTION	复位按钮按下或看门狗定时器引起的复位	除去复位未被用户触发,则无需反应
AZS CYCLE	AZS 周期开始	无需反应

(4)仪器状态

如果显示在 INSTRUMENT STATUS(仪器状态)屏幕上的任何参数下面所示的数值相比变化显著则仪器可能有与参数相关的故障或操作问题。如果一个参数正在表明一个急剧的变化或正在围绕着所期望的设定点强烈地振荡这也是正确的。

INSTRUMENT STATUS　　　　　　　仪器状态
GAS FLOW:0.9—1.3SLPM　　　　　气流
GAS PRESSURE:430—800TORR　　 气压
REF VOLTAGE:3.80—4.20VOLTS　　参比电压
CONC. VOLTAGE:0.00—4.50VOLTS　浓度电压
ANALOG SUPPLY:11.6—12.2VOLTS　模拟供电电源
DIGITAL SUPPLY:4.8—5.2VOLTS　　数字供电电源
GROUND OFFSET:200—320　　　　地位移
VERSION B1.00
EXIT

(5)系统温度

SYSTEM TEMPERATURES(系统温度)屏幕提供吸收池的温度,紫外灯的温度、机箱温度和气流控制单元的温度,包括应当显示在本屏幕上的额定值。如果任何参数超出容许范围则强烈地指出了这些组成件中的值得注意的问题。

SYSTEM TEMPERATURES　　　　　　系统温度

CELL TEMP:20—60 DEG C　　　　　　池温度(℃)

CONV TEMP:45—55 DEG C　　　　　　转化器温度(℃)

CHASSIS TEMP:15—55 DEG C　　　　　机箱温度(℃)

FLOW TEMP：45—55 DEG C　　　　　　气流温度(℃)

COOLER TEMP:1.0—1.2 VOLTS　　　　制冷温度(V)

MIRRIR TEMP:47—53 DEG C　　　　　镜温度(℃)

EXIT

(6)系统故障

SYSTEM FAULTS(系统故障)显示提供连续监测的各种参数的通过或失败的指示。为了显示PASS(通过)这些参数必须在容许的工作范围内。如果指示出 FALL(失败)则其指出的主要故障就在该区域内。

注意:SYSTEM FAULTS 屏幕对分析器的各种参数不仅指出 PASS 或 FALL 也还指出主要故障所期望的操作范围在 INSTRUMENT STATUS(仪器状态)和 SYSTEM TEMPERATURE(系统温度)范围部分指出。如果分析器的读数不在这些范围之内它将指出分析器内某一装配件变质或指出次要的故障。下表列出可能的 SYSTEM FAULTS 信息,如果发生了主要故障则它们显示在基本屏幕上。如果显示了一个故障信息,用检修指南可找到故障可能发生的原因(表 4-11)。

表 4-11　系统故障信息表

信息	说明/故障界限
OUT OF SERVICE	指出辅助开关在 OUT(出)位置。除非分析器正在进行维修。此开关应在 IN(入)位置
ZERO FLOW	表示采样流量小于 0.1SLPM
LAMP/SOURCE FAILURE	表示灯电流和光源电压未在容许范围内。也可能是制冷电压小于 0.5V
CHOPPER WHEEL FAILURE	表示相关轮不转
COOLER FAILURE	表示制冷温度和电压未在容许范围内。也可能是制冷电压小于 1.5V
REFERENCE VOLTAGE OUT OF RANGE	表示参比电压未在容许限度内。如果参比电压低于 3V 或高于 4.5V 则表示有故障
12 VOLT SUPPLY FAILURE	指出 12V 供电电压未在容许限度内。如果 12V 供电电压低于 11.1V 或高于 14.3V 则表示有故障
CELL TEMPERATURE FAILURE	表示反应室温未在容许范围内。如果反应室温低于 35℃ 或高于 60℃ 则表示有故障
CONVERTER TEMPERATURE FAILURE	表示反应室温未在容许范围内。如果反应室温低于 80℃ 或高于 100℃ 则表示有故障。
MIRROR TEMPERATURE FAILURE	表示镜的温度未在容许范围内。如果镜的温度低于 35℃ 或高于 60℃ 则指表示故障

(6)测试功能

在 9830B 中下列诊断方式是可利用的。

1)电气测试

电试验功能产生一个电试验信号并加到预处理器的输入端。这模拟一个送到预处理器的输入并被立即处理好像它是一个真正的信号。本试验用于验证预处理器 PCA 的参比和测量通道的操作。

2)诊断方式的使用

诊断方式的激发首先要选择 DIAGNOSTIC MODE(诊断方式)。PREAMP(前置放大)或 ELEC-TRIC(电气)和调整 TEST MEASURE(测量试验)电位器直到一个响应(所模拟的浓度)被察觉。对于试验的响应之不同取决于多个的分析器参数。这些试验一般地是 PASS/FAIL(通过/失败)。功能问题有时能被孤立到一个单一的组成件就要借助于逻辑使用诊断方式。

3)检修故障指南

使用本检修故障指南可找到症状(表 4-12),然后沿着顺序可能发生的原因和故障隔离/解决,直到问题得到发现。下面做出作用说明。如果您不能识别该问题,请和 MONITOR LABS SERVICE RE-SPONSE CENTER 联系。

表 4-12　系统检修故障表

症状	可能的原因	故障的隔离/解决
不显示/仪器死机	交流电源	1. 核实电源线已接上 2. 检验供电电源的熔断丝没有烧断。该熔断丝应为 5A(115V)或 3A(230V) 3. 核实电压开关是在合适的位置
不显示	对比度误调	设置或调整显示器的对比度或背景光强,要按下述同时按下前面板上的两个键 一对比度。按 Up 箭头(∧)和 Select 可得到暗的对比度 Down 箭头(∨)和 SELECT 可得到亮的对比度。 一背景光。按 ENTER(←)和 EXIT 可得暗的背景 光;PgUp 和 Select 可得亮的背景光
	直流电源	1. 核实从供电电源到 Vreg 板的电缆连接 2. 检验 Vreg 板的正确电压应如检修故障电压表所列(见上面)如果发现了不正确的电压需要更换供电电源或 Vreg。
	由 Vreg PCA 上找不到+15V	将微处理机上的 JP3 移到+12V 位置
	显示器	检验显示器和微处理机板上 J6 间的接口电缆
	显示器或微处理机 PCA 不好	1. 更换前面板显示器 2. 更换微处理机板
零流量	泵的毛病	换泵
	过滤器	检验粒子过滤器,如果脏或者堵塞则更换之
	吸收池压力增大	确保样气和零气入口均保持在环境压力
	堵塞了孔板或不锈钢粉末冶金过滤器	清洗或更换孔板和不锈钢粉末冶金过滤器
噪声或读数不稳	漏气	漏气导致采样和校准读数低和噪声。检漏程序见 3.1.7 节
	IR 光源弱/噪声检测器	调整检测器信号,如果仍然不能得到稳定的读数,则需要更换光源或检测器
	反应池温度/镜加热	在常温下如温控失灵可造成零漂。检查测量室温度是否达到 50℃。镜体温度是否达到 50℃±3℃。
跨度低	量程设定	按 ML9830B 操作手册在校准时调标
	无气流	参考本表中零流量部分
	相关轮泄漏	检查预处理电位计的 MEASURE COARSE ZERO 的设置。 如果低于 50,则更换相关轮。
	漏气	漏气导致采样和校准读数低和噪声。
通跨度气无响应	漏气	漏气导致采样和校准读数低和噪声。
	无气流	参考本表中零流量部分
	相关轮泄漏	检查预处理电位计的 MEASURE COARSE ZERO 的设置。 如果低于 50,则更换相关轮。
	软件闭锁	1. 观察显示器上的 MAIN MENU 是否若隐若现 2. 核实其他菜单能否被选择。 3. 按第二层面板上的复位按钮 4. 更换微处理器板
零漂移	CO—CO₂ 转化器故障	更换转化器故障
	漏气	漏气导致采样和校准读数低和噪声。

症状	可能的原因	故障的隔离/解决
流量或压力读数不稳	压力板故障	重新校准流量/压力板
仪器操作在参比调节	参比电压	对检测器信号进行检查和调整
响应时间不在规定值	气流低	用流量计检查样气气流。在标准温度压力之下样气应为 $0.8 \sim 1.2$ SLPM。否则更换过滤器或检查限流孔。

第 5 章　反应性气体综合观测系统

二氧化硫、氮氧化物、一氧化碳和地面臭氧的在线测量设备可单独完成各要素的观测任务,也可组成一个微量反应性气体测量系统,实时连续测量大气中二氧化硫、氮氧化物、一氧化碳、地面臭氧等大气成分的浓度。该系统由二氧化硫、氮氧化物、一氧化碳和地面臭氧的在线测量设备,以及零气发生设备、标准气、动态气体校准仪、进气管路以及控制/数据采集计算机等构成。该系统可根据设定的测量/校准时间程序,对分析仪器的响应漂移实现定量的监测。

5.1　常用系统构造

5.1.1　系统结构

微量反应性气体测量系统的系统构成如图 5-1 所示。

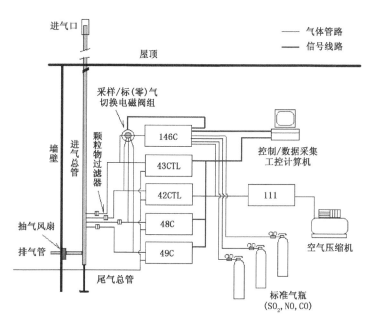

图 5-1　微量反应性气体测量系统的系统构成示意图

5.1.1.1　构造 1

微量反应性气体测量系统按其系统功能可划分为 4 个部分:分析仪器、共线式进气管路、校准配气管路和控制/数据采集计算机。

（1）分析仪器

分析仪器包括:43CTL 型脉冲荧光二氧化硫分析仪、42CTL 型化学发光氮氧化物分析仪、48C 型气体透镜相关法一氧化碳分析仪、49C 型紫外吸收光度法臭氧分析仪,共 4 台仪器。

（2）共线式进气管路

　　整个系统的共线式进气管路系统由进气总管、抽气风扇、排气管、颗粒物过滤器以及采样/标(零)气切换电磁阀组构成。共线式进气管路用抽气泵将室外空气快速抽入进气总管,再从进气总管通过分支管路进到各分析仪器。采用共线式进气管路的优点是:1)可以缩短样品空气在进气管路内的滞留时间;2)采用较短的分支管路,在各分析仪器采样流速不一致的情况下,可以使各仪器的采样滞后时间尽量一致。颗粒物过滤器的作用主要是,1)去除样品空气中的颗粒物;2)隔离液态水以保持分支进气管路和仪器内部管路的清洁和干燥;3)减少管路对目标测量物的吸附和损耗。

　　采样/标(零)气切换电磁阀组是一组截止型电磁阀,其连接气路见图 5-2。除连接到 49C 臭氧分析仪的电磁阀为 Teflon 材料的阀体外,其余 3 个电磁阀均为不锈钢材质。所有的电磁阀均由 146C 型动态气体校准仪的模拟电压输出端口输出的电压信号控制开闭。在全部电磁阀处于关闭状态时,各分析仪器从进气总管吸入的是样品空气;当校准(检查)时间程序启动时,146C 型动态气体校准仪的模拟电压输出端口会输出一个电压信号控制某一路电磁阀开启,将标准(零)气导入分析仪器,以完成对该台分析仪器的校准或标(零)气检查。在一般情况下,146C 型动态气体校准仪提供的标准(零)气流量大于分析仪器的进气流量,因而在对一台分析仪器进行校准或标(零)气检查时,总会有少量标准(零)气通过分支进气管路进入到进气总管,从而对其他分析仪器的测量造成一定的干扰。

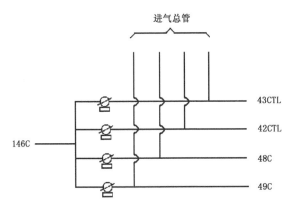

图 5-2　采样/标(零)气切换电磁阀组的连接气路示意图

　　为了减少仪器尾气对室内空气的影响和减少噪声,将各测量仪器的排气管连接到一起,由一根直径 3cm 的 PVC 总管将尾气排放到室外距观测室 10m 以外的地方。

　　(3)校准配气管路系统

　　微量反应性气体测量系统的校准配气管路系统由 111 型零气发生器、146C 型动态气体校准仪和标准气体气瓶(分别为二氧化硫、一氧化氮、一氧化碳)构成。111 型零气发生器的作用是为 146C 型动态气体校准仪提供零气源,同时还为 42CTL 型化学发光氮氧化物分析仪提供干燥空气源。

　　146C 型动态气体校准仪,在其配气程序启动时,以 111 型零气发生器产生的零气和 3 种标准气体为组分气源,混合配制所设定浓度的标准(零)气,并按照设定的流量输出,以对分析仪器进行校准和检查。

　　(4)控制/数据采集计算机

　　XJ6003 型 IBM 兼容型工控计算机按照软件设定的测量/校准时间程序和数据采集程序工作:1)发出指令给 146C 型动态气体校准仪,控制该仪器启动/关闭某项配气程序,并控制该仪器输出控制电压信号,以开启/关闭进气管路系统的采样/标(零)气切换电磁阀组;2)通过 RS232 接口,从各分析仪器(43CTL、42CTL、48C、49C)采集测量数据和仪器运行状态参数。XJ6003 型 IBM 兼容型工控计算机还可应答中心数据采集计算机的呼叫,上传数据。

5.1.1.2　构造 2

　　(1)管/气路流程图

　　与构造 1 不同之处,就是该构造的标气直接进入进气总管,而后再进入分析仪。图 5-3 中痕量气体测量系统的各组成部分如下:

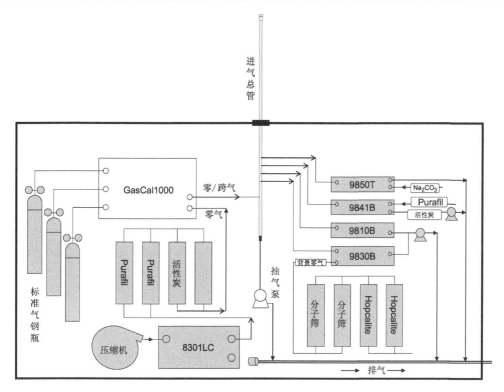

图 5-3　痕量气体测量系统的管路系统构成示意图

1)澳大利亚 Ecotech 公司生产的 EC/ML9850T 型紫外荧光二氧化硫分析仪；

2)澳大利亚 Ecotech 司生产的 EC/ML9841B 型化学发光氮氧化物分析仪；

3)澳大利亚 Ecotech 公司生产的 EC/ML9830B 型气体过滤红外相关法一氧化碳分析仪；

4)澳大利亚 Ecotech 公司生产的 EC/ML9810B 型紫外吸收光度法臭氧分析仪；

5)澳大利亚 Ecotech 公司生产的 BML－9551 型零气发生器；

6)通过国家标准物质认证的氮气基底标准气体(分别为二氧化硫、一氧化氮、一氧化碳)；

7)澳大利亚 Ecotech 公司生产的 Ecotech GasCal 1000 稀释动态校准器；

8)澳大利亚 Ecotech 公司生产的共线式进气管路。

上述仪器设备按其系统功能可划分为 4 个部分:分析仪器、共线式进气管路、校准配气管路、辅助气管路。

（2）分析仪器

分析仪器包括:EC/ML9850 型紫外荧光二氧化硫分析仪、EC/ML9841 型化学发光氮氧化物分析仪、EC/ML9830B 型气体透镜相关法一氧化碳分析仪、EC/ML9810B 型紫外吸收光度法臭氧分析仪,共 4 台仪器。每种分析仪都必须有操作、校准和日常维护的标准操作手册。环境温度必须控制保持在 25℃±3℃。各分析仪器的原理、结构、校准方式和日常维护见相应的技术手册。

（3）共线式进气管路

整个系统的共线式进气管路系统由进气总管、抽气风扇、排气管构成。共线式进气管路用抽气泵将室外空气快速抽入进气总管,再从进气总管通过分支管路进到各分析仪器。采用共线式进气管路的优点是:1)可以缩短样品空气在进气管路内的滞留时间;2)采用较短的分支管路,在各分析仪器采样流速不一致的情况下,使各仪器的采样滞后时间尽量一致。此外,3)在标定的时候,从动态气体校准仪出来的零/标气也同时进入共线式进气管路,进而零气和样气一样以相同的管道环境进入分析仪,减少可能引起的系统误差。空气采样总管至少要比屋顶高 1.5m,空气样品在采样管理的停留时间要小于 5s。从采样总管到各分析仪的管路要尽量的短。采样管线和校准管线只能使用高纯的"High purity"的 FEP virgin tubing。将共线式进气管出气口和各测量仪器的排气管连接到一起,由一根直径 3cm 的 PVC 总管将尾气排放到室外距观测室 10m 以外的地方。用以减少标定过程高浓度的标气和仪器尾气对室内空气的影响并减少噪声。

（4）校准配气管路系统

痕量气体测量系统的校准配气管路系统由 8301L 型零气发生器、Gascal1000 型动态气体校准仪和标准气体气瓶（分别为二氧化硫、一氧化氮、一氧化碳）构成。零气发生器的作用是为动态气体校准仪提供零气源。零气发生器的工作原理和结构见零气发生器技术手册。动态气体校准仪,在其配气程序启动时,以零气发生器产生的零气和 3 种标准气体为组分气源,混合配制所设定浓度的标准（零）气,并按照设定的流量输出,以对分析仪器进行校准和检查。动态气体校准仪的工作原理和结构见动态气体校准仪技术手册。

执行校准的时候也把采样总管作为 Zero/Span 气总管,这时采样抽气泵停止工作,多余气体从采样总管进口排出。在 Zero/Span 周期下,它要求有大于 10SLPM 的气流进入采样总管。精密性检查周期要求 zero/span cycle 为 40min,结束后通常有 10～20min 的稳定时间来确保 Zero/Span 气在采样总管被完全排出。校准气约低于标准混合气的 100 倍。气体稀释气包含一个为标气用的 0～20cc/min 和一个为零气使用的 0～20 L/min 的质量流量控制计。

校准气通常独立配比于不同的气瓶,避免校准时的相互干扰。对于 NO 和 SO_2 校准气,需要使用高纯的不锈钢调压阀和 GC 级别的 1/8 英寸管。

对痕量气体零气要求：零气源需要持续不间断地为分析系统提供流量。流量的中断,哪怕是短短的时间,都需要重新平衡。平衡时间根据零气的纯度情况而定。零气发生器必须能够提供 10 L/min 的 NO_x 和 SO_2 小 50ppt 的气流。零气发生器进口气应当是室外的空气。零气的湿度应不 15％～30％ RH。

（5）辅助气系统

本系统使用了辅助气系统用于 backgroud cycle 或 Auto zero 过程。对 9841B NO_x 分析仪,供臭氧发生器用的空气额外增加一个 Purafill scrubber 来减少 NO_2 对臭氧发生器的干扰。对 9850 SO_2 分析仪,高效的 Na_2CO_3 scrubber 用于决定仪器的"Background"。去除了 SO_2 的 Zero 空气也来自室外大气,用于保持湿度与样气的一致性并减少水汽的干扰维护。Background（Auto zero）Cycle 间隔通常为 24h。对于 9830B CO 分析仪,来自采样气的空气通过一个 Hopcalite heated scrubber 并在 90℃把 CO 转化为 CO_2。在污染地区,通常使用外置的 scrubber。Background（Auto zero）cycle 间隔通常选择在 2h。

（6）控制/数据采集计算机

WinAQMS 兼容型工控计算机按照软件设定的测量/校准时间程序和数据采集程序工作（图 5-4）：1）发出指令给 GasCal1000 型动态气体校准仪,控制该仪器启动/关闭某项配气程序,并控制该仪器输出控制电压信号,以开启/关闭进气管路系统的采样/标（零）气切换电磁阀组；2）通过 RS232 接口,从各分析仪器采集测量数据和仪器运行状态参数。WinAQMS 兼容型工控计算机还可应答中心数据采集计算机的呼叫,上传数据。

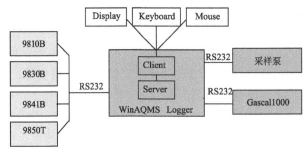

图 5-4　AQMS 数据采集系统的工控机和数据采集系统

AQMS 的特点：

可以被远距离配置和控制;实际图表方便观察(1 min 数据);可设置数据采集间隔时间;ACSII 或 Binary 数据转换器;随时响应并优先执行中心站的指令;看门狗;电源恢复后自动重新启动进入采集数据状态。

AQMS 的输入:

数字输入:4 个 RS232 串行输入口;

模拟输入:0~10V 电压 (16 位分辨率);16 通道单端输入;8 通道差动输入;

频率输入:1 个高速通道;

状态输入:8 位数字输入;

状态输出:8 位数字输出;

带光电隔离防冲击保护。

5.1.2　安装调试

系统各部分气路和信号线路连接通常由安装工程师来完成。完成安装后,在正常运行状况下,按照各仪器相应技术手册的要求进行日常操作。按照各仪器的技术手册要求安装仪器。

5.1.2.1　共线式进气管路

共线式进气管路应该根据观测室房间的高度等条件具体设计,要求防水、防虫,进气口应超出屋顶平面 1.5m 以上,且四周无明显遮挡,方便人员检查。

5.1.2.2　校准配气管路系统

按照技术手册的要求安装零气发生器和动态气体校准仪,并妥善连接气路管线。所有管线的连接应尽量减少弯折,走线合理、整齐。专用接头的螺母不可以拧得过紧。标准气瓶安装后要按照更换新标准气瓶时的要求,进行管路气体置换操作,并根据新标准气的浓度更改动态气体校准仪中标准气浓度参数。

5.1.2.3　控制/数据采集计算机

按照技术手册要求,安装控制/数据采集计算机。所有的连线应连接可靠牢固,走线合理整齐,尽量减少悬空线和贴地线,走线要避免相互干扰。

5.1.3　日常运行、维护和标校

5.1.3.1　日常操作

每天巡视,除按要求检查并填写日检查表中的所列各项目外,还应该在巡视中注意:

(1)各仪器的运行是否正常,随时发现各种异常现象,如声音异常、流量异常、各种连接件断开或松动、Teflon 管破裂或粘连、仪器局部过热等。过多的灰尘积累在仪器上可能引起仪器过热、短路而造成元器件损坏。如有异常,应及时参考相应仪器的技术手册查找原因、处理解决,并做值班记录,必要时按程序报告。

(2)每日详细检查日图中打印的资料是否正常,并做标记。注意仪器的校准时序和零点、跨点检查值是否正常,与前几天相比有否变化。

(3)检查标准气瓶的一级压力和二级压力是否有较大的变化,如有可能说明管路有漏气,应及时检修。

(4)检查进气总管的进气口处是否有异物,检查排气管和尾气总管的排气是否畅通。

(5)对周围污染活动做好记录,如:工农业活动、人员来访、车辆驶近、重大活动等;同时要详细做好仪器维护和检修的记录。

5.1.3.2　系统维护

随时注意共线式进气管路的工作状况,及时发现和排除进气口处的各种附着异物,如蜘蛛网等,及时发现和排除排气风扇的工作异常。每年对共线式进气管路进行一次维护,维护内容包括:1)分解进气总管的底部,并对其进行检查,清除内部积水和异物;2)从管路中拆下排气风扇,检查排气风扇的转动情

况是否存在异常,并对风扇进行外部清扫。

其他部分的仪器维护详见相关技术手册。

5.2　校准设备

5.2.1　零气发生器

零气发生器是微量反应性气体自动监测系统中的关键设备,它提供监测系统校准时的零气源。零气是大气气体组分测量中的常用术语,指去除了目标测量物质以及干扰物质的空气。大气本底监测站选用美国 TE 公司生产的 111 型和 Ecotech 公司生产的 8301L 型零气发生器作为零气源,其产生的零气中被测污染气体(SO_2,CO,O_3,NO,NO_2)和干扰气体(如碳氢化合物等)均低于分析仪器的最低检测限浓度。

5.2.1.1　TE 111 零气发生器

（1）基本原理和系统结构

111 型零气发生器由空气压缩机和主机两部分组成。图 5-5 是 111 型零气发生器工作原理框图。空气压缩机系统由储气罐、压缩机、触点开关、压力表和气水分离器等部件组成。触点开关控制压缩机的启动和关闭,保证储气罐压力处于合适的工作压力范围。储气罐下部有一排水阀用于排除储气罐内的冷凝水。储气罐经过一个烧结过滤器连接到气水分离器,其上部有一个出口压力调节阀,可以调节储气罐的出口气压,其气压数值可通过调节阀上压力表随时显示出来。主机箱内有压力调节装置、催化氧化炉、温控电路和电源等,机箱后部悬挂有化学氧化管和活性炭吸收管。由空气压缩机提供的压缩空气先经过气水分离器,再由压力调节阀调节至所需的供气压力,然后顺序经过催化氧化炉、化学氧化管和活性炭吸收管等除去各种目标测量物质以及杂质,得到所需要的零气。催化氧化炉在高温下工作,其作用是除去压缩空气中的一氧化碳和碳氢化合物等;化学氧化管内部填充高选择性氧化剂,其作用是将压缩空气中的 NO 氧化成 NO_2;活性炭吸收管内填充碘化活性炭,其高效吸附作用可以去除压缩空气中的 NO_2、SO_2、O_3、残余碳氢化合物和水汽。

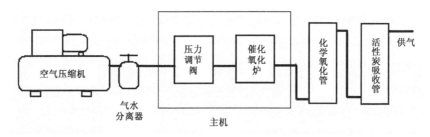

图 5-5　111 型零气发生器工作原理框图

图 5-6 是 TE111 型零气发生器主机的安装图(俯视图),图 5-7 为仪器的前面板图。

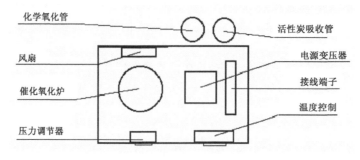

图 5-6　TE111 型零气发生器主机安装图

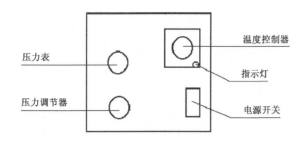

图 5-7　TE111 型零气发生器主机的前面板

（2）安装调试

1）安装和开机

①将化学氧化管和活性炭吸收管连接到主机后部的连接口上。

②将空气压缩机（气水分离器）的出气口接到 111 型零气发生器主机的进气口。

③将 111 型零气发生器主机的出气口接到 146C 型动态气体校准仪的零气进气口。

④关闭空气压缩机的输出气阀，检查储气罐下部的排水阀门是否处于关闭状态。接通压缩机电源，空气压缩机开始工作，当储气罐内压力逐渐增加到 80～90psi 时，压缩机停止工作。

⑤打开空气压缩机的输出阀门，旋动压力调节阀，调解出口压力到 40～50psi。检查各连接管线的接头处是否有漏气。

⑥打开 111 型零气发生器主机的电源，注意观察仪器的冷却风扇是否启动、温度控制器上的指示灯是否点亮。

⑦调节前面板上的压力调节旋钮（注意：压力调节旋钮上带有锁环，调节时需要将锁环拉出，完成调节后再将锁环按下，以锁住调节旋钮），使系统供气压力在 20psi±2 psi 范围；将温度控制器调节到刻度盘上的 375℃处。

⑧111 型零气发生器主机电源接通半小时到一小时后，温度控制器上的发光二极管指示灯间断闪亮，表示催化氧化炉的工作温度已经稳定，这时 111 型零气发生器可以为其他仪器提供零气了。

2）日常操作

在正常情况下，111 型零气发生器连续工作时，只需要对仪器工作状态进行巡检，巡检内容如下：

①每日巡检：检查空气压缩机的出口压力、系统供气压力和催化氧化炉的温度设定值是否在正常数值范围，检查结果填入微量反应性气体监测日检查表。

②周巡检：打开空气压缩机储气罐的排水阀放掉罐内积水，排水时一般会导致罐内气压降低，使压缩机启动。这时可注意观察空气压缩机是否能正常启动和停止，即空气压缩机工作一段时间后，会因储气罐气压达到其上限值而自动停机。如空气压缩机连续工作很长时间，不能自动停机，表明储气罐气压没有达到其上限值，可能说明系统存在漏气、测量仪器超量使用零气或空气压缩机性能下降，此时需要对空气压缩机进行维护和检修（请按空气压缩机说明书进行检修）。进行操作情况填入微量反应性气体监测日检查表。

③月检查：检查化学氧化管的颜色，有效的化学氧化管是紫红色的，失效则呈棕色，当化学氧化管只剩下 20%是紫红色的时候就需要更换化学氧化剂。更换后在日检查表的备注栏中说明。

（3）日常运行、维护

1）更换化学氧化剂

①先确认连接在 111 型零气发生器的仪器没有执行校准程序，以免突然断开零气影响仪器的校准。

②断开连接在 42CTL 干燥空气管上的零气管线（为保证该干燥管的使用效率，平时该干燥管连接在零气发生器上）。

③关闭空气压缩机的输出气阀，观察空气压缩机的出口压力是否降到 0.0 psi。然后从仪器后面板上取下化学氧化管。

④打开化学氧化管的盖子,取出失效的化学氧化剂,装入新的化学氧化剂,盖好盖子。注意保护盖子下面的 O 形密封圈。

⑤将化学氧化管重新连接到仪器后部的管线接口上。

⑥打开空气压缩机的输出气阀,检查化学氧化管及其连接管口是否漏气,检查空气压缩机的出口压力和系统供气压力是否正常。

⑦将 42CTL 干燥空气管的零气管线重新连接好。

2)更换活性炭

至少每年应更换一次活性炭。

①先确认连接在 111 型零气发生器的仪器未执行校准程序,以免突然断开零气影响仪器的校准。

②断开连接在 42CTL 干燥空气管的零气管线(为保证该干燥管的使用效率,平时该干燥管应连接在零气发生器上)。

③关闭空气压缩机的输出气阀,待空气压缩机的出口压力降到 0.0 psi 后,从仪器后面板上取下活性炭吸收管。

④打开活性炭吸收管的盖子,取出失效的碘化活性炭,装入新的碘化活性炭,盖好盖子。注意保护盖子下面的 O 形密封圈。

⑤将活性炭吸收管重新连接到仪器后部的管线接口。

⑥打开空气压缩机的输出气阀,检查活性炭吸收管及其连接管口是否漏气,检查空气压缩机的出口压力和系统供气压力是否正常。

⑦将 42CTL 干燥空气管的零气管线重新连接好。

3)空气压缩机检修

正常情况下,每年对空气压缩机进行一次检查和维护。当空气压缩机工作效率下降时,应随时进行检查和维护。

按照空气压缩机说明书进行检修和维护。

4)常见故障检查和排除

常见故障检查和排除见表 5-1。

表 5-1　常见故障检查和排除

故障	可能造成故障的原因	排除故障的方法
零气泵启动不正常或转速明显低于正常速度	交流供电电压或电流不够	检查电源
	泵机械故障	检查泵
零气泵在非校准期间频繁启动	校准系统或泵有漏气	检漏
	储气罐中积水过多	排水
	泵机械或电气故障	检查泵

(4)安全及注意事项

①要充分注意电源安全和稳定,仪器接地良好。在强雷电天气时,如果没有妥善的防雷电措施,应停机并拔下电源开关。

②要随时巡视检查仪器,注意对设备各部件工作压力和温度的检查,及时发现和排除(报告)出现的仪器故障。

③不得随意打开仪器机箱盖。在对仪器进行检修时,必须停机断电,并拔下仪器电源插头,禁止带电作业,并要注意防止各种污物进入仪器内部和管路系统。

④空气压缩机属于压力工作器械,在维护检修时必须确认气体压力泄至平压,并排净储气罐内的冷凝水后再进行拆装操作。不得带压操作。

⑤111 型零气发生器内催化氧化炉的工作温度较高,检修时应注意在充分冷却后再进行操作。

⑥保持整洁的操作环境,按照规范要求检查、维护仪器。

5.2.1.2 Ecotech 8301L 零气发生器

5.2.2 动态校准仪

5.2.2.1 TE146C

146C 型动态气体校准仪是根据微量反应性气体测量系统的自动校准需要而设计的气体发生和配气装置,也是微量反应性气体自动监测系统中的核心设备。在连接零气源和标准气源后,146C 型动态气体校准仪可以按照设定的混合比例生成准确浓度的工作标准气(或零气),还可以利用内置的臭氧发生器,混合生成所需浓度的臭氧标准气。这些不同浓度的工作标准气(或零气)被用来对微量反应性气体测量系统的各仪器进行校准,包括零点检查、跨点检查、单点校准、多点校准等。

146C 型动态气体校准仪具备菜单式操作软件,操作者可以通过屏幕显示和键盘操作设定校准参数,还可以接受数据采集器或微机的遥控,使用起来更为方便。146C 型动态气体校准仪还可以为外置的电磁阀组提供控制信号,从而控制自动监测系统其他分析仪器的采样/校准气路。

(1)基本原理和系统结构

1)仪器结构

146C 型动态气体校准仪的主要部件包括:零气—臭氧发生器气路系统、标准气气路系统、电子线路和电源等,都装在一个整体机箱内。机箱前部有操作面板、电源开关和显示屏幕等;后部有气路连接口、电源输入、信号输出连接端子和计算机通信接口等。

①前面板及功能键

屏幕显示为 4 行,每行 20 个字符,可显示流量、仪器参数、仪器运行模式及帮助信息等。通过前面板的操作键,可以实现对仪器的检查、设置和校准等各项操作。前面板操作键的功能如下:

"RUN"键:用于从其他菜单和显示屏幕退回到运行(RUN)屏幕,运行屏幕显示仪器的当前测量状态和设置。

"MENU"键:通常用来显示主菜单。如在 RUN 屏幕时,该功能键用来激活主菜单,如在其他菜单(屏幕)时,按动该键可退回上一级菜单(屏幕)。

"ENTER"键:用于确认菜单(子菜单及屏幕)选项,或者确认所选择(输入)的仪器设置参数,或是切换 ON/OFF 功能。

"ALT"键:用于当前(菜单)屏幕和上一个(菜单)屏幕间的切换。

方向键:使用 ↑、↓、→、← 四个按键可移动显示屏幕上的光标。

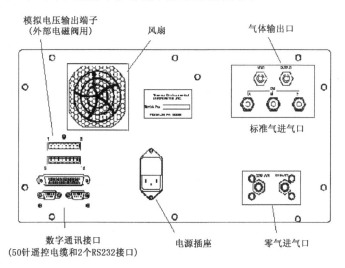

图 5-8 146C 型动态气体校准仪后面板

②仪器后面板

仪器后面板主要包括(图5-8):(1)电源插座;(2)零气进气口;(3)标准气进气口(气体A、气体B、气体C);(4)气体输出口(及平衡排气口);(5)仪器风扇;(6)模拟信号输出端子(供外部电磁阀连接用);(7)数字通信接口,包括2个RS232接口,一个50针的遥控电缆接口。

2)主要技术指标(表5-2)

表 5-2 主要技术指标

名　称	技术指标
流量控制精度	满量程的20%~100%范围内,读数的2%或满量程的1%,取其小者
流量测量线性	满量程的0.5%
流量测量再现性	满量程的20%~100%范围内,读数的2%或满量程的1%,取其小者
最大零气流量	5SLM
最大标准气流量	50SCCM
臭氧发生器最大产气量	6ppm/L
运行温度	10~30℃
电源	210~250V,50~60Hz,100W
仪器尺寸	16.75英寸(宽)×8.62英寸(高)×23英寸(长)
重量	43磅
信号输出	可选范围的直流电压,4~20mA的直流电流,RS232/485接口

(2)气路系统及其工作原理

1)气路系统构成

动态气体校准仪的气路工作原理见图5-9。

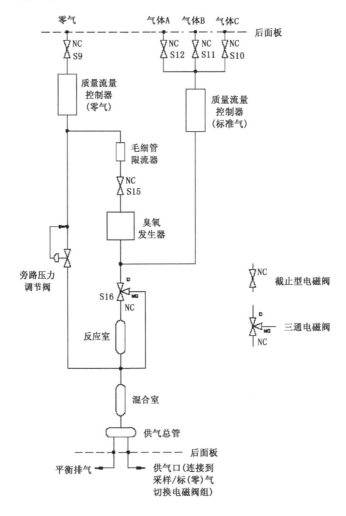

图 5-9 动态气体校准仪的气路工作原理示意图

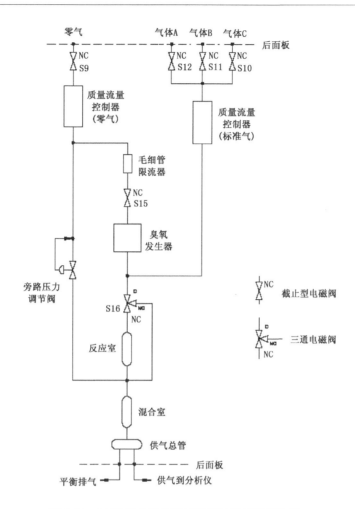

图 5-10　146C 型动态气体校准仪工作原理示意图

　　气路的主要构成部件包括:质量流量控制器、臭氧发生器和电磁阀组等,这些部件受内置的微处理器控制。146C 型动态气体校准仪内的 2 个质量流量控制器是最核心的 2 个工作部件,一个是控制零气流量的大量程质量流量控制器,其最大流量为 10 SLPM);另一个是控制被稀释标准气体流量的小量程质量流量控制器,其最大流量为 100 SCCM(标准毫升/分)。以 2 个质量流量控制器为核心分别构成零气－臭氧发生器流路和标准气流路。标准气流路最多可连接 3 种标准气气源(A、B、C),每个标准气源的进气管路上均有电磁阀控制其开关。

　　146C 型动态气体校准仪的气路系统有 3 种基本工作模式(图 5-10),分别是:1)使用外接标准气源配制工作标准气或零气;2)使用臭氧发生器生成臭氧工作标准气;3)合并使用外接标准气源和臭氧发生器,利用气相化学滴定法生成臭氧工作标准气。

　　2)工作模式 1

　　当使用外接标准气源配制工作标准气或零气时,仪器的内置微处理器根据外接标准气源的浓度 C_s、设定的目标浓度 C_x 和总供气流量 F_T,按照下面的联立公式自动计算出零气流量 F_Z 和标准气流量 F_S,2 个质量流量控制器稳定控制 2 个流路中各自的流量(并自动按照工作温度和压力进行订正),经过在特氟隆制混合室内的充分混合后,从供气总管输出流量稳定和浓度已知的工作标准气或零气。当设定的目标浓度 C_x 为零时,即输出零气。

$$C_X = \frac{F_s}{F_z + F_s} \times C_s \tag{5-1}$$

$$F_T = F_z + F_s \tag{5-2}$$

　　此种工作模式下,零气－臭氧发生器流路中的臭氧发生器及其流路上的电磁阀均处于关闭状态。

一般情况下,146C 型动态气体校准仪的供气流量需大于分析仪器的采样进气流量,因此输出管线上设有平衡排气口。

②工作模式 2

当使用臭氧发生器生成臭氧工作标准气时,标准气流路停止工作,臭氧发生器流路上的电磁阀打开,由高稳定性电源控制的紫外光源(185 nm 波长)照射流经臭氧发生器的零气,由下列化学反应生成臭氧:

$$O_2 + h\nu \rightarrow 2O \tag{5-3}$$

$$O_2 + O \rightarrow O_3 \tag{5-4}$$

在毛细管限流器和旁路压力调节阀的作用下,流经臭氧发生器的零气流量与主流路的零气流量成一固定比例(在旁路压力调节阀指示 3psi 的情况下,流经臭氧发生器的零气流量约为 150SCCM),在总零气流量不变的情况下,改变臭氧发生器紫外光源的功率水平,即可获得不同浓度水平的臭氧工作标准气。在工作模式 2 的情况下,臭氧发生器后的反应室被关闭。

3)工作模式 3

尽管工作模式 2 可以生成稳定浓度的臭氧工作标准气,但是其浓度完全取决于流经臭氧发生器的零气比例和紫外光源的功率水平,其输出工作标准气中的臭氧绝对浓度是未知的。气相化学滴定(Gas Phase Titration,GPT)工作模式,就是利用外接一氧化氮(NO)标准气源,配制出过量的(即超过臭氧发生器生成的臭氧浓度)已知浓度的一氧化氮工作标准气,与臭氧发生器产生的含臭氧气体进行定量的化学滴定反应(式(5-5)),由损耗掉的一氧化氮浓度,确定与臭氧发生器某一功率水平相对应的臭氧浓度,由此利用 146C 型动态气体校准仪获得已知浓度的臭氧工作标准气。

$$NO + O_3 \rightarrow NO_2 + O_2 \tag{5-5}$$

在工作模式 3 的情况下,一氧化氮与臭氧的反应程度必须进行得足够充分,其化学滴定的定量关系才能成立,因此在臭氧发生器后设置了一个容积约为 $150cm^3$ 的特氟隆材质的反应室。一氧化氮与臭氧的反应是否充分、完全,可以依据经验动态参数 P_R 和反应室停留时间 t_r 进行判断,当同时满足下列两个条件时,滴定反应才是完全的。

$$P_R = [NO]_{STD} \times \frac{F_{NO}}{F_{O3} + F_{NO}} \times t_r \geqslant 2.75 \text{ppm} \cdot \text{min} \tag{5-6}$$

$$t_r = \frac{V_{RC}}{F_{O3} + F_{NO}} \leqslant 2 \text{min} \tag{5-7}$$

式中,P_R 为经验动态参数,ppm · min;t_r 为反应室停留时间,min;$[NO]_{STD}$:为一氧化氮(NO)标准气瓶内的浓度,ppm;F_{NO}:为一氧化氮(NO)标准气的流量,SCCM;F_{O3}:为臭氧发生器的气体流量,在旁路压力调节阀指示为 3psi 的情况下,流经臭氧发生器的零气流量约为 150SCCM;V_{RC}:为反应室体积,约 150cc。

2)不同工作模式下的电磁阀状态

表 5-3 给出仪器不同工作状态所对应的电磁阀开关状态,可以更好理解图 5-3 所显示的流路系统的工作原理和工作模式。

3)电子线路

146C 型动态气体校准仪的电子线路可分为以下几个部分:直流电源;臭氧发生器电源;微处理器系统。

①直流电源

直流电源为仪器的模拟或数字电路、机箱内和机箱外电磁阀以及质量流量控制器提供工作电压。在其输出的电压中,+20V 和 +18V 是未经稳压的,±15V 和 +5V 是经过稳压的。

②臭氧发生器电源

臭氧发生器电源为紫外光源提供可调制的方形波电源,并为臭氧发生器的加热电路提供电源。臭氧发生器由功率晶体管加热,其温度由热敏电阻测量。为了保证紫外光源的稳定工作,只有臭氧发生器壳体的温度高于 70℃时,紫外光源才会被点亮。

表 5-3　电磁阀状态和仪器工作状态/模式

仪器工作状态/模式		电磁阀					
		气体 A	气体 B	气体 C	零气	臭氧发生器	反应室
		S12	S11	S10	S9	S15	S16
关机		—	—	—	—	—	—
待机		—	—	—	—	—	—
工作模式 1	零气	—	—	—	+	—	—
	气体 A	+	—	—	+	—	—
	气体 B	—	+	—	+	—	—
	气体 C	—	—	+	+	—	—
工作模式 2		—	—	—	—	+	—
工作模式 3		—	+(注)	—	+	+	+

表中:+:电磁阀开启;—:电磁阀未开启。
(注):气体 B 连接一氧化氮(NO)标准气瓶。

③微处理器系统

微处理器系统由插在主板上的印刷电路板组成,它们互相连接并与仪器其他部分相连。这些电路板的组成有:显示组件;微处理器板;A/D 板;D/A 板;C—Link 板。

a)显示组件

显示组件由 80 个字符(4 行 20 列)荧光显示板、存储器、字符发生器、DC/DC 转换器和控制逻辑电路构成。显示屏电源为 5 伏直流电源。

b)微处理器板

微处理板包括一个摩托罗拉 M68HC11F1 微处理器、动态存储器(RAM)和 EEPROM。该微处理器的工作频率是 2MHz,68 插脚,自身包括 512Byte 的 EEPROM 和 1K 的 RAM。

c)D/A 板

D/A 板包括 4 个 12 位的 D/A 转换器,其中的两个常用,第 3 个用于渗透炉,第 4 个用于臭氧发生器。所有 D/A 转换器均由 PA0—PA7、PG0 和 PG1 产生的信号编址。R5 和 R7 是调零电位器,R6 和 R8 是调跨电位器。两个 D/A 转换器的满度输出由 D/A 板上 SW1 和 SW2 跳线设置。

d)A/D 板

A/D 板是微处理器本身和所有监控信号源间的接口。该微处理器把机内的气温、气压和电源电压转变为数字信号。

e)C—LINK 板

C—LINK 板包括 RS232 电路系统、时钟和数据采集存储器。输入的 RS232 信号由 AU3 和 RS232 驱动/接收器转换为 TTL 电平。TTL 信号由用于远程通信的 U5(68HC11)微处理器转换。机内数据记录器的数字记录存储在 U2,即 128K 的 RAM 中,连接程序则存储在 U6。即 64K 的 EPROM 中。U10 是机内时钟。当仪器电源关掉的时候,电池(3 伏特)为时钟和数据采集存储器供电。

(3)系统安装及操作方法

1)安装步骤

①把零气源(111 零气发生器的供气管线)连接到仪器后面板上标有 ZERO AIR 的进气口。零气源必须能够提供超过 18 psi 的供气压力。

②用外径 1/4 英寸的特氟隆管线把标准气钢瓶连接到仪器的气体 A、气体 B 和气体 C 的进气管口。在本底站的连接顺序规定为:气体 A 连接二氧化硫,气体 B 连接一氧化氮,气体 C 连接一氧化碳。

③用外径 1/4 英寸的特氟隆管线将供气口连接至采样/标(零)气切换电磁阀组。

　　④给仪器接上合适的电源。

　　⑤连接控制/数据采集计算机的遥控电缆(50针),连接方式见技术手册之00-微量反应性气体测量系统技术手册。

　　⑥连接控制采样/标(零)气切换电磁阀组的控制电压连线。连接方式见技术手册之00-微量反应性气体测量系统技术手册。

　　2)开、关机操作和设置仪器参数

　　①开机

　　打开仪器电源开关,仪器显示开机(POWER-ON)和预热准备(READY)屏幕,并自动进入预热准备程序。在完成预热准备之后,仪器将自动进入运行(RUN1或RUN2)屏幕。146C型动态气体校准仪有2个运行显示屏幕(RUN1和RUN2),按"RUN"键可以相互进行切换。

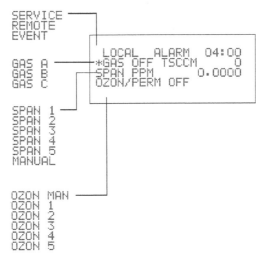

图5-11　RUN1屏幕显示内容

　　在RUN1屏幕上(图5-11)可以选择执行已经通过菜单/屏幕设置好的配气方案,在RUN1屏幕上确定的选择,不能被保存(仪器关机后即失效),而通过菜单/屏幕设置的配气方案可以保存在仪器的内存中。在仪器处于遥控状态时,RUN1屏幕只是显示仪器当前的配气方案的参数。RUN1屏幕的显示如图5-11所示。

　　RUN1屏幕的第一行显示:仪器当前的工作模式(屏幕操作控制/LOCAL、事件程序/EVENT、遥控/REMOTE或维护操作/SERVICE),当前报警(是否出现仪器报警),当前时间。如何对工作模式进行选择,参见后面章节的说明。当仪器处于屏幕操作控制(LOCAL)或维护操作(SERVICE))工作模式的状态时,屏幕上光标所在行的前端会出现＊符号,表示可以通过屏幕进行参数方案的选择;此时,按动↑、↓键,可在屏幕上移动光标到上一行或下一行,按动←、→键,可改动参数;但是当输入的参数不合理时,屏幕会提示用户更正。当仪器处于遥控(REMOTE)工作模式的状态时,屏幕上会出现♯符号,此时不能够通过屏幕进行配气方案的选择,只能通过遥控电缆连接的设备对仪器进行操作,选择所要运行的配气方案。当仪器执行预设的时间程序时,即处在事件程序/EVENT工作模式状态时,屏幕第一行会显示出"EVENT",此时不能通过屏幕进行参数方案的选择。在RUN1屏幕的第二行,显示当前(或选择)配气的标准气种类(A、B、C或无)和总供气流量(零气加标准气)。在RUN1屏幕的第三行,显示当前(或选择)标准气配气方案(或称为跨点,可以选择预设的5个配气方案/SPAN中的任一个,或手动设置)和对应的目标浓度。在RUN1屏幕的第四行,显示当前(或选择)臭氧发生器功率水平(可以选择预设的5个水平/OZON中的任一个,或手动设置)和对应的功率水平数值。(在仪器使用气体A、B、C中的任一个进行配气时,都可以选择预设的5个水平/OZON中的任一个)

　　RUN2屏幕的显示内容如图5-12。

　　RUN2屏幕显示所选用的标准气和零气的当前实际流量和目标流量。

```
GAS OFF SCCM        0.00
TARGET            100.00
Z AIR SCCM         150.
TARGET            4000.
```

图 5-12　RUN2 屏幕显示内容

②设置仪器参数

在初次运行时需要对有关的仪器参数进行设置,具体操作见后面相关章节的描述。按下"MENU"键即显示主菜单,主菜单中包含了一系列子菜单,使用↑、↓箭头可移向每个子菜单,通过每个子菜单可以逐次进入不同的仪器参数设置、选择和操作屏幕等。

③标准气的种类、浓度和连接

与 146C 型动态气体校准仪配合使用的标准气有:二氧化硫、一氧化氮和一氧化碳。它们均使用氮气作为基底。标准气的浓度应根据区域本底站所在地区大气中相关污染物的浓度和所选用分析仪的量程来确定。标准气瓶为铝制,标称容积为 8L,出厂气压一般在 12~15MPa。

④关机

关机的最直接操作就是关闭仪器的电源开关。如遇长时间停机,则需在关机之前记录下仪器的状态参数。在遇有停电、雷电等现象时,一定要提前关闭仪器的电源开关,必要时应将仪器的电源插头从电源插座中拔出。

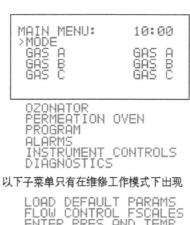

```
MAIN MENU:        10:00
>MODE
 GAS A              GAS A
 GAS B              GAS B
 GAS C              GAS C
```

```
OZONATOR
PERMEATION OVEN
PROGRAM
ALARMS
INSTRUMENT CONTROLS
DIAGNOSTICS
```
以下子菜单只有在维修工作模式下出现
```
LOAD DEFAULT PARAMS
FLOW CONTROL FSCALES
ENTER PRES AND TEMP
ZERO AIR FLOW CAL
GAS FLOW CAL SOL
GAS FLOW CAL
EXTERNAL SOLENOIDS
A/D FREQUENCY
SET TEST DISPLAY
```

图 5-13　主菜单屏幕

(4)菜单操作

146C 型动态气体校准仪的各种操作和参数设置均通过菜单(屏幕)选择实现。主菜单下包含若干个子菜单(图 5-13),子菜单下则包含各种操作(或显示)屏幕。图 5-13 显示的是主菜单屏幕。多于 5 行的内容,属于滚动显示的内容。

在运行(RUN1 或 RUN2)屏幕下,按"ENTER"键即进入主菜单。进入主菜单后,再用↑、↓键可将光标移到子菜单条目上,按"ENTER"键即可进入对应的子菜单。由子菜单再进入各种操作(或显示)屏幕,也是通过按动↑、↓键移动光标选择对应条目,再按"ENTER"键确定选择进入。在运行屏幕状态下,按↓键可跳过主菜单,直接进入最后一次显示的子菜单屏幕。

146C 型动态气体校准仪的主菜单所包含的子菜单条目如下:

1)工作模式(MODE);

2)标准气体 A、B、C(GAS A,B,C)

3)臭氧发生器(OZONATOR)

4)渗透炉(PERMEATION OVEN)

5)程序(PROGRAM)

6)报警(ALARM)

7)仪器控制(INSTRUMENT CONTROLS)

8)诊断(DIAGNOSTICS)

9)上载默认参数(LOAD DEFAULT PARAMETERS)

10)质量流量控制器量程(FLOW CONTROL F SCALE)

11)气压、温度输入(ENTER PRESS ANDTEMP)

12)零气流量校准(ZERO AIR FLOW CAL)

13)标准气流量校准电磁阀(GAS FLOW CAL SOL)

14)标准气流量校准(GAS FLOW CAL)

15)外部电磁阀(EXTERNAL SOLENOIDS)

16)A/D 频率(A/D FREQUENCY)

17)D/A 测试(TEST D/A)

18)显示测试设置(SET TEST DISPLAY)

从第 9 项开始后面的各子菜单,只有在维修(SERVICE)工作模式下才能被激活。

1)工作模式(MODE)子菜单

在工作模式子菜单下,设定仪器的工作模式。从主菜单中按↑、↓键,把光标移到工作模式(MODE)条目上,按"ENTER"键,则进入工作模式(MODE)子菜单;如按"MENU"键,将返回主菜单;如按"RUN"键,可返回运行屏幕。在工作模式子菜单的屏幕右上角,显示 LOCAL、REMOTE 或 SERVICE 等字样,以指示仪器当前所选择的工作模式。

在工作模式子菜单屏幕下,按动↑、↓键,可在第 1 行右侧滚动选择上述 3 种工作模式的一种,再按"ENTER"键确认所选择的工作模式。之后,按"MENU"键可以返回主菜单,按"RUN"键可返回运行屏幕。

屏幕操作控制(LOCAL)工作模式,为用户提供一个通过屏幕操作控制仪器运行的方式;当仪器处于维护操作(SERVICE)工作模式时,用户可以打开更多的子菜单,通过屏幕上的菜单调整、诊断仪器,并修改和设置仪器的工作参数;当仪器处于遥控(REMOTE)工作模式时,用户只能通过遥控电缆连接的设备对仪器进行控制或操作。

2)标准气体 A、B、C(GAS A,B,C)子菜单

在维护操作工作模式时,可以通过标准气体 A、B、C 子菜单中的操作修改各标准气的名称、进气口和标准气瓶浓度。在屏幕操作控制(LOCAL)、维护(SERVICE)和遥控(REMOTE)中任一工作模式下,用户均可通过在标准气体 A、B、C 子菜单中的操作,修改或设置某一种标准气体的零配气流量(SPAN 0 FLOW),修改或设置某一种标准气体的 5 个标准配气方案(SPAN1－5)的目标浓度和总供气流量,或者手动配气,在屏幕上直接改变某一种标准气体的或零气的流量,实时输出配气。

从主菜单中按↑、↓键,把光标移到 GAS A、GAS B 或 GAS C 条目上,按"ENTER"键,则进入标准气体 A、标准气体 B、标准气体 C 子菜单;如按"MENU"键,将返回主菜单;如按"RUN"键,可返回运行屏幕。屏幕第 1 行显示当前屏幕为标准气体 A(或标准气体 B、标准气体 C)子菜单屏幕。移动光标到屏幕的第 2 行起的某个条目,再按下"ENTER"键,即进入相应的参数设置屏幕。

在标准气体 A(或标准气体 B、标准气体 C)子菜单中用↑、↓键,将光标移到标准气体名称(NANE)条目上,按"ENTER"键进入标准气体名称设置屏幕。用户可以在该屏幕的第一行的右侧,键入标准气体 A(或标准气体 B,C)的名称,最多用 5 位字符来表示。按动←、→键移动光标位置,按动↑、↓键选择 A—Z、0—9 和空格。完成对标准气体名称的修改后,按"ENTER"键,即保存所输入的标准气

体名称。之后,按"MENU"键可以返回标准气体 A(或标准气体 B、标准气体 C)子菜单,按"RUN"键可返回运行屏幕。

用户通过连接进气口设置屏幕设置标准气体 A(或标准气体 B、标准气体 C)的连接进气口。在标准气体 A(或标准气体 B、标准气体 C)子菜单中用↑、↓键,将光标移到连接进气口(SOLENOID)条目上,按"ENTER"键进入连接进气口设置屏幕。屏幕上第 1 行显示当前的标准气体名称。第 2 行显示当前标准气体的连接进气口。第三行显示要修改和重新设置的标准气体连接进气口。用↑、↓键选择 A、B、C 中任一连接进气口,按"ENTER"键确认。之后,按"MENU"键可返回标准气体 A(或标准气体 B、标准气体 C)子菜单;按"RUN"键可返回运行屏幕。

在标准气体 A(或标准气体 B、标准气体 C)子菜单中按↑、↓键将光标移到标准气气瓶浓度(TANK CONCENTRATION)条目上,按"ENTER"键进入标准气气瓶浓度设置屏幕;在标准气气瓶浓度设置屏幕,按"MENU"键可返回标准气体 A(或标准气体 B、标准气体 C)子菜单,按"RUN"键可返回运行屏幕。屏幕上第 1 行显示当前的标准气体名称,第 2 行指示当前屏幕为标准气气瓶浓度设置屏幕。用户可以在屏幕的第 3 行右侧,键入标准气体 A(或标准气体 B、C)的气瓶浓度,按动←、→键移动光标位置,按动↑、↓键选择数字 0—9。输入的浓度值以 ppm 为单位,不能改动小数点的位置。完成修改后,按"ENTER"键,即保存所输入的气瓶浓度。之后,按"MENU"键可以返回标准气体 A(或标准气体 B、标准气体 C)子菜单,按"RUN"键可返回运行屏幕。

在标准气体 A(或标准气体 B、标准气体 C)子菜单中按↑、↓键将光标移到零配气流量(SPAN 0 FLOW)条目上,按"ENTER"键进入零配气流量设置屏幕;在零配气流量设置屏幕,按"MENU"键可返回标准气体 A(或标准气体 B、标准气体 C)子菜单,按"RUN"键可返回运行屏幕。屏幕上第 1 行的"A0"显示当前屏幕为标准气体 A 的零配气(流量)设置屏幕。第 1 行和第 2 行右侧的数字显示零配气流量的最小值和最大值,即流量范围。用户可以在第 3 行右侧键入标准气体 A(或标准气体 B、C)的零配气流量,按动←、→键移动光标位置,按动↑、↓键选择数字 0—9。零配气流量的单位是 SCCM。如果输入的流量值超出仪器所允许的范围,屏幕上会显示"TOO HIGH"或"TOO LOW"的提示,要求重新输入。完成修改后,按"ENTER"键,即保存所修改的零配气流量。之后,按"MENU"键可以返回标准气体 A(或标准气体 B、标准气体 C)子菜单,按"RUN"键可返回运行屏幕。

在标准气体 A(或标准气体 B、标准气体 C)子菜单中,按＜、键将光标移到标准气体配气 1(SPAN 1)[或者,标准气体配气 2(SPAN 2)、标准气体配气 3(SPAN 3)、标准气体配气 4(SPAN 4)、标准气体配气 5(Span 5),余同]条目上,按"ENTER"键进入标准气体配气 1 设置屏幕;在标准气体配气 1 设置屏幕中,按"MENU"键可返回标准气体 A(或标准气体 B、标准气体 C)子菜单,按"RUN"键可返回运行屏幕。屏幕上第 1 行指示当前屏幕为标准气体 A 的配气 1 设置屏幕。第 2 行和第 3 行显示标准气体配气 1 的目标浓度(CONC PPM)和总供气流量(FLOW SCCM)。目标浓度的单位为 ppm,总供气流量的单位为 SCCM。

按动↑、↓键,移动光标到目标浓度(CONC PPM)或总供气流量(FLOW SCCM)条目上,再按"ENTER"键,即可进入目标浓度(CONC PPM)设置屏幕或总供气流量(FLOW SCCM)设置屏幕,屏幕上第 1 行的"A1"表明当前屏幕为标准气体 A 的配气 1 设置屏幕。第 1 行和第 2 行右侧的数字指示标准气体配气 1 目标浓度的最小值和最大值,即浓度范围。用户可以在第 3 行右侧键入标准气体 A(或标准气体 B、C)配气 1 的目标浓度,按动←、→键移动光标位置,按动↑、↓键选择数字 0—9。目标浓度的单位是 ppm。如果输入的浓度值超出仪器所允许的范围,屏幕上会显示"TOO HIGH"或"TOO LOW"的提示,要求重新输入。完成修改后,按"ENTER"键,即保存所修改的目标浓度。之后,按"MENU"键可以返回标准气体配气 1 设置屏幕,按"RUN"键可返回运行屏幕。屏幕上第 1 行的"A1"指示当前屏幕为标准气体 A 的配气 1 设置屏幕。第 1 行和第 2 行右侧的数字指示标准气体配气 1 总供气流量的最小值和最大值,即流量范围。用户可以在第 3 行右侧键入标准气体 A(或标准气体 B、C)配气 1 的总供气流量,按动←、→键移动光标位置,按动↑、↓键选择数字 0—9。流量的单位是 SCCM。如果输入的流量值超出仪器所允许的范围,屏幕上会显示"TOO HIGH"或"TOO LOW"的提示,要求重新输入。完成修改后,按

"ENTER"键,保存所修改的总供气流量。之后,按"MENU"键可以返回标准气体配气1设置屏幕,按"RUN"键可返回运行屏幕。

在标准气体A(或标准气体B、标准气体C)子菜单中按↑、↓键将光标移到手动配气(MANUAL)条目上,按"ENTER"键进入手动配气设置屏幕;在手动配气设置屏幕,按"MENU"键可返回标准气体A(或标准气体B、标准气体C)子菜单,按"RUN"键可返回运行屏幕。屏幕上第1行指示当前屏幕为标准气体A的手动配气设置屏幕。第2行和第3行显示手动配气的当前零气流量(ZERO AIR SCCM)设定值和标准气流量(GAS SCCM)设定值。流量的单位为SCCM。按动↑、↓键,移动光标到零气流量(ZERO AIR SCCM)和标准气体流量(GAS SCCM)条目上,再按"ENTER"键,即可进入零气流量(ZERO AIR SCCM)和标准气体流量(GAS SCCM)设置屏幕,对标准气体手动配气的零气流量和标准气体流量进行修改。屏幕上第1行指示当前屏幕为标准气体A手动配气的零气流量设置屏幕。第2行右侧的数字显示当前的零气流量设定值。流量的单位是SCCM。用户可以按↑、↓键增加或减少该零气流量设定值。完成修改后,按"ENTER"键,保存所修改的零气流量设定值。之后,按"MENU"键可以返回标准气体手动配气设置屏幕,按"RUN"键可返回运行屏幕。屏幕上第1行指示当前屏幕为标准气体A手动配气的标准气流量设置屏幕。第2行右侧的数字指示当前的标准气流量设定值。流量的单位是SCCM。用户可以按↑、↓键增加或减少该标准气流量设定值。完成修改后,按"ENTER"键,保存所修改的标准气流量设定值。之后,按"MENU"键可以返回标准气体手动配气设置屏幕,按"RUN"键可返回运行屏幕。

3)臭氧发生器(OZONATOR)子菜单

通过臭氧发生器(OZONATOR)子菜单中的操作,用户可以改变零气的流量或者臭氧发生器的功率水平,调整146C动态气体校准仪的臭氧工作标准气的输出浓度和流量。在该子菜单中,用户可以通过手动方式,直接在屏幕上改变臭氧发生器的功率水平;也可以预设5挡臭氧发生器的功率水平,再通过其他方式启动臭氧发生器工作。从主菜单中按↑、↓键,把光标移到臭氧发生器(OZONATOR)条目上,按"ENTER"键,则进入臭氧发生器(OZONATOR)子菜单;如按"MENU"键,将返回主菜单;如按"RUN"键,可返回运行屏幕。屏幕第1行指示当前屏幕为臭氧发生器子菜单屏幕。移动光标到屏幕的第2行起的某个条目,再按下"ENTER"键,即进入相对应的参数设置屏幕。

在臭氧发生器(OZONATOR)子菜单中按↑、↓键,将光标移到臭氧发生器零气(Zero Air)条目上,按"ENTER"键进入臭氧发生器零气(Zero Air)设置屏幕;在零配气流量设置屏幕,按"MENU"键可返回臭氧发生器子菜单,按"RUN"键可返回运行屏幕。第1行和第2行右侧的数字显示零气流量的最小值和最大值,即流量范围。用户可以在第3行右侧键入(修改)零气流量,按动←、→键移动光标位置,按动↑、↓键选择数字0—9。零气流量的单位是SCCM,输入的流量值应在仪器允许的范围内。完成输入后,按"ENTER"键,即保存所输入的零配气流量。之后,按"MENU"键可以返回臭氧发生器子菜单,按"RUN"键可返回运行屏幕。

在臭氧发生器(OZONATOR)子菜单中按↑、↓键,将光标移到臭氧发生器手动(MANUAL)条目上,按"ENTER"键进入臭氧发生器手动(MANUAL)设置屏幕;在臭氧发生器手动设置屏幕,按"MENU"键可返回臭氧发生器子菜单,按"RUN"键可返回运行屏幕。屏幕第1行指示当前屏幕为臭氧发生器手动设置屏幕。第2行右侧的数字显示当前的臭氧发生器功率水平设定值,用户可以按动↑、↓键增加或减少臭氧发生器功率水平设定值,以%为单位。完成输入后,按"ENTER"键,保存所输入的臭氧发生器功率水平设定值,同时臭氧发生器开始调整其功率水平到设定值。之后,按"MENU"键可以返回臭氧发生器子菜单,按"RUN"键可返回运行屏幕。

在臭氧发生器(OZONATOR)子菜单中按↑、↓键,将光标移到臭氧发生器功率水平1(LEVEL 1)、功率水平2(LEVEL 2)、功率水平3(LEVEL 3)、功率水平4(LEVEL 4)或功率水平5(LEVEL 5)条目上,按"ENTER"键,即进入臭氧发生器功率水平1、功率水平2、功率水平3、功率水平4或功率水平5的设置屏幕。在臭氧发生器功率水平1—5的设置屏幕,按"MENU"键可返回臭氧发生器子菜单,按"RUN"键可返回运行屏幕。屏幕第1行指示当前屏幕为臭氧发生器功率水平1设置屏幕。第2行右侧的数字显示当前臭氧发生器功率水平的设定值,第 3 行右侧的数字为用户希望设置的臭氧发生器功率水平值,用户可以按动↑、↓键增加或减少该设定值。完成输入后,按"ENTER"键,保存所输入的臭氧发生器功率水平 1 的设定值。之后,按"MENU"键可以返回臭氧发生器子菜单,按"RUN"键可返回运行屏幕。

4) 程序(PROGRAM)子菜单

通过程序(PROGRAM)子菜单中的操作,用户可以编辑最多包括 10 个事件的时间程序,并可设定仪器自动执行,让 146C 动态气体校准仪定时产生和输出其他分析仪器校准(检查)所需要的工作标准气体。事件的内容包括,打开某个标准气体的通道、启动某个配气方案、启动臭氧发生器的功率水平方案。

从主菜单中按↑、↓键,把光标移到程序(PROGRAM)条目上,按"ENTER"键,则进入程序(PRO-GRAM)子菜单;如按"MENU"键,将返回主菜单;如按"RUN"键,可返回运行屏幕。屏幕第 1 行指示当前屏幕为程序子菜单屏幕;第 2 行显示事件程序的启用状态;第 3 行显示事件程序的起始时间点;第 4 行显示事件程序的起始日期点;第 5 行显示下次事件的开始执行时刻;第 6 行显示事件程序的周期;第 7 行显示事件持续时间;第 8 行为进入事件内容编辑设置屏幕的菜单条目。除第 1 行和第 5 行外,当用户移动光标到该行时,再按下"ENTER"键,即进入相对应的参数设置屏幕。

在程序(PROGRAM)子菜单屏幕,移动光标到第 2 行(PROGRAM ENABLED/ DISABLED),再按下"ENTER"键,即进入事件程序启用(PROGRAM)设置屏幕。在事件程序启用(PROGRAM)设置屏幕,按"MENU"键可返回程序子菜单,按"RUN"键可返回运行屏幕。屏幕第 2 行右侧指示事件程序的当前启用状态(启用/未启用,ENABLED/DISABLED)。按"ENTER"键,即可改变当前的设置。之后,按"MENU"键可以返回臭氧发生器子菜单,按"RUN"键可返回运行屏幕。

在程序(PROGRAM)子菜单屏幕,移动光标到第 3 行(START TIME),再按下"ENTER"键,即进入事件程序起始时间点(START TIME)设置屏幕。在事件程序起始时间点设置屏幕,按"MENU"键可返回程序子菜单,按"RUN"键可返回运行屏幕。

屏幕第 2 行右侧显示事件程序的当前起始时间点(24 小时制)。用户可以在第 3 行键入新的事件程序起始时间点,按动←、→键移动光标位置,按动↑、↓键选择数字 0—9。完成输入后,按"ENTER"键,即保存新输入的事件程序起始时间点设定值。之后,按"MENU"键可以返回程序子菜单,按"RUN"键可返回运行屏幕。

在程序(PROGRAM)子菜单屏幕,移动光标到第 4 行(START),再按下"ENTER"键,即进入事件程序起始日期(START)设置屏幕。在事件程序起始日期设置屏幕中,按"MENU"键可返回程序子菜单,按"RUN"键可返回运行屏幕。

屏幕第 2 行右侧显示事件程序的当前起始日期。用户可以在第 3 行键入新的事件程序起始日期,按动←、→键移动光标位置,按动↑、↓键滚动增加或减少数字或日期。完成输入后,按"ENTER"键,即保存新输入的事件程序起始日期设定值。之后,按"MENU"键可以返回程序子菜单,按"RUN"键可返回运行屏幕。

在程序(PROGRAM)子菜单屏幕,移动光标到第 6 行(PERIOD DAYS),再按下"ENTER"键,即进入事件程序周期(PERIOD DAYS)设置屏幕。在事件程序周期设置屏幕,按"MENU"键可返回程序子菜单,按"RUN"键可返回运行屏幕。屏幕第 2 行右侧数值显示当前的事件程序运行周期。可以按动↑、↓键滚动增加或减少第 3 行右侧的数值,作为新的事件程序周期设定值。事件程序周期的最小值为 1天,最大值为 7 天。完成输入后,按"ENTER"键,即保存新输入的事件程序周期设定值。之后,按"MENU"键可以返回程序子菜单,按"RUN"键可返回运行屏幕。

在程序(PROGRAM)子菜单屏幕,移动光标到第 7 行(DURATION MIN),再按下"ENTER"键,即进入事件持续时间(DURATION MIN)设置屏幕。在事件持续时间设置屏幕,按"MENU"键可返回程序子菜单,按"RUN"键可返回运行屏幕。在事件持续时间设置屏幕中,第 2 行右侧的数值显示的是当前事件持续时间的设定值,单位为分钟。可以按动↑、↓键滚动增加或减少第 3 行右侧的数值,作为新的事件持续时间设定值。事件程序中可以有多个时间,但是其执行的持续时间已有一个。完成输入后,按

"ENTER"键,即保存新输入的事件持续时间设定值。之后,按"MENU"键可以返回程序子菜单,按"RUN"键可返回运行屏幕。

在程序(PROGRAM)子菜单屏幕,移动光标到第8行(EVENTS),再按下"ENTER"键,即进入事件(EVENTS)屏幕。在事件(EVENTS)屏幕,按"MENU"键可返回程序子菜单,按"RUN"键可返回运行屏幕。在事件屏幕中,从第2行开始排列着从事件1到事件10,移动光标到某一事件的条目上,再按下回车键,即可以进入该事件的设置屏幕。

第1行指示该事件的启用状态,有2个参数选择,开启(ON)和关闭(OFF);第2行指示标准气通道,有4个参数选择,标准气 A(GAS A)、标准气 B(GAS B)、标准气 C(GAS C)和无标准气(GAS OFF);第3行指示配气方案,有7个参数选择,零配气(SPAN 0)、配气1(SPAN 1)、配气2(SPAN 2)、配气3(SPAN 3)、配气4(SPAN 4)、配气5(SPAN 5)、手动配气(MANUAL);第4行指示臭氧发生器功率水平,有6个参数选择,手动设置水平(OZON MAN)、水平1(OZON 1)、水平2(OZON 2)、水平3(OZON 3)、水平4(OZON 4)、水平5(OZON 5)。

按动↑、↓键,移动光标到选择所要修改的参数行,按动←、→键滚动选择参数,按"ENTER"键,确定并保存选定的参数。设置事件参数,要和标准气 A、B、C 子菜单以及臭氧发生器子菜单中的参数设置结合起来。完成该事件设置后,按"MENU"键可以返回事件屏幕,按"RUN"键可返回运行屏幕。

5)报警(ALARM)子菜单

146C 型动态气体校准仪对仪器内部部件的温度进行监测,当温度超出所设置的正常值范围时,仪器的运行屏幕上就出现报警提示(ALARM)。报警子菜单还可以让操作人员查看报警的参数,并设置各个参数的报警上下限。从主菜单中按↑、↓键,把光标移到报警(ALARM)条目上,按"ENTER"键,则进入报警子菜单。之后,按"MENU"键,将返回主菜单;如按"RUN"键,可返回运行屏幕。报警子菜单屏幕的第一行显示报警的参数个数,从第二行开始显示由分析仪所监测的温度参数和对应的状态指示。如果某项温度参数超出了报警上限或下限,该参数的状态指示就会从 OK 分别变为 HIGH 或 LOW。如果要看某个参数的当前数值和报警上下限,则可将光标移到该项上,然后按"ENTER"键,进入该参数的报警检查屏幕。

①机箱内温度(INTERNAL TEMP)报警检查屏幕

机箱内温度报警检查屏幕显示机箱内的当前温度和仪器出厂时设置的报警上下限。在报警子菜单上用↑、↓键移动光标至机箱内温度(INTERNAL TEMP)条目上,按"ENTER"键进入机箱内温度报警检查屏幕。第2行显示当前的机箱内温度,第3行显示机箱内温度的报警下限和上限。用户可对报警限值进行修改,可接受的报警限值最大范围为 18.5~47℃。按动←、→键在第3行中移动光标位置,按动↑、↓键增加或减少数字,修改报警下、上限的数值。完成修改后,按"ENTER"键接受修改值,按"MENU"键可返回报警子菜单,按"RUN"键可返回运行屏幕。

②臭氧发生器光源温度(OZON LAMP TEMP)报警检查屏幕

臭氧发生器光源温度报警检查屏幕显示的是臭氧发生器光源的当前温度和工厂设置的报警上下限。在报警子菜单上用↑、↓键移动光标至臭氧发生器光源温度(OZON LAMP TEMP)条目上,按"ENTER"键进入臭氧发生器光源温度报警检查屏幕。第2行显示当前的臭氧发生器光源温度,第3行显示臭氧发生器光源温度的报警下限和上限。用户可对报警限值进行修改,可接受的报警限值最大范围为 65.0~75.0℃。按动←、→键在第3行中移动光标位置,按动↑、↓键增加或减少数字,修改报警下、上限的数值。完成修改后,按"ENTER"键接受修改值,按"MENU"键可返回报警子菜单,按"RUN"键可返回运行屏幕。

6)仪器控制(INSTRUMENT CONTROLS)子菜单

用户通过仪器控制子菜单中的操作可以设置或修改时间、日期、仪器标识码和屏幕亮度等参数。在主菜单中按动↑、↓键,把光标移到仪器控制(INSTRUMENT CONTROLS)条目上,按"ENTER"键,则进入仪器控制子菜单;如按"MENU"键,将返回主菜单;如按"RUN"键,可返回运行屏幕。

①时间(TIME)调整屏幕

时间调整屏幕可对仪器内部的时钟进行设置。在仪器控制子菜单中按↑、↓键,把光标移到时间(TIME)条目上,按"ENTER"键确认选择,进入时间调整屏幕。屏幕上第 2 行显示当前时间,第 3 行显示更改时间,仪器在关机时内部时钟由其自身电池供电。在时间屏幕上,按←、→键左、右移动光标,按↑、↓键增/减小时和分钟值;按"ENTER"键确认更改。之后,按"MENU"键则返回仪器控制子菜单;按"RUN"键则返回运行屏幕。

②日期(DATE)调整屏幕

日期调整屏幕可对日期参数作设置。从仪器控制子菜单中按↑、↓键,把光标移到日期(DATE)条目上,按"ENTER"键确认选择,进入日期调整屏幕。在日期调整屏幕上,按←、→键左、右移动光标,用↑、↓键增/减月、日和年的数值;按"ENTER"键确认更改;按"MENU"键可返回仪器控制子菜单;按"RUN"键可返回运行屏幕。

③仪器标识码(INSTRUMENT ID)屏幕

仪器标识码屏幕用来设置仪器的可识别代码。从仪器控制子菜单中按↑、↓键,把光标移到仪器标识码(INSTRUMENT ID)条目上,按"ENTER"键确认选择,进入仪器标识码屏幕。在仪器标识码屏幕上,用↑、↓键修改仪器的标识码,按"ENTER"键以确认;按"MENU"键可返回仪器控制子菜单;按"RUN"键可返回运行屏幕。

④屏幕亮度(SCREEN　BRIGHTNESS)屏幕

屏幕亮度屏幕用于改变屏幕的亮度,依次有 25%、50%、75% 和 100% 几个等级,平时将屏幕的亮度调得比较小将有助于延长屏幕的使用寿命。从仪器控制子菜单中按↑、↓键,把光标移到屏幕亮度(SCREEN　BRIGHTNESS)条目上,按"ENTER"键确认选择,进入屏幕亮度屏幕。在屏幕亮度屏幕上,用↑、↓键增加或减少屏幕的亮度,按"ENTER"键以确认;按"MENU"键可返回仪器控制子菜单;按"RUN"键可返回运行屏幕。

7)诊断(DIAGNOSTICS)子菜单

诊断子菜单为用户提供各种仪器的诊断信息。诊断子菜单中显示的各种参数不可更改。在主菜单中按↑、↓键,把光标移到诊断(DIAGNOSTICS)条目上,按"ENTER"键,则进入诊断子菜单;如按"MENU"键,将返回主菜单;如按"RUN"键,可返回运行屏幕。

①程序号(PROGRAM NUMBER)屏幕

程序号屏幕用来显示仪器所装程序的版本号。如果用户对仪器有什么疑问,在与生产厂家联系之前先查看一下程序的版本号。在诊断子菜单中,按↑、↓键,把光标移到程序号(PROGRAM NUM-BER)条目上,按"ENTER"键则进入程序号屏幕。在程序号屏幕,按"MENU"键返回诊断子菜单;按"RUN"键返回运行屏幕。

②电压(VOLTAGES)检查屏幕

电压(VOLTAGES)检查屏幕显示仪器内部的直流电源电压。该屏幕可帮助用户对电源板的输出电压低或电压波动等故障做快速检查,而无需用电压表进行测量。在诊断子菜单中,按↑、↓键,把光标移到电压(VOLTAGES)条目上,按"ENTER"键则进入电压检查屏幕。在电压检查屏幕,按"MENU"键返回诊断子菜单;按"RUN"键返回运行屏幕。

③温度(TEMPERATURE)检查屏幕

温度检查屏幕显示机箱内温度、臭氧发生器光源温度。在诊断子菜单中按↑、↓键,把光标移到温度(TEMPERATURE)条目上,按"ENTER"键则进入温度检查屏幕。在温度检查屏幕中,按"MENU"键返回诊断子菜单;按"RUN"键返回运行屏幕。

④选项开关(OPTION SWITCHS)屏幕

选项开关位于仪器的内部(见下图)。通过选项开关(OPTION SWITCHS)屏幕,用户可以方便快捷的查看到机内选项开关的设置,但是不能用操作键改变选项开关的设置。

8)上载默认参数(LOAD DEFAULT PARAMETERS)子菜单

只有在维护操作工作模式时,才能进入上载默认参数操作(LOAD DEFAULT PARAMETERS)子菜单。在主菜单中按↑、↓键,把光标移到上载默认参数(LOAD DEFAULT PARAMETERS)条目上,按"ENTER"键,则进入上载默认参数(LOAD DEFAULT PARAMETERS)操作的屏幕;如按"MENU"键,将返回主菜单;如按"RUN"键,可返回运行屏幕。

9)质量流量控制器量程(FLOW CONTROL F SCALE)子菜单

只有在维护操作工作模式时,才能进入质量流量控制器量程(FLOW CONTROL F SCALE)子菜单。只有在更换新的质量流量控制器时,才有必要通过该子菜单的操作更改质量流量控制器的量程。在主菜单中按↑、↓键,把光标移到质量流量控制器量程(FLOW CONTROL F SCALE)条目上,按"ENTER"键,则进入质量流量控制器量程子菜单;如按"MENU"键,将返回主菜单;如按"RUN"键,可返回运行屏幕。屏幕上第1行指示当前屏幕的名称。第2行和第3行显示当前零气质量流量控制器(ZERO AIR SLM)的满量程值(单位为SLM)和标准气体质量流量控制器(GAS SCCM)的满量程值(单位为SCCM)。按动↑、↓键,移动光标到零气质量流量控制器(ZERO AIR SLM)或标准气质量流量控制器(GAS SCCM)条目上,再按"ENTER"键,即可进入零气质量流量控制器满量程值或标准气质量流量控制器满量程值的设置屏幕。

屏幕上第1行指示本屏幕是零气质量流量控制器的设置屏幕或是标准气质量流量控制器的设置屏幕。第3行右侧的数字显示当前满量程的设定值。用户可以按↑、↓键增/减该满量程设定值。完成修改后,按"ENTER"键,即保存所修改的满量程设定值。之后,按"MENU"键可以返回质量流量控制器量程子菜单,按"RUN"键可返回运行屏幕。

10)气压/温度输入(ENTER PRESS AND TEMP)子菜单

只有在维护操作工作模式时,才能进入气压/温度输入(ENTER PRESS AND TEMP)子菜单。对质量流量控制器进行流量校准之前,需要输入环境大气的气压值和温度值。气压/温度输入(ENTER PRESS AND TEMP)子菜单为用户提供输入界面。在主菜单中按↑、↓键,把光标移到气压/温度输入(ENTER PRESS AND TEMP)条目上,按"ENTER"键,则进入气压/温度输入子菜单;如按"MENU"键,将返回主菜单;如按"RUN"键,可返回运行屏幕。

在气压/温度输入子菜单的屏幕上,按←、→键以左、右移动光标,用↑、↓键增/减气压和温度的数值(第2行);按"ENTER"键以确认更改;按"MENU"键可返回主菜单;按"RUN"键可返回运行屏幕。

11)零气流量校准(ZERO AIR FLOW CAL)子菜单

只有在维护操作工作模式时,才能进入零气流量校准(ZERO AIR FLOW CAL)子菜单。通过零气流量校准子菜单,可以对仪器零气流路上的质量流量控制器进行校准,该质量流量控制器在出厂前进行过校准,流量的控制精度为2%。使用NIST(美国国家标准技术研究所)或等同标准等级的流量校准仪器进行再校准,可使流量的控制精度提高到1%。在主菜单中按↑、↓键,把光标移到零气流量校准(ZERO AIR FLOW CAL)条目上,按"ENTER"键,则进入零气流量校准子菜单;如按"MENU"键,将返回主菜单;如按"RUN"键,可返回运行屏幕。

屏幕从第2行起,列出零气质量流量控制器的7个校准点和相应的校准值。按↑、↓键,将光标移动到某个校准点的条目上,按"ENTER"键,即进入零气流量校准点屏幕。通过零气流量校准点屏幕,可以逐点输入零气质量流量控制器的校准值。

12)标准气流量校准电磁阀(GAS FLOW CAL SOL)子菜单

只有在维护工作模式时,才能进入标准气流量校准电磁阀(GAS FLOW CAL SOL)子菜单。通过标准气流量校准电磁阀(GAS FLOW CAL SOL)子菜单,在进行校准时指定标准流量计的连接位置(电磁阀通道)。在主菜单中按↑、↓键,把光标移到标准气流量校准电磁阀(GAS FLOW CAL SOL)条目上,按"ENTER"键,则进入标准气流量校准电磁阀子菜单;如按"MENU"键,将返回主菜单;如按"RUN"键,可返回运行屏幕。

在标准气流量校准电磁阀子菜单屏幕上,第2行右侧的字符显示标准气质量流量电磁校准时标准流量计当前指定的连接位置(电磁阀通道),按↑、↓键,改变第3行右侧的字符,可以指定新的连接位置(即电磁阀通道,A、B、C);按"ENTER"键以确认更改;按"MENU"键可返回主菜单;按"RUN"键可返回运行屏幕。

13）标准气流量校准（GAS FLOW CAL）子菜单

只有在维护操作工作模式时，才能进入标准气流量校准（GAS FLOW CAL）子菜单。通过标准气流量校准子菜单，可以对仪器标准气流路上的质量流量控制器进行校准，该质量流量控制器出厂前已进行过校准，流量的控制精度为 2%。使用 NIST（美国国家标准技术研究所）或同等标准等级的流量校准仪器进行再校准，可使流量的控制精度提高到 1%。在主菜单中按↑、↓键，把光标移到标准气流量校准（GAS FLOW CAL）条目上，按"ENTER"键，则进入标准气流量校准子菜单；如按"MENU"键，将返回主菜单；如按"RUN"键，可返回运行屏幕。

从屏幕的第 2 行起，列出标准气质量流量控制器的 7 个校准点和相应的校准值。按↑、↓键，将光标移动到某个校准点的条目上，按"ENTER"键，即进入标准气流量校准点屏幕。通过标准气流量校准点屏幕，可以逐点输入标准气质量流量控制器的校准值。

14）外部电磁阀（EXTERNAL SOLENOIDS）子菜单

只有在维护操作工作模式时，才能进入外部电磁阀（EXTERNAL SOLENOIDS）子菜单。146C 型动态气体校准仪可以通过后面板的模拟电压输出端子，最多控制 8 个电磁阀。用户需要在外部电磁阀（EXTERNAL SOLENOIDS）子菜单中，指定外部电磁阀所连接的配气管路。在主菜单中按↑、↓键，把光标移到外部电磁阀（EXTERNAL SOLENOIDS）条目上，按"ENTER"键，则进入外部电磁阀子菜单；如按"MENU"键，将返回主菜单；如按"RUN"键，可返回运行屏幕。

从屏幕的第 2 行起，列出了 8 个电磁阀和相应的连接配气管路。A 或 a 表示标准气 A 配气管路；B 或 b 表示标准气 B 配气管路；C 或 c 表示标准气 C 配气管路；O 或 o 表示臭氧发生器的配气管路；大写字符表示连接，小写字符表示未连接。按↑、↓键，将光标移动到某个外部电磁阀的条目上，按"ENTER"键，即进入该外部电磁阀的设置屏幕。在外部电磁阀设置屏幕上，可以设置与该外部电磁阀相对应的连接配气管路。

在外部电磁阀设置屏幕上（图 5-14），按←、→键以左、右移动光标，用↑、↓键改变光标所指示字符的大小写，即指定了（或解除了）与该外部电磁阀相对应的连接配气管路；按"ENTER"键以确认更改；按"MENU"键可返回外部电磁阀子菜单；按"RUN"键可返回运行屏幕。图 5-14 显示的是外部电磁阀在仪器后面板模拟电压输出端子上的接线位置。在外部电磁阀子菜单中电磁阀的序号与图 5-14 中连接点的序号是相对应的。

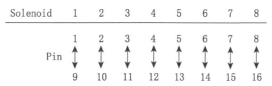

图 5-14　外部电磁阀的接线位置

15）A/D 频率（A/D FREQUENCY）子菜单

只有在维护操作工作模式时，才能进入 A/D 频率（A/D FREQUENCY）子菜单。A/D 频率（A/D FREQUENCY）子菜单显示 A/D 板上的每个模/数转换器的频率。该子菜单仅供厂家的维护人员使用。

16）显示测试设置（SET TEST DISPLAY）子菜单

只有在维护操作工作模式时，才能进入显示测试设置（SET TEST DISPLAY）子菜单。显示测试设置屏幕给出的是地址存储器中的内容。该子菜单仅供厂家的维护人员使用。

（5）日常运行操作

1）每日巡视检查

①随时检查仪器屏幕上方是否有报警信息，如有报警信息应及时检查和报告，并记录在值班记录上。

②每日详细检查日图中打印的资料是否正常，并做标记。注意仪器的校准时序和零点、单点校准值

是否正常,与前几天相比是否有变化。

③按要求完成微量反应性气体监测日检查表中的各项检查并记录。

④随时注意发现各种可见的问题,如各种连接件断裂或松动,Teflon管破裂或粘连,过多的灰尘积累在仪器上引起仪器的过热以及因短路而造成元器件的损坏等。

⑤检查标准气瓶的一次压力和二次压力(一次压力为瓶内气体压力,二次压力为瓶出口压力)是否有较大的变化,如果有,可能说明管路漏气,应及时检修。

2)每周检查

①按周检查表中的顺序进行检查,并认真记录,注意各参数是否在正常范围内;

②检查并记录标准气瓶的压力,在压力不足(低于0.5MPa)时应及时更换。

3)系统维护与校准

为确保仪器正常工作,应定期对其进行维护和校准。

(6)系统维护

1)日常维护

①经常检查仪器背部的风扇过滤网。如有灰尘沉积,应及时取下,用清水冲洗,晾干后,再装回去。

②注意查看日、周检查表中记录的参数,及时发现有关参数变化所指示的仪器可能的故障。

2)年度维护

为了保证仪器能长期正常运转,需要对仪器进行年度维护。年度维护工作的内容包括:仪器内部清洁,漏气检查,压力调节阀检查等。如仪器在运行中发生故障或有其他原因影响仪器正常工作,年度维护的一些工作内容,也可以在一年以内进行多次。

3)仪器内部的清洁

每年要定期清洁仪器内部一次,清洁仪器前要进行仪器参数的检查和记录。清洁仪器时,要断开电源,并采取防静电措施。清洁仪器内部灰尘的最好方法是,首先尽可能用真空泵抽吸抽气管可能到达的任何部位,然后用低压压缩空气吹走剩余的灰尘,最后用软毛刷刷去残存的灰尘。完成仪器内部清洁后,重新开机,待仪器运行稳定后,仍要检查和记录仪器的参数,并对照清洁前的记录,以及时发现因清洁仪器而出现的重大变化。

4)更换标准气瓶

随着标准气的使用,标准气瓶的压力会逐渐降低,当低于0.5MPa的时候,应及时更换标准气瓶(压力过低的标准气瓶,其标准气的浓度很难保证准确和稳定,因此不能使用压力低于0.3MPa的标准气瓶)。为了更换标准气瓶,需要准备好新的标准气瓶(其浓度与原有标准气瓶的浓度一致)、扳手、检漏液(可用洗涤灵加数倍的清水)以及小毛刷等工具。

更换标准气瓶的步骤如下:

①更换标准气瓶前,应填写一张周检查表。

②关闭(旋松手柄方向,注意:该手柄的松紧方向与常规的正好相反,旋松为关闭,旋紧为打开)旧标准气瓶上的减压阀,并关闭气瓶的总阀。然后松开连接在减压阀上的特氟隆管线,取下旧标准气瓶。

③慢慢打开(旋紧手柄方向)减压阀(注意:不能打开气瓶的总阀!),让一次压力表和二次压力表的压力降为零后,再关闭减压阀。

④松开减压阀的连接螺母,将减压阀从旧标准气瓶上取下,再安装到新标准气瓶上,用力旋紧减压阀的连接螺母。

⑤确认减压阀的手柄处于旋松(关闭)状态。之后,快速打开标准气瓶的总阀,看到一次压力表的指针跳起后,立刻关闭标准气瓶的总阀。然后用毛刷蘸取少量检漏液涂抹在减压阀和气瓶的连接处,观看是否出现气泡。如出现气泡,说明漏气。应再次用力旋紧减压阀的连接螺母。然后,再次检查,直至确认减压阀与气瓶连接处没有漏气为止。

⑥将标准气瓶和减压阀与146C动态气体校准仪的特氟隆管线连接好。

⑦确认减压阀的手柄处于旋松(关闭)状态,气瓶的总阀处于关闭状态,且一次压力表指示的压力大

于 2MPa。然后，慢慢打开(旋紧手柄方向)减压阀，让二次压力表的压力慢慢升到 0.2MPa 左右(二次压力表的压力上升的同时，一次压力表的压力应当有所降低。如果一次压力表的压力一直保持在最高，而没有丝毫降低，说明气瓶总阀没有关死，应再次用力关闭总阀)。用检漏液涂抹在减压阀出口端的连接处，观看是否出现气泡。如有气泡，说明漏气。应再次适当旋紧减压阀与管线的连接螺母。然后，再次检查，直至确信没有漏气为止。

⑧将 146C 动态气体校准仪的工作模式改为屏幕操作控制(LOCAL)。

⑨打开 146C 动态气体校准仪的主菜单，进入更换标准气瓶的配气子菜单(如：更换 SO_2 的标准气瓶，就进入 GAS A 子菜单；更换 NO 的标准气瓶，就进入 GAS B 子菜单；更换 CO 的标准气瓶，就进入 GAS C 子菜单)，选择手动(MANUAL)操作屏幕，设定零气流量为 500～1000SCCM(若更换 SO_2 的标准气瓶，则设定零气流量为 500SCCM；若更换 NO 和 CO 的标准气瓶，则设定零气流量为 1000SCCM)，标准气流量为 45SCCM。

⑩调节二次压力表的压力到 0.2MPa，并保持。等待一次压力表的压力逐渐降低至 1MPa 时，再次快速打开气瓶总阀，然后再迅速关闭。如此重复 3 次。(如果一次压力表的压力一直保持在最高，而没有丝毫降低，说明气瓶总阀没有关死，应再次用力关闭总阀)。

⑪充分打开标准气瓶的总阀，调节减压阀的二次压力表压力到 0.05MPa 左右。持续观察 5 min 以上。

⑫在 146C 动态气体校准仪的手动(MANUAL)操作屏幕上，重新设定标准气流量为 5SCCM。然后退出手动操作屏幕，转到配气子菜单的气瓶浓度(TANK CONC)设置屏幕，输入新的气瓶浓度值，然后退出配气子菜单，到运行屏幕。

⑬将 146C 动态气体校准仪的工作模式改为遥控(REMOTE)。

⑭重新填写一张周检查表。并在值班记录上记录更换气瓶的时间等。

⑮注意事项：

a)更换标准气瓶，应尽量避开 146C 动态气体校准仪进行配气工作的时间。

b)气瓶的总阀门往往比较紧，关闭时一定要用力旋紧，以免操作过程中导致不必要的气体泄漏。

5)检漏

除了大的维修或更换气路部件外，每 2～3 年应当对仪器进行一次检漏。

检漏需要准备 1/4 英寸和 1/8 英寸的特氟隆堵塞帽、扳手等工具。

检漏时要关闭所有的标准气瓶，并拆除连接到 146C 型动态气体校准仪的管线。仅使用零气发生器作为检漏气源，供气压力必须低于 8psi。

使用压力大于 8psi 的检漏气源，可能造成仪器损坏！！！

检漏的操作步骤如下：

①关闭所有的标准气瓶，并拆除连接到 146C 型动态气体校准仪的管线。

②调节零气发生器的供气压力，使其低于 8psi。

③用 1/4 英寸的特氟隆堵塞帽，堵住 146C 型动态气体校准仪后面板上的(配气)气体输出口。

④将仪器的工作模式改为屏幕操作控制(LOCAL)。

⑤打开 146C 动态气体校准仪的主菜单，进入 GAS A 子菜单的手动(MANUAL)操作屏幕，设定零气流量为 2000SCCM，标准气流量 0SCCM。按"RUN"键进入 RUN2 屏幕，观察零气的实际流量逐渐降低，最后稳定在 100SCCM 以下，并应确认没有漏气现象。

⑥关机，断开电源。打开机箱盖。找到零气电磁阀的电源电缆，从电源板上拔下该电缆。重新接通电源，开机。

⑦将零气发生器的供气管线连接到 GAS A 的接口上。

⑧打开 146C 动态气体校准仪的主菜单，进入 GAS A 子菜单的手动(MANUAL)操作屏幕，设定零气流量为 0SCCM，标准气流量为 45SCCM。按"RUN"键进入 RUN2 屏幕，观察零气的实际流量逐渐降低，最后稳定在 1SCCM 或以下。并应确认没有漏气现象。

⑨如果发现漏气,再进一步检查并确定漏气部位,进行处理。

⑩恢复原有的管路连接、仪器设置和电路连接。完成检漏。

⑪重新开机。待仪器工作稳定后,填写一张周检查表。与最近一次的周检查表对照,检查参数是否有变化。

⑫在值班记录上记录检漏的时间和检查结果等。

6)检查压力调节阀

压力调节阀是通过控制管路上的压力来控制流经臭氧发生器的零气流量的。因此,除了大的维修或更换气路部件外,每 2~3 年应当对压力调节阀进行一次检查。需要准备扳手、量程不小于 150mL/min 的流量计等工具。流量计应是经过准确校准的。检查的操作步骤如下:

①关机,断开电源。打开机箱盖。找到臭氧发生器,松开臭氧发生器前端的连接管线,将其连接到准备好的流量计上。

②确认零气发生器工作正常,供气压力在正常范围内。

③观察流量计指示的流量是否在 140~150mL/min 范围内。如不是,则调节压力调节阀的压力,使得流量计的指示能达到 140~150mL/min 的流量。

④取下流量计,恢复原有的管路连接、仪器设置和电路连接。完成调节。

⑤重新开机。待仪器工作稳定后,填写一张周检查表。与最近一次的周检查表对照,检查参数是否发生变化。

⑥在值班记录上记录检查的时间、调整压力调节阀前后的流量等。

7)常用备件和消耗品

146C 型动态气体校准仪,可考虑准备下列备件。此外,还应保存少量 1/4 英寸的特氟隆管线,相应管径的 Swaglok 不锈钢/特氟隆接头(直通和三通)和密封圈。此外,可根据需要选购电路板作为备份(表 5-4)。

表 5-4　备件名称及备件号列表

名称	备件号	名称	备件号
保险丝(2.0A,250V,延时型)	4509	电源板	14291
毛细管(10mil)	4121	变压器	7217
毛细管用 O 形密封圈	4800	臭氧发生器加热模块	10763
微处理器电路板	9837	电磁阀	8130
A/D 转化电路板	10761	外部电磁阀	无
D/A 转化电路板	9839		

(7)仪器校准

1)质量流量计的校准

146C 型动态气体校准仪内部有 2 个质量流量控制器,每 2-3 年应该用 NIST(美国国家标准技术研究所)或同等标准等级的流量校准仪器对其进行再校准。

2)臭氧发生器的校准

146C 型动态气体校准仪内部的臭氧发生器是一个相对的传递标准,需要用 49CPS 型臭氧校准仪进行校准;或者采用化学滴定法,利用一氧化氮标准气和内置臭氧发生器进行校准。校准的时间间隔暂不做要求。建议每 6 个月做一次校准或每次检修后校准。

(8)常见故障及维修(表 5-5)

(9)安全及注意事项

1)要充分注意电源安全、稳定和仪器接地良好。在强雷电天气时,如果没有妥善的防雷电措施,应停机并拔下电源开关。

2)要随时巡视检查仪器,注意对设备屏幕显示结果、流量的检查;不要忽视仪器的报警信息,在有报警信息时候,应及时报告和处理。

表 5-5　常见故障及维修方法

故障	可能造成故障的原因	排除故障的方法
质量流量控制器工作不稳定	标准气或零气供气不足,压力太低	增加压力(大于 25psi),加大标准气或零气的供气压力
	质量流量控制器故障	参照质量流量控制器手册
	漏气	进行漏气检查(
电磁阀不能调到屏幕操作控制模式	仪器处于遥控模式	将仪器置于屏幕操作控制模式
	电磁阀故障	检查电磁阀动作是否顺畅,如需要则更换电磁阀
	电磁阀驱动电压故障	检查电源板的 J6 与 J7 点间的电压,如果电压正常,而电磁阀仍不工作,对换 U3、U5 连接点
电磁阀不能调到遥控模式	仪器处于屏幕操作控制模式	将仪器置于遥控工作模式
	I/C、C 连接电路板损坏	更换电路板
	连接端子故障	更换连接端子
校准质量流量控制器时仪器指示的流量与标准仪器指示的流量不一致	漏气	进行漏气检查
没有臭氧输出	臭氧发生器紫外光源故障	将紫外光源从臭氧发生器取下观察,如果看不见蓝光则更换光源,注意光源可能发射强烈的紫外线,不要长时间观察,并适当保持远距离观察
	臭氧发生器加热器故障	触摸臭氧发生器检查其温度是否超过 50℃,如果温度低,则需更换或修理加热器或加热器电源。温控正常工作时温控板上的 LED 灯应闪动
	臭氧发生器电源故障	修理或更换臭氧发生器电源
臭氧输出低	臭氧发生器或管路系统漏气	检查臭氧发生器和管路系统是否漏气,修复漏气
	流量过高	检查零气流量阀,调整到小于 8SLM
	电源故障	将臭氧发生器调到满刻度,其变压器电压值应大于 16V,如果达不到,则需更换或修理臭氧发生器电源
	光源太弱	将臭氧发生器功率水平设为 100%,将其光源取下观察,如果没有蓝光则需更换光源。注意光源可能发射强烈的紫外线,不要长时间观察,并适当保持远距离观察
臭氧输出不稳定	臭氧测量仪器故障	维修臭氧测量仪器
	系统漏气	检查并修复漏气
	零气流量不稳定	检查零气流量控制器和流路
	臭氧发生器光源故障	更换新光源
	臭氧发生器电源故障	检查光源电路板上电阻 R4 两端的 15kHz 的方形波,如果没有,更换电路板

　　3)不得随意打开仪器机箱盖。在对仪器进行检修时,必须停机断电,并拔下仪器电源插头,禁止带电作业,并要注意防止各种污物进入仪器内部和管路系统。

　　4)注意高压气瓶的安全使用,防止气体泄露。

　　5)保持整洁的操作环境,按照规范要求定期校准、维护仪器。

　　6)一切与仪器设备相关的操作需详细记入值班记录本。

5.3　观测过程质量控制方法

大气本底站对反应性气体的观测是一种长期的、趋势性的观测。观测的目标是用于确定一个特定区域空气污染的程度和客观状态,用于确定与地理、社会经济、气候以及环境等其他因素相关的大气污染物的变化情况。所获得的数据可用于研究区域的大气本底变化情况,可为预测将来大气状态和评估环境现状和污染控制政策提供科学依据。

5.3.1　质量保证(Quality Assurance)

质量保证包括:
(1)反应性气体观测标准操作程序;
(2)现场和实验室记录(纸质的或电子版的);
(3)原始资料;
(4)资料汇报;
(5)资料管理;
(6)质量保证信息:
1)质量控制流程图;
2)数据质量评估;
3)质量保证报告;
4)检查/评估。

5.3.1.1　标准操作程序(SOP)

SOP详细描述操作和分析的方法,规定所采用的技术环节和各个步骤中所应进行的各种动作,是一种正式核准的文档。它规定在统一的方式下执行通常是日常/例行的重复性操作的程序。SOP应当由操作标准化程序的人员来写,并由上级审定。在本体系中,SOP由中国气象局大气成分观测与服务中心组织完成,并由中国气象局审定。SOP通常也描述建立此文档的目的,并有经正式的公务签章和日期。SOP一旦正式发给本底站,在站人员应熟悉并掌握之(可进行适当的培训和学习)。

SOPs应包括以下内容:
(1)使用范围和适用性;
(2)方法概要;
(3)术语和定义;
(4)健康和安全警告;
(5)注意事项;
(6)干扰;
(7)人员资质;
(8)仪器和材料;
(9)标定方法;
(10)样品收集(如属于采样分析);
(11)样品处理和保存(如属于采样分析);
(12)故障处理;
(13)数据获取、计算和校正;
(14)计算机软硬件;
(15)数据和记录的管理。

5.3.1.2　现场和实验室记录

在仪器调/测试、维护、标定等情况下需要人工的记录。这些记录应有标准格式的表格来记录必要的信息。通常包括:过程描述、日期和时间、操作地点和人员情况等。这些信息可能决定了数据的可信度,所以不能丢失以及随意更改。原始记录不仅不能丢弃,还应在站里归档保存。定期将记录整理成册并形成报告(报告需要审核),最终形成电子版本传送给大气成分中心。大气成分中心也应详细记录与本底站相关的活动。需要统一记录的格式和指导性内容,可由大气成分中心组织完成。

5.3.1.3　原始资料

原始资料包括任何原始的与观测活动相关的信息资料。具体包括照片、胶卷、打印件、电子信函(观测指令)、自动仪器记录的数据等。应由大气成分中心确定原始资料的清单并形成一个统一的记录和保存的方式。此外,有关站点的信息也需要及时更新。

站点信息提供每个站点至关重要的信息,其历史信息有助于确定和评价在该站点观测的价值和对数据的解释及评估。站点特征、历史变迁和规划的详细描述是 QA 的一个重要内容。通常包括一些内容:

(1)数据获取目标;

(2)站点类型;

(3)仪器清单;

(4)采样系统;

(5)站点的空间尺度;

(6)周边有影响的污染源情况;

(7)地形特征;

(8)站点格局;

(9)站点审核。

5.3.1.4　资料汇报

在忠实地获取原始资料之外,应定期(如季度)对资料有所汇总分析和汇报。所有的测试报告、原始记录应留存并存档保管。样品收发和数据传送应记录在案。

5.3.1.5　资料管理

自动采集记录的数据以及各种记录应确保有效的管理,保证数据资料的完整性。各种资料应统一保存并防止人为改动。及时有效地备份数据并按要求进行数据的传输。

质量保证信息包括:

(1)质量控制流程图(略)。

(2)数据质量评估:是统计意义上的科学的评价,包括数据的有效性、数据收集执行情况以及数据是否满足特定的用途。可由大气成分中心组织完成。

(3)质量保证报告:与数据质量相关的季度、年度报告。可由大气成分中心组织完成。

(4)检查和评估:对观测环境、观测业务运行、观测数据等各方面的检查和评估。可由相关职能部门组织完成。

5.3.2　质量控制(Quality Control)

质量控制是为实现质量保证而进行的一个全面的、系统的技术活动,是在限定的标准下使测量和观测过程满足特定的要求。QC 是纠正性的和前瞻性的活动,用于防止不可接受数据的产生。QC 通常是由自动的、人工的以及人机之间的互动来完成。

反应性气体的质量控制程序包括:

(1)质量控制技术:

1)自动零/跨检查(Automatic Zero/span check);

2)多点校准(Multi-point calibrations,≥5 points);

3)仪器自我诊断及其趋势分析;

4)培训;

　　5)仪器测试、检查和维护。

　　(2)零/跨检查和多点校准的频率。

　　(3)标准的可追溯性和标准量值传递。

　　(4)对 QC 所识别出来的错误的应对措施。

　　(5)数据订正、数据质量标识和说明。

　　(6)QC 报告。

5.3.2.1　零/跨检查

　　零/跨检查用于检查仪器的响应情况,其检查结果不作为仪器零或跨调整以及数据调整的依据。它是在仪器校准之间进行的一种快捷的、方便的、用于检查仪器故障和响应漂移的方法。用于指导什么时候需要进行零/跨调整、多点校准和仪器维护。对最终数据的订正有参考作用。其检查的频率因仪器和目标物质的不同可有所差异,但至少一周需要一次。

　　在反应性气体观测过程中,通常零/跨检查按照设定的时间系列程序自动执行,也可以(有时甚至要求)在人为干预下执行。

　　零/跨检查结果需要及时进行前后对比以及与理论值的对比,当超过一定的标准时,需要采取一定的应对措施。这些措施包括:零/跨的重新检查、标定系统检查、多点校准、零/跨调整或进行仪器维护等系列工作。需要一个记录零/跨检查结果的电子表格,方便比较和分析用(站里人员和中心协同人员);同时记录所采取的响应措施。

5.3.2.2　零/跨调整

　　零/跨检查对正确操作测量系统提供了内在的质量控制检查方法。零/跨的调整促使仪器的响应落在可接受的范围内。

　　零/跨调整前后需要各进行一次多点的校准。调整之前的多点校准方程有用于之前数据的订正;调整之后的方程有用于准确确定之后仪器的响应。

　　并不是每次校准后都需零/跨调整,只有零/跨值超过一定的范围时才进行调整。

　　零/跨调整的判定标准:

　　(1)2 次跨值出现>15%的偏差;或跨值变化大于满量程的 3%~5%;

　　(2)多点校准方程的斜率变化大于 10%(与 1 相比);

　　(3)零值变化大于满量程的 2%。(绝对值可因不同气体而异,根据仪器的检测限和分辨率来确定)。

5.3.2.3　仪器校准

　　在执行采样和分析之前,仪器需要校准。在校准过程的所有数据均要记录。最好每个仪器有个单独的校准记录区域(校准人员完成,站里保存原始记录)。

　　校准是建立实际污染物浓度和分析仪器响应之间定量的关系,利用此关系把随后的仪器响应转化为相应的污染物浓度。大多数仪器的响应都会随时间发生漂移,校准工作必须及时进行,也就是仪器的响应必须及时调整,这样才能使观测的准确性持续维持下来。

　　仪器在校准之前必须充分预热;校准过程中,仪器应当保持在跟测量时一致的状态下进行;所有仪器调整应在校准之前完成;单量程和自动量程必须分别校准。

　　校准文档应与每个仪器共存并有所备份。校准文档应包括:校准数据、校准方程/图表、仪器身份识别、校准时间、校准场所、校准用标准物质或标准仪器、校准设备识别和校准人员。

　　校准文档格式应统一规定。

　　(1)多点校准

　　多点校准用于建立或校验分析仪器的线性响应情况,通常在仪器安装后、主修后以及特定的时间间隔内进行。多点校准要比 2 点的校准更准确,因为多点具有平均效应,且单点测试浓度的误差(或仪器对单点的响应)与其他点不一致的情况下容易发现。校准点之间的关系需要进行统计分析,不正常的点需要检查其原因并立即重复测量一次。多次校准曲线方程之间存在的关系可反映出仪器的响应变化情况。

（2）仪器多点校准的频率

在以下情况下仪器需要校准：

1）在仪器最初安装的时候；

2）在放置位置变更的情况下；

3）在任何对仪器响应可能有影响的维护和维修之后；

4）在中断观测多日之后重新观测时；

5）在任何有显示仪器故障或调整仪器响应参数前后；

6）在一些例行的间隔：

①O_3 和 CO 至少 3～6 个月进行一次；

②SO_2 和 NO/NO_x 至少 1～3 个月进行一次。

若校准频率减少可能会增加实际分析仪响应与校准曲线之间的平均误差。同时增加收集无效数据的风险，因为发现仪器故障或严重的响应变化的滞后时间增加了。站上技术人员需要掌握多点校准的技术；大气成分中心应至少 6 个月前往台站一次。

5.3.2.4　仪器自我诊断及其趋势分析

现代的分析仪器都提供了自我诊断和报警的能力。除日常巡检记录之外，应定期（如每周）进行全参数记录，同时应分析各种参数的随时间的变化情况，及时发现零部件老化情况和仪器故障情况。这也有助于记忆并恢复当仪器在维护维修之后一些重要参数的设置。由站里人员完成，形成月报表传送一份至大气成分中心。

5.3.2.5　人员培训

观测人员需要相关科学知识教育、工作经验传授、职责和岗位技能培训。培训的情况需要记录在案并可提供给以后的检查与评估时使用。适当的培训可提高人员的素质，满足岗位对合格人员的需要，对获取可靠和可比的数据是必需的。应开发适当的课程来进行各种培训工作，此项工作由大气成分中心组织完成。培训既可集中进行，也可在现场进行培训。

5.3.2.6　仪器测试、检验和维护

仪器测试、检验和维护，用于保证仪器的正常、稳定运行。

（1）分析仪

①可靠性——完善的仪器自我诊断信息和人工测试，需要定时或及时记录和分析。

②确定维护需求——应确定所需要准备的零备件情况并及时更新库存。

（2）辅助仪器

①校准标准——应及时购买标准气和进行比对工作。

②数据采集系统——应保证数据采集的完整和可靠。

③零空气系统——应保证其发生的气体达到质量要求，需及时更新耗材等。

（3）实验室支持

①能够进行各种测试、维修、故障处理、标定工作以及配备必要的支持设备。

②标准量值传递中心站。

（4）预防性维护

①仪器日志——忠实和及时记录。

②站点维护日志——忠实和及时记录。

③日常作业表——根据其时间表进行相应的操作。

应根据时间表进行各项预防性维护措施，但这个时间表不是固定不变的，应根据实际的情况进行更新。每个仪器设备应当有一个记录本记录各种预防性维护和维修工作，以及各种测试和标定校准工作，该记录本应随仪器而动。例行维护根据技术手册所要求的内容进行。对不同的仪器有所不同，维护的工作也需要详细记录。还应包括及时更新重要的零备件清单，保证零备件的及时更换。维护工作可由大气成分中心技术人员带领台站人员完成。

5.3.2.7　标准量值传递

实现数据的可比性。将标准统一到国际标准上,实现数据的可比性。

5.3.2.8　QC错误识别后的有效措施

零/跨检出现异常时首先应判断是否是辅助标定检查系统本身的问题,而后确定是否需要进行多点校准,零/跨调整、仪器维修维护及随后的多点校准。确定需要维修和重要维护之前,最好能够完成一次多点校准工作;及时请求技术支持;并详细记录所采取的措施和解决方案。

5.3.2.9　基于校准信息和其他记录基础的数据订正

(1)数据处理流程

1)原始数据包→原始数据文件合并→时间系列检查→数据标记(结合相关记录)→数据校正(基于多点校正方程和结合 zero/span 检查结果)→统计分析、图表制作。

2)时间系列检查可直接找出缺测的数据,并尽可能找出原因(如停电、调试等),此外,停机之后重新开始观测的仪器预热时间理应标记为稳定时间;完整的时间序列检查有助于数据的后处理。

3)数据标记是根据一些客观情况和记录尽可能对数据进行标识,有助于数据可靠性分析。

4)数据订正是根据多点校准方程,适当结合零/跨检查结果来尽可能纠正数据中偏差的过程。数据订正通常是定期的,如季度或年度综合进行,并需附加具体的校准情况报告和具体说明(由大气成分中心具体完成)。

5)最终校准完毕的数据可用于统计分析和制作季报之类的产品。

(2)基于校准信息的数据订正方法

包括:①线性或非线性内插处理(足够多的多点校准方程,是接近于理想的情况);②一次校准方程运用于一段区间(结合 zero/span 检查的情况),通常是仪器可能因客观原因出现停机、重要的零部件损坏、进行了零/跨调整等导致仪器响应的不连续变化而无法进行插值处理的情况下进行;③用最邻近的校准方程订正数据,通常在缺乏足够的多点校准方程的情况下进行;④多次校准方程的平均来订正数据,通常适用于响应较为稳定的仪器,如臭氧分析仪。

几种方法可配合使用,在数据校正说明文档中应详细描述,以供数据使用、评估或审查时参考。具体如下:

1)对斜率的处理方法:

①邻近值调整法:采用最接近的一次多点校准方程 $y=ax+b$ 中的参数 a,来对斜率进行调整;

②线性或非线性内插法:利用不同时期完成的多点校准方程中的斜率 a_1,a_2,a_3,$\cdots$,用斜率值和时间作图,并进行拟合,利用拟合出来的方程内插得到各个时期的斜率值,从而对数据进行斜率校正。拟合出的曲线方程(可以是一次拟合,也可以是多次拟合),根据其相关系数 R^2 来判断拟合的效果,$R^2 \sim 1$ 为佳。拟合算法根据数学上的算法来处理。

③算术平均法:根据多次多点校准方程之斜率 a_1,a_2,a_3,$\cdots$,对其求平均得到一个平均值,并应用于数据的订正。

④区间区别法:对不同的时间区间,每个区间采用相应的多点校准方程,这些多点校准方程可以是以上三种方法之一种得到的 a 值。这种方法对应的时间区间通常参考了零/跨检查的情况来确定。

2)校准方程中截距 b 的确定方法:

①采用多点校准方程中的 b 值,这个 b 值相对单一;

②采用多次零检查的结果来统计处理(如算术平均)来获得,要求所获得的零检查值是准确的前提下,可对零检查值做剔除处理(如根据3倍标准差等判别方法来处理);

③由上述两种方法得到的不同时间区间的 b 值可不同。

数据的订正过程应形成一个订正报告,描述所进行的订正操作的各方面,包括校准参数的形成、校准应用的时间区间、订正的历史记录、进行订正的人员信息、作者备注等。对于订正过的数据在必要时需要进一步订正,尤其当事后的标准量值传递过程中发现以前用于订正的参数需要调整时。

5.3.3　QA/QC 报告

应定期(季度)对 QC 执行的情况进行总结,分析其不足情况并提出改进意见。QC 报告由大气成分中心技术人员在台站的配合下完成。

5.4　数据采集方法及保存和传输格式

5.4.1　数据采集方式

工控机数据采集。微量反应性气体监测系统的原始数据是由数据采集软件所获取并生成数据库文件或文本文件。虽然不同的数据采集系统其原始数据的存储格式有所不同,但是每个观测要素都是由浓度值和标志位组成。采集记录时间为 1 min 或 5 min 的平均值。标志位表明数据采集是对应的观测状态,例如是否是零跨检查或多点校准的状态,还是正常观测时的状态。

此外,分析仪器内部也可存储一定时间的数据,当工控机或采集软件因故障导致数据采集中断,可利用下载软件备份采集数据。

5.4.2　实时传输格式

根据数据实时传输的要求,通常对数据进行再处理,生成 5 min 的平均值、标准偏差、最大值与最小值,形成小时文本文件,便于数据实时传输。

5.5　安全及注意事项

(1)要充分注意电源安全、稳定和仪器的接地良好。在强雷电天气时,如果没有妥善的防雷电措施,应停机并拔下电源插头。

(2)要随时巡视检查仪器,注意对设备屏幕显示结果和流量的检查;不要忽视仪器的报警信息。在有报警信息时,应及时报告和处理。

(3)不得随意打开仪器机箱盖。在对仪器进行检修时,必须停机断电,并拔下仪器电源插头,禁止带电作业,并要注意防止各种污物进入仪器内部和管路系统。

(4)保持整洁的操作环境,按照规范要求定期校准、维护仪器。

(5)一切与仪器设备相关的操作均需详细记入值班记录。

(6)要充分注意电源安全和稳定,仪器接地良好。在强雷电天气时,如果没有妥善的防雷电措施,应停机并拔下电源。

(7)要随时巡视检查仪器,注意对设备屏幕显示结果、流量的检查;不要忽视仪器的报警信息,在有报警信息时候,应及时报告和处理。

(8)不得随意打开仪器机箱盖。在对仪器进行检修时,必须停机断电,并拔下仪器电源插头,禁止带电作业,并要注意防止各种杂质进入仪器内部和管路系统。

(9)注意高压气瓶的安全使用,防止气体泄露。

(10)保持整洁的操作环境,按照规范要求定期校准、维护仪器。

(11)一切与仪器设备相关的操作需详细记入值班记录。

大气成分观测业务技术手册

第四分册
臭氧柱总量及廓线

中国气象局综合观测司

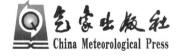

气象出版社
China Meteorological Press

内容简介

为了满足中国气象局大气成分观测站网业务化运行的需求,进一步规范、业务人员对业务系统的日常操作和运行维护,并为相关人员了解观测原理、开展工作提供参考,中国气象局综合观测司组织有关专家及有经验的台站业务技术人员,共同编写了《大气成分观测业务技术手册》。本《手册》是《大气成分观测业务规范(试行)》的重要补充,由温室气体及相关微量成分、气溶胶观测、反应性气体观测和臭氧柱总量及廓线等四个分册组成,并将根据业务发展的需求补充完善其他大气成分观测内容。

本《手册》供中国气象局业务管理和科技业务人员学习与业务应用。

图书在版编目(CIP)数据

大气成分观测业务技术手册/中国气象局综合观测司编著.
—北京:气象出版社,2014.7
ISBN 978-7-5029-5969-2

Ⅰ.①大… Ⅱ.①中… Ⅲ.①大气成分-观测-技术
手册 Ⅳ.①P421.3-62

中国版本图书馆 CIP 数据核字(2014)第 151253 号

出版发行:气象出版社

地 址:北京市海淀区中关村南大街 46 号	邮政编码:100081
总 编 室:010-68407112	发 行 部:010-68409198
网 址:http://www.cmp.cma.gov.cn	E-mail:qxcbs@cma.gov.cn
责任编辑:林雨晨	终 审:周诗健
封面设计:詹 辉	责任技编:吴庭芳
印 刷:北京建宏印刷有限公司	
开 本:880 mm×1230 mm 1/16	印 张:41.5
字 数:1344 千字	
版 次:2014 年 7 月第 1 版	印 次:2014 年 7 月第 1 次印刷
定 价:150.00 元(全套)	

编写说明

为了实施《大气成分观测业务规范(试行)》,进一步推进环境气象及大气成分观测业务化,满足观测站网运行的需求,使观测人员了解仪器设备的测量原理、掌握仪器的操作和维护技能,综合观测司组织有关单位和专家编写了《大气成分观测业务技术手册》。

《大气成分观测业务技术手册》是《大气成分观测业务规范(试行)》的重要补充,由温室气体及相关微量成分、气溶胶观测、反应性气体观测和臭氧柱总量及廓线等四个分册组成,并将根据业务发展的需求补充完善其他大气成分观测内容。

《臭氧柱总量及廓线》分册由中国气象局气象探测中心、中国气象科学研究院编写。参加本手册编写的人员主要有:张晓春、郑向东、贾小芳、李杨、于大江、马千里、刘鹏、黄建青、吴静、李楠、宋庆利等。

随着台站及实验室已建系统运行维护经验的不断总结积累,以及在建系统陆续投入运行,本分册相关内容也将随之补充完善,定期更新。

目　录

第 1 章　基本原理和系统结构

1.1　基本原理

大气中的臭氧是重要的大气成分之一,主要集中在平流层,一般在 20～30km 的高度范围,它的垂直分布结构因天气过程的变化而不同。它对太阳辐射中的紫外辐射有强烈吸收,使得到达地面的对生物有杀伤力的短波辐射保持在较低的水平,从而起着保护地表生物和人类的重要作用;平流层臭氧对太阳紫外辐射的吸收是平流层的主要热源。

大气臭氧的监测包括对近地面臭氧、臭氧垂直廓线和臭氧柱总量的观测。臭氧柱总量的定义指大气垂直气柱内的臭氧在标准状态下聚集在一起的厚度。从海拔高度 z_0 到某一高度 z 的臭氧柱总量可由以下公式表达:

$$\Omega = \int_{z_0}^{\infty} \rho(z) \mathrm{d}z \tag{1-1}$$

式中,$\rho(z)$ 为臭氧密度。实际情况下,$\rho(z)$ 可以根据臭氧探空、激光雷达或卫星等观测来确定。但是,在常规台站的观测中,往往不是利用式(1)来确定臭氧的柱总量,而是利用能量衰减的比尔(Beer)定律来确定。通常,臭氧的总厚度累积为 1.5～4.5 mm。以 0.01mm 为一个 1DU,即一个陶普生(Dobson)单位,则臭氧总量在 150～450.0 DU 之间。

目前,进行臭氧总量观测的光学仪器通常有四种:(1)英国(和日本)分别设计生产的 Dobson(陶普生)臭氧仪;(2)加拿大设计生产的全自动布鲁尔(Brewer)臭氧光谱仪;(3)法国设计和生产的 SAOZ 观测仪器;(4)苏联设计生产的 M—123 或 124 式截止滤光片观测仪。

在我国使用的有 Brewer(布鲁尔)臭氧光谱仪和陶普生臭氧光谱仪两种,本手册主要介绍 Brewer 臭氧光谱仪的观测原理及操作技术。

根据某一地点的经度、纬度、海拔高度以及世界时便可以确定当地太阳、月亮的水平方位和天顶角,从而实现对太阳或月亮位置的跟踪。Brewer(布鲁尔)臭氧仪从设计上首先考虑的是实现对太阳和月亮的跟踪能力。在此基础上,利用臭氧在太阳辐射的哈金斯(Huggins)带($0.30～0.35\mu m$)具有强烈吸收的特性,采用差分吸收的原理反演大气臭氧柱总量,此外,Brewer 仪器还增加了对 SO_2 的观测。根据天顶散射光在垂直方向上的散射原理,通过曙暮时刻(天顶角约 $70°～90°$)的天顶散射光的测量,用逆转法反演得到大气臭氧垂直分布的粗略廓线分布(主要是平流层),而光谱仪的扫描范围为 290～325nm,波长间隔为 0.5nm,通过对太阳紫外辐射 UVB 辐射通量的测量,实现对 UVB 的辐照度的光谱观测。

Brewer(布鲁尔)仪器从采光、滤光、分光到光电转化以及信息的最终处理均在计算机的控制下完成。在光学测量过程中,为了保证波长的准确性和仪器的稳定性,Brewer 仪器加入一系列自检功能(包括对光学系统的检测、电学系统的检测、机械系统的检测等)。Brewer 仪器的自我检测和标校与 Brewer 对臭氧、SO_2、UVB 的观测同样重要。

Brewer(布鲁尔)仪器进行臭氧总量测量的 5 个波长分别为 306.3nm、310.1nm、313.5nm、316.8nm 和 320.1nm,在计算臭氧柱总量时,还考虑了光电倍增管死区时间、温度补偿和大气瑞利散射修正等因素。

1.2 观测系统的组成

Brewer(布鲁尔)光谱仪包括分光仪、控制计算机和标校系统(图1-1)。其中分光仪是核心部件,主要由衍射光谱仪、跟踪器和三脚架组成;标校系统主要由标准灯及配套设施组成。

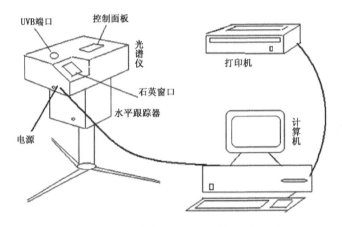

图1-1 Brewer(布鲁尔)观测系统的基本组成

分光仪现场状况参见图1-2,图1-3为Brewer(布鲁尔)计算机控制系统,图1-4中的红线为光路示意。

图1-2 Brewer(布鲁尔)外形结构

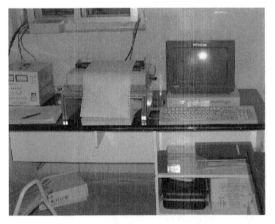

图1-3 Brewer(布鲁尔)计算机控制系统

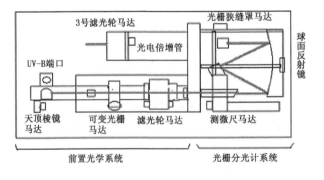

图1-4 分光仪结构示意图

分光仪是最关键的部件,包括光学系统、机械系统与电路系统(图1-5)。光学系统包括前置光学系统、分光系统、光电转换系统、光电倍增管等;电路系统主要由主电源板、二级电源板、微处理器、输出输入接口板、光子计数器板、时钟日历板、A/D板和脉冲放大器板等部分组成。机械系统用于光学、电路系统的相互衔接,主要分布在分光仪内部(图 1-6)。

图 1-5　分光仪内部结构照片

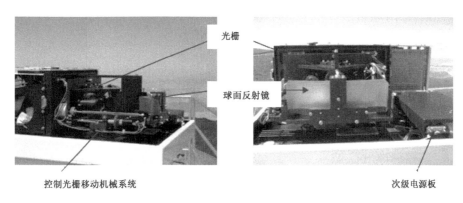

图 1-6　分光仪的内部结构(左图为正面结构,右图为背面结构)

第 2 章　安装调试

2.1　仪器的观测环境

作为光学测量仪器,Brewer(布鲁尔)臭氧光谱仪一般都安装在屋顶或视野开阔的地方(图 1-2),周围不得有高大的物体挡住仪器接收太阳和月亮光线,进行测量时,人影也不要挡住仪器接收天体光线。电缆线的长度一般都在 15m 左右,因此,室外的仪器架设与室内计算机之间的距离一般不超过 15m。

2.2　仪器架设

2.2.1　三角架

要求如下:

应安装在平稳、坚固、水平的仪器架或水泥平台上;

标记符号"N"一侧对磁北;

应有固定措施,以保证仪器在恶劣天气条件下仍保持稳定。

2.2.2　水平跟踪器

要求如下:

安装在三角架的顶部,跟踪器上标记符号"N"的一侧对磁北;

通过调节三角架三个支脚的相对高度,确保水平跟踪器在 360°范围内转动时始终处于水平状态。

2.2.3　光谱仪

要求如下:

安装在水平跟踪器之上,使光谱仪与水平跟踪器的电源开关在同一侧;

紧固其底部与水平跟踪器联接的四个螺丝;

光谱仪在 360°范围内转动时始终处于水平状态;

周围如有围栏保护时,光谱仪石英窗底部应高于围栏高度。

2.2.4　信号线及电源线

连接要求如下:

正确连接计算机、光谱仪、水平跟踪器之间的信号线和电源线;

正确连接光谱仪电源线中的火线、地线和零线;

仪器机壳通过专用的接地端子良好接地,接地电阻应小于 4Ω;

仪器室外电源线、信号线接入室内的计算机前,应有防雷装置。

为保证仪器准确地跟踪太阳或月亮,仪器的三脚架一般安放在水平倾角不是很大的一块平地上,平地上要有正对北方向的指示。安装时,三脚架上的标记符号"N"要基本上对准北(误差一般在 ±5°左右)。仪器安装之后,用水平仪检查光谱仪在各方向是否水平,并通过调整三脚架的相对高度位置来确保光谱仪的水平。室外仪器安装结束之后,还需进一步考虑对三脚架的固定,以保证在大风条件下,仪器仍保持其固定性。

　　Brewer(布鲁尔)电源电缆线中,火线是黑色线、地线是绿色线、而零线是白色线。除零线与地线之间是 0V 电压外,零线与火线之间和地线与火线之间的电压均应为 220V。图 2-1 是 Brewer(布鲁尔)插头间零线、地线与火线的分布示意图。对电源的插座的零线、地线与火线的连接必须以插头的分布为标准。

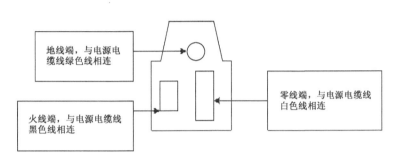

图 2-1　Brewer(布鲁尔)主电源线的插头分布示意图

2.3　仪器操作系统的安装与运行

　　Brewer(布鲁尔)控制程序软件不是很大,一张 3.5 英寸的磁盘即可装下全部操作系统,相应地对计算机操作系统的要求也不高,IBM DOS3.1 及其以上的 DOS 系统均可。1997 年以后,随着计算机技术的发展,Windows 版本的操作软件已发展起来,但是操作软件的容量仍不大,对计算机的要求仍不高。

　　控制程序软件拷贝到计算机内之后,需要设置以下两个文件:

　　(1)仪器自动运行的批处理文件,一般为 Autoexec.bat 或 Brewer.bat。

AUTOEXEC.BAT 文件设置如下:

```
ECHO OFF
Path=c:;c:\dos
Prompt  $p$g
Echo on run brewer program
CALL BREWER.BAT
```

BREWER.BAT 文件内容如下:

```
CD\BREWER
SET NOBREW=
SET BREWDIR=C:\BREWER
PROMPT BREWER $P#G
GWBASIC MAIN /F:10
PROMPT $P$G
SET NOBREW=
SET BREWDIR=
```

（2）OP－ST.FIL，用于对仪器观测或检测数据的记录和管理。

OP_ST.FIL 文件内容如下：

　　054（这里是仪器的出产编号）

　　C:\DATA（这里是数据记录的根目录，可以自由定义）

完成上述的安装后，仪器就可以启动。这时需要通过软件对仪器的参数进行调整。

在主菜单下需要根据时间、日期、地点（经度、纬度）和观测地点的平均海平面气压对仪器的几个基本参数，进行重新确定。时间需采用国际标准时间，对经纬度的设置方法是：北纬、西经为正值，而南纬、东经为负值。这些设置的命令符号分别是：TT（时间），DA（日期），LF（经、纬度和海拔高度）。

第 3 章 日常运行、维护和标校

3.1 日常维护

仪器的日常运行包括观测、检测和数据的统计处理结果三部分内容。

现运行的 Brewer(布鲁尔)臭氧光谱仪均按月设置了日常运行范围,这主要是根据太阳天顶角的变化,设置仪器跟踪太阳的臭氧观测、UVB 的观测以及仪器的自我检测等内容。通常,太阳天顶角在 75°～90°时,进行反演臭氧垂直廓线的逆转法(Umkehr)观测,当太阳天顶角＞95°时,进行当天观测和检测的数据处理,并进行仪器的电学系统(AP)、光电倍增管的死区时间(DT)和光阑狭缝运行/停止(Run/Stop,RS)的稳定性等项的检测。

Brewer(布鲁尔)仪器的日常操作步骤如下:

首先,察看前一天晚上打印的各项参数是否在应有的范围内变化,AP、DT、RS、Hg、SL 是否处于正常范围(长期的自检结果均给出了单次检测的正常范围),若属不正常,在主菜单下打入参数命令,进行再次检测。各参数的正常变化范围如下:

SL:R5 的偏差为 0～30;R6 的偏差为 0～15;

Hg:主要看 Hgcal Step 是否在设定步长的±5 步范围内,注意 Hg 灯泡的光强随温度的变化;

DT:是否在 20～40ns 之间;

RS:(对 2—6 的工作波长而言)比值应在 0.997～1.003 之间;

＋5V:在 4.90～5.10 之间。

其次,确定仪器能正常观测后,则可按照以下操作步骤进行,但需注意:计算机在进行数据拷贝、测量 Hg、FR、SL、UM 或 UV 工作状态时,切勿中断,应待其完成后再进行以下操作:

(1)按下 CTRL＋BREAK 键,屏幕显示 OK,再键入 RUN 并回车;

(2)注意屏幕显示,当看到出现数字 15 并连续递减时,按下 HOME 键。

(3)待屏幕显示主菜单时,检查年份、日期、时间和积日(Julian Day)是否正确,若不正确,则需重新设置;

(4)检查硬盘是否有足够的空间(至少大于 3MB)存放观测数据,若磁盘空间小于 3MB,应及时更换,并检查仪器的号数和地理位置(经、纬度)是否正确,然后键入 RESI 回车;

(5)用镜头纸(或麂皮)对石英窗和半球形石英玻璃罩进行清洁,如发现内部有水汽,必须打开罩进行清洁,严禁对感应面进行清洁,但需注意不要划伤半球形石英玻璃罩;

(6)清洁完毕后,通过观察孔观看太阳投影情况,必要时可调节相应的按钮,使横线至少压住亮圈 2/3 以上,使仪器能够准确地跟踪太阳;

(7)回到机房,按 CTRL＋END,稍后,屏幕最底下一行出现提示,行末有(Y 或 N),若调节了按钮,则键入 Y,否则键入 N;

(8)等屏幕再次显示主菜单时,键入 SKC;

(9)等屏幕出现提示后,键入所需运行的程序(在阴历 14—16 日天气晴朗时,可键入带有测月光的程序);

(10)按填表规则填写报表,并在备注栏注明天气情况。

注:若打印机夹纸或其他原因没有打印出前一天的资料,排除故障后补打印前一天的资料(在运行当天程序前进行补打印)。

补打资料方法:

方法一:在主菜单直接键入 END_DAY　月　日/年

例:END_DAY　JUN 15/00

方法二:在主菜单键入 DA 命令,将日期改为要补打印那天的日期,然后在主菜单下键入 PNED 回车,打印完毕后,将日期改为当前日期。

3.2　仪器标校

3.2.1　UVB 响应曲线的标定

Brewer(布鲁尔)仪器利用光谱扫描法进行 UVB 的光谱观测,半球型罩由石英玻璃制作,在半球罩下是特氟隆片(Teflon),主要起到对入射的太阳辐射散射的作用,散射辐射然后通过光学系统(图 1-6)。

由于受温度、光学一机械系统的影响,仪器对 UVB 的波长响应曲线会随时间的改变而发生变化,图 3-1 是 2000 年不同时期仪器对 UVB 响应曲线的定标结果。从图 3-1 中可以看出,仪器对 UVB 的响应曲线存在着系统的变化,这就要求我们,对 UVB 的响应曲线定期地用标准灯进行校准,以跟踪仪器对 UVB 的响应曲线的变化。

仪器对 UVB 响应曲线的校准遵从以下的原则:

(1)首先查看上两次校准所使用的灯号,确定本次校准使用的标准灯(3 只标准灯交替使用,每次校准使用两只标准灯)。

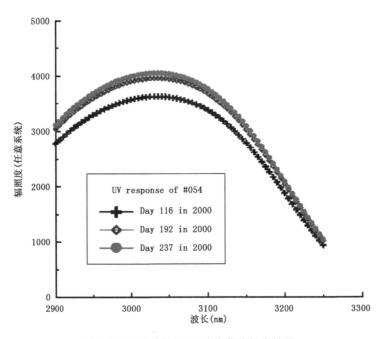

图 3-1　不同时期 UVB 响应曲线标定结果

(2)在中断运行并进入主菜单后,键入 SHELL(回车),程序自动回到 DOS 状态。

(3)在 C:\DATA 目录中备份前一次 UVB 校准产生的 LAMP—ddd. SSS 和 UVRES. SSS 文件,将 LAMP—ddd. SSS 和 UVRES. SSS 文件改名为 LAMP—ddd. ♯♯♯ 和 UVRESddd. SSS(ddd 为前一次 UVB 校准时的积日,♯♯♯ 为灯号,SSS 为仪器序列号)。

(4)把外部标准灯装在外部校准装置上(注意脚码相对),再把外部校准装置套在 UVB 检测的半球罩上。

（5）打开外部校准装置上的开关，使得灯泡点亮并预热 10～15min，将数字电压表连接到对应两接线端，选择直流挡，测量电压数为在 12.0V 左右，若不在此值范围，则应调节左侧小孔内的调节旋钮，并必须保证电压稳定。

（6）在主菜单下打入 pnhgqsuLb1uLhg 命令，并回答几个简单问题，如灯号码，外部标准灯泡的距离（5cm），仪器执行完命令后，自动产生 ULdddyy. SSS 文件，并存放在 c:\data 子目录中，前 3 个 ddd 为积日，后 2 个 yy 为年份。

（7）做完上述检测后，更换另一个标准灯，再重复以上操作。

（8）完成外部灯校准后，取回外部校准设备，开始按以下步骤计算新的 UVRES. SSS 文件：

1）重新启动计算机到 DOS 状态下，把 UVB 校准盘插入 A 驱动器内，键入：RESP 回车；

2）出现"Hit Enter to Continue"按任意键；

3）输入灯文件在 A:\lamp\irr 下，按回车键；

4）输入灯号码：如 LAMP171 回车，LAMP172 回车，输完后连续按回车健；

5）屏幕提示"Are they correct?"若正确，则按 Y 回车，若不正确，输入 N 后重新输入；

6）输入文件 ULdddyy. SSS 的放置目录。如：C:\data 回车；

7）输入文件 ULdddyy. SSS，如：UV11699. SSS 回车；

8）输入输出文件 UVRES. SSS 放至的目录，如 A:\；

9）出现"Do you want to overwrite it？"，回答 Y 回车；

10）出现"Do you wish the output routed to printer？"回答 N 回车；

注意：在覆盖原有的 UVRES. SSS 文件之前，需要把原 UVRES. SSS 文件拷贝之后，作为历史备份，并且需要把原有的 UVRES. SSS 文件，按校准的日期进行编号，如原文件是 2000 年第 188 天标定的，则该文件的命名为 UVRES18800. SSS。

3.2.2　仪器标校方法

第一天：标准仪器检查、架设与观测。

（1）由于标准仪器♯197 是从北京运往台站对 Brewer（布鲁尔）光谱仪进行标定的，长途运输过程很容易导致仪器在机械部分出现诸如螺丝松动、机械部分卡位不稳等问题，进而可能影响仪器的光学性能，在架设仪器之前，在台站对标准仪器各个部分结构仔细地进行检查是开始工作的第一步。

（2）确定标准仪器没有明显问题，着手仪器的架设，特别注意仪器水平的调试，以及在计算机时间的设置上应与被测仪器的时间保持一致。标准仪器安装结束后，让仪器先做几次 AP、Hg 和 SL 等基本检测，确保标准仪器性能稳定。

（3）让被标定仪器与标准仪器进行同样内容的同步观测和检测，若太阳条件许可，应首先进行臭氧总量的 DS、ZS、UV（UX）观测。

（4）对被标定仪器的历史检测参数做一记录，并对被测仪器在从上次标定至今的运行检测信息进行备份和逐一分析，这些信息主要包括以下内容：

APOAVG：仪器的电源系统，主要是光电倍增管（PMT）的控制高压以及仪器 5V 的工作电压是否有明显的变化；确定是否需要对光谱仪的主电源的电压进行微调。

OPOAVG：主要是检查仪器在上次标定过程距今的时段内仪器在跟踪太阳方面是否出现偏差；理想情况下（如时间准确、水平状态调整完美），那么在 Horizontal 上是不应该出现变化的，而在 Azimuth 上的变化也小。也就是说台站是不应进行 Up 和 Down 的操作的。

SLOAVG：主要是检查光谱仪的系统运行测量臭氧的稳定性，SLOAVG 所显示的光强可能因为仪器内部标准灯的老化或环境温度的变化而降低。但稳定性检测的两个比率值，R5 和 R6 的变化应该稳定,其中 R5 的变化距离上次标定应不超过 ±30,而 R6 则不超过 ±15。R5 和 R6 任何异常的变化都应引起重视,可能与仪器的光学系统有关,也有可能与仪器的机械系统(如螺旋测微尺的被卡)有关,最糟糕的情况是因为仪器内部湿度增加的缘故,导致了 UV 滤光片的潮解,应引起特别的关注。

HGOAVG:检查仪器在运行过程中的 Hg 光强、检测时的仪器温度(特别是极地地区运行的仪器),以及一天进行 Hg 波长标定的次数,一般日 Hg 次数不要超过 30 次,如果超过 30 次,那么仪器的运行程序需要检查并调整。

DTOAVG:检测 PMT 的死时间,在老的仪器(♯177 以前的仪器),DT 值一般在 30~40ns,新的仪器一般在 20~25ns。如果 DT 变化明显,则考虑在新的 ICF 文件中改变 DT 的值。

RSOAVG:光阑 Alignment(准直)检测,此检测一般在出问题时会自动用红线标出,偶尔的红线误差仍是可见的。

50W 外部校准灯 QL 检测的历史:主要是检测外部校准灯所测的 QL 平均值的变化,一般每次变化不超过 ±5%。

第一天夜里,被检测仪器进行以下检测:

CI 检测:主要检查仪器以内部 SL 灯为光源时,光谱的扫描观测形状。如果 SL 灯没有更换过,则此次 CI 检测与上次(标定期间)的 CI 检测相比会明显降低——源自 SL 灯的老化,光强减弱。CI 检测在新的 ED 程序中是设置每隔半年测试一次。

CZ 检测:主要检测狭缝的半波宽度的变化,这种变化在中心波长为 296.7nm 附近的半波宽度为 0.6nm 左右。

FWTET♯2 检测:检测仪器的 Brewer(布鲁尔)光谱仪的滤光片衰减系数的变化。目前,FWTET♯2 检测值还没有一个判断"好"与"坏"的标准,但其衰减系数基本上不影响臭氧浓度的测量,其值通常在以下范围:

n 位置:衰减系数为 $\dfrac{1}{10^{\frac{n}{2}}}$ $(n=0,1,2,3,4,5)$。

第二天:

被标定仪器与标准仪器继续同步进行相同内容的测量。如果天气晴好则考虑两台仪器同步做 hgdsdsschg 的检测;分析第一天比对观测的臭氧及 UVB 的数据。

主要做以下分析工作:

如果第一天臭氧总量变化与标准仪器相差仅在 ±1% 以内,且两者的变化过程比较一致,那就说明被检测仪器的臭氧吸收系数(A1、A2)无需做改变。

臭氧数据的订正分析处理:通过以第一天♯197 为标准确定被标定仪器臭氧的二氧化碳的 ETC 值,并对上一次标定距今的臭氧总量进行重新计算。但这种计算过程还需参考 SLOAVG 中的 R5、R6 的变化,通常重新计算数据仅从自上次标定至今这一段时间内,SLOVAG 中显示 R5、R6 发生了显著的变化时段开始。经验说明,如果 SLOAVG 的 R5 和 R6 变化稳定(如随时间是一条直线,或明显的微弱的趋势变化),那么通常情况下,SL 订正后的 ETC 值重新计算臭氧总量与标准值则比较接近,即使 SLOAVG 发生了显著的变化(例如♯077 在临安的观测),SL 订正后的 ETC 值在重新计算臭氧时与标准仪器确定的 ETC 计算臭氧仍比较接近。

1000W 外部校准灯的检测:如果历史的 50W 外部校准灯检测结果的变化不超过 ±5%,则此检测可以不做。

如果确信第三天天气晴朗,夜里应将光谱仪拆卸至室内对仪器的电学、光学系统进行全面的检查,修补仪器可能的潜在故障,特别是 Hg 检测部分的螺旋测微尺的清洁,仪器干燥程度的检查,光路的检查(如果 SL 或其他检测出现明显的故障,或更换新的光学器件——目前更换最多的是 UV-NiSO₄ 滤光片),以及 Hg 和 SL 灯,清洗水平跟踪器的转盘,完成上述维护工作后,应将被检测仪器放置在室外重新启动,准备第三天的比对观测。

让被检测仪器自动进行 CI、CZ 和 FWTET♯2 自我检测。

第三天：

被检测仪器与标准仪器进行同步观测,确定被检测仪器的参数文件。

对第 2 天的 SC 检测结果数据进行分析,确定被检测仪器的步长(Calibration step number)是否发生了显著的变化,如已变化,在该日再次让仪器进行 SC 检测,同时修改仪器运行文件(ICF 中)的 Calibration step number。

总结第 1 天、第 2 天的结果分析,和台站业务人员交流仪器的运行情况。

下午一般在太阳天顶角大于 72°以上(MKⅢ型仪器可以延伸到 78°),中止被检测仪器的观测,对仪器进行 dispersion(色散)测试(一般需要 2h,MKⅢ 和 MKⅣ 型仪器所需时间更长)。

Dispersion 结束后,对被测仪器进行 1000W 的外部校准灯标定,此测试一般用三个 DXW 型灯。

对第 2 天、第 3 天的数据进行综合分析确定被检测仪器新的文件参数,特别注意是 A1、A2 以及 Calibration step number 是否需要改换,UVB response 函数是否更换。

第四天：

让被检测仪器在新的仪器参数下与标准仪器进行继续同步观测一天。

分析比对前三天两台仪器的臭氧总量、UVB、AOD 的数据,和台站业务人员交流仪器的运行、维护情况。

下午一般在太阳天顶角大于 72°以上时,对当日两台仪器的臭氧总量、UVB、AOD 进行比对分析,确保被检测仪器的准确、正常运行。

让两台仪器同步进入逆转法(Umkerhr)的比对观测。

第五天：

与台站业务人员,对标定工作进行全面的总结,拆卸、包装标准仪器,结束标定工作。

第 4 章　数据采集、传输和处理

每天仪器自动根据积日和检测命令在控制计算机中产生相应的日文件（Bdddyy. SSS、DUVdddyy. SSS、Sdddyy. SSS、Udddyy. SSS，ddd 为积日，yy 为年份（后面两位））及年平均文件（如：OZOAVGyy. SSS、UVOAVG. SSS、HGOAVG. SSS、SLOAVG. SSS、APOAVG. SSS、DTOAVG. SSS）。

每月把控制计算机中的观测数据文件（Bdddyy. SSS、DUVdddyy. SSS、Sdddyy. SSS、Udddyy. SSS OZOAVGyy. SSS）备份到软盘中，拷入数据处理计算机对应目录中，进行逆转法（Umkerhr）反演。

原始数据（Bdddyy. SSS、DUVdddyy. SSS、Sdddyy. SSS、Udddyy. SSS OZOAVGyy. SSS）和逆转法（Umkerhr）反演资料（UDdddyy. SSS、UPdddyy. SSS、UOdddyy. SSS、USdddyy. SSS、UNdddyy. SSS、UGdddyy. SSS）每月统一报送北京，每月 10 日前制作上一月的数据月报表，并邮寄或发送到北京。数据月报表填写遵循以下的规则：

——DS(O_3)、DS(SO_2)、ZS(O_3)、ZS(SO_2)、FM(O_3)、FM(SO_2)中的平均及偏差精确到小数后一位；

——DS(O_3)、ZS(O_3)、FM(O_3)中的次数填写到个位，格式为有效次数／总次数；

——DS(O_3)、DS(SO_2)中的 ETC 填写四舍五入后的整数部分；

——HH，为 DS(O_3)有效次数中间一次的测量时间，精确到小时；

——Air Mass 精确到小数后三位；

——UVB 积分、午时精确到小数后二位，其中午时为地方时正午前后一小时之间最大的 UVB 值；

——标准灯检测栏：

·TEMP：左上角填写标准灯检测中的最低温度值、右下角填写最高温度值；

·次数：标准灯检测的次数；

·R1—R6：填写标准灯检测中 R1—R6 的平均值，其中 R5 及 R6 右下角填写其偏差；

·F1：填写前四位。

——汞灯强度：汞灯测试中温度最高的强度值取整，当有几个最高温度相同时选取强度最大的值填写；

——(A/D +5 V)精确到小数后二位；

——死时间中的 HI 及 LO：填写光电倍增管死时间检测的最高值和最小值，精确到小数后二位；

——RUN/STOP 最小及最大：填写的 2～6 的最小值和最大值，精确到小数后四位；

——MIC 步数：填写螺旋千分尺检测的步数值；

——SI 俯仰及方位：填写 SI 指令的检测结果，即俯仰及方位补偿的偏差值；

——SR：填写 SR 指令的检测结果，即跟踪器转动一周时步进电机的步长数；

——仪器内部湿度巡视值：30％以下则填写"√"，超过 30％则填写"×"；

——天气状况：填写当日的天气现象，应符合 QX/T 48—2007 的要求。

第 5 章　　检查维护、故障处理原则和注意事项

作为集机械－电子－光学于一体的高精密度仪器，Brewer(布鲁尔)对电源的稳定性和接地以及温、湿条件等因素的变化都比较敏感。尽管仪器可全天候工作，但实际上一般只适合中、高纬度地区，在比较稳定、比较寒冷、干燥的条件下进行长期的观测。在我国，大部分国土处在中、低纬度地区，夏季、高温、潮湿的天气，不利于仪器的运行，因此，对仪器的日常维护是十分重要的。

5.1　检查与维护

5.1.1　标准传递与校准

(1)Brewer 光谱仪标准由一级、二级标准仪器组成。
(2)一级标准仪器由世界气象组织(WMO)确定。
(3)二级传递标准仪器应每两年和一级 Brewer 光谱仪进行比对。
(4)台站日常运行的观测仪器应每年与二级传递标准仪器进行比对和校准。

5.1.2　性能检测

性能检测要求如下：
(1)每天至少进行一次汞灯、标准灯、A/D 电压输出、光电倍增管、跟踪系统等检测；
(2)每周至少进行一次直接跟踪太阳的扫描检测、跟踪系统复位检测；
(3)每二个月至少进行一次光阑马达计时检测、高压检测、光阑马达运行/停止检测、测微尺及二极管偏差检测、热检测等；
(4)每三个月至少进行一次 50 W 的外部灯校准；每年至少进行一次 1000 W 的外部灯校准。

5.1.3　检查与维护

5.1.3.1　日常运行检查

日常运行检查要求如下：
(1)遮挡情况：仪器进行测量时，应确保测量窗不被任何物体所遮挡；
(2)跟踪状态：仪器能够准确地跟踪太阳或月亮；
(3)石英窗和 UVB 罩的清洁程度：应清洁无尘；
(4)仪器内部的干燥情况：相对湿度在 30% 以下；
(5)时间：仪器时间与标准时间相差小于 30s；
(6)硬盘空间和通信状态：硬盘有足够的数据存储空间(大于 20M/d)，仪器和计算机之间应正常通信；
(7)仪器参数：各参数具体的变化范围见表 5-1。

表 5-1　仪器参数变化范围

编号	名称	代码	范围
1	仪器稳定性检测	SL	R5 的偏差为 0～30,R6 的偏差为 0～15
2	波长校准	Hg	Hgcal Step 是否在设定步长的 ±5 步之内
3	光电倍增管检测	DT	20～40ns
4	机械系统检测	RS	(对 2～6 的工作波长而言)比值为 0.997～1.003
5	电学系统检测	AP	+5 V(二级电源板),为 4.90～5.10 V

5.1.3.2　维护

维护要求如下:

(1)每日上午、下午应对仪器跟踪情况至少进行一次检查,发现跟踪不准确时应调节;

(2)每日应对石英窗和半球形石英玻璃罩进行清洁,当发现内部有水汽凝结时应清除;

(3)每二个月应对水平跟踪器内部的保护拉绳、转盘等进行检查,必要时应对转盘进行清洁。

(4)每三个月应对螺旋测微器进行检查,必要时进行清洁。

5.2　故障处理原则

当仪器出现故障时,对仪器的故障处理需要遵循以下的技术原则:

(1)每一次出现故障的处理,必须有两人同时在场,详细记录故障发生的信息,视故障情况分级处理。其中,光学系统明显损坏的、电路板烧毁或 AP 监测结果不正常的属于一级故障,如果 AP 检测正常而 Hg、SL、DT 和 RS 无法正常检测的,属于二级故障。临时性故障:如 Hg 和标准灯老化需更换或打印机卡纸或计算机偶尔死机等,属于三级故障,对此,技术负责人可现场排除。

(2)检查任何常见故障必须强调:断开电源后,可按 Brewer(布鲁尔)维修手册规定的步骤和要求进行现场排除,绝对禁止带电操作。绝对禁止拆动仪器的光学系统,绝对禁止用手或纸去擦拭棱镜、透镜、光栅和球面反射镜。

(3)在下雨、下雪、大风和大雾等恶劣天气下,严禁打开光谱仪外盖。

(4)记录每一次故障发生的原因及处理过程,作为站上技术档案保存。

5.3　注意事项

有关注意事项如下:

(1)严格执行日常检查程序;

(2)计算机在进行数据拷贝或进行 Hg、FR、SL、UM 或 UV 测量时,不应中断运行程序,应等这些测量结束后再中断运行程序;

(3)当长时间(大于 24 小时)停电时,需将仪器内部的电池开关拨到 OFF 状态,来电后,再拨回原来 ON 的位置;

(4)在观测站点有雷暴天气出现时,应中断仪器工作,关闭并断开仪器电源;

(5)在观测站点有雨、雪、大风、冰雹、雾、沙尘暴等天气现象出现时,严禁打开光谱仪外盖;

(6)水平跟踪器内部转盘不应使用润滑油进行润滑;

(7)清洁时石英窗和半球形石英玻璃罩时,应使用柔软的专用镜头纸(或鹿皮),注意不要划伤;

(8)确保水平跟踪器的保护开关处在"开"的位置,且内部保护拉绳没有断裂;

(9)更换标准灯或汞灯时,严禁用手直接触摸灯泡;

(10)密切注意每天的日常检测以及各参数的变化,任何异常的结果持续一周都应引起重视;

(11)在运输光谱仪的光学部分时,应放入具有缓冲、减/防震、防潮等措施的专用箱内,随身携带,不可按行李托运；搬运时应避免碰撞和震动,轻拿轻放；

　　(12)在运输跟踪器、三角架、通讯线缆、仪器控制计算机及接口设备时,应放置在专用的箱体中,箱体的四周应有减/防震和防潮措施。

大气成分观测业务技术手册

第四分册
臭氧柱总量及廓线

中国气象局综合观测司

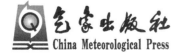

气象出版社
China Meteorological Press

内容简介

为了满足中国气象局大气成分观测站网业务化运行的需求,进一步规范业务人员对业务系统的日常操作和运行维护,并为相关人员了解测量原理、开展业务工作提供参考,中国气象局综合观测司组织有关专家及有经验的台站业务技术人员,共同编写了《大气成分观测业务技术手册》。本《手册》是《大气成分观测业务规范(试行)》的重要补充,由温室气体及相关微量成分、气溶胶观测、反应性气体观测和臭氧柱总量及廓线等四个分册组成,并将根据业务发展的需求补充完善其他大气成分观测内容。

本《手册》供中国气象局业务管理和科技业务人员学习与业务应用。

图书在版编目(CIP)数据

大气成分观测业务技术手册/中国气象局综合观测司编著.
—北京:气象出版社,2014.7(2020.5重印)
ISBN 978-7-5029-5969-2

Ⅰ.①大…　Ⅱ.①中…　Ⅲ.①大气成分-观测-技术
手册　Ⅳ.①P421.3-62

中国版本图书馆 CIP 数据核字(2014)第 151253 号

出版发行:气象出版社

地　　址:北京市海淀区中关村南大街 46 号　　　　邮政编码:100081
电　　话:010-68407112(总编室)　010-68408042(发行部)
网　　址:http://www.qxcbs.com　　　　　　E-mail: qxcbs@cma.gov.cn
责任编辑:林雨晨　　　　　　　　　　　　　终　　审:周诗健
封面设计:詹　辉　　　　　　　　　　　　　责任技编:吴庭芳
印　　刷:北京建宏印刷有限公司
开　　本:880 mm×1230 mm　1/16　　　　　印　　张:41.5
字　　数:1344 千字
版　　次:2014 年 7 月第 1 版　　　　　　　印　　次:2020 年 5 月第 2 次印刷
定　　价:180.00 元(全套)

本书如存在文字不清、漏印以及缺页、倒页、脱页等,请与本社发行部联系调换

编写说明

为了实施《大气成分观测业务规范(试行)》,进一步推进环境气象及大气成分观测业务化,满足观测站网运行的需求,使观测人员了解仪器设备的测量原理、掌握仪器的操作和维护技能,综合观测司组织有关单位和专家编写了《大气成分观测业务技术手册》。

《大气成分观测业务技术手册》是《大气成分观测业务规范(试行)》的重要补充,由温室气体及相关微量成分、气溶胶观测、反应性气体观测和臭氧柱总量及廓线等四个分册组成,并将根据业务发展的需求补充完善其他大气成分观测内容。

《臭氧柱总量及廓线》分册由中国气象局气象探测中心、中国气象科学研究院编写。参加本手册编写的人员主要有:张晓春、郑向东、贾小芳、李杨、于大江、马千里、刘鹏、黄建青、吴静、李楠、宋庆利等。

随着台站及实验室已建系统运行维护经验的不断总结积累,以及在建系统陆续投入运行,本分册相关内容也将随之补充完善,定期更新。

目 录

第 1 章　基本原理和系统结构

1.1　基本原理

大气中的臭氧是重要的大气成分之一,主要集中在平流层,一般在 $20\sim30km$ 的高度范围,它的垂直分布结构因天气过程的变化而不同。它对太阳辐射中的紫外辐射有强烈吸收,使得到达地面的对生物有杀伤力的短波辐射保持在较低的水平,从而起着保护地表生物和人类的重要作用;平流层臭氧对太阳紫外辐射的吸收是平流层的主要热源。

大气臭氧的监测包括对近地面臭氧、臭氧垂直廓线和臭氧柱总量的观测。臭氧柱总量的定义指大气垂直气柱内的臭氧在标准状态下聚集在一起的厚度。从海拔高度 z_0 到某一高度 z 的臭氧柱总量可由以下公式表达:

$$\Omega = \int_{z_0}^{\infty} \rho(z)\mathrm{d}z \tag{1-1}$$

式中,$\rho(z)$ 为臭氧密度。实际情况下,$\rho(z)$ 可以根据臭氧探空、激光雷达或卫星等观测来确定。但是,在常规台站的观测中,往往不是利用式(1)来确定臭氧的柱总量,而是利用能量衰减的比尔(Beer)定律来确定。通常,臭氧的总厚度累积为 $1.5\sim4.5$ mm。以 0.01mm 为一个 1DU,即一个陶普生(Dobson)单位,则臭氧总量在 $150\sim450.0$ DU 之间。

目前,进行臭氧总量观测的光学仪器通常有四种:(1)英国(和日本)分别设计生产的 Dobson(陶普生)臭氧仪;(2)加拿大设计生产的全自动布鲁尔(Brewer)臭氧光谱仪;(3)法国设计和生产的 SAOZ 观测仪器;(4)苏联设计生产的 M—123 或 124 式截止滤光片观测仪。

在我国使用的有 Brewer(布鲁尔)臭氧光谱仪和陶普生臭氧光谱仪两种,本手册主要介绍 Brewer 臭氧光谱仪的观测原理及操作技术。

根据某一地点的经度、纬度、海拔高度以及世界时便可以确定当地太阳、月亮的水平方位和天顶角,从而实现对太阳或月亮位置的跟踪。Brewer(布鲁尔)臭氧仪从设计上首先考虑的是实现对太阳和月亮的跟踪能力。在此基础上,利用臭氧在太阳辐射的哈金斯(Huggins)带$(0.30\sim0.35\mu m)$具有强烈吸收的特性,采用差分吸收的原理反演大气臭氧柱总量,此外,Brewer 仪器还增加了对 SO_2 的观测。根据天顶散射光在垂直方向上的散射原理,通过曙暮时刻(天顶角约 $70°\sim90°$)的天顶散射光的测量,用逆转法反演得到大气臭氧垂直分布的粗略廓线分布(主要是平流层),而光谱仪的扫描范围为 $290\sim325nm$,波长间隔为 0.5nm,通过对太阳紫外辐射 UVB 辐射通量的测量,实现对 UVB 的辐照度的光谱观测。

Brewer(布鲁尔)仪器从采光、滤光、分光到光电转化以及信息的最终处理均在计算机的控制下完成。在光学测量过程中,为了保证波长的准确性和仪器的稳定性,Brewer 仪器加入一系列自检功能(包括对光学系统的检测、电学系统的检测、机械系统的检测等)。Brewer 仪器的自我检测和标校与 Brewer 对臭氧、SO_2、UVB 的观测同样重要。

Brewer(布鲁尔)仪器进行臭氧总量测量的 5 个波长分别为 306.3nm、310.1nm、313.5nm、316.8nm 和 320.1nm,在计算臭氧柱总量时,还考虑了光电倍增管死区时间、温度补偿和大气瑞利散射修正等因素。

1.2　观测系统的组成

Brewer(布鲁尔)光谱仪包括分光仪、控制计算机和标校系统(图1-1)。其中分光仪是核心部件,主要由衍射光谱仪、跟踪器和三脚架组成;标校系统主要由标准灯及配套设施组成。

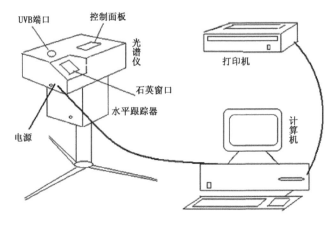

图1-1　Brewer(布鲁尔)观测系统的基本组成

分光仪现场状况参见图1-2,图1-3为Brewer(布鲁尔)计算机控制系统,图1-4中的红线为光路示意。

图1-2　Brewer(布鲁尔)外形结构

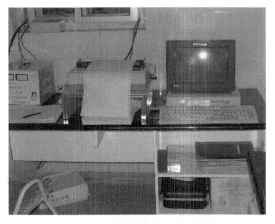

图1-3　Brewer(布鲁尔)计算机控制系统

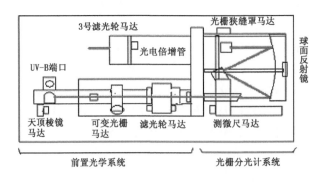

图1-4　分光仪结构示意图

分光仪是最关键的部件,包括光学系统、机械系统与电路系统(图1-5)。光学系统包括前置光学系统、分光系统、光电转换系统、光电倍增管等;电路系统主要由主电源板、二级电源板、微处理器、输出输入接口板、光子计数器板、时钟日历板、A/D板和脉冲放大器板等部分组成。机械系统用于光学、电路系统的相互衔接,主要分布在分光仪内部(图 1-6)。

图 1-5 分光仪内部结构照片

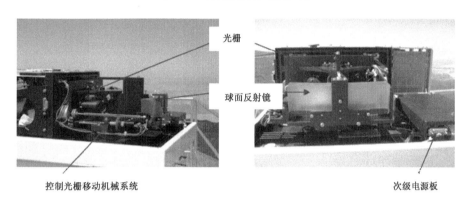

图 1-6 分光仪的内部结构(左图为正面结构,右图为背面结构)

第 2 章　安装调试

2.1　仪器的观测环境

作为光学测量仪器,Brewer(布鲁尔)臭氧光谱仪一般都安装在屋顶或视野开阔的地方(图 1-2),周围不得有高大的物体挡住仪器接收太阳和月亮光线,进行测量时,人影也不要挡住仪器接收天体光线。电缆线的长度一般都在 15m 左右,因此,室外的仪器架设与室内计算机之间的距离一般不超过 15m。

2.2　仪器架设

2.2.1　三角架

要求如下:

应安装在平稳、坚固、水平的仪器架或水泥平台上;

标记符号"N"一侧对磁北;

应有固定措施,以保证仪器在恶劣天气条件下仍保持稳定。

2.2.2　水平跟踪器

要求如下:

安装在三角架的顶部,跟踪器上标记符号"N"的一侧对磁北;

通过调节三角架三个支脚的相对高度,确保水平跟踪器在 360°范围内转动时始终处于水平状态。

2.2.3　光谱仪

要求如下:

安装在水平跟踪器之上,使光谱仪与水平跟踪器的电源开关在同一侧;

紧固其底部与水平跟踪器联接的四个螺丝;

光谱仪在 360°范围内转动时始终处于水平状态;

周围如有围栏保护时,光谱仪石英窗底部应高于围栏高度。

2.2.4　信号线及电源线

连接要求如下:

正确连接计算机、光谱仪、水平跟踪器之间的信号线和电源线;

正确连接光谱仪电源线中的火线、地线和零线;

仪器机壳通过专用的接地端子良好接地,接地电阻应小于 4Ω;

仪器室外电源线、信号线接入室内的计算机前,应有防雷装置。

为保证仪器准确地跟踪太阳或月亮,仪器的三脚架一般安放在水平倾角不是很大的一块平地上,平地上要有正对北方向的指示。安装时,三脚架上的标记符号"N"要基本上对准北(误差一般在±5°左右)。仪器安装之后,用水平仪检查光谱仪在各方向是否水平,并通过调整三脚架的相对高度位置来确保光谱仪的水平。室外仪器安装结束之后,还需进一步考虑对三脚架的固定,以保证在大风条件下,仪器仍保持其固定性。

　　Brewer(布鲁尔)电源电缆线中,火线是黑色线、地线是绿色线、而零线是白色线。除零线与地线之间是 0V 电压外,零线与火线之间和地线与火线之间的电压均应为 220V。图 2-1 是 Brewer(布鲁尔)插头间零线、地线与火线的分布示意图。对电源的插座的零线、地线与火线的连接必须以插头的分布为标准。

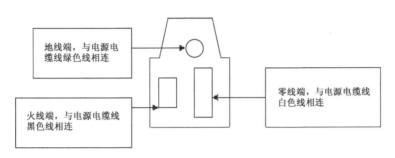

图 2-1　Brewer(布鲁尔)主电源线的插头分布示意图

2.3　仪器操作系统的安装与运行

　　Brewer(布鲁尔)控制程序软件不是很大,一张 3.5 英寸的磁盘即可装下全部操作系统,相应地对计算机操作系统的要求也不高,IBM DOS3.1 及其以上的 DOS 系统均可。1997 年以后,随着计算机技术的发展,Windows 版本的操作软件已发展起来,但是操作软件的容量仍不大,对计算机的要求仍不高。

　　控制程序软件拷贝到计算机内之后,需要设置以下两个文件:

　　(1)仪器自动运行的批处理文件,一般为 Autoexec.bat 或 Brewer.bat。

AUTOEXEC.BAT 文件设置如下:

```
ECHO OFF
Path＝c:;c:\dos
Prompt　$p$g
Echo on run brewer program
CALL BREWER.BAT
```

BREWER.BAT 文件内容如下:

```
CD\BREWER
SET NOBREW＝
SET BREWDIR=C:\BREWER
PROMPT BREWER $P♯G
GWBASIC MAIN /F:10
PROMPT $P$G
SET NOBREW＝
SET BREWDIR＝
```

（2）OP－ST.FIL,用于对仪器观测或检测数据的记录和管理。

OP_ST.FIL 文件内容如下：

> 054（这里是仪器的出产编号）
>
> C:\DATA（这里是数据记录的根目录,可以自由定义）

完成上述的安装后,仪器就可以启动。这时需要通过软件对仪器的参数进行调整。

在主菜单下需要根据时间、日期、地点（经度、纬度）和观测地点的平均海平面气压对仪器的几个基本参数,进行重新确定。时间需采用国际标准时间,对经纬度的设置方法是：北纬、西经为正值,而南纬、东经为负值。这些设置的命令符号分别是：TT（时间）,DA（日期）,LF（经、纬度和海拔高度）。

第 3 章　日常运行、维护和标校

3.1　日常维护

仪器的日常运行包括观测、检测和数据的统计处理结果三部分内容。

现运行的 Brewer(布鲁尔)臭氧光谱仪均按月设置了日常运行范围,这主要是根据太阳天顶角的变化,设置仪器跟踪太阳的臭氧观测、UVB 的观测以及仪器的自我检测等内容。通常,太阳天顶角在 $75°$ ～$90°$时,进行反演臭氧垂直廓线的逆转法(Umkehr)观测,当太阳天顶角$>95°$时,进行当天观测和检测的数据处理,并进行仪器的电学系统(AP)、光电倍增管的死区时间(DT)和光阑狭缝运行/停止(Run/Stop,RS)的稳定性等项的检测。

Brewer(布鲁尔)仪器的日常操作步骤如下:

首先,察看前一天晚上打印的各项参数是否在应有的范围内变化,AP、DT、RS、Hg、SL 是否处于正常范围(长期的自检结果均给出了单次检测的正常范围),若属不正常,在主菜单下打入参数命令,进行再次检测。各参数的正常变化范围如下:

SL:R5 的偏差为 0～30;R6 的偏差为 0～15;

Hg:主要看 Hgcal Step 是否在设定步长的$±5$步范围内,注意 Hg 灯泡的光强随温度的变化;

DT:是否在 20～40ns 之间;

RS:(对 2—6 的工作波长而言)比值应在 0.997～1.003 之间;

$+5V$:在 4.90～5.10 之间。

其次,确定仪器能正常观测后,则可按照以下操作步骤进行,但需注意:计算机在进行数据拷贝、测量 Hg、FR、SL、UM 或 UV 工作状态时,切勿中断,应待其完成后再进行以下操作:

(1)按下 CTRL+BREAK 键,屏幕显示 OK,再键入 RUN 并回车;

(2)注意屏幕显示,当看到出现数字 15 并连续递减时,按下 HOME 键。

(3)待屏幕显示主菜单时,检查年份、日期、时间和积日(Julian Day)是否正确,若不正确,则需重新设置;

(4)检查硬盘是否有足够的空间(至少大于 3MB)存放观测数据,若磁盘空间小于 3MB,应及时更换,并检查仪器的号数和地理位置(经、纬度)是否正确,然后键入 RESI 回车;

(5)用镜头纸(或麂皮)对石英窗和半球形石英玻璃罩进行清洁,如发现内部有水汽,必须打开罩进行清洁,严禁对感应面进行清洁,但需注意不要划伤半球形石英玻璃罩;

(6)清洁完毕后,通过观察孔观看太阳投影情况,必要时可调节相应的按钮,使横线至少压住亮圈 2/3 以上,使仪器能够准确地跟踪太阳;

(7)回到机房,按 CTRL+END,稍后,屏幕最底下一行出现提示,行末有(Y 或 N),若调节了按钮,则键入 Y,否则键入 N;

(8)等屏幕再次显示主菜单时,键入 SKC;

(9)等屏幕出现提示后,键入所需运行的程序(在阴历 14—16 日天气晴朗时,可键入带有测月光的程序);

(10)按填表规则填写报表,并在备注栏注明天气情况。

注：若打印机夹纸或其他原因没有打印出前一天的资料，排除故障后补打印前一天的资料（在运行当天程序前进行补打印）。

补打资料方法：

方法一：在主菜单直接键入 END_DAY　月　日/年

例：END_DAY　JUN 15/00

方法二：在主菜单键入 DA 命令，将日期改为要补打印那天的日期，然后在主菜单下键入 PNED 回车，打印完毕后，将日期改为当前日期。

3.2　仪器标校

3.2.1　UVB 响应曲线的标定

Brewer（布鲁尔）仪器利用光谱扫描法进行 UVB 的光谱观测，半球型罩由石英玻璃制作，在半球罩下是特氟隆片（Teflon），主要起到对入射的太阳辐射散射的作用，散射辐射然后通过光学系统（图 1-6）。

由于受温度、光学—机械系统的影响，仪器对 UVB 的波长响应曲线会随时间的改变而发生变化，图 3-1 是 2000 年不同时期仪器对 UVB 响应曲线的定标结果。从图 3-1 中可以看出，仪器对 UVB 的响应曲线存在着系统的变化，这就要求我们，对 UVB 的响应曲线定期地用标准灯进行校准，以跟踪仪器对 UVB 的响应曲线的变化。

仪器对 UVB 响应曲线的校准遵从以下的原则：

（1）首先查看上两次校准所使用的灯号，确定本次校准使用的标准灯（3 只标准灯交替使用，每次校准使用两只标准灯）。

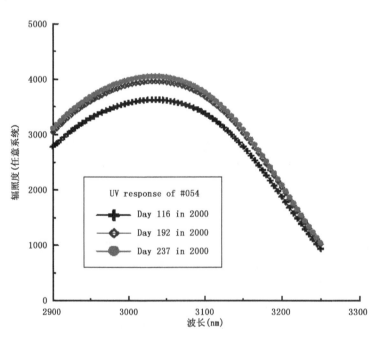

图 3-1　不同时期 UVB 响应曲线标定结果

（2）在中断运行并进入主菜单后，键入 SHELL（回车），程序自动回到 DOS 状态。

（3）在 C:\DATA 目录中备份前一次 UVB 校准产生的 LAMP－ddd. SSS 和 UVRES. SSS 文件，将 LAMP－ddd. SSS 和 UVRES. SSS 文件改名为 LAMP－ddd. ＃＃＃ 和 UVRESddd. SSS（ddd 为前一次 UVB 校准时的积日，＃＃＃ 为灯号，SSS 为仪器序列号）。

（4）把外部标准灯装在外部校准装置上（注意脚码相对），再把外部校准装置套在 UVB 检测的半球罩上。

（5）打开外部校准装置上的开关，使得灯泡点亮并预热 10～15min，将数字电压表连接到对应两接线端，选择直流挡，测量电压数为在 12.0V 左右，若不在此值范围，则应调节左侧小孔内的调节旋钮，并必须保证电压稳定。

（6）在主菜单下打入 pnhgqsuLb1uLhg 命令，并回答几个简单问题，如灯号码，外部标准灯泡的距离（5cm），仪器执行完命令后，自动产生 ULdddyy.SSS 文件，并存放在 c:\data 子目录中，前 3 个 ddd 为积日，后 2 个 yy 为年份。

（7）做完上述检测后，更换另一个标准灯，再重复以上操作。

（8）完成外部灯校准后，取回外部校准设备，开始按以下步骤计算新的 UVRES.SSS 文件：

1）重新启动计算机到 DOS 状态下，把 UVB 校准盘插入 A 驱动器内，键入：RESP 回车；

2）出现"Hit Enter to Continue"按任意键；

3）输入灯文件在 A:\lamp\irr 下，按回车键；

4）输入灯号码：如 LAMP171 回车，LAMP172 回车，输完后连续按回车健；

5）屏幕提示"Are they correct?"若正确，则按 Y 回车，若不正确，输入 N 后重新输入；

6）输入文件 ULdddyy.SSS 的放置目录。如：C:\data 回车；

7）输入文件 ULdddyy.SSS，如：UV11699.SSS 回车；

8）输入输出文件 UVRES.SSS 放至的目录，如 A:\；

9）出现"Do you want to overwrite it?"，回答 Y 回车；

10）出现"Do you wish the output routed to printer?"回答 N 回车；

注意：在覆盖原有的 UVRES.SSS 文件之前，需要把原 UVRES.SSS 文件拷贝之后，作为历史备份，并且需要把原有的 UVRES.SSS 文件，按校准的日期进行编号，如原文件是 2000 年第 188 天标定的，则该文件的命名为 UVRES18800.SSS。

3.2.2　仪器标校方法

第一天：标准仪器检查、架设与观测。

（1）由于标准仪器♯197 是从北京运往台站对 Brewer（布鲁尔）光谱仪进行标定的，长途运输过程很容易导致仪器在机械部分出现诸如螺丝松动、机械部分卡位不稳等问题，进而可能影响仪器的光学性能，在架设仪器之前，在台站对标准仪器各个部分结构仔细地进行检查是开始工作的第一步。

（2）确定标准仪器没有明显问题，着手仪器的架设，特别注意仪器水平的调试，以及在计算机时间的设置上应与被测仪器的时间保持一致。标准仪器安装结束后，让仪器先做几次 AP、Hg 和 SL 等基本检测，确保标准仪器性能稳定。

（3）让被标定仪器与标准仪器进行同样内容的同步观测和检测，若太阳条件许可，应首先进行臭氧总量的 DS、ZS、UV（UX）观测。

（4）对被标定仪器的历史检测参数做一记录，并对被测仪器在从上次标定至今的运行检测信息进行备份和逐一分析，这些信息主要包括以下内容：

APOAVG：仪器的电源系统，主要是光电倍增管（PMT）的控制高压以及仪器 5V 的工作电压是否有明显的变化；确定是否需要对光谱仪的主电源的电压进行微调。

OPOAVG：主要是检查仪器在上次标定过程距今的时段内仪器在跟踪太阳方面是否出现偏差；理想情况下（如时间准确、水平状态调整完美），那么在 Horizontal 上是不应该出现变化的，而在 Azimuth 上的变化也小。也就是说台站是不应进行 Up 和 Down 的操作的。

SLOAVG：主要是检查光谱仪的系统运行测量臭氧的稳定性，SLOAVG 所显示的光强可能因为仪器内部标准灯的老化或环境温度的变化而降低。但稳定性检测的两个比率值，R5 和 R6 的变化应该稳定,其中 R5 的变化距离上次标定应不超过±30,而 R6 则不超过±15。R5 和 R6 任何异常的变化都应引起重视,可能与仪器的光学系统有关,也有可能与仪器的机械系统(如螺旋测微尺的被卡)有关,最糟糕的情况是因为仪器内部湿度增加的缘故,导致了 UV 滤光片的潮解,应引起特别的关注。

HGOAVG:检查仪器在运行过程中的 Hg 光强、检测时的仪器温度(特别是极地地区运行的仪器),以及一天进行 Hg 波长标定的次数,一般日 Hg 次数不要超过 30 次,如果超过 30 次,那么仪器的运行程序需要检查并调整。

DTOAVG:检测 PMT 的死时间,在老的仪器(♯177 以前的仪器),DT 值一般在 30～40ns,新的仪器一般在 20～25ns。如果 DT 变化明显,则考虑在新的 ICF 文件中改变 DT 的值。

RSOAVG:光阑 Alignment(准直)检测,此检测一般在出问题时会自动用红线标出,偶尔的红线误差仍是可见的。

50W 外部校准灯 QL 检测的历史:主要是检测外部校准灯所测的 QL 平均值的变化,一般每次变化不超过±5%。

第一天夜里,被检测仪器进行以下检测:

CI 检测:主要检查仪器以内部 SL 灯为光源时,光谱的扫描观测形状。如果 SL 灯没有更换过,则此次 CI 检测与上次(标定期间)的 CI 检测相比会明显降低——源自 SL 灯的老化,光强减弱。CI 检测在新的 ED 程序中是设置每隔半年测试一次。

CZ 检测:主要检测狭缝的半波宽度的变化,这种变化在中心波长为 296.7nm 附近的半波宽度为 0.6nm左右。

FWTET♯2 检测:检测仪器的 Brewer(布鲁尔)光谱仪的滤光片衰减系数的变化。目前,FWTET♯2 检测值还没有一个判断"好"与"坏"的标准,但其衰减系数基本上不影响臭氧浓度的测量,其值通常在以下范围:

n 位置:衰减系数为 $\dfrac{1}{10^{\frac{n}{2}}}$ ($n=0,1,2,3,4,5$)。

第二天:

被标定仪器与标准仪器继续同步进行相同内容的测量。如果天气晴好则考虑两台仪器同步做 hgdsdsschg 的检测;分析第一天比对观测的臭氧及 UVB 的数据。

主要做以下分析工作:

如果第一天臭氧总量变化与标准仪器相差仅在±1%以内,且两者的变化过程比较一致,那就说明被检测仪器的臭氧吸收系数(A1、A2)无需做改变。

臭氧数据的订正分析处理:通过以第一天♯197 为标准确定被标定仪器臭氧的二氧化碳的 ETC 值,并对上一次标定距今的臭氧总量进行重新计算。但这种计算过程还需参考 SLOAVG 中的 R5、R6 的变化,通常重新计算数据仅从自上次标定至今这一段时间内,SLOVAG 中显示 R5、R6 发生了显著的变化时段开始。经验说明,如果 SLOAVG 的 R5 和 R6 变化稳定(如随时间是一条直线,或明显的微弱的趋势变化),那么通常情况下,SL 订正后的 ETC 值重新计算臭氧总量与标准值则比较接近,即使 SLOAVG 发生了显著的变化(例如♯077 在临安的观测),SL 订正后的 ETC 值在重新计算臭氧时与标准仪器确定的 ETC 计算臭氧仍比较接近。

1000W 外部校准灯的检测:如果历史的 50W 外部校准灯检测结果的变化不超过±5%,则此检测可以不做。

如果确信第三天天气晴朗,夜里应将光谱仪拆卸至室内对仪器的电学、光学系统进行全面的检查,修补仪器可能的潜在故障,特别是 Hg 检测部分的螺旋测微尺的清洁,仪器干燥程度的检查,光路的检查(如果 SL 或其他检测出现明显的故障,或更换新的光学器件——目前更换最多的是 UV－NiSO₄ 滤光片),以及 Hg 和 SL 灯,清洗水平跟踪器的转盘,完成上述维护工作后,应将被检测仪器放置在室外重新启动,准备第三天的比对观测。

让被检测仪器自动进行 CI、CZ 和 FWTET♯2 自我检测。

第三天：

被检测仪器与标准仪器进行同步观测，确定被检测仪器的参数文件。

对第 2 天的 SC 检测结果数据进行分析，确定被检测仪器的步长（Calibration step number）是否发生了显著的变化，如已变化，在该日再次让仪器进行 SC 检测，同时修改仪器运行文件（ICF 中）的 Calibration step number。

总结第 1 天、第 2 天的结果分析，和台站业务人员交流仪器的运行情况。

下午一般在太阳天顶角大于 72°以上（MKIII 型仪器可以延伸到 78°），中止被检测仪器的观测，对仪器进行 dispersion（色散）测试（一般需要 2h，MKIII 和 MKIV 型仪器所需时间更长）。

Dispersion 结束后，对被测仪器进行 1000W 的外部校准灯标定，此测试一般用三个 DXW 型灯。

对第 2 天、第 3 天的数据进行综合分析确定被检测仪器新的文件参数，特别注意是 A1、A2 以及 Calibration step number 是否需要改换，UVB response 函数是否更换。

第四天：

让被检测仪器在新的仪器参数下与标准仪器进行继续同步观测一天。

分析比对前三天两台仪器的臭氧总量、UVB、AOD 的数据，和台站业务人员交流仪器的运行、维护情况。

下午一般在太阳天顶角大于 72°以上时，对当日两台仪器的臭氧总量、UVB、AOD 进行比对分析，确保被检测仪器的准确、正常运行。

让两台仪器同步进入逆转法（Umkerhr）的比对观测。

第五天：

与台站业务人员，对标定工作进行全面的总结，拆卸、包装标准仪器，结束标定工作。

第 4 章　数据采集、传输和处理

每天仪器自动根据积日和检测命令在控制计算机中产生相应的日文件(Bdddyy. SSS、DUVdddyy. SSS、Sdddyy. SSS、Udddyy. SSS,ddd 为积日,yy 为年份(后面两位))及年平均文件(如:OZOAVGyy. SSS、UVOAVG. SSS、HGOAVG. SSS、SLOAVG. SSS、APOAVG. SSS、DTOAVG. SSS)。

每月把控制计算机中的观测数据文件(Bdddyy. SSS、DUVdddyy. SSS、Sdddyy. SSS、Udddyy. SSS OZOAVGyy. SSS)备份到软盘中,拷入数据处理计算机对应目录中,进行逆转法(Umkerhr)反演。

原始数据(Bdddyy. SSS、DUVdddyy. SSS、Sdddyy. SSS、Udddyy. SSS OZOAVGyy. SSS)和逆转法(Umkerhr)反演资料(UDdddyy. SSS、UPdddyy. SSS、UOdddyy. SSS、USdddyy. SSS、UNdddyy. SSS、UGdddyy. SSS)每月统一报送北京,每月 10 日前制作上一月的数据月报表,并邮寄或发送到北京。数据月报表填写遵循以下的规则:

——DS(O_3)、DS(SO_2)、ZS(O_3)、ZS(SO_2)、FM(O_3)、FM(SO_2)中的平均及偏差精确到小数后一位;

——DS(O_3)、ZS(O_3)、FM(O_3)中的次数填写到个位,格式为有效次数/总次数;

——DS(O_3)、DS(SO_2)中的 ETC 填写四舍五入后的整数部分;

——HH,为 DS(O_3)有效次数中间一次的测量时间,精确到小时;

——Air Mass 精确到小数后三位;

——UVB 积分、午时精确到小数后二位,其中午时为地方时正午前后一小时之间最大的 UVB 值;

——标准灯检测栏:

· TEMP:左上角填写标准灯检测中的最低温度值、右下角填写最高温度值;

· 次数:标准灯检测的次数;

· R1—R6:填写标准灯检测中 R1—R6 的平均值,其中 R5 及 R6 右下角填写其偏差;

· F1:填写前四位。

——汞灯强度:汞灯测试中温度最高的强度值取整,当有几个最高温度相同时选取强度最大的值填写;

——(A/D +5 V)精确到小数后二位;

——死时间中的 HI 及 LO:填写光电倍增管死时间检测的最高值和最小值,精确到小数后二位;

——RUN/STOP 最小及最大:填写的 2～6 的最小值和最大值,精确到小数后四位;

——MIC 步数:填写螺旋千分尺检测的步数值;

——SI 俯仰及方位:填写 SI 指令的检测结果,即俯仰及方位补偿的偏差值;

——SR:填写 SR 指令的检测结果,即跟踪器转动一周时步进电机的步长数;

——仪器内部湿度巡视值:30% 以下则填写"√",超过 30% 则填写"×";

——天气状况:填写当日的天气现象,应符合 QX/T 48—2007 的要求。

第 5 章　检查维护、故障处理原则和注意事项

作为集机械－电子－光学于一体的高精密度仪器,Brewer(布鲁尔)对电源的稳定性和接地以及温、湿条件等因素的变化都比较敏感。尽管仪器可全天候工作,但实际上一般只适合中、高纬度地区,在比较稳定、比较寒冷、干燥的条件下进行长期的观测。在我国,大部分国土处在中、低纬度地区,夏季、高温、潮湿的天气,不利于仪器的运行,因此,对仪器的日常维护是十分重要的。

5.1　检查与维护

5.1.1　标准传递与校准

(1)Brewer 光谱仪标准由一级、二级标准仪器组成。
(2)一级标准仪器由世界气象组织(WMO)确定。
(3)二级传递标准仪器应每两年和一级 Brewer 光谱仪进行比对。
(4)台站日常运行的观测仪器应每年与二级传递标准仪器进行比对和校准。

5.1.2　性能检测

性能检测要求如下:
(1)每天至少进行一次汞灯、标准灯、A/D 电压输出、光电倍增管、跟踪系统等检测;
(2)每周至少进行一次直接跟踪太阳的扫描检测、跟踪系统复位检测;
(3)每二个月至少进行一次光阑马达计时检测、高压检测、光阑马达运行/停止检测、测微尺及二极管偏差检测、热检测等;
(4)每三个月至少进行一次 50 W 的外部灯校准;每年至少进行一次 1000 W 的外部灯校准。

5.1.3　检查与维护

5.1.3.1　日常运行检查

日常运行检查要求如下:
(1)遮挡情况:仪器进行测量时,应确保测量窗不被任何物体所遮挡;
(2)跟踪状态:仪器能够准确地跟踪太阳或月亮;
(3)石英窗和 UVB 罩的清洁程度:应清洁无尘;
(4)仪器内部的干燥情况:相对湿度在 30% 以下;
(5)时间:仪器时间与标准时间相差小于 30s;
(6)硬盘空间和通信状态:硬盘有足够的数据存储空间(大于 20M/d),仪器和计算机之间应正常通信;
(7)仪器参数:各参数具体的变化范围见表 5-1。

表 5-1 仪器参数变化范围

编号	名称	代码	范围
1	仪器稳定性检测	SL	R5 的偏差为 0~30,R6 的偏差为 0~15
2	波长校准	Hg	Hgcal Step 是否在设定步长的±5 步之内
3	光电倍增管检测	DT	20~40ns
4	机械系统检测	RS	(对 2~6 的工作波长而言)比值为 0.997~1.003
5	电学系统检测	AP	＋5 V(二级电源板),为 4.90~5.10 V

5.1.3.2 维护

维护要求如下:

(1)每日上午、下午应对仪器跟踪情况至少进行一次检查,发现跟踪不准确时应调节;

(2)每日应对石英窗和半球形石英玻璃罩进行清洁,当发现内部有水汽凝结时应清除;

(3)每二个月应对水平跟踪器内部的保护拉绳、转盘等进行检查,必要时应对转盘进行清洁。

(4)每三个月应对螺旋测微器进行检查,必要时进行清洁。

5.2 故障处理原则

当仪器出现故障时,对仪器的故障处理需要遵循以下的技术原则:

(1)每一次出现故障的处理,必须有两人同时在场,详细记录故障发生的信息,视故障情况分级处理。其中,光学系统明显损坏的、电路板烧毁或 AP 监测结果不正常的属于一级故障,如果 AP 检测正常而 Hg、SL、DT 和 RS 无法正常检测的,属于二级故障。临时性故障:如 Hg 和标准灯老化需更换或打印机卡纸或计算机偶尔死机等,属于三级故障,对此,技术负责人可现场排除。

(2)检查任何常见故障必须强调:断开电源后,可按 Brewer(布鲁尔)维修手册规定的步骤和要求进行现场排除,绝对禁止带电操作。绝对禁止拆动仪器的光学系统,绝对禁止用手或纸去擦拭棱镜、透镜、光栅和球面反射镜。

(3)在下雨、下雪、大风和大雾等恶劣天气下,严禁打开光谱仪外盖。

(4)记录每一次故障发生的原因及处理过程,作为站上技术档案保存。

5.3 注意事项

有关注意事项如下:

(1)严格执行日常检查程序;

(2)计算机在进行数据拷贝或进行 Hg、FR、SL、UM 或 UV 测量时,不应中断运行程序,应等这些测量结束后再中断运行程序;

(3)当长时间(大于 24 小时)停电时,需将仪器内部的电池开关拨到 OFF 状态,来电后,再拨回原来 ON 的位置;

(4)在观测站点有雷暴天气出现时,应中断仪器工作,关闭并断开仪器电源;

(5)在观测站点有雨、雪、大风、冰雹、雾、沙尘暴等天气现象出现时,严禁打开光谱仪外盖;

(6)水平跟踪器内部转盘不应使用润滑油进行润滑;

(7)清洁时石英窗和半球形石英玻璃罩时,应使用柔软的专用镜头纸(或鹿皮),注意不要划伤;

(8)确保水平跟踪器的保护开关处在"开"的位置,且内部保护拉绳没有断裂;

(9)更换标准灯或汞灯时,严禁用手直接触摸灯泡;

(10)密切注意每天的日常检测以及各参数的变化,任何异常的结果持续一周都应引起重视;

(11)在运输光谱仪的光学部分时,应放入具有缓冲、减/防震、防潮等措施的专用箱内,随身携带,不可按行李托运；搬运时应避免碰撞和震动,轻拿轻放；

（12）在运输跟踪器、三角架、通讯线缆、仪器控制计算机及接口设备时,应放置在专用的箱体中,箱体的四周应有减/防震和防潮措施。